제2판

NCS를 기반으로 한

도 면 해 독

엄홍재 · 엄정섭 · 조대희 공저

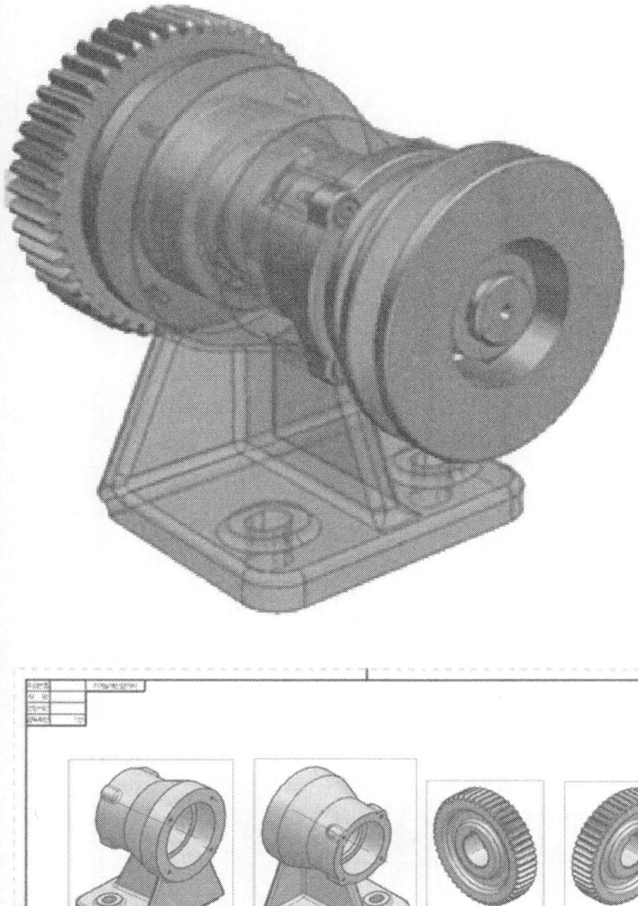

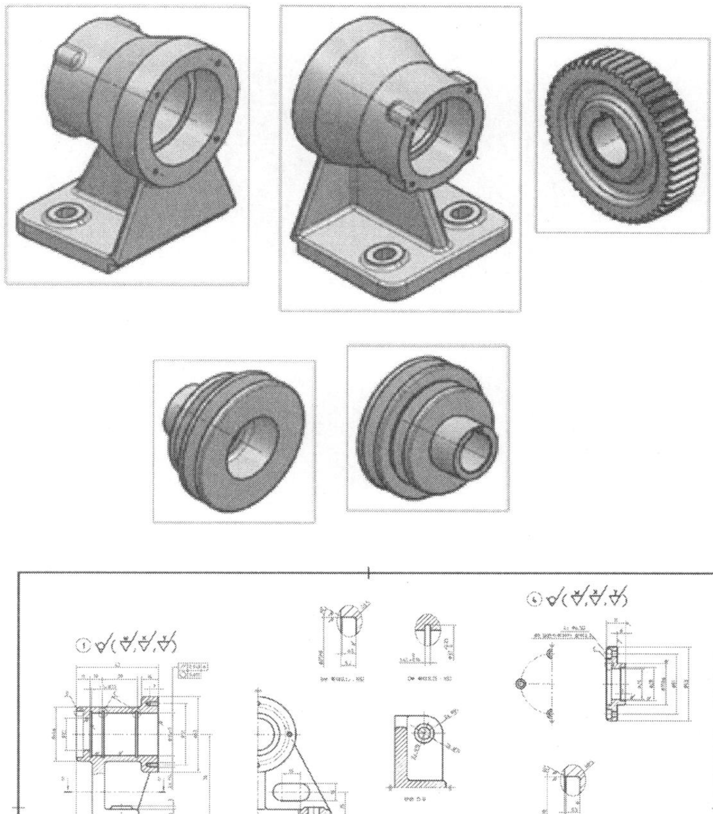

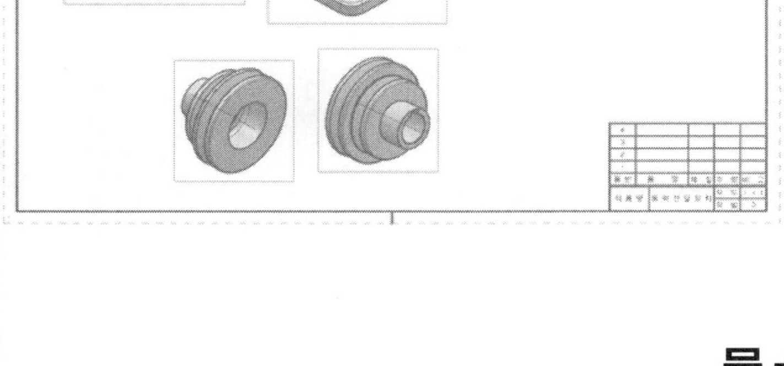

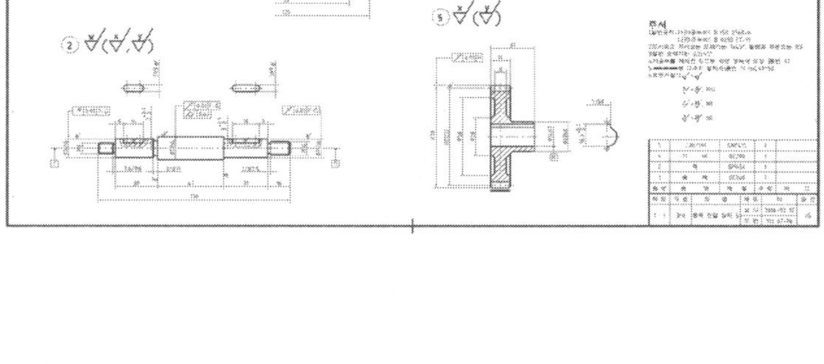

문운당

PREFACE

도면을 그릴 줄 아는 것은 중요 합니다. 하지만 도면을 볼 줄 아는 것은 기술인의 기본 중의 기본이라고 생각됩니다. 1960년대 중화학공업 육성과 산업화의 열기와 함께 도면을 그리기 시작한지도 벌써 50년이 지났습니다.

1980년대부터 컴퓨터에 의한 도형기술이 발전함에 따라 CAD를 사용하여 도면을 잘 그리는 것보다는 도면의 이해와 설계에 기계제도를 접목시키는 것이 중요하게 되었습니다. 산업 현장에서 필요로 하는 제품을 도면으로 만들고, 만들어진 도면에 의해 제품을 만들게 됩니다. 만들고자 하는 대상물을 먼저 도면으로 만들어 각부의 치수기입은 물론 치수공차, 기하공차와 위치공차, 표면 거칠기 등을 KS는 물론 ISO 및 각국의 규격에 맞게 하여 설계자의 설계의도를 읽는 사람에게 확실하고 정확하게 전달하여야 합니다.

1990년부터 대학에서 CAD를 강의하면서 현실성 있고, 도면을 잘 그리는 것뿐만 아니라 잘 이해하여야 한다는 마음에서 도면 해독 교재를 틈틈이 쓰기 시작 했습니다. 그 동안 「도학」, 「전산응용 기계제도」, 「AutoCAD」, 「기계제도」 「SolidWorks」, 「Pro/ENGINEER(Creo)」, 「Unigraphics」, 「NX Nastran」, 「Creo Simulation」 등의 많은 교재들을 공동 집필하면서 이제는 기계제도도 KS는 물론 각국 규격을 이해하여 산업체 요구에 맞출 수 있어야 된다는 생각을 하게 되었습니다.

도면은 제품을 제작하는 사람이 올바르게 제작할 수 있도록 그려야하며 제품의 검사는 물론 정비와 수리를 할 수 있어야 하기 때문에 모든 사용자에게 같은 뜻이 전달될 수 있는 국제적인 언어 수단이 되어야 합니다. 따라서 도면을 만들 때는 KS는 물론 각 나라의 정해진 제도 규격을 충분히 이해하고 도면 만드는 방법을 정확히 알고 있어야 도면을 그릴 수 있으며 도면 사용자는 만들어진 도면을 보고 도면에 그려진 내용을 정확하게 해독할 수 있어야 합니다. 도면을 만드는 것도 중요하지만 도면을 보고 해독하여야 하는 기술자가 많다는 것을 고려하면 도면 해독은 중요하다 할 수 있습니다.

제도·설계(CAD)와 해석(CAE)/가공(CAM)은 어떤 경우에도 내용이 분리될 수 없습니다. 따라서 제도 기술을 먼저 익히고 Computer 활용 기술을 익힌 다음 도면 해독을 할 수 있다면 국제적인 협업인 공동설계 작업을 할 수 있다는 것을 강조 드립니다.

이번에도 마치고 보니 아쉬운 점이 많이 생깁니다. 앞으로 도면 해독도 소프트웨어의 발전과 KS의 변화에 맞추어 부족한 부분들을 계속 개정해 나가려고 합니다. 본 교재를 기초로 독자들과 함께 보다 현실성 있는 도면 해독 교재가 되도록 노력 하겠습니다.

본 교재는 일반 기계제도를 먼저 배운 다음 도면 그리는 방법을 확인하고 그려진 도면을 바르게 이해할 수 있도록 예제도면을 많이 사용하였으며 현장도면의 이해와 각종 자격시험에도 용이하게 응시할 수 있도록 고려하였습니다. 지난 몇 년간 이 교재를 정리하면서 많은 분들의 도움을 받았습니다. 도움 주신 분들께 진심으로 감사를 드리며, 아낌없이 도움을 주신 문운당 출판사의 사장님과 관계자 여러분, 마지막으로 원고 교정까지 맡아준 공동저자에게 진심으로 감사드립니다.

2016년 2월

대표저자 씀

책의 내용에 대하여 조언을 주실 분은 저자를 대표하여 다음 연락처로 연락주시면 감사하겠습니다.

유한대학교 CAD/CAE 연구소 엄 정 섭 TEL (02) 2610-0723

FAX (02) 2610-0724

E-mail cseum@yuhan.ac.kr

CONTENTS

Part 1 기계제도

Part 2 요소공차

Part 3 KS 규격의 적용

Part 4 부 록

기계제도 I

기계제도 일반 Chapter 01

1.1 기계제도의 의의

기계나 구조물 등을 새로 제작하거나 개량하고자 할 때는 먼저 그 기계나 구조물의 모양이나 크기를 나타낼 도면을 만든다. 이렇게 도면을 작성하는 작업을 제도(drawing 또는 drafting)라 한다. 설계를 도면으로 나타내는 것이 바로 제도라고 할 수 있다. 기계제도에서는 선과 문자 및 기호로 구성되며 물품의 형태, 크기, 재료, 가공법, 구조 등을 약속된 규격에 따라서 정확하고 명확하며 또 간략하게 표현한다. 제도는 그림으로 표현된 일종의 국제언어이다. 그림과 치수기입 등으로 완전하게 그려진 도면은 전세계의 모든 사람에게 같은 정보를 확실하게 전달할 수 있다. 이 때문에 제도는 물품의 제작뿐만 아니라 기계의 취급, 설치, 견적, 판매 및 공정관리 등의 목적으로 사용된다.

1.2 제도규격

제도규격의 중요성은 "제도는 국제언어"라는 것과 밀접한 관계가 있다. 도면은 읽는 사람(해독자)을 위하여 만든 것으로 도면을 작성할 때에는 해독자가 정확하게 이해할 수 있도록 그려야 한다. 도면을 보고 제작을 하는 경우, 설계자가 설명을 하지 않더라도 작업자가 의문이 없이 설계자의 의사를 완전히 이해하게 하는 데는 제도에 관한 규약(제도규격)이 필요하다. 제도규격은 처음에는 각 공정마다 만들어졌으나 생산방식이 개선되고 공장 규모가 커짐에 따라 공업의 운영을 원만히 하고 기술을 향상시키기 위하여 공업제품의 종류, 모양, 재질, 시험방법 등에 관한 규격의 표준화사업이 각국에서 이루어져 국가규격으로 되었으며, 이 국가규격은 다시 국제적으로 통일화되고 있다. 표 1-1은 각국의 주요 공업규격을 표시한 예이다.

[참고] CAD : Computer Aided Design은 설계, 제도의 한 방법이며 이 책에서 사용하는 AutoCAD는 미국의 Autodesk사에서 만든 AutoCAD 2014를 위주로 Unigraphics와 SolidWorks를 함께 하여 제도와 응용설계 부분을 설명한다.

우리나라에서도 표준화사업이 활발히 이루어져 각종 규격이 제정되어 있다. 한국공업규격에 공업제도일반에 적용되는 제도통칙(KS A 0005 : 1966년 12월 22일 상공부 고시 제2999호)이 있어

공업 전반에 적용할 수 있도록 공통적이고 기본적인 사항에 관하여 규정하고 있으나, 기계부품도와 조립도의 제도에 대해서는 기계제도규격(KS B 0001)이 있어 도면의 크기, 투상법, 도형의 표시방법 등에 대하여 상세히 규정하고 있다. KS에는 A, B, C, D 등으로 부분별 기호가 있으며 KS B인 기계에서도 숫자로 기계부분이 분류되어 있다. CAD를 사용하는 제도에 대한 추가적인 규정은 CAD 제도(KS B 7091)가 있다.

표 1-1 각국의 주요 공업규격

국가규격	영문표기법	설정연도
영국공업규격	BS(British Standards)	1901
독일공업규격	DIN(Deutsche Industrie Normen)	1917
스위스공업규격	VSM(Normen des Vereins Schweizerischer Machinenindustrieller)	1918
미국공업규격	ANSI(American National Standards Institute)	1918
일본공업규격	JES-JIS(Japanese Industrial Standards)	1921(1952)
국제표준화기구	ISA-ISO(International Organization for Standardization)	1928(1947)
한국공업규격	KS(Korean Industrial Standards)	1966

1.3 도면의 크기와 양식

【1】 도면의 크기

도면의 크기는 KS M ISO 216(재단치수)의 A0~A4에 따른다. 특히 긴 도면을 필요로 할 경우에는 길이방향으로 연장하여 사용할 수 있다.

표 1-2 용지 및 제도 영역의 크기 [단위 : mm]

크기	제단한 용지		제도공간	
	a_1	b_1	a_2	b_2
A0	841	1189	821	1159
A1	594	841	574	811
A2	420	594	400	564
A3	297	420	277	390
A4	210	297	180	277

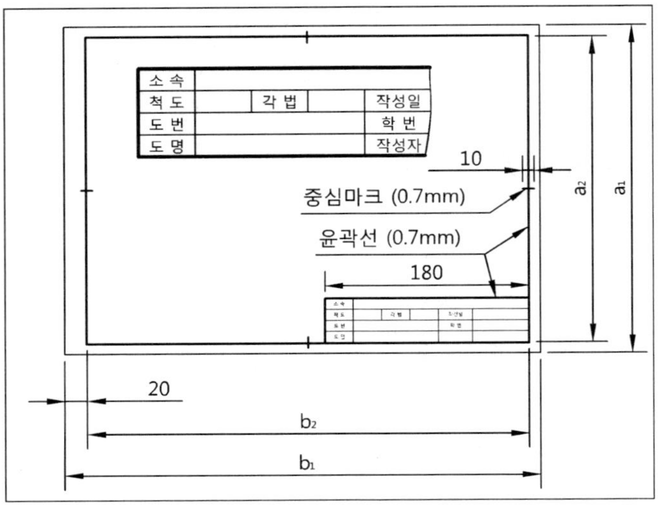

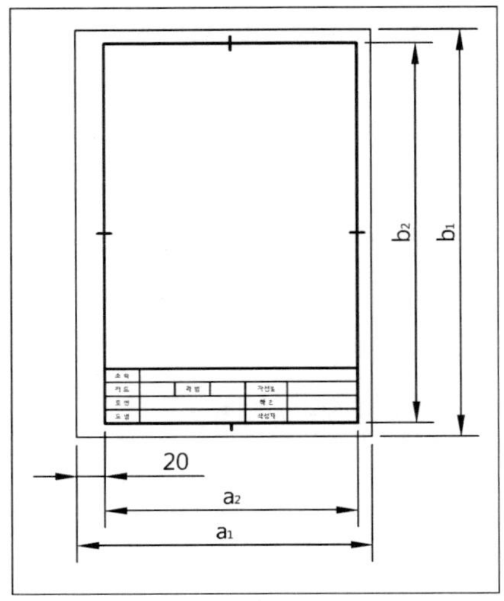

그림1-1

그림 1-1 도면의 크기와 윤곽의 예

그림1-2

그림 1-2 도면의 양식

도면은 길이 방향을 좌우로 놓은 위치를 정위치로 하며, A4 이하의 작은 도면은 이에 따르지 않아도 좋다. 도면의 크기는 일반적으로 A3가 많이 사용되며, 자격시험 등에는 A2나 A3가 사용된다.

표 1-2는 도면의 크기와 윤곽의 치수를 나타내며, 이를 사용한 예가 그림 1-1이다. 그림 1-2는 A4의 경우이다.

【2】 도면에 마련하는 양식에 관한 사항

(1) 도면의 윤곽(drawing outline)

도면 내에 있는 내용을 기재하는 영역을 명확히 하고 또 용지의 가장자리에서 생기는 손상으로 도면 내의 내용을 해치지 않도록 0.7 mm의 굵은실선으로 왼쪽 20 mm, 다른 쪽은 10 mm의 여백을 가지는 윤곽선을 마련한다.

(2) 표제란

표제란은 도면의 오른쪽 아래 구석의 안쪽에 위치하여 도면의 관리상 필요한 도면번호(도번), 도면명칭(도명), 척도, 투상법, 제도기관명, 작성년월일, 제도자·책임자 성명 등을 기입하며, 크기 또는 형식에 관한 정확한 규정은 없지만 학교나 각 기업마다 독자적인 형식을 채택하고 있다. 문자는 도면의 정위치에서 읽도록 기입하며, 도면을 접어서 보관할 때는 그 접은 크기가 A4를 기준으로 하고 이때 표제란이 앞으로 나오도록 한다. 표제란은 길이가 180 mm이다.

표제란의 도명에는 도면용지에 그린 부품의 이름을 기록하며, 기계명이 있으면 그 부품이 조립되어 들어가는 상위 제품의 이름을 기록한다. 품번은 그 부품의 번호이다. 수량에는 그 부품이 상위 제품에 몇 개가 필요한지를 기록하며 척도는 그 부품이 어떠한 척도로 그려졌는지를 기록한다. 투상법은 문자나 그림으로 표시하며 표 1-3은 이 부품이 제3각 투상법으로 그려졌음을 의미한다.

표 1-3 표제란의 작성 예

소 속					
척 도	투상법	도 명	제 도		검 도
1 : 1	3각법	DRILL JIG	일자		
			성명	엄 정 섭	

(3) 부품란(part list)

부품란은 오른쪽 아래 표제란 위에 이어서 그리거나 표 1-4와 같이 오른쪽 위 구석에 위치한다.

부품번호는 아라비아 숫자로 순번을 붙이며, 오른쪽 밑(표제란의 위)에 만들 때 번호는 아래에서 위로 1부터 순번으로 하였으나, 컴퓨터 제도에서는 위·아래 상관없이 순차로 번호를 붙이면 된다. 품명란은 부품의 명칭을 붙이고 중요한 부품일수록 작은 번호로 하면 좋다. 재질란은 각각의 부품에 맞는 재료를 사용하여 KS 규격에 정해진 기호·수치를 사용한다. KS에 없는 것은 그 재료명을 기입한다.

수량란은 1대의 기계에 필요한 수량을 기입한다. 부품도인 경우는 필요한 수량분이 기입되어 있을 때도 있다. 공정란은 부품을 가공하는 과정을 생략하여 공정이라고 부른다(주 : 주조, 기 : 기계가공, 목 : 목형제작, 다 : 다듬질가공, 재 : 재고품, 단 : 단조가공, 철 : 철판가공, 도 : 도장, 열 : 열처리, 프 : 프레스가공, 용 : 용접작업가공). 중량란은 완성품 1개의 중량(kg)을 기입한다. 비고란은 규격번호, 열처리, 지정사항 등이 있으면 기입한다.

표 1-4 부품란의 내용을 보는 법

품 번	품 명	재 질	수 량	공 정	중 량	비 고
1	나사봉	SM45C	1	재, 기		
2	본 체	FC20	1	목, 주, 기		
3	핸 들	SM45C	1	재, 기		

(4) 중심마크(center mark)

도면의 마이크로필름 촬영, 복사 등의 편의를 위하여 도면의 수평 및 수직의 2개의 대칭축으로 윤곽선의 안과 밖으로 5 mm씩 중심마크를 0.7 mm 굵기의 실선으로 그어준다. 특히 윤곽선이 설치되지 않은 도면이라도 중심마크는 설치해야 한다. 모든 도면에 4개의 중심마크를 설치한다.

(5) 척도(scale)

척도는 대상물의 실제 치수에 대한 도면에 표시한 대상물의 비이다. 척도에는 현척(1 : 1), 축척(1 : B), 배척(A : 1)이 있으며 척도는 A : B로 표시한다. 여기서 A는 그린 도형의 길이이며 B는 대상물의 실제 길이를 표시한다. 이 경우에는 A > B이면 배척이고 A < B이면 축척이다. A=B이면 현척(실척)이라 한다. 도면에는 그 척도가 공통적이면 표제란에 기입하고, 한 도면에 서로 다른 척도를 사

용하였을 경우에는 다음을 참고로 하여 각 그림마다 척도를 부품번호 옆이나 표제란의 일부에 척도를 기입한다(참고 : 척도의 중요성은 실제 시험이나 현장에서 매우 중요시되는 사항이다).

표 1-5 축척, 현척 및 배척의 값

척도의 종류	값
축 척	1 : 2 1 : 5 1 : 10 1 : 20 1 : 50 1 : 100 1 : 200
현 척	1 : 1
배 척	2 : 1 5 : 1 10 : 1 20 : 1 50 : 1

기계제도에 사용되는 척도는 1 : 1 현척을 사용하는 것을 원칙으로 한다.

① 축척, 배척을 하였을지라도 도면의 치수는 실제의 치수를 기입한다.
② 그림의 형태가 치수에 비례하지 않을 때에는 적당한 장소에 "비례척이 아님" 또는 "NS"로 표시하며 그 이유를 적당한 곳에 명기한다(참고 : NS는 "Not to Scale"이다).
③ 사진으로 축소 또는 확대하는 도면에는 그 척도에 해당하는 눈금자의 일부를 기입한다.
④ 현척(full scale) : 실물과 같은 크기로 그릴 경우의 척도로서 치수나 모양에 착오가 적다.
⑤ 축척(reduction scale) : 실물보다 작게 그릴 경우의 척도이며 크기, 모양 및 구조에 따라 도형이나 치수를 명확히 할 수 있는 축척을 선택해야 한다.
⑥ 배척(enlargement scale) : 실물보다 크게 그릴 경우의 척도이며 작고 복잡한 부품을 그릴 때 사용한다.
⑦ 이들 척도의 표시는 잘못 볼 염려가 없을 경우에는 기입하지 않아도 좋다.

1.4 선

제도에 사용되는 선은 모양과 굵기에 따라 다음과 같이 분류한다.

【1】 모양에 의한 선의 종류

표 1-6 모양에 의한 선의 종류

	선의 종류	선의 모양	구 분	AutoCAD 에서의 용어
1	실선	――――――――	연속적으로 이어진 선	Continuous
2	파선	- - - - - - - - - - - - - - - - -	짧은 선이 일정한 간격으로 반복된 선 (보통 3 mm긋고 1 mm 띄우는 반복된 선이지만 CAD 제도에서는 2 : 1의 비율)	Hidden (Dotted)

표 1-6 (계속)

	선의 종류	선의 모양	구 분	AutoCAD 에서의 용어
3	1점 쇄선	—·—·—·—·—·—	긴선과 짧은선이 1개씩 반복된 선 (보통은 10 mm 이상 긋고 1 mm 띄우고 3 mm 긋고 1 mm 띄우는 반복된 선이지만 CAD 제도에서는 긴선의 길이와 간격, 짧은선 길이의 비율기준을 9 : 1 : 1로 한다)	Center
4	2점 쇄선	—··—··—··—··—	긴선이 1개 짧은선이 2개씩 반복된 선(길이비는 1점쇄선을 참고) CAD 제도에서는 긴선의 길이와 간격, 짧은선, 간격, 짧은선, 간격의 비율기준은 15 : 1 : 1 : 1로 한다.	Phantom

【2】 굵기에 따른 선의 종류와 용도

도면을 작성할 경우 대상 물체의 외형선과 중심선 그리고 치수선과 치수보조선 등을 구별할 필요가 있다. 이러한 선의 종류와 용도를 도면에서는 한 가지의 색상으로 표기를 해야 하기 때문에 선의 모양이나 굵기로서 표기하며, CAD에서는 굵기를 색상으로 많이 표기한다.

선의 굵기의 기준은 0.18 mm, 0.25 mm, 0.35 mm, 0.5 mm, 0.7 mm 및 1 mm로 한다. 선의 굵기에는 가는선, 굵은선, 아주 굵은선의 세 종류가 있으며 굵기의 비율은 표 1-7과 같다.

표 1-7 선의 굵기 비율

선의 종류	CAD 제도	일반 제도	굵 기[mm]
가 는 선	1	1	0.4 이하
굵 은 선	2.5	2	0.4~0.8
아주 굵은선	5	4	0.8 이상

【3】 용도에 따른 선의 종류

용도에 따른 선의 명칭 및 종류는 표 1-8에 의하며, 이 표에 의하지 않는 선을 사용할 때에는 그 선의 용도를 도면 안에 기입한다.

표 1-8 용도에 따른 선의 종류

선의 종류		ACAD에서의 선종류	용 도	그림에서 사용 예
굵은 실선		continuous	보이는 물체의 모서리 윤곽을 나타내는 선	A1
			보이는 물체의 윤곽을 나타내는 선	A2
			나사 봉우리의 윤곽을 나타내는 선	A3
			나사의 길이에 대한 한계를 나타내는 선	A4
			도표, 지도, 흐름도에서 주요한 부분을 나타내는 선	A5
			금속 구조 공학 등의 구조를 나타내는 선	A6
			성형에서 분리되는 위치를 나타내는 선	A7
			절단 및 단면을 나타내는 화살표의 선	A8
가는 실선		continuous	치수기입선	B1
			치수기입을 위해서 도형으로부터 끌어낼 때	B2
			기술, 기호 등을 표시할 때	B3
			도형 내에 그 부분의 끊은 곳(단면)을 90° 회전하여 표시할 때	B4
			도형의 중심선을 간략표시할 때	B5
			수면, 유면 등의 위치 표시를 할 때	B6
			서로 교차하는 가상의 상관관계를 나타내는 선(상관선)	B7
			해칭	B8
			나사의 골을 나타내는 선	B9
			시작점과 끝점을 나타내는 치수선	B10
			원형 부분의 평평한 면을 나타내는 대각선	B11
			소재의 굽은 부분이나 가공 공정의 표시선	B12
			상세도를 그리기 위한 틀의 선	B13
			반복되는 자세한 모양의 생략을 나타내는 선	B14
			테이퍼가 진 모양을 설명하기 위한 선	B15
			판의 겹침이나 위치를 나타내는 선	B16
			투상을 설명하는 선	B17
			격자를 나타내는 선	B18
			외형선 및 숨은선의 연장을 표시할 때	B19
			만약 대칭선이나 중심선이 제한되지 않은 경우에 부분 투상도의 절단, 단면의 한계를 손으로 그을 때	B20
			만약 대칭선이나 중심선이 제한되지 않은 경우에 부분 투상도의 절단, 단면의 한계를 기계적으로 그을 때	B21
가는파선		hidden	보이지 않는 물체의 모서리 윤곽을 나타내는 선	C1
			보이지 않는 물체의 윤곽을 나타내는 선	C2
굵은파선			열처리와 같은 표면 처리의 허용 범위나 면적을 지시하는 선	C3

표 1-8 (계속)

<table>
<tr><th colspan="2">선의 종류</th><th>ACAD에서의 선종류</th><th>용 도</th><th>그림에서 사용 예</th></tr>
<tr><td rowspan="6">가는 1점쇄선</td><td rowspan="6">—·—</td><td rowspan="6">center</td><td>도형의 중심 표시</td><td>D1</td></tr>
<tr><td>중심이 이동한 중심궤적을 표시</td><td>D2</td></tr>
<tr><td>특히 위치 결정의 근거가 된다는 것을 명시할 때</td><td>D3</td></tr>
<tr><td>되풀이하는 도형의 피치를 나타낼 때</td><td>D4</td></tr>
<tr><td>대칭을 나타내는 선</td><td>D5</td></tr>
<tr><td>기어의 피치원을 나타내는 선</td><td>D6</td></tr>
<tr><td rowspan="2">굵은 1점쇄선</td><td rowspan="2">—·—</td><td rowspan="2">center</td><td>제한된 면적을 지시하는 선(열처리, 표면처리 등)</td><td>E1</td></tr>
<tr><td>절단면의 위치를 나타내는 선</td><td>E2</td></tr>
<tr><td rowspan="11">가는 2점쇄선</td><td rowspan="11">—··—</td><td rowspan="11">phantom</td><td>a. 인접부분을 참고로 표시할 때</td><td>F1</td></tr>
<tr><td>b. 공구, 지그 등의 위치를 참고로 표시할 때</td><td>F2</td></tr>
<tr><td>c. 가동부분을 이동중의 특정한 위치 또는 이동한계의 위치로 표시할 때</td><td>F3</td></tr>
<tr><td>d. 가공 전 또는 가공 후의 모양을 표시할 때</td><td>F4</td></tr>
<tr><td>e. 되풀이하는 것을 나타낼 때</td><td>F5</td></tr>
<tr><td>f. 도시된 단면의 앞쪽에 있는 부분을 표시할 때</td><td>F6</td></tr>
<tr><td>단면의 무게중심을 연결한 선을 표시할 때</td><td>F7</td></tr>
<tr><td>움직이는 물체의 외형 궤적을 나타내는 선</td><td>F8</td></tr>
<tr><td>소재의 마무리된 부품 모양의 윤곽선</td><td>F9</td></tr>
<tr><td>특별히 범위나 영역을 나타내기 위한 틀의 선</td><td>F10</td></tr>
<tr><td>공차 적용범위를 나타내는 선</td><td>F11</td></tr>
<tr><td>아주 굵은실선</td><td>━━</td><td>continuous</td><td>얇은 부분의 단선 도시를 명시하는 선</td><td>G1</td></tr>
</table>

도면에 있어서 선굵기의 비율은 선의 종류별로 선명하게 구별되도록 그린다. 선의 굵기나 길이는 도형의 크기와 복잡한 정도에 따라 가감할 필요가 있지만 같은 도면 내에서는 선의 굵기의 비율을 일정하게 해야 한다. 그림 1-3은 선의 사용 예를 나타낸 것이다.

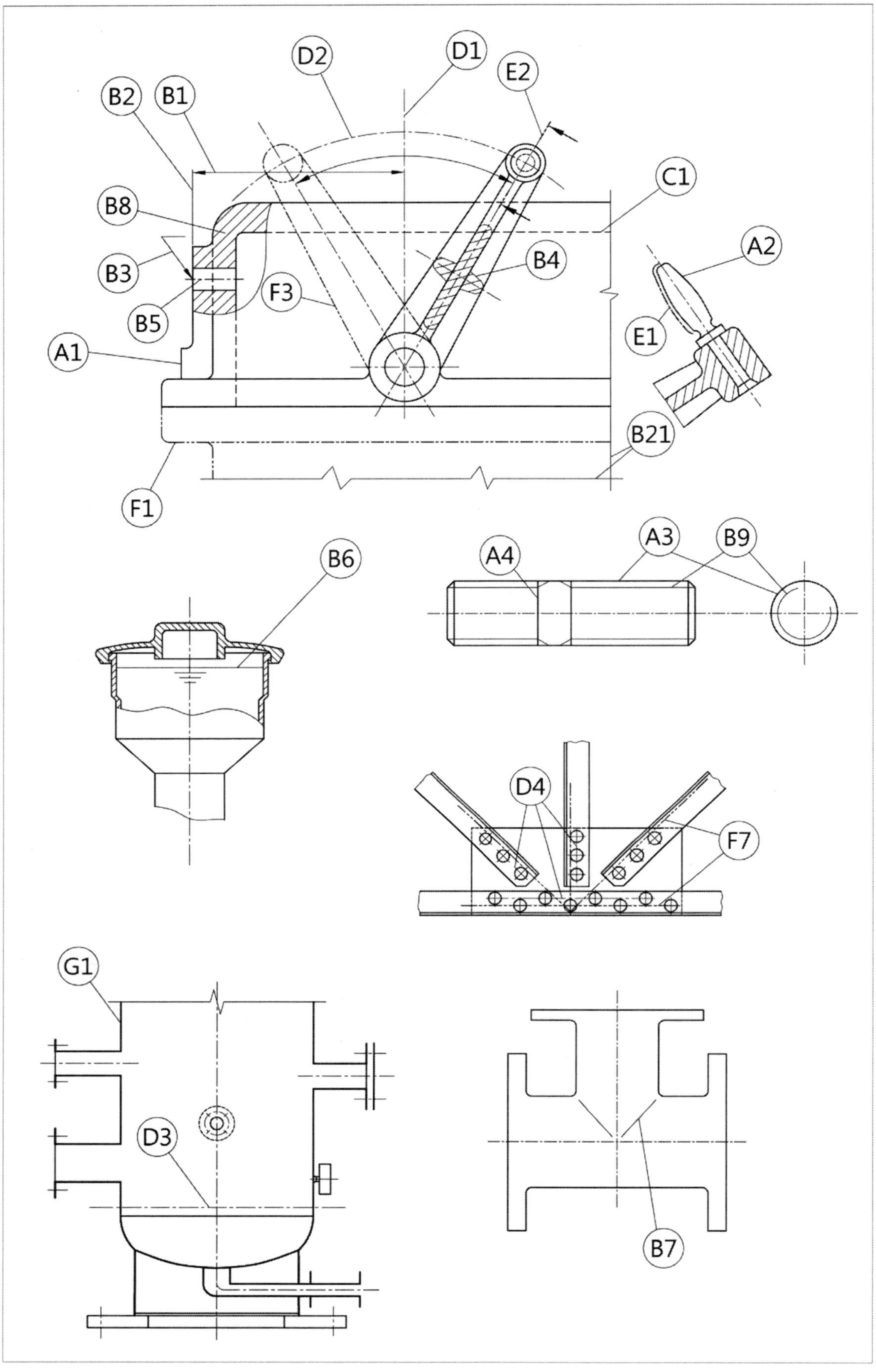
D2
D1
E2
B2
B1
C1
B8
A2
B4
B3
F3
E1
B5
A1
B21
F1
A3
B9
B6
A4
D4
F7
G1
D3
B7

그림 1-3 선의 사용 예 1

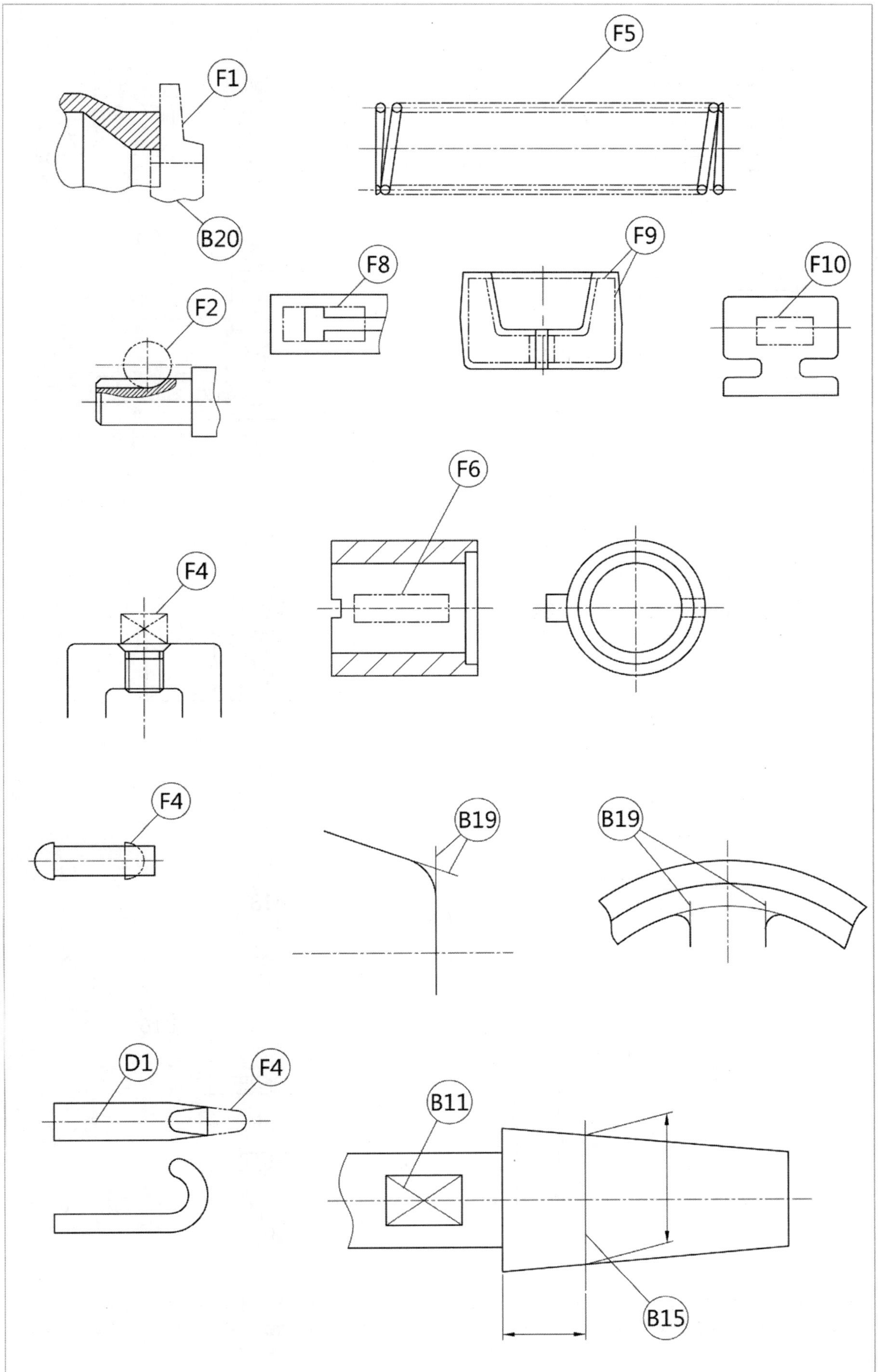
F5
F1
B20
F9
F8
F10
F2
F6
F4
F4
B19
B19
D1
F4
B11
B15

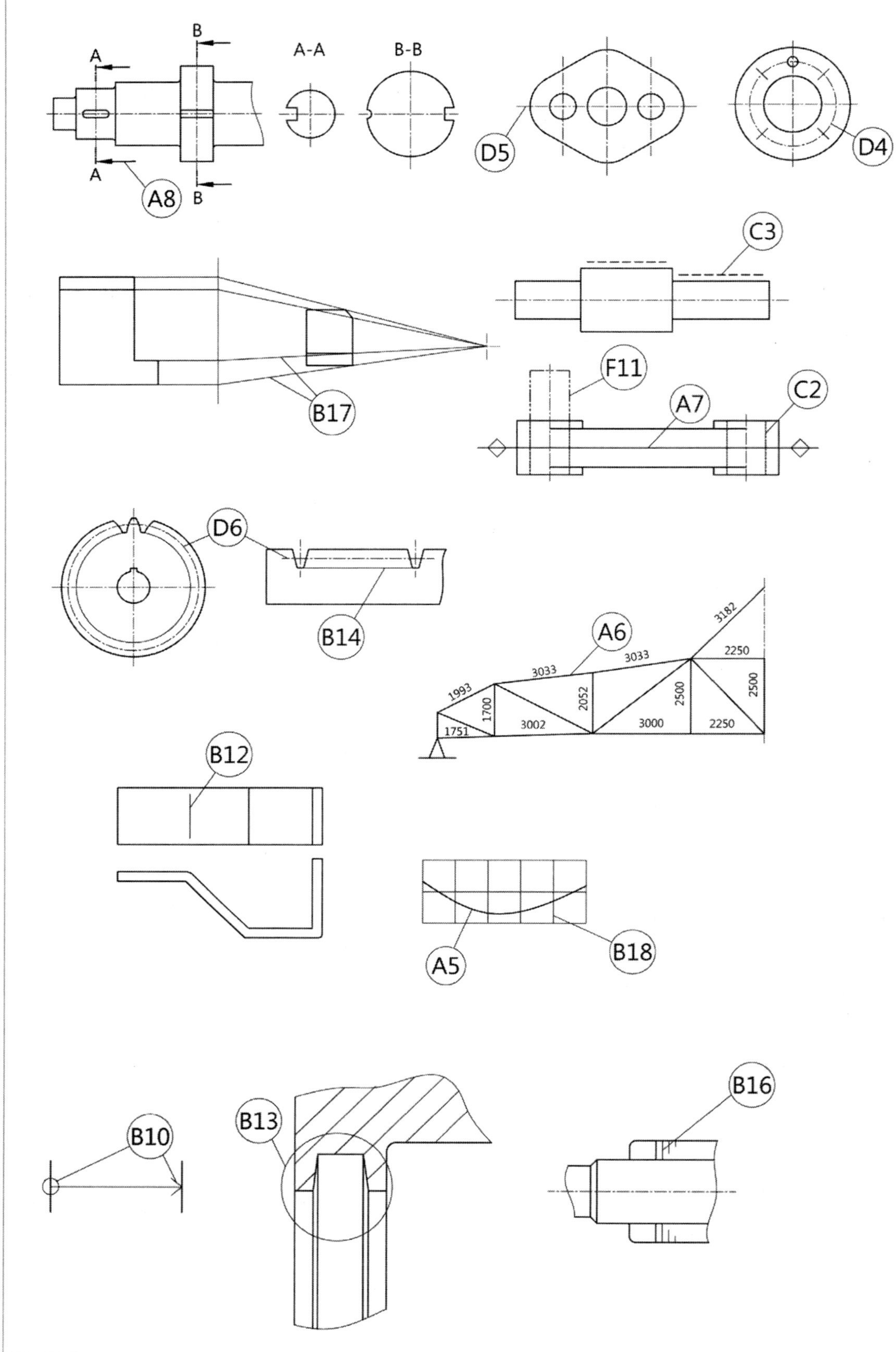

* 간혹 기사, 기능사 실기시험에서 CAD 화면상에서는 도면을 잘 그렸더라도 출력결과가 좋지 못해 문제가 되는 경우가 적지 않다. 그 이유는 색상에 따른 두께들을 무시하고 CAD에서 너무 여러 가지 색상을 이용해 도면을 그렸기 때문이다. 출력할 때는 이미 지정된 색상 이외의 것들은 제대로 원하는 두께로 출력되지 않는다는 것을 명심해야 할 것이다.

【3】 이상적인 선 그리기

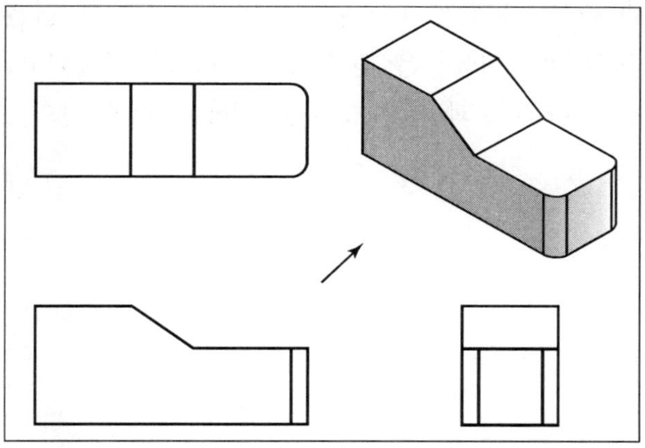

그림 1-4 기본적인 도면 배치 형태와 입체도

(1) 실선

① 굵은실선

외형의 부분을 표시하는 선(외형선)으로 굵기는 0.5 또는 0.7 mm를 사용한다.

② 가는실선

치수선, 치수보조선, 지시선, 해칭선 등은 가는실선으로 표시하며 굵기는 굵은실선의 1/2로 한다.

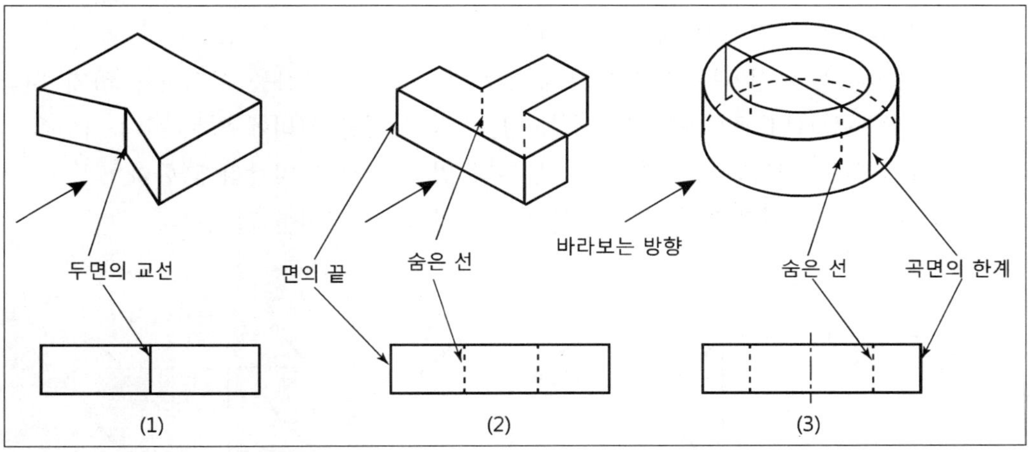

그림 1-5 외형선의 사용 예

(2) 파선

구멍이나 홈과 같이 겉에서 보이지 않는 부분의 모양을 표시하며 굵은실선의 약 1/2로 하고 치수선보다는 굵게 한다. 파선의 간격은 도형의 크기와 조화를 이루도록 한다.

[참고] 표 1-7과 같이 선의 굵기는 가는선, 굵은선, 아주 굵은선으로 분류하므로 위의 파선규정은 잘못된 것이 된다. 따라서 가는파선과 굵은파선으로 그리면 된다.

(3) 쇄선

중심선, 외형선, 절단부 쇄선, 경계선 등에 사용되며 가는쇄선과 굵은쇄선을 사용한다. 1점쇄선과 2점쇄선이 있다. 1점쇄선 및 2점쇄선은 긴쪽 선의 요소로 시작되고 또 끝나도록 그린다. 또한 파선, 1점쇄선 및 2점쇄선이 다른 선과 서로 교차할 때에는 긴쪽 선의 요소로 그 교점을 나타내는 것이 바람직하다.

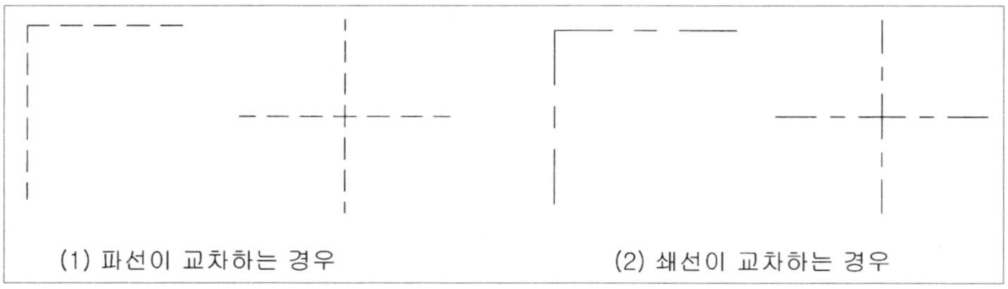

그림 1-6 단속선의 교차

(4) 은선 또는 숨은선

물체의 구멍이나 홈과 같이 바깥에서 볼 수 없는 부분의 모양을 표시한다. 은선은 많이 그리거나 정확하게 그리지 않으면 그림이 보기에 나쁠 뿐만 아니라 잘못 이해되기 쉽다. 은선을 그을 때는 다음 점들에 주의하는 것이 좋다.

① 은선이 외형선에서 끝나는 경우에는 간격을 두지 않는다. 이것은 숨은선의 시작점을 확실하게 하기 위함이다.
② 은선이 외형선에 접속할 때에는 간격을 둔다.
③ 다른 은선과의 교점에는 간격을 두지 않는다. 이것은 교점을 확실하게 하기 위함이다.
④ 은선과 외형선과의 교점에는 간격을 둔다. 이것은 같은 거리에 있는 선이 아님을 나타낸다.
⑤ 근접하고 있는 평행한 은선은 띄운 부분의 위치를 서로 엇갈리게 한다.
⑥ 두 선 사이의 거리가 작은 부분에서는 은선의 끊는 길이를 달리한다.

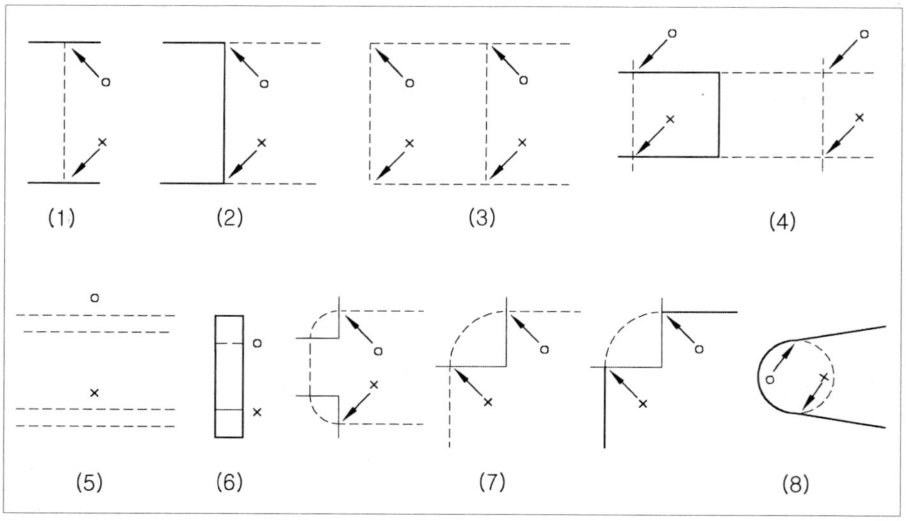

그림 1-7 은선의 사용 예

⑦ 은선의 호와 직선 또는 호가 접속할 때에는 접점에서부터 간격을 둔다. 이것은 접점을 명확히 하기 위함이다.

⑧ 모서리 등의 은선은 그림 1-7 (8)과 같이 긋는다.

(5) 중심선

중심선은 원, 원호, 구의 중심선 및 원기둥, 원뿔 등 대칭도형의 대칭축을 1점쇄선으로 표시한다.

① 대칭축을 가진 물체를 그릴 때는 반드시 중심선을 그린다.

② 원, 구는 직교하는 두 중심선의 교점을 중심으로 하여 그린다.

③ 중심선은 외형선으로부터 약간(약 2~3 mm) 그림 밖으로 연장한다.

④ 투상도 사이에는 중심선을 연결하지 않으며, 짧은 구간의 중심선은 실선으로 그릴 수 있다.

(6) 파단선

파단선은 대상물의 일부를 파단한 경계 또는 일부를 떼어낸 경계를 표시하는 데 사용되며 자를 사용하지 않고 가는 실선의 프리핸드로 그리는 것을 원칙으로 한다.

> [참고] 선의 종류별 길이에 관한 부분은 AutoCAD에서는 제도자가 각 도면의 크기에 적당하게 Ltscale이라는 명령어를 이용하여 선의 간격과 길이를 조정하거나 Customize하여 사용할 수 있다.

【4】 겹치는 선의 우선순위

도면에서 두 종류 이상의 선이 같은 곳에 겹치는 경우에는 다음에 표시하는 순위에 따라 우선하는 종류의 선으로 그린다.

① 외형선 ② 숨은선 ③ 절단선

④ 중심선 ⑤ 무게중심선 ⑥ 치수보조선

【5】 도면에서 제도 완성 우선순위

기계나 구조물 등은 선, 문자, 숫자, 기호 등으로 형태나 크기 및 가공 정밀도 등을 나타내게 되는데 이들의 우선순위를 다음에 표시하는 순위에 따라 우선하는 것부터 그린다.

① 문자, 숫자, 기호 ② 외형선 ③ 숨은선

④ 절단선 ⑤ 중심선 ⑥ 무게중심선

⑦ 치수보조선

1.5 제도에 사용하는 문자

KS 제도에 사용하는 문자에 관한 일반사항은 다음에 따른다. 손으로 레터링하거나 컴퓨터를 이용하여도 같이 적용한다.

① 읽기 쉬울 것
문자는 한 글자 한 글자를 정확히 읽을 수 있도록 명확하게 쓴다.

그림 1-8 문자의 간격

② 균일할 것
같은 크기의 문자는 그 선의 굵기에 되도록 맞춘다.

③ 도면의 마이크로필름 촬영에 적합할 것
도면을 마이크로필름에 촬영하여 그것을 이용하는 경우에 분명히 읽을 수 있도록 문자와 문자와의 간격(그림 1-8의 a)은 문자 굵기의 3배 이상으로 한다. 다만, 인접한 문자의 굵기가 서로 다른 경우에는 굵은 쪽의 문자 굵기의 3배 이상으로 한다.

【1】 일반제도에 사용되는 문자

도면에 사용하는 문자 및 문장의 쓰는 방법은 다음에 따른다.

① 글자는 명백히 쓰고 글자체는 고딕체로 하여 수직 또는 15° 경사로 씀을 원칙으로 한다.
② 국문 글자의 크기는 호칭[1) 2.24 mm[2), 3.15 mm, 4.5 mm, 6.3 mm 및 9 mm의 종류로 한다. 다만, 특히 필요한 경우에는 다른 치수를 사용하여도 좋다.
③ 아라비아 숫자의 크기는 호칭 2.24 mm, 3.15 mm, 4.5 mm, 6.3 mm 및 9 mm의 5종으로 한다. 다만, 특히 필요할 경우는 이에 따르지 않아도 좋다.
또 서체는 원칙적으로 J형 사체(그림 1-10) 또는 B형 사체(그림 1-11) 중 어느 것을 사용하여도 좋으나 혼용은 안된다.
④ 문장은 왼쪽에서 가로쓰기를 원칙으로 한다.

1) KS A 0107(제도에 사용하는 문자)의 문자크기의 표시방법에 따른다.
2) 어떤 종류의 복사방식에서 이 크기는 적합하지 않다. 특히 연필로 그릴 경우에는 주의한다.

크기 9mm 가 나 다 라

크기 6.3mm 가 나 다 라

크기 4.5mm 가 나 다 라

크기 3.15mm 가 나 다 라

크기 2.24mm 가 나 다 라

그림 1-9 한글의 서체

크기 9 mm 1234567890

크기 4.5 mm 1234567890

크기 6.3 mm ABCDEFGHIJKLMNOPQRSTUVWXYZ
abcdefghijklmnopqrstuvwxyz

그림 1-10 J형 사체의 아라비아 숫자 및 영자의 서체

크기 9 mm 1234567890

크기 4.5 mm 1234567890

크기 6.3 mm ABCDEFGHIJKLMNOPQRSTUVWXYZ
abcdefghijklmnopqrstuvwxyz

그림 1-11 B형 사체의 아라비아 숫자 및 영자의 서체

【2】 CAD 제도에 사용되는 문자

CAD 제도에 사용하는 문자는 KS A 0107(다음의 규정을 제외한다)에 따르는 외에 다음과 같다.

① 숫자·영문자의 서체는 B형 사체를 기본으로 한다. 다만, 특별히 필요한 경우에는 이에 한하지 않는다.

② 수치의 소수점은 1문자분을 취하여 그 중앙 하부에 기입한다.

③ 도면 중의 일련의 기술에 사용하는 문자의 크기 비율은 다음과 같이 하는 것이 바람직하다.

한자 : 한글·숫자·영문자 = 1.4 : 1.0

【3】 문 자

① 한자 및 한자의 사용방법은 상용 한자표에 따른다. 다만, 획수가 16획 이상인 한자는 되도록 한글로 쓴다.

② 한자의 서체는 KS A 0202[기계 조각용 표준 서체(한자)]에 준하는 것이 좋다.

③ 한글의 서체는 활자체에 준하는 것이 좋다.
④ 숫자는 주로 아라비아 숫자를 사용한다.
⑤ 영자는 주로 로마자의 대문자를 사용한다. 다만, 기호나 그밖에 특별히 필요한 경우에는 소문자를 사용해도 좋다.
⑥ 문자의 선굵기는 문자 크기의 호칭에 대하여 한자는 1/12.5, 한글·숫자·영자는 1/9값으로 하는 것이 바람직하다.

투상법 Chapter 02

2.1 입체적 투상법

입체적 투상법은 우리가 일상생활을 통해서 모르는 사이에 어느 정도 숙달된 투상법이다. 간단히 입체도(pictorial drawing)라고 한다. 입체도는 도면을 잘 모르는 사람들이나 제품의 보수, 유지 및 사용설명서나 생산현장에서 작업지시서 등에 이용된다.

입체도는 자기 아이디어나 설계개념을 다른 사람에게 전달할 수 있는 효과적인 수단이다. 따라서 무엇인가를 창조하려고 아이디어를 실제 물체로 구현화하는 과정에서 입체도는 매우 중요하다. 기술자가 되려는 사람은 입체도로 그리는 연습을 해두어야 하며 입체도로 의사소통을 하는 습관을 가져야 한다.

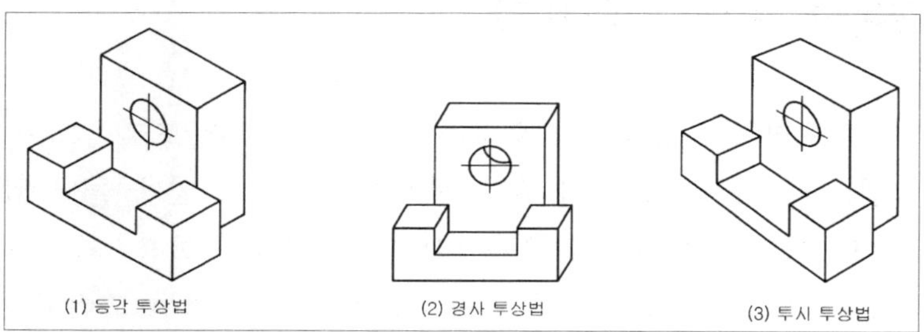

그림 2-1 입체도에 사용되는 투상법의 종류

입체도는 그림 2-1에서와 같이 등각(isometric)투상법, 경사(oblique)투상법 또는 투시(perspective)투상법 등으로 그린다.

투시투상법에서는 투시선이 공간상에 고정된 하나의 눈에서 보는 방법이다. 따라서 자연스럽기는 하지만 실제의 크기와 형상을 표현하지 못하므로 기계도면에서는 사용하지 않는다. 기계도면에서는 모두 투시선이 평행하다고 가정하고 그린다. 투시선이 평행하다면 물체가 가까이 있든 멀리 있든 같은 크기로 보이므로 원근감은 느낄 수 없다.

기계제도에 사용하는 투상법은 특별한 이유가 없는 한 평행투상에 따르는 것 중 표 2-1에 표시하는 세 종류로 한다.

KS의 제도규격은 투상법에 대하여 다음과 같이 규정하고 있다.

① 투상법은 제3각법에 따르는 것을 원칙으로 한다.
② 제3각법과 제1각법의 구별을 필요로 할 경우에는 도면 내의 적당한 위치에 그림 2-6과 같

이 제3각법 또는 제1각법이라 기입한다. 이 경우 글자 대신에 기호를 사용하여도 좋다.

CAD 제도에 사용되는 투상법은 KS A 0111(다음의 규정을 제외한다)에 따르는 것 외에 다음과 같다.

① CAD 제도에 사용되는 투상법은 특별한 이유가 없는 한 평행투상에 의하고, 그 중 정투상, 등각투상, 경사투상 및 부등각 투상의 네 종류로 한다.

② 하나의 그림으로 대상물을 알아보기 쉽게 도시하는 설명용 등의 도면에는 가장 효과가 높아지는 각도로부터의 투상도로서 부등각투상도를 사용한다. 이 경우 각 부의 척도는 대상물을 정확히 직각으로 투상하는 것이 바람직하다.

표 2-1 투상법의 종류

투상법	그림의 종류	특 징	주된 용어
정투상	정투상도	모양을 엄밀, 정확하게 표시할 수 있다.	일반 도면
등각투상	등각투상도, 등각도	하나의 그림으로 정육면체의 세 면을 같은 정도로 표시할 수 있다.	설명용 도면
경사투상	캐비닛도	하나의 그림으로 정육면체의 세 면 중의 한 면만을 중점적으로 엄밀 정확하게 표시할 수 있다.	

2.2 투상도에 의한 형상표현

물체의 3차원 형상을 도면으로 표시하기 위해서 여러 개의 투상도로 그리며, 각 투상도는 정투상법으로 그린다. 그림 2-3, 2-4, 2-5와 같이 물체가 유리상자 안에 들어 있고, 유리상자의 6개의 표면에 정투상법으로 물체가 보이는 모습을 그린다고 생각해 보자. 즉, 투시선은 평행하며 유리상자 표면에 대하여 수직으로 만난다. 6개의 유리면에 모습을 모두 그리고 유리상자를 정면모습이 그려진 유리면을 중심으로 바깥쪽으로 펼치면, 6개의 모습이 1장의 제도용지 안에 배치되는 그림을 얻을 수 있다. 각 투상도의 명칭은 유리상자를 펼치기 전에 유리면이 물체의 어느 방향에 있었는가에 따라서 표 2-2와 같이 부른다.

표 2-2 제1각법과 제3각법의 명칭과 위치

제1각법	투상도의 위치	제3각법	투상도의 위치
정면도(A)	투상도의 기준	정면도(front view : A)	투상도의 기준
평면도(B)	정면도의 하부	평면도(top view : B)	정면도의 상부
저면도(E)	정면도의 상부	저면도(bottom view : E)	정면도의 하부
배면도(F)	정면도의 맨 오른쪽	배면도(rear view : F)	정면도의 맨 오른쪽
우측면도(D)	정면도의 왼쪽	우측면도(right side view : D)	정면도의 오른쪽
좌측면도(C)	정면도의 오른쪽	좌측면도(left side view : C)	정면도의 왼쪽

* 기계에서 사용하는 도면은 대부분이 제3각법으로 제도한다.

정면도와 배면도는 3차원 물체의 폭과 높이를, 우측면도와 좌측면도는 깊이와 높이를, 평면도와 저면도는 폭과 깊이를 표현한다. 즉, 정면도는 깊이를, 측면도는 폭을, 평면도는 높이를 표현할 수 없다. 정투상법은 다음의 규칙을 잘 이용하도록 한다.

① 정면도와 평면도는 항상 수직으로 일직선상에 배치한다.
② 정면도와 측면도는 옆으로 일직선상에 배치한다.
③ 평면도와 측면도에서 물체의 정면도를 쳐다보고 있다.
④ 평면도의 깊이(depth)는 측면도의 깊이와 같다.
⑤ 평면도의 폭(width)은 정면도의 폭과 같다.
⑥ 측면도의 높이(height)는 정면도의 높이와 같다.
⑦ 물체를 위에서 본 모습이 평면도이며 반드시 정면도의 위쪽(1각법은 아래쪽)에 배치한다.
⑧ 물체를 정면의 오른쪽에서 본 모습이 우측면도이며 반드시 정면도의 오른쪽(1각법은 왼쪽)에 배치한다.
⑨ 물체를 정면의 왼쪽에서 본 모습이 좌측면도이며 반드시 정면도의 왼쪽(1각법은 오른쪽)에 배치한다.
⑩ 물체를 밑에서 본 모습이 저면도이며 반드시 정면도의 아래쪽(1각법은 위쪽)에 배치한다.
⑪ 좌측면도와 우측면도의 외곽선은 정면도를 기준으로 대칭이다.

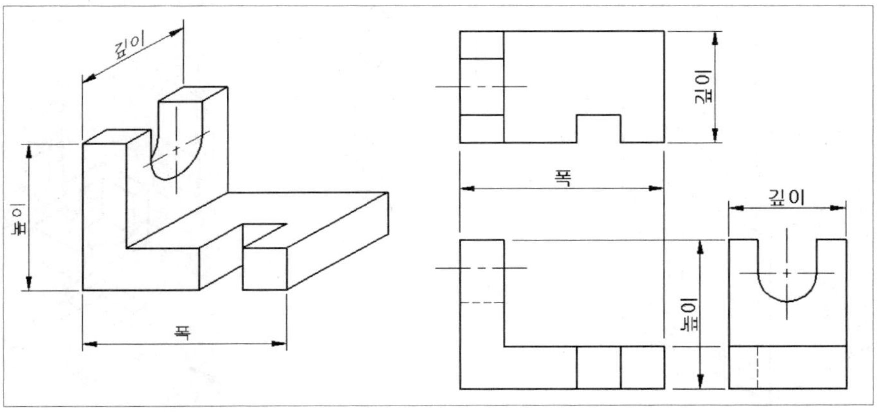

그림 2-2 투상도와 치수들

⑫ 평면도와 저면도의 외곽선은 정면도를 기준으로 대칭이다.
⑬ 정면도와 배면도의 외곽선은 측면도를 기준으로 대칭이다.

2.3 제3각 투상법과 제1각 투상법

2개의 평면을 서로 직각으로 교차시키면 4개의 공간으로 나누어진다. 두 평면에 의하여 갈라진 4개의 공간을 오른쪽 상단으로부터 왼쪽 방향으로 제1각, 제2각이라 하고 왼쪽 하단을 제3각, 그 옆을 제4각이라 부른다. 제1각법은 제1각 안에 대상물을 올려놓고 정면에서 본 모양을 수직면(입화면)에, 위에서 본 모양을 수평면(평화면)에 각각 투상한 것을 말하며, 제3각법은 대상물을 제3각의 공간에 올려놓고 각면을 보이는 그대로 각 투상면에 그리는 것을 말한다. 2, 4각법은 잘 쓰이지 않는다.

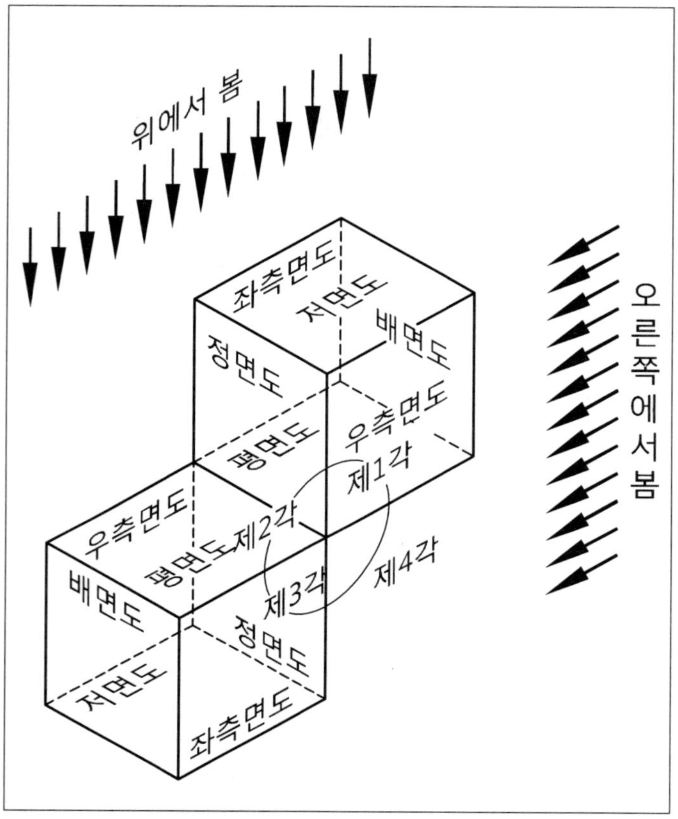

그림 2-3 공간의 분할과 바라보는 방향

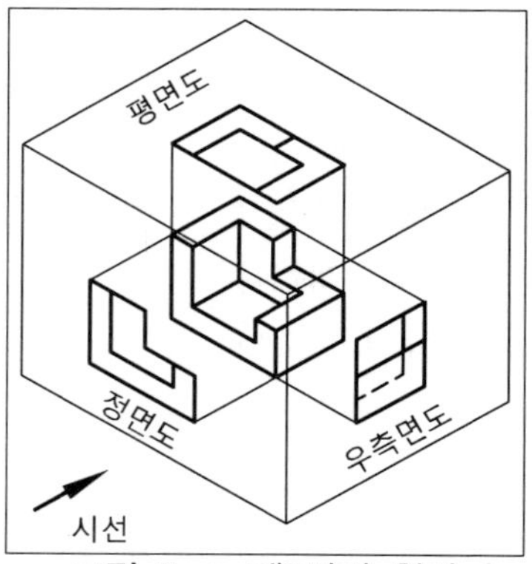

그림 2-4 제3각법 원리

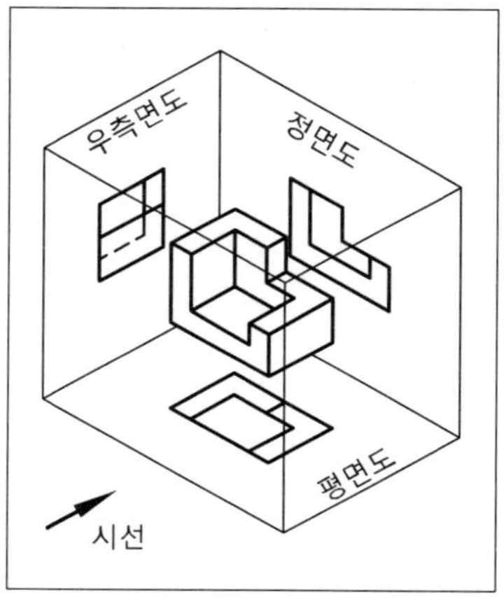

그림 2-5 제1각법 원리

지금까지의 투상도는 그림 2-4와 그림 2-6의 (1)에서와 같이 물체와 투상하는 사람 사이에 투상면이 있는 것으로 생각하여 작성된 것이다. 이것은 물체로부터 투시선이 나와서 투상면을 거친 후에 투상하는 사람이 보는 개념이다. 즉, 물체의 사진을 촬영하는 개념과 같다. 이러한 투상법을 제3각 투상법 또는 3각법이라고 한다.

그런데 그림 2-5와 그림 2-6의 (2)에서와 같이 투상하는 사람으로부터 투시선이 나가서 물체를 지난 후에 물체 뒤에 있는 투상면에 투상도가 그려지는 개념의 투상법이 있다. 즉, 물체의 X레이 사진을 찍는다는 개념과 같다. 이러한 투상법을 제1각 투상법 또는 1각법이라고 한다.

그림 2-6에서 보면 제1각 투상법으로 그려진 투상도는 제3각 투상법으로 그려진 투상도에 비해

우측면도가 정면도의 왼쪽에, 좌측면도가 정면도의 오른쪽에, 평면도가 정면도의 아래쪽에, 저면도가 정면도의 위쪽에 오는 것을 알 수 있다.

【1】 제3각법 (the third angle projection)

그림 2-4와 같이 투상면의 뒤쪽에 물체를 놓은 것이므로 정면도를 기준으로 하여 그 좌·우, 상·하에서 본 모양을 보는 쪽에서 그린다. 따라서 투상도의 상호관계 및 위치가 서로 비교하기 쉬워서 도면을 그리거나 볼 때 쉽다. 제3각법의 원리를 보면, 눈(투상선) → 투상면(화면) → 물체로 만들어지게 된다.

【2】 제1각법 (the first angle projection)

제3각법과 반대로 그림 2-5와 같이 투상면 앞쪽에 물체를 놓게 되므로 우측면도는 정면도의 왼쪽에, 좌측면도는 정면도의 오른쪽에, 저면도는 정면도의 위쪽에 그리고, 평면도는 정면도의 아래쪽에 그린다. 즉, 제3각법과는 다르게 본 모양을 정면도를 기준으로 해서 반대쪽에 그리기 때문에 투상도의 상호관계 및 위치가 달라 서로 비교가 어렵다. 제1각법의 원리를 보면, 눈(투상선) → 물체 → 투상면(화면)으로 만들어지게 된다.

【3】 제3각법과 제1각법의 비교

제3각법은 다음과 같은 장점이 있다.

① 그림이 물체를 전개한 위치에 배열되므로 실제로 실물을 보는 것과 같은 위치에 있다.
② 물체를 본 쪽에 그림이 배열되므로 그림을 보기가 쉽다. 특히 긴 물체나 경사면인 경우에 관련 그림을 대조하는 데 편리하다.
③ 복잡한 모양이나 경사면에 보조투상도를 이용하여 정확히 표현할 수 있다.

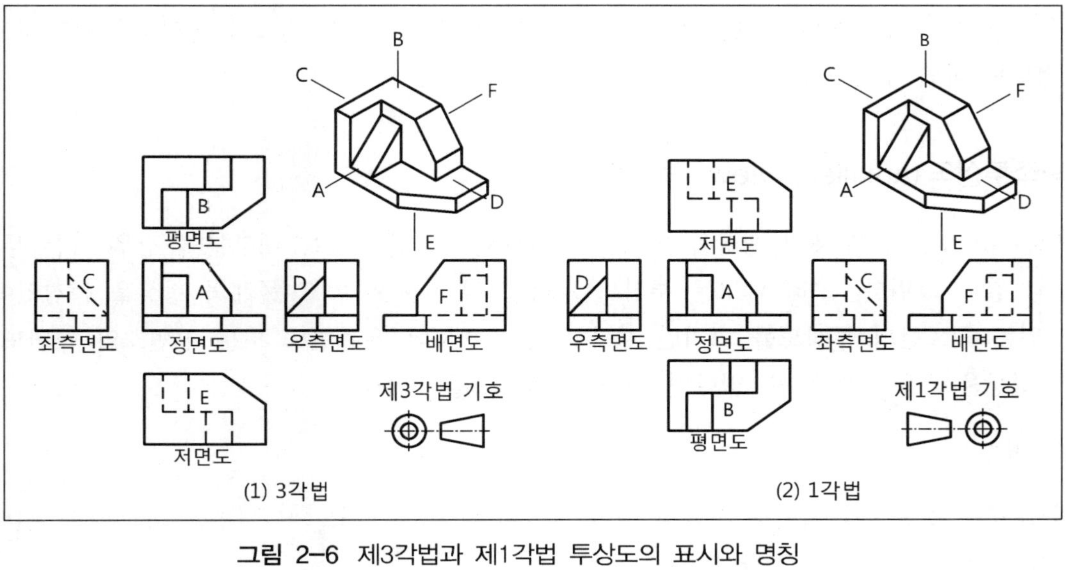

그림 2-6 제3각법과 제1각법 투상도의 표시와 명칭

2.4 투상도의 선정

【1】 정면도 (front view)

물체를 투상도로 표현할 경우 가장 중요한 것은 정면도를 선정하는 일이다. 정면도는 기준 투상도로 그림 2-7에서와 같이 물체의 폭이나 길이방향의 형상을 표현하며 물체의 중요한 정보를 파악할 수 있는 방향을 정면도로 선정한다.

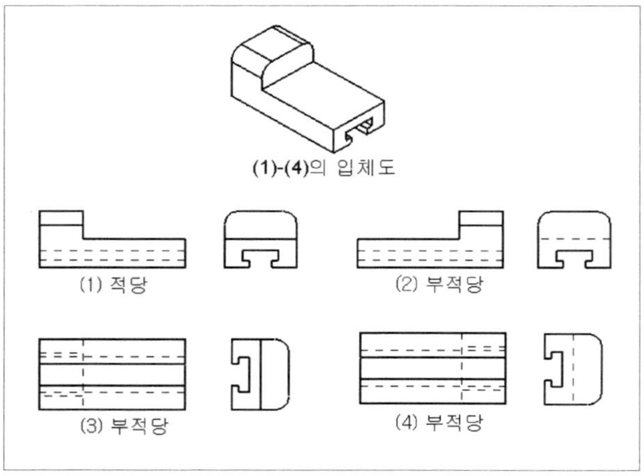

그림 2-7 정면도의 선정

정면도를 선정할 때 유의할 점은 자동차, 선박, 항공기 등의 외관을 투상도로 표현할 경우, 정면도는 앞에서 쳐다본 모습이 아니라 측면 방향에서 정투상법으로 그린 도면이 정면도가 된다. 그러나 사람의 머리를 투상도로 표현하는 정면도는 정면 방향에서 본 정면을 정투상법으로 그린 것이 정면도가 되므로 기계부품의 투상도를 그릴 때 먼저 정면도 방향을 잘 선정해야 한다.

따라서 정면도는 물체의 특색을 잘 보여주는 방향이나 물체가 가지고 있는 정보가 가장 많이 담겨져 있는 방향을 선정한다. 또한 좌·우의 폭이 상·하의 높이보다 길도록 정면도를 선정하고 숨은선이 적도록 하면 무난하다.

【2】 보조투상도 (auxiliary view : 보충도)

정면도 하나만으로 물체의 형상을 빠짐없이 표현할 수 없으므로, 대부분의 경우 다른 투상도를 정면도와 같이 그린다. 그러나 모든 투상도를 다 그릴 필요는 없고 물체의 형상을 빠짐없이 표현할 수 있는 최소한의 투상도를 그리면 된다. 즉, 정면도와 우측면도 또는 정면도와 평면도만으로 물체의 형상을 모두 표현할 수 있다면 2개의 투상도만을 그린다.

(1) 2면도

그림 2-8은 정면도와 평면도 선택의 예이고 그림 2-9는 정면도와 우(또는 좌)측면도 선택의 예이다. 숨은선이 적은 쪽을 선택하면 된다.

2개의 투상도만으로 충분할 경우, 일반적으로 길쭉한 물체는 그림 2-10, 그림 2-11 (1)에서와 같이 정면도에 대하여 평면도를 그리는 것이 보기 좋으며, 그림 2-11 (2)와 같이 폭과 높이가 비슷한 물체는 우측면도를 선정하면 좋은 도면을 그릴 수 있다.

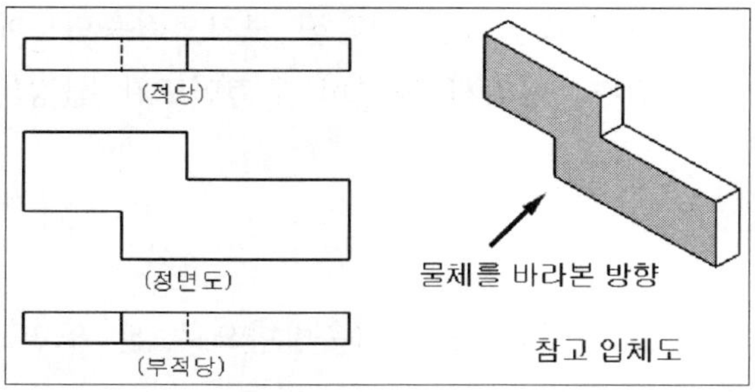

그림 2-8 도면배치의 우선순위

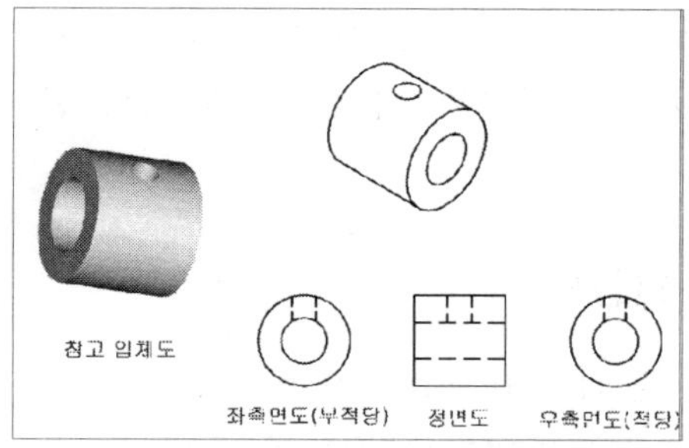

그림 2-9 도면배치의 우선순위

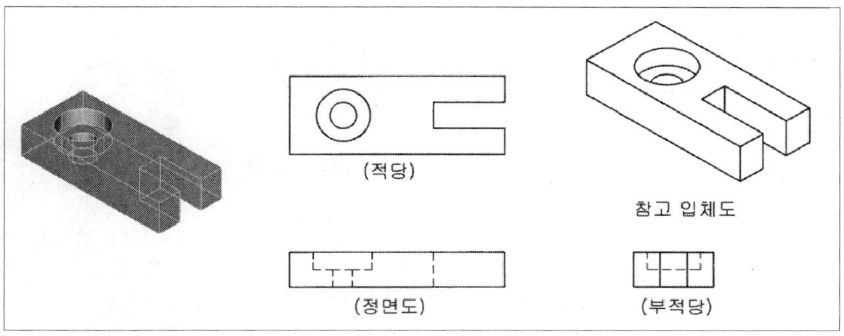

그림 2-10 이해하기 쉬운 도면

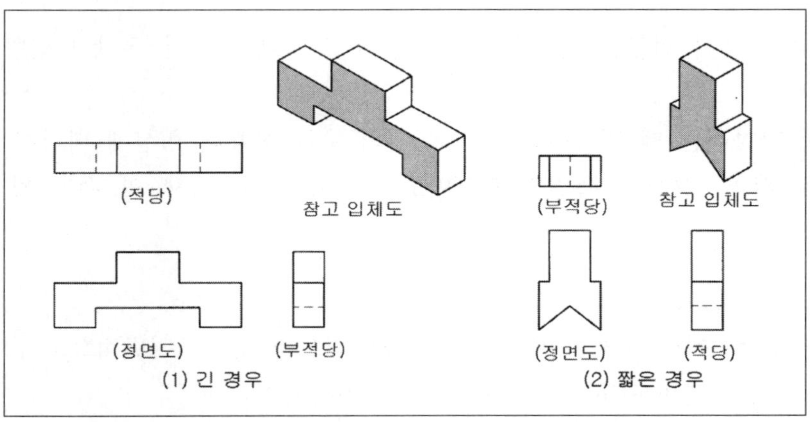

그림 2-11 길이에 의한 배치의 선택

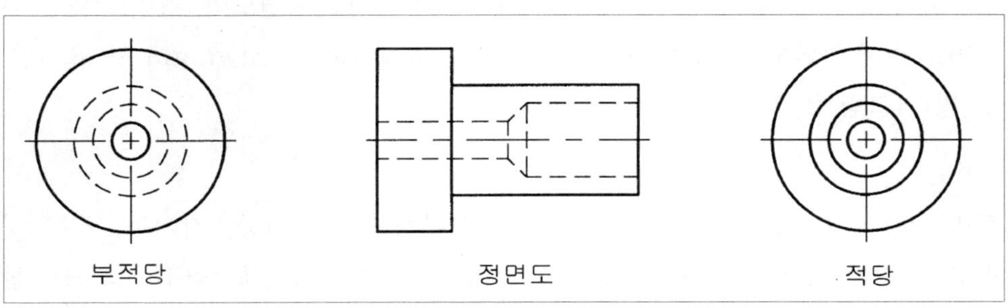

그림 2-12 숨은선이 없는 우측면도의 선정

그리고 물체가 가지고 있는 형체가 대부분이 모두 보이는 투상도를 선정하여 도면에 숨은선이 가능한 나타나지 않도록 해야 한다. 예를 들어, 그림 2-12에서와 같이 정면도와 우측면도 또는 정면도와 좌측면도와 같이 2개의 투상도로 물체의 형상을 완전히 표현할 수 있는 경우, 정면도와 함께 우측면도를 그릴 것인가 아니면 좌측면도를 그릴 것인가를 생각해 보자. 좌측면도에서는 물체의 내부를 이루는 형체가 모두 숨은선으로 표현된다. 따라서 당연히 우측면도가 선정되어야 한다.

(2) 원형도

벨트 풀리(belt pulley)·베어링(bearing)·기어(gear) 등의 원형도(축방향으로 본 도면), 특수한 경우 이외는 정면도를 선정하지 않아도 된다(그림 2-13).

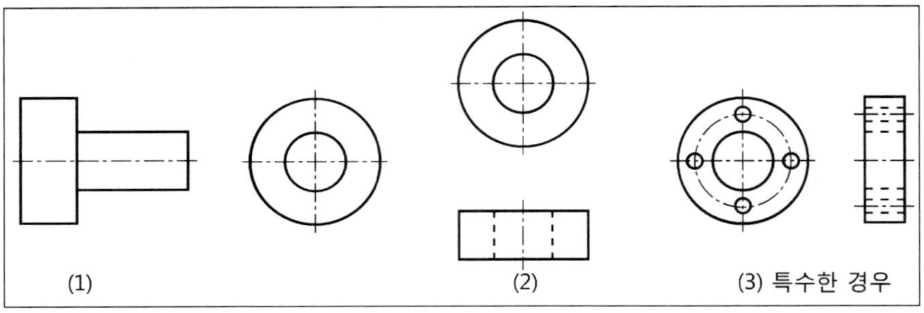

그림 2-13 원형의 도면배치의 선택

(3) 필요한 투상도의 수

이 내용은 이미 앞에서 언급한 내용으로 도면을 제도할 때 필요한 투상 도면만을 제도할 경우에 사용된다.

물체를 완전히 나타내는 데 필요한 충분한 도면의 수는 물체의 형상에 따라서 다르다. 일반적으로 3면도 이하로 하며 평면도·우측면도·좌측면도·저면도 등의 보조도의 수는 될 수 있는 한 적게 한다.

① 3면도

3개의 투상도에서 도시할 수 있는 것을 3면도라 한다. 일반적으로 정면도, 평면도(또는 저면도) 및 우측면도(또는 좌측면도)를 선정한다.

② 2면도

평면도형 또는 원통형의 간단한 물체는 일반적으로 정면도와 평면도(또는 저면도) 또는 정면도와 우측면도(또는 좌측면도)의 2면도(two-view drawing)로서 표시할 수 있는 것이 많다(그림 2-14).

③ 1면도

정면도로만 표시할 수 있는 경우, 즉 보조투상도가 원기둥, 각기둥, 평판 등과 같이 단면형이 같은 형상의 간단한 물체는 치수 숫자에 기호(표 3-1 참고)를 붙여서 1면도(one-view drawing)로 나타낼 수 있다(그림 2-15, 2-16).

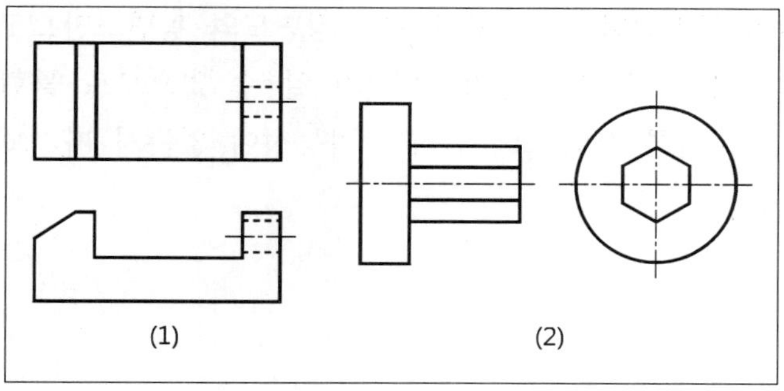

그림 2-14 2면도

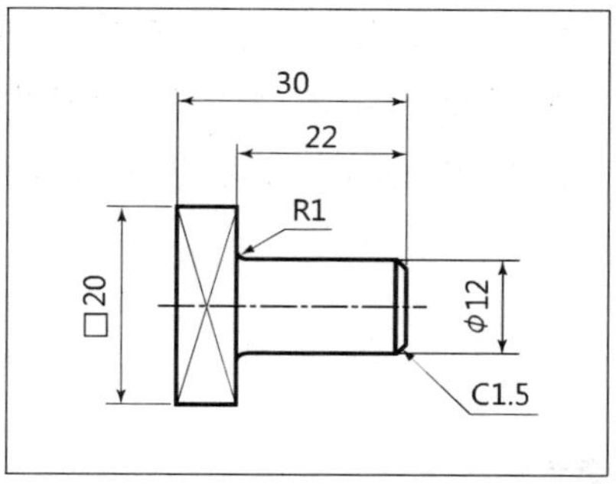

그림 2-15 모양기호를 사용한 1면도

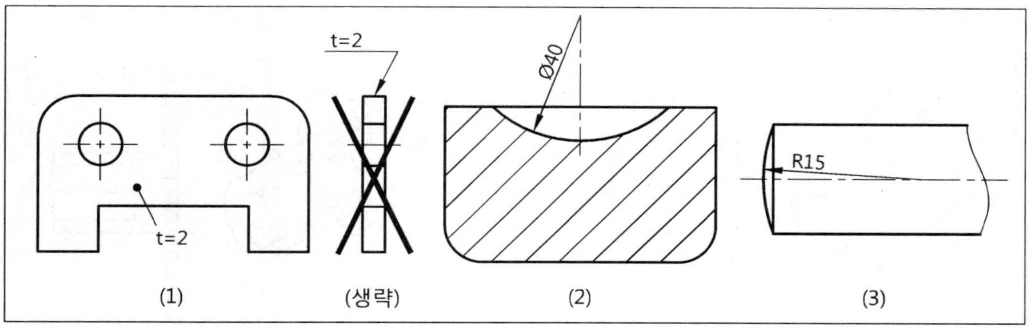

그림 2-16 1면도

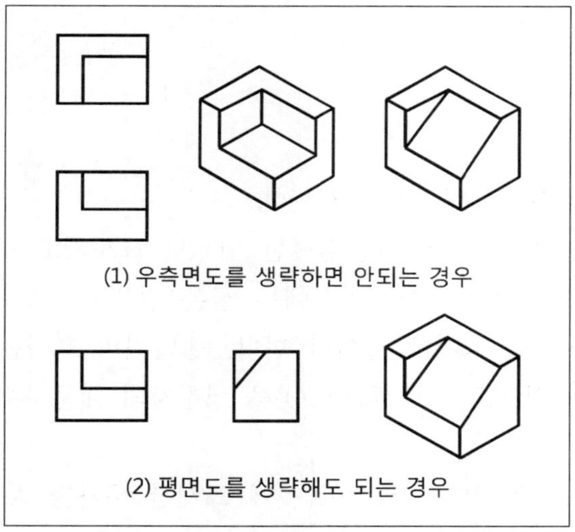

그림 2-17 생략 가능한 투상도의 선택

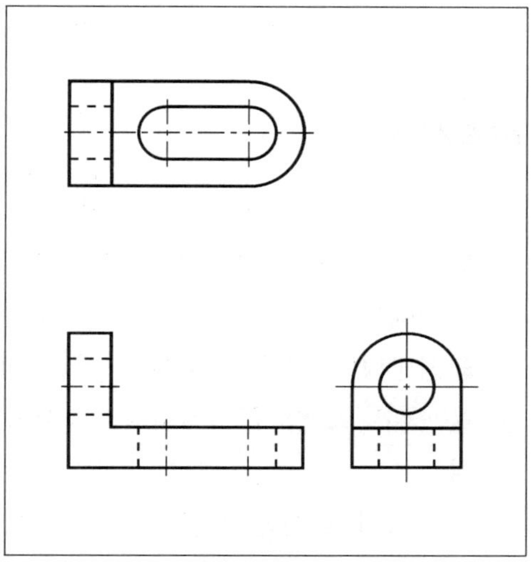

그림 2-18 2면도로는 불가능한 부품의 예

그림 2-15와 같은 원기둥 형태의 물체는 1면도로 충분한 경우가 많다.

도면을 그릴 때 되도록 투상도의 수를 최소화한다. 그런데 생략하면 안되는 투상도를 생략한다든지 생략이 가능한 투상도를 생략하지 않고 그대로 그린다든지 하면 문제가 된다. 그림 2-17의 (1)은 우측면도를 생략한 도면인데, 평면도만을 보아서는 부품의 형상을 완전히 파악할 수 없다. 이 부품은 그림 2-17의 (2)처럼 평면도를 생략하고 우측면도를 정면도와 같이 그리면 2면도로 충분하다.

그림 2-18은 2면도로는 도저히 표현이 불가능한 예를 보여준다. 정면도와 평면도만으로 부품을 표현할 때 물체의 위쪽 부분의 형체가 직육면체인지 반원기둥형인지 알 수 없으므로 틀린 도면이 된다. 따라서 2면도로 그릴 경우에는 항상 다른 부품으로 인식될 가능성이 없는지 따져보아야 한다.

2.5 단면법

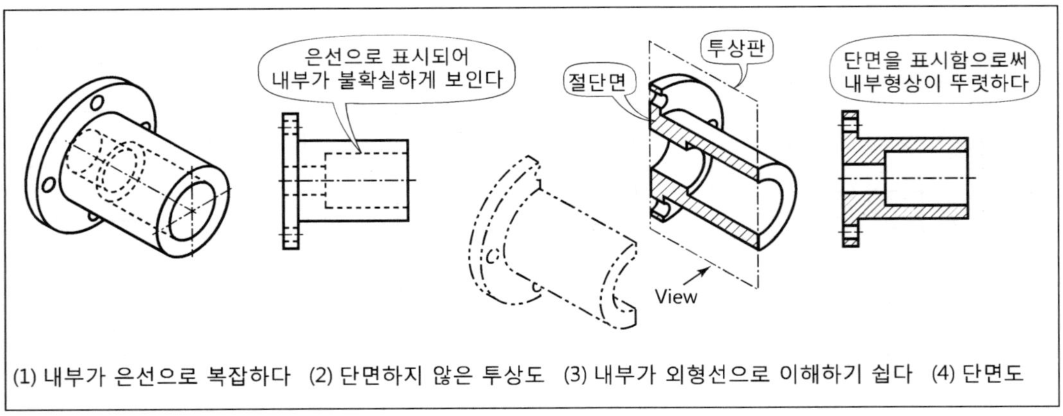

그림 2-19 단면표시와 단면도법

【1】 단면표시법

① 단면은 원칙적으로 기본 중심선에서 절단한 면으로 표시한다.

② 단면은 필요한 경우에는 기본 중심선이 아닌 곳에서 절단한 면으로 표시해도 좋다. 단, 이때에는 절단위치를 가는 1점쇄선으로 표시하며, 양끝에는 굵은1점쇄선으로 표시하고 표시방향이 바뀌는 곳에도 굵은1점쇄선을 표시해 놓아야 한다. 절단면의 표시는 절단선을 긋고 그 양 끝부에서 본 방향을 화살표로, 또 절단한 곳을 영문자의 대문자로 표시한다.

③ 단면도의 표시는 위쪽이나 아래쪽으로 통일하여 절단한 곳에 표시한 문자를 A-A와 같이 기입한다.

④ 표시 문자는 단면도의 방향에 관계없이 모두 위쪽으로 하고 뚜렷하고 크게 쓴다.

⑤ 절단선이나 표시문자 및 화살표는 표시하지 않아도 이해할 수 있는 것은 생략하여도 좋다.

⑥ 단면을 표시할 때에는 대개의 경우 해칭(hatching)을 한다.

⑦ 단면도에서 절단된 뒷부분의 어떠한 형상도 은선으로 표시하지 않지만 조립도에 한해서는 관례적으로 사용하는 예가 있다.

⑧ 단면상에 떼어 내버린 앞부분의 형상을 표현하고자 할 때에는 가는 2점쇄선으로 표시할 수 있다.

【2】 해칭의 유의사항

도면에 나타나는 숨은선이 많으면 물체를 이해하기가 어려워진다. 이런 문제점을 해결하기 위하여 단면법을 사용한다. 이 경우에 많이 사용하는 것이 해칭(hatching)이다. 해칭이란 단면이 아닌 면과의 구분을 확실히 하기 위하여 평행경사선을 그어 나타내는 것으로 다음 방법을 따른다.

① 기본 중심선 또는 기선에 대하여 45°(또는 30°, 60°)의 가는실선을 2~3 mm의 같은 간격으로 그린다. 단면이 클 때에는 외형선의 주변만 해칭한다.

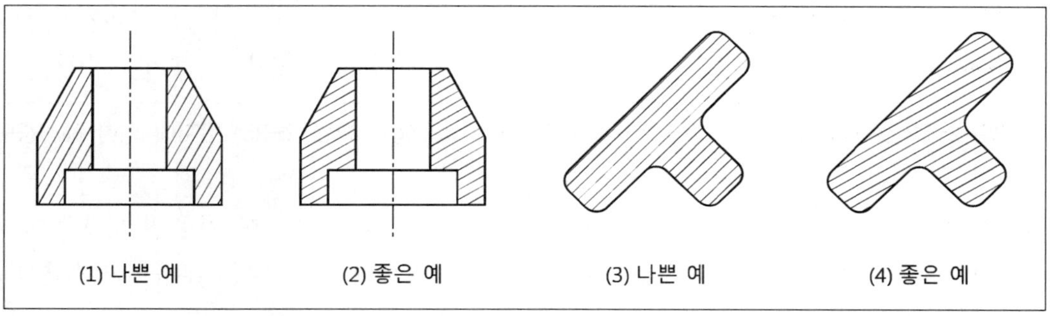

그림 2-20 단면의 외형선과 해칭의 방향

그러나 그림 2-20의 (1)처럼 단면의 외형선의 방향이 45°여서 해칭을 45°로 하면 외형선과 해칭이 평행하게 될 경우에는 (2)처럼 해칭의 경사각을 30°로 변경하는 것이 보기 좋다.

외형선과 해칭은 평행이 되지 않는 것이 좋으며, 평행이 될 경우에는 해칭의 각도를 45°에서 30°, 60° 또는 75°로 변경한다[그림 2-20 (4) 참조].

② 같은 절단면상에 나타나는 같은 부품의 단면에는 같은 해칭(또는 스머징)을 한다. 다만, 계단모양의 절단면의 각 단에 나타나는 부분을 구분할 필요가 있을 경우에는 그림 2-21과 같이 해칭을 같은 방향으로 중복되지 않게 한다.

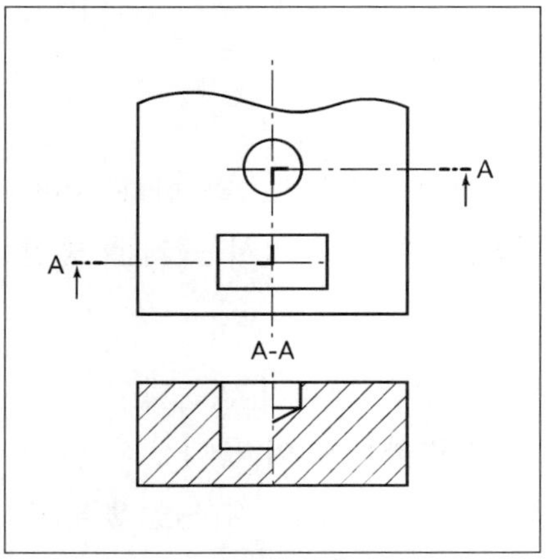

그림 2-21 같은 절단면의 표시

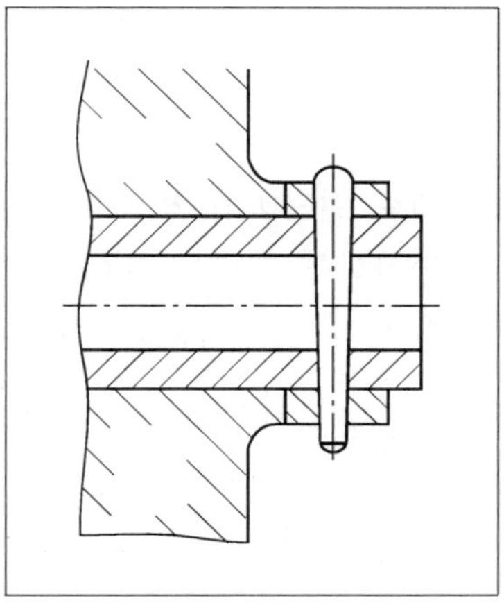

그림 2-22 해칭의 구별

③ 인접한 단면의 해칭은 그림 2-22과 같이 선의 방향 또는 각도를 변경하든지 그 간격을 변경하여 구별한다. 또한 단면 면적이 넓은 경우에는 그 외형선을 따라서 적절한 범위에

해칭(또는 스머징 : smudging)을 한다(그림 2-23, 2-24).

④ 해칭(또는 스머징)을 하는 부분 안에 글자, 기호 등을 기입하기 위하여 필요한 경우에는 그림 2-25와 같이 해칭(또는 스머징)을 중단한다.

그림 2-23 물체가 큰 경우

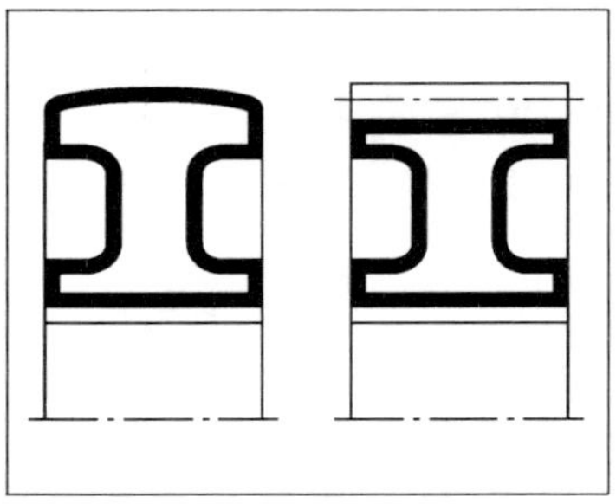

그림 2-24 스머징(smudging)

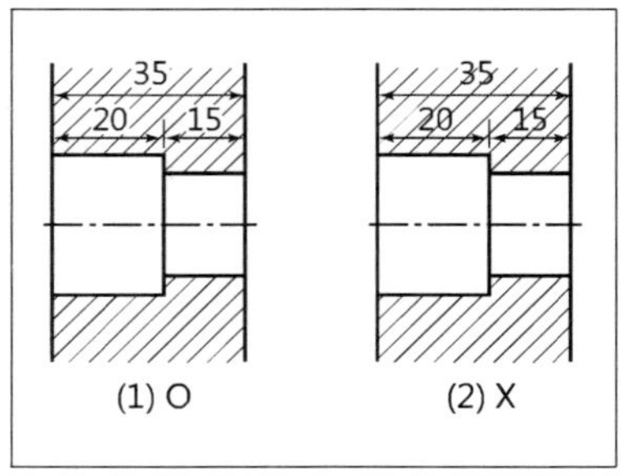

그림 2-25 문자에 의한 해칭중단

⑤ 여러 개의 부품이 조립되는 상태를 보여주는 조립도에서는 한 부품의 단면들이 서로 떨어져 있더라도 해칭은 동일해야 한다. 그렇지 않으면 서로 다른 부품이라고 혼동을 일으키기 때문이다.
또한 조립도상에서 대부분의 경우, 한 부품이 여러 투상도에서 나타나는데 이때에도 여러 투상도에 나타나는 한 부품의 단면들은 경사각과 간격이 동일하게 해칭한다.

⑥ 비금속 재료의 단면으로 특별히 재질을 명시할 필요가 있을 경우에는 원칙적으로 재료별 표시방법으로 표시한다. 이 경우 부품도에는 재질을 따로 문자를 써서 기입한다.

2.6 단면도의 종류

단면은 기본 중심선에서 절단하는 것을 원칙으로 한다. 그렇지만 대상물의 형상에 따라서 변할 수 있다. 단면도의 종류에는 다음과 같은 것들이 있다.

【1】 온단면도 (full section)

하나의 물체를 2개로 절단하여 표시하는 것을 온단면도(전단면도)라 한다. 이때 절단면은 투상도에 평행하고 기본 중심선을 지나는 것이 원칙이지만, 모양에 따라서는 기본 중심선을 지나지 않아도 좋다. 온단면도에서는 다음 내용들을 따른다.

① 단면이 기본 중심선을 지나는 경우에는 절단선을 그리지 않는다.
② 숨은선은 필요한 것만을 기입한다(가급적 생략하는 것이 좋다).
③ 절단면 앞쪽으로 보이는 선은 이해에 도움이 되지 않는 경우는 생략한다.

온단면도를 그리는 방법은 정투상법으로 정면도(또는 측면도나 평면도)를 그리는 방법과 동일하다. 다만, 온단면도는 부품이 절단면으로 잘려져 나가고 남은 물체의 투상도를 그린다는 점이 다르다. 그리고 단면도는 형상을 명확하게 하기 위하여 그리는 것이므로 절단면의 뒤쪽에 숨겨져 있는 형체를 단면도 위에 숨은선으로 추가로 그리지 않는다. 그러나 절단면의 뒤쪽 너머에 있는 보이는 형체는 외형선으로 빠짐없이 그려야 한다. 그리고 단면도가 단순투상도와 다른 점은 절단면과 부품이 접촉한 자리인 단면에 해칭을 하여 단면인 면과 단면이 아닌 부분을 구분해 주는 것이다.

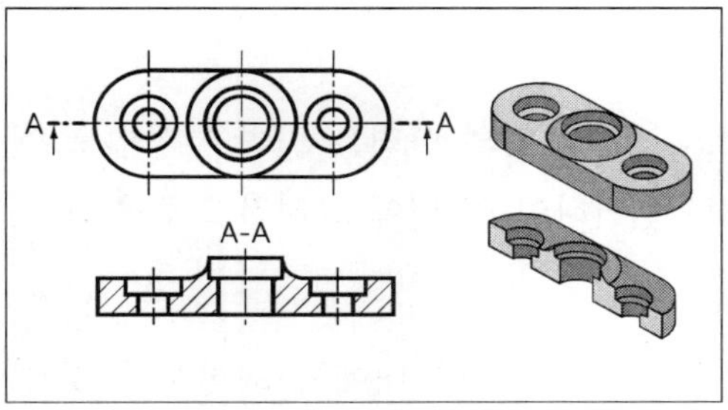

그림 2-26 온단면도와 그 입체도

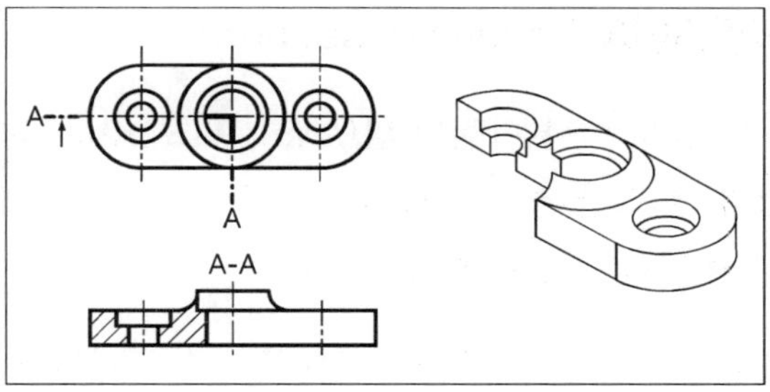

그림 2-27 한쪽단면도와 그 입체도

【2】 한쪽단면도 (half section)

상하 또는 좌우가 대칭인 물체의 1/4을 제거하여 외형도의 절반과 온단면도의 절반을 조합하여 동시에 표시한 것을 한쪽단면도(반단면도)라 한다. 한쪽단면도는 다음을 따른다.

① 대칭축의 상하 또는 좌우의 어느 쪽의 면으로 절단하여도 좋다.
② 외형도, 단면도의 숨은선은 가능한 대로 생략한다.
③ 절단면의 절단선은 중심선과 중복되므로 그림 2-27과 같이 기입하지 않는다.

【3】 부분단면도 (local section)

물체에서 단면을 필요로 하는 일부분만을 떼어내어 나타낼 수가 있다. 이것을 부분단면도라 한다. 파단부분은 자유곡선의 가는실선으로 제도하며 외형선의 1/2 굵기로 한다. 이 경우 절단선을 프리핸드(free hand)로 그리는데 직선에 가깝게 그리면 안된다. CAD에서는 spline 등으로 그린 다음 필요 없는 부분을 지우면 된다. 이 단면도는 다음과 같은 경우에 사용된다.

① 단면으로 표시할 범위가 작은 경우
② 키, 핀, 나사 등과 같이 길이방향으로 절단하지 않는 것을 특별히 표시하는 경우
③ 단면의 경계가 혼동되기 쉬운 경우

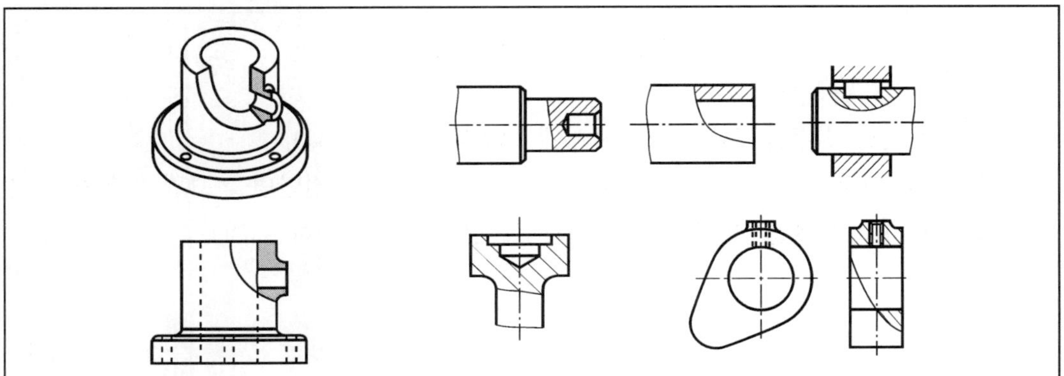

(1) 부분단면도 (2) 사용예

그림 2-28 부분단면도

부분단면도는 단면으로 표현할 부분이 작거나 작은 나사나 볼트와 같은 기계요소 부품의 조립상태를 표현할 때 사용하기에 편리하다.

【4】 회전단면도 (revolved section)

핸들(handle)이나 바퀴의 암(arm), 리브(rib), 훅(hook), 축 등의 단면은 일반 투상법으로는 표시하기 어렵다. 이러한 경우는 물체를 축에 수직한 단면으로 절단하여 이 면에 그려진 그림을 90° 회전하여 그린다. 이것을 회전단면도라 한다.

① 회전단면도 내에는 어떠한 선도 지나가서는 안되며 도형 내에서 회전시킨 곳에 직접 그린다.

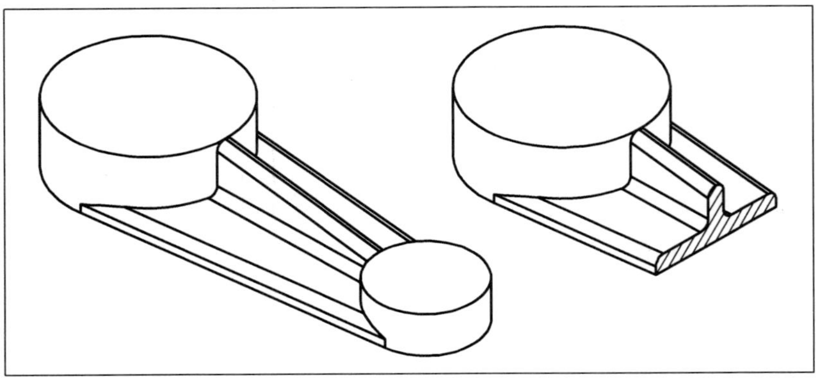

그림 2-29 회전단면할 입체도와 단면도

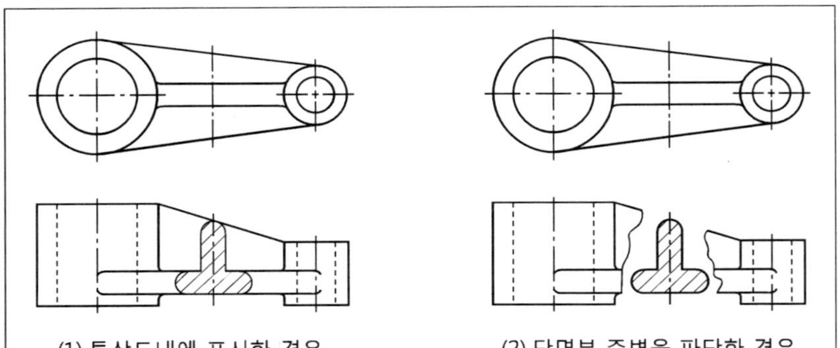

(1) 투상도내에 표시한 경우　　(2) 단면부 주변을 파단한 경우

그림 2-30 올바른 회전단면도

② 절단할 곳의 전후를 끊어서 그 사이에 그린다(그림 2-31).

③ 절단선의 연장선 위에 그린다(그림 2-32). 도면 내에 회전단면을 그릴 여유가 없거나 단면을 표기하기 어려운 경우에 여유공간으로 단면도를 표시하는 것.

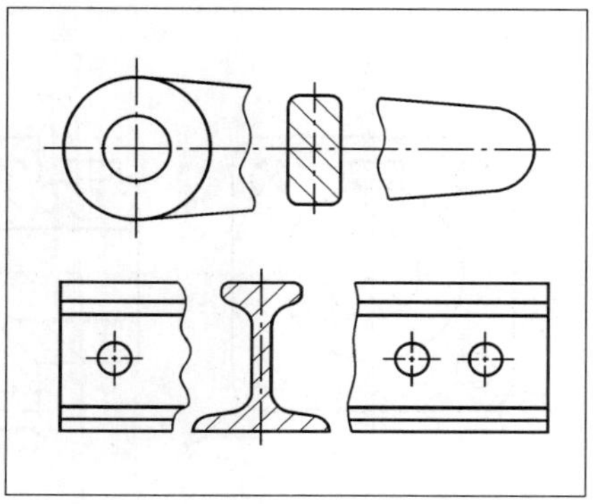

그림 2-31 회전단면도

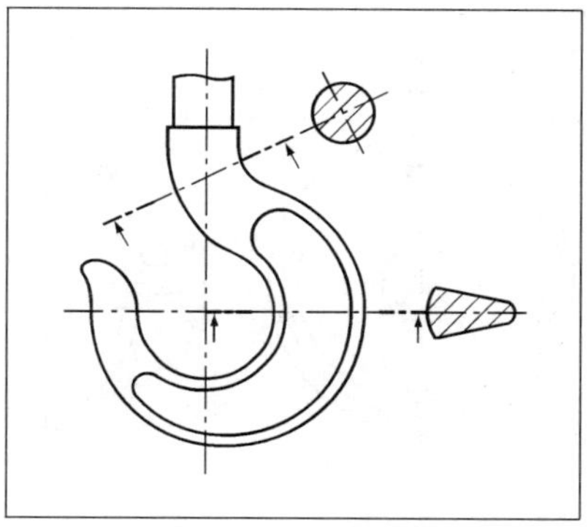

그림 2-32 인출 회전단면도

④ 도형 내의 절단한 곳에 겹쳐서 가는실선을 사용하여 그린다(그림 2-33).

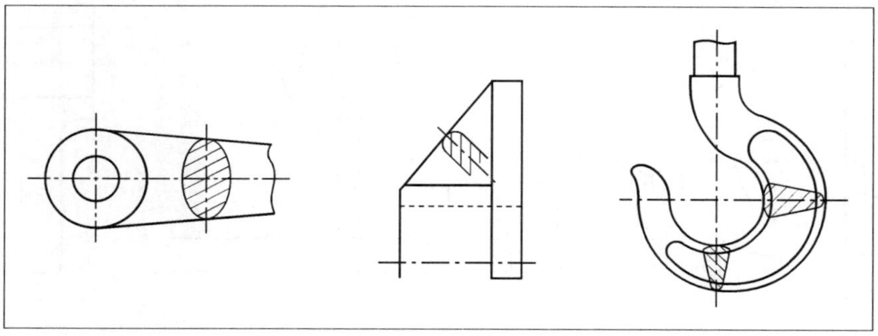

그림 2-33 회전단면도

회전단면도를 그릴 때에는 가는실선으로 나타내는 방법이 작업시간도 짧고 더 능률적이어서 많이 이용한다.

【5】 조합에 의한 단면도

회전단면도와 계단단면도의 개념을 활용하여 2개 이상의 절단면에 의한 단면도를 조합하여 행하는 단면 도시는 다음에 따른다. 또한 이와 같은 경우 필요에 따라서 단면을 보는 방향을 나타내는 화살표와 글자기호를 붙인다.

① 그림 2-34, 2-35, 2-36과 같이 대칭형 또는 이에 가까운 형의 대상물의 경우에는 대칭의 중심선을 경계로 하여 그 한쪽을 투상면에 평행하게 절단하고, 다른쪽을 투상면과 어느 각도를 이루는 방향으로 절단할 수 있다. 이 경우 후자의 단면도는 그 각도만큼 투상면쪽으로 회전시켜서 도시한다.

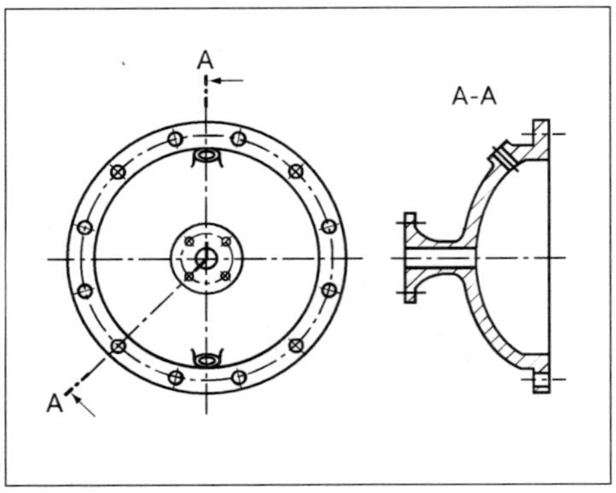

그림 2-34 조합단면도

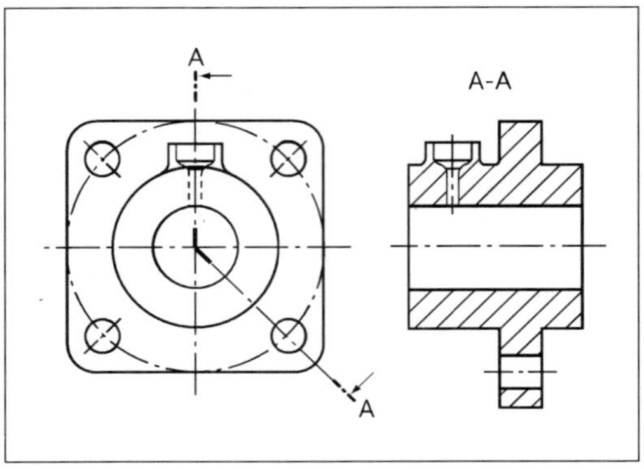

그림 2-35 조합단면도

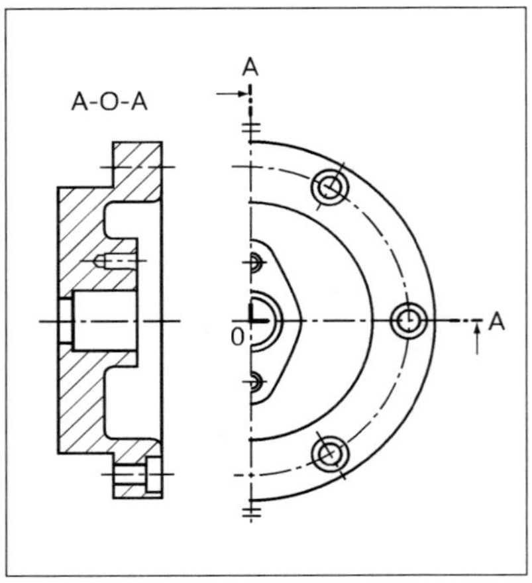

그림 2-36 조합단면도

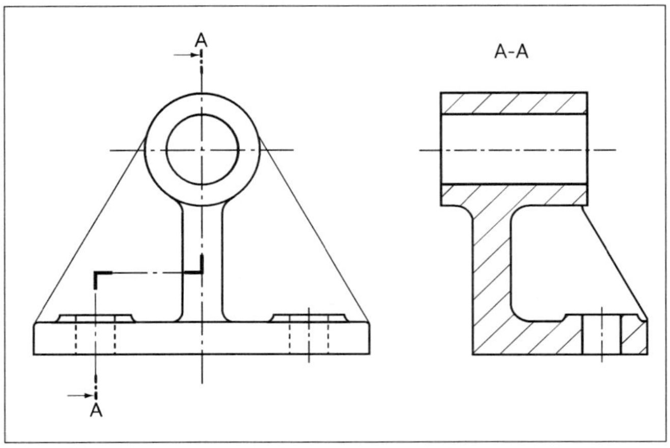

그림 2-37 조합단면도 (평행한 두 평면)

② 단면도는 평행한 2개 이상의 평면에서 절단한 단면도의 필요부분만을 합성시켜 나타낼 수 있다. 이 경우, 그림 2-37과 같이 절단선에 따라 절단의 위치를 나타내고 조합에 의한 단면도라는 것을 나타내기 위하여 2개의 절단선을 임의의 위치에서 이어지게 한다.

③ 구부러진 관 등의 단면을 표시하는 경우에는 그림 2-38과 같이 그 구부러진 중심선에 따라 절단하고 그대로 투상할 수 있다.

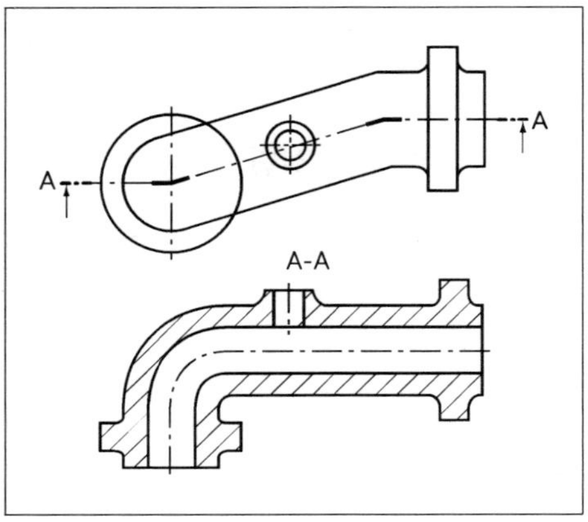

그림 2-38 구부러진 관의 조합단면도

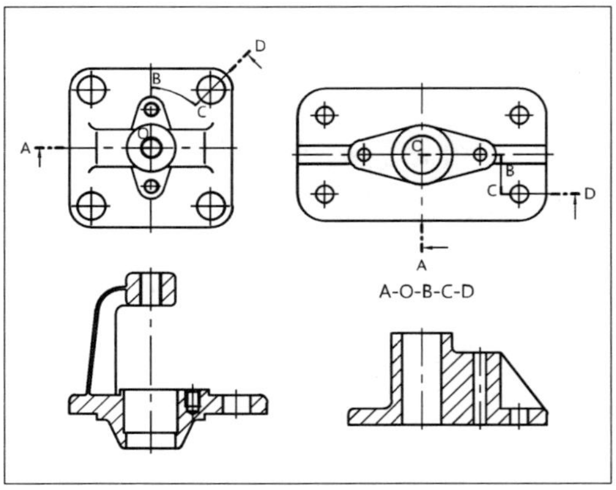

그림 2-39 복잡한 조합단면도

④ 단면도는 그림 2-39와 같이 필요에 따라 ①~③의 방법을 조합하여 표시하여도 좋다.

【6】 다수의 단면도에 의한 도시

다수의 단면도에 의한 도시는 다음에 따른다.

① 복잡한 모양의 대상물을 표시하는 경우, 그림 2-40과 같이 필요에 따라 다수의 단면도를 그려도 좋다.

② 일련의 단면도는 치수의 기입과 도면의 이해에 편리하도록 투상의 방향을 맞추어서 그리는 것이 좋다. 이 경우 그림 2-41과 같이 절단선의 연장선상 또는 그림 2-42와 같이 주 중심선상에 배치하는 것이 좋다.

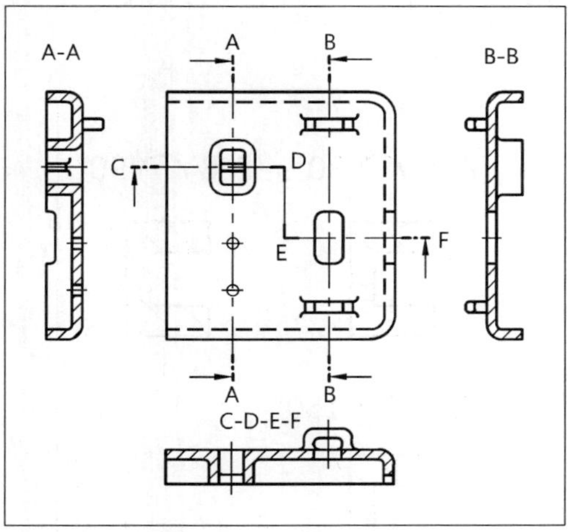

그림 2-40 다수의 단면도

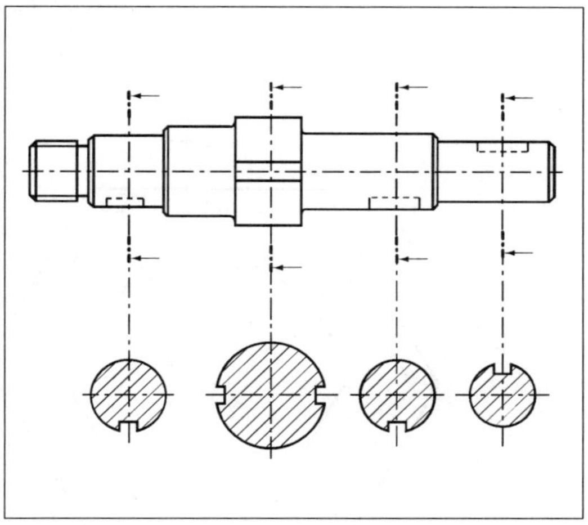

그림 2-41 다수의 단면도

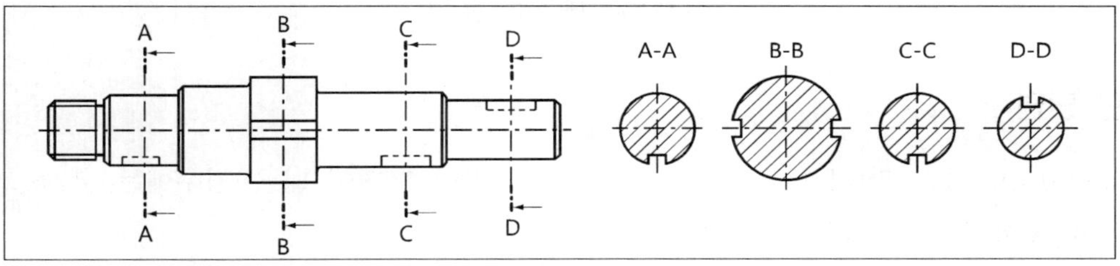

그림 2-42 다수의 단면도

③ 대상물의 모양이 서서히 변화하는 경우 그림 2-43과 같이 다수의 단면에 의하여 표시할 수 있다.

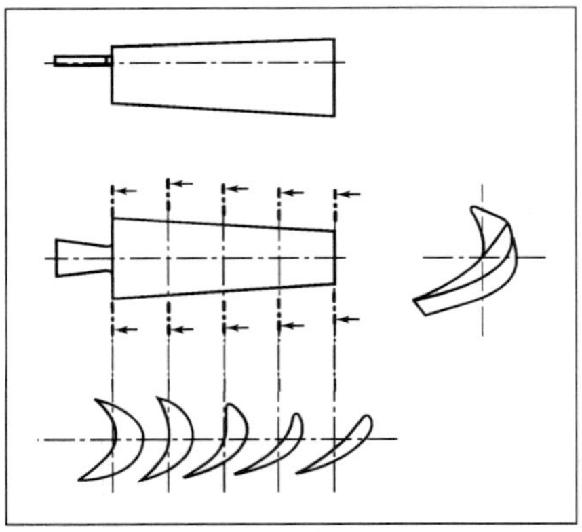

그림 2-43 다수의 단면도

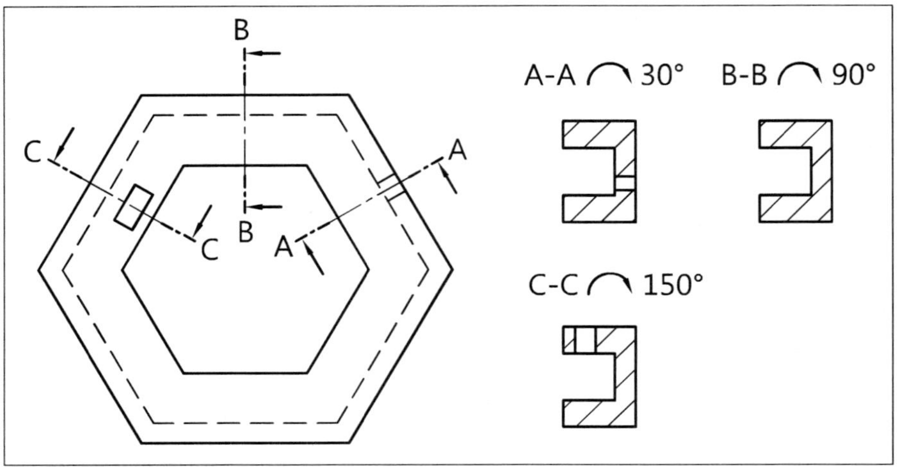

그림 2-44 다수의 단면도

【8】 얇은 단면

패킹(packing), 얇은 판(plate), 형강(beam) 등과 같이 단면이 얇은 경우에는 굵게 그린 1개의 실선 정도의 두께가 되는 얇은 것도 있다.

① 절단면을 검게 칠한다[그림 2-45 (1), (2)].
② 실제 치수와 관계없이 1개의 아주 굵은실선으로 표시한다[그림 2-45 (3), (4)].

이런 단면이 인접하는 경우에는 단면을 표시하는 선 사이를 실제보다 좀 더 띄워 그린다. 다만 이 간격은 0.7 mm 이상으로 한다. 또한 한 선으로 표시하여 오해의 염려가 있을 경우에는 지시선으로 표시한다.

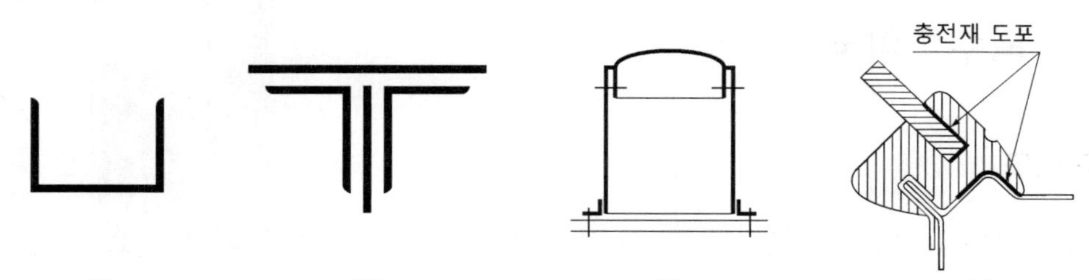

그림 2-45 얇은 두께부분의 단면도

【9】 길이방향으로 절단하지 않는 것

절단했기 때문에 이해를 방해하는 것(보기 1) 또는 절단하여도 의미가 없는 것(보기 2)은 원칙적으로 길이방향으로는 절단하지 않는다.

[보기] 1 : 리브(rib), 웨브(web), 바퀴 암(arm), 기어의 이(tooth)

2 : 축(shaft), 핀(pin), 볼트(bolt), 너트(nut), 와셔(washer), 작은 나사(set screw), 리벳(rivet), 키(key), 강구(ball), 원통 롤러(roller)

그림 2-46의 축은 외형도로 그린 후에, 셋 스크루, 키, 록 너트(lock nut), 핀 등의 조립상태를 보여주기 위하여 부분단면도로 그린다.

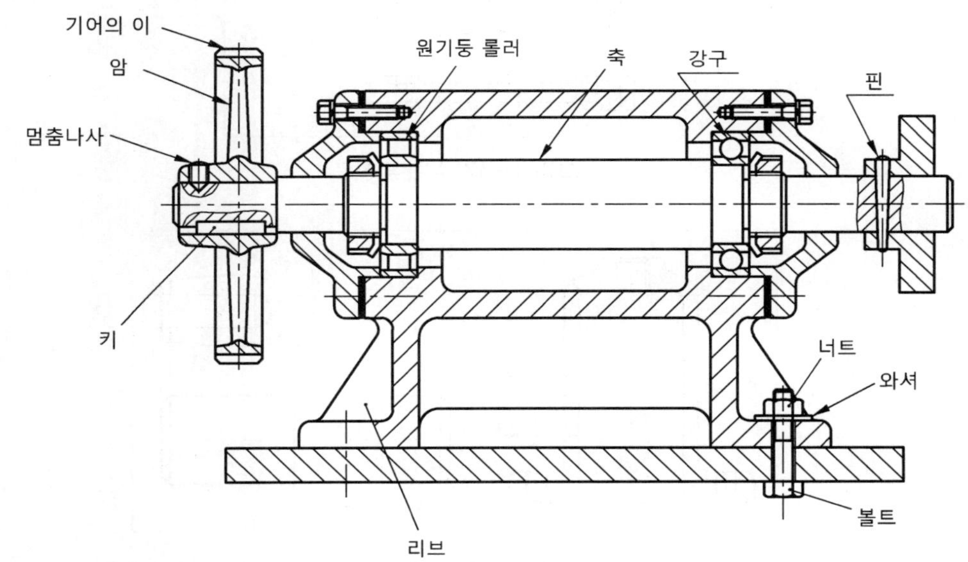

그림 2-46 길이방향으로 절단하지 않는 부품의 예

2.7 특수투상도

【1】 부분투상도

그림 2-47과 같이 그림의 일부를 도시하는 것으로 충분한 경우에는 그 필요부분만을 부분투상도로서 표시한다. 이 경우 생략한 부분과의 경계선을 파단선으로 나타낸다. 다만, 명확한 경우에는 파단선을 생략하여도 좋다.

【2】 국부투상도

그림 2-48과 같이 대상물의 구멍, 홈 등 한 국부만의 모양을 도시한 것으로 충분할 경우에는 그 필요부분을 국부투상도로서 나타낸다. 투상 관계를 나타내기 위하여 원칙으로 주된 그림에 중심선, 기준선, 치수보조선 등으로 연결한다.

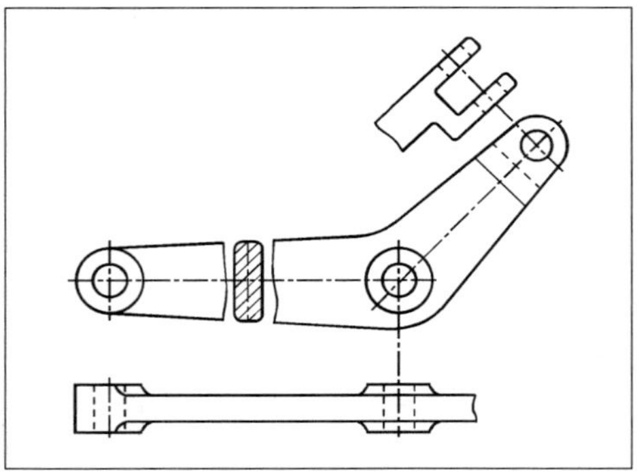

그림 2-47 부분투상도

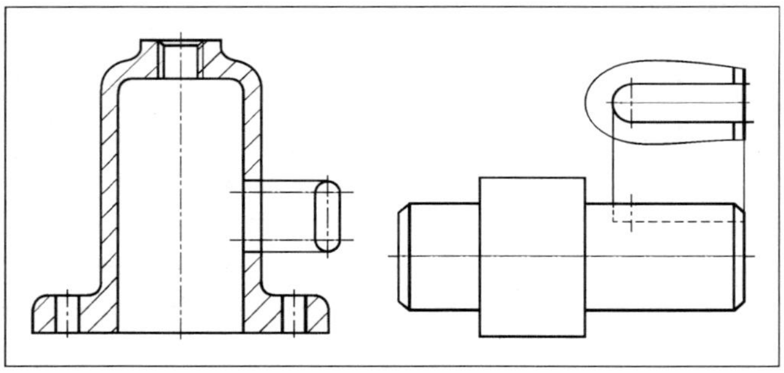

그림 2-48 국부투상도

【3】 회전투상도 (aligned view)

투상면이 어느 각도를 가지고 있기 때문에 그 실형을 표시하지 못할 때에는 그림 2-49와 같이 그 부분을 회전해서 그 실형을 도시할 수 있다. 또한 잘못 볼 우려가 있을 경우에는 작도에 사용한 선을 남긴다.

손잡이(lug), 보강판(rib) 또는 암(arm)이 부착된 부품의 투상도를 그릴 때, 회전투상도를 그리면 도면이 간략해지고 보기 좋아지는 경우가 많다.

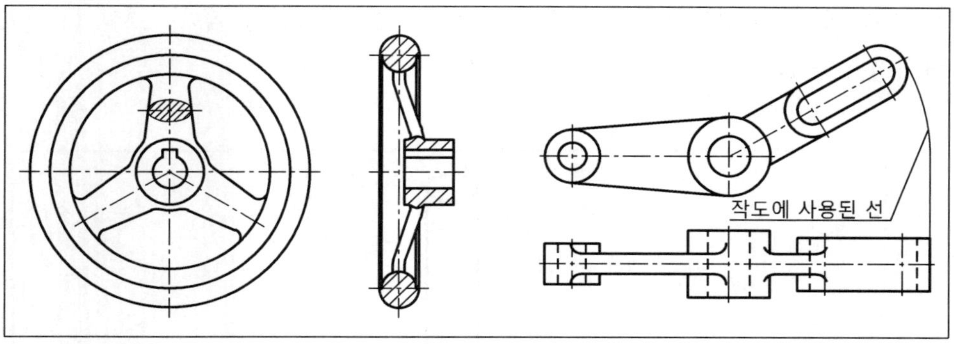

그림 2-49 회전투상도

【4】 부분 확대도

특정 부분의 도형이 작아서 그 부분의 상세한 도시나 치수기입을 할 수 없을 때는 그림 2-51과 같이 그 부분을 가는실선으로 에워싸고, 영자의 대문자로 표시함과 동시에 그 해당 부분을 다른 장소에 확대하여 그린 다음 표시하는 글자 및 척도를 부기한다. 다만, 확대한 그림의 척도를 나타낼 필요가 없을 경우에는 척도 대신 "확대도"라고 부기한다.

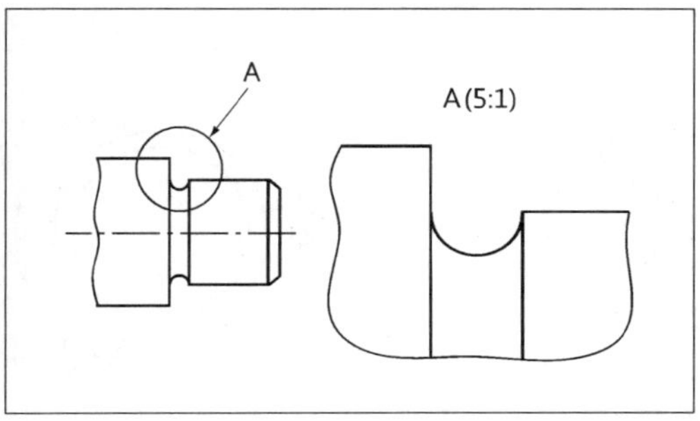

그림 2-50 부분 확대도

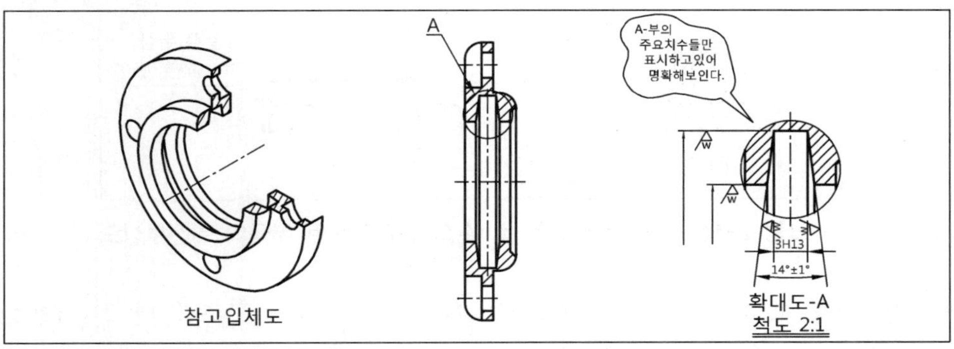

그림 2-51 상세도의 실제적용 예

【5】 반지름방향 형체의 투상도

그림 2-52의 (1)과 같은 지지대 부품은 (2)와 같이 평면 위에 수직으로 원기둥 부품을 조립할 때 사용된다. 그런데 측면으로 하중을 받으면 그 하중이 지지대 부품에도 작용되므로 그림 2-52의 (3)과 같이 보강판을 등간격으로 반지름방향으로 덧붙이는 설계를 하게 된다.

이러한 부품을 도면으로 그릴 경우, 실제 투상도를 그리는 것보다 그림 2-53와 같이 대칭성을 그대로 나타낼 수 있는 회전투상도로 그리는 것이 더 좋은 도면이 된다. 그림 (1)은 보강판이 있는 부품이며, (2)는 손잡이(lug)가 부착된 부품이다.

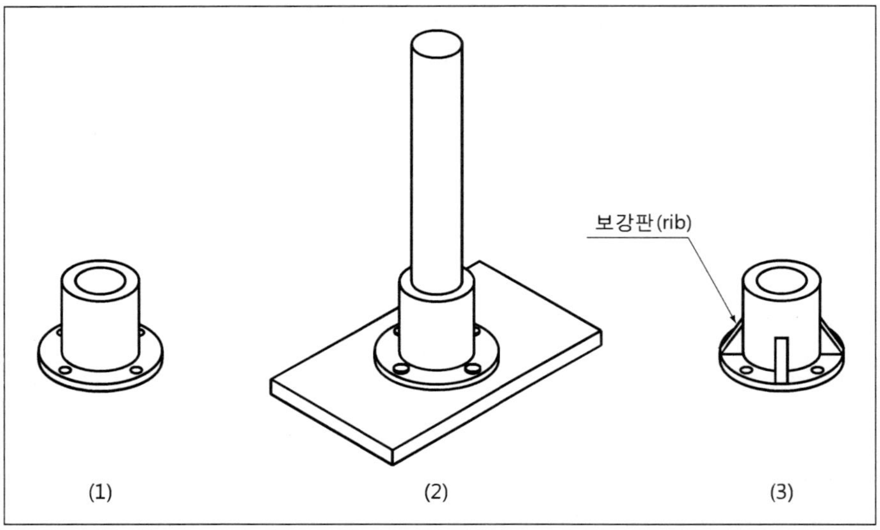

그림 2-52 지지대 부품과 보강판

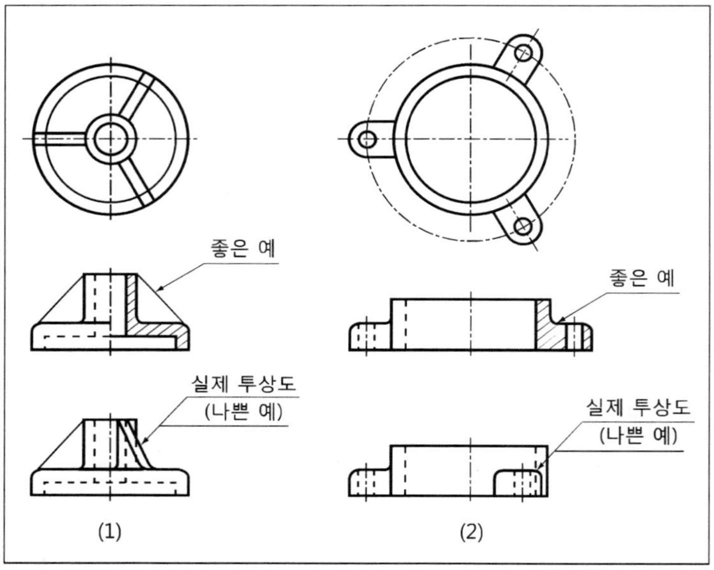

그림 2-53 등간격 보강판 및 손잡이가 부착된 부품의 회전투상도

그림 2-54의 (1)을 보면, 보강판을 단면으로 그리지 않는 것이 구조를 더 잘 표현할 수 있음을 알 수 있다. 그림 2-54의 (2)에서는 보강판의 수가 홀수일 경우에도 회전단면도로 그리며 보강판은 단면으로 그리지 않는다.

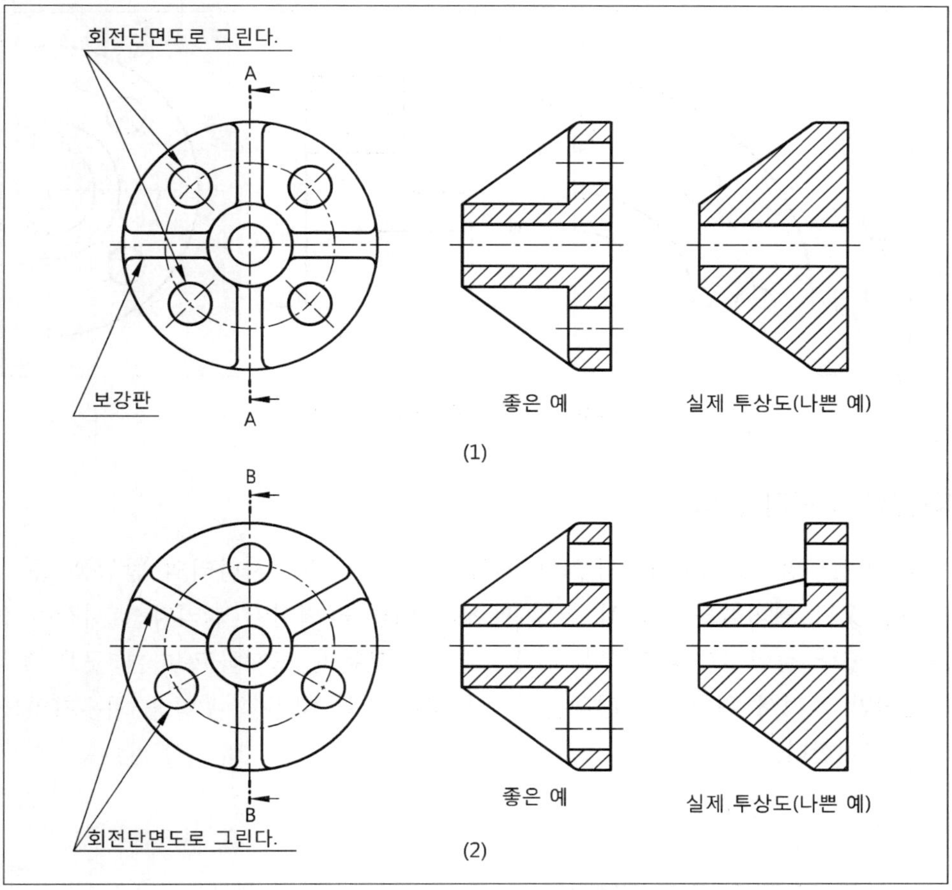

그림 2-54 보강판이 등간격으로 있는 부품의 단면도

2.8 도형의 생략

【1】 대칭도형의 생략

도형이 대칭일 경우에는 대칭성을 명확히 파악한 후, 작도의 시간과 지면을 줄이기 위해서 다음의 어느 한 가지 방법에 따라 대칭중심선의 한쪽을 생략할 수 있다.

① 그림 2-55와 같이 대칭중심선의 한쪽 도형만을 그리고, 그 대칭중심선의 양끝 부분에 짧은 2개의 나란한 가는실선(대칭그림기호)을 그려서 대칭도형임을 표시한다. 이때 대칭도시기호는 0.25 mm 굵기의 2.5 mm의 길이로 1 mm 간격의 나란한 실선을 도형의 바깥 부분에서 1~2 mm 내에 그리는 것이 좋다.

② 대칭중심선 한쪽의 도형을 대칭중심선을 약간 넘는 부분까지 그린다. 이때에는 대칭그림기호를 생략할 수 있다.

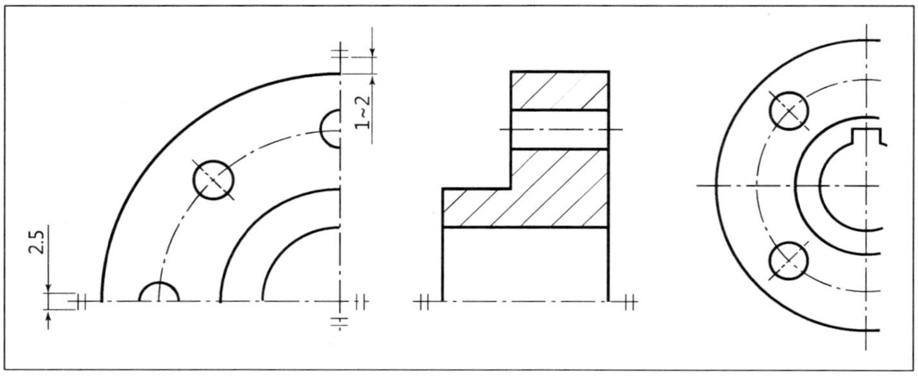

그림 2-55 대칭도형의 도시

【2】 간략도(반복 도형의 생략)

같은 종류의 리벳구멍, 볼트구멍, 지주(stay)의 구멍, 관·지주·사다리의 받침봉 등 같은 종류와 같은 모양을 한 것이 연속적으로 많이 놓일 때에는 이들을 일일이 그리자면 시간이 많이 걸리기 때문에 그림 2-56과 같이 그 양 끝부분 또는 필요한 부분만 도시하고 다른 곳은 모두 생략하여 피치선과 중심선만 그려서 위치를 표시해둔다. 이 경우 반복 부분의 수량을 치수기입으로 또는 주서란에 별도로 명기한다.

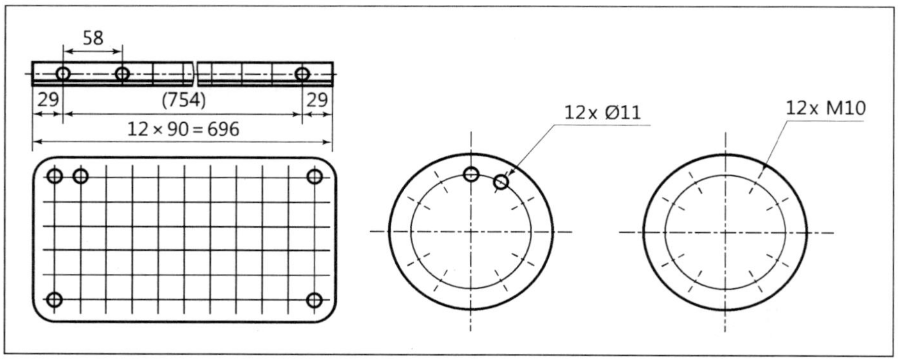

그림 2-56 간략도

【3】 중간부분의 생략에 의한 도형의 단축

동일 단면형의 부분(보기 1), 같은 모양이 규칙적으로 줄지어 있는 부분(보기 2) 또는 긴 테이퍼 등의 부분(보기 3)은 지면을 생략하기 위하여 중간 부분을 잘라내서 그 긴요한 부분만을 가까이 하여 도시할 수 있다.

[보기] 1 : 축, 막대, 관, 형강

2 : 래크, 공작기계의 어미나사, 교량의 난간, 사다리

3 : 테이퍼축

이 경우 잘라낸 끝부분은 파단선으로 나타낸다. 그러나 요점만을 도시하는 경우, 혼동될 염려가 없을 때는 파단선을 생략하여도 좋다.

긴 테이퍼 부분 또는 기울기 부분을 잘라낸 도시에서는 경사가 완만한 것은 실제의 각도로 도시하지 않아도 좋다.

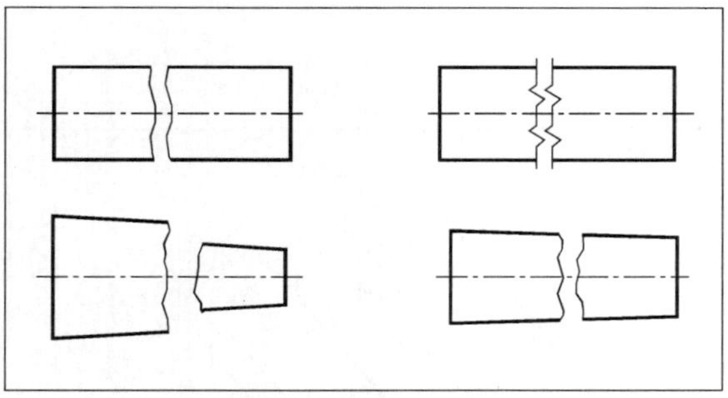

그림 2-57 도형의 단축

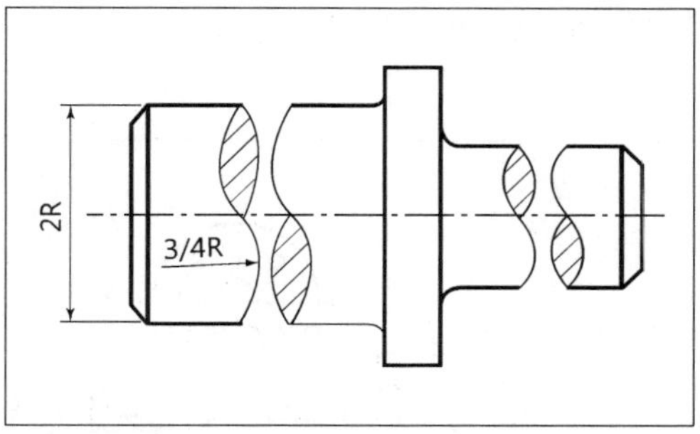

그림 2-58 CAD 제도에서 도형의 단축

- **CAD 제도에서의 도형의 단축**

  CAD 제도에서 단축에 따른 생략 도형의 모양 표시방법 중 원기둥 모양 물체(둥근막대 등)의 잘라낸 끝부의 파단선은 그림 2-58에 따른다. 중간부분의 생략에 의한 도형을 단축할 경우 등에서 축·둥근막대·원관 등에 대하여는 그것을 한눈에 알 수 있도록 8자형의 파단선을 사용한다. 파단선을 구성하는 원호는 대상물 반지름의 3/4인 반지름에 의하는 것으로 한다. 파단면에 상당하는 부분은 해칭 등을 한다.

【4】 특별한 도시방법

판을 구부려서 만드는 대상물이나 면으로 구성되는 대상물의 전개한 모양을 나타낼 필요가 있을 경우에는 전개도로 나타낸다. 이 경우 전개도의 위쪽 또는 아래쪽 어느 곳에나 통일해서 전개도라고 기입하는 것이 좋다.

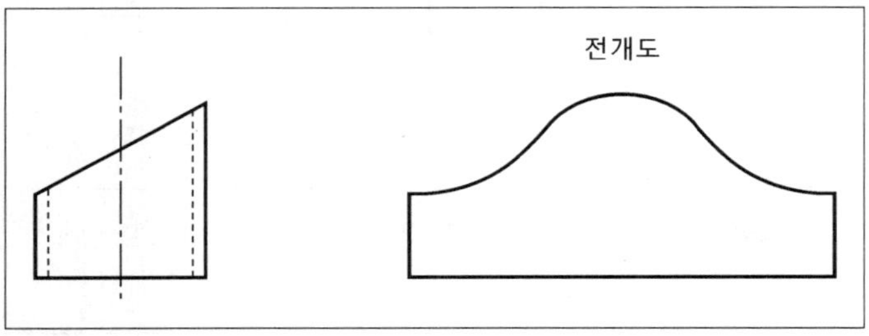

그림 2-59 전개도

【5】 간결 명료한 도시

도시를 필요로 하는 부분을 알기 쉽게 하기 위하여 다음과 같이 하는 것이 좋다.

① 숨은선은 그것이 없어도 이해할 수 있는 경우 생략하여도 좋다.

② 보충한 투상도에 보이는 부분을 전부 그리면 도면이 오히려 알기 어렵게 될 경우에는 부분투상도(그림 2-60) 또는 보조투상도(그림 2-61)로 하여 표시하는 것이 좋다.

그림 2-62의 (1)과 같은 부품은 정면을 기준으로 우측면과 좌측면의 형상이 다르므로, 측면도를 우측과 좌측 모두 그려야 부품의 형상을 완전히 표현할 수 있다. 우측면도와 좌측면도를 그릴 경우, 투상법에 충실하게 그리면 (2)와 같은 도면이 되어 무엇인가 이상해 보인다. 따라서 이러한 경우에는 그림 2-62의 (3)처럼 측면 뒤쪽 너머에 있는 형체들은 생략하고 부분투상도를 그리는

것이 훨씬 세련된 도면이 된다.

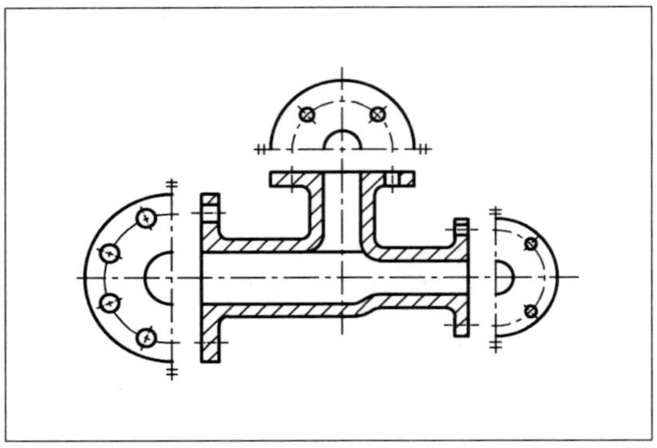

그림 2-60 부분투상도

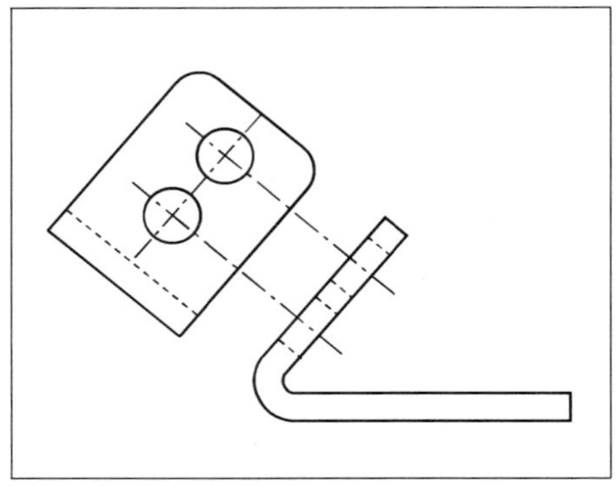

그림 2-61 보조투상도

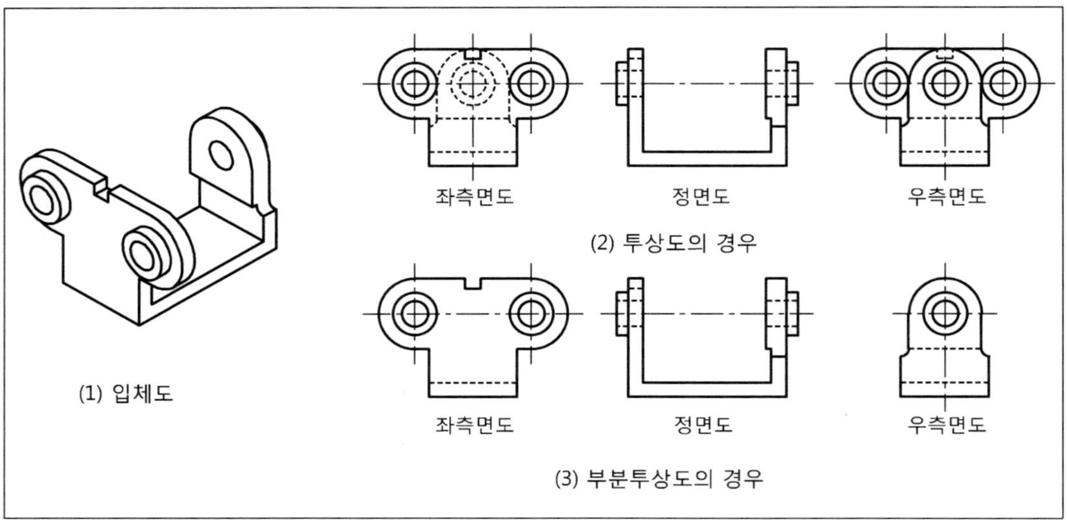

그림 2-62 부분투상도로 그려야 하는 기계도면의 예

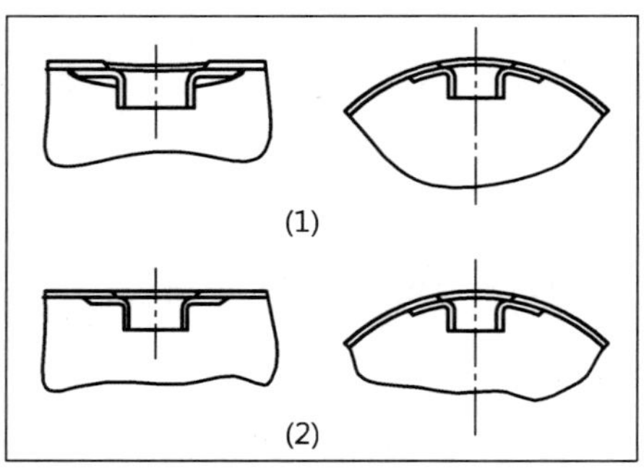

그림 2-63 절단면 앞쪽의 생략의 예

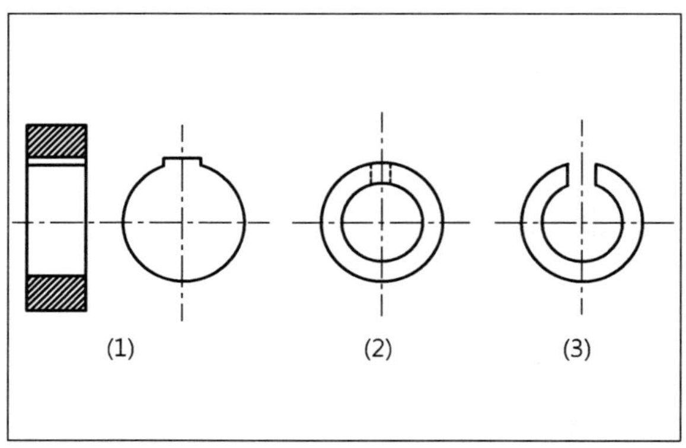

그림 2-64 특정한 모양의 위치

③ 절단면의 앞쪽에 보이는 선은 그것이 없어도 이해할 수 있는 경우에는 생략하여 표시(그림 2-63)하여도 좋다.

④ 일부분에 특정한 모양을 가진 것은 되도록 그 부분이 그림의 위쪽에 나타나도록 하는 것이 좋다. 예를 들면, 키홈이 있는 보스구멍, 벽에 구멍 또는 홈이 있는 관이나 실린

더, 쪼개짐을 가진 링 등을 도시하는 경우에는 그림 2-64와 같이 한다.

⑤ 피치원 위에 배치하는 구멍 등은 측면의 투상도에서는 피치원이 만드는 원통을 표시하는 가는 1점쇄선과 그 한쪽에만 1개의 구멍을 도시하고 다른 구멍의 도시를 생략할 수 있다(그림 2-65).

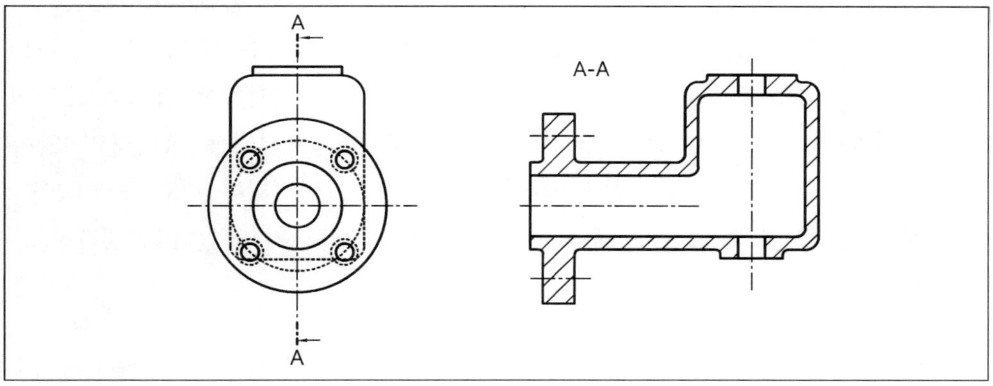

그림 2-65 구멍 도시 생략의 예

【6】 볼트 머리와 나사머리홈의 투상도

볼트와 나사는 대표적인 기계요소로서 기계도면에 자주 나온다. 여기서는 투상법에 충실한 실제 투상도로 그리면 좋지 않다는 것을 보여주기로 한다. 기계도면에 6각 볼트 머리를 그릴 경우, 그림 2-66처럼 정면도에 6각 볼트 머리의 평면이 가운데에 오더라도 측면도에 실제 투상도대로 그리지 않고 평면이 가운데에 오도록 그린다. 이는 볼트 머리가 조립이 될 경우 실제 공간을 표시할 수 있기 때문이다.

나사머리의 홈을 그림 2-67의 (1)처럼 그릴 때 측면도에서는 나사머리홈을 45° 대각선으로 그린다. 그리고 원기둥축에 그림 2-67의 (2)처럼 작은 관통구멍이 뚫려 있을 때에도 이 구멍을 나사머리홈과 같은 원칙으로 표시한다.

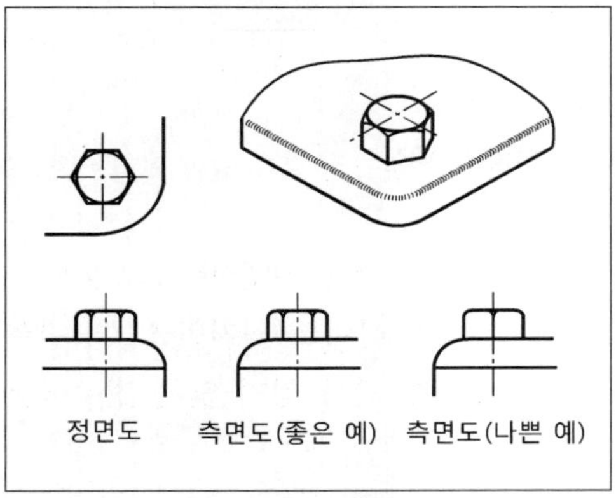

그림 2-66 볼트 머리의 투상도

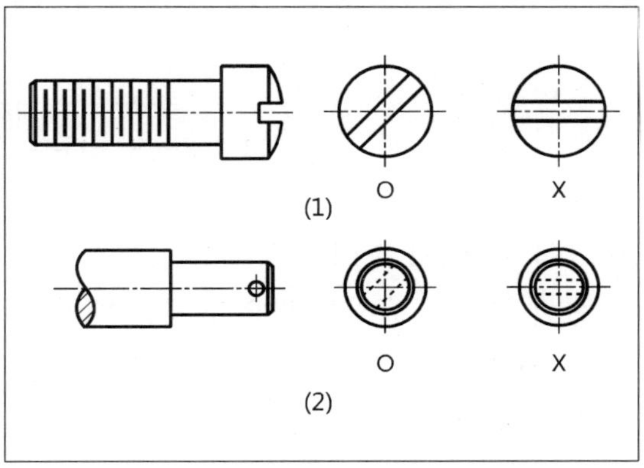

그림 2-67 나사머리와 핀구멍의 투상도

【7】 두 면과 교차부분이 라운드를 가질 때의 도시법

제품의 모서리에는 반지름이 1 mm 또는 2 mm 정도 둥글게 라운드되어 있다. 이것을 KS 규격에서는 2개 면의 교차부분에 둥글기가 있는 부품이라고 한다. 모서리가 둥글게 라운드 처리가 되어 있으면 사람들이 다치지 않으며 보기에도 좋다.

주물소재, 플라스틱 사출부품, 프레스 가공부품 등 금형(mold)을 이용하여 만드는 부품은 보통 라운드되어 있다. 그런데 라운드된 부품의 모서리를 투상법에 의하면 라운드된 모서리는 둥근 곡선으로 보이기 때문에 선으로 표현할 수 없다. 물론 그 곡선의 반지름이 상대적으로 크다면 투상법을 따라야 하겠지만, 반지름이 보통 3 mm 이하의 라운드 모서리를 표현하지 않는다면 그림 2-68의 실제 투상도에서 보는 것과 같이 이해할 수 없는 도면이 되어 버린다. 이러한 문제를 해결하는 방법으로 그림 2-69와 같이 라운드된 모서리를 라운드되지 않았다고 생각하고 면과 면의 가상의 교차선을 투상하면 된다.

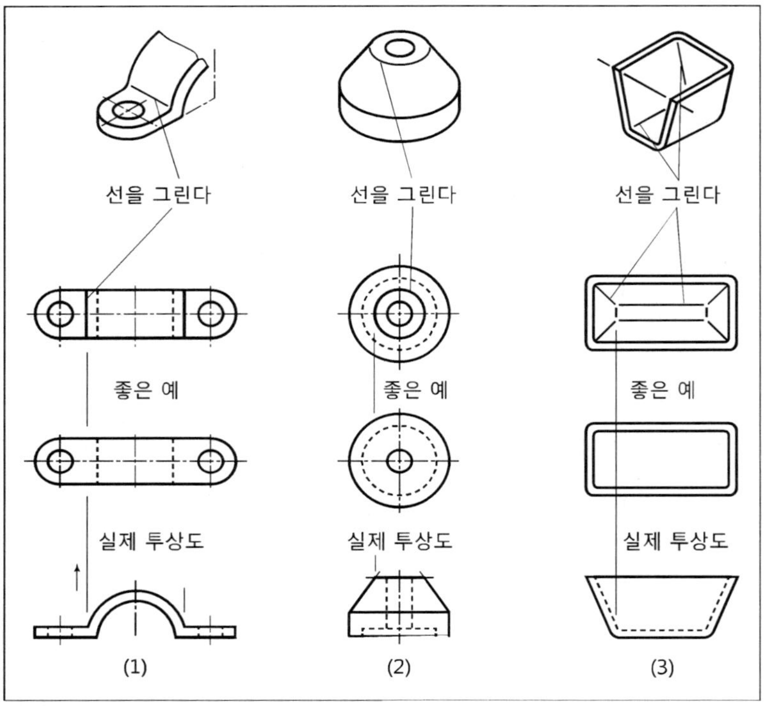

그림 2-68 라운드 처리된 부품의 투상도

① 그림 2-69와 같이 교차부가 둥그스름하게 되어 있는 경우에는 대응하는 그림에 이 둥그스름한 부분을 표시할 필요가 있을 때에는 그림 (1)과 같이 하여도 되지만 (2)와 같이 외형선과 약간 떼는 것이 좋다. 그러나 교차부가 둥그스름하게 되어 있지 않은 경우에는 교선의 위치에 굵은실선으로 표시한다.

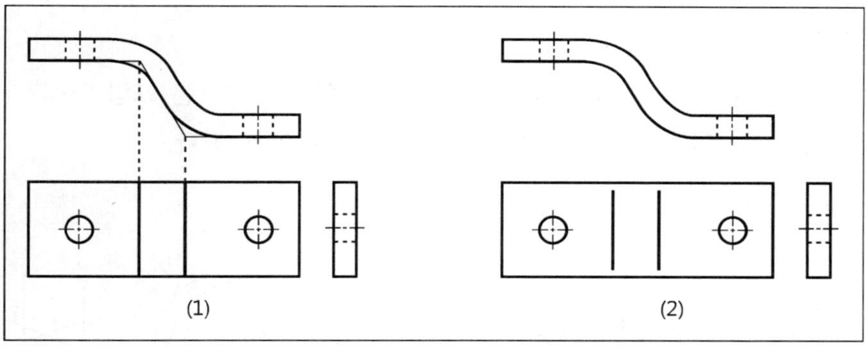

그림 2-69 라운드된 도형(2개의 교차부 도시)

② 그림 2-70 (1)과 같이 리브(rib) 등을 표시하는 선의 끝부분은 직선 그대로 멈추게 한다. 또한 그림 2-70 (2), (3)과 같이 관련 있는 둥글기의 반지름이 현저하게 다를 경우에는 끝부분을 안쪽 또는 바깥쪽으로 구부려서 멈추게 한다. 원호는 원의 1/8 정도로 그린다.

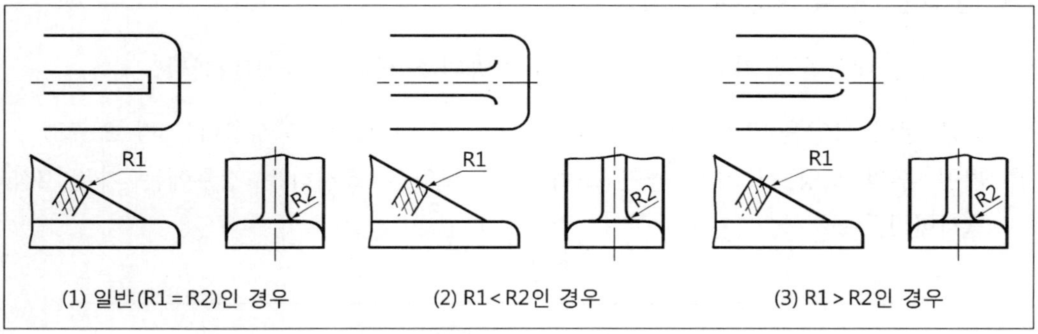

그림 2-70 두 면의 교선

③ 상호간의 곡면 또는 곡면과 평면이 교차하는 부분의 선은 중요하지 않은 경우 그림 2-71과 같이 정확한 투상도로 작성하지 않고 직선으로 표시하거나 정확한 투상에 가깝게 그린 원호로 표시한다.

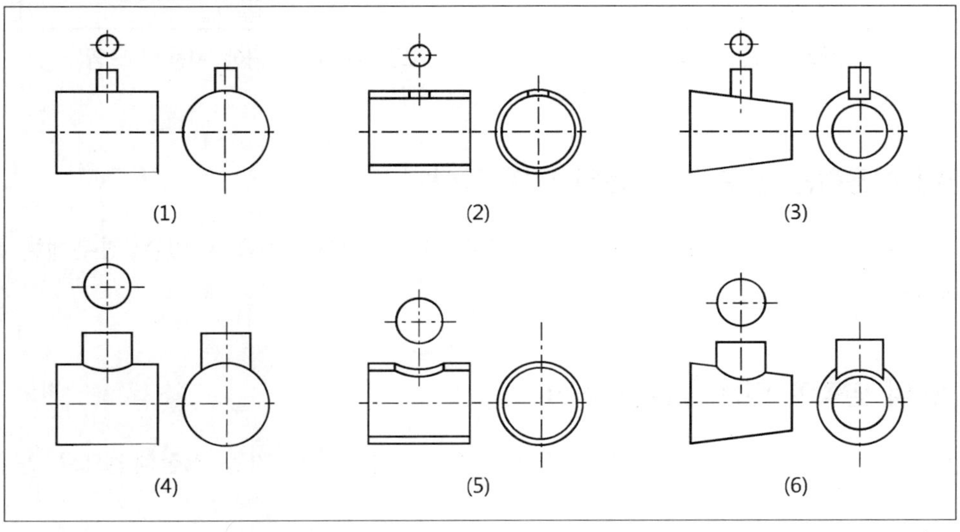

그림 2-71 곡면과 평면이 교차하는 경우

【8】 평면의 표시

도형 내의 특정한 부분이 평면이란 것을 표시할 필요가 있을 경우에는 그림 2-72과 같이 가는실선으로 대각선을 기입한다. 이때 마주보는 투상도는 그리지 않아도 된다.

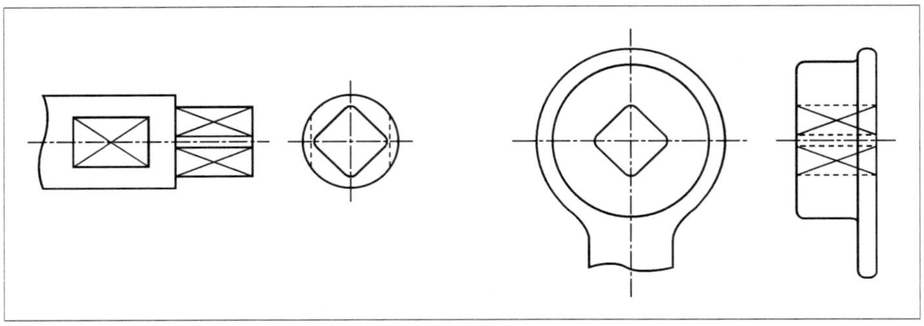

그림 2-72 평면의 표시

【9】 가공 전 또는 후의 모양의 도시

그림에 표시하는 대상물의 가공 전 또는 후의 모양의 도시는 다음에 따른다.

① 가공 전의 모양을 표시하는 경우에는 가는 2점쇄선으로 도시한다(그림 2-73).
② 가공 후의 모양, 보기를 들면 조립 후의 모양을 표시하는 경우에는 가는 2점쇄선으로 도시한다.

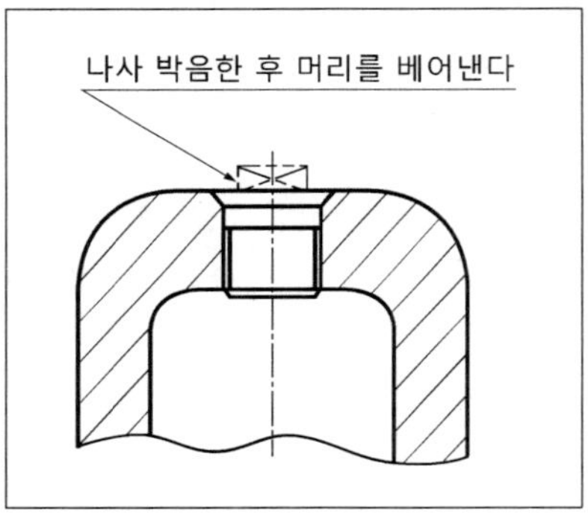

그림 2-73 가공 전의 모양

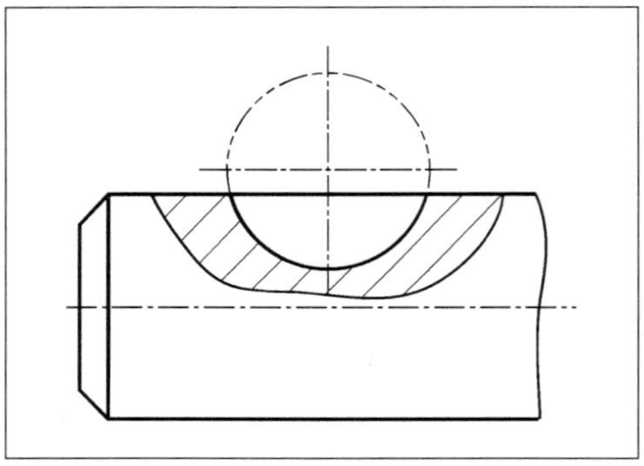

그림 2-74 가공에 사용된 모양

【10】 가공에 사용하는 공구·지그 등의 모양 도시

가공에 사용하는 공구·지그 등의 모양을 참고로 하여 도시할 필요가 있는 경우에는 가는 2점쇄선으로 도시한다(그림 2-74).

【11】 절단면의 앞쪽에 있는 부분의 도시

절단면의 앞쪽에 있는 부분을 도시할 필요가 있는 경우에는 가는 2점쇄선으로 도시한다(그림 2-75).

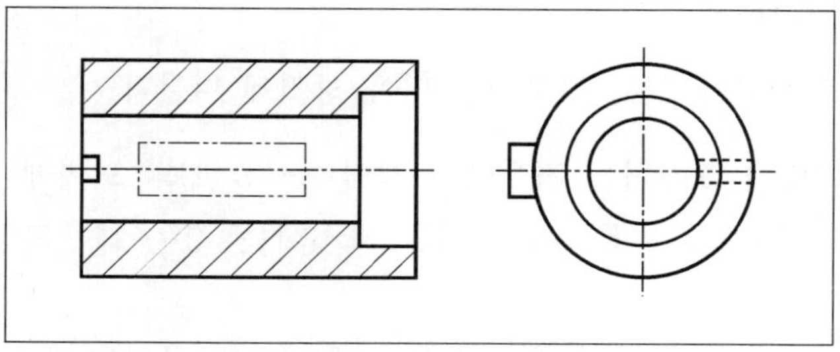

그림 2-75 절단면 앞의 형체

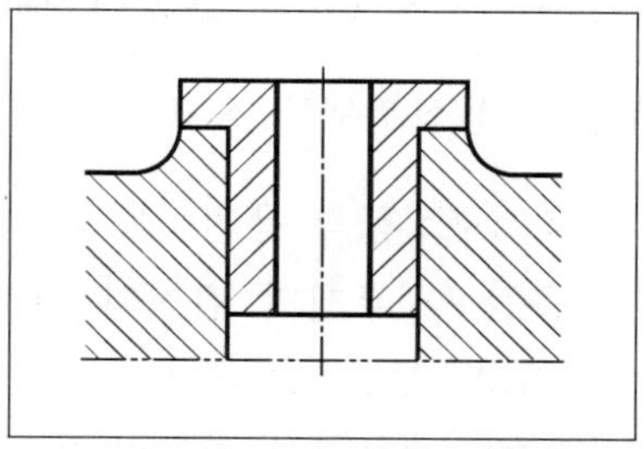

그림 2-76 인접부분의 표시

【12】 인접부분의 도시

대상물에 인접하는 부분을 참고로 하여 도시할 필요가 있을 경우에는 가는 2점쇄선으로 도시한다. 대상물의 인접부분에 숨겨지더라도 숨은선으로 하면 안된다(그림 2-76). 단면도에 있어서의 인접부분에는 해칭을 하지 않는다.

【13】 특수 가공부분의 표시

대상물면의 일부분에 특수한 가공을 하는 경우에는 그림 2-77과 같이 그 범위를 외형선에 평행하게 약간 떼어서 그은 굵은 1점쇄선으로 나타낼 수 있다. 또 도형 중 특정 범위를 지시할 필요가 있을 경우에는 그림 2-78과 같이 그 범위를 굵은 1점쇄선으로 둘러싼다. 또한 이들의 경우 특수한 가공에 관한 필요사항을 지시한다.

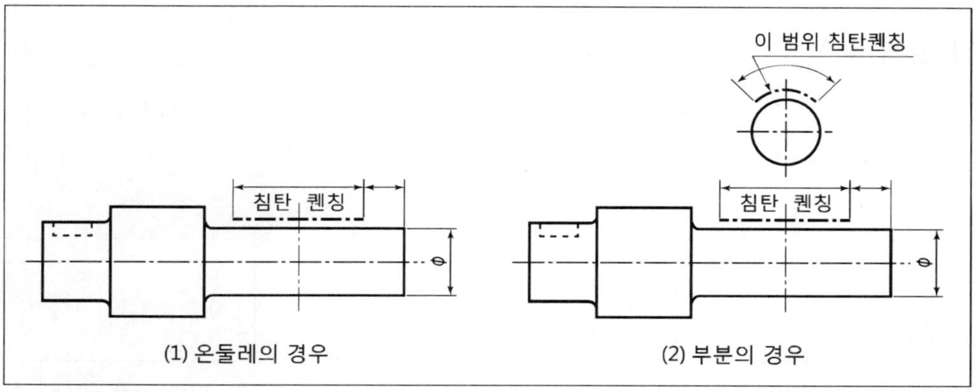

그림 2-77 특수한 가공부분의 표시(1)

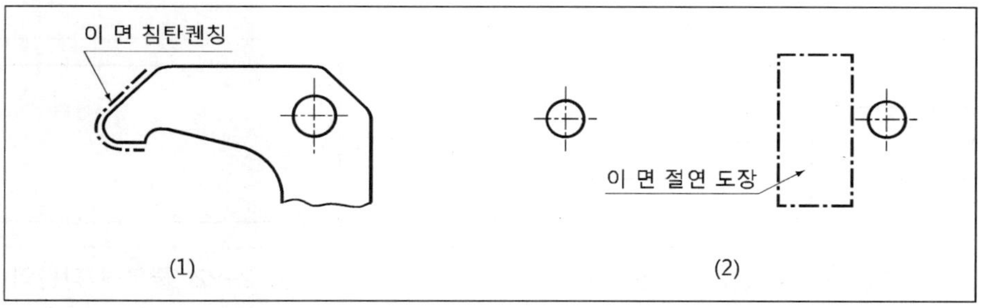

그림 2-78 특수한 가공부분의 표시(2)

【14】 조립도 중의 용접구성품의 표시방법

용접부품의 용접부분을 참고로 표시할 필요가 있는 경우에는 다음 보기에 따른다.

① 용접구성품의 용접비드의 크기만을 표시하는 경우에는 그림 2-79 (1)의 보기에 따른다.
② 용접구성부재의 겹침의 관계 및 용접의 종류와 크기를 표시하는 경우에는 그림 2-79 (2)의 보기에 따른다.
③ 용접구성부재의 겹침의 관계를 표시하는 경우에는 그림 2-79 (3)의 보기에 따른다.
④ 용접구성부재의 겹침의 관계 및 용접의 비드의 크기를 표시하지 않아도 좋을 때에는 그림 2-79 (4)에 따른다.

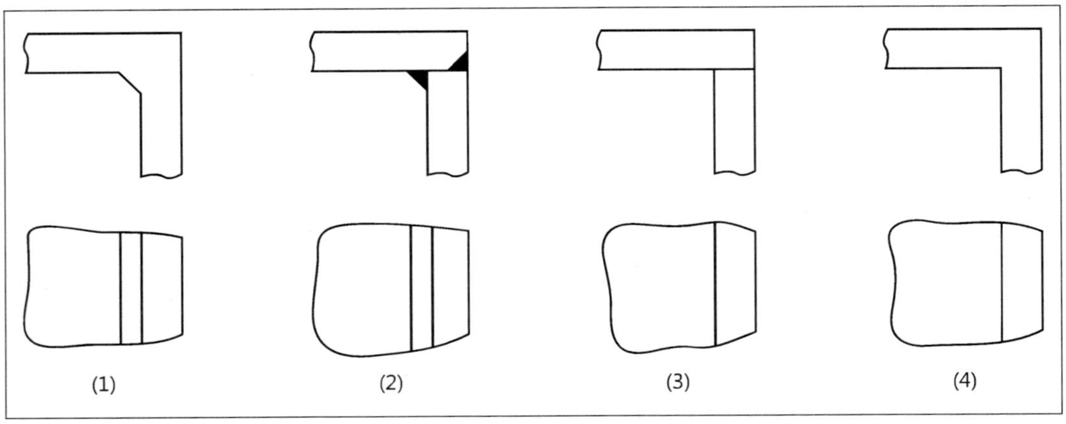

그림 2-79 필릿용접과 그루브용접의 보기

【15】 무늬 등의 표시

널링가공부분, 철망, 줄무늬 있는 강판 등의 특징을 외형의 일부분에 그려서 표시하는 경우에는 그림 2-80, 2-81, 2-82의 보기에 따른다.

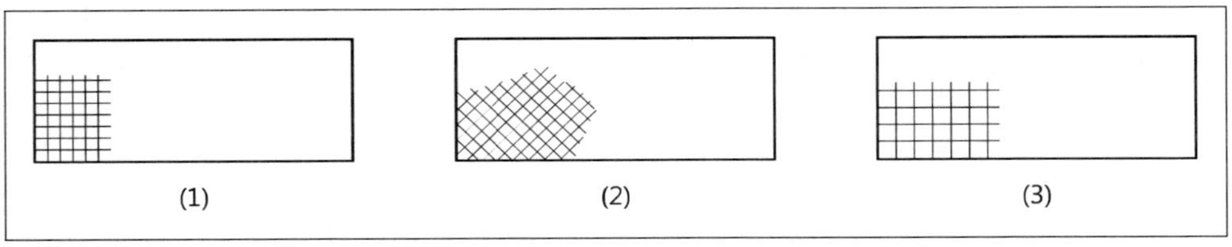

그림 2-80 철망의 보기

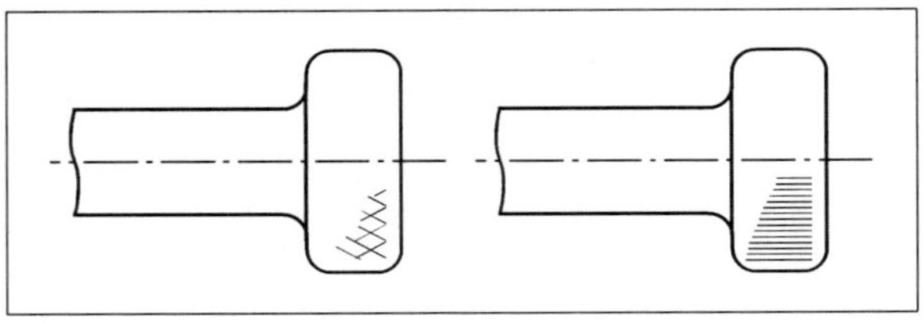

그림 2-81 널링가공한 부분 보기

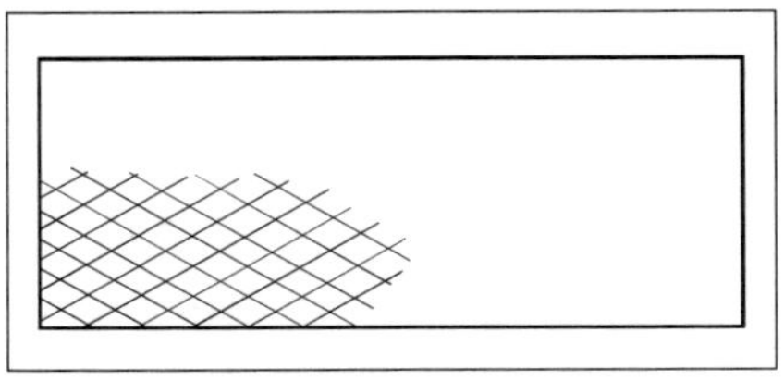

그림 2-82 줄무늬 강판의 보기

【16】 표준부품의 표시법

볼트, 너트, 와셔, 핀 등과 같이 그 품종이나 치수가 KS에 규정되어 있는 것을 표준부품이라고 한다. 표준부품은 따로 준비되어 있는 것이 보통이므로 이와 같은 경우에는 도시하지 않고 부품표에 호칭법을 기입해 두기만 하면 된다. 또 시중판매품을 구입하여 사용할 경우에는 상세도는 필요하지 않으므로 간략도를 그리고 그 주요치수를 기입해 두면 된다.

2.9 보조투상도

경사면으로 이루어진 부품은 정면도, 평면도 및 측면도에 경사면의 실제 형상이 나타나지 않는다. 이러한 경우 경사면의 실제 형상은 보조투상면에 투상하여 그린다. 이것을 보조투상도(auxiliary view)라고 한다. 부품의 경사면의 실제 형상이 도면에 표시되어야 실제 치수를 표기할 수 있으므로 경사면으로 이루어진 부품을 제도할 경우, 경사면을 실제 형상으로 보조투상면에 그리는 작업을 수행해야 한다.

【1】 보조투상도

경사면부가 있는 대상물에서 그 경사면의 실형을 표시할 필요가 있는 경우에는 다음에 의하여 보조투상도로 표시한다.

① 대상물 경사면의 실형을 도시할 필요가 있을 경우에는 그 경사면과 맞서는 위치에 그림 2-83과 같이 보조투상도로서 표시한다. 이 경우 필요한 부분만을 부분투상도 또는 국부투상도로 그리는 것이 좋다.

② 큰 도면에서 보조투상도(필요한 부분의 투상도를 포함한다)의 배치 관계를 알기 어려운 경우에는 그림 2-84의 구분기호(E-7)는 보조투상도가 그려진 도면의 구역을 나타냈으며, 구분기호(B-2)는 화살표가 그려진 도면의 구역을 나타낸다.

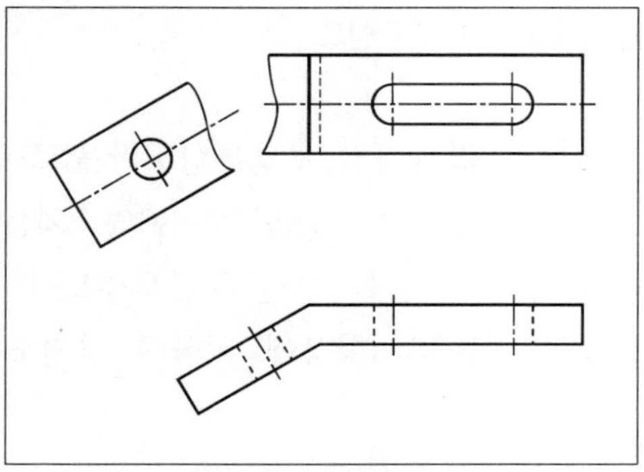

그림 2-83 보조투상도

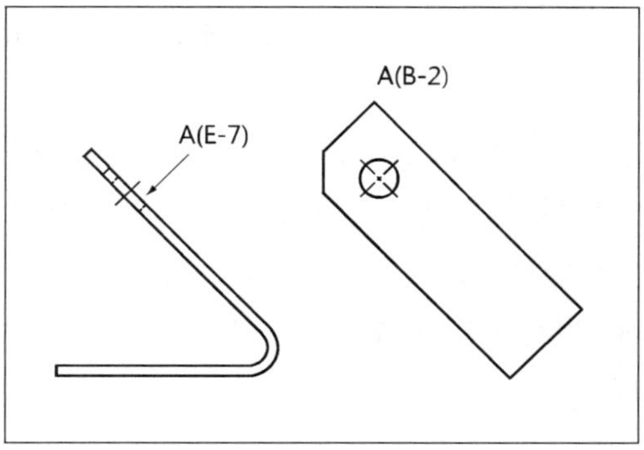

그림 2-84 구분도면 구역 구분기호를 사용

③ 지면의 관계 등으로 보조투상도를 경사면에 맞서는 위치에 배치할 수 없는 경우에는 그림 2-85와 같이 그 뜻을 화살표와 영자의 대문자로 나타낸다. 다만, 구부린 중심선으로

인출 연결하여 투상의 관계를 나타내어도 좋다. 다만, 그 뜻을 명확히 할 필요가 있을 때에는 '시도-A'라고 부기한다.

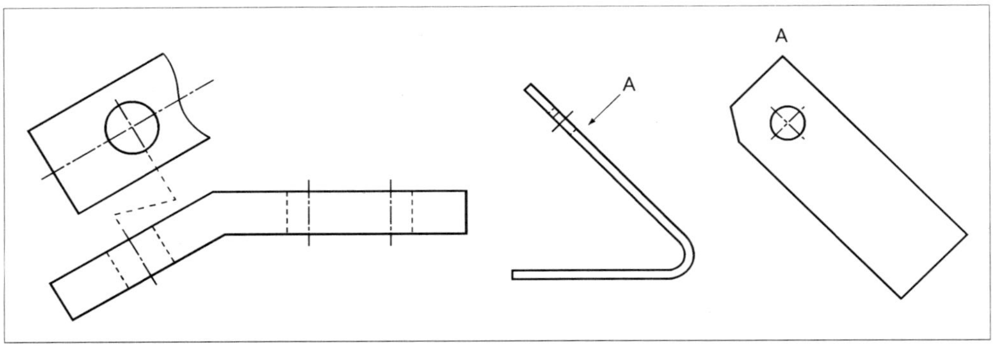

그림 2-85 보조투상도의 응용표시

④ 보조투상도는 필요한 부분에만 그리는 것이 좋다.

경사면이 직선으로 투상되는 투상면에서 투상된 직선에 수직으로 보조선들을 그어서 보조투상도를 그린다. 그림 2-86의 (1)에서 알 수 있듯이 경사면의 실제 깊이 W는 평면도와 측면도에서 알 수 있으므로, 정면도에 직선으로 투상된 경사면의 이미지에 수직으로 보조선을 올리고 깊이정보 W를 옮기면 경사면의 실제 형상을 그릴 수 있다.

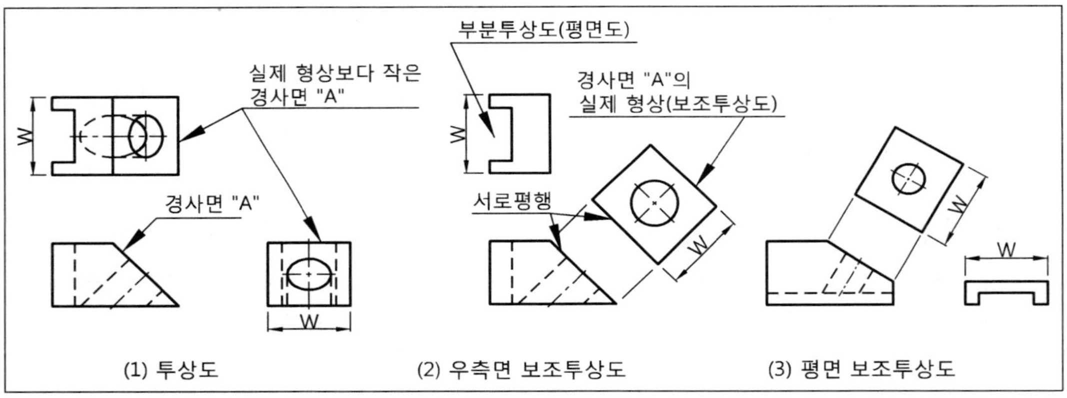

그림 2-86 정규투상도를 대체하는 보조투상도

보조투상도를 그릴 경우 그림 2-86의 (2) 또는 (3)처럼 경사면의 보조투상도만을 그린다. 따라서 투상면 뒤쪽의 형체를 숨은선이나 외형선으로 그릴 필요는 없다. 그림 2-86의 (2)는 측면도를 생략하고 정면도를 그린 후, 평면도에는 경사면을 제외한 부분만을 그린 부분투상도를 그리고 보조투상면에 경사면의 보조투상도를 그린 도면이며, (3)은 물체의 형상에 의하여 평면도를 생략한 도면을 보여준다.

치수기입법 Chapter 03

3.1 치수기입법

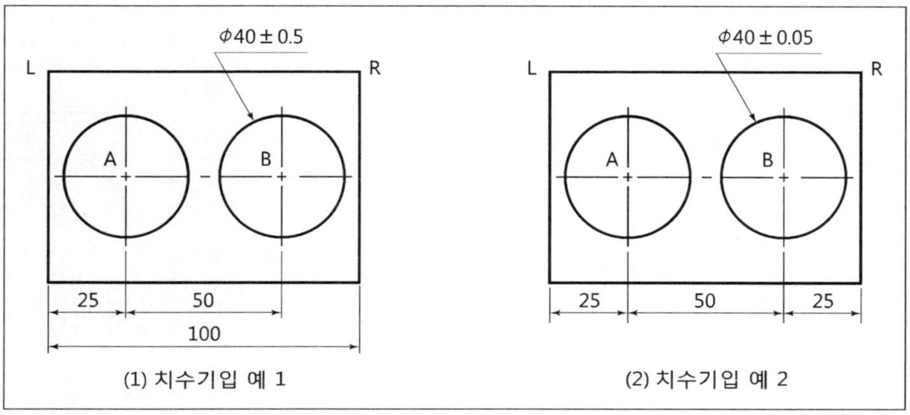

그림 3-1 치수기입의 예

【1】 치수기입의 원칙

도면에 치수를 기입하는 경우에는 다음 점에 유의하여 적절히 기입한다.

① 대상물의 기능, 제작, 조립 등을 고려하여 필요하다고 생각되는 치수를 명료하게 도면에 지시한다.

② 치수는 대상물의 크기, 자세 및 위치를 가장 명확하게 표시하는 데 필요하고 충분한 것을 기입한다.

③ 도면에 나타내는 치수는 특별히 명시하지 않는 한, 그 도면에 도시한 대상물의 다듬질 치수를 표시한다.

④ 치수에는 기능상(호환성을 포함) 필요한 경우 KS B ISO 129-1에 따라 치수의 허용한계를 지시한다. 다만, 이론적으로 정확한 치수는 제외한다.

⑤ 치수는 되도록 주투상도에 집중한다.

⑥ 치수는 중복기입을 피한다.

⑦ 치수는 되도록 계산해서 구할 필요가 없도록 기입한다.

⑧ 치수는 필요에 따라 기준으로 하는 점, 선 또는 면을 기준으로 하여 기입한다.

⑨ 관련되는 치수는 되도록 한곳에 모아서 기입한다.

⑩ 치수는 되도록 공정마다 배열을 분리하여 기입한다.

⑪ 치수 중 참고치수에 대하여는 치수수치에 괄호를 붙인다.

⑫ 반드시 전체길이, 전체높이, 전체폭에 관한 치수를 기입한다.

【2】 치수기입에 사용되는 보조기호

물체 형상의 크기를 지시하는 치수를 나타내는 수치(치수수치)에 부가하여 그 치수의 의미를 명확히 하기 위하여 사용하는 기호는 표 3-1에 따른다.

표 3-1 치수기입에 사용되는 보조기호

기호 및 표시	의 미
ϕ50	지름 50
□50	정사각형 50
R50	반지름 50
Sϕ50	구의 지름 50
SR50	구의 반지름 50
⌒50[1]	원호길이 50
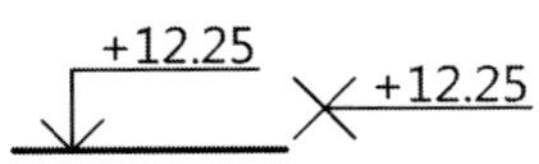	높이 12.25의 표시
<u>50</u>	척도와 다름(비례 척이 아님). 50
(50)	참고 치수 50
t=5	두께 5
‖	대칭기호
C1[2]	45° 모따기 길이 1

* 1) KS B 0001에는 치수 위에 보조기호를 사용한다.
2) KS B ISO 291-1에는 규정되어 있지 않다.

【3】 치수수치의 표시방법

① 길이의 치수수치는 원칙으로 mm의 단위로 기입하고 단위기호는 붙이지 않는다. 만약 mm 이외의 단위를 사용할 때는 그에 해당하는 단위기호를 붙이는 것을 원칙으로 한다.

[보기] cm, m, ft, inch

치수 정밀도가 높을 때에는 소수점 두 자리 내지 세 자리까지 표시할 수 있다.

[보기] 20은 20.000으로 정밀도에 따라 표시한다.

② 각도의 치수수치는 일반적으로 도의 단위로 기입하고, 필요한 경우에는 분 및 초를 병용할 수 있다.

도, 분, 초를 표시하는 데에는 숫자의 오른쪽 어깨에 각각 °, ′, ″를 기입한다.

[보기] 90°, 22.5°, 6°21′5″(또는 6°21′05″), 8°0′12″(또는 8°00′12″), 3′21″

또 각도의 치수수치를 라디안의 단위로 기입하는 경우에는 그 단위기호 rad를 기입한다.

[보기] 0.52 rad, $\frac{\pi}{3}$ rad

③ 치수수치의 소수점은 아래쪽의 점으로 하고 숫자 사이를 적당히 떼어서 그 중간에 약간 크게 쓴다. 또 치수수치의 자릿수가 많은 경우, 세 자리마다 숫자의 사이를 적당히 띄우고 콤마는 찍지 않는다.

[보기] 123.25, 12.00, 22 320

【4】 치수기입방법의 일반형식

치수기입에 사용되는 선은 모두 가는실선으로 하며, 외형선과 확실히 구별되도록 그린다. 치수선 양끝에는 화살표를 그리며, KS 규격에는 치수선이 연속식과 중단식이 있으나 중간에서 끊지 않는 연속식을 주로 사용하며, CAD 제도에서는 연속식만을 사용할 수 있도록 규정되어 있다.

① 치수는 치수선·치수보조선·치수 보조기호 등을 사용하여 치수수치에 따라 나타낸다.

모 양	영 문	한 글	모 양	영 문	한 글
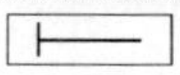	None	없음	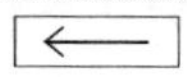	Right-Angle	오른쪽 각
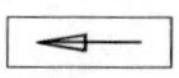	Closed	닫힘		Open 30	30 열기
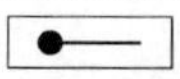	Dot	점	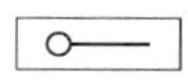	Dot Blanked	공백점
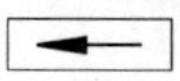	Closed Filled	닫고 채움	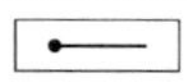	Dot Small	작은점
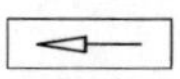	Closed Blank	닫고 공백		Box Filled	채워진 상자
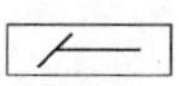	Oblique	기울기	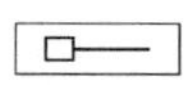	Box	상자
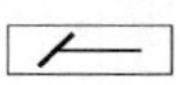	Architectural Tick	건축규칙		Datum Triangle	기준 삼각형
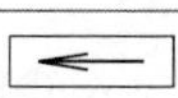	Open	열기	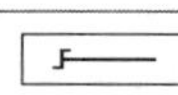	Integral	완전체
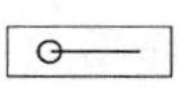	Origin Indication	원점표시		Datum Triangle Filled	채워진 기준 삼각형

그림 3-2 화살표의 종류와 형태(AutoCAD의 표준형태)

■ 비고 : 1장의 도면 중에서는 치수보조선의 간격이 좁아서 화살표를 기입할 여지가 없을 경우에 화살표 대신 검은 둥근 점 또는 사선을 사용하는 경우를 제외하고 각 모양들을 혼용해서는 안된다.

② 치수선은 원칙으로 지시하는 길이 또는 각도를 측정하는 방향에 평행하게 긋고 치수선의 양끝에는 끝부분 기호를 붙인다(그림 3-2).

③ 치수선은 원칙으로 치수보조선을 사용하여 기입한다(그림 3-3). 다만, 치수보조선 때문에 그림을 혼동하기 쉬울 때는 이것에 따르지 않아도 좋다(그림 3-4).

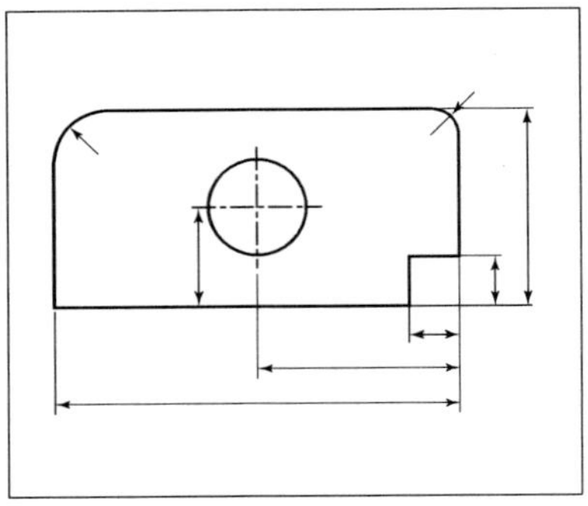

그림 3-3 치수보조선의 사용

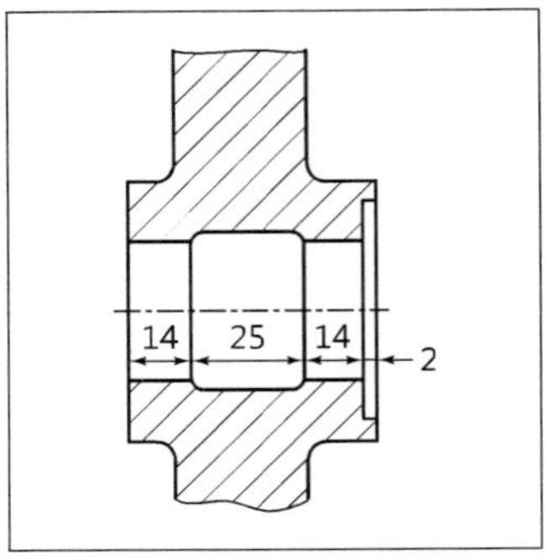

그림 3-4 치수보조선의 생략

④ 치수보조선은 지시하는 치수의 끝에 닿는 도형상의 점 또는 선의 중심을 통과하고 치수선에 직각되게 그어서 치수선을 약간 지날 때까지 연장한다(그림 3-3). 다만, 치수보조선과 도형 사이를 약간 떼어 놓아도 좋다. 치수를 지시하는 점 또는 지정위치의 표시선을 명확히 하기 위하여 특히 필요한 경우에는 치수선에 대하여 적당한 각도를 가진 서로 평행한 치수보조선을 그을 수 있다. 이 각도는 되도록 60°가 좋으며 표시선은 가는 실선으로 그린다(그림 3-5).

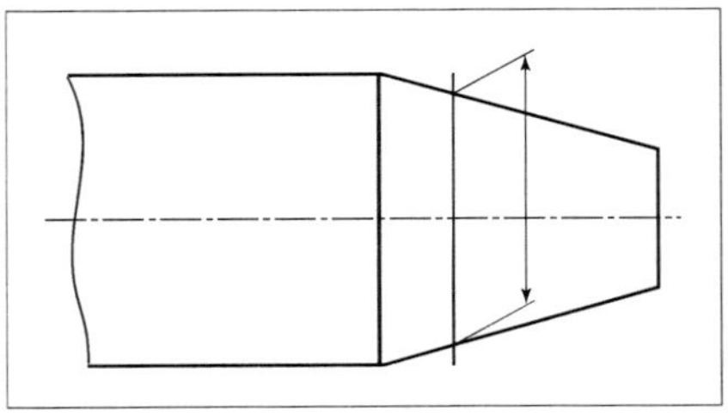

그림 3-5 지정위치의 표시선

⑤ 각도를 기입하는 치수선은 각도를 구성하는 2변 또는 그 연장선(치수보조선)의 교점을 중심으로 하여 양변 또는 그 연장선 사이에 그린 원호로 표시한다(그림 3-6).

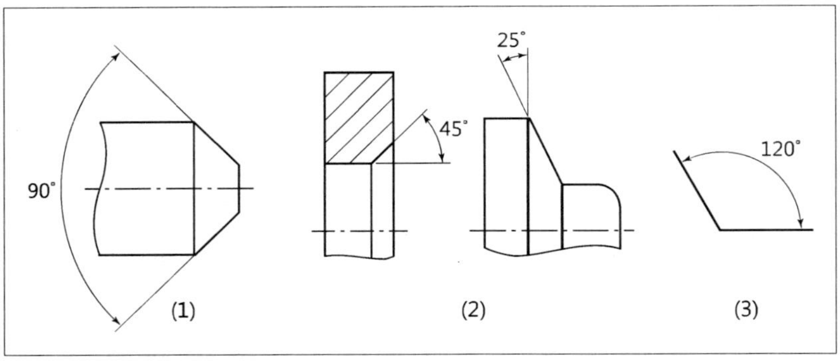

그림 3-6 각도치수의 예

⑥ 치수수치를 기입하는 위치 및 방향은 특별히 정한 누진치수기입법의 경우를 제외하고는 다음을 따른다. 일반적으로는 방법 1을 사용한다. 또한 이 2개의 방법은 같은 도면 내에서는 혼용하면 안된다. 또 일련의 도면에 있어서도 혼용하지 않는 것이 좋다.

㉠ **방법 1** : 치수수치는 수평방향의 치수선에 대하여는 도면의 아랫변으로부터, 수직방향의 치수선에 대하여는 도면의 오른쪽변으로부터 읽도록 쓴다. 경사방향의 치수선에 대해서도 이에 준해서 쓴다(그림 3-7, 3-8, 3-9). 치수수치는 치수선을 중단하지 않고 이에 연하여 그 위쪽으로 약간 띄워서 기입한다. 이 경우 되도록 치수선의 중앙에 쓰는 것이 좋다(그림 3-7).

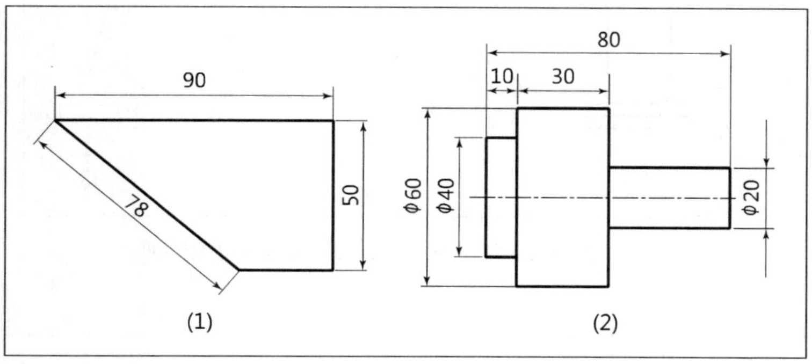

그림 3-7 치수기입의 예

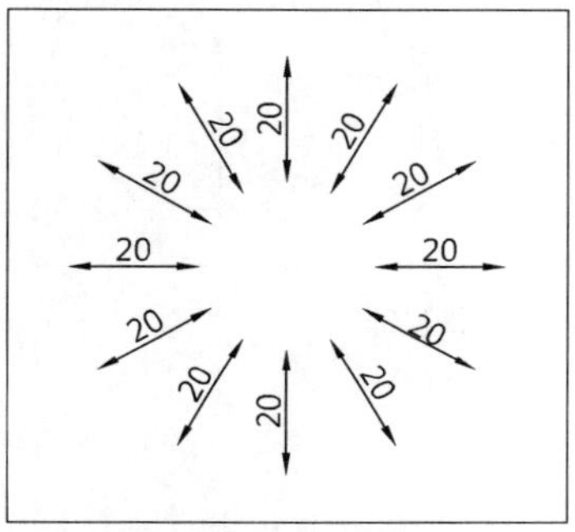

그림 3-8 각도별 치수의 예

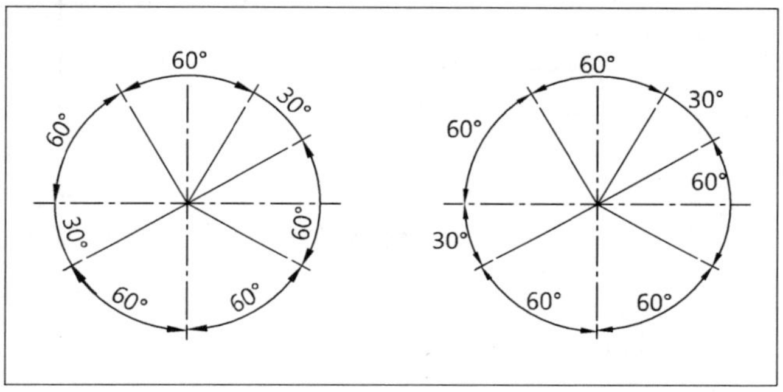

그림 3-9 각도별 치수의 위치

수직선에 대하여 왼쪽 위에서 오른쪽 아래로 향하여 약 30° 이하의 각도를 이루는 방향에는 치수선의 기입을 피한다[그림 3-10의 (1)]. 다만, 도형의 관계로 기입하지 않으면 안될 경우에는 그 장소에 따라 혼동하지 않도록 기입한다[그림 3-10의 (2), (3)].

㉡ **방법 2** : 치수수치는 도면의 아래쪽변에서 읽을 수 있도록 쓴다. 수평방향 이외의 방향의 치수선은 치수수치를 끼우기 위하여 중단하고, 그 위치는 치수선의 거의 중앙으로 하는 것이 좋다.

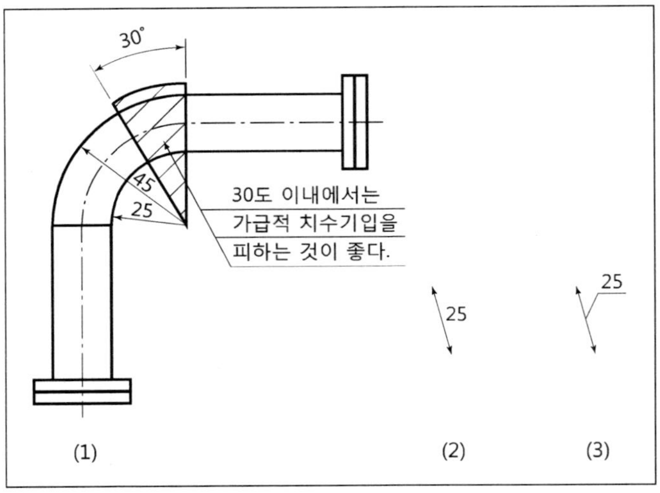

그림 3-10 좁은 각도의 치수기입의 예

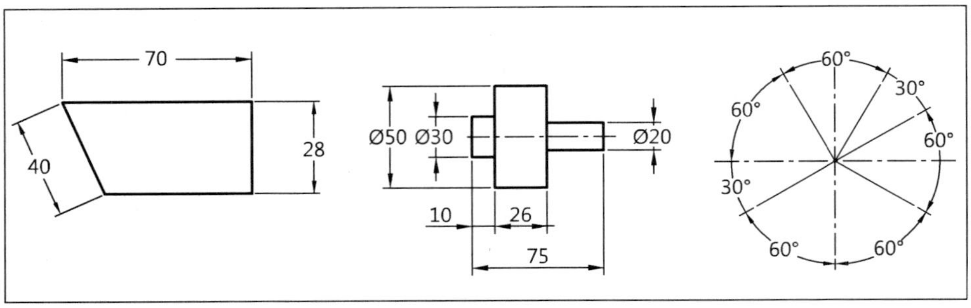

그림 3-11 아래쪽 변에서 읽는 치수기입의 예

문자와 기호의 최소 높이는 표 3-2를 따른다.

표 3-2 문자와 기호의 최소높이

용지크기의 호칭 / 서 체	A0	A1	A2	A3	A4
서 체 A($h=14d$)	5.0	5.0	3.5	3.5	3.5
서 체 B($h=10d$)	3.5	3.5	2.5	2.5	2.5

⑦ 좁은 곳에서의 치수의 기입은 부분 확대도를 그려서 기입하거나 다음에 열거된 어느 것을 사용하여도 좋다.

㉠ 지시선을 치수선에서 경사방향으로 끌어내고 원칙으로 그 끝을 수평으로 구부리고 그 위쪽에 치수수치를 기입한다. 이 경우 지시선을 끌어내는 쪽 끝에는 아무것도 붙이지 않는다(그림 3-12).

㉡ 치수선을 연장하고 그 위쪽(방법 1의 경우) 그림 3-14 (1) 또는 그 바깥쪽(방법 2의 경우) 그림 3-14 (2)의 $\phi 10$ 및 $\phi 6$에 기입하여도 좋다.

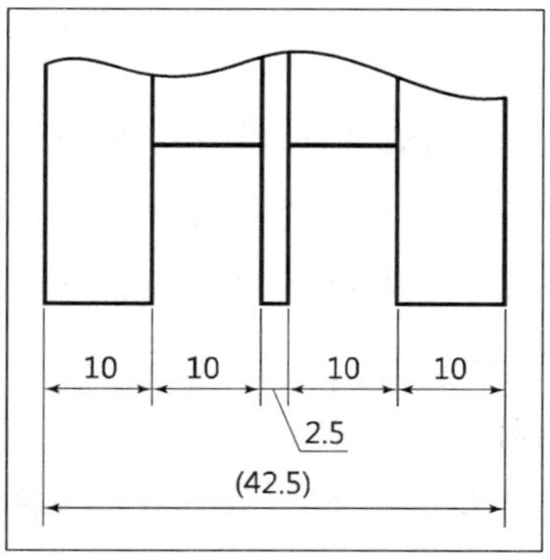

그림 3-12 좁은 간격에서의 치수기입

- 비고 : 가공방법, 주기, 부품의 번호 등을 기입하기 위하여 사용하는 지시선은 원칙으로 경사방향으로 끌어낸다. 이 경우, 지시선의 모양을 표시하는 선으로부터 끌어내는 경우에는 화살표를 붙이고 모양을 표시하는 선의 안쪽에서 끌어내는 경우에는 검은 둥근 점을 그림 3-13과 같이 끌어낸 곳에 붙인다. 또한 주기 등을 기입하는 경우에는 원칙적으로 그 끝을 수평으로 구부려 그 위쪽에 쓴다.

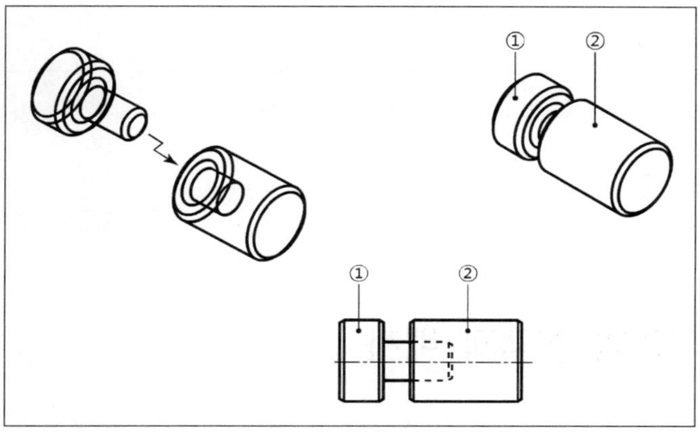

그림 3-13 부품의 표시(2개 이상의 부품의 조립시)

㉢ 치수보조선의 간격이 좁아서 화살표를 기입할 여지가 없을 경우에는 화살표 대신 검은 둥근점을 그림 3-14 (1) 또는 경사선을 그림 3-14 (2)와 같이 사용하여도 좋다.

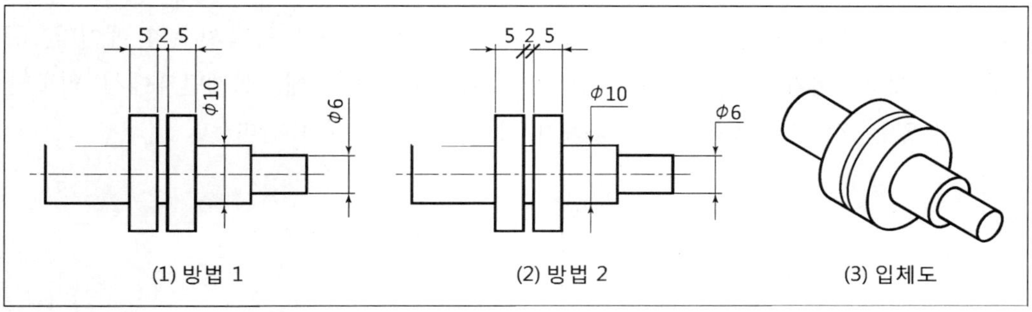

그림 3-14 두 가지 종류의 치수기입

【5】 지시선

치수, 가공법, 주기, 부품번호 등을 기입하기 위하여 도형으로부터 끌어낼 때 사용하는 지시선은 그림 3-15처럼 수평선에 대하여 되도록 60° 또는 45°로 그린다. 이 경우 지시선을 치수선으로 사용하기 위하여 도형의 경계로부터 끌어낼 경우에는 지시선의 끝을 화살표로 하며, 도형의 안쪽에서 끌어낼 때는 지시선의 끝에 검은점을 붙인다.

지시선의 끝에 그림 3-15의 (3)처럼 "중심방향으로 한다"와 같은 주기(註記)를 기입할 경우에는 지시선의 도형 반대쪽의 끝부분은 수평선으로 만들어서 그 위에 주기를 기입한다. 원에 대한 지시선은 중심으로 향하게 긋고 화살표는 원둘레에 붙인다.

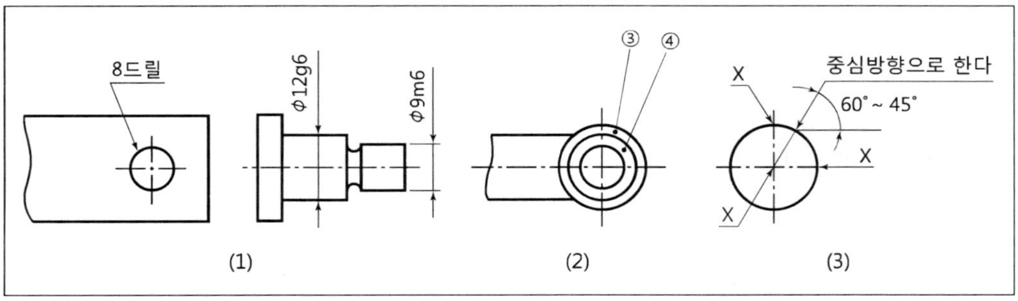

그림 3-15 지시선

3.2 치수기입의 선택과 배치

형상을 모두 그리고 치수를 기입할 때 어느 부분에 치수를 기입해야 하는지를 선별해야 한다. 그리고 치수를 기입할 부분에 대하여도 치수보조선을 끌어내는 방법이 많으므로 신중해야 한다. 앞에서 설명한 바와 같이 치수보조선에 따라서 부품의 제작순서가 결정되기 때문이다.

【1】 중복치수

그림 3-16의 (3)과 (4)의 두 번째 및 (5)의 세 번째 치수 등은 중복치수의 예이다. 중복치수로 인하여 부품의 제작순서가 도면을 보는 사람마다 달라지기 때문에, 설계단계에서 의도한 대로 부품이 제작되지 않는 경우가 발생하므로 중복치수는 절대로 피해야 한다.

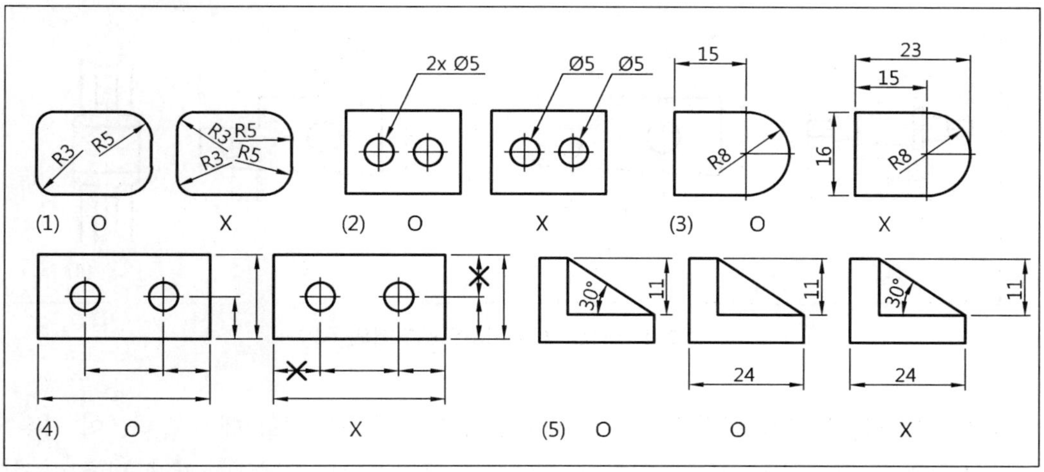

그림 3-16 중복치수

【2】 치수기준

중복치수 문제와 함께 중요한 것은 치수들의 기준이다. 그림 3-17의 (1)과 (2)를 비교해 보면 치수기준이 각각 (1)은 모서리 L, (2)는 원 A의 중심이라는 것을 알 수 있다. 치수기준은 곧 이 부품의 제작기준이 된다. 치수기준이 되는 곳이 제일 먼저 가공되고 이 기준을 중심으로 나머지 부분이 가공된다.

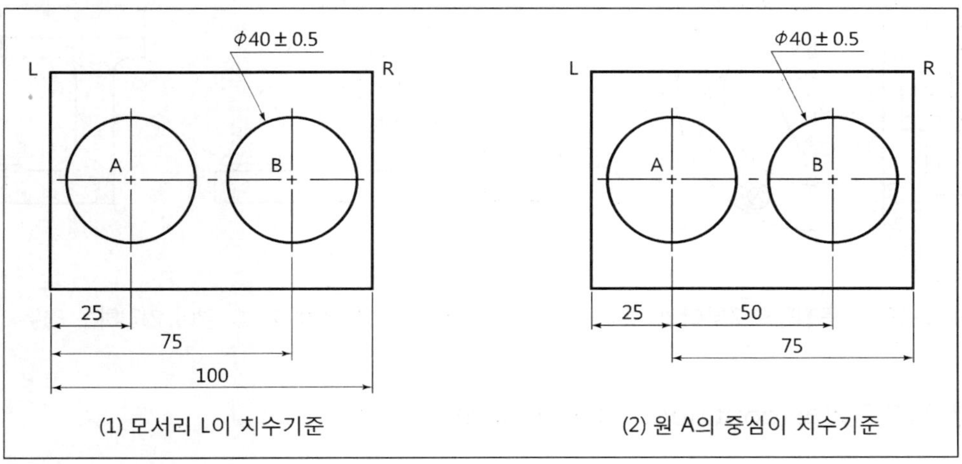

그림 3-17 치수기준의 설정 예

치수기준의 표기는 그림 3-18과 같이 가공 또는 조립할 때에 기준이 되는 형체를 기준으로 하여 기입한다. 특별히 기준인 것을 표시할 필요가 있는 경우에는 그 앞에 “기준”이라고 기입한다.

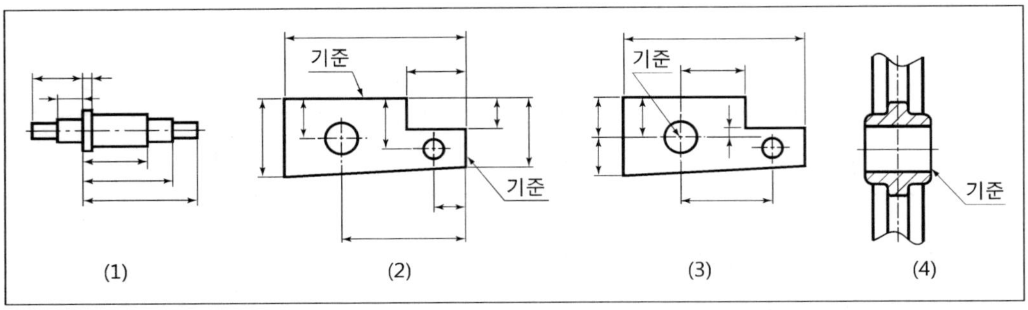

그림 3-18 치수기준으로부터의 치수

또는 기준으로 하는 부분을 원점으로 하여 좌표형태로 기입하면 편할 때가 있다. 이 경우에는 기준 위치를 검게 점으로 표시하고 0을 기입한다. 그리고 다른 치수는 치수보조선에 맞추어 기입한다.

그리고 주물소재와 같이 소재의 원래 표면은 울퉁불퉁하고 그 정도가 소재마다 틀리기 때문에 그림 3-19의 (2)처럼 소재의 원래 표면을 치수기준으로 설정하지 않는다. 한편, 치수는 그 도면을 사용하여 제작하는 최종치수, 즉 완성치수를 표시하므로 특별히 소재의 치수를 표시할 필요가 있을 때는 그림 3-20처럼 가상선을 이용하여 소재의 형상과 치수를 기입한다.

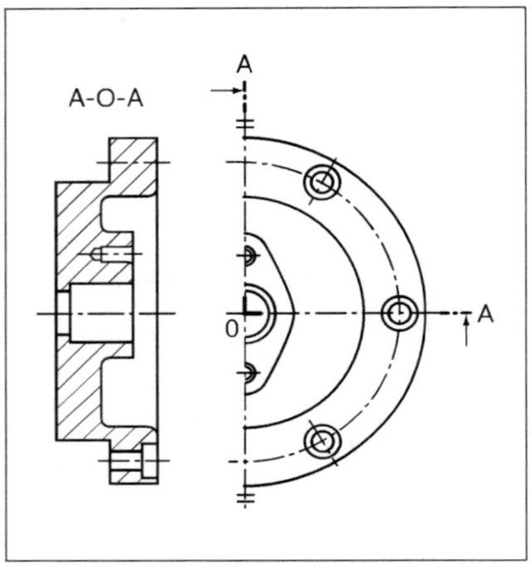

그림 3-19 다듬질면으로부터의 치수

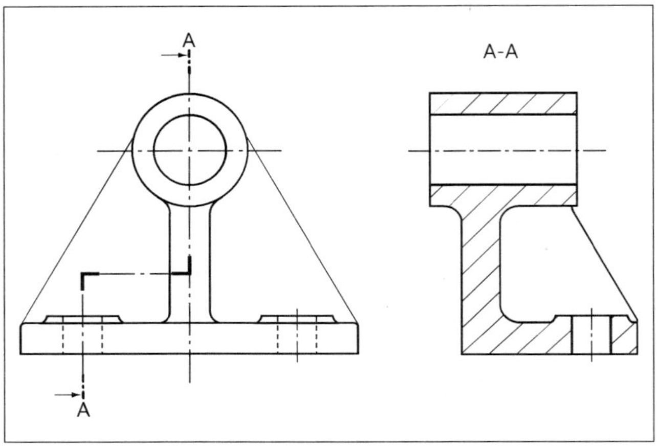

그림 3-20 소재치수를 같이 기입하는 경우

【3】 직렬 치수기입법(continued dimension)

직렬로 나란히 연결된 개개의 치수에 주어진 치수공차가 점점 누적되어도 좋은 경우에 사용한다(그림 3-21).

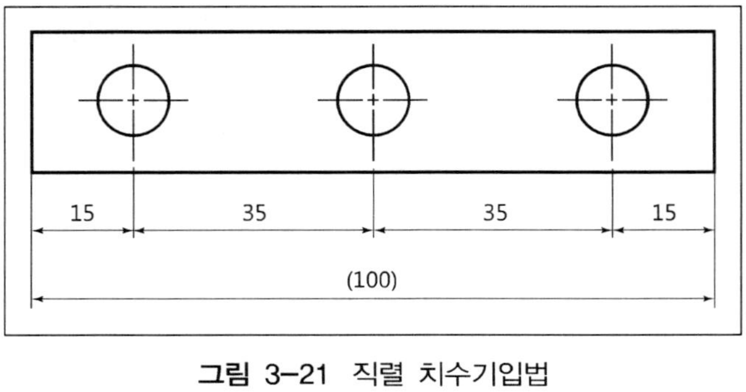

그림 3-21 직렬 치수기입법

【4】 병렬 치수기입법(baseline dimension)

이 방향에 따르면 병렬로 기입하는 개개의 치수공차는 다른 치수의 공차에는 영향을 주지 않는다(그림 3-22). 이 경우 공통이 되는 쪽의 치수보조선의 위치는 기능·가공 등의 조건을 고려하여 적절히 선택한다.

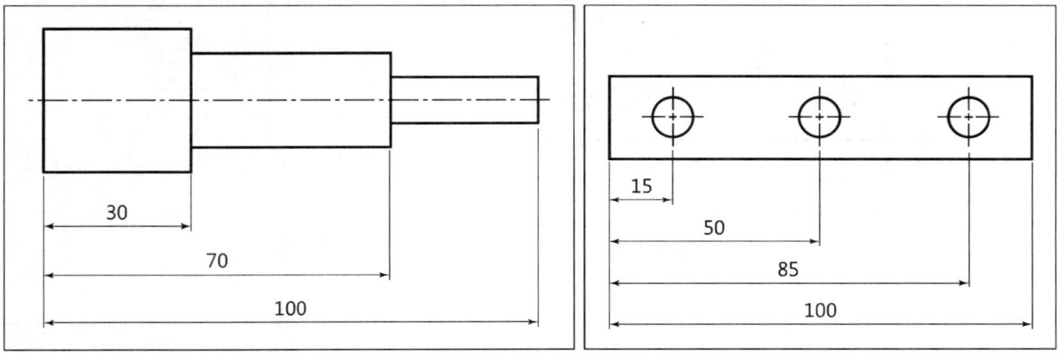

그림 3-22 병렬 치수기입법

【5】 누진 치수기입법

이 방법에 따르면 치수공차에 관하여 병렬 치수기입법과 완전히 동등한 의미를 가지면서 1개의 연속된 치수선으로 간편하게 표시된다. 이 경우 치수의 기점의 위치는 기점 기호 (o)로 나타내고 치수선의 다른 끝은 화살표로 나타낸다. 치수수치는 치수보조선에 나란히 기입하든지(그림 3-23, 3-25) 화살표 가까운 곳에 치수선의 위쪽에 이어 연하여 쓴다(그림 3-24). 또한 2개의 형체 사이의 치수선에도 준용할 수 있다(그림 3-26).

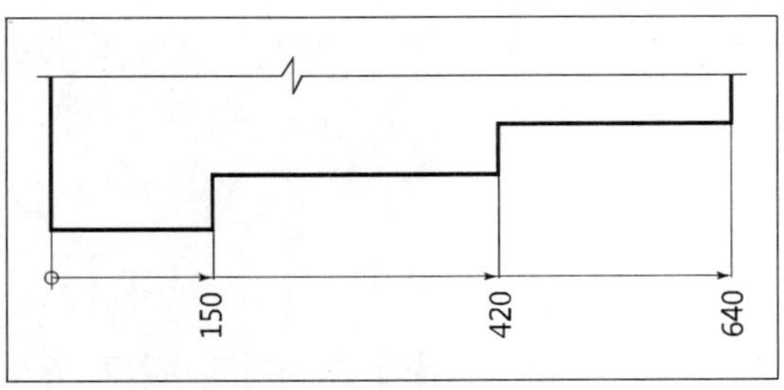

그림 3-23 누진 치수기입법

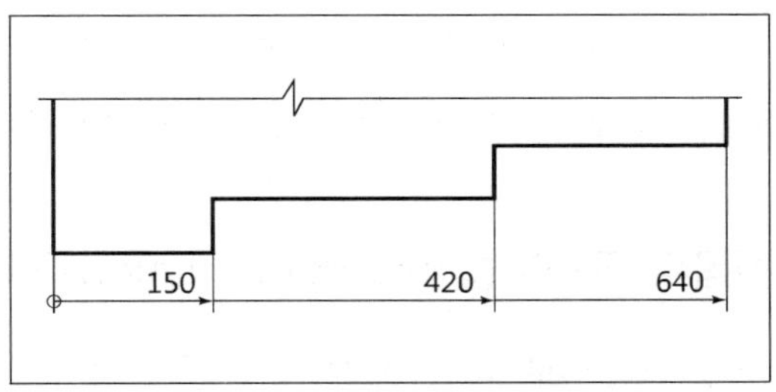

그림 3-24 누진 치수기입법

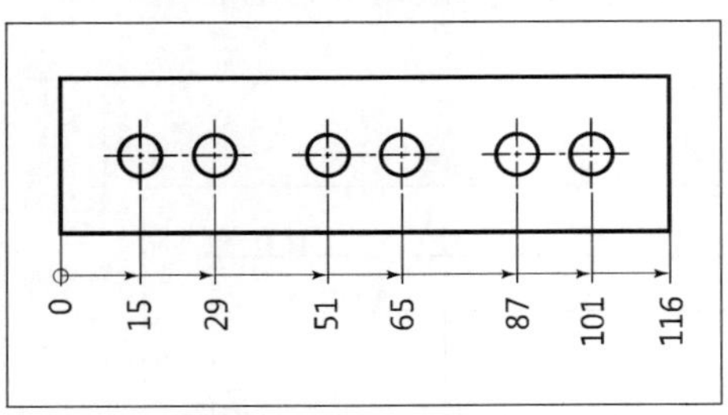

그림 3-25 누진 치수기입법

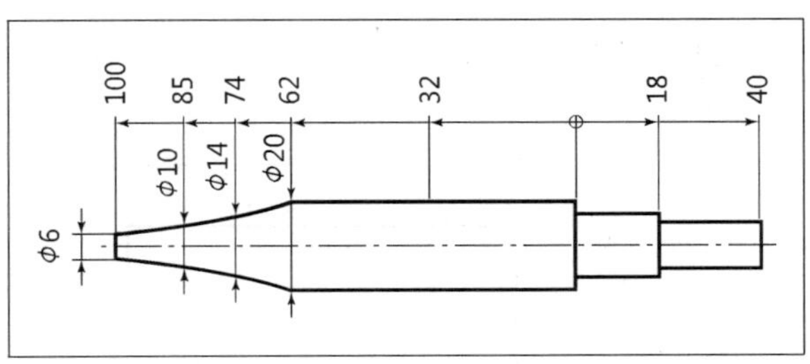

그림 3-26 누진 치수기입법(2개의 형체)

【6】 좌표 치수기입법

구멍의 위치나 크기 등의 치수는 좌표를 사용하여 표로 하여도 좋다(그림 3-27, 3-28).

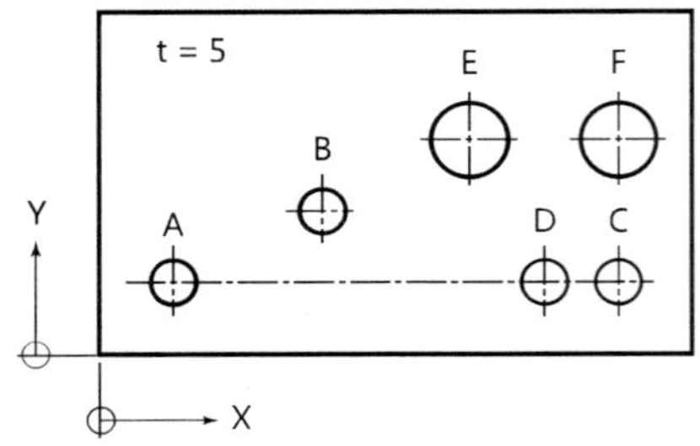

	X	Y	ø
A	20	20	13.5
B	140	20	13.5
C	200	20	13.5
D	60	60	13.5
E	100	90	26
F	180	90	26
G			
H			

그림 3-27 표로 사용된 좌표 치수기입법

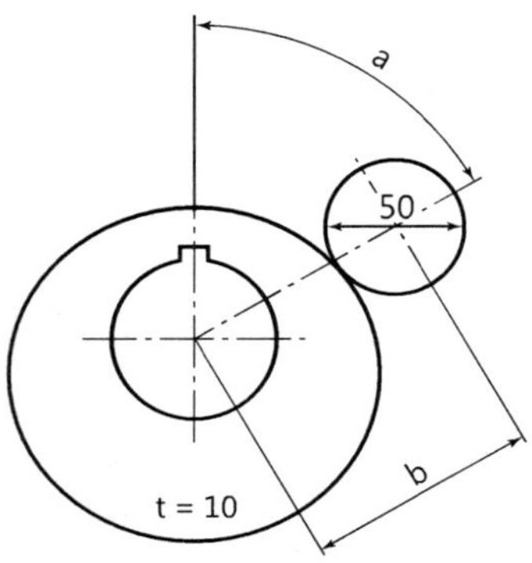

a	0°	20°	40°	60°	80°	100°	120~210°
b	50	52.5	57	63.5	70	74.5	76
a	230°	260°	280°	300°	320°	340°	
b	75	70	65	59.5	55	52	

그림 3-28 표로 사용된 좌표 치수기입법

이 경우, 표에 나타낸 X, Y 또는 a의 수치는 기점에서의 치수이다. 기점은 보기를 들면 기준구멍, 대상물의 한 구석 등 기능 또는 가공의 조건을 고려하여 적절하게 선택한다.

【7】 지름의 표시방법 (diameter dimension)

① 대상으로 하는 부분의 단면이 원형일 때, 그 모양을 도면에 표시하지 않고 원형인 것을 나타내는 경우에는 지름의 기호 ϕ를 치수수치 앞에 치수숫자와 같은 크기로 기입하여 표시한다(그림 3-29).

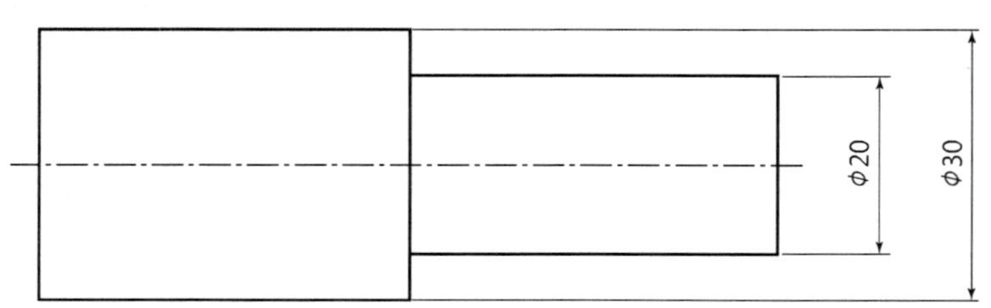

그림 3-29 지름의 치수기입법

원형 그림에 지름치수를 기입할 때는 치수수치 앞에 지름의 기호 ϕ는 기입하지 않는다. 다만 원형의 일부를 그리지 않은 도형에서 치수선의 끝부분 기호가 한쪽인 경우에는 반지름의 치수와 혼동되지 않도록 지름의 치수수치 앞에 ϕ를 기입한다(그림 3-30).
만약, 그림 3-30의 (2)에서 20과 30 치수가 중심을 지나지 않을 경우에는 지름치수를 기입하면 안된다. 이럴 경우에는 반지름치수가 되어야 한다.

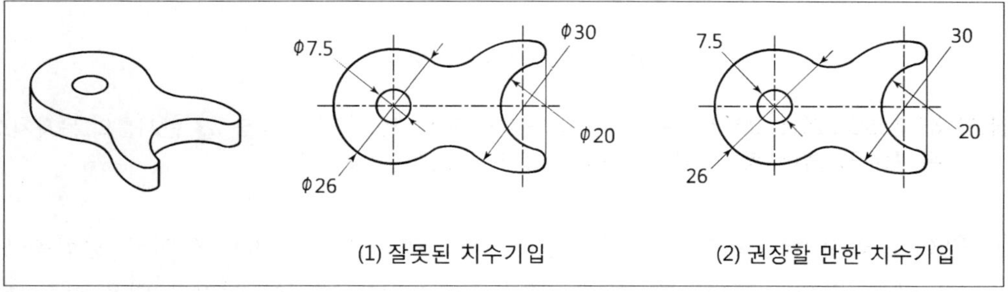

그림 3-30 원형 형상의 치수기입 예와 입체도

[참고] KS B ISO 129-1 : 2013 제도 - 치수 및 공차의 표시 -제1부 : 일반원칙 7.2 지름의 문자기호 ϕ는 치수값 앞에 있어야 한다.에 의하여 원형에도 ϕ 기호를 쓸 수 있다.

② 지름이 다른 원기둥과 연속되어 있고, 그 치수수치를 기입할 여지가 없을 때는 그림 3-31과 같이 한쪽에 써야 할 치수선의 연장선과 화살표를 그리고 지름기호 ϕ와 치수수치를 기입한다.

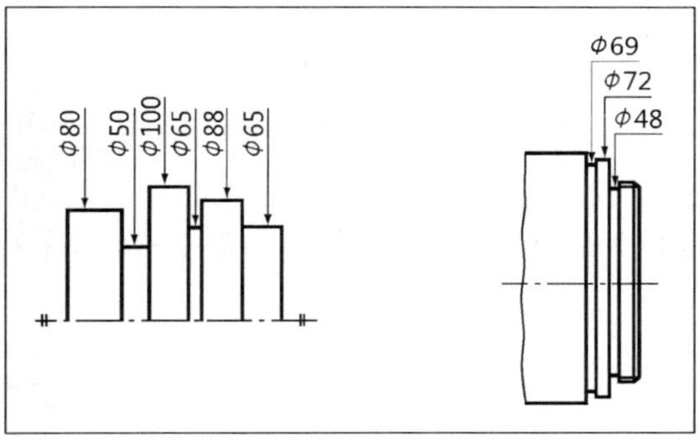

그림 3-31 연속된 원기둥형상의 치수기입 예

【8】 반지름의 표시방법(radius dimension)

① 반지름의 치수는 반지름의 기호 R을 치수수치 앞에 치수숫자와 같은 크기로 기입하여 표시한다[그림 3-32 (1)]. 다만 반지름을 나타내는 치수선을 원호의 중심까지 긋는 경우에는 R을 생략하여도 좋다[그림 3-32 (2)].

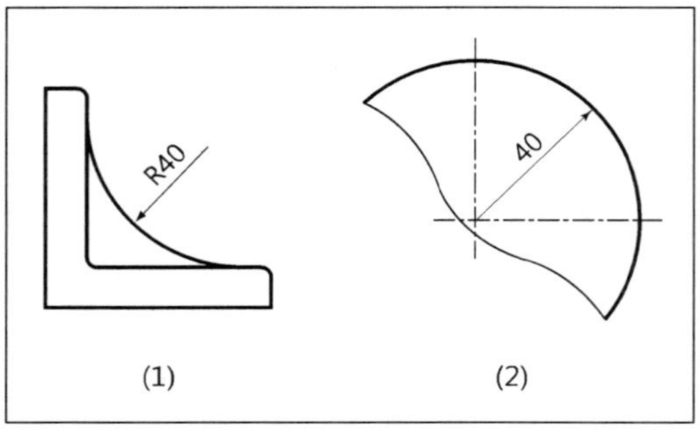

그림 3-32 반지름치수 기입의 예

[참고] KS B ISO 129-1 : 2013 제도 - 치수 및 공차의 표시 -제1부 : 일반원칙 7.3 반지름의 문자기호 R은 반지름 치수값 앞에 써야 한다.에 의하여 문자기호를 쓸 수 있다.

② 원호의 반지름을 표시하는 치수선에는 원호쪽에만 화살표를 붙이고 중심쪽에는 붙이지 않는다[그림 3-33 (1)]. 또한 화살표나 치수수치를 기입할 여지가 없을 때는 그림 3-33 (2), (3)을 따른다.

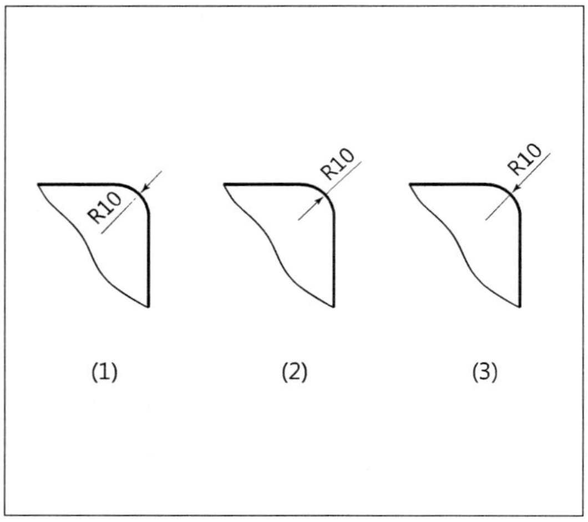

그림 3-33 반지름치수와 화살표의 위치

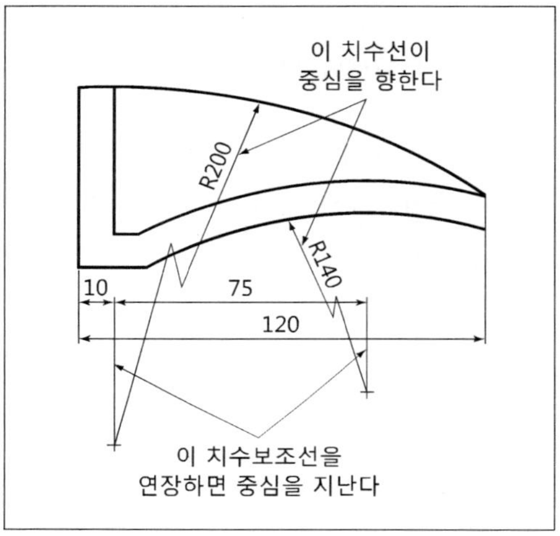

그림 3-34 치수가 큰 반지름치수 기입의 예

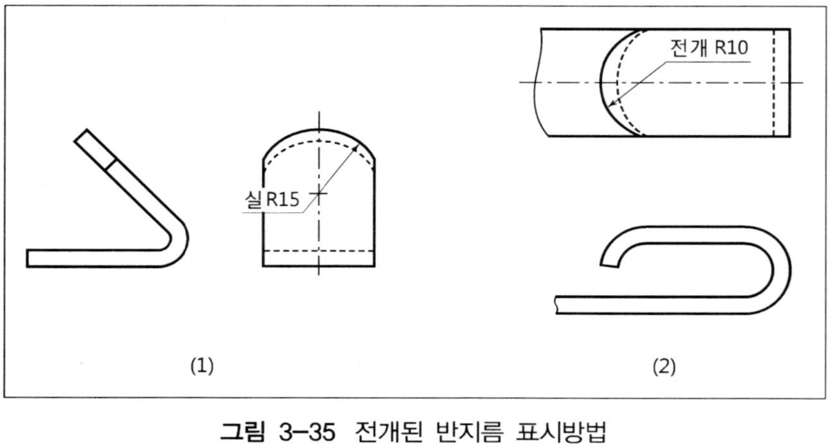

그림 3-35 전개된 반지름 표시방법

③ 반지름치수를 지시하기 위하여 원호의 중심위치를 표시할 필요가 있을 경우에는 + 또는 검은 둥근점으로 위치를 나타낸다(그림 3-34).
또한 원호의 반지름이 커서 중심위치를 나타내야 하는데 지면 등의 제약이 있을 때는 반지름의 치수선을 구부려서 표시해도 된다. 단, 치수선의 화살표가 정확히 중심위치로 향해야 한다(그림 3-34).

④ 실형을 나타내지 않는 투상도형에 실제의 반지름 또는 전개한 상태의 반지름을 지시하는 경우에는 치수수치의 앞에 "실 R" 또는 "전개 R"의 글자기호를 기입한다(그림 3-35).

⑤ 동일 중심을 가진 반지름은 길이치수와 같이 누진 치수기입법을 사용해서 표시할 수 있다(그림 3-36).

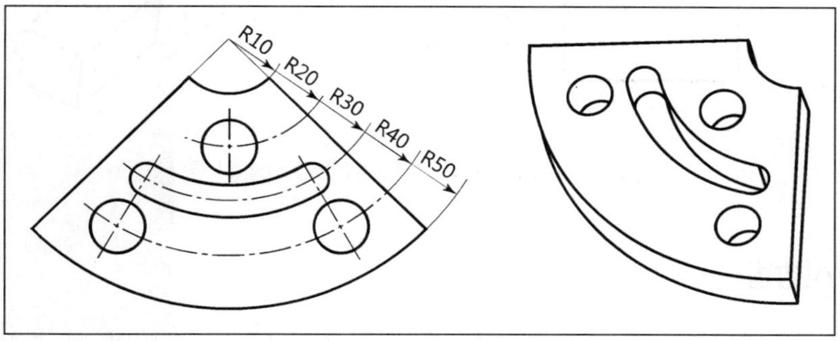

그림 3-36 반지름 누진 치수기입법 (3차원 형상)

【9】 구의 지름 또는 반지름 표시방법

구의 지름(sphere diameter) 또는 반지름(sphere radius)의 치수는 치수수치 앞에 치수숫자와 같은 크기로 구의 기호 Sϕ 또는 SR을 기입하여 표시한다(그림 3-37).

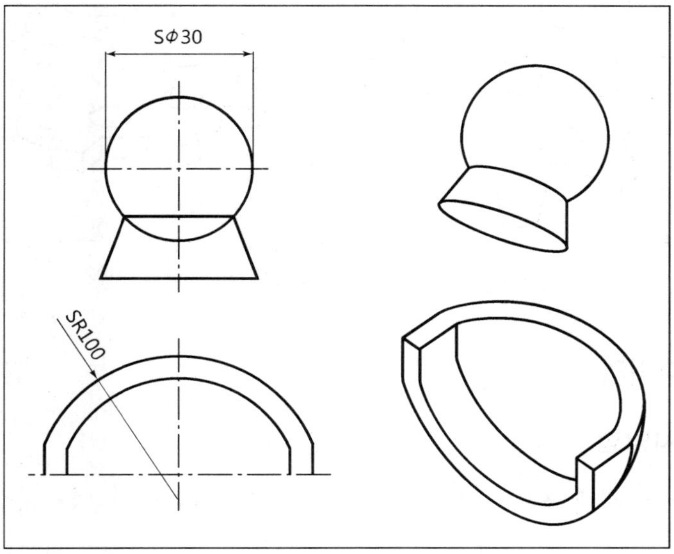

그림 3-37 구의 지름과 반지름 형상(3차원 형상)

【10】 정사각형변의 표시방법

대상으로 하는 부분의 단면이 정사각형(square)일 때, 모양을 그림에 표시하지 않고 정사각형인 것을 나타내는 경우에는 변의 길이를 표시하는 치수수치 앞에 숫자와 같은 크기로 정사각형의 일변이라는 것을 나타내는 기호 □을 기입한다(그림 3-38). (□의 대용으로 SQ를 사용하기도 한다. SQ란 square의 약자이다.)

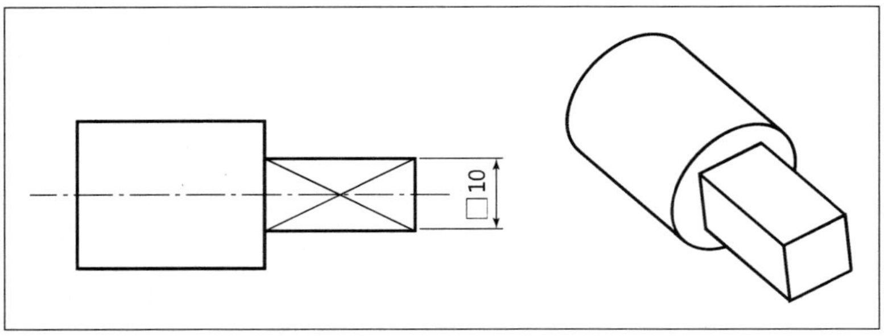

그림 3-38 정사각형의 표시와 3차원 형상

【11】 두께의 표시방법

판의 주투상도에 두께(thickness)의 치수를 표시하는 경우에는 도면의 부근 또는 그림 중 보기 쉬운 위치에 두께를 표시하는 치수수치 앞에 치수숫자와 같은 크기로 두께를 나타내는 기호 t= 을 기입한다(그림 3-39). 간혹 t를 숫자 뒤에 표기하는 경우가 있으나 이는 바람직한 형태가 아니므로 치수의 앞에 붙이는 것이 좋다.

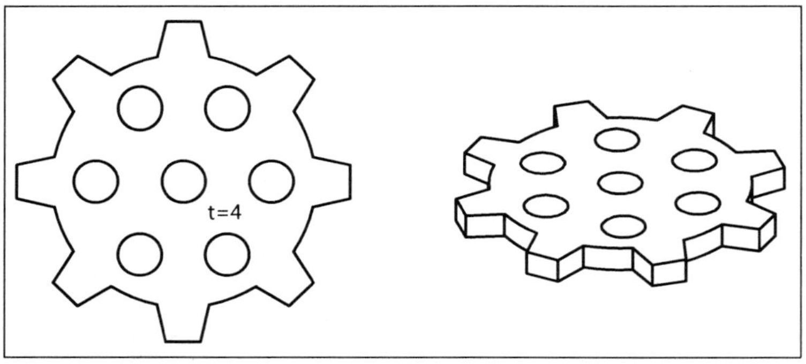

그림 3-39 두께의 표기방법과 3차원 형상

【12】 현·원호의 치수기입

(1) 현의 길이 표시방법

현의 길이는 원칙으로 현에 직각으로 치수보조선을 긋고 현에 평행한 치수선을 사용하여 표시한다(그림 3-40).

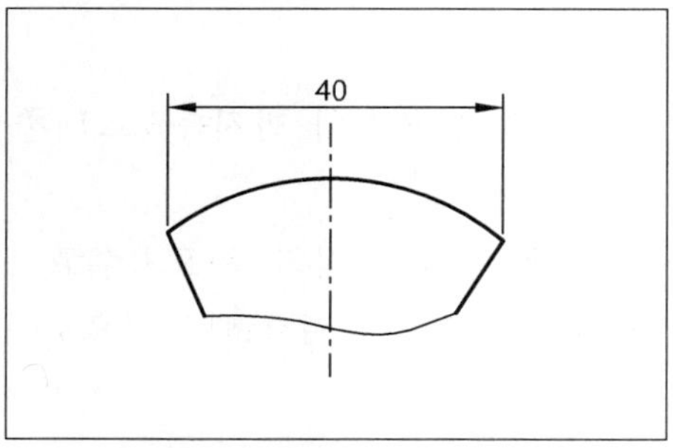

그림 3-40 현의 치수기입

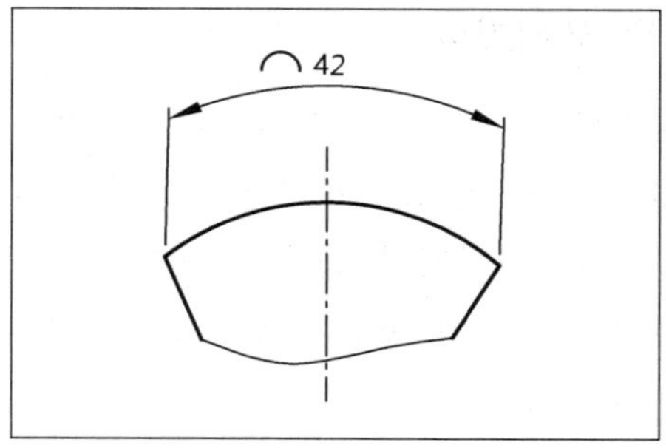

그림 3-41 원호의 치수기입

(2) 원호의 길이 표시방법

① 현의 경우와 같은 치수보조선을 긋고 그 원호와 동심의 원호를 치수선으로 하고, 치수수치의 앞에 원호길이의 기호를 붙인다(그림 3-41). KS B 0001에는 아직 치수수치의 위에 원호길이의 기호를 붙이고 있다.

② 원호를 구성하는 각도가 클 때나[그림 3-42 (1)] 연속적으로 원호의 치수를 기입할 때[그림 3-42 (2)]는 원호의 중심으로부터 방사각형으로 그린 치수보조선에 치수선을 맞추어도 좋다.

그림 3-42의 (2), (3)과 같은 경우, 2개 이상의 동심 원호 중 1개의 원호의 길이를 명시할 필요가 444있을 때에는 다음에 따른다.

- 원호의 치수수치에 대하여 지시선을 긋고 끌어낸 원호쪽에 화살표를 그린다[그림 3-42 (2)].
- 원호의 길이의 치수수치 뒤에 원호의 반지름을 괄호에 넣어서 나타낸다. 이 경 우에는 원호의 길이의 기호를 붙이지 않는다[그림 3-42 (3)].

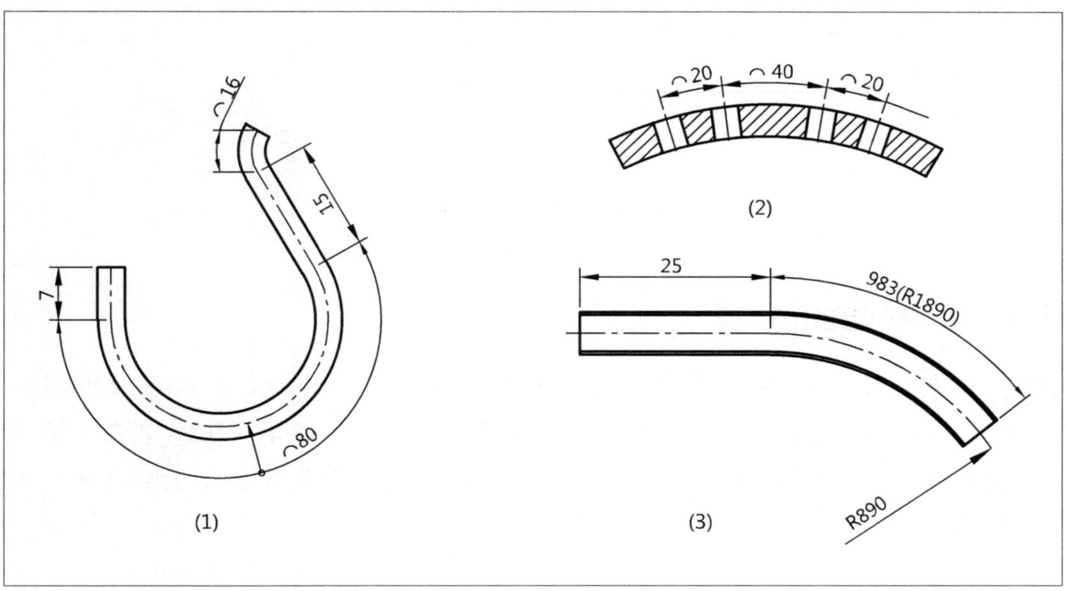

그림 3-42 반지름이 큰 원호

(3) 곡선의 표시방법

① 원호로 구성되는 곡선의 치수는 일반적으로는 이들 원호의 반지름과 그 중심 또는 원호의 접선의 위치로 표시한다(그림 3-43).

② 원호로 구성되지 않은 곡선의 치수는 곡선상 임의의 점의 좌표치수로 표시한다[그림 3-44 (1)]. 이 방법은 원호로 구성되는 곡선의 경우에도 필요하면 사용하여도 좋다[그림 3-44 (2)].

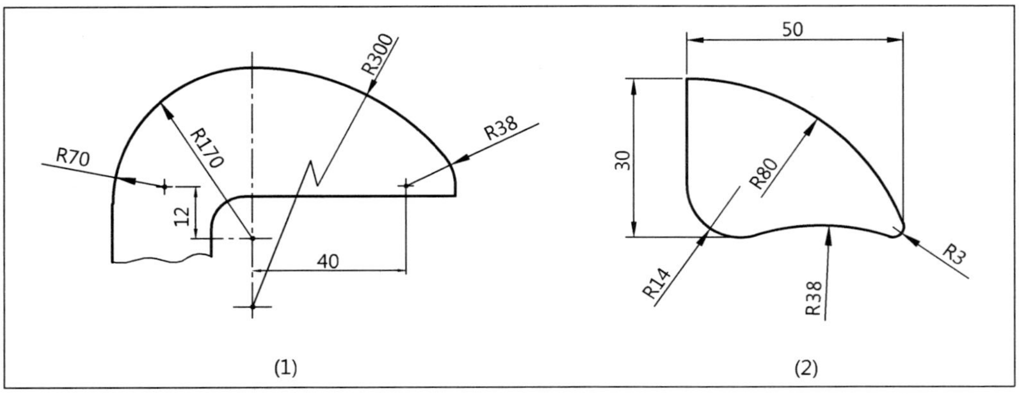

그림 3-43 원호로 구성된 곡선의 치수기입

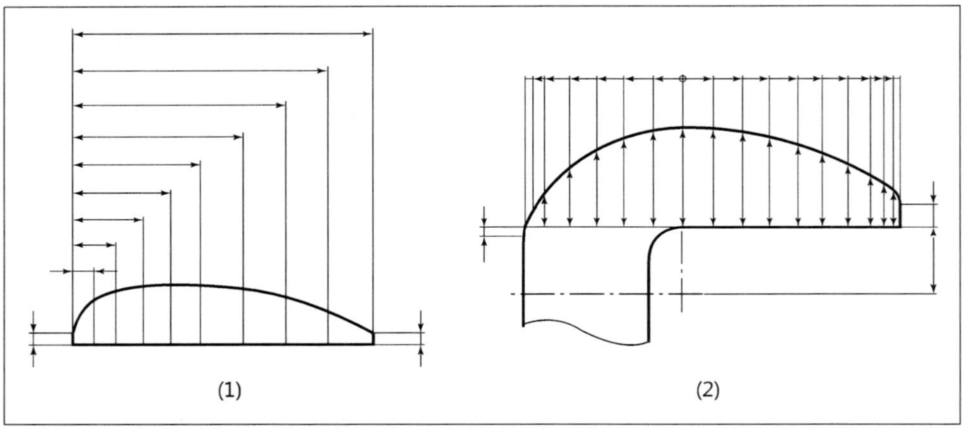

그림 3-44 곡선의 치수기입

【13】 모따기의 표시방법

일반적인 모따기(chamfer)는 보통치수기입방법에 따라 표시한다(그림 3-45). KS에서는 모떼기라 표시한다. 45° 모따기의 경우에는 모따기의 치수×45°(그림 3-46) 또는 기호 C를 치수수치 앞에 치수숫자와 같은 크기로 기입하여 표시한다(그림 3-46). KS B ISO 129-1에는 기호 C를 규정하지 않는다.

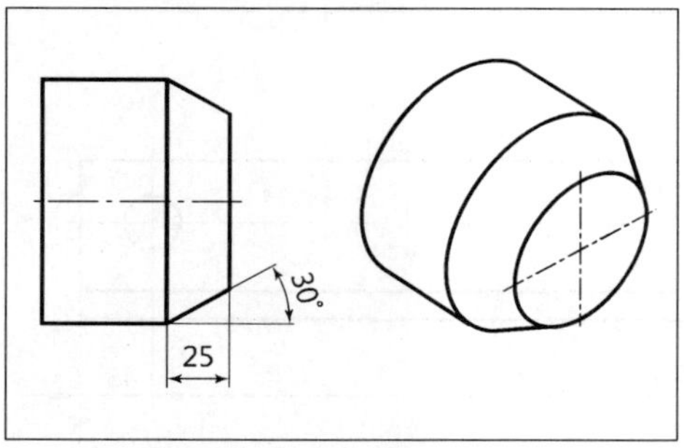

그림 3-45 모따기 치수기입

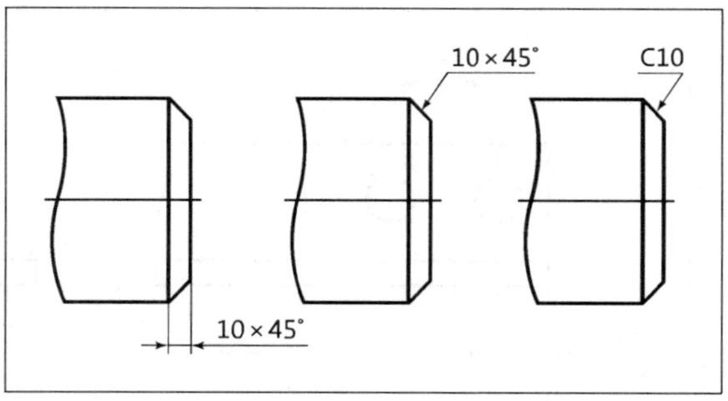

그림 3-46 모따기 치수기입

【14】 구멍의 표시방법

① 드릴 구멍(drill hole), 펀칭 구멍(punching hole), 코어 구멍(core hole) 등 구멍의 가공방법에 의한 구별을 나타낼 필요가 있을 경우에는 원칙으로 공구의 호칭치수 또는 기준치수를 나타내고, 그 뒤에 가공방법의 구별을 가공방법 용어를 규정하고 있는 한국공업규격(KS)에 따라 지시한다(그림 3-47). 다만, 표 3-3에 표시한 것에 대하여는 이 표의 간략 지시를 따를 수 있다.

- 비고 : 이 경우 지시한 가공치수에 대한 치수의 보통허용차를 적용한다.

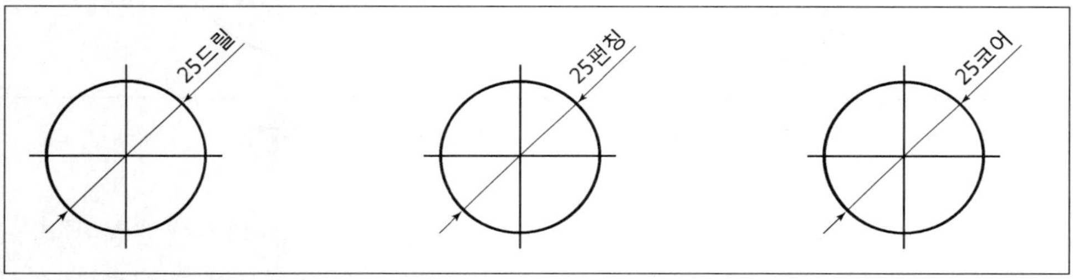

그림 3-47 구멍의 치수기입

표 3-3 가공방법에 따른 표시방법

가공방법	간략지시	간략지시
주조한 대로	코 어	core
프레스 펀칭	펀 칭	punching
드릴로 구멍뚫기	드 릴	drilling
리머 다듬질	리 머	reaming

② 1군의 동일 치수 볼트구멍, 작은 나사구멍, 핀구멍, 리벳구멍 등의 치수 표시는 구멍으로부터 지시선을 끌어내어 그 총 수를 나타내는 숫자 다음에 짧은선을 끼워서 구멍의 치수를 기입한다(그림 3-48, 3-49). (KS B ISO 129-1에서는 짧은선 대신 x로 표현한다.) 이 경우 구멍의 총수는 같은 개소의 1군의 구멍 총 수이다.
간격의 길이와 간격의 개수 사이에 혼동이 될 가능성이 있으면, 하나의 간격에 대해 그림 3-49와 같이 치수기입을 해야 한다.

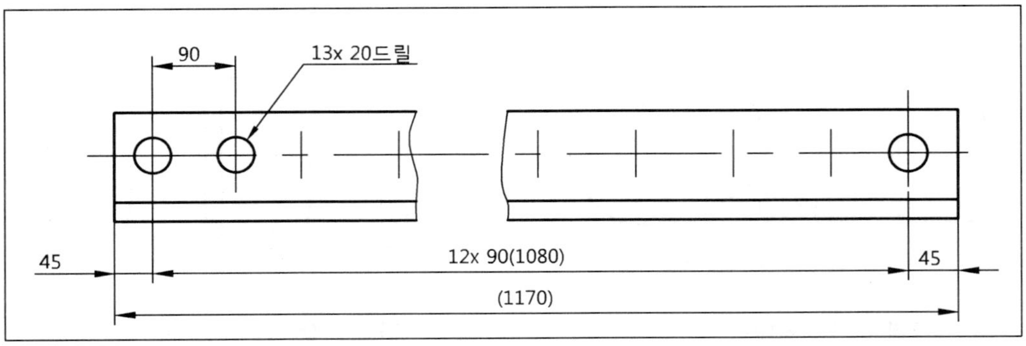

그림 3-48 치수기입과 구멍 표기방법

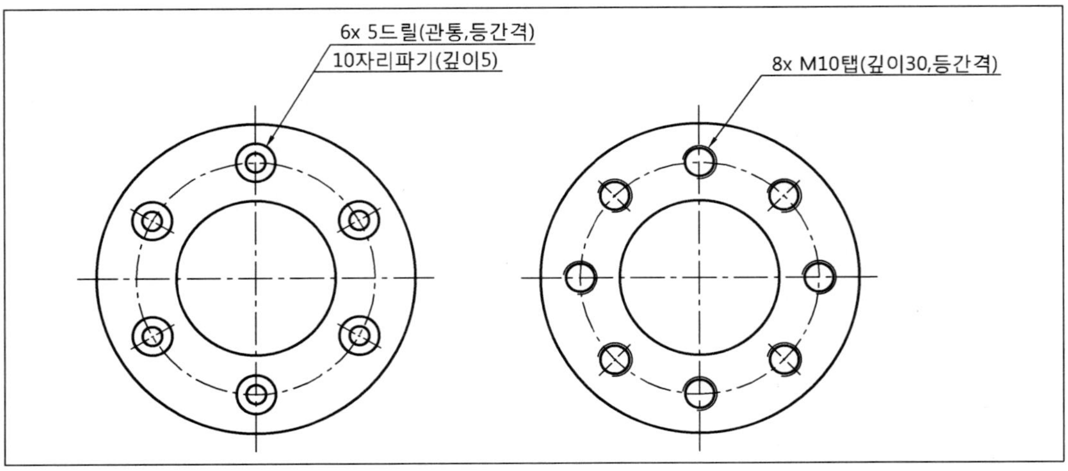

그림 3-49 등간격으로 배치된 구멍의 치수기입

③ 구멍의 깊이를 지시할 때는 구멍의 지름을 나타내는 치수 다음에 "깊이"라 쓰고 그 수치를 기입한다[그림 3-50 (1)]. 다만, 관통구멍일 때에는 구멍 깊이를 기입하지 않는다[그림 3-50 (2)].

또한 구멍의 깊이란 드릴의 앞끝의 원뿔부, 리머의 앞끝의 모따기부 등을 포함하지 않는 원기둥의 깊이 그림 3-50 (3)의 H를 말한다.

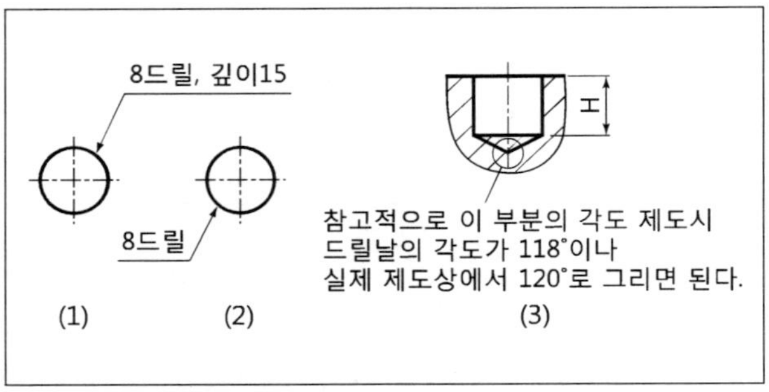

그림 3-50 구멍 치수기입의 예

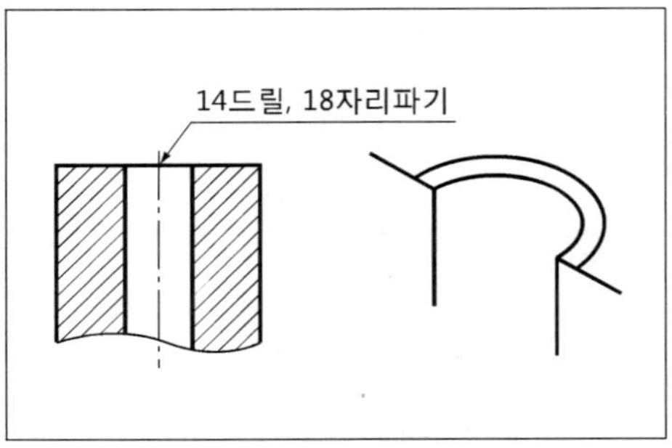

그림 3-51 자리파기와 실제 가공형상

④ 자리파기의 표시방법은 자리파기의 지름을 나타내는 치수 다음에 "자리파기"라고 쓴다(그림 3-49, 3-51). 자리파기를 표시하는 도형은 그리지 않는다.

자리파기란 볼트, 너트 등의 자리를 좋게 하기 위한 것이며, 일반적으로 흑피를 깎은 정도로 한다. 따라서 자리파기의 깊이는 지시하지 않는다.

⑤ 볼트 머리를 잠기게 하는 경우에 사용하는 깊은 자리파기의 표시방법은 깊은 자리파기의 지름을 나타내는 치수 다음에 "깊은 자리파기"라고 쓴다. 다음에 "깊음"이라고 쓰고 깊은 자리파기한 깊이를 기입한다. 다만, 깊은 자리파기의 아래 위치를 반대쪽 면으로부터 치수를 지시할 필요가 있을 때는 지시선을 사용하여 표시한다(그림 3-52).

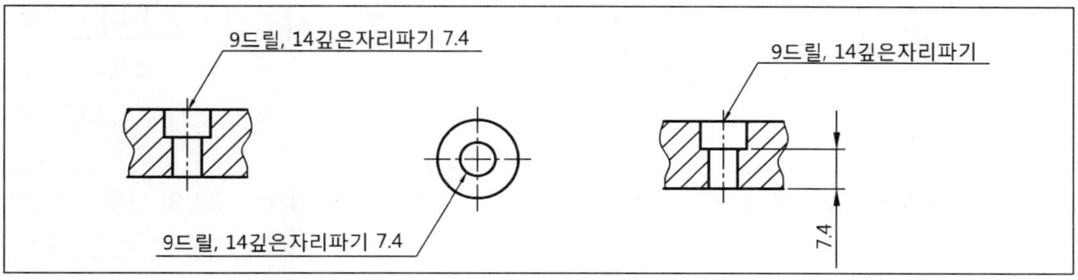

그림 3-52 깊은 자리파기의 치수기입 예

[참고] 위의 경우 간단한 도형에서는 표시하기가 쉬우나 복잡한 도형에서는 표시하기가 어렵다. 또 접시머리 볼트 등의 앉음 자리파기도 표시하기가 어렵다. 따라서 도형에 자리파기의 원형만이 도시된 경우, 즉 다른 도형을 그려서 자리파기의 크기와 깊이를 도시할 필요가 없을 때에 지시선을 사용하여 표시를 하고, 관련 어느 도형 중에 자리파기의 크기와 깊이가 도시된 도형이 있을 경우에는 그림 3-53과 같이 표시해도 좋다.

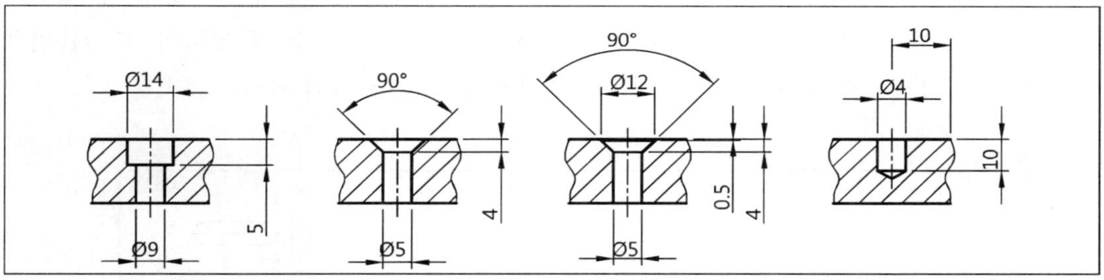

그림 3-53 깊은 자리파기의 다른 표시방법

⑥ 긴 원의 구멍은 구멍의 기능 또는 가공방법에 따라 치수의 기입방법을 다음 어느 것인가에 따라 지시한다(그림3-54).

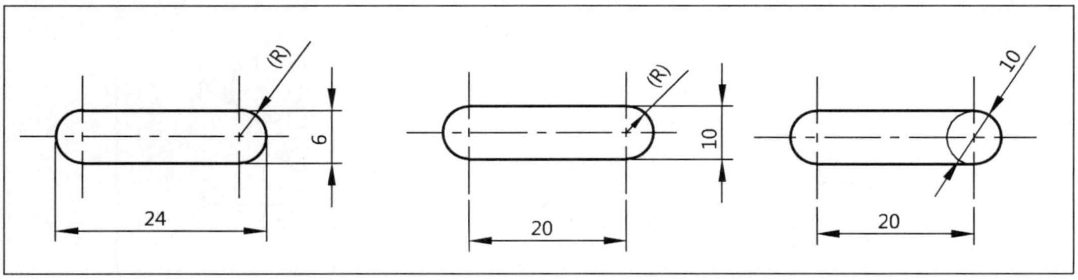

그림 3-54

⑦ 경사진 구멍의 깊이는 구멍 중심선상의 깊이로 표시하든가 그것에 따를 수 없는 경우에는 치수선을 사용하여 표시한다(그림 3-55, 3-56).

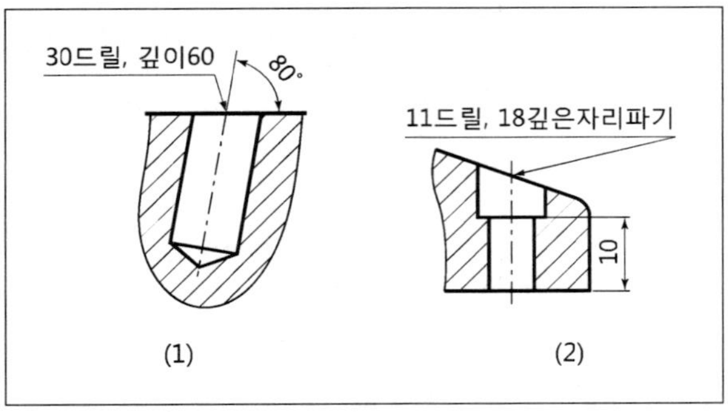

그림 3-55 특이한 구멍의 치수기입 예

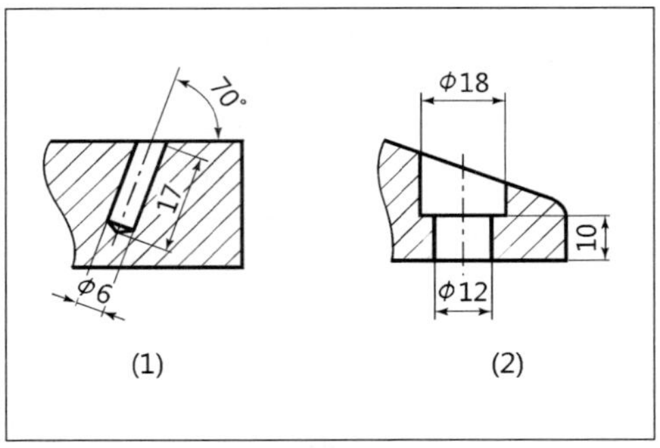

그림 3-56 경사진 구멍의 다른 표시방법

【15】 키홈의 표시방법

(1) 축의 키홈 표시방법

① 축의 키홈 치수는 키홈의 나비, 깊이, 길이, 위치 및 끝부를 표시하는 치수를 따른다[그림 3-57 (1), (2)].

② 키홈의 끝부를 밀링커터 등에 의하여 절삭하는 경우에는 기준위치에서 공구의 중심까지의 거리와 공구의 지름을 표시한다[그림 3-57 (3)].

③ 키홈의 깊이는 키홈과 반대쪽의 축 지름면으로부터 키홈의 바닥까지의 치수로 표시한다(그림 3-57). 다만, 특히 필요한 경우에는 키홈의 중심면 위에서의 축지름면으로부터 키홈의 바닥까지의 치수(절삭깊이)로 표시하여도 좋다[그림 3-57 (4)].

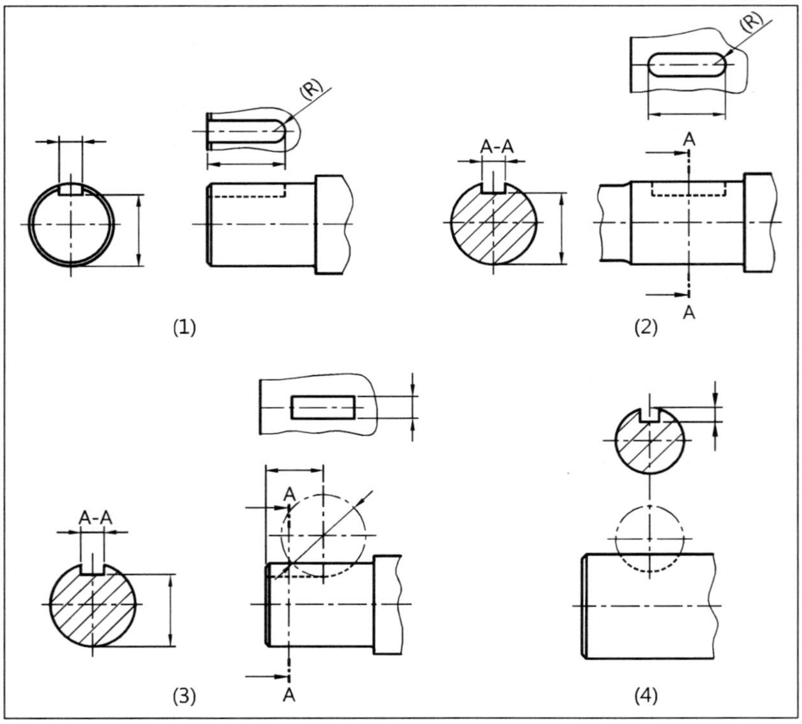

그림 3-57 축의 키홈

(2) 구멍에서 키홈의 표시방법

① 구멍에서 키홈의 치수는 키홈의 나비 및 깊이를 표시하는 치수에 따른다[그림 3-58 (1)].

② 키홈의 깊이는 키홈과 반대쪽의 구멍 지름면으로부터 키홈의 바닥까지의 치수로 표시한다[그림 3-58 (1)]. 다만, 특히 필요한 경우에는 키홈의 중심면상에서의 구멍 지름면으로부터 키홈의 바닥까지의 치수로 표시하여도 좋다[그림 3-58 (2)].

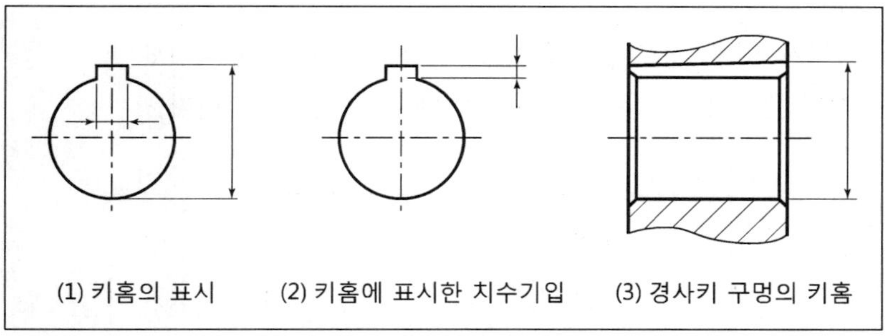

그림 3-58 키홈

③ 경사키용의 보스 키홈의 깊이는 키홈의 깊은 쪽에서 표시한다[그림 3-58 (3)].

(3) 테이퍼와 기울기의 표시방법

원기둥 형체의 부품에서 지름이 축방향으로 줄어드는 형체를 테이퍼(taper)라고 하고, 각형 부품(또는 고속도로나 철로 등)의 경사면은 기울기(slope)가 졌다고 한다. 테이퍼는 원칙으로 중심선에 연하여 기입하고, 기울기는 원칙으로 변에 연하여 기입한다[그림 3-59 (1)]. 다만, 테이퍼 또는 기울기의 정도와 방향을 특별히 명확하게 나타낼 필요가 있을 경우에는 별도로 도시한다[그림 3-59 (2)]. 또 특별한 경우에는 경사면에서 지시선을 끌어내어 기입할 수 있다[그림 3-59 (3)].

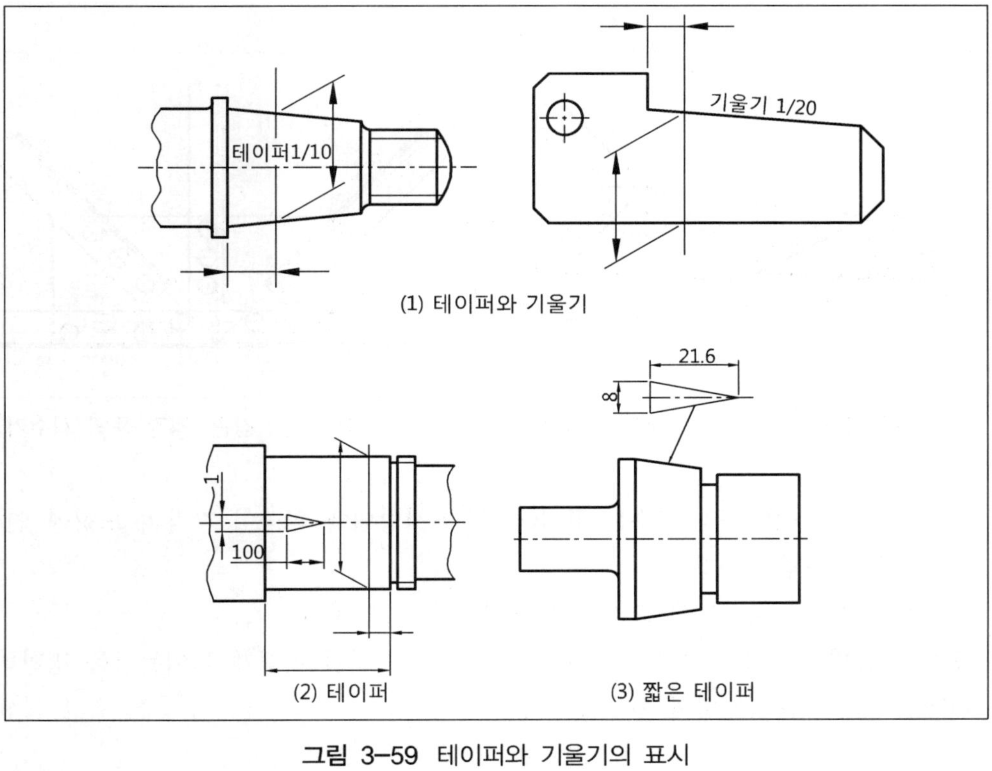

그림 3-59 테이퍼와 기울기의 표시

【16】 얇은 두께부분의 표시방법

얇은 두께부분의 단면을 아주 굵은선으로 그린 도형에 치수를 기입하는 경우에는 그림 3-60과 같이 단면을 표시한 아주 굵은선에 연하여 짧고 가는실선을 긋고, 여기에 치수선의 끝부분 기호를 댄다. 이 경우 가는실선은 그려준 쪽까지의 치수를 의미한다.

① 용기 모양의 대상물에서 아주 굵은선에 직접 끝부분 기호를 대었을 경우에는 그 바깥쪽까지의 치수를 말한다.

② 오해할 우려가 있을 경우에는 화살표의 끝을 명확하게 나타낸다.

③ 안쪽을 나타내는 치수에는 치수수치 앞에 "int"를 부기한다.

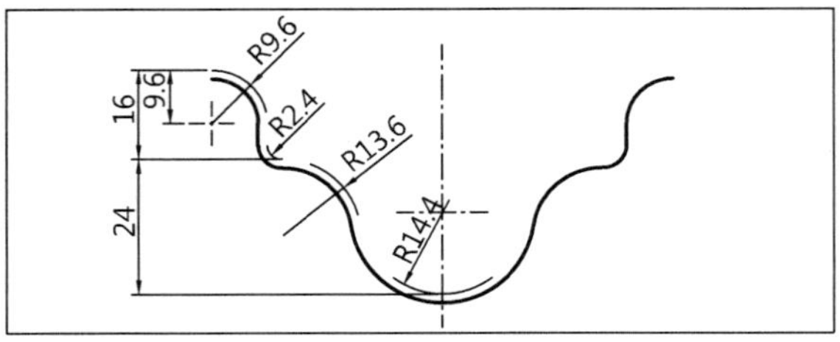

그림 3-60 얇은 두께부분의 표시

【17】 강구조물 등의 치수표시

강구조물 등의 치수표시는 다음에 따른다.

① 강구조물 등의 구조선도에서 절점 사이의 치수를 표시하는 경우에는 그 치수의 부재를 나타내는 선에 연하여 직접 기입한다(그림 3-61).

■ 비고 : 절점이란, 구조 선도에 있어서 부재의 무게중심선의 교점을 말한다.

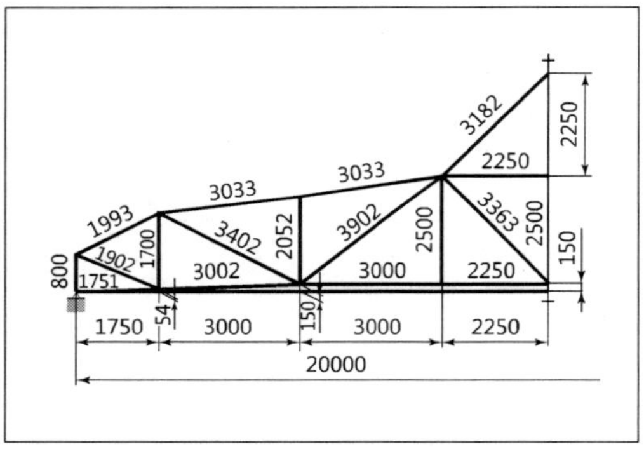

그림 3-61 강구조물의 치수기입

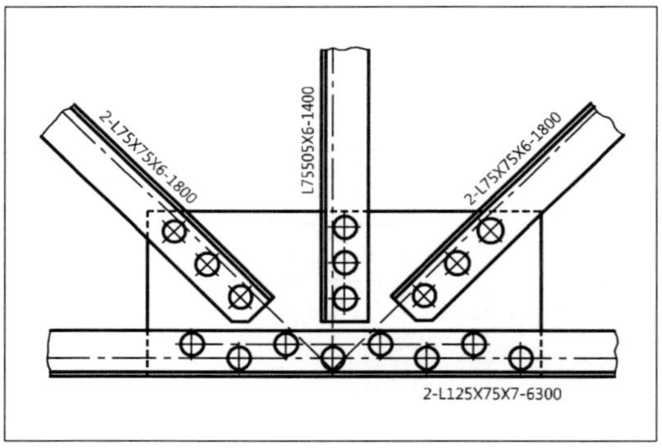

그림 3-62 형강, 강관, 각강 등의 치수기입

② 형강, 강관, 각강 등의 치수는 표 3-4의 표시방법에 의하여 각각의 도형에 연하여 기입할 수 있다(그림 3-62).

이 경우 길이의 치수는 필요가 없으면 생략하여도 좋다.

또한 부등변 ㄱ형강 등을 지시하는 경우에는 그 변이 어떻게 놓이는가를 명확히 하기 위하여 그림에 나타난 변의 치수를 기입한다.

표 3-4 형강의 치수기입

종 류	단면모양	표시방법	종 류	단면모양	표시방법
등변 ㄱ형강	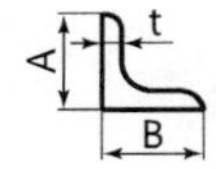	LA×B×t−L	경Z형강	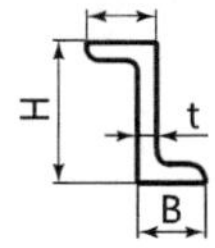	⌐L H×A×B×t−L
부등변 ㄱ형강	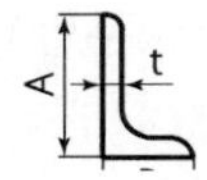	LA×B×t−L	립ㄷ형강	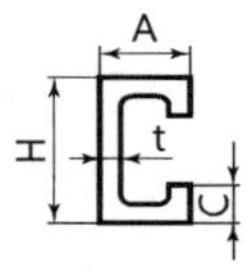	ㄷH×A×C×t−L
부등변부등 두께ㄱ형강	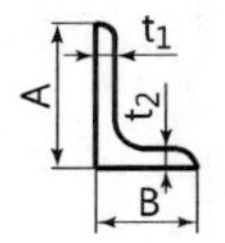	LA×B×t1×t2−L	립Z형강	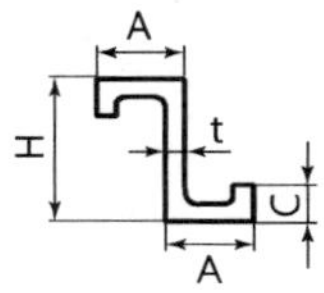	⌐ㄴ H×A×C×t−L
I형강	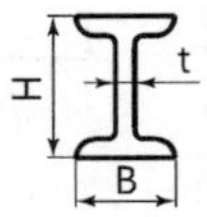	IH×B×t−L	모자형강	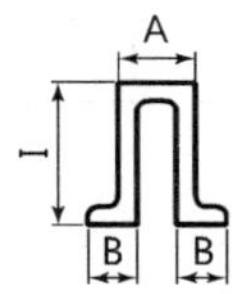	⊓ H×A×B×t−L
ㄷ형강	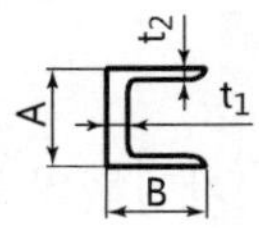	ㄷH×B×t1×t2−L	환 강	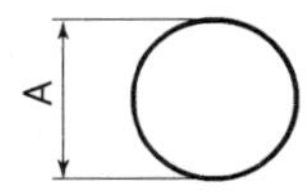	보통ϕA−L
구평형강	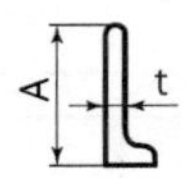	JA×t−L	강 관	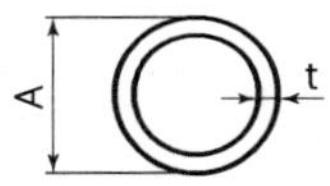	ϕA×t−L
T형강	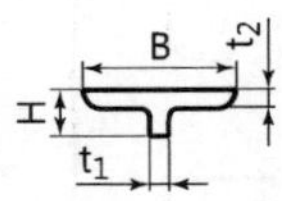	TB×H×t1×t2−L	각강관	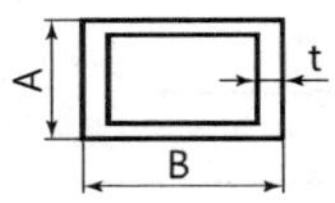	□A×B×t−L
H형강	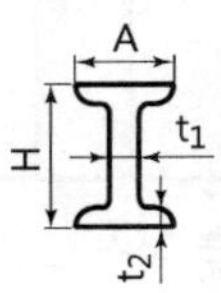	HH×A×t1×t2−L	각 강	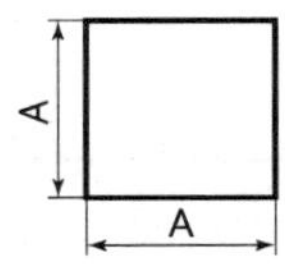	□A−L
경ㄷ형강	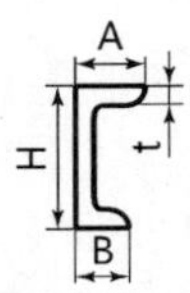	ㄷH×A×B×t−L	평 강	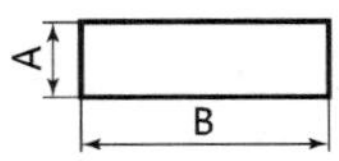	□B×A−L

* 비고 : L은 길이이다.

3.3 기타 주의사항

【1】 일반 주의사항

치수수치는 다음 사항을 고려하여 기입한다.

① 치수수치를 나타내는 일련의 치수숫자는 도면에 그린 선에서 분할되지 않는 위치에 쓰는 것이 좋다[그림 3-63 (1)].

② 치수숫자는 그림 3-63의 (3)과 같이 선에 겹쳐서 기입하면 안된다. 다만, 할 수 없는 경우에는 치수숫자와 겹쳐지는 선의 부분을 중단하여 치수수치를 기입한다[그림 3-63 (4)].

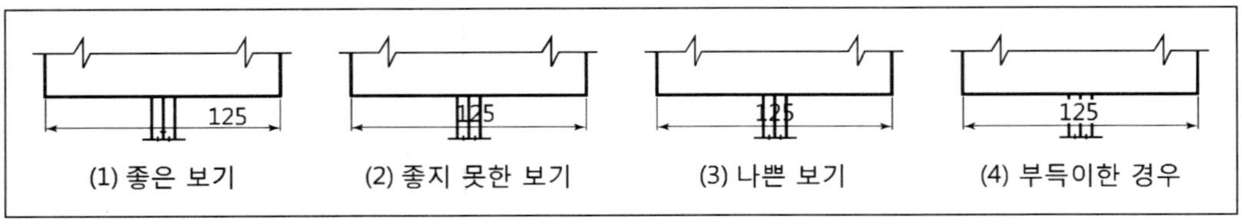

그림 3-63 치수숫자의 기입

③ 치수수치는 그림 3-64와 같이 치수선과 교차되는 장소에 기입하면 안된다.

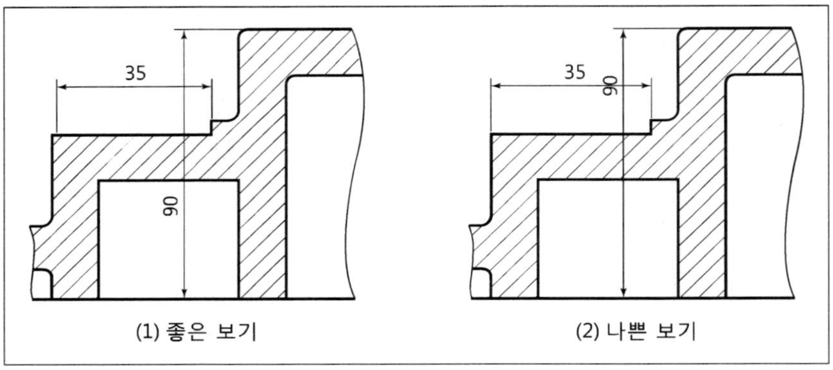

그림 3-64 교차 치수기입

④ 치수선이 인접해서 연속하는 경우에는 치수선은 동일 직선상에 가지런하게 기입하는 것이 좋다[그림 3-65 (1)]. 또 관련되는 부분의 치수는 동일 직선상에 기입하는 것이 좋다[그림 3-65 (2), (3)].

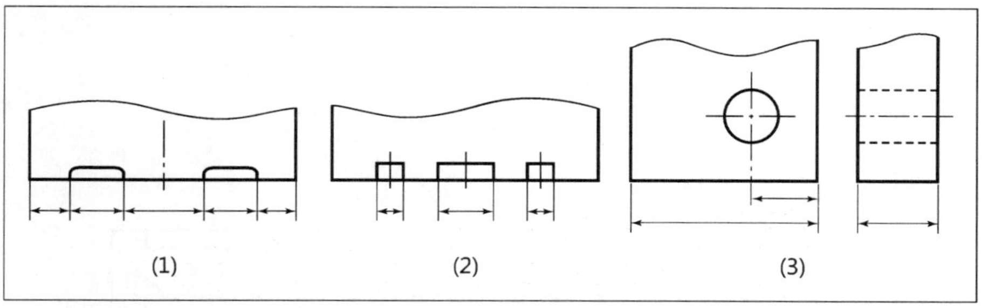

그림 3-65 인접한 치수선의 위치

⑤ 치수보조선을 긋고 기입하는 지름의 치수가 대칭 중심선의 방향에 몇 개 늘어선 경우에 각 치수선은 되도록 같은 간격으로 긋고 작은 치수를 안쪽에, 큰 치수를 바깥쪽으로 치수수치를 가지런하게 기입한다[그림 3-66 (1)]. 다만, 지면상의 형편으로 치수선의 간격이 좁은 경우에는 치수수치를 대칭 중심선의 양쪽에 교대로 써도 좋다[그림 3-66 (2)].

⑥ 치수선이 길어서 그 중앙에 치수수치를 기입하면 알기 어렵게 될 경우에는 어느 것이나 한쪽의 끝부분 기호 가까이 치우쳐서 기입할 수 있다[그림 3-66 (3)].

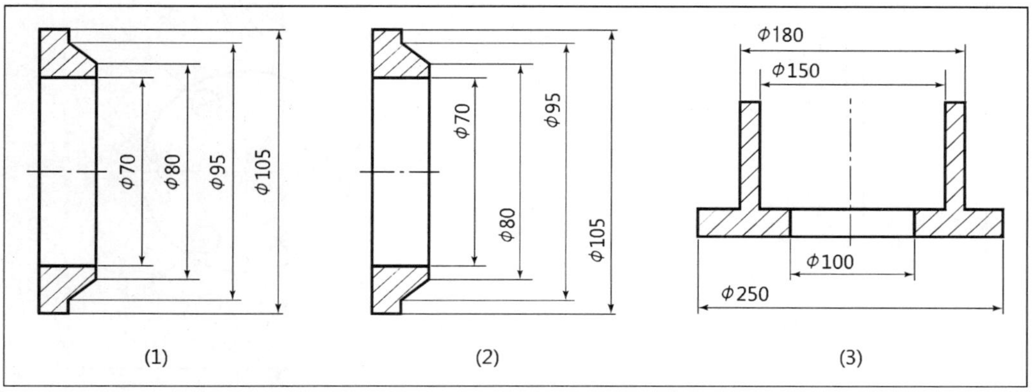

그림 3-66 연속된 대칭치수의 기입

⑦ 대칭의 도형에서 대칭 중심선의 한쪽만을 표시한 그림에서는 치수선을 원칙으로 그 중심선을 넘어서 적당히 연장한다. 이 경우 연장한 치수선 끝에는 끝부분 기호를 붙이지 않는다[그림 3-67 (1), (2)]. 다만, 오해할 염려가 없는 경우에는 치수선은 중심선을 넘지 않아도 좋다[그림 3-67 (3)].

대칭의 도형으로 다수의 지름 치수를 기입할 때는 치수선의 길이를 더 짧게 하여 그림 3-68과 같이 여러 단으로 분리하여 기입할 수 있다.

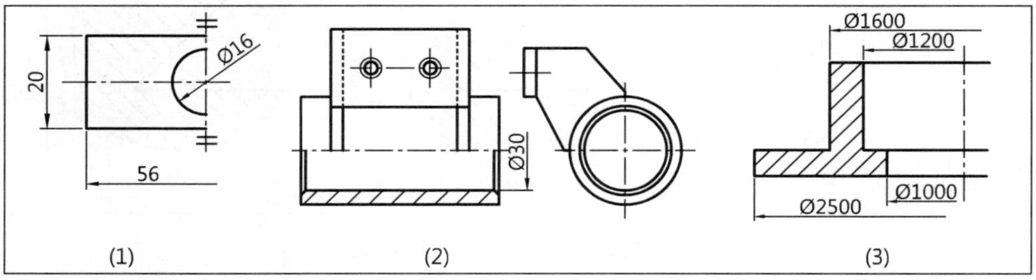

그림 3-67 대칭치수인 경우

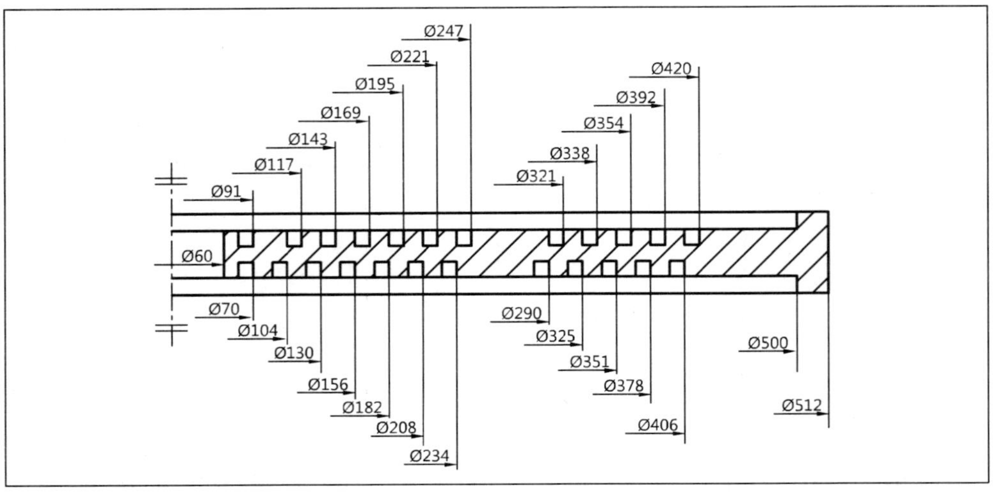

그림 3-68 다수의 지름치수

⑧ 치수수치 대신 글자기호를 써도 좋은 경우, 그 수치를 별도로 표시한다(그림 3-69).

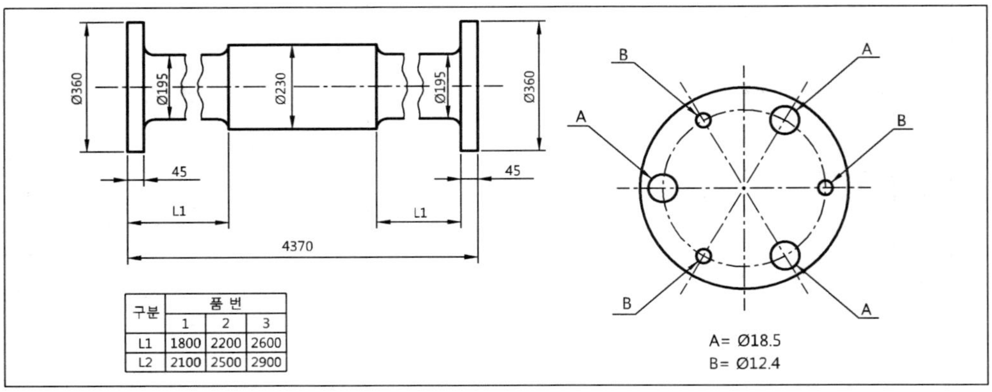

그림 3-69 대체 치수기입

⑨ 서로 경사된 2개의 면 사이에 둥글기 또는 모따기가 되어 있을 경우, 두 면이 교차되는 위치를 나타낼 때는 둥글기 또는 모따기를 하기 이전의 모양을 가는실선으로 표시하고, 그 교점에서 치수보조선을 끌어낸다[그림 3-70 (1)]. 또 이 경우 교점을 명확하게 나타낼 필요가 있을 때에는 각각의 선을 서로 교차시키거나 또는 교점에 검고 둥근점을 붙인다[그림 3-70 (2), (3)].

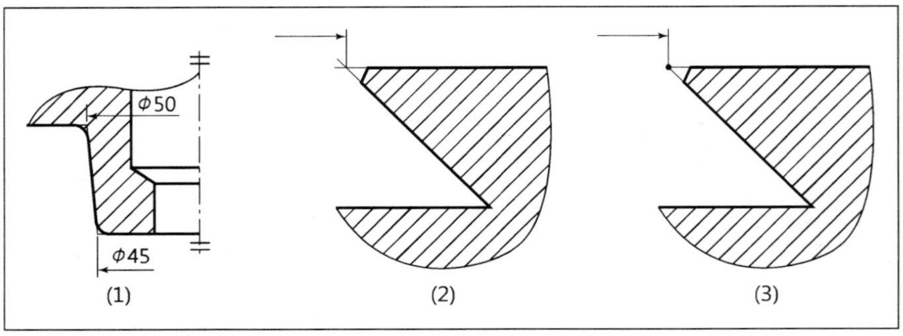

그림 3-70 모서리 치수기입

⑩ 원호부분의 치수는 원호가 180°까지는 원칙으로 반지름으로 표시하고, 그것을 넘는 경우에는 지름으로 표시한다(그림 3-71). 다만, 원호가 180° 이내라도 기능상 또는 가공상 특히 지름치수를 필요로 하는 것에 대하여는 지름치수를 기입한다(그림 3-72).

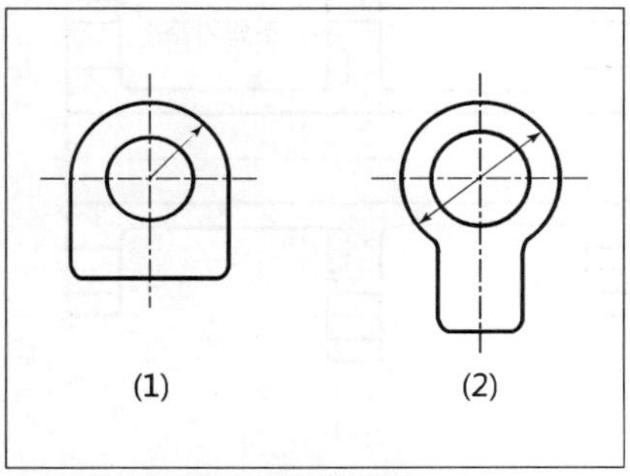

그림 3-71 반지름과 지름표시

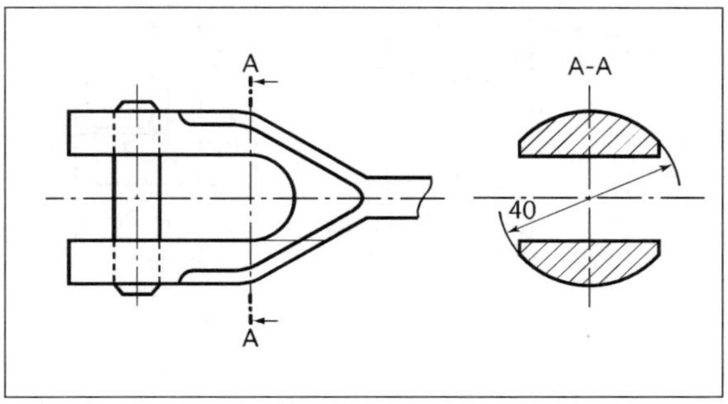

그림 3-72 지름표시

⑪ 반지름의 치수가 다른 곳에 지시한 치수에 따라 자연히 결정될 때에는 반지름의 치수선과 반지름의 기호로 원호인 것을 나타내고, 치수수치는 기입하지 않는다(그림 3-73).

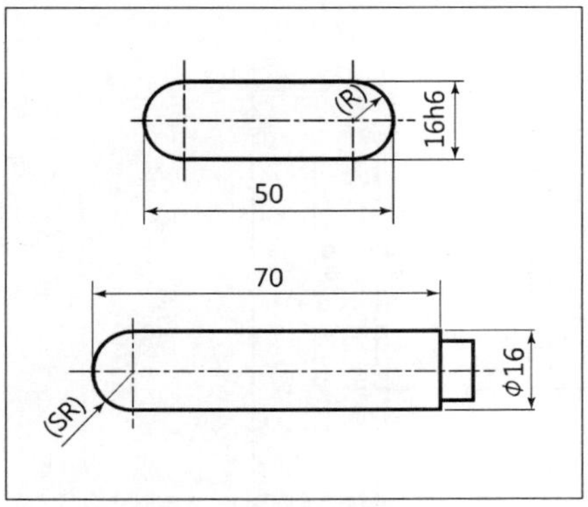

그림 3-73 반지름 표시

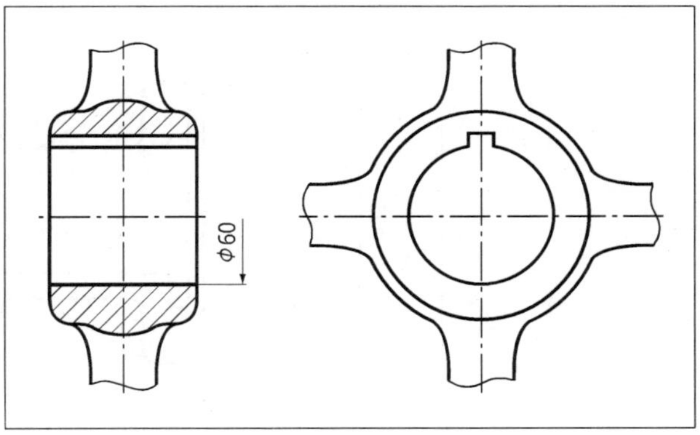

그림 3-74 키홈의 치수기입

⑫ 키홈이 단면에 나타나 있는 보스의 안지름 치수를 기입하는 경우에는 그림 3-74의 보기에 따른다.

⑬ 가공 또는 조립할 때 기준으로 할 곳이 있는 경우에는 치수는 그곳을 기준으로 하여 기입한다[그림 3-75 (1), (2)]. 특히 그곳을 나타낼 필요가 있을 경우에는 그 취지를 기입한다[그림 3-75 (3)].

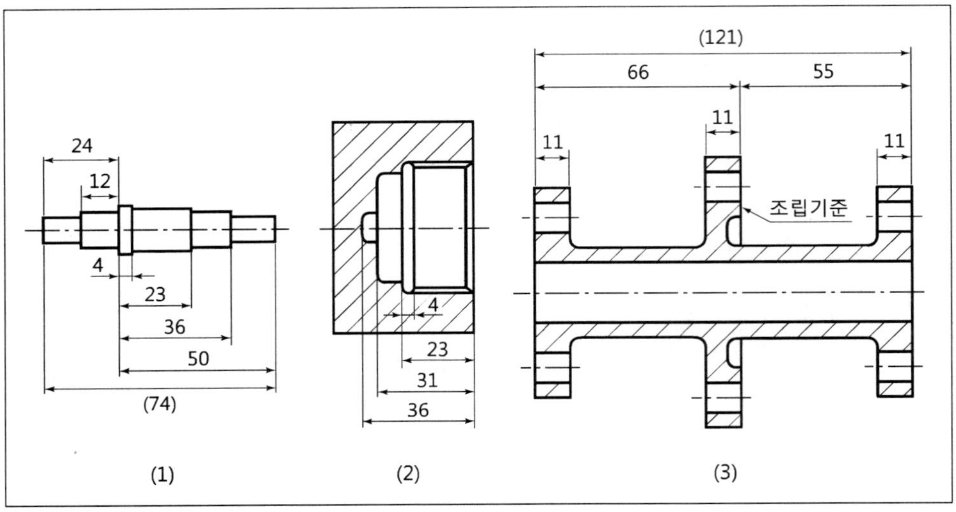

그림 3-75 기준치수

⑭ 공정을 달리하는 부분의 치수는 그 배열을 나누어서 기입하는 것이 좋다(그림 3-76).

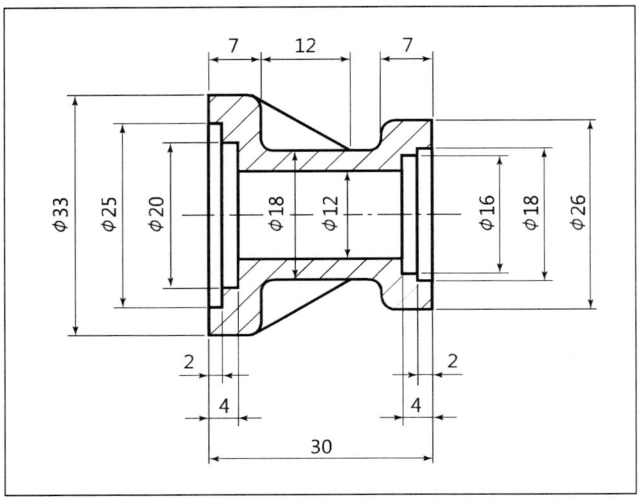

그림 3-76 공정별 치수기입

⑮ 서로 상호 관련되는 치수는 한곳에 모아서 기입한다. 보기를 들면 플랜지의 경우 볼트구멍의 피치원 지름과 구멍의 치수와 구멍의 배치는 피치원이 그려져 있는 쪽 그림에 모아서 기입하는 것이 좋다(그림 3-77).

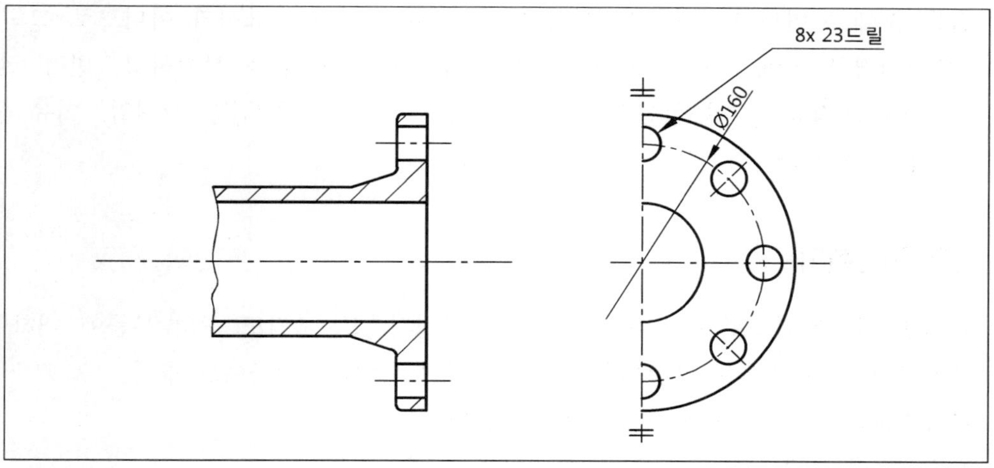

그림 3-77

⑯ T형 관이음, 밸브 몸통, 콕 등의 플랜지와 같이 1개의 물품에 똑같은 치수 부분이 2개 이상 있는 경우에 치수는 그 중 1개에만 기입하는 것이 좋다. 이 경우 명확한 때를 제외하고 치수를 기입하지 않는 부분에 동일 치수인 것을 주기한다(그림 3-78).

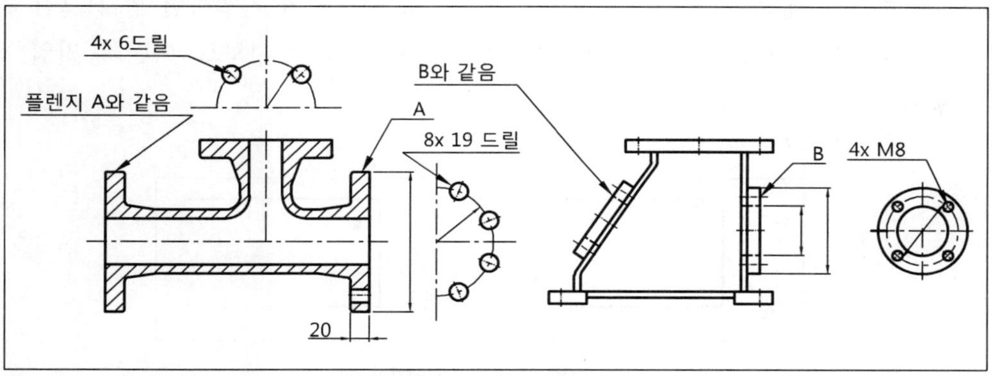

그림 3-78 동일 부분의 치수기입

⑰ 일부의 도형이 그 치수수치에 비례하지 않을 때는 그림 3-79와 같이 치수숫자의 아래쪽에 굵은실선을 긋는다. 다만, 일부를 절단 생략한 때 등 특히 치수와 도형이 비례하지 않는 것을 표시할 필요가 없는 경우에는 이 선을 생략한다.

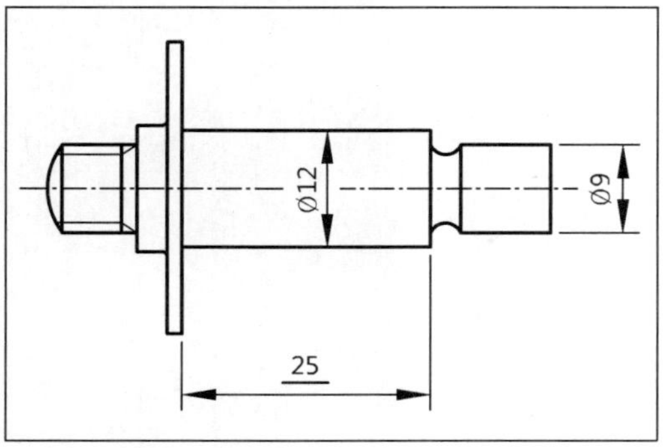

그림 3-79 비례하지 않는 치수

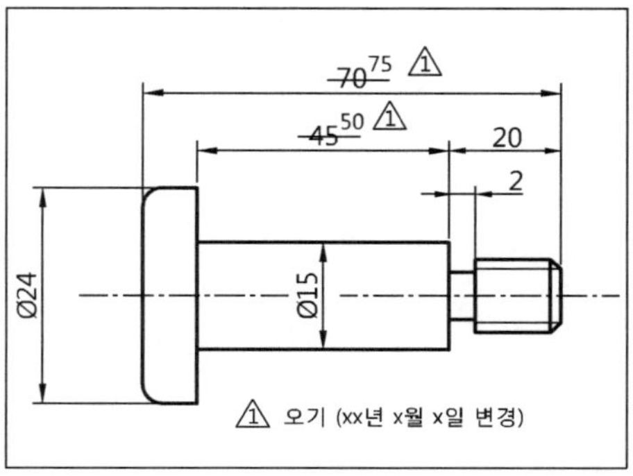

그림 3-80 도면의 변경 예

⑱ 출도 후에 도면의 내용을 변경하였을 때는 실제 길이의 표시가 아니므로 그림 3-80과 같이 변경한 곳에 적당한 기호(삼각형에 변경개소 기입)를 부기하고, 변경 전의 도형, 치수 등을 적당히 가는실선으로 그어 보존한다. 이 경우 변경 연월일, 이유 등을 해당 표제란에 명기한다.

【2】 부품번호 기입하기

① 부품번호는 원칙으로 아라비아 숫자를 사용한다. 또 조립도 속의 부품에 대하여 별도로 제작도가 있는 경우는 부품번호 대신 그 도면번호를 기입하여도 좋다.

② 부품번호는 다음 중 어느 한 가지에 따른다.

- 조립순서에 따른다.
- 구성부품의 중요도에 따른다.

[보기] 부분조립품, 주요 부품, 작은 부품, 기타 부품의 순서

- 기타 근거가 있는 순서에 따른다.

③ 부품번호를 도면에 기입하는 방법은 다음에 따른다.

- 부품번호는 명확히 구별되는 글자로 쓰거나 원 속에 글자를 쓴다.
- 부품번호는 대상으로 하는 도형에 지시선으로 연결하여 기입하면 좋다(그림 3-81).
- 도면을 보기 쉽게 하기 위하여 부품번호를 세로 또는 가로로 나란히 기입하는 것 이 좋다.

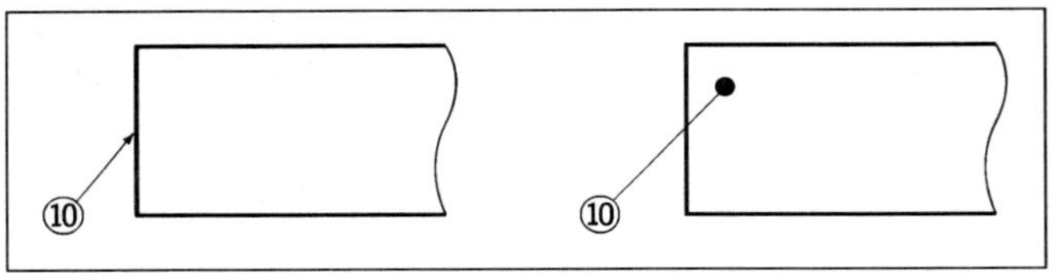

그림 3-81 부품번호

기계재료, 주서와 입체 및 조립도

Chapter 04

4.1 기계재료

【1】 기계요소에 따른 재질

(1) 몸체

대게의 경우 형상이 복잡하기 때문에 소형 펌프는 회주철(GC200), 대형 펌프는 회주철(GC300)을 많이 사용한다.

(2) 축

일반적으로 굽힘, 비틀림 등에 대한 피로강도와 내충격성을 필요로 한다. 작은 치수의 측에는 기계구조용 탄소강(SM45C, SM50C) 또는 니켈-크롬강(SNC415 SNC631), 크롬-몰리브덴강(SCM415, SCM430)을 적용한다.

(3) 기어

강력 기어에는 구조용 합금강인 니켈-크롬-몰리브덴강(SNCM415 SNCM431) 중력 기어에는 기계구조용 탄소강(SM45C)에 고주파 담금질을 하여 사용한다. 그 외 대형 기어는 주강이나 주철을 사용된다.

(4) 베드 및 테이블

주철은 가격이 저렴하고 주조성이 우수하며, 내마모성 및 내식성이 좋다. 또 압축응력이 높고 진동을 흡수하는 능력이 크기 때문에, 베드 등은 회주철(GC200)을 적용한다. 미끄럼면은 화염 또는 고주파 담금질로 내마모성 향상 시킨다.

(5) 주축

절삭저항 견디도록 인성, 강성이 좋아야 하는데, 일반적으로 기계구조용 탄소강(SM45C, SM50C), 구조용 강으로는 니켈-크롬강(SNC415 SNC631), 크롬-몰리브덴강(SCM415, SCM430)을 적용한다.

(6) 나사 축 또는 이송나사

니켈-크롬강(SNC415 SNC631), 크롬-몰리브덴강 (SCM415, SCM430)을 적용한다

(7) 실린더 헤드

내연 기관의 실린더 헤드의 재료는 회주철(GC200) 및 고급주철(GC300) 등이며, 일부의 경우 중량을 감소시키기 위하여 A1합금(ALDC6)이 적용되고 있다.

(8) 실린더 블록

내연 기관의 실린더는 회주철(GC200) 및 고급주철(GC300) 등이 적용되고 있다.

(9) 크랭크 축

크랭크 축을 단조로 제작 할 경우 가솔린 기관에서는 기계구조용 탄소강(SM45C, SM50C), 디젤 엔진에서는 기계 구조용 합금강(SCM435)이 적용되며, 주조로 제작 할 경우 구상 흑연 주철이나 정밀주조에 의한 특수 주강(SC410) 등으로 열처리하여 사용한다.

(10) 캠축

일반적으로 회주철(GC200)을 사용한다. 단조에 의하여 만들어지는 경우에는 표면경화 합금강(SCM420)을 사용하여 침탄 담금질(HRC 60 이상) 하고 면압이 낮은 경우에는 기계구조용 탄소강(SM45C, SM50C)에 고주파 담금질을 실시하는 경우도 있다.

(11) 피스톤 핀

높은 내마모성을 필요로 하기 때문에 표면 경화강인 크롬-몰리브덴강(SCM415, SCM430)을 일반적으로 사용하지만, 생산비 절감의 목적으로 탄소강(SM20C, SM25C)을 열처리하여 사용한다.

(12) 커넥팅 로드

단조 제작의 경우 기계구조용 탄소강(SM45C, SM50C)을 사용하여 열처리 하거나 주조 후 열처리가 가능한 주강(SC410)을 사용하기도 한다.

(13) 로커 암

보통 기계구조용 탄소강(SM45C, SM50C) 등으로 만들며 내마모성을 필요로 하는 부분에는 화염 경화 또는 고주파 담금질을 실시한다.

(14) 임펠러

주로 주조로 제작하며, 담수 펌프는 회주철(GC200) 또는 주강(SC410)을 사용하고 해수 펌프는 청동주물(CAC402)을 사용한다.

(15) 기타

구동 기어 및 웜은 기계구조용 탄소강(SM45C) 또는 합금강(STS3), 래크는 기계구조용 탄소강(SM45C), 기어 시프트 포크는 고장력 주철이, 높은 체결력과 반복 하중이 걸리는 볼트에는 크롬-몰리브덴강(CM430). 그 외의 일반적인 볼트는 기계구조용 탄소강(SM25C, SM30C) 등을 사용된다.

【2】 재료기호

표 4-1 재료기호 일람표

명 칭	기 호	명 칭	기 호
회 주철품	GC100, GC150 GC200, GC250	탄소 단강품	SF390A, SF440A SF490A
탄소 주강품	SC360, SC410 SC450, SC480	청동 주물	CAC402
인청동 주물	CAC502A CAC502B	알루미늄 합금주물	AC4C, AC5A
침탄용 기계구조용 탄소강재	SM9CK, SM15CK SM20CK	기계구조용 탄소강재	SM25C, SM30C SM35C, SM40C SM45C
탄소공구강 강재	STC85, STC90 STC105, STC120	탄소 공구강	SK3
합금공구강	STS3, STD4	화이트메탈	WM3, WM4
크롬 몰리브덴강	SCM415, SNM430 SCM435	니켈 크롬 몰리브덴강	SNCM415 SNCM431
니켈 크롬강	SNC415, SNC631	스프링강재	SPS6, SPS10
스프링강	SVP9M	스프링용 냉간압연강재	S55C-CSP
피아노선	PW1	일반 구조용 압연강재	SS330, SS440 SS490
알루미늄 합금주물	ALDC6, ALDC7	용접 구조용 주강품	SCW410, SCW450
인청동 봉	C5102B	인청동 선	C5102W

4.2 주석문 표기법

주석문은 도면의 치수기입에 표현하지 못한 부분이나 또는 특별한 가공이 있는 부분 등 기타 지시사항들을 문서로서 간단명료하게 지시하는 것이다.

【1】 주석문의 기입과 해석

도면을 읽기 전에 가장 먼저 봐야 할 곳은 주석문과 표제란, 부품란이다.

주서에는 미처 도면에 그림으로서 표현하지 못한 부분이나 기타 도면에 자주 중복이 되는 치수들 그리고, 제작자에게 지시할 기타 사항들을 문서로서 간단명료하게 기입하는 것이다. 주석문은 특별한 규정이나 순서는 없다. 그러나 문장형식으로 너무 길게 쓴다든가 보는 사람으로 하여금 혼동을 줄 수 있는 용어는 되도록 쓰지 않는 것이 좋다.

(1) 주석문 보기

주 서

1. 일반공차　　(가) 주조부 KS B 0250−CT11
　　　　　　　(나) 가공부 KS B ISO 2768−m
2. 도시되고 지시없는 모따기는 1×45°, 라운드는 R3
3. 일반 모따기는 0.2×45°
4. 기계가공부를 제외한 주조부 외면 명녹색도장(품번 1, 2)
5. — — — 침탄표면열처리 H_RC 43~52(품번 3, 4)
6. 표면거칠기

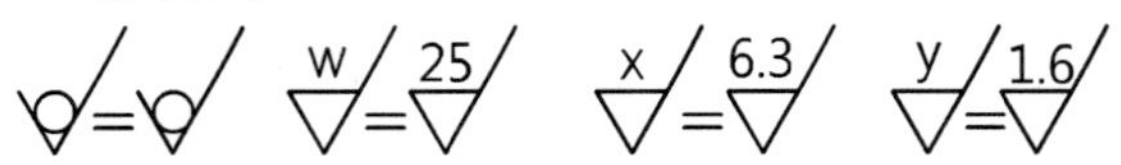

(2) 주석문 해석

① 일반공차　(가) 주조부 KS B 0250−CT11
　　　　　　(나) 가공부 KS B ISO 2768−m

도면에 작도된 부품도 중 주물면과 일반기계 가공부의 전체적인 공차값을 KS B 0250과 KS B ISO 2768에 정의되어 있는 일반공차값에 따른다는 내용이다.

- 주조가공의 보통치수공차(KS B 0250−CT11)
- 절삭가공의 보통치수공차(KS B ISO 2768−m)

② 도시되고 지시없는 모따기는 1×45°, 라운드는 R3

모따기나 라운딩 치수들 중 같은 값들이 여러 곳에 중복이 되면 도면이 조잡스럽게 보이고 복잡하게만 보인다. 여기에서 지시된 내용을 해석해 보면, 1x45°와 R3에 해당되는 치수들은 굳이 도면에 기입하지 않아도 된다. 그러나 그 이상의 값이나 이하의 값은 기입 해야 한다.

가장 많이 쓰여지는 평균값들을 일괄적으로 주투상도 곁에나 주서에 간결하고 알기 쉽도록 표기한 것이다.

③ 일반 모따기 0.2×45°

그림 4-1과 같이 치수값들을 특별히 도면이나 주서에 지시된 기계가공부를 제외한 그림에서 B와 같은 날카로운 부분에 모따기나 라운딩 치수값의 범위를 정의한 내용이다.

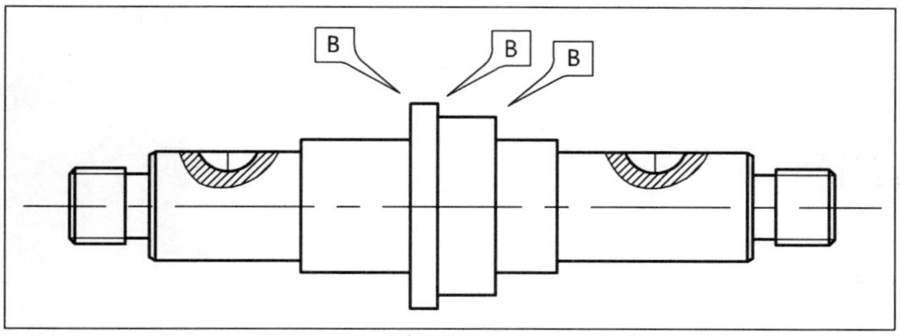

그림 4-1 일반 모따기 주석문 표기

④ 기계가공부를 제외한 주조부 외면 명녹색도장(품번 1, 2)

주조품인 부품도에서 기계가공부위와 주물면과의 구분을 하기 위해 주물면에 녹색(청녹색) 도장을 하라는 내용이다.

회주철품은 주물면과 기계가공부가 모두 회색에 가깝다. 그래서 주물제품을 취급할 때에는 주물면과 가공부를 쉽게 구분할 수 있도록 주물면에 녹색이나 적색도장을 하는 경우가 있다.

⑤ ▬ - ▬ 침탄표면열처리 H_RC 43~52(품번 3, 4)

그림 4-2와 같이 굵은 일점쇄선으로 표시한 부분에 침탄표면 열처리를 부여하라는 내용이고, 그 열처리부의 로크웰 경도값이 43~52라는 뜻이다. 주로 마찰운동을 하는 부위는 마찰열로 인한 변형이 생기기 쉬우므로 특수한 가공이나 또는 표면열처리를 부여하는 경우가 있다. H_RC란 경도시험 중 로크웰 경도 C스케일을 뜻한다. 시험원리는 120° 원뿔 다이아몬드를 측정 대상물에 눌러서 압입되는 깊이로 경도를 측정한다.

로크웰 경도시험에서 압입강구를 이용한 B스케일은 연한 재료의 경도시험을, C스케일은 단단한 재료의 경도시험에 이용된다.

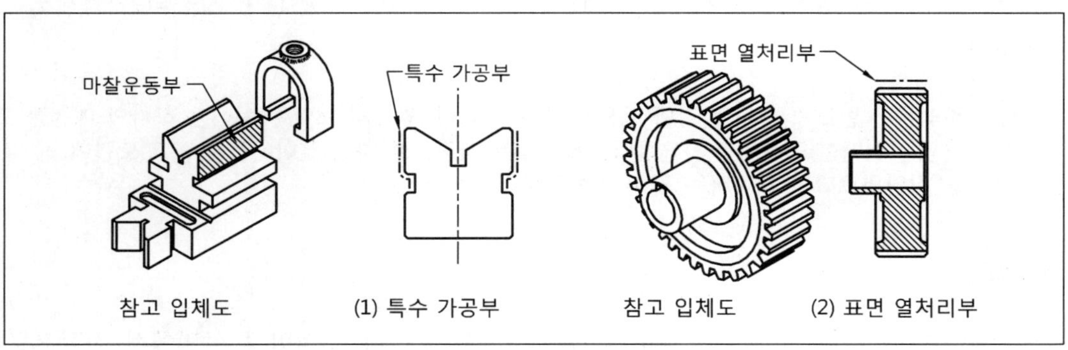

그림 4-2 특수가공에 관한 주석문 표기

⑥ 표면거칠기

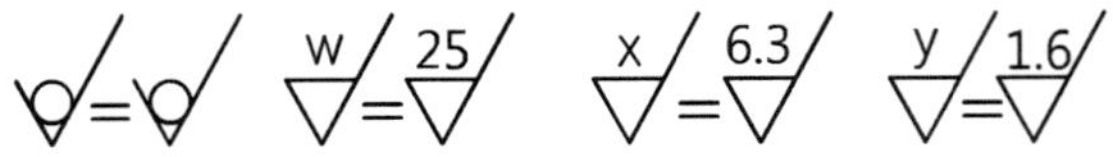

도면 내에 기입한 표면거칠기의 기준값을 정의한 내용이다. 주의할 점은 반드시 도면에 기입된 거칠기값만을 정의해야 한다.

4.3 입체도

【1】 입체도의 형태

입체도는 등각(isometric) 투상법, 경사(oblique) 투상법 또는 투시(perspective) 투상법 등으로 그린다. 투시투상법에서는 투시선이 한 곳에 모인다. 공간상에 고정된 하나의 눈에서 투시선이 나간다고 생각하는 방법이다. 투시투상법으로 그려지는 입체는 자연스럽기는 하지만, 실제의 크기와 형상을 표현하지 못하므로 기계도면에서는 사용하지 않는다.

기계도면은 모두 투시선이 평행하다고 가정하고 그린다. 투시선이 평행하다면, 물체가 가까이 있든 멀리 있든 같은 크기로 보일 것이다. 따라서 기계도면에서는 원근감을 느낄 수 없다.

【2】 정투상 입체도

입체도는 하나의 투상면을 사용한다. 따라서 투상면에 대하여 부품의 면들이 경사를 이룬 상태에서 그려야 한다. 이때 투시선이 투상면에 대하여 직각일 경우 정투상 입체도가 된다. 예를 들어, 직육면체를 그린다고 생각해 보자. 이 경우 직육면체의 세 면이 투상면에 대하여 모두 경사를 이룰 경우에 얻어지는 투상도를 "축측투상(axonometric) 입체도"라고 한다. 축측투상 입체도는 직육면체의 세 면과 투상면이 이루는 각도에 따라서 등각 투상 입체도, 이등각투상 입체도, 상이각투상 입체도로 구분된다. 등각투상 입체도는 직육면체의 세 면과 투상면이 이루는 각도가 서로 같을 경우에 얻어지는 입체도이며, 이등각투상 입체도는 직육면체의 두 면과 투상면이 이루는 각도는 같고, 나머지 하나의 각도가 다를 경우에 얻어지는 입체도이고, 상이각투상 입체도는 직육면체의 세 면과 투상면이 이루는 각도가 서로 모두 다를 경우에 얻어지는 입체도이다. 이 중에서 가장 많이 사용되는 입체도는 등각투상 입체도이다.

[참고] 주석문은 반드시 보기와 같아야 되는 것은 아니다. 앞에서 보여준 형식은 하나의 예일뿐 그 순서와 내용은 어떠한 형식이건 자유롭다. 다만, 보는 사람으로 하여금 이해하기 쉽고 도면에 꼭 필요사항만을 간단명료하게 표기하는 것이 바람직하다.

【3】 등각도

직육면체를 수평면 위에서 그대로 45°를 회전시켜서 모서리가 정면 투상면에서 직각으로 보이도록 한 다음, 그것을 정면 투상면방향으로 36°16′ 들어 올린 것을 그리면 등각투상 입체도가 얻어진다. 두 축은 수평선과 30°를 이룬다. 그리고 각 모서리의 크기는 입체도에서 실제 길이의 0.8165배 작게 투상된다. 그러나 간결성을 위하여 등각투상 입체도를 그릴 경우에는 실제 크기로 그리는데 이것을 등각도라고 한다.

4.4 조립도

조립도는 각각의 부품도들과 소조립도들로 이루어졌다. 조립도에는 조립이 완성되었을 경우의 기계 또는 제품의 최종모습이 도시되며, 소요되는 부품들과 소조립체들의 목록이 기재되고, 각 부품과 소조립체가 기계 또는 제품의 어느 부분에 들어가는지가 표시된다.

소조립체는 독립된 하나의 개체로서 상위 조립체에 조립되는 하위 조립체를 의미한다. 예를 들어, 자동차의 조립도인 경우 엔진이나 변속기 등은 소조립체로 취급하면 편리하다. 따라서 자동차의 도면세트는 자동차의 조립도 및 각 부품도들, 그리고 엔진과 변속기의 소조립도 등으로 구성된다. 엔진이나 변속기의 각 부품도들은 상위 조립체인 자동차의 도면세트에는 첨부하지 않는다. 한편, 엔진의 도면세트도 엔진의 조립도 및 각 부품도들, 그리고 하위 조립체의 소조립도 등으로 구성된다. 따라서 자동차에 들어가는 모든 부품들은 반드시 어느 하나의 특정 조립체에 속하게 되는데, 이러한 모든 조립체들은 서로 수직 및 수평방향으로 특정한 계층구조를 이루고 있다.

입체도 그림 4-3을 조립도로 그리면 그림 4-4와 같다. 조립도는 부품들이 어떠한 상호관계로 조립되는지를 보여주는 도면이다. 주로 기계의 내부구조를 보여주는 경우가 많으므로, 단면도를 사용하여 각 부품의 부착위치와 관계를 명시한다. 숨은선은 도면을 명확하게 이해할 필요가 있는 경우에 한하여 사용하며 되도록 생략한다. 그림 4-4에서와 같이 치수도 사용 목적에 필요한 것만 기입한다. 보통은 전체치수, 주요한 구멍과 구멍 또는 축과 축 사이의 중심거리, 주요부분의 크기, 이동하는 부품의 이동범위 등에 국한하여 기입한다.

조립도에서 가장 중요한 사항은 각 부품에 대하여 지시선을 끌어내어 번호를 부여하고, 각 부품번호를 이용하여 소요부품의 명세서를 조립도에 기입하는 것이다. 그림 4-4의 조립도를 보면 부품마다 번호가 부여되어 있고, 소요부품 명세서가 오른쪽 상단부터 밑으로 또는 아래에서부터 위로 기입되어 있음을 알 수 있다. 조립도에서 순번은 각 부품의 번호이며, 품번은 각 회사 내에서 통용되는 부품의 번호이다. 품번은 그 부품이 어떠한 기계에 사용되든지 관계없이 동일하게 부여되어야 한다.

소요부품의 명세서에서 품명은 부품의 이름이며 호칭방법이다. 설계를 하다가 보면 조립도에 들어가는 부품들은 이번 설계를 통해서 새로 설계된 부품, 이전에 회사 내의 다른 설계팀에 의하여 설계된 부품, 특정 전문업체에서 제조판매하는 부품(스프링, 정밀베어링 같은 것), 여러 업체에서 제조 판매하는 규격품(볼트, 너트, 작은나사 같은 것) 등으로 나누어진다. 새로 설계된 부품은 설계자가 새로 만들어 기입해야 하겠지만, 그 이외의 부품들은 회사 내에서 통용하고 있는 이름을 붙여야 된다. 그림 4-4에서는 부품 1, 2, 3, 4, 5까지가 이번에 새로 설계된 부품들이며, 베어링(부품 6)과 오일실(부품 9와 부품 10)은 특정업체에서 제조 판매하는 부품이고, 스냅링, 키, 볼트, 너트 및 와셔 등은 규격품들이다. 따라서 부품 1, 2, 3, 4, 5에 대하여는 품명과 품번도 이번에 새로 부여하고, 조립도와 별도로 부품도들을 이번에 새로 그려야 한다.

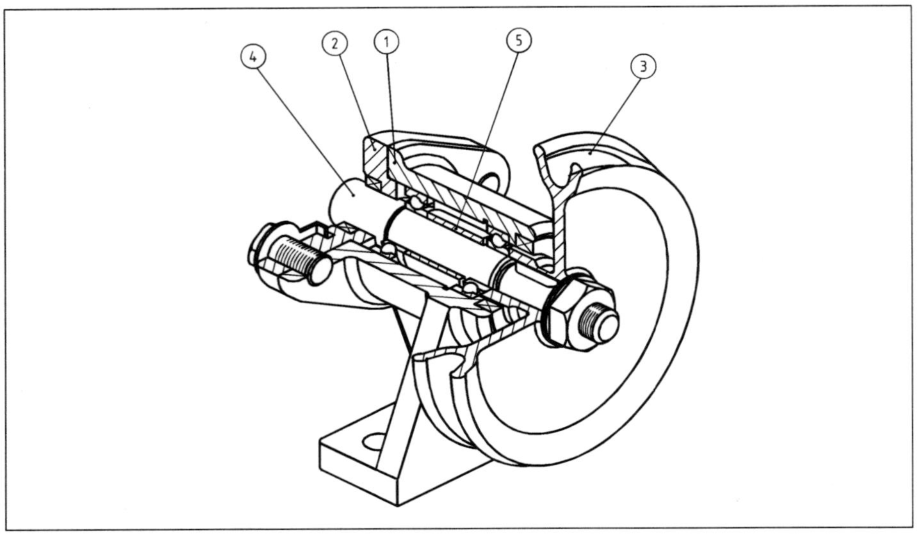

그림 4-3 전동 풀리 유닛의 입체도

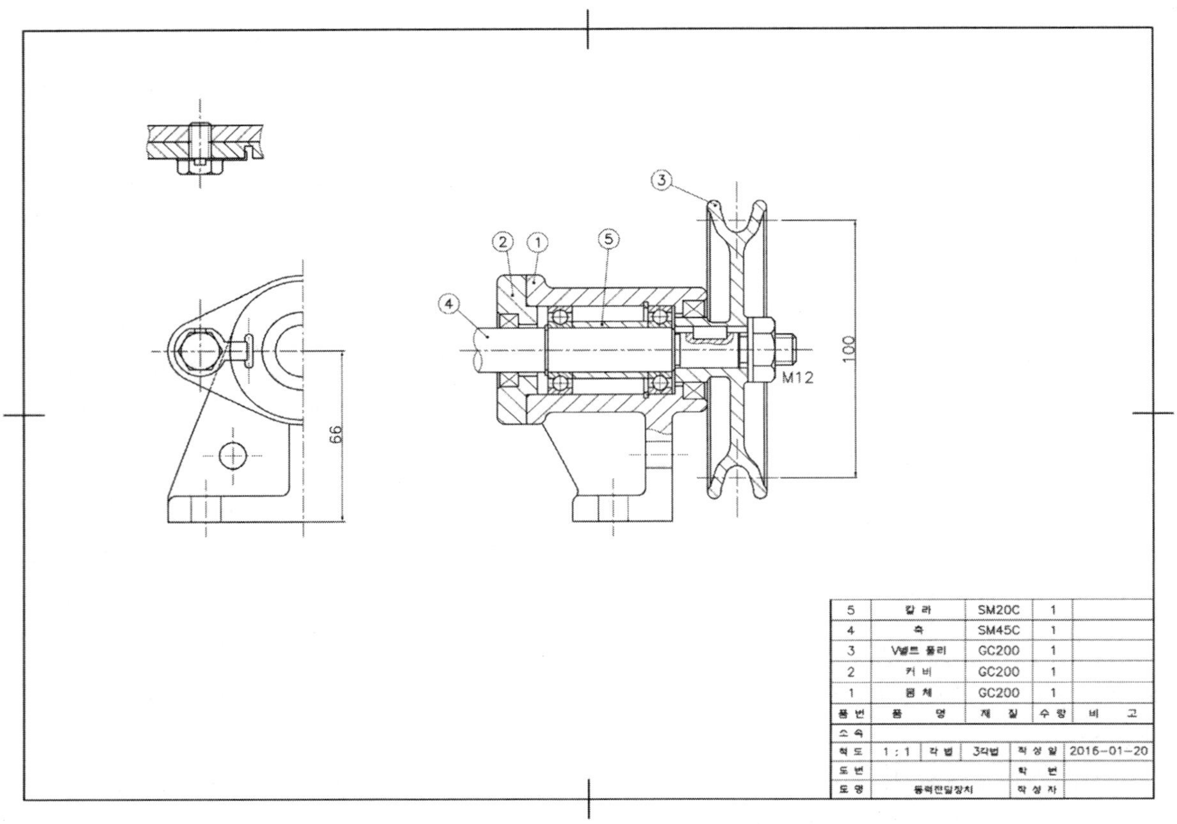

그림 4-4 동력전달장치

소요부품의 명세서의 재질란에는 소재의 재질 또는 규격품인 경우에는 회사에서 통용하는 규격번호를 기입한다. 수량란에는 그 부품의 조립체에 모두 몇 개가 들어가는지를 기입한다. 비고란에는 특정 부품의 전문 제조업체명이나 기타 유의사항들을 기입한다.

조립도의 표제란의 도명란에는 조립체의 이름을 기입하며, 다음과 같은 사항들을 실제로 도면 아래 여백에 기입한다. 분류란에는 이 조립체가 소속되는 상위 조립체의 이름을 기입한다. 도면번호에는 도면용지의 크기(실제로 A3 크기인데 여기서는 축소한 것임)와 함께 본 조립체의 품번을 새로 부여하여 기록한다. 기계명에는 이 조립체의 최고 상위 조립체인 기계명을 기입한다.

그밖에도 조립도에는 이 도면의 제작업체의 이름과 주소와 연락처가 기재되어 있어야 하며, 제도, 설계, 검토 및 승인란에는 각각 본 도면을 제도, 설계, 검도 및 승인을 한 사람의 이름과 날짜를 명기한다. 한편, 추후에 설계가 변경이 되는 경우에는 변경개소에 변경번호를 삼각형 안에 기입하고, 변경 전의 모양을 ×표시로 지우고 숫자는 두 줄로 지운 후 첨삭을 하여 변경한다. 그리고 "설계변경 표제란"에 변경품번, 변경번호, 변경이유, 설변공문번호, 일자, 담당자의 서명, 확인자의 서명 등을 기록하기도 한다. 현장에서는 설계변경을 줄여서 보통 설변이라고 부른다. 설계변경은 되도록 하지 말아야 한다. 현장에 도면을 출도하기 전에 체계적인 실험을 통하여 충분한 성능검증을 마치고 설계를 완료한 후에 도면을 현장에 출도해야 한다. 설계변경은 보이는 손실보다 훨씬 더 큰 보이지 않는 손실을 끼친다.

4.5 부품도

그림 4-4의 조립도에서 부품 1, 2, 3, 4, 5까지가 새로 설계된 부품들이므로 부품도를 그려야 한다. 그림 4-5은 부품 1인 몸체의 부품도이다. 정면도를 부분 단면도로 그렸으며, 우측면도는 부품이 대칭이므로 중심선을 중심으로 한쪽만 그렸다.

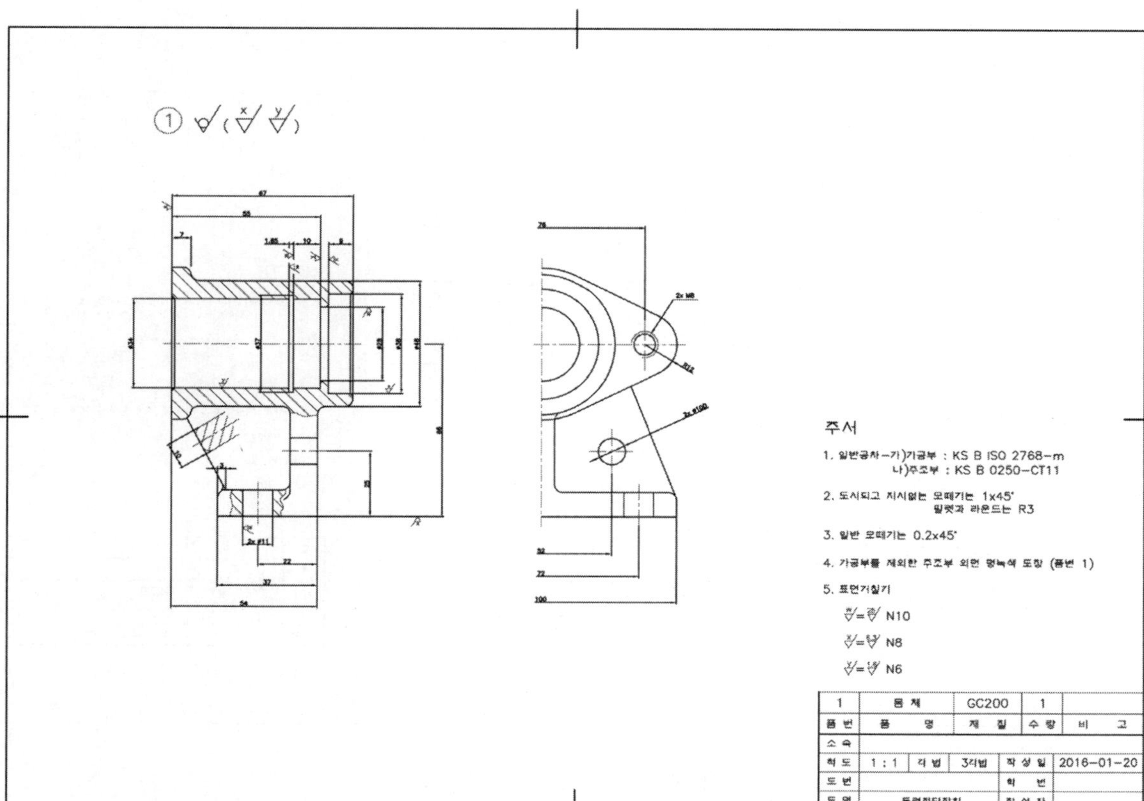

그림 4-5 몸체의 부품도

정면도에서 보강판 단면에 회전단면도를 유의한다. 치수를 모두 기입하였는데 지름 34인 구멍에는 H7이나 해당 치수공차, 지름 38인 구멍에는 H8이나 해당 치수공차, 그리고 지름 37인 구멍과 폭 1.65인 홈에도 치수공차가 부여되어 있다.

부품도의 표제란의 도명란에는 이 부품의 이름인 몸체를 기입하였으며, 추가로 분류란에는 이 부품이 소속되는 조립체의 이름인 "ass'y, 전동 풀리 유닛"을 기입할 수 있다. 재료에는 이 부품의 재질인 GC200을 기입할 수 있으며 GC200은 주물소재를 의미한다.

도면번호에는 도면용지의 크기인 A4와 함께 새로 부여한 품번 4-5를 기록하였다. 보통, 도면번호와 품번을 통일시키면 편하다. 기계명에는 이 부품이 속하는 기계명(최고 상위 조립체임)인 감속기를 추가로 기입하면 된다.

그림 4-6은 부품 2, 3, 4, 5의 부품도이다. 부품 ②는 좌측면도를 중심선을 기준으로 한쪽만 그렸으며, 정면도는 온단면도로 그렸다. 역시 치수와 함께 치수공차와 표면거칠기 기호가 부여되어 있다. 재질은 GC200이므로 이것도 주물소재이다. 부품 ③인 풀리는 원기둥 형태의 형체를 가졌으므로 정면도를 온단면도로 그렸으며 지름 표시하는 ϕ기호를 이용하여 일면도로 표시하였다. 벨트의 단면을 2점쇄선의 가상선으로 표시하였으며, 키홈을 국부 투상도로 표시하였다. 풀리의 가장 바깥지름인 지름 115는 참고치수로 표시되어 있다. 이것은 벨트 지름 100, 벨트 반지름 4.5 및 골깊이 12인 치수를 이용하면 지름 115가 계산이 되는데, 도면을 보는 사람에게 치수기입의 중복을 피하면서 바깥지름을 바로 가르쳐 주기 위하여 참고치수로 표현한 것이다.

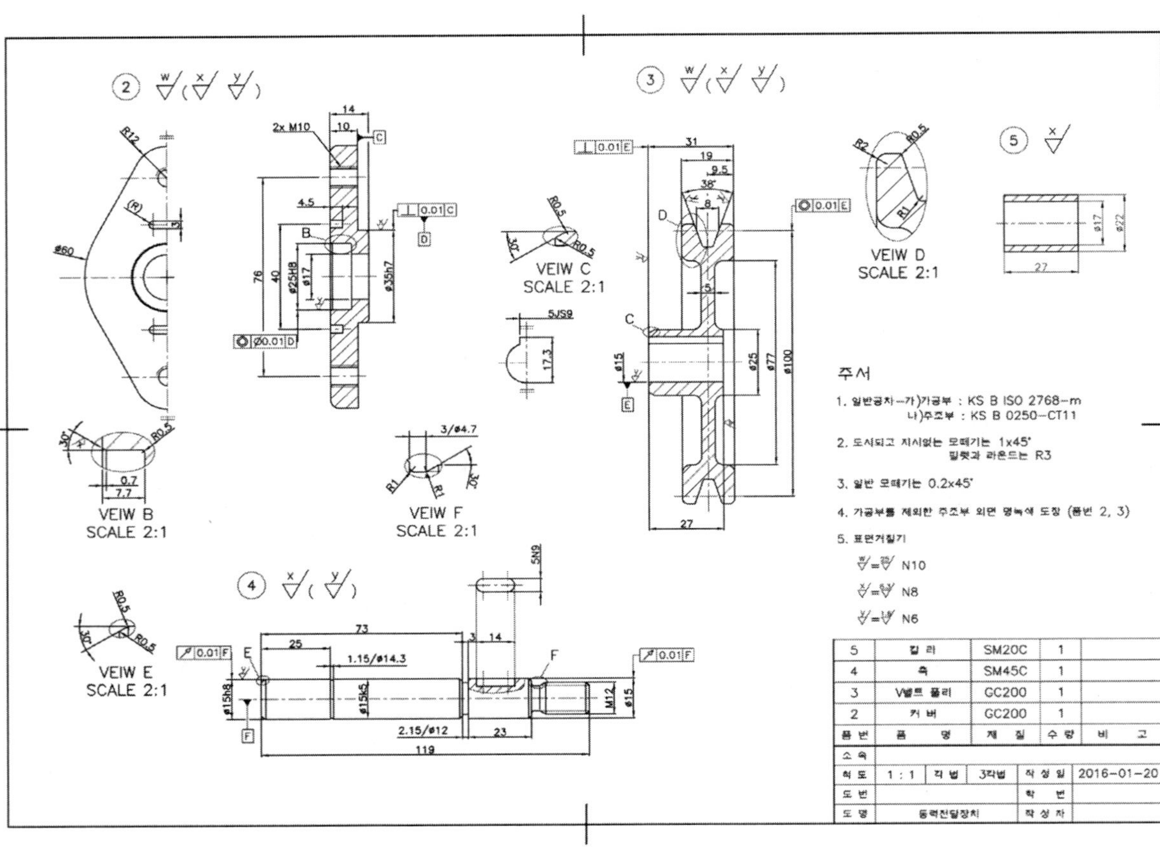

그림 4-6 전동 풀리의 부품도들

부품 ④인 회전축은 풀리와 같이 일면도로 그렸으며, 키홈의 모양을 국부 투상도로 그렸다.

회전축에서 특히 키홈이 파져 있는 지름 14인 부분을 생각하여 보자. 이 부분은 부품 3인 풀리와 조립이 되는 부분이다. 풀리의 부품도에서 지름 14인 구멍을 찾아보자. 풀리에서의 지름 14인 구멍에 회전축의 지름 14인 부분이 조립이 되는 것이다. 풀리의 구멍이 회전축의 지름보다도 0.2 mm 정도 크다고 가정하여 보자. 당연히 조립을 하면 서로 안으로 들어가 버린다. 물론, 이러면 조립하기는 쉬운지 몰라도 나중에 조립을 완료하고 풀리를 돌려보면 회전축과 풀리가 반지름방향으로 0.2 mm의 틈새가 있기 때문에 풀리의 회전정밀도가 나오지 않는다.

적당한 틈새를 주기 위하여 치수공차를 부여하여 해결을 해야 하는데, 회전축의 지름 14에는 h6공차(0에서 −0.08 mm), 풀리의 구멍지름 14에는 H7공차(0에서 +0.018 mm)가 부여되어 있다. 이와 같은 치수공차를 부여하면 평균틈새 0.017 mm로 조립이 된다. 0.017 mm이면 머리카락 지름 크기의 틈새이다. 이러한 틈새만 부여하여도 충분히 사람의 손의 힘만으로 조립이 가능하며 회전정밀도도 유지할 수 있다.

부품 ⑤인 칼라의 부품도 역시 일면도로 그렸으며 단면도로 처리하였다. 각 부품도의 표제란은 부품 1의 몸체에서와 동일한 요령으로 기입한다. 그밖의 치수공차는 기계가공 보통 공차가 적용되며, 표면거칠기 기호도 일관되게 주서에 기입이 되어 있다.

이상과 같이 조립도와 이에 관련된 부품도들이 모두 완성되면 상세설계가 완료된 것이다. 보통 상세도는 하나의 부품을 하나의 도면에 그리게 되며, 하나의 기계나 제품의 상세설계를 끝내면, 최상위 조립체의 조립도부터 시작하여 수많은 조립도들이 그려지게 된다. 이제 남은 일은 각 조립도에 있는 소요 부품명세서들을 모아서 하나의 통합된 자재소요서(BOM : bill of material)를 만드는 일이다. 즉, 하나의 기계 또는 제품을 조립하기 위하여 필요한 부품목록을 만드는 것이다.

이제 자재소요서(BOM)와 조립도 및 부품도를 생산관리부서로 넘기면 생산관리부서에서는 작업명령서를 작성하여 해당부서에 보낸다. 우선 사내나 외주업체에서 제작할 부품들은 가공부와 외주관리부에 작업명령서와 부품도를 각각 배포하여 필요한 수량만큼 제작시킨다. 한편, 구매해야 할 규격품들은 작업명령서와 자재소요서를 구매부에 배포하여 필요한 수량만큼 구매하도록 조치한다. 그리고 작업명령서와 조립도와 부품도들을 조립부에 배포하여 조립을 준비시킨다. 조립부에서는 부품들이 모두 공급되어야 완제품의 조립이 시작된다. 이와 같이 현장에서 작업의 기준으로 삼는 자료 중에서 가장 중요한 것이 바로 기계도면과 자재소요서이며, 이러한 자료는 모두 설계부에서 작성을 한다. 설계자가 작성하는 도면과 자재소요서는 현장의 제조활동에 큰 영향을 미친다.

요소공차 II

치수공차와 끼워맞춤 방식 Chapter 05

5.1 치수공차의 크기 선정

축의 지름이 50 mm인 도면을 그릴 때 그 축이 어떻게 사용되는가를 고려하고 실용상 허용할 수 있는 오차의 범위를 미리 결정하여, 그 치수 범위 내로 완성하면 된다. 즉, 50 mm라고 정하지 말고 50.05 mm에서 49.96 mm 사이로 완성하라고 지정하려면 그림 5-1 (1)과 같이 치수를 기입한다.

이때 실제로 가공된 치수를 실치수라 하고, 그림 5-1의 (2)와 같이 2개의 허용할 수 있는 한계를 표시하는 치수를 허용한계치수, 큰 치수(50.05 mm)를 최대허용치수, 작은 치수(49.96 mm)를 최소허용치수라 한다. 기계부품의 호환성을 유지하기 위하여 그 기능에 따라서 완성치수가 표준화된 대소 2개의 치수의 허용한계 내에 있도록 하는 방식을 치수공차방식이라 한다.

허용한계치수의 기준(50 mm)이 되는 치수를 기준치수라 부르고, 이 구멍과 끼워맞춰지는 축의 기준치수를 50 mm라고 한다.

그림 5-1 (2), 그림 5-2와 같이 최대허용치수와 기준치수와의 대수차 (최대허용치수) - (기준치수)를 위치수허용차, 최소허용치수와 기준치수와의 대수차 (최소허용치수) - (기준치수)를 아래치수허용차라고 한다. 기준치수보다 허용한계치수가 클 때는 치수허용차 수치에 +부호를, 작을 때는 -부호를 붙인다.

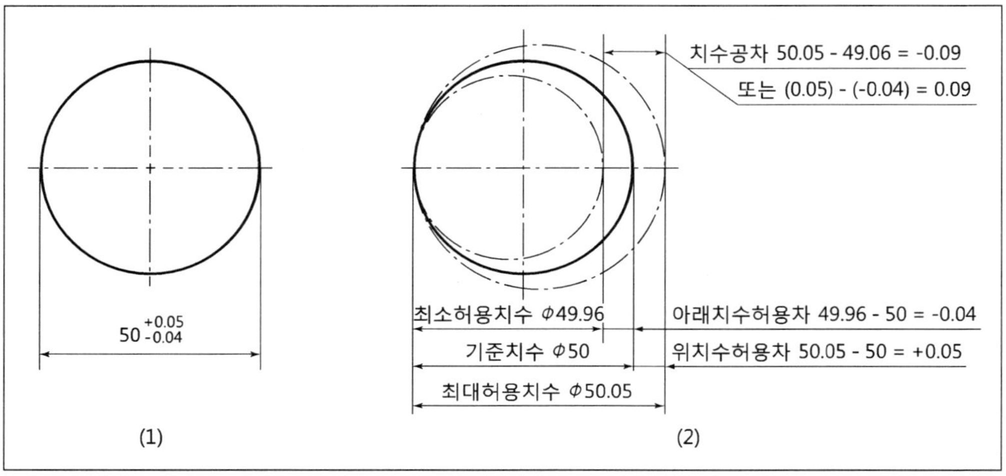

그림 5-1 치수공차방식

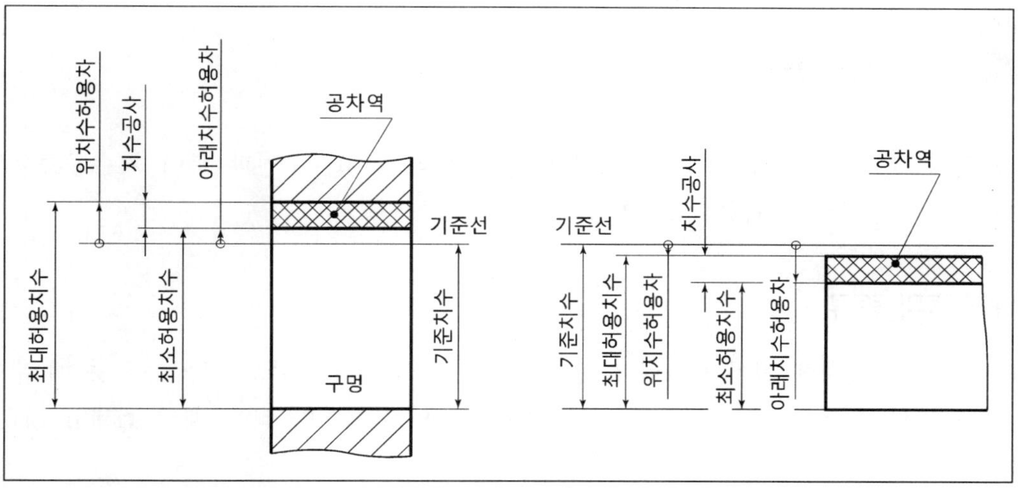

그림 5-2 치수공차 용어

표 5-1 선형치수에 대한 허용편차 [단위 : mm]

공차등급		보통치수에 대한 허용편차							
호칭	설명	0.5에서 3 이하	3 초과 6 이하	6 초과 30 이하	30 초과 120 이하	120 초과 400 이하	400 초과 1 000 이하	1 000 초과 2 000 이하	2 000 초과 4 000 이하
f	정밀	±0.05	±0.05	±0.1	±0.15	±0.2	±0.3	±0.5	–
m	중간	±0.1	±0.1	±0.2	±0.3	±0.5	±0.8	±1.2	±2
c	거	±0.2	±0.3	±0.5	±0.8	±1.2	±2	±3	±4
v	매우 거	–	±0.5	±1	±1.5	±2.5	±4	±6	±8

* 비고 : 0.5 mm 미만의 공칭 크기에 대해서는 편차가 관련 공칭 크기에 근접하게 표시되어야 한다.

최대허용치수와 최소허용치수와의 차, 즉 위치수허용차와 아래치수허용차와의 차를 치수공차(tolerance) 또는 공차라 한다.

부품을 가공할 때 위치수허용차와 아래치수허용차가 주어진다. 가공된 부품이 이 허용한계치수의 범위 내에 있는지 어떤지를 측정하는 데 사용하는 게이지를 한계게이지(limit gauge)라 하며, 구멍용 한계게이지(plug gauge)와 축용 한계게이지(snap gauge)가 있다.

【1】 일반공차

도면의 치수는 공차 표시에 따라서 확실하고 완전하게 표시해야 한다. 그러나 호환성에 지장을 주지 않는 부분의 치수는 치수만 기입하며, 이 치수에 대해서는 보통 일반공차가 적용되고, 어느 일반공차가 적용되는지 도면양식의 표제란에 반드시 기입되어 있어야 한다. 보통 일반공차는 부품의 제작을 어떤 방법으로 하느냐에 따라서 회사마다 조금씩 다르다. KS B ISO 2768-1을 참고하면 절삭가공을 하는 경우의 보통치수에 대한 허용편차는 표 5-1과 같다. 이 규격은 금속가공 또는 판금성형에 의하여 제작된 부품의 치수에 적용한다.

도면에 일반공차를 적용할 때는 다음의 정보를 제목 블록 또는 제목 블록 가까이에 표시해야 한다.

① KS B ISO 2768

② 공차등급

[보기] KS B ISO 2768-m

5.2 끼워맞춤

구멍과 축이 서로 조합되는 관계를 끼워맞춤(fits)이라 하고, 구멍과 축이 치수공차방식에 의하여 구성되는 끼워맞춤을 끼워맞춤방식이라고 한다.

【1】 끼워맞춤의 종류

구멍과 축의 끼워맞춤에 있어서 그림 5-3과 같이 구멍의 지름이 축의 지름보다 클 때 구멍과 축의 지름의 차를 틈새(clearance)라 하고 구멍의 지름이 축의 지름보다 작을 때는 죔새(interference)라고 한다.

끼워맞춤에는 구멍과 축의 지름의 대소의 조합관계에서 헐거운 끼워맞춤, 억지 끼워맞춤, 중간 끼워맞춤의 세 종류가 있다.

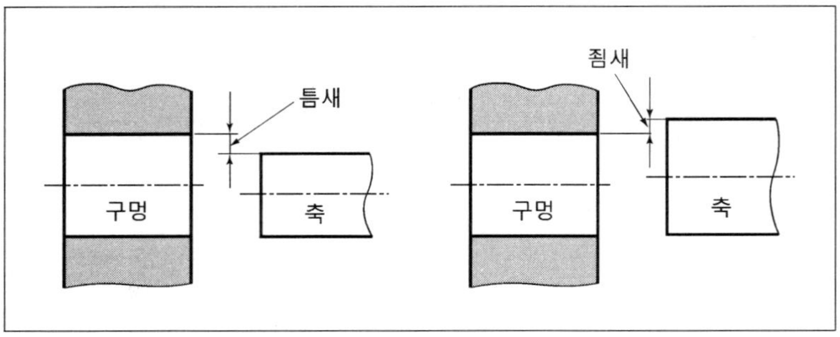

그림 5-3 끼워맞춤

(1) 헐거운 끼워맞춤

그림 5-4의 (1)과 같이 구멍과 축 사이에 반드시 틈새가 있는 경우로서 구멍의 최소허용치수보다 축의 최대허용치수가 작은 경우(구멍과 축이 같은 경우도 포함)의 끼워맞춤 이다. 구멍의 최소허용치수에서 축의 최대허용치수를 뺀 값을 최소틈새, 구멍의 최대허용치수에서 축의 최소허용치수를 뺀 값을 최대틈새라고 한다. 크랭크축의 미끄럼 베어링이나 키, 키홈 등은 헐거운 끼워맞춤으로 되어 있다.

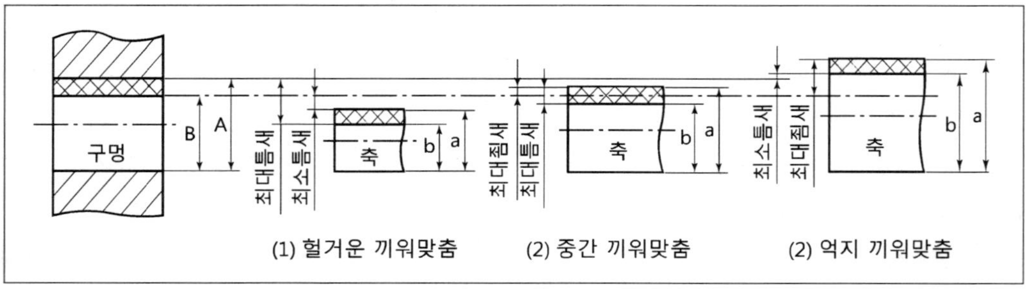

그림 5-4 끼워맞춤의 종류

(2) 중간 끼워맞춤

그림 5-4의 (2)와 같이 구멍과 축의 실치수에 의해 틈새가 생기거나 죔새가 생기는 경우로서, 구멍의 최소허용치수보다 축의 최대허용치수가 크고 또 구멍의 최대허용치수보다 축의 최소허용치수가 작은 경우 중간 끼워맞춤이다.

(3) 억지 끼워맞춤

그림 5-4의 (3)과 같이 구멍과 축 사이에 반드시 죔새가 있는 경우로서 구멍의 최대허용치수보다 축의 최소허용치수가 큰 경우(구멍과 축이 같은 경우도 포함)의 끼워맞춤을 말한다. 축의 최소허용치수에서 구멍의 최대허용치수를 뺀 값을 최소죔새라 하고, 축의 최대허용치수에서 구멍의 최소허용치수를 뺀 값을 최대죔새라고 한다. 축과 축이음, 차량의 축과 차륜, 차륜과 외륜 등은 억지 끼워맞춤으로 되어 있다.

【2】 IT 기본공차

표 5-2 IT 기본공차 수치의 예 [단위 : μm]

등급 치수의 구분 [mm]		IT01 01급	IT0 0급	IT1 1급	IT2 2급	IT3 3급	IT4 4급	IT5 5급	IT6 6급	IT7 7급	IT8 8급	IT9 9급	IT10 10급	IT11 11급	IT12 12급	IT13 13급	IT14 14급	IT15 15급	IT16 16급	IT17 17급	IT18 18급
초과	이하																				
–	3	0.3	0.5	0.8	1.2	2	3	4	6	10	14	25	40	60	100	140	250	400	600	1000	1400
3	6	0.4	0.6	1	1.5	2.5	4	5	8	12	18	30	48	75	120	180	300	480	750	1200	1800
6	10	0.4	0.6	1	1.5	2.5	4	6	9	15	22	36	58	90	150	220	360	540	900	1500	2200
10	18	0.5	0.8	1.2	2	3	5	8	11	18	27	43	70	110	180	270	430	700	1100	1800	2700
18	30	0.6	1	1.5	2.5	4	6	9	13	21	33	52	84	130	210	330	520	840	1300	2100	3300
30	50	0.6	1	1.5	2.5	4	7	11	16	25	39	62	100	160	250	390	620	1000	1600	2500	3900
50	80	0.8	1.2	2	3	5	8	13	19	30	46	74	120	190	300	460	740	1200	1900	3000	4600
80	120	1	1.5	2.5	4	6	10	15	22	35	54	87	140	220	350	540	870	1400	2200	3500	5400
120	180	1.2	2	3.5	5	8	12	18	25	40	63	100	160	250	400	630	1000	1600	2500	4000	6300
180	250	2	3	4.5	7	10	14	20	29	46	72	115	185	290	460	720	1150	1850	2900	4600	7200
250	315	2.5	4	6	8	12	16	23	32	52	81	130	210	320	520	810	1300	2100	3200	5200	8100
315	400	3	5	7	9	13	18	25	36	57	89	140	230	360	570	890	1400	2300	3600	5700	8900
400	500	4	6	8	10	15	20	27	40	63	97	155	250	400	630	970	1550	2500	4000	6300	9700

KS에서는 구멍·축의 치수를 몇 개로 구분하여 그것을 기준치수의 구분으로 정하고, 그 구분에 대응시켜 각각 치수공차가 정해져 있다. 그 치수공차의 수치 대소(정밀 또는 거칠음)에 따라서 01급부터 18급까지의 20등급으로 나뉘어져 있다. 이 치수공차를 IT 기본공차(ISO Tolerance)라 하고 표 5-2에 그 일부를 표시한다.

IT01~IT4는 주로 정밀한 측정기기나 게이지류의 끼워맞춤(높은 정밀도가 요구되는 끼워맞춤용)에, IT5~IT10은 기계부품의 구멍과 축 등의 끼워맞춤부분(일반적인 끼워맞춤용)에, IT11~IT18은 낮은 정밀도를 갖는 부분에 적용된다.

【3】 구멍과 축의 종류와 기호

구멍의 치수공차를 그림 5-5와 같이 기준선(치수)에 대한 치수공차의 크기와 그 위치에 따라서 정해지는 최대허용치수와 최소허용치수를 나타내는 2개의 직선 사이 영역을 공차역이라 한다.

공차역의 위치는 기준치수부터의 거리에 따라 나누어지고, 그림 5-6과 같이 구멍의 공차역의 위치는 JS를 중심으로 A에서 ZC까지의 대문자기호로, 축의 공차역의 위치는 js를 중심으로 a에서 zc까지 소문자기호로 표시한다. 공차역의 위치 H의 구멍은 H구멍, h의 축은 h축으로 생략하여 부른다.

끼워맞춤방식에 의한 구멍·축의 표시는 공차역의 위치기호(구멍 : A~ZC, 축 : a~zc)와 공차등급의 수(IT01~IT18)를 조합하여 표시한다. 이것을 공차역 클래스라 하고 그 기호를 치수공차기호라고 한다.

구멍은 왼쪽의 A에 가까워짐에 따라서 기초가 되는 아래치수허용차가 (+)가 되고, 그 값이 커지게 되므로 헐거워진다.

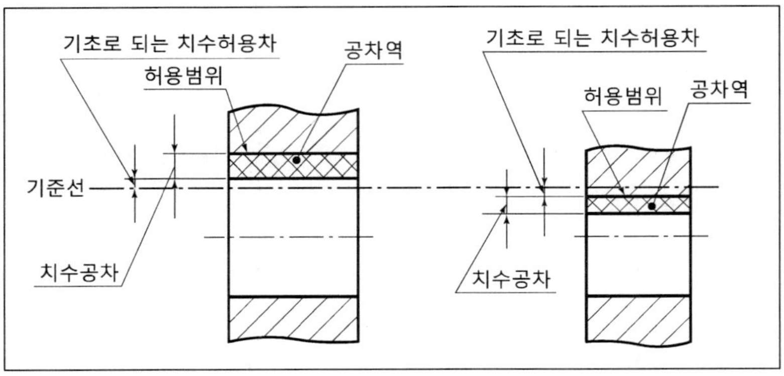

그림 5-5 구멍의 치수공차역

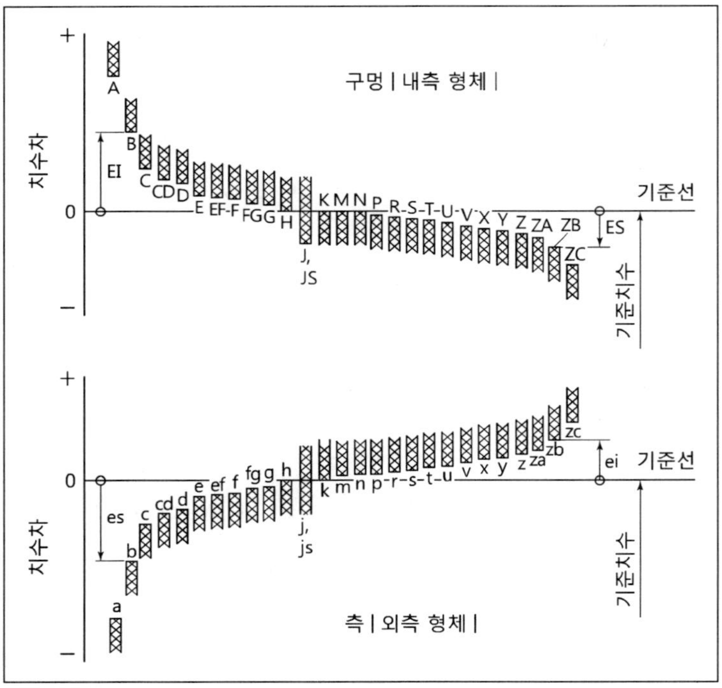

그림 5-6 구멍과 축의 종류와 기호

오른쪽의 Z에 가까워지면 기초가 되는 위치수허용차가 (−)가 되고 그 값이 작아진다(절대값은 크다). 따라서 구멍은 빡빡하게 된다.

축은 왼쪽의 a에 가까워짐에 따라서 구멍과는 반대로 기초가 되는 위치수허용차가 (−)가 되고 그 값이 작아지게 된다.

오른쪽 z에 가까워지면 기초가 되는 아래치수허용차가 (+)가 되고, 그 값이 커지게 되므로 축은 빡빡해진다. 또한 치수허용차는 기초가 되는 치수허용차와 IT 기본공차를 사용하여 다음 식으로 구할 수가 있다.

기초가 되는 치수허용차가 위치수허용차인 경우에는

위치수허용차 = 기초가 되는 치수허용차

아래치수허용차 = 위치수허용차 − IT 기본공차

기초가 되는 치수허용차가 아래치수허용차인 경우에는

아래치수허용차 = 기초가 되는 치수허용차

위치수허용차 = 아래치수허용차 + IT 기본공차

다만, JS 및 js의 치수공차는 IT 기본공차를 사용하여 다음 식으로 구한다.

$$\text{위치수허용차} = +\frac{\text{IT 기본공차}}{2}$$

$$\text{아래치수허용차} = -\frac{\text{IT 기본공차}}{2}$$

【4】 표시법

끼워맞춤방식에 의한 구멍·축 치수의 허용한계는 다음과 같이 표시한다.

① 구멍은 구멍의 지름을 나타내는 기준치수 다음에 구멍의 치수공차기호 또는 치수허용차의 값을 붙여서 표시한다.

[보기] ϕ32H7 　　 $\phi 32^{+0.025}_{0}$ ······ 위치수허용차 / 아래치수허용차

- 7: 구멍의 등급을 나타내는 수치(공차등급)
- H: 구멍의 종류를 표시하는 기호(구멍의 치수공차기호)
- 32: 기준치수

② 축은 축의 지름을 나타내는 기준치수 다음에 축의 치수공차기호 또는 치수허용차의 값을 붙여서 표시한다.

[보기] ϕ100 g6 $\phi 100^{-0.012}_{-0.034}$ ……………… 위치수허용차 / 아래치수허용차

└ 구멍의 등급을 나타내는 수치(공차등급)
└ 구멍의 종류를 표시하는 기호(구멍의 치수공차기호)
└ 기준치수

③ 필요할 때는 치수공차기호 다음에 그 치수허용차의 값을 ( )로 묶어서 붙여 표시한다.

【5】 끼워맞춤방식의 종류

구멍이나 축의 끼워맞춤부분의 치수는 구멍과 축의 공차역 클래스의 적절한 조합에 의하여 결정된다. 이때 구멍을 기준으로 하느냐 축을 기준으로 하느냐에 따라서 끼워맞춤방식은 구멍기준 끼워맞춤과 축기준 끼워맞춤으로 분류된다.

(1) 구멍기준 끼워맞춤

그림 5-7의 (1)과 같이 구멍의 공차역 클래스를 기준으로 하여 여러 가지 공차역 클래스의 축을 조합시킴으로써 필요한 틈새 또는 죔새를 줄 수 있는 끼워맞춤방식을 구멍기준 끼워맞춤이라 한다. 구멍기준 끼워맞춤은 구멍 아래의 치수허용차가 0이고, 공차역의 위치가 H인 구멍을 사용한다. H5~H10의 6종의 구멍기준이 있다.

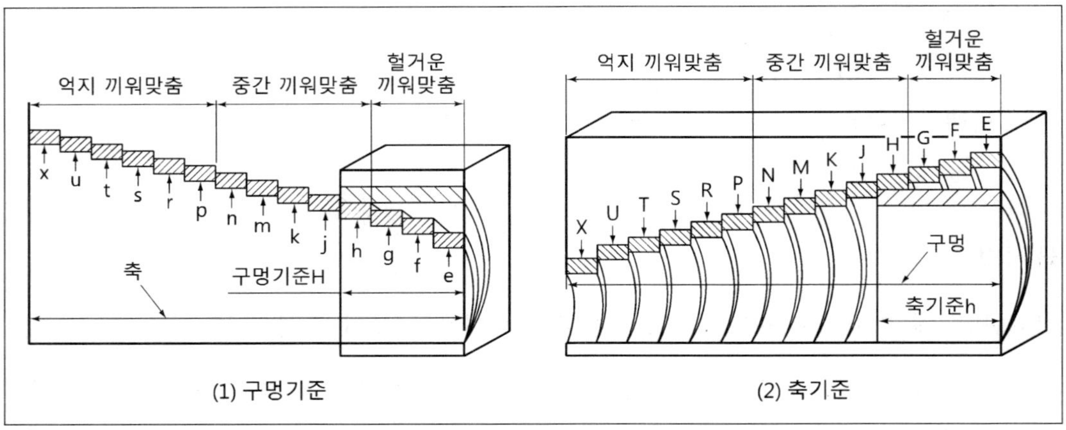

그림 5-7 끼워맞춤방식

(2) 축기준 끼워맞춤

그림 5-7의 (2)와 같이 축의 공차역 클래스를 기준으로 하여 여러 가지 공차역 클래스의 구멍을 조합시킴으로써 필요한 틈새 또는 죔새를 줄 수 있는 끼워맞춤방식을 축기준 끼워맞춤이라 한다. 축기준 끼워맞춤은 축의 위치수허용차가 0인 공차역의 위치가 h축을 나타내고 있다. h4~h9의 6종의 축기준이 있다.

(3) 끼워맞춤방식의 선택법

구멍기준 끼워맞춤과 축기준 끼워맞춤의 어느 것을 선택하느냐 하는 것은 제품의 기능·형상·가공·검사의 난이도와 소요되는 비용 등을 고려하여 결정한다.

① 구멍기준 끼워맞춤

일반적인 가공을 고려할 때 구멍쪽이 가공도 어렵고 정밀도를 높이기도 어렵다. 그래서 가공하기 어려운 구멍을 기준으로 해서 가공하기 쉬운 축을 조합시켜 각종의 끼워맞춤을 설정하는 구멍기준방식이 널리 이용되고 있다. 고가인 플러그 게이지나 리머를 일반적으로 표시할 때 구멍기준 끼워맞춤을 이용한다.

② 축기준 끼워맞춤

1개의 축에 축이음·아이들 휠·베어링 등 많은 부품이 조합되어 있을 때, 축이음은 중간 끼워맞춤, 베어링은 헐거운 끼워맞춤이 된다. 구멍 기준에서는 헐거운 끼워맞춤이 되는 부분의 표면을 손상시키지 않고 조합하려면 단 이 붙은 축으로 할 필요가 있고, 축의 가공량이 증가한다. 이와 같은 경우에는 축기준 끼워맞춤으로 하면 축의 가공량은 경감된다.

(4) 상용하는 끼워맞춤

구멍과 축을 끼워맞춤할 때 헐거운 끼워맞춤·억지 끼워맞춤·중간 끼워맞춤 중 어느 하나로 결정되면, 필요한 공차역 클래스의 조합은 자유롭게 할 수 있지만, 기계산업에서는 실용적이라고 생각되는 것을 상용하는 끼워맞춤으로 규격화하고 있다. 표 5-3은 상용하는 구멍기준 끼워맞춤을 표시한 것으로, H 구멍을 기준구멍으로 하여 이에 적합한 축을 선택하여 필요한 죔새나 틈새를 주는 끼워맞춤이다. 표 5-4는 상용하는 축기준 끼워맞춤이고, h축을 기준축으로 하여 이것에 맞는 구멍을 골라서 필요한 죔새나 틈새를 주는 끼워맞춤이다.

표 5-3과 표 5-4는 상용하는 끼워맞춤의 구멍과 축의 치수허용차를 표시한 것이다.

표 5-3 상용하는 구멍기준 끼워맞춤

기준구멍	축의 종류와 등급(공차역 클래스)																
	헐거운 끼워맞춤							중간 끼워맞춤			억지 끼워맞춤						
	b	c	d	e	f	g	h	js	k	m	n	p	r	s	t	u	x
H6						5	5	5	5	5							
					6	6	6	6	6	6	6★	6★					
H7					6	6	6	6	6	6	6	6★	6★	6	6	6	6
				7	7		7	7									
H8					7		7										
				8	8		8										
			9	9													
H9			8	8			8										
		9	9	9			9										
H10	9	9	9														

• H7의 구멍기준이 제일 많은 공차역 클래스(f6~x6, e7~js7)가 규정되어 이용 범위가 넓다.

＊주 : ★ 표의 끼워맞춤은 치수의 구분에 따라 예외가 생긴다.

＊비고 : 중간 끼워맞춤 및 억지 끼워맞춤에서는 기능을 확보하기 위하여 선택조합을 하는 것이 많다.

표 5-4 상용하는 축기준 끼워맞춤

기준축	구멍의 종류와 등급																
	헐거운 끼워맞춤							중간 끼워맞춤			억지 끼워맞춤						
	B	C	D	E	F	G	H	JS	K	M	N	P	R	S	T	U	X
h5							6	6	6	6	6★	6					
h6					6	6	6	6	6	6	6	6★	6				
					7	7	7	7	7	7	7	7★	7	7	7	7	7
h7				7	7		7										
					8		8										
h8			8	8	8		8										
			9	9			9										
h9			8	8			8										
		9	9	9			9										
	10	10	10														

5.3 치수공차의 치수허용차의 선정

치수공차의 무수히 많은 조합 중에서 어떠한 위/아래치수허용차를 선정할 것인지를 결정해야 한다. 그런데 이러한 결정을 설계자들이 마음대로 하게 하면 너무 많은 조합이 나오므로 위/아래치수허용차를 정하는 방법도 표준화되어 있다.

우선 위/아래치수허용차는 치수공차를 부여하는 기준치수가 축의 치수인지 또는 구멍의 치수인지를 구분하여 부여한다. 축의 치수일 경우 위/아래치수허용차의 값은 표 5-5와 같다. 축의 치수에 부여할 위/아래치수허용차를 숫자로 말하지 않고, 맨 윗부분에 있는 것과 같이 영문 소문자 알파벳인 f, g, h, js, j, k, m 등으로 말한다.

정리해 보면, 어떠한 축의 기준치수가 40일 때 축에 부여할 치수공차는 “정밀도 IT 6급이고, 위/아래치수허용차는 h로 한다” 또는 간단히 “h6으로 한다”고 하면, 그 축에 대한 치수공차가 완벽하게 부여된다.

표 5-5 기준치수 500 mm 이하에서 축의 치수허용차를 발췌한 표

[단위 : μm]

기초가 되는 치수허용차		위의 치수허용차											-	아래의 치수허용차															
축 종 류		a[1]	b[1]	c	cd	d	e	ef	f	fg	g	h	js[2]	j			k			m	n	p	r	s	t	u	v	x	y
IT 등급별 치수구분 [mm]		01~16												5·6	7	8	01 ~3	4 ~7	8 ~16	01~16									
초과	이하																												
-	3	-270	-140	-60	-34	-20	-14	-10	-6	-4	-2	0	기초가 되는 치수허용차는 없다.	-2	-4	-6	0	0	0	+2	+4	+10	+14	+14	-	+18	-	+20	-
3	6			-70	-46	-30	-20	-14	-10	-6	-4	0				-	0	+1	0	+8	+8	+12	+15	+19	-	+23	-	+28	-
6	10	-280	-150	-80	-56	-40	-25	-18	-13	-8	-5	0		-2	-5	-				+10	+10	+15	+19	+23	-	+28	-	+34	-
10	14	-290		-95	-	-50	-32	-	-16	-	-6	0		-3	-6	-				+12	+12	+18	+23	+28	-	+33	-	+40	-
14	18																										+39	+45	-
18	21	-300	-160	-110	-	-65	-40	-	-20	-	-7	0		-4	-8	-	0		0	+15	+15	+22	+28	+35	-	+41	+47	+54	+63
24	30																								+41	+48	+55	+64	+75
30	40	-310	-170	-120	-	-80	-50	-	-25	-	-9	0		-5	-10	-	0	+2	0	+17	+17	+26	+34	+43	+48	+60	+68	+80	+94
40	50	-320	-180	-130																					+54	+70	+81	+97	+110
50	65	-340	-190	-140	-	-100	-60	-	-30	-	-10	0		-7	-12	-	0		0	+20	+20	+32	+41	+53	+66	+87	+102	+122	+144
65	80	-360	-200	-150																			+43	+59	+75	+102	+120	+145	+174
80	100	-380	-220	-170	-	-120	-72	-	-36	-	-12	0		-9	-15	-	0		0	+20	+20	+32	+51	+71	+91	+124	+146	+178	+214
100	120	-410	-240	-180																			+54	+79	+104	+144	+172	+210	+254
120	140	-460	-260	-200	-	-145	-85	-	-43	-	-14	0		-11	-18	-	0	+3	0	+27	+27	+43	+63	+92	+122	+170	+202	+248	+300
140	160	-520	-280	-210																			+65	+100	+134	+190	+228	+280	+340
160	180	-580	-310	-230																			+68	+108	+146	+210	+252	+310	+380
180	200	-660	-340	-240	-	-170	-100	-	-50	-	-15	0		-13	-21	-	0		0	+31	+31	+50	+77	+122	+166	+236	+284	+350	+425
200	225	-740	-380	-260																			+80	+130	+180	+258	+310	+385	+470
225	250	-820	-420	-280																			+84	+140	+196	+284	+340	+425	+520
250	280	-920	-480	-300	-	-190	-110	-	-56	-	-17	0		-16	-26	-	0	+4	0	+34	+34	+56	+94	+158	+218	+315	+385	+475	+580
280	315	-1 050	-540	-330																			+98	+170	+240	+350	+425	+525	+650
315	355	-1 200	-600	-360	-	-120	-125	-	-62	-	-18	0		-18	-28	-	0		0	+37	+37	+62	+108	+190	+268	+390	+475	+590	+730
355	400	-1 350	-680	-400																			+114	+208	+294	+435	+530	+660	+820
400	450	-1 500	-760	-440	-	-230	-135	-	-68	-	-20	0		-20	-32	-	0	+5	0	+23	+40	+68	+126	+232	+330	+490	+595	+740	+920
450	500	-1 650	-840	-480																			+132	+252	+360	+540	+660	+820	+1 000

* 1) a 및 b축은 기준치수 1 mm 이하에는 사용하지 않는다.

2) 공차역 클래스 js7~js11에서는 기본공차 IT의 수치가 홀수인 경우에는 치수허용차, 즉, ±IT/2가 마이크로미터 단위의 정수가 되도록, IT의 수치 바로 아래의 짝수로 맺음한다.

표 5-6 기준치수 500 mm 이하에서 구멍의 치수허용차를 발췌한 표 [단위 : μm]

기초가 되는 치수허용차		아래의 치수허용차											-	위의 치수허용차									Δ=ITn−ITn-1					
구멍종류		A[1]	B[1]	C	CD	D	E	EF	F	FG	G	H	JS[2]	J			K[4]		M[4]		N[4] [5]							
치수 구분[mm] \ IT 등급별		01~16												6	7	8	3~8	9~16	3~8	9~16	3~8	9~16	3	4	5	6	7	8
초과	이하																											
-	3	+270	+140	+60	+34	+20	+14	+10	+6	+4	+2	0	기초가 되는 치수허용차는 없다.	+2	+4	+6	0	0	−2	−2	−4	−4	0					
3	6			+70	+46	+30	+20	+14	+10	+6	+4	0		+5	+6	+10	−1+Δ	−	−4+Δ	−4	−8+Δ	0	1	1.5	1	3	4	6
6	10	+280	+150	+80	+56	+40	+25	+18	+13	+8	+5	0		+5	+8	+12			−6+Δ	−6	−10+Δ	0	1	1.5	2	3	6	7
10	14	+290		+95	−	+50	+32	−	+16	−	+6	0		+6	+10	+15			−7+Δ	−7	−12+Δ	0	1	2	3	3	7	9
14	18																											
18	21	+300	+160	+110	−	+65	+40	−	+20	−	+7	0		+8	+12	+20	−2+Δ	−	−8+Δ	−8	−15+Δ	0	1.5	2	3	4	8	12
24	30																											
30	40	+310	+170	+120	−	+80	+50	−	+25	−	+9	0		+10	+14	+24			−9+Δ	−9	−17+Δ	0	1.5	3	4	5	9	14
40	50	+320	+180	+130																								
50	65	+340	+190	+140	−	+100	+60	−	+30	−	+10	0		+13	+18	+28			−11+Δ	−11	−20+Δ	0	2	3	5	6	11	16
65	80	+360	+200	+150																								
80	100	+380	+220	+170	−	+120	+72	−	+36	−	+12	0		+16	+22	+34	−3+Δ	−	−13+Δ	−13	−23+Δ	0	2	4	5	7	13	19
100	120	+410	+240	+180																								
120	140	+460	+260	+200	−	+145	+85	−	+43	−	+14	0		+18	+26	+41			−15+Δ	−15	−27+Δ	0	3	4	6	7	15	23
140	160	+520	+280	+210																								
160	180	+580	+310	+230																								
180	200	+660	+340	+240	−	+170	+100	−	+50	−	+15	0		+22	+30	+47	−4+Δ	−	−17+Δ	−17	−31+Δ	0	3	4	6	9	17	26
200	225	+740	+380	+260																								
225	250	+820	+420	+280																								
250	280	+920	+480	+300	−	+190	+110	−	+56	−	+17	0		+25	+36	+55			−20+Δ[3]	−20	−34+Δ	0	4	4	7	9	20	29
280	315	+1050	+540	+330																								
315	355	+1200	+600	+360	−	+120	+125	−	+62	−	+18	0		+29	+39	+60			−21+Δ	−21	−37+Δ	0	4	5	7	11	21	32
355	400	+1350	+680	+400																								
400	450	+1500	+760	+440	−	+230	+135	−	+68	−	+20	0		+33	+43	+66	−5+Δ	−	−23+Δ	−23	−40+Δ	0	5	5	7	13	23	34
450	500	+1650	+840	+480																								

* 1) A 및 B구멍은 기준치수 1 mm 이하에는 사용하지 않는다.
2) 공차역 클래스 JS7~JS11에서는 기본공차 IT의 수치가 홀수인 경우에는 치수허용차, 즉, ±IT/2가 마이크로미터 단위의 정수가 되도록, IT의 수치 바로 아래의 짝수로 맺음한다.
3) 예외로서, 공차역 클래스 M6의 경우에는 −20+9=−11 μm가 아니고 −9 μm이다.
4) 공차등급 IT8 이하의 K, M 및 N 구멍의 경우, 우측의 Δ수치를 읽고 기초가 되는 치수허용차를 결정한다.
5) 공차등급 IT9 이상의 N 구멍은 기준치수 1 mm 이하에 사용하지 않는다.

"치수공차는 숫자로 표시되어야 하는데 위의 말처럼 h6으로 부여한다는 것이 무슨 말인가"하고 의문을 가질 수 있으나, 위의 말에 이미 필요한 모든 숫자가 다 지정되어 있다. 우선, '정밀도 IT6급'이므로 공차는 기준치수 40에 대하여 표 5-2에서 16 μm이다. 그리고 "위/아래치수허용차를 h로 한다"는 말은 축의 치수이므로 표 5-5에서 기준치수가 40이므로 표의 맨 왼쪽 칸에서 "30을 초과 40 이하"를 선택하고, 표의 맨 위쪽에서 두 번째 줄에서 h를 선택하여, 해당되는 칸과 줄이 만나는 곳에 있는 숫자를 읽어보면 0이라는 숫자가 있다. 그리고 h의 바로 윗줄을 보면 "위의 치수허용차"라고 되어 있다. 따라서 우리가 찾은 숫자 0은 위/아래치수허용차 중에서 위치수허용차를 의미한다.

정리하면, "위/아래치수허용차가 h이다"라는 말은 표 5-5에 의하면 "위치수허용차를 0μ m로 정한다"는 말이다. 이것을 숫자로 표시하면 그림 5-8의 (2)와 같다.

40 ± 0.008	$40^{\;0}_{-0.016}$	$40^{+0.016}_{\;0}$	$40^{-0.025}_{-0.041}$	$40^{+0.033}_{+0.017}$
(1)	(2)	(3)	(4)	(5)

그림 5-8 공차 16 μm를 갖는 위/아래 치수허용차의 조합

그러면 다른 예로 40f6은 그림 5-8의 (4)와 같으며, 40n6은 (5)와 같다. 한편, 40js6은 그림 5-8의 (1)과 같게 된다.

구멍의 치수일 경우 위/아래치수허용차의 값은 표 5-6과 같다. 구멍의 경우에는 치수에 부여할 위/아래치수허용차를 맨 윗부분에 있는 것과 같이 영문 대문자 알파벳인 F, G, H, JS, J, K, M 등으로 말한다. 즉, 정리하면 어떠한 구멍이 있고 그 구멍의 기준치수가 40일 때 40H6은 그림 5-8의 (3)과 같다. 표 5-6에서 기준치수가 40이므로 표의 맨 왼쪽 칸에서 "30 초과 40 이하"를 선택하고, 표의 맨 위쪽에서 두 번째 줄에서 H를 선택하여, 해당되는 칸과 줄이 만나는 곳에 있는 숫자를 읽어보면 0이라는 숫자가 있다. 그리고 H의 바로 윗줄을 보면 "아래의 치수허용차"라고 되어 있다. 따라서 우리가 찾은 숫자 0은 위/아래치수허용차 중에서 아래치수허용차를 의미한다. 따라서 40H6은 그림 5-8의 (3)과 같게 된다.

그러면 40F6은 해당되는 칸과 줄이 만나는 곳에 +25라는 숫자가 있고, 이것이 아래치수허용차이므로 위치수허용차는 (+25)+(16)을 하면 +41이 된다. 여기서 16을 더한 것은 기준치수 40에 대한 IT 6급 정밀도 공차가 16 μm이기 때문이다. 따라서

$$40F6 = 40^{-0.025}_{-0.041}$$

의 관계가 정의된다.

한편, 40JS6은 그림 5-8의 (1)과 같게 된다.

5.4 치수허용차를 읽는 법

다음의 예를 가지고 끼워맞춤의 기호, 기초가 되는 치수허용차, IT 기본공차의 수치, 위/아래치수허용차의 관계를 조사해 보자.

구멍의 끼워맞춤 기호 D를 예로 들면, D의 기초가 되는 치수허용차는 아래치수허용차이다. 왜냐하면 구멍 D를 보면 D는 기준치수보다 크기 때문이다. 또한 끼워맞춤 기호 G를 보면 G의 끼워맞춤 기호도 D와 같이 아래치수허용차가 기초가 되는 치수허용차임을 알 수 있다.

지금 기준치수가 50 mm라고 하면 D의 아래치수허용차는 표 5-6에서 +0.080 mm임을 알 수 있다. 이것은 등급이 10급이든 8급이든 등급에는 관계가 없다. 기준치수 50 mm인 G의 아래치수

허용차도 표 5-6을 보면 +0.009이다. 이 값도 등급에는 관계없다.

여기서 알 수 있는 것은 기초가 되는 치수허용차는 위/아래치수허용차 가운데서 기준치수에 가까운 쪽의 치수허용차가 기초가 되는 치수허용차로 되며, 그의 값은 등급에는 관계없이 같은 기준치수, 같은 끼워맞춤 기호에 대해서는 같은 값이다.

그러므로 끼워맞춤 기호는 기초가 되는 치수허용차를 표시하는 것이라고 할 수 있다.

축에 대해서도 같다. 기준치수가 40 mm의 t를 예로 들면, t는 기준치수보다 크기 때문에 아래치수허용차가 기초가 되는 치수허용차가 된다. 표 5-5에서 t의 기초가 되는 치수허용차는 +0.048 mm이고, 이것도 등급에 관계없이 40의 t이면 모두 +0.048이다.

표 5-5, 5-6에서 주의할 곳은 JS 및 js의 난이다. 기초가 되는 치수허용차 없음으로 되어 있는 것은 이 JS(구멍), js(축)는 기준치수의 (+), (−) 양쪽으로 걸쳐 있어서 실수치로 표시하면 25±0.015와 같이 되어, 치수공차를 위/아래로 나누어 양측 공차방식이 되어 기호에는 관계없이 위/아래치수허용차가 공차의 수치에 따라 결정된다.

다음에는 이것에 등급과 IT 기본공차의 수치를 관련시켜서 생각해 보자.

기준치수 30 mm, 끼워맞춤 기호 f, 등급 8인 축의 위/아래치수허용차를 구해본다. 끼워맞춤 기호 f는 기준치수보다 아래이므로 위치수허용차가 기초가 되는 치수허용차가 된다. 표 5-5의 f란을 보면 −20을 찾을 수 있다. 따라서 위치수허용차는 −20이다. 다음에 아래치수허용차를 구하기 위하여 표 5-2의 치수의 구분 18 초과 30 이하와 8급란이 만나는 곳의 수치를 읽으면 33이 표시되어 있다. 즉, 이것은 기준치수가 18을 초과하여 30 이하의 경우에는 치수공차를 33으로 하라는 것이므로

$$\text{위치수허용차} - \text{아래치수허용차} = \text{IT 기본공차}$$

$$(-20) - (\text{아래치수허용차}) = 33$$

$$\text{아래치수허용차} = (-20) + (-33) = -53$$

그러므로 기준치수 30 mm, $f8$은 $(\phi 30^{-0.020}_{-0.053})$을 기호로 표시하면 $\phi 30f8$과 같이 된다. $\phi 30$은 축의 기준치수, f는 끼워짐 상태, 8은 정밀도를 표시한다.

5.5 호환성을 보장하는 치수공차의 부여

기계에서 아무런 힘을 주지 않아도 서로 분해될 수 있는 자동차 엔진의 피스톤링과 피스톤홈 사이의 끼워맞춤을 예로 들 수 있다. 열팽창을 고려하여 피스톤링과 피스톤홈은 어느 정도 헐렁하게 끼워져 있어야 한다. 이러한 끼워맞품의 정도를 완합(緩合)이라고 하자.

또 기계에서 약간의 힘으로 금방 분해될 수 있는 자동차바퀴와 차축 사이, 회전축과 청동부시 베어링 사이의 끼워맞춤 등이 있다. 이러한 끼워맞춤의 정도를 전합(轉合)이라고 하자. 세 번째로 어느 정도 이상의 강한 힘으로 손으로 잡아 뽑아야 분해될 수 있는 끼워맞춤은 대부분의 정밀기계에서 많이 찾아 볼 수 있다. 스플라인축과 기어 사이, 정밀베어링 내륜과 회전축 사이, 키와 키홈 사이의 끼워맞춤 등을 들 수 있다. 이러한 끼워맞춤의 정도를 활합(滑合)이라고 하자.

그리고 손의 힘만으로는 분해가 안되어 공구를 이용하여 큰 힘을 주거나 해머로 때리거나 프레스로 압력을 가하지 않으면 조립이나 분해가 되지를 않는다. 기계에서는 핀을 핀구멍에 망치로 박아 넣거나 뽑는 것, 펌프축을 케이스에 프레스를 이용하여 밀어 넣는 것 등을 들 수 있다. 이러한 끼워맞춤을 타합(打合)이라고 하자.

마지막으로 전기모터의 로터뭉치를 회전축에 결합시키는 방법으로, 회전축을 냉각시켜서 수축이 되게 한 뒤 로터뭉치와 결합시킨 후에 상온에 놓아두면 회전축이 다시 팽창하면서 로터뭉치와 일체가 된다. 일단, 상온에 돌아온 후에는 다시는 분해할 수 없다. 이제는 회전축만을 냉각시킬 방법이 없기 때문이다.

이렇게 망치나 프레스를 이용하여도 분해가 불가능한 끼워맞춤을 열합(熱合)이라고 하자. 바깥지름에 끼워지는 부품을 가열하여 조립해서 상온으로 돌아오게 하여도 같은 효과를 얻을 수 있다.

이상과 같이 부품과 부품의 끼워맞춤의 정도를 크게 다섯 가지로 구분할 수 있다. 끼워맞춤의 정도에 따라서 끼워맞춤의 종류를 구분하면 표 5-7과 같이 정리된다.

대부분의 기계는 여러 가지 부품이 결합되어 조립된다. 이러한 수많은 부품의 결합 중에서 특히 끼워맞춤의 정도를 정확하게 유지시켜야 하는 결합이 있다.

이 경우에는 치수공차를 선정해야 하는데, 치수공차를 선정할 때는 제일 먼저 어느 정도의 끼워맞춤의 정도로 할 것인지를 그 결합의 기능을 고려하여 결정한다. 그리고 이 장에서 지금까지 설명한 치수공차를 부여하는 표준에 의거하여 체계적으로 치수공차를 선정한다.

예로, 베어링회사에서는 외륜 지름에 치수공차를 h7을 부여하여 제작한 뒤에 회사의 베어링 카탈로그에 "베어링 외륜의 지름에는 h7 치수공차가 부여되었다"고 기록하여 판매하면 된다. 베어링 크기가 50, 100 또는 160이든지 관계없이 일관되게 치수공차 h7을 유지하는 것이다. 이 베어링을 만일 자동차회사가 구매하여 자기회사의 변속기 하우징에 사용한다고 하면, 이 베어링이 끼워 맞춰지는 하우징 안지름의 치수공차는 소형(지름 50), 중형(지름 100) 또는 대형(지름 160)의 변속기에 관계없이 일관되게 H8이라는 치수공차를 유지하면, 베어링 외륜과 변속기 하우징의 안지름은 활합의 끼워맞춤으로 결합된다.

표 5-7 끼워맞춤의 종류와 설명

<table>
<tr><th>대분류 명칭</th><th>끼워맞춤 종류</th><th>결합상태의 특징</th><th>구 분</th></tr>
<tr><td rowspan="2">헐거운 끼워맞춤</td><td>완합(緩合)</td><td>자유상태에서 아무런 힘을 가하지 않아도 끼워 맞추어진 부품들이 서로 분해된다. 조립시 간단하며, 열변형이 있어도 부품들 사이에 적당한 틈이 확보된다.</td><td rowspan="2">부품과 부품 사이에 상대적인 운동이 가능하다.</td></tr>
<tr><td>전합(轉合)</td><td>적당한 틈이 있어서 윤활제를 이용하여 2개의 부품들을 서로 상대운동 시킬 수가 있으며, 약간의 힘으로 분해가 가능하다.</td></tr>
<tr><td rowspan="2">중 간 끼워맞춤</td><td>활합(滑合)</td><td>손으로 위치 정렬을 잘 한 후에 손으로 힘을 주어 밀어 넣어서 조립한다. 부품의 정렬이 잘 안되어 있으면, 조립이 안된다. 자유상태에서 어느 정도 이상의 강한 힘을 주어야 서로 분해된다. 대부분의 정밀기계 조립에 사용된다.</td><td rowspan="3">부품과 부품 사이에 상대적인 운동이 불가능하다.</td></tr>
<tr><td>타합(打合)</td><td>망치나 프레스와 같은 공구를 사용하지 않으면 조립이나 분해가 불가능하다.</td></tr>
<tr><td>억 지 끼워맞춤</td><td>열합(熱合)</td><td>부품을 가열 또는 냉각시킨 후에 조립을 하고, 상온으로 복귀시켜서 조립을 하는 경우로 분해 가 영구적으로 불가능하다.</td></tr>
</table>

이러한 표준에 의거한 치수공차 선택을 통하여 무작위적으로 선택된 베어링과 변속기 하우징의 호환성이 보장된다. 표 5-3과 5-4에서 h7과 H8의 치수공차는 중간 끼워맞춤의 정도를 유지한다는 것을 알 수 있다.

5.6 치수허용한계의 지시 원칙

기능상(호환성을 포함한다)의 필요에 의하여 도면에 기입하는 치수에 치수의 허용한계를 지시하는 경우의 원칙은 다음과 같다.

① 치수의 허용한계는 잘못 읽는 일이 없도록 명료하고 뚜렷이 써서 지시한다.

② 치수의 허용한계는 다음의 어느 한 가지에 따라 지시한다.

- 수치에 의하여 치수의 허용한계를 지시한다.
- KS B 0401에서 규정하는 구멍 축 종류의 기호 및 등급(이하 이들을 치수허용차의 기호라고 한다)에 의하여 치수의 허용한계를 지시한다.
- 각 치수에 치수의 허용한계를 직접 기입하지 않고 치수의 보통 허용차로 일괄하여 도면 내에 지시한다.

③ 치수의 허용한계는 특별한 지시가 없는 한 모양, 자세 또는 위치의 기하편차를 규제하지 않는다. 기하편차를 규제할 때에는 KS B 0608(기하공차의 도시방법)에 규정하는 방법으로 기하공차를 지정한다.

④ 치수의 허용한계와 기하공차 사이에 관련이 있는 경우[1)]에는 그것을 기호에 의하여 도시한다.

5.7 길이치수의 허용한계 기입방법

【1】 치수의 허용한계를 수치에 의하여 지시하는 경우

치수의 허용한계를 수치에 의하여 지시하려면 다음의 어느 한 가지를 따른다.

① 외측 형체, 내측 형체에 관계없이 기준치수 다음에 치수허용차(위/아래치수허용차)의 수치를 기입하여 표시한다[그림 5-9 (1)].

② 위/아래치수허용차의 어느 한쪽의 수치가 0일 때에는 숫자 0으로 표시한다. 이때 음, 양의 기호는 붙이지 않는다[그림 5-9 (2)].

③ 양쪽 공차에서 위/아래치수허용차가 같을 때에는 치수허용차의 수치를 하나로 하고, 그 수치 앞에 ±의 기호를 붙여서 표시한다[그림 5-9 (3)].

---

1) 단독형체의 실체가 최대실체치수에 의한 완전모양의 포락면을 넘어서는 안되는 경우 KS A ISO 2692(최대실체공차방식)에 의하여 관련 형체에 최대실체공차방식을 적용하는 경우

④ 허용한계치수(최대/최소허용치수)에 의하여 표시한다. 이때 외측 형체 내측 형체에 관계없이 최대허용치수는 위의 위치에, 최소허용치수는 아래의 위치에 쓴다[그림 5-9 (4)].

⑤ 최대/최소허용치수의 어느 한쪽만을 지정할 필요가 있을 때에는 치수의 수치 앞에 "최대" 또는 "최소"라고 기입하든지 또는 치수의 수치 뒤에 "max" 또는 "min"라고 기입한다(그림 5-10).

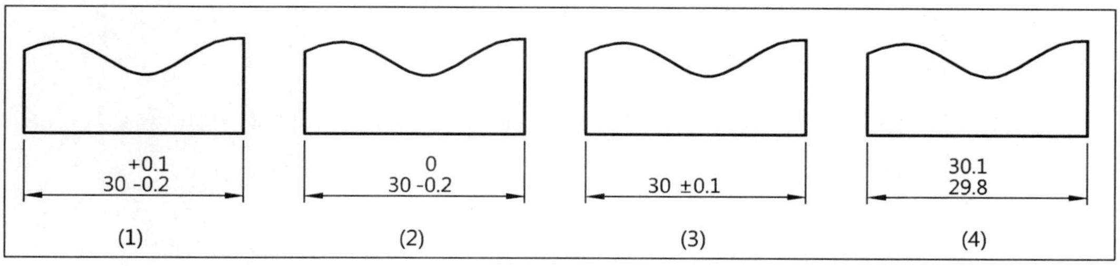

그림 5-9 치수의 허용한계

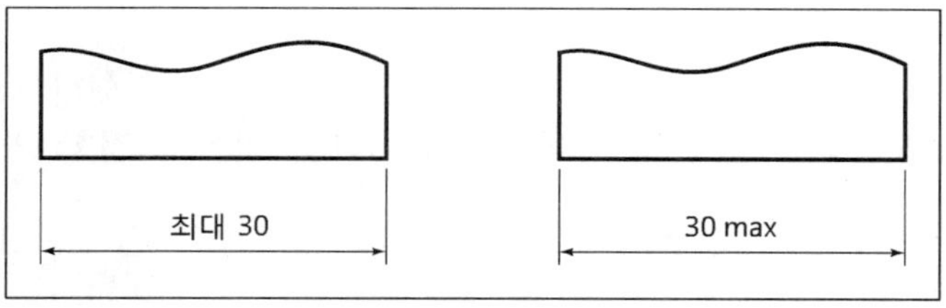

그림 5-10 최대허용치수

【2】 치수의 허용한계를 치수허용차의 기호에 의하여 지시하는 경우

치수의 허용한계를 치수허용차의 기호에 의하여 지시하려면 다음의 어느 한 가지를 따른다.

① 기준치수 뒤에 치수허용차의 기호를 기입하여 표시한다. 이때 문자기호 크기의 호칭은 기준치수를 표시하는 숫자와 같게 한다[그림 5-11 (1)].

② ①의 치수허용차의 기호 기입에 더하여, 위/아래치수허용차를 괄호 안에 부기하든 지[그림 5-11 (2)], 허용한계치수를 괄호 안에 부기한다[그림 5-11 (3)].

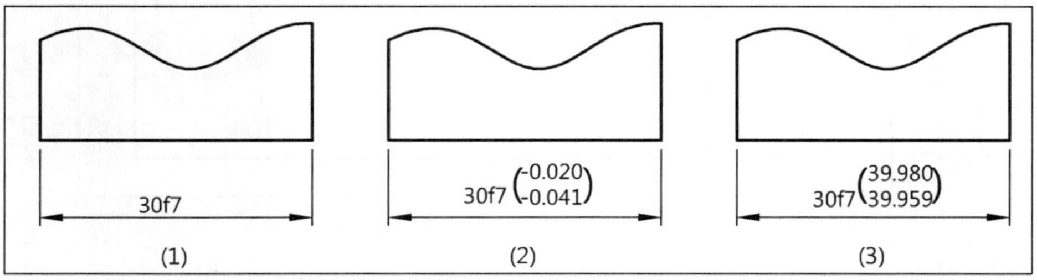

그림 5-11 치수허용차

【3】 치수의 허용한계를 일괄하여 지시하는 경우

치수의 허용한계를 직접 기입하지 않은 치수에, 치수의 보통허용차를 일괄하여 도면 내에 지시할 때에는 다음의 어느 한 가지에 따른다.

① 각 치수의 구분에 대한 보통허용차의 수치의 표를 표시한다.

② 인용하는 규격의 번호, 등급 등을 표시한다.

[보기] 절삭가공치수의 보통허용차 : KS B ISO 2768-m

③ 특정한 허용차의 값을 표시한다.

[보기] 치수허용차를 지시하지 않은 치수의 허용차는 ±0.25로 한다.

5.8 포락조건의 기입방법

막힌 원기둥면이나 평행하는 2평면으로 구성되는 단독 형체의 실체가 기능상 필요 때문에 최대 실체치수를 갖는 완전 모양의 포락면을 넘어서는 안된다는 것을 지정할 필요가 있을 때에는, 기호 Ⓔ를 도시한다(그림 5-12).

※ 그림 5-12의 경우, 도시방법의 보기

① 기능상의 필요조건
- 축의 표면은 최대실체치수(이 경우에는 최대허용치수) 150의 포락면을 넘어서는 안된다.
- 축의 어느 지름의 실치수도 149.96보다 작아서는 안된다.

② 도시방법의 뜻
- 축 전체가 150의 완전모양인 포락면의 경계 안에 있어야 한다.
- 축의 어느 지름의 실치수도 150과 149.96 사이에서 변동하여도 좋다. 따라서 모든 지름의 실치수가 그 최대실체치수 150일 때 축은 정확한 원기둥형이어야 한다.

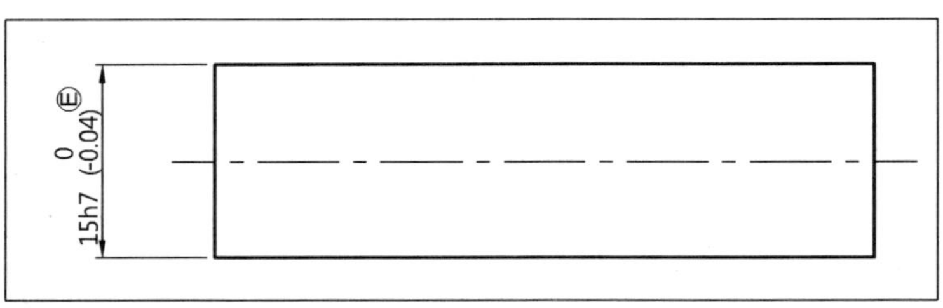

그림 5-12 포락조건

5.9 조립한 상태에서의 치수의 허용한계 기입방법

【1】 치수의 허용한계를 수치에 의하여 지시하는 경우

조립한 부품의 구성 형체의 치수허용한계를 수치에 의하여 지시하려면 다음에 따른다.

① 조립한 부품의 구성 형체의 각각의 기준치수 및 치수허용차를 각각의 치수선의 위쪽 에 기입하고, 기준치수 앞에 그들의 부품 명칭[그림 5-13 (1)] 또는 대조번호를 부기한다. 또한 어떤 경우에도 구멍의 치수는 축의 치수의 위쪽에 쓴다.

② ①의 경우의 위 치수선을 생략하고, 기준치수를 공통으로 하여 그림 5-13 (2)와 같이 써도 좋다.

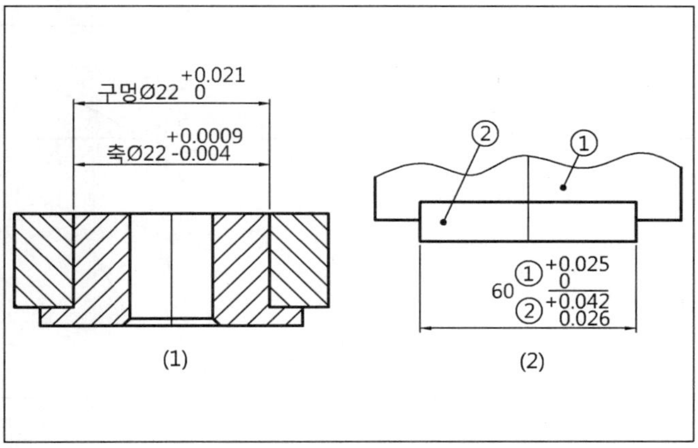

그림 5-13 한계의 지시 (수치)

【2】 치수의 허용한계를 치수허용차 기호에 의하여 지시하는 경우

치수허용차 대신에 직접 치수공차기호를 기입할 경우에도 그림 5-14의 (1), (2) 및 (3)처럼 기준치수 뒤에 치수공차기호를 기입한다. 필요할 경우 (4)처럼 치수공차기호와 치수허용차를 병기한다. 같은 기준치수에 대하여 구멍 및 축의 치수공차기호를 병기할 필요가 있을 경우 조립한 상태에서의 기준치수와 각각의 치수허용차의 기호를 그림 5-15와 같이 써도 좋다.

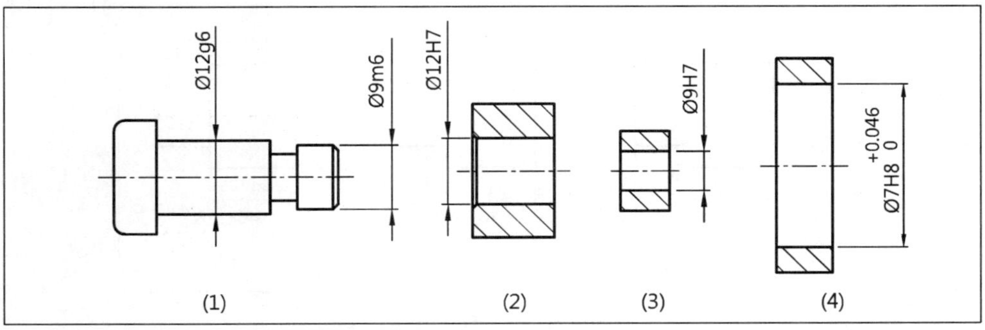

그림 5-14 치수공차기호의 기입

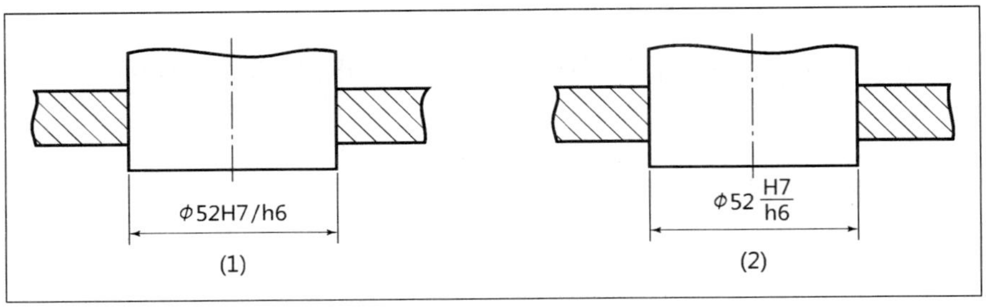

그림 5-15 한계의 지시(기호)

【3】 각도치수와 허용한계 기입방법

각도치수의 허용한계 기입방법에는 길이치수의 허용한계를 수치에 의하여 지시하는 경우의 기입방법을 적용한다. 이때 치수허용차에도 반드시 단위기호를 붙인다(그림 5-16).

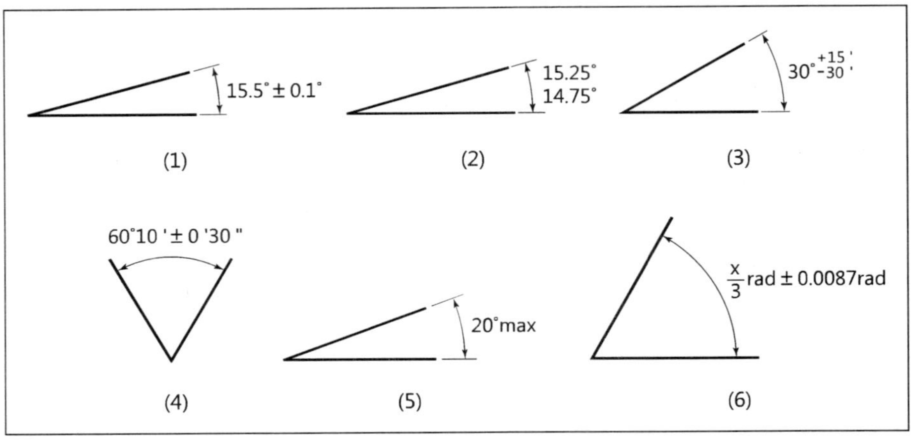

그림 5-16 각도의 치수한계

【4】 치수의 허용한계를 기입할 때의 일반사항

치수의 허용한계를 기입할 때의 일반사항은 다음과 같다.

① 기능에 관련되는 치수와 그 허용한계는 그 기능을 요구하는 형체에 직접 기입하는 것이 좋다[그림 5-17 (1)의 15±0.01, 25±0.06, (2)의 15±0.01]. 다른 형체에 간접적으로 기입하여 요구하는 기능을 실현시키려면 그 형체에 직접 기입한 경우와 비교해야 공차가 엄밀하게 된다[그림 5-17 (3)].

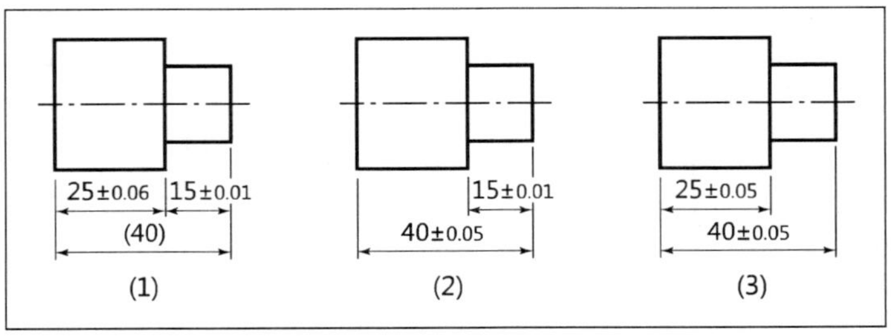

그림 5-17 치수의 허용한계

② 여러 개의 관련되는 치수에 허용한계를 지시하는 경우에는 다음 사항을 배려한다.

- 직렬 치수기입법으로 치수기입을 할 때에는 치수공차가 누적되므로 이 방법은 공차의 누적이 기능에 관계가 없는 경우에만 사용하는 것이 좋다.
- 중요도가 적은 치수는 기입하지 않거나 괄호를 붙여 참고치수로 표시하는 것이 좋다(그림 5-17, 5-18).

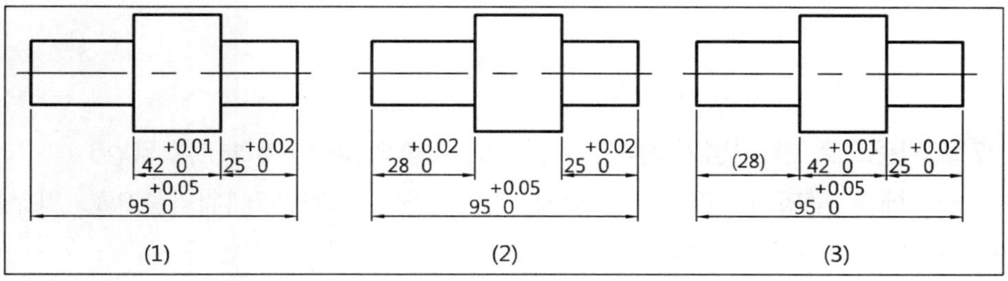

그림 5-18 직렬 치수기입

- 병렬 치수기입법 또는 누진 치수기입법에서는 기입하는 치수의 공차는 다른 치수 의 공차에 영향을 주지 않는다. 이때 공통된 쪽의 치수보조선의 위치 또는 치수 기점의 위치는 기능·가공 등의 조건을 고려하여 적절히 선택한다(그림 5-19).

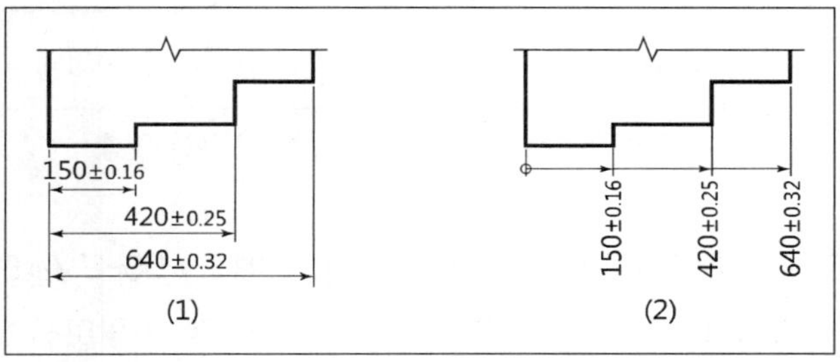

그림 5-19 병렬 치수기입

5.10 등급에 의한 끼워맞춤공차 예

【1】 정밀도

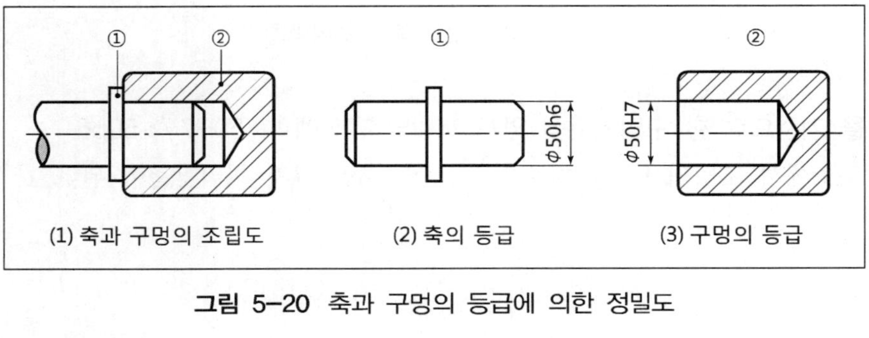

그림 5-20 축과 구멍의 등급에 의한 정밀도

그림 5-20에서

- ϕ50H7 ········· 기준구멍(H) ϕ50인 구멍의 등급은 7등급
- ϕ50h6 ········· 기준축(h) ϕ50인 축의 등급은 6등급

결과로 축이 구멍에 비해 정밀하다는 것을 알 수 있다.

【2】 예 제

① H7을 기준으로 한 구멍기준식 헐거움 끼워맞춤의 예 : ϕ50H7 / ϕ50g6

표 5-3에서 구멍의 H7을 기준으로 축이 g6인 헐거운 끼워맞춤으로 회전운동, 왕복운동, 마찰운동 등이 가능한 끼워맞춤이다.

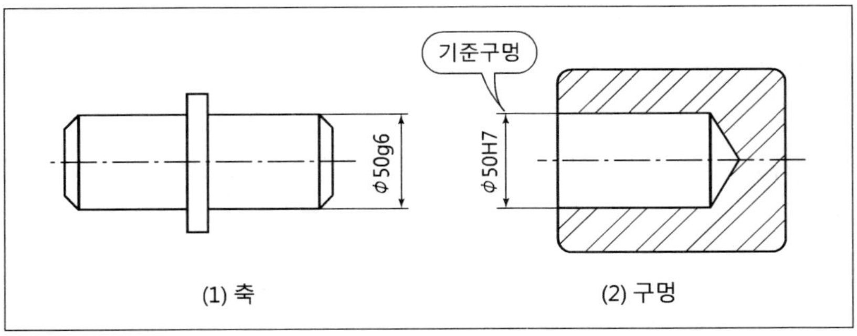

그림 5-21 구멍기준식 헐거운 끼워맞춤

② H7을 기준으로 한 구멍기준식 중간 끼워맞춤의 예 : ϕ50H7 / ϕ50js6

표 5-3에서 구멍의 H7을 기준으로 축이 js6인 중간 끼워맞춤이 된다.

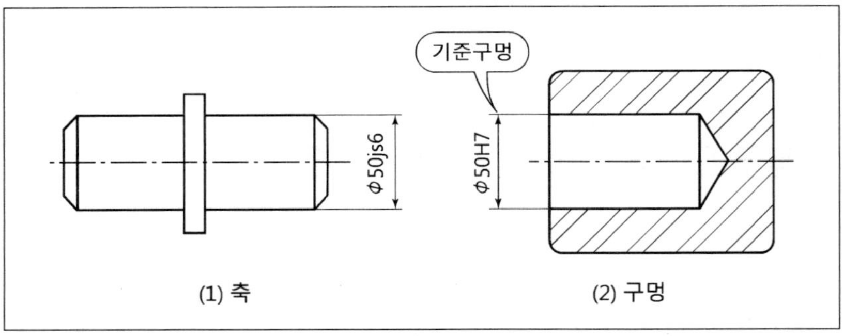

그림 5-22 중간 끼워맞춤

③ H7을 기준으로 한 구멍기준식 억지 끼워맞춤의 예 : ϕ50H7 / ϕ50p6

표 5-3에서 구멍의 H7을 기준으로 축이 p6인 억지 끼워맞춤이 된다.

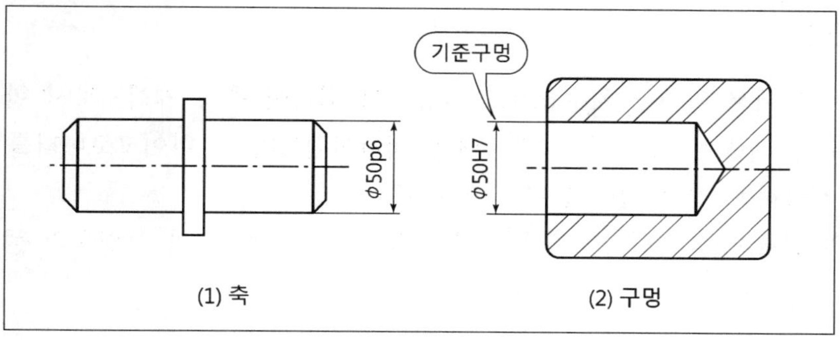

그림 5-23 억지 끼워맞춤

【3】 일반공차

실무적으로 사용되는 것은 끼워맞춤공차 기입법 보다는 일반공차기입법이 널리 이용된다[그림 5-24 (2)]. 그리고 일반공차값이 실질적인 허용차값이므로 되도록 산업현장에서 가장 많이 쓰이는 측정용 게이지의 측정범위를 벗어나지 않도록 한다.

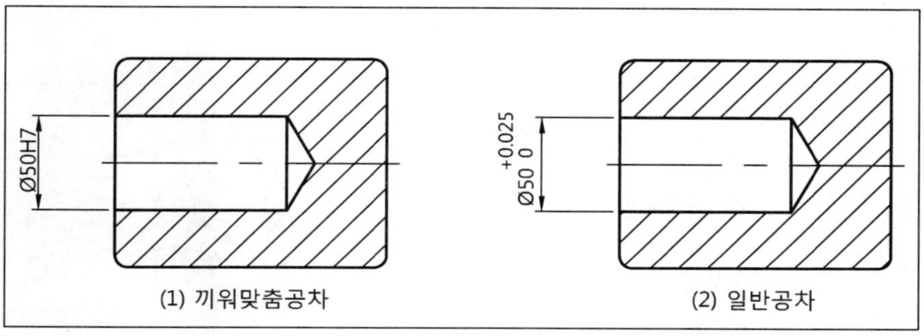

그림 5-24 끼워맞춤공차와 일반공차

(1) 끼워맞춤공차와 일반공차의 관계

일반적으로 도면에 치수를 기입할 때 까다롭고 어려운 부분이 치수공차이다.

그러나 규격을 찾아 적용하는 방법을 익히면 쉽게 사용할 수 있다. 치수공차를 응용하는 방법은 좀 더 실무적인 경험을 쌓고 적용해도 늦지 않다고 생각된다.

① 끼워맞춤공차 해석

φ50H7 : 기준치수가 φ50이고 7등급인 구멍의 치수 및 공차

② 일반공차의 해석

$\phi 50 {}^{+0.025}_{\ \ 0}$: 표 5-6에서 끼워맞춤공차를 일반공차값으로 환산한 값

③ 한계치수공차

φ50.025 : 최대허용치수

φ50 : 최소허용치수 : 최대허용치수와 최소허용치수를 모두 써주는 값이 한계치수 값이다.

【4】 한계 게이지

부품의 제작에 있어서 일정한 치수공차로 가공하기 위하여 측정 게이지로서 한계 게이지가 사용된다. 같은 치수의 제품을 계량 측정하는 데는 버니어캘리퍼스, 마이크로미터를 사용하는 것보다 한계 게이지를 사용하는 것이 신속·간편·정확하다.

한계 게이지의 종류에는 그림 5-25와 같이 축용의 스냅 게이지와 구멍용의 플러그 게이지가 있다.

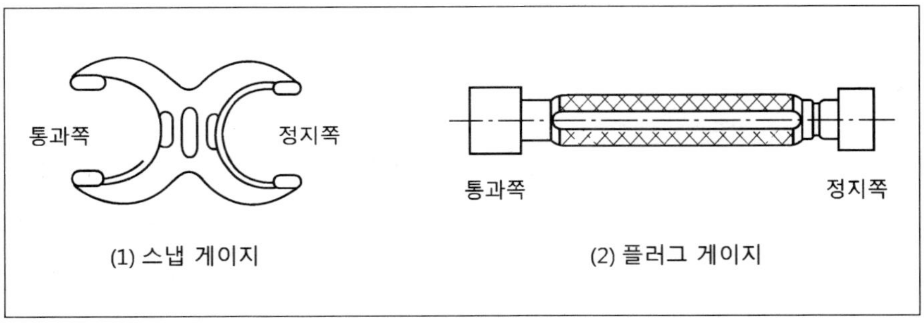

그림 5-25 한계 게이지

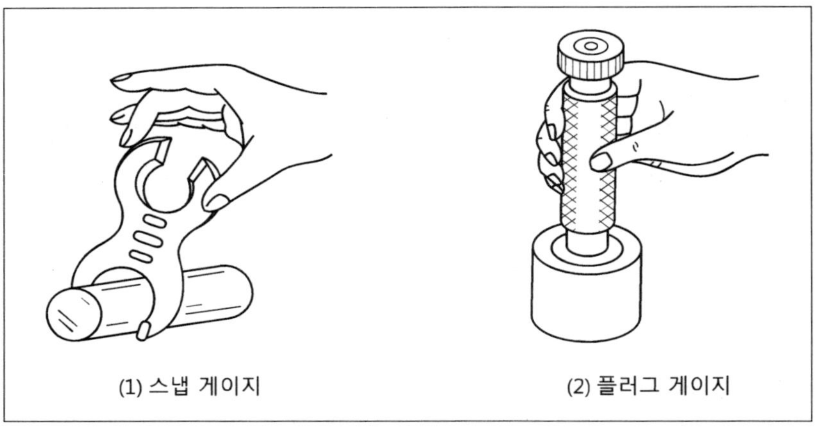

그림 5-26 한계 게이지의 사용

(1) 스냅 게이지

한쪽을 통과쪽, 다른 쪽을 정지쪽이라 부르고 통과쪽은 최대허용치수로, 정지쪽은 최소허용치수로 만들어져 있다.

사용법은 스냅 게이지를 축에 대고 통과쪽은 통과하고 정지쪽은 통과하지 않으면(정지쪽이 통과하지 않으면 최소허용치수보다 크고, 통과쪽이 통과하면 최대허용치수보다 작은 것이다) 그 축은 공차범위 내에 있게 되므로 합격이다[그림 5-25 (1)].

(2) 플러그 게이지

스냅 게이지와 반대로 통과쪽이 최소허용치수로, 정지쪽이 최대치수허용치수로 만들어져 있다. 정지쪽은 적색으로 되어 있다.

이와 같이 한계 게이지는 신속, 간편, 정확한 측정 게이지이지만 고가이다.

기하공차 Chapter 06

6.1 기하공차의 필요성

어떤 방법을 이용해도 이론적으로 정확한 치수나 형상을 만들어 낼 수는 없다. 따라서 도면에 규제된 조건에 따라서 얼마나 그대로 치수나 형상에 접근시키느냐가 문제이다. 이 때 치수공차로만 규제된 도면은 확실한 정의가 곤란하다. 치수공차만으로 제품의 형상이나 위치에 대한 기하학적 특성을 정확히 규제할 수 없을 때 이를 규제하기 위해 사용되며, 특히 다음과 같은 경우에 사용된다.

① 부품과 부품간의 기능 및 호환성이 중요할 때
② 기능적인 검사방법이 바람직할 때
③ 제조와 검사의 일괄성을 위해 참조기준이 필요할 때
④ 표준적인 해석 또는 공차가 미리 암시되어 있지 않은 경우

6.2 기하공차와 기하공차역의 정의

그림 6-1은 CNC 공작기계용 주축의 최종 정삭가공을 위한 가공공정 도면이다. 310, 180, 112, 46, 160 등의 기준치수에 치수공차가 부여되어 있다. 그리고 치수공차 이외에 ⓐ, ⓑ, ⓒ, ⓓ, ⓔ, ⓕ 등과 같은 기하공차기호가 부가되어 있다.

여기서 기하공차기호 ⓐ는 지름이 180이고 깊이 112인 원통의 축선 ①을 가리킨다.

기하공차기호 ⓑ가 가리키는 형체는 부품의 가장 위쪽에 있는 평면 3이다. 기호 ⓑ의 의미는 A(즉, 축선 ①)를 기준으로 평면 ③의 직각도가 0.01 mm 이내에 들어야 한다는 의미이다. 즉, 축선 ①에 대하여 평면 ③의 자세를 완벽한 직각자세에 얼마나 접근시키는가를 규정한다.

기하공차기호 ⓒ가 가리키는 형체는 지름 180인 원의 형태의 평면 ②이다. 기호 ⓒ의 의미는 A(즉, 축선 ①)를 기준으로 평면 ②의 직각도가 0.005 mm 이내에 들어야 한다는 의미이다. 직각도란, 축선 ①에 대하여 평면 ②의 자세를 완벽한 직각자세에 얼마나 접근시켜야 하는가를 규정하는 것이다.

기하공차기호 ⓓ는 지름이 160이고 깊이 46인 원통의 축선 ④를 가리킨다. 기호 ⓓ의 의미는 A(즉, 축선 ①)를 기준으로 축선 ④의 동축도가 0.012 mm 이내에 들어야 한다는 의미이다.

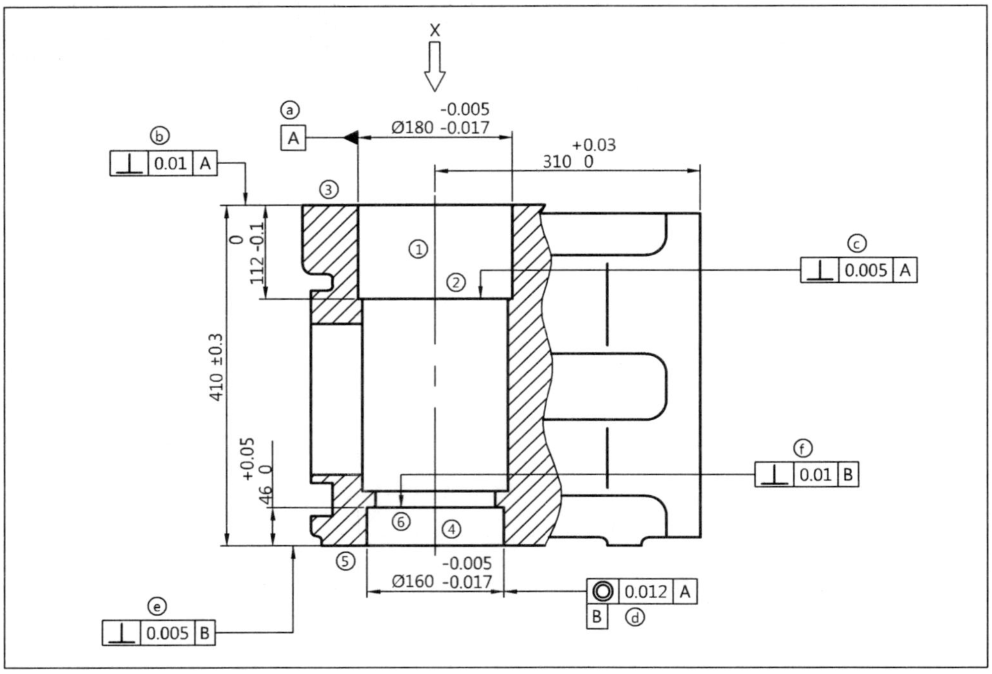

그림 6-1 기하공차가 기입된 가공공정 도면

여기서 동축도라는 것은 평면도를 그리듯이 방향 X에서 2개의 축선을 바라보았을 때 축선 ①에 대하여 축선 ④가 얼마나 일치되어 있는가를 의미한다. 즉, 축선 ①에 대하여 축선 ④의 위치를 완벽한 일치상태에서 얼마나 접근시키는가를 규정한다. 동축도가 서로 어긋날수록 2개의 축선은 반지름방향으로 멀리 떨어져 있게 된다. 한편, 기하공차기호 ⓓ의 밑부분에 B라는 글자가 있는데, 이것의 의미는 기호 ⓓ가 가리키는 축선 ④를 B라고 지정한다는 의미이다.

기하공차기호 ⓔ가 가리키는 형체는 부품의 가장 아래쪽에 있는 평면 ⑤이다. 기호 ⓔ의 의미는 B(즉, 축선 ④)를 기준으로 평면 ⑤의 직각도가 0.01 mm 이내에 들어야 한다는 의미이다.

기하공차기호 ⓕ가 가리키는 형체는 지름 160인 원의 형태의 평면 ⑥이다. 기호 ⓕ의 의미는 B(즉, 축선 ④)를 기준으로 평면 ⑥의 직각도가 0.005 mm 이내에 들어야 한다는 의미이다.

이와 같이 기하공차는 부품의 형상을 구성하는 점, 선, 면, 축선 등을 기하학적으로 완벽한 형체에 얼마나 접근시켜야 하는가를 규정한다. 따라서 부품의 형상을 구성하는 점, 선, 면, 축선 등이 기하학적으로 완벽한 형체로부터 벗어나더라도 괜찮은 영역(領域)을 정하는데 이것을 기하공차역이라고 하고, 벗어나도 괜찮은 영역의 대표값을 기하공차라고 한다.

기하공차역으로서 표 6-1처럼 원 속의 영역, 원통 속의 영역, 구 속의 영역, 직육면체 속의 영역 등도 사용할 수 있다.

기하공차로 규제된 형체에 대한 공차역을 표 6-1에 나타내는 공차역 중에서 한 가지로 한다.

한편, 기하공차역 안에서는 부품의 선, 면, 원, 원통은 어떠한 형상이나 자세를 갖더라도 상관없다. 만일, 기하공차역 안에서 부품의 형체가 특별한 형상이나 자세를 가져야 하는 경우에는, 예를 들어서 부품의 직선 모서리가 양 끝단보다 중간이 아래로 꺼진 형태를 가져야 하는 경우에는 도면에 별도로 주기(註記)하여 지시해야 한다.

표 6-1 기하공차역의 종류

공차영역 설명	공 차 값	영 역 형 상	공차영역 설명	공차값	영역형상
원 속의 영역	원의 지름	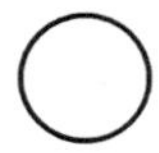	원통 속의 영역	원통의 지름	
2개의 동심원 사이의 영역	동심원의 반지름 차		2개의 동축원통 사이의 영역	동축 원통의 반지름 차	
2개의 등간격의 선 또는 평행한 직선 사이의 영역	두 선 또는 두 직선의 간격		2개의 등거리의 면 또는 평행한 평면 사이의 영역	두 면 또는 두 평면의 간격	
구 속의 영역	구의 지름		직육면체 속의 영역	직육면체 각 변의 길이	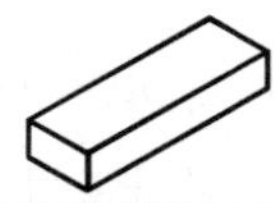

6.3 기하공차를 위한 데이텀

① 데이텀

관련 형체에 기하공차를 지시할 때, 그 공차영역을 규제하기 위하여 설정한 이론적으로 정확한 기하학적 기준이다(그림 6-2). 보기를 들면 이 기준이 점, 직선, 축 직선, 평면 및 중심 평면인 경우에는 각각 데이텀 점, 데이텀 직선, 데이텀 축 직선, 데이텀 평면 및 데이텀 중심 평면이라고 부른다.

② 데이텀 형체

데이텀을 설정하기 위하여 사용하는 대상물의 실제의 형체(부품의 표면, 구멍 등)이다(그림 6-2).

[비고] 데이텀 형체에는 가공오차 등이 있으므로, 필요에 따라서 데이텀 형체에 적합한 모양 공차를 지시한다.

③ 실용 데이텀 형체

데이텀 형체에 접하여 데이텀을 설정할 경우에 사용하는 충분히 정밀한 모양을 갖는 실제의 표면(정반, 베어링, 엔드밀 등)이다(그림 6-2).

[비고] 실용 데이텀 형체는 가공, 측정 및 검사를 할 경우에 지시한 데이텀을 실제로 구체화한 것이다.

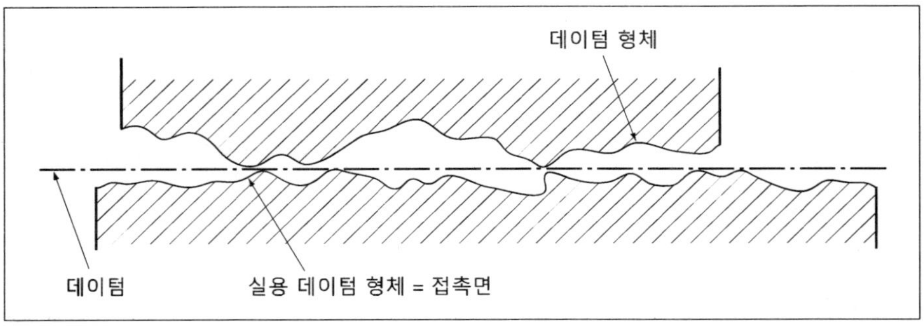

그림 6-2 데이텀

④ **공통 데이텀**

두 가지의 데이텀 형체에 따라서 설정되는 단일의 데이텀이다.

⑤ **데이텀 시스템**

공차붙이 형체의 기준으로 하기 위해 개별로 두 가지 이상의 데이텀을 조합시켜서 사용할 경우의 데이텀 그룹이다.

⑥ **데이텀 표적**

데이텀을 설정하기 위해서 가공, 측정 및 검사용의 장치, 기구 등에 접촉시키는 대상물 위의 점, 선 또는 한정된 영역이다.

【1】 기 호

데이텀 및 데이텀 표적의 기호는 표 6-2에 따른다.

표 6-2 데이텀 및 데이텀 표적의 기호

사 항		기 호	비 고
데이텀을 지시하는 문자기호		A	
데이텀 삼각기호		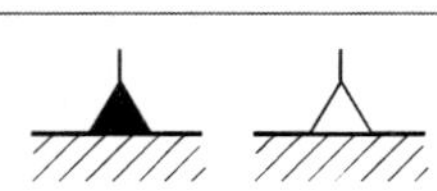	
데이텀 표적 기입 테두리		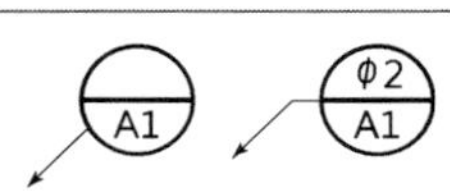	
데이텀 표적기호	점	X	굵은실선인 ×표로 한다.
	선	X—X	2개의 ×표시를 가는실선으로 연결한다.
	영 역	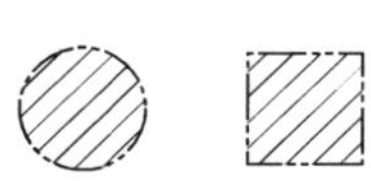	원칙적으로 가는 2점쇄선으로 둘러싸고 해칭을 한다. 다만, 도시하기 곤란한 경우에는 2점쇄선 대신에 가는실선을 사용해도 좋다.

* 비고 : 1. 데이텀 표적기호는 데이텀 표적을 도시한 표면을 알기 쉬운 투상도로 표시한다.
 2. 데이텀 표적의 위치는 주투상도에 도시하는 것이 좋다(그림 6-8).

【2】 데이텀 또는 데이텀계를 지시할 경우의 기본적 사항

① 단일의 데이텀에 의한 지시

자세공차, 흔들림공차 등은 일반적으로 단일의 데이텀과 관련하여 지시한다.

② 3평면 데이텀계에 의한 지시

위치공차는 일반적으로 서로 직교하는 3개의 데이텀 평면과 관련하여 지시한다. 이들 3평면에 의해 구성되는 데이텀계를 3평면 데이텀계라 한다. 이 경우 데이텀의 임의성을 고려하여 데이텀의 우선순위를 정해서 지시한다. 3평면 데이텀계를 구성하는 데이텀 평면은 그 우선순위에 따라서 각각 제1차 데이텀 평면, 제2차 데이텀 평면 및 제3차 데이텀 평면이라고 한다(그림 6-3). 이들의 데이텀에 대응하는 실용 데이텀형체는 각각 제1실용 데이텀 평면, 제2실용 데이텀 평면 및 제3실용 데이텀 평면이라고 한다(그림 6-4).

[비고] 원통 모양의 대상물에 3평면 데이텀계를 적용할 경우에는 축 직선을 포함하는 서로 직교하는 2평면과 축 직선에 직교하는 한 평면으로 3평면을 구성한다(그림 6-5).

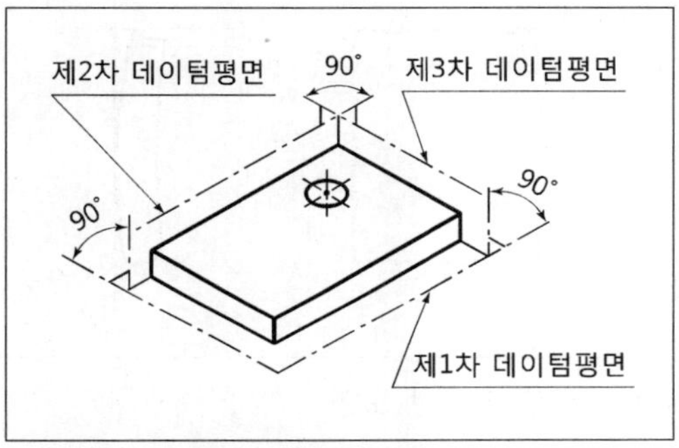

그림 6-3 데이텀 평면

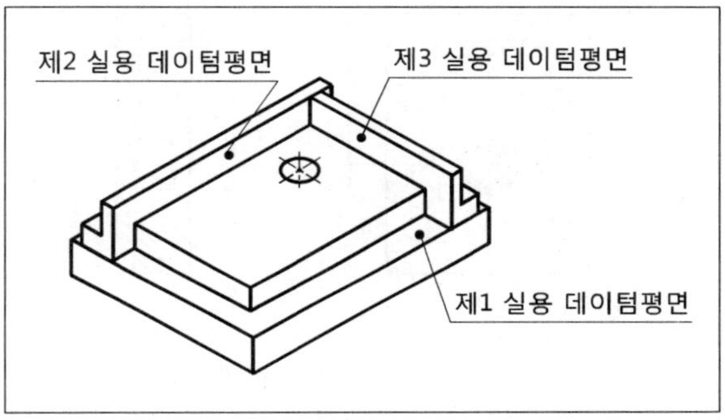

그림 6-4 실용 데이텀 평면

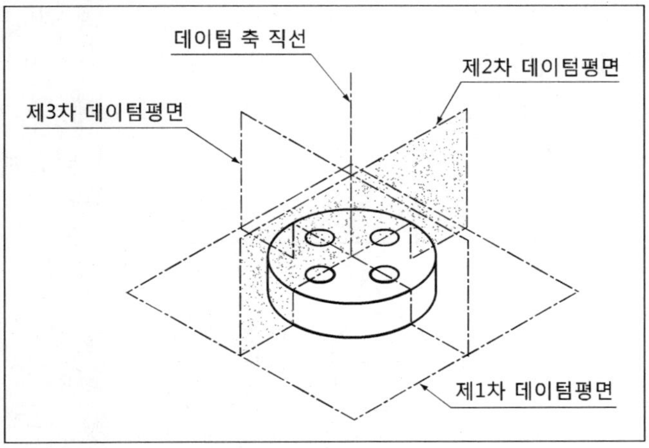

그림 6-5 원통 모양의 데이텀 시스템

【3】 데이텀 표적 도시방법

데이텀으로하는 표면 전체 대신에 가공기계나 측정기에 접촉하는 몇 군데의 점, 선 또는 한정된 영역을 사용하여 규제한다. 이러한 몇 군데의 점이나 선 또는 영역을 데이텀 표적이라 한다.

① 데이텀 표적을 지시할 경우의 기본적 사항

데이텀 형체가 면인 경우에는 그 면이 이상적인 모양과 크게 다를 경우가 있다. 이 경우 온 표면을 데이텀 형체로서 지시하면 가공, 검사 등을 할 때 측정에 큰 오차가 생기거나 반복성, 재현성이 나빠지는 경우가 있다(그림 6–6). 이것을 방지하기 위해서 데이텀 표적을 지시한다.

② 데이텀 표적을 도시할 경우에 사용하는 기호

데이텀 표적의 도시는 다음의 데이텀 표적 기입 테두리, 문자기호 및 데이텀 표적기호에 따른다.

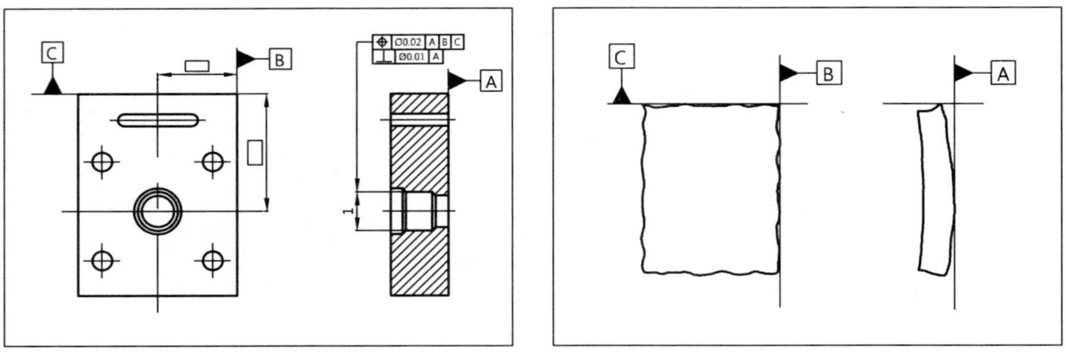

그림 6–6 3개의 표면을 데이텀으로 지시한 도면

- **데이텀 표적 기입 테두리 및 문자기호 :** 데이텀 표적은 가로선으로 2개 구분한 원형의 테두리(데이텀 표적 기입 테두리)에 의해 도시한다. 데이텀 표적 기입 테두리 하단에는 형체 전체의 데이텀과 같은 데이텀을 지시하는 문자기호 및 데이텀 표적의 번호를 나타내는 숫자를 기입한다. 상단에는 보조사항(보기를 들면 표적의 크기)을 기입한다[그림 6–7 (1)]. 보조사항이 데이텀 표적 기입 테두리 속에 다 기입할 수 없을 경우에는 테두리의 바깥쪽에 표시하고 인출선을 그어서 테두리와 연결한다[그림 6–7 (2)].

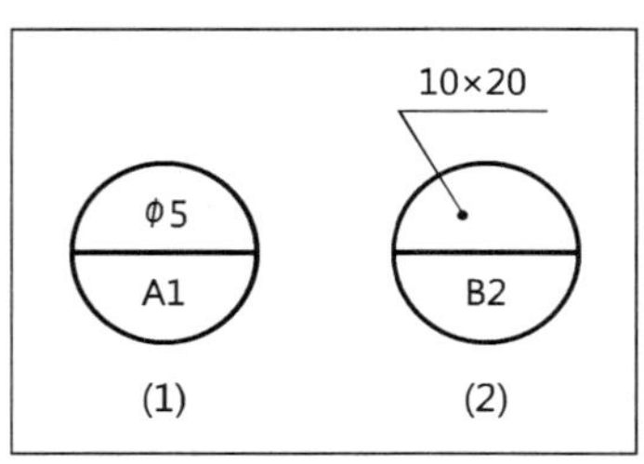

그림 6–7 데이텀 표적

③ 데이텀 표적의 표시방법

데이텀 표적은 그림 6-8과 같고, 그 사용 예는 그림 6-9와 같다.

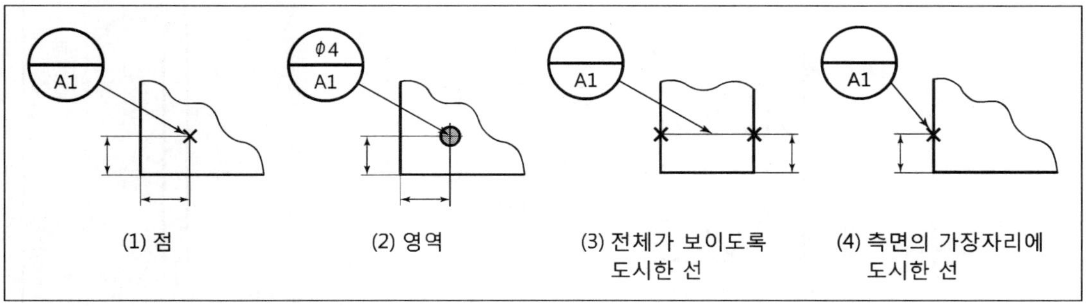

그림 6-8 데이텀 표적

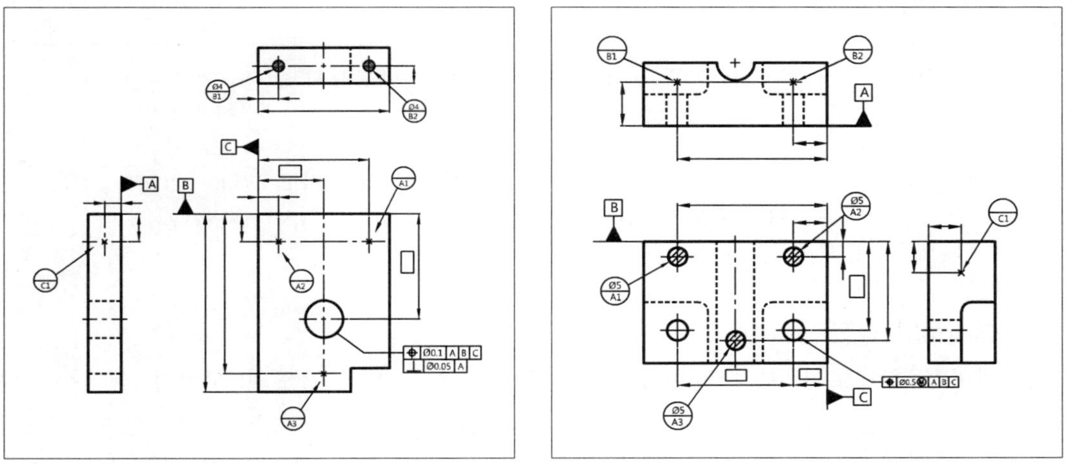

그림 6-9 데이텀 표적의 보기

[비고] 데이텀 표적 A1, A2, A3에 의해 데이텀 A를 설정한다.
데이텀 표적 B1, B2에 의해 데이텀 B를 설정한다.
데이텀 표적 C1에 의해 데이텀 C를 설정한다.

④ 형체 그룹을 데이텀으로 하는 지시

복수의 구멍과 같은 형체 그룹의 실제 위치를 다른 형체 또는 형체 그룹의 데이텀으로서 지시할 경우는 그림 6-10과 같이 공차기입 테두리에 데이텀 삼각기호를 붙인다.

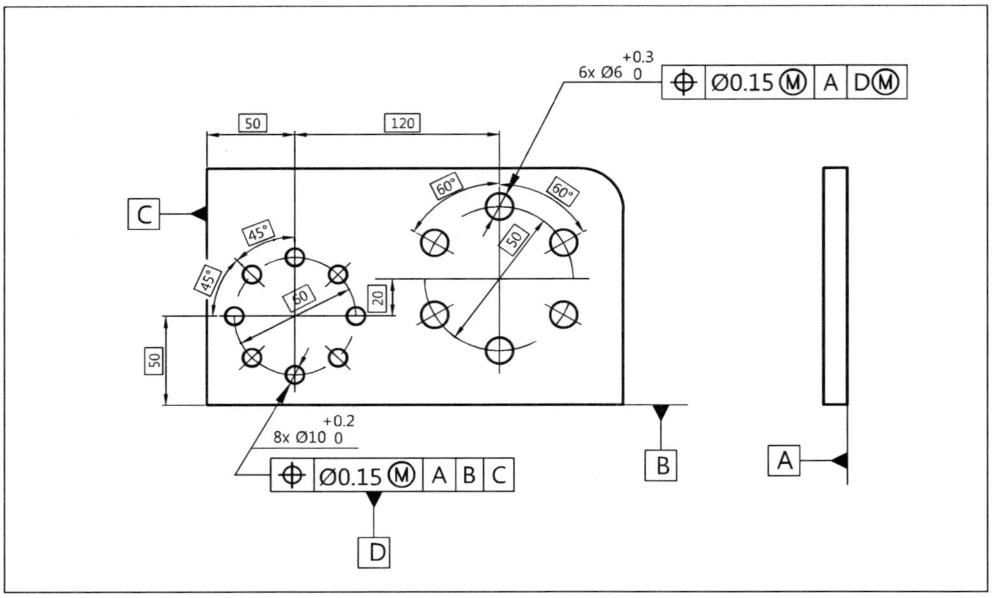

그림 6-10 형체 그룹의 데이텀 표시

[비고] 1. 이 도시 보기는 8개의 구멍을 "데이텀 D"로서 지정하고 있다.
2. 6개 구멍의 위치도 공차는 기능 게이지를 사용하여 검사하면 좋다.

⑤ 데이텀의 설정

데이텀 형체로서 지정된 형체에는 가공공정에서 어느 정도의 오차가 생기는 것은 피할 수 없다. 그 형체는 볼록면 모양, 오목면 모양, 원뿔 모양과 같은 모양이 되는 것이 있으나, 이와 같은 모양에 대하여 데이텀을 설정하는 방법의 보기를 다음에 나타낸다.

- **직선 또는 평면의 데이텀** : 직선 또는 평면을 데이텀으로서 지시한 경우, 데이텀 형체를 실용 데이텀 형체와의 최대 간격이 가능한 한 작아지도록 설치하여 데이텀을 설정한다. 데이텀 형체가 실용 데이텀 형체에 대하여 안정되고 있을 경우에는 그대로의 상태에서 데이텀을 설정한다(그림 6-2 참조). 데이텀 형체가 실용 데이텀 형체에 대하여 불안정한 경우에는 이 틈새가 안정하도록 적당한 간격을 잡아서 받침을 놓고 데이텀을 설정한다. 이 경우 선의 데이텀 형체에 대하여는 2개의 받침(그림 6-11)을, 평면의 데이텀 형체에 대하여는 3개의 받침을 사용한다.

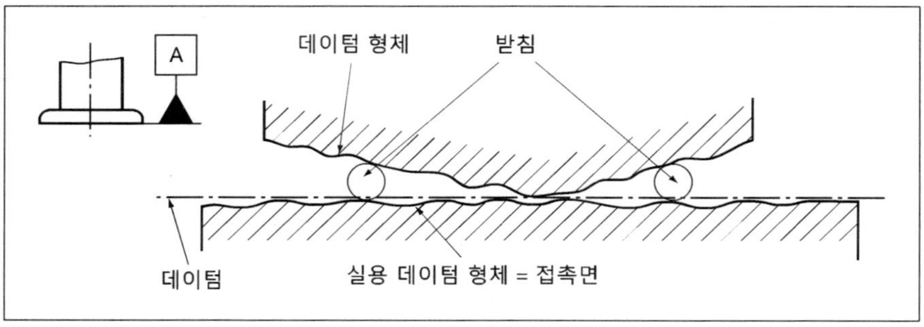

그림 6-11 데이텀 형체

- **원통 축선의 데이텀** : 원통의 구멍 또는 축의 축선을 데이텀으로 지시한 경우, 이 데이텀은 구멍의 최대내접원통의 축 직선 또는 축의 최소외접원통의 축 직선에 의해서 설정한다. 데이텀 형체가 실용 데이텀 형체에 대하여 불안정한 경우에는 이 원통을 어느 방향으로 움직여도 이동량이 같아지는 자세가 되도록 설정한다(그림 6-12).

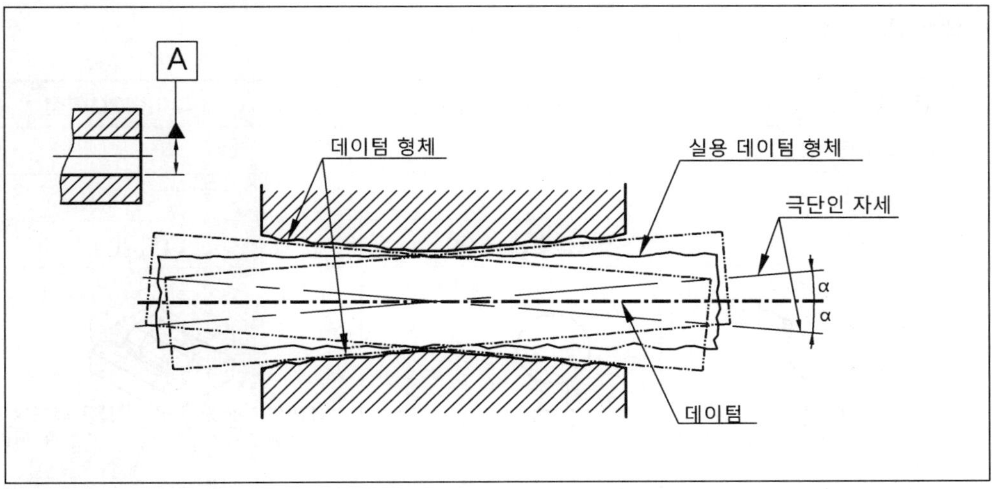

그림 6-12 원통의 데이텀 형체

- **공통 데이텀** : 공통 축 직선 또는 공통 중심 평면의 데이텀은 개개의 데이텀 형체에 대하여 공통의 실용 데이텀 형체에 의해서 데이텀을 설정한다. 실용 데이텀 형체인 2개의 최소외접 동축원통의 축 직선에 의해서 설정한 공통 축 직선의 데이텀의 보기를 그림 6-13에 나타낸다.

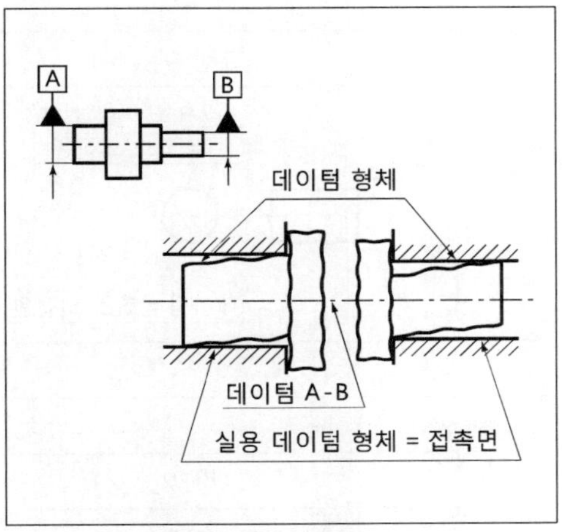

그림 6-13 공통 데이텀

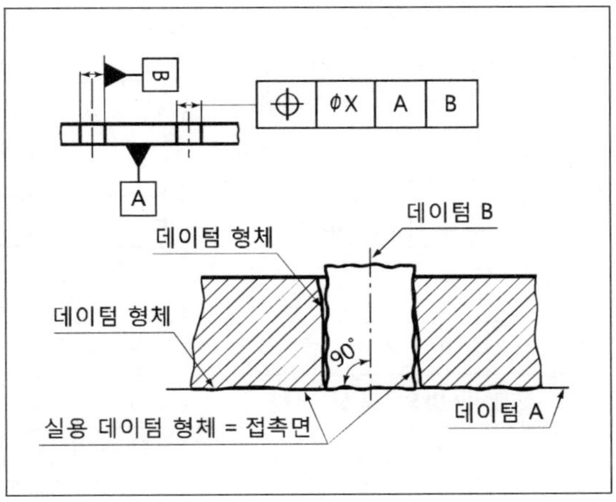

그림 6-14 수직 데이텀

[비고] 그림 6-14 보기에서는 데이텀 A가 제1차 데이텀, 데이텀 B가 제2차 데이텀이다.

- **원통의 축선에서 평면에 수직인 데이텀** : 데이텀 A는 데이텀 형체 A에 접하는 평탄한 평면에 의해서 설정한다. 데이텀 B는 데이텀 A에 수직으로 데이텀 형체 B에 내접하는 최대원통의 축 직선에 의해서 설정한다(그림 6-14).

⑥ 데이텀의 적용

데이텀 및 데이텀계는 관련되는 형체 사이에 기하학적 관계를 설정하기 위한 기준으로 사용한다. 서로 관련된 데이텀 형체 및 실용 데이텀 형체의 정밀도는 기능상의 요구에 대하여 충분해야 한다. 따라서 데이텀 형체에는 모양공차를 지정하는 것이 바람직하다. 데이텀의 도시방법 또 그 지정한 데이텀의 데이텀 형체 및 실용 데이텀 형체에 의해서 데이텀을 설정하는 방법의 보기를 그림 6-15에 나타낸다.

데이텀의 도시	데이텀의 형체	데이텀의 설정
1. 데이텀 점		
1.1 구의 중심		
그림 1.1 (a)	그림 1.1 (b)	그림 1.1 (c)
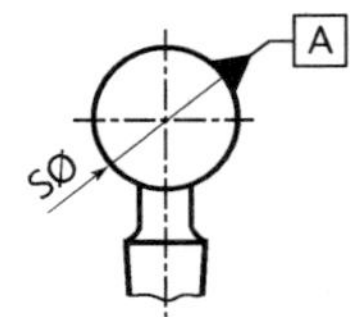	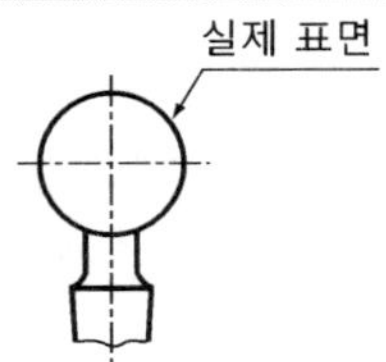	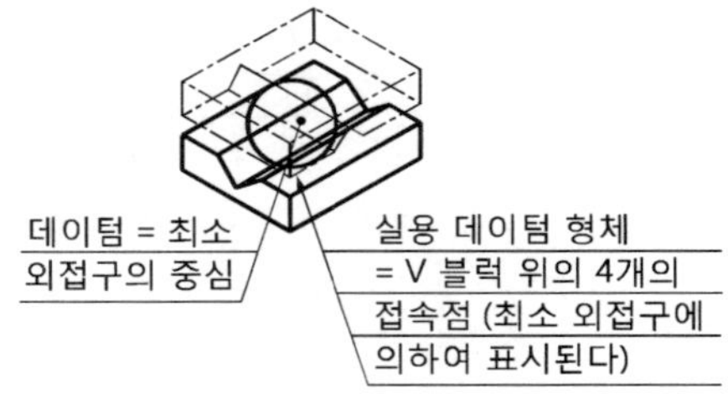
1.2 원의 중심		
그림 1.2 (a)	그림 1.2 (b)	그림 1.2 (c)
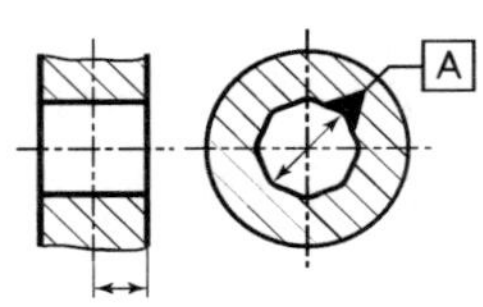	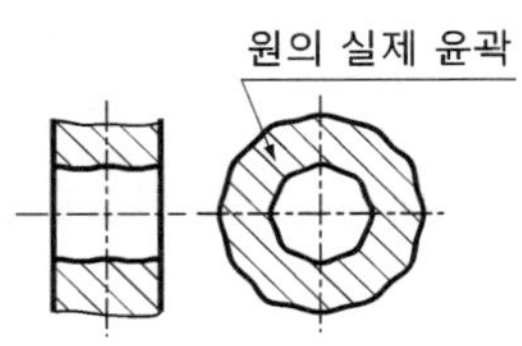	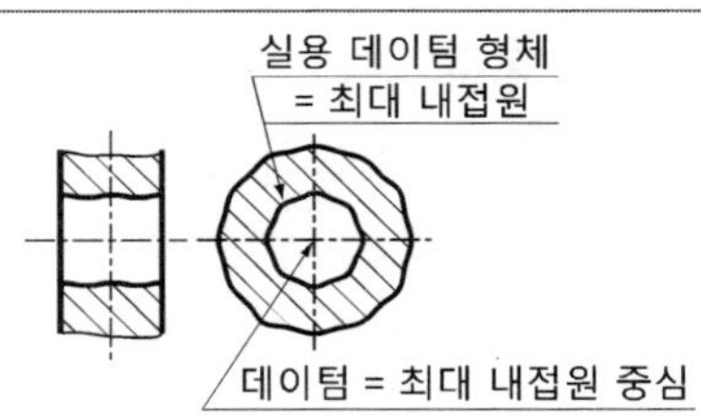
1.3 원의 중심		
그림 1.3 (a)	그림 1.3 (b)	그림 1.3 (c)
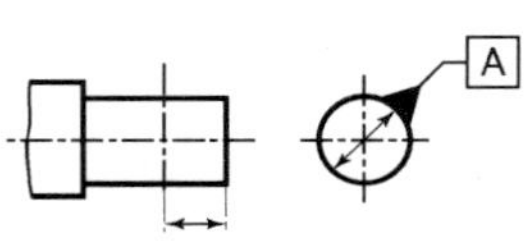	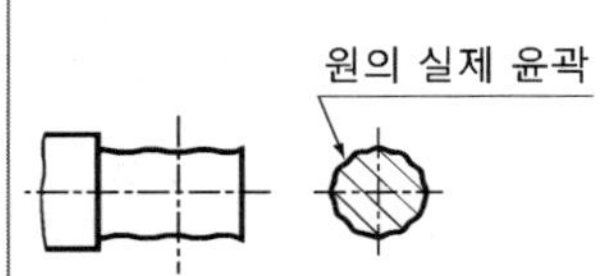	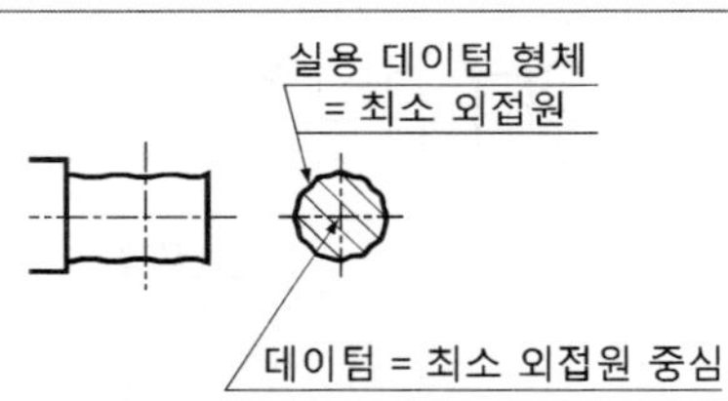
2. 데이텀 선		
2.1 구멍의 축선		
그림 2.1 (a)	그림 2.2 (b)	그림 2.3 (c)
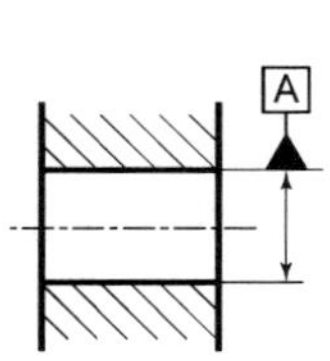	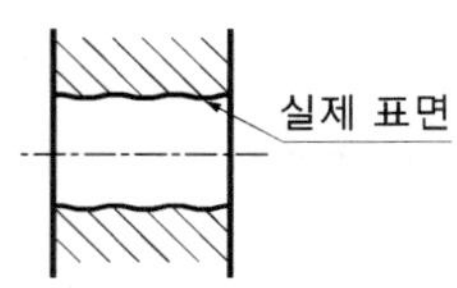	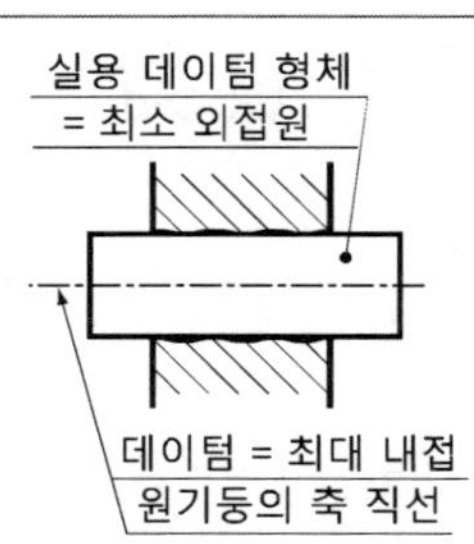

그림 6-15 데이텀 설정의 보기

데이텀의 도시	데이텀의 형체	데이텀의 설정
2.2 축의 축선		
그림 2.2 (a)	그림 2.2 (b)	그림 2.2 (c)
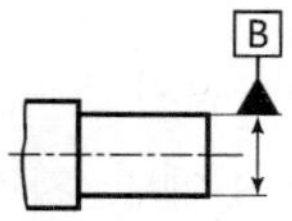	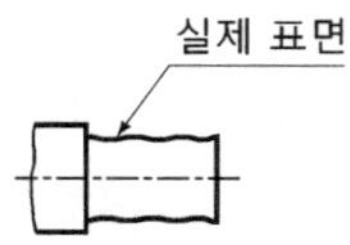	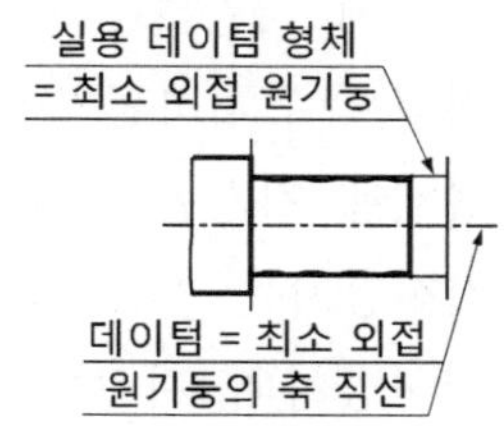
3. 데이텀 평면		
3.1 부품의 표면		
그림 3.1 (a)	그림 3.1 (b)	그림 3.1 (c)
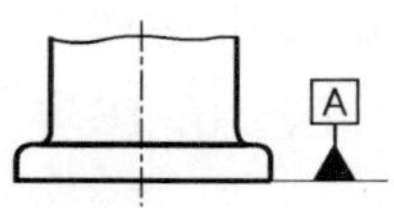		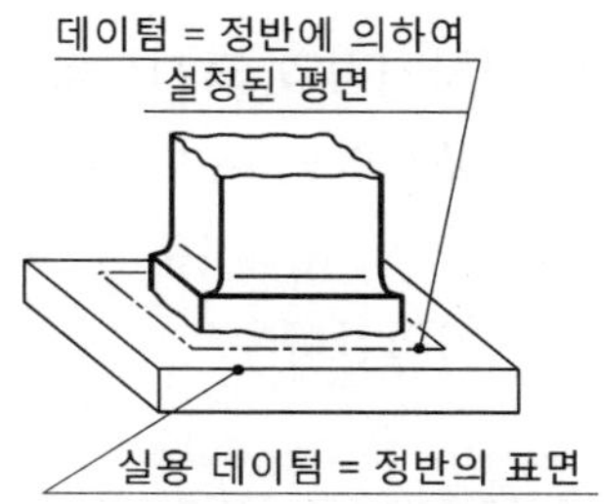
3.2 부품 2개 표면의 중심 평면		
그림 3.2(a)	그림 3.2(b)	그림 3.3(c)
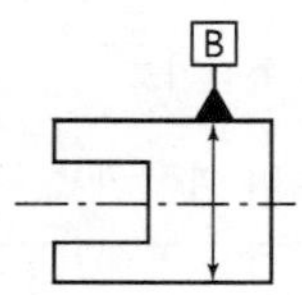	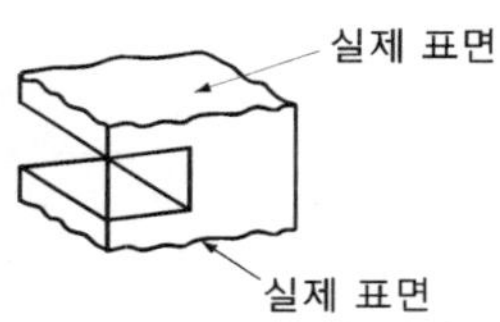	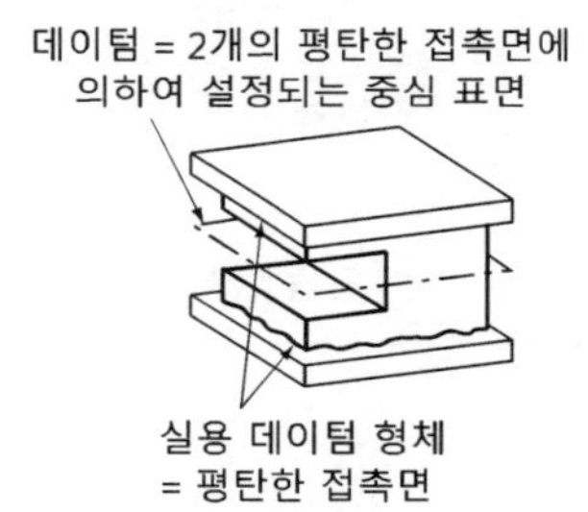

그림 6-15 (계속)

6.4 기하공차의 도시방법

최근에 자동공작기계가 나오게 됨에 따라 기하학적으로 제품을 가공하고 치수를 측정할 수 있게 되었다. 기계 부품의 모양에 기하학적으로 정밀한 공차를 주어 높은 정밀도로 부품을 생산하기 위하여 부품의 모양을 구성하는 형체(feature : 평행부분, 직선부분, 원통부분 등)와 위치(position : 구멍의 중심위치, 동일 축 또는 동심의 위치 등)에 대하여 엄밀한 규제를 하게 되면 설계자가 요구하는 기하학적인 공차범위로 가공할 수 있다.

【1】 기하공차 도시방법의 일반사항

도면에 있어서 대상물의 모양, 자세, 위치 및 흔들림의 공차를 총칭하여 기하공차라 한다.

① 도면에 지정하는 대상물의 모양, 자세, 위치의 편차 및 흔들림의 허용값에 대해서는 원칙적으로 기하공차에 의하여 도시한다.

② 형체에 지정한 치수의 허용한계는 특별히 지시가 없는 한 기하공차를 규제하지 않는다.

③ 기하공차는 기능상의 요구, 호환성 등에 의거하여 꼭 필요한 곳에만 지정한다.

④ 기하공차의 지시는 생산방식, 측정방법 또는 검사방법을 특정한 것에 한정하지 않는다. 다만, 특정한 경우에는 별도로 지시한다.

【2】 공차의 표시방법

① 공차기입의 표시사항

- 공차의 종류를 나타내는 기호와 공차값은 그림 6-16의 (1)과 같이 나타내며, 데이텀(datum, 기준선 또는 기준면)을 지시하는 문자기호는 그림 6-16의 (2), (3)과 같이 기입한다.

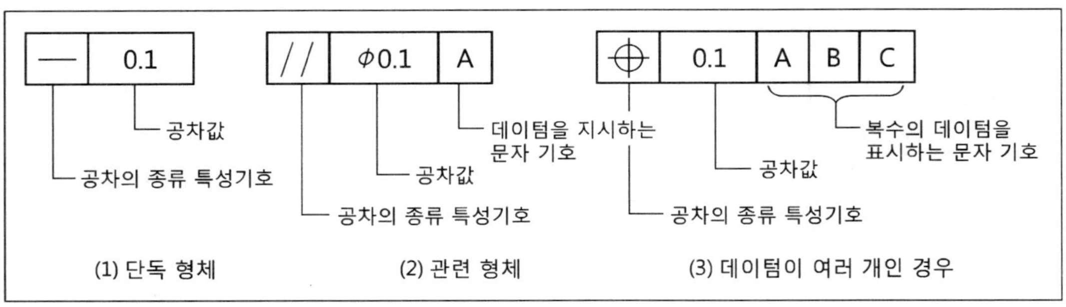

그림 6-16 공차의 종류를 나타내는 기호와 공차값

- "6구멍", "4면"과 같이 여러개의 형체에 공통적으로 공차에 연관시켜 지시할 때에는 그림 6-17의 (1)과 같이 기입한다.
- 1개의 형체에 2개 이상의 공차 표시를 할 때에는 그림 6-17의 (2)와 같이 겹쳐서 기입한다.

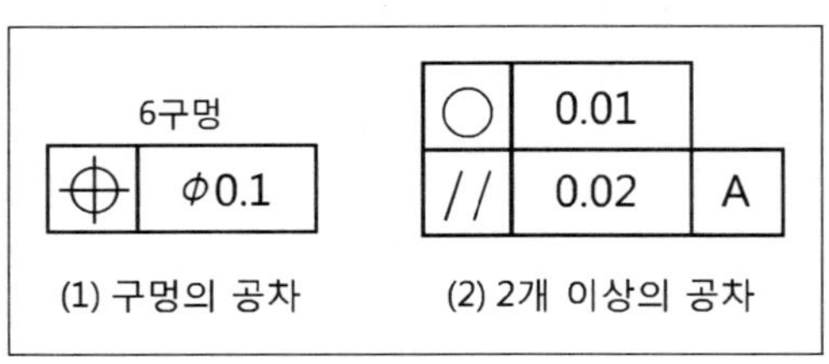

그림 6-17 형체의 공차 표시

② 공차에 의하여 규제되는 형체의 표시방법

공차에 의하여 규제되는 공차기입틀로부터 끌어내어, 끝에 화살표를 붙인 지시선에 의하여 다음의 규정에 따라 대상으로 하는 형체에 연결해서 나타낸다.

- 선 또는 면 자체에 공차를 지정하는 경우에는 형체의 외형선 위 또는 외형선의 연장선 위에(치수선의 위치를 피해서) 지시선의 화살표를 그림 6-18과 같이 수직으로 한다.

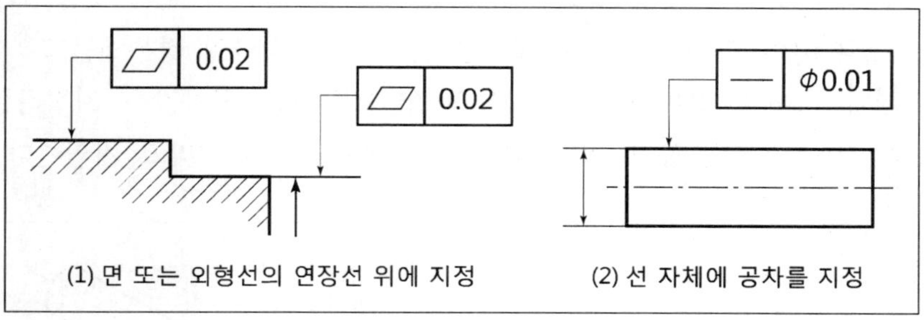

그림 6-18 공차에 의하여 규제되는 형체의 표시방법

- 치수가 지정되어 있는 형체의 축선 또는 중심면에 공차를 지정하는 경우에는 치수선과 공차기입틀의 지시선이 만나도록 그림 6-19의 (1), (2), (3)과 같이 한다.

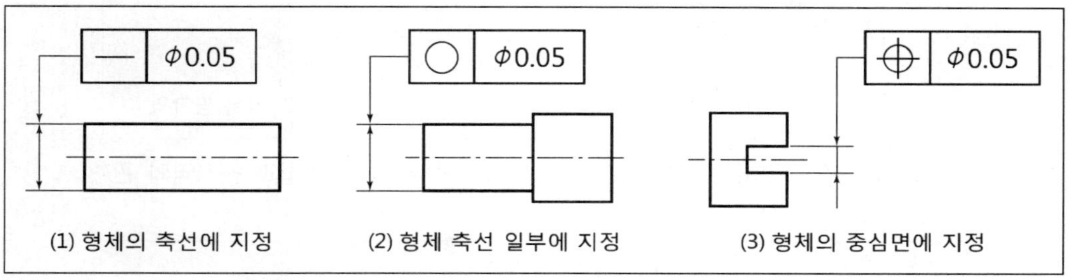

그림 6-19 형체의 축선 또는 중심면에 공차를 지정하는 경우

- 축선 또는 중심면이 형체의 공통일 경우에는 축선 또는 중심면을 나타내는 중심선에 수직으로 기입한다(그림 6-20).

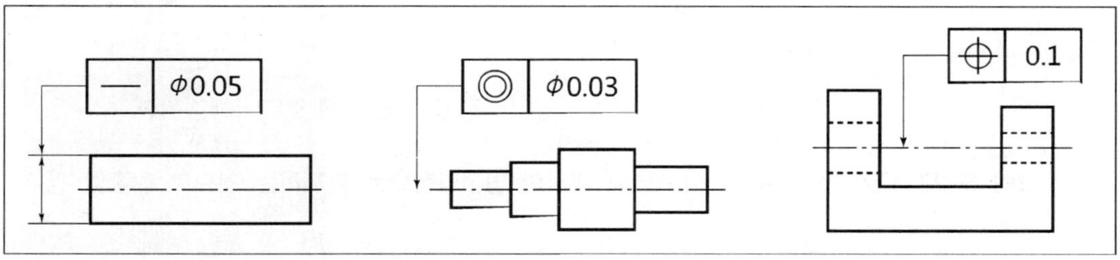

그림 6-20 축선과 중심면이 공통인 경우

- 여러 개가 떨어져 있는 형체에 같은 공차를 지정하는 경우에는 형체 하나하나에 각각의 공차를 기입하지 않고 공통의 공차기입란으로부터 끌어낸 지시선을 그림 6-23의 (1)과 같이 각각의 형체에 분기하거나 그림 6-23의 (2)와 같이 각각의 형체 를 문자 기호로 나타낸다(이때 지시선의 분기점에는 둥근 흑점을 붙인다).

【3】 기하공차의 도시방법과 공차역의 관계

① 공차값 앞에 ϕ가 있는 경우에 공차역은 원 또는 원통의 내부에 존재하는 것으로 그림 6-21과 같이 표시한다.

② 공차역의 규제면에 법선방향으로 존재하는 것으로 곡면과 같은 곳을 취급할 경우에는 그림 6-22와 같이 면에 수직으로 도시한다. 특정한 방향일 경우에는 그 방향을 지정한다.

③ 여러 개가 떨어져 있는 형체에 공통의 영역을 갖는 공차값을 지정하는 경우에는 그림 6-23과 같이 공통의 공차기입란 위쪽에 "공통 공차역"이라고 기입한다.

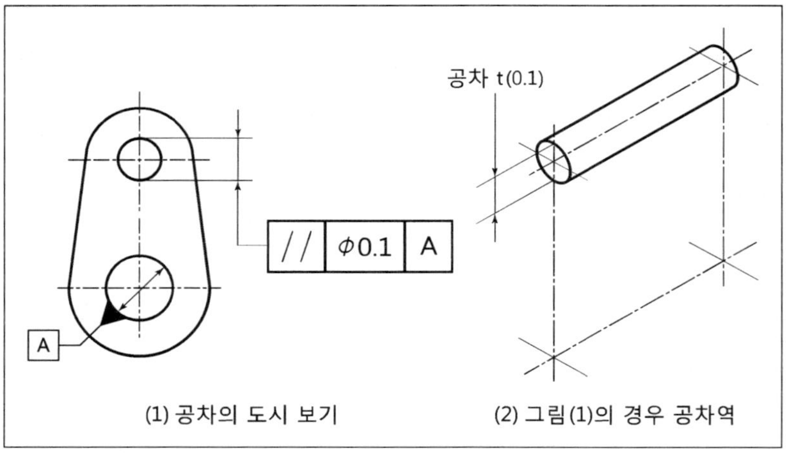

그림 6-21 공차값 앞에 ϕ가 있는 경우, 공차의 도시방법과 공차역의 관계

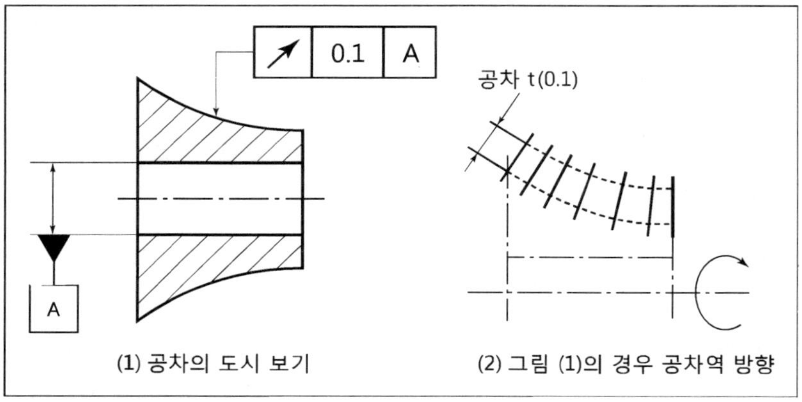

그림 6-22 공차역의 나비가 규제면에 대하여 법선방향으로 존재하는 것으로 취급할 경우

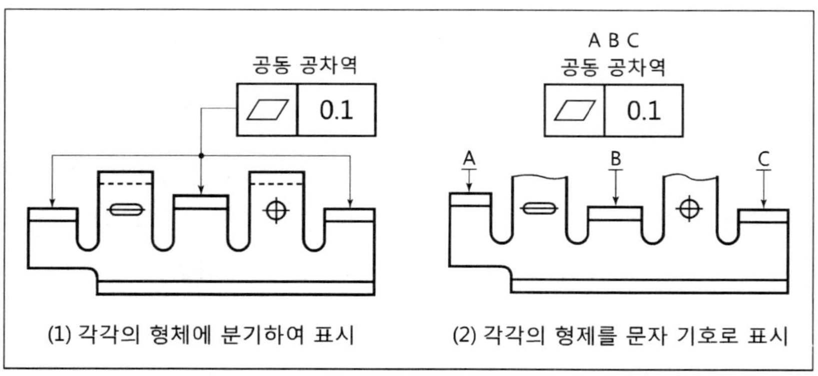

그림 6-23 여러 개가 떨어져 있는 형체에 공통의 영역을 갖는 공차값을 지정하는 경우

【4】 데이텀의 도시방법

① 형체에 지정하는 공차가 데이텀과 관련되는 경우에 데이텀은 영문자의 대문자를 정사각형으로 둘러싸고, 이것과 데이텀 삼각기호 지시선을 연결해서 나타낸다. 이때 데이텀 삼각기호는 그림 6-24와 같이 까맣게 칠해도 좋고 칠하지 않아도 좋다.

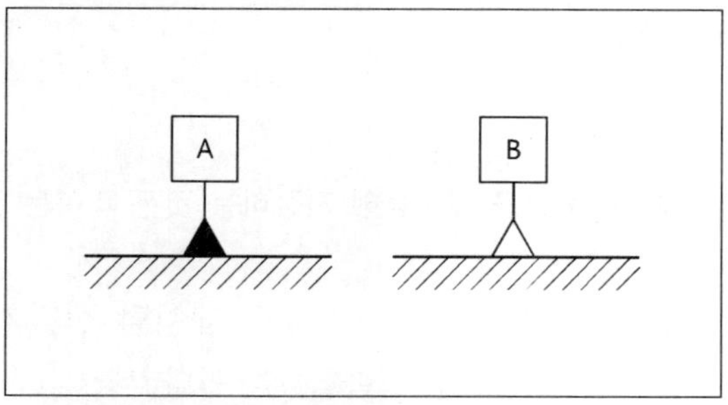

그림 6-24 데이텀 삼각기호의 도시

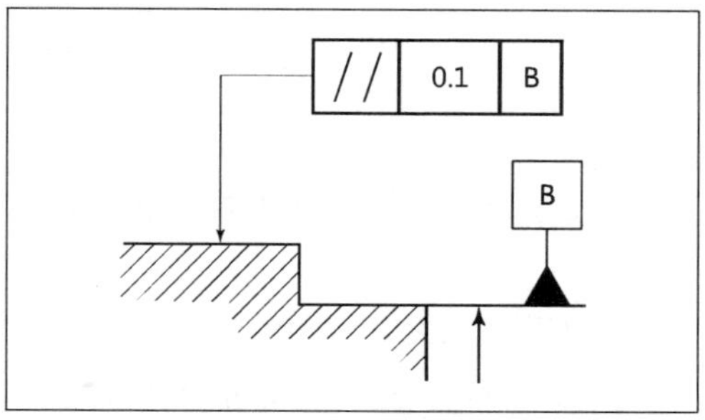

그림 6-25 데이텀 삼각기호

② 데이텀을 지시하는 문자에 의한 데이텀의 표시방법은 다음에 따른다.

- 선 또는 면 자체가 데이텀 형체인 경우에는 형체의 외형선 위 또는 외형선을 연장한 가는선 위에(치수선의 위치를 피해서) 데이텀 삼각기호를 그림 6-25와 같이 붙인다.
- 치수가 지정되어 있는 형체의 축 직선 또는 중심 평면이 데이텀인 경우에는 치수선의 연장선을 데이텀의 지시선으로 사용하여 그림 6-26과 같이 나타낸다.

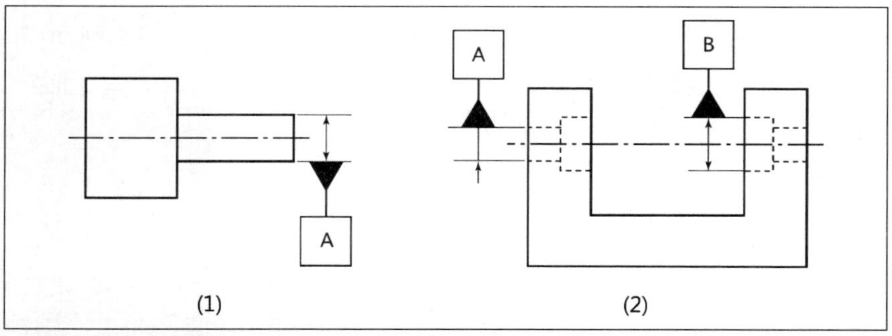

그림 6-26 치수선의 연장선을 데이텀의 지시선으로 사용하여 나타내는 경우

[참고] 치수선의 화살표를 치수보조선 또는 외형선의 바깥쪽으로부터 기입한 경우에는 그 한쪽을 데이텀 삼각기호로 대용한다.

- 축 직선 또는 중심 평면이 공통인 형체에 데이텀을 표시할 경우에는 축 직선 또는 중심 평면을 나타내는 중심선에 데이텀 삼각기호를 그림 6-27과 같이 붙인다.

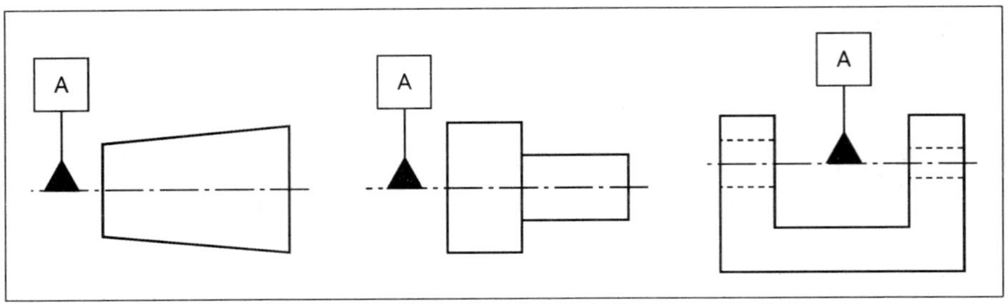

그림 6-27 공통 데이텀

[참고] 다른 형체가 3개 이상 연속하는 경우, 그 공통 축 직선을 데이텀에 지정하는 것은 피하는 것이 좋다.

- 그림 6-28과 같이 잘못 볼 염려가 없는 경우에는 공차기입틀과 데이텀 삼각기호를 직접 지시선에 연결하여 데이텀을 지시하는 문자기호를 생략할 수 있다.

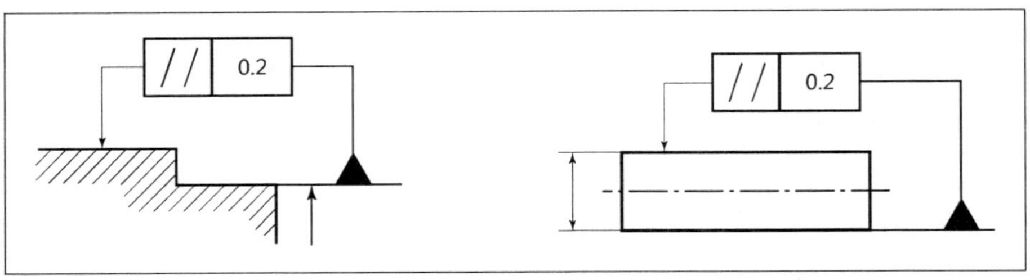

그림 6-28 공차기입란과 데이텀 삼각기호를 직접 지시선에 도시한 보기

③ 데이텀을 지시하는 문자기호를 공차기입틀에 기입할 때에는 다음에 따른다.

- 1개의 형체에 의하여 설정하는 데이텀은 그 데이텀을 지시하는 1개의 문자기호로 나타낸다.

[보기] 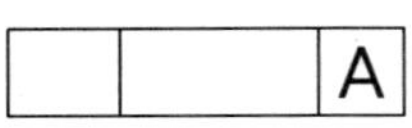

- 2개의 데이텀 형체에 의하여 설정하는 공통 데이텀은 데이텀을 지시하는 2개의 문자기호를 하이픈으로 연결한 기호로 나타낸다.

[보기] 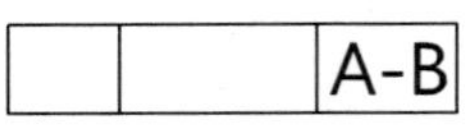

- 2개 이상의 데이텀이 있고, 그들 데이텀에 우선순위를 지정할 때에는 우선순위가 높은 순서로 왼쪽에서 오른쪽으로 데이텀을 지시하는 문자기호를 각각 다른 구획에 기입한다.

[보기] 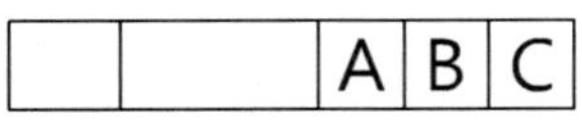

- 2개 이상의 데이텀이 있고 그들 데이텀의 우선순위를 문제삼지 않을 때에는 데이텀을 지시하는 문자기호를 같은 구획 내에 나란히 기입한다.

[보기]

		AB

【5】 공차 적용의 한정

① 선 또는 면의 어느 한정된 범위에만 공차값을 적용할 때에는 그림 6-29와 같이 굵은 1점쇄선으로 한정하는 범위를 나타내고 도시한다.

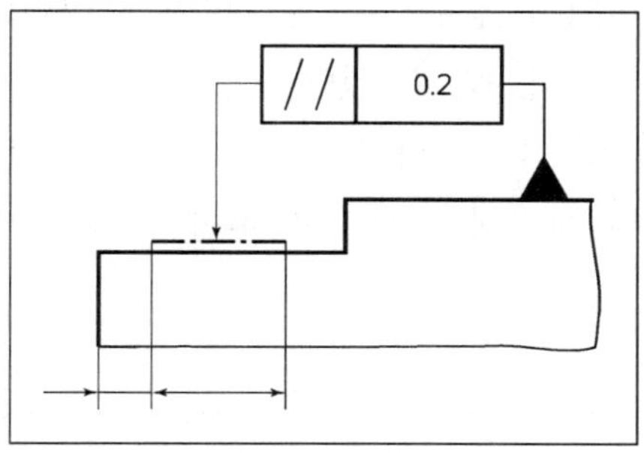

그림 6-29 어느 한정된 범위에만 공차값을 적용할 경우

② 대상으로 한 형체의 임의의 위치에서 특정한 길이마다 공차를 지정할 경우에는 공차값 다음에 사선을 긋고 보기와 같이 그 길이를 기입한다.

[보기]

//	0.01/100	A

③ 대상으로 한 형체의 전체에 대한 공차값과 그 형체의 어느 길이마다에 대한 공차값을 동시에 지정할 때에는 전자를 위쪽에, 후자를 아래쪽에 겹쳐서 기입하고, 상하를 가로선으로 구획지어 다음 보기와 같이 입력한다.

[보기]

//	0.1	A
	0.05/200	

④ 공차역 내에서 형체의 성질을 특별히 지시하고 싶을 때에는 공차기입틀 부근에 보기와 같이 요구사항을 기입하거나 또는 이것을 인출선으로 연결한 다.

[보기]

▱	0.3

중앙이 높지 않을 것

중앙이 높지 않을 것

▱	0.1	A

6.5 치수공차와 기하공차의 관계

그림 6-30의 (1)과 같이 ±0.04의 치수공차를 부여한다면 (2)에서와 같이 부품이 제작되어도 치수공차를 만족한다. 이러한 경우 기하공차역이 0.08이므로 치수공차의 범위에 의하여 윗면과 밑면의 평행도도 치수공차에 의하여 0.08로 자동적으로 규정되는 것이 아닌가하는 의문이 생길 수 있다.

그런데 치수공차와 기하공차를 관련지어 생각하면 조금 문제가 되는 경우가 있다. 유리판을 설계할 때 유리판의 기능을 고려하였을 경우, 유리의 윗면과 밑면의 평행도는 매우 중요하지만, 유리 두께 자체의 정밀도는 중요하지 않을 수 있다. 거울 표면은 매끄러울수록 좋지만 거울의 두께를 정밀하게 제작할 필요는 없다. 즉, 기하공차와 치수공차를 분리시켜서 생각하면 좋은 경우도 발생하는 것이다. 진원도는 매우 정밀해야 하지만 지름 자체는 일반공차로 충분한 원형부품이 있을 수 있다.

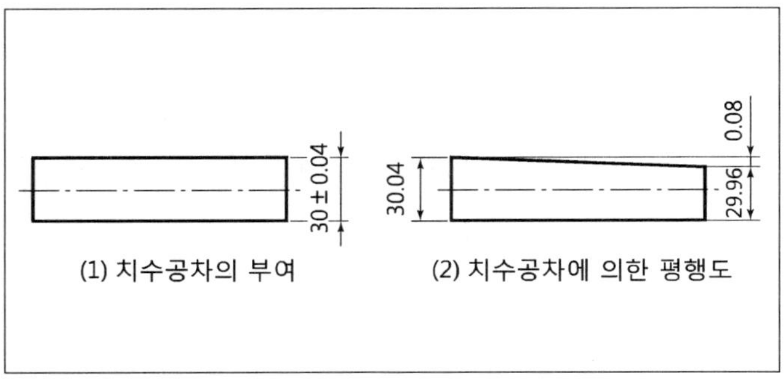

그림 6-30 치수공차

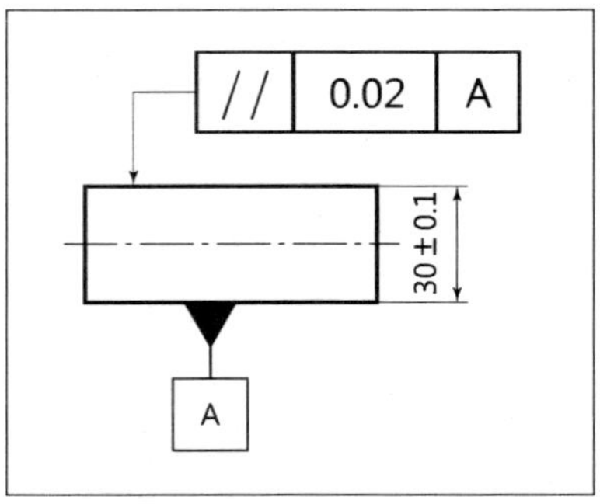

그림 6-31 치수공차와 기하공차

그림 6-31은 치수공차와 기하공차를 독립적으로 적용한 경우로 부품의 윗면과 밑면의 평행도는 0.02로 정밀하게 규정되어 있는 반면에 부품의 높이는 ±0.1로 상대적으로 낮은 정밀도의 공차가 부여되어 있다. 높이의 정밀도보다는 평행도가 상위 조립체의 기능에 영향을 많이 미친다는 의미이다.

6.6 최대실체 공차방식과 실효치수

【1】 최대실체 공차방식

기하공차의 기초이면서 가장 중요한 원칙의 하나가 최대실체조건(maximum material condition)으로서, 이는 크기를 갖는 형체(구멍, 축, 핀, 홈, 돌출부)의 실체, 즉 체적이 최대가 되는 상태를 말한다.

축이나 돌출부의 경우는 가장 큰 체적을 가지는 치수는 상한치수(최대실제치수)이고 구멍이나 홈의 경우에는 그 하한치수가 최대실제치수이다. 약자는 MMC, 기호는 Ⓜ으로 나타낸다.

(1) 최대실체 공차방식의 적용

최대실체 공차방식은 2개 또는 그 이상의 형체를 조립할 필요가 있을 때, 각각의 치수공차와 기하공차 또는 위치공차와의 사이에 상호 의존성을 고려하여 치수의 여유분을 기하공차 또는 위치공차에 부가할 경우에 적용한다. 그러나 기어의 축 사이의 거리와 같이 형체의 치수에 불구하고 기능상 규제된 위치공차 또는 기하공차를 지켜야 할 경우에는 최대실체 공차방식을 적용해서는 안된다. 축선 또는 중심면을 가지는 관련형체에 적용한다. 그러나 평면 또는 평면상의 선에는 적용할 수 없다. 도면에 지시한 기하공차 또는 위치공차의 공차값은 규제형체가 최대실체 상태인 때에 대하여 정해진 것이다.

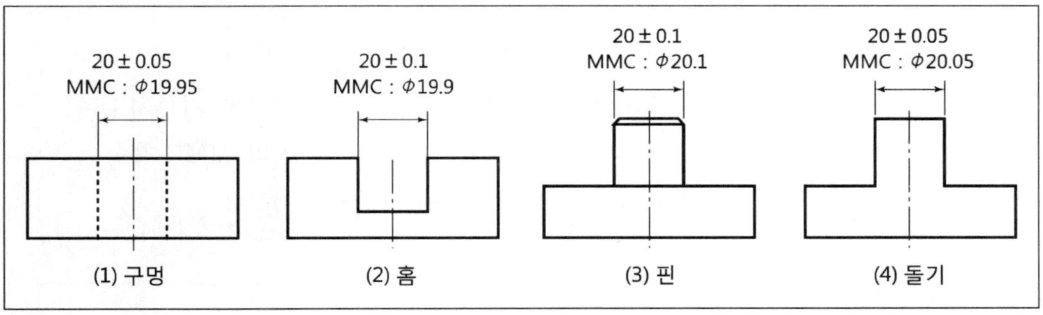

그림 6-32 최대실체치수

(2) 최대실체 공차방식의 적용을 지시하는 방법

최대실체 공차방식을 적용하는 것을 지시하기 위하여 최대실체 공차방식을 공차의 대상으로 된 형태, 데이텀 형체 또는 그 양자에 적용하는가에 따라 기호 Ⓜ을 사용하여 각각 다음과 같이 나타낸다.

① 공차붙이 형체에 적용하는 경우에는 공차값 뒤에 Ⓜ을 기입한다.
② 데이텀 형체에 적용하는 경우에는 데이텀을 나타내는 문자기호 뒤에 Ⓜ을 기입한다.
③ 공차붙이 형체와 그 데이텀 형체의 양자에 적용하는 경우에는 공차값 뒤와 데이텀을 나타내는 문자기호 뒤에 Ⓜ을 기입한다.
④ 데이텀을 지시하는 문제 기호에 의하여 표시되어 있지 않은 경우에 최대실체 공차방식을 적용하는 것을 지시하기 위하여 공차기입틀의 세 번째 구획에 기호 Ⓜ을 기입한다.

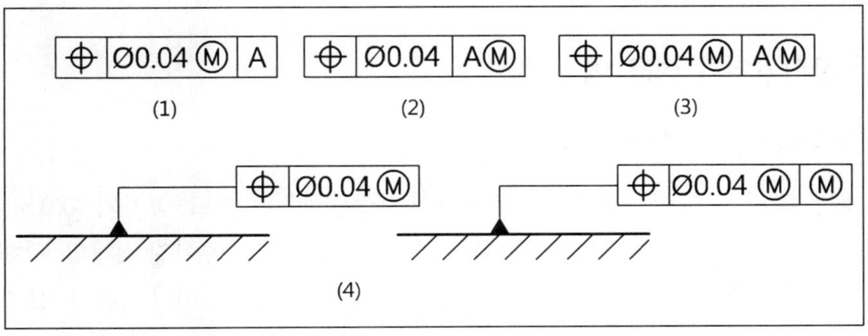

그림 6-33 최대실체 공차 방식의 적용 예

【2】 실효치수 (virtual size)

치수공차와 위치공차에 의하여 부품들이 가장 빡빡하게 결합되는 가장 극한에 있는 상태의 치수를 말한다. 실효치수는 결합되는 상대 부품의 최대실체치수가 되며 이때 상대 부품의 기하공차를 결정하는 설계상의 기준이 되는 치수이다. 다음의 예를 들면,

축(핀)의 실효치수 = 축의 MMC 치수+기하 또는 위치공차
= 축이나 핀을 검사하는 기능 게이지의 기본치수
= 축이나 핀에 결합되는 구멍의 MMC
= 실효치수일 때 기하, 위치공차는 0이다.

구멍(홈)의 실효치수 = 구멍의 MMC 치수－기하 또는 위치공차
= 구멍이나 홈을 검사하는 기능 게이지의 기본치수
= 구멍이나 홈에 결합되는 축이나 핀의 MMC 치수
= 실효치수일 때 기하, 위치공차는 0이다.

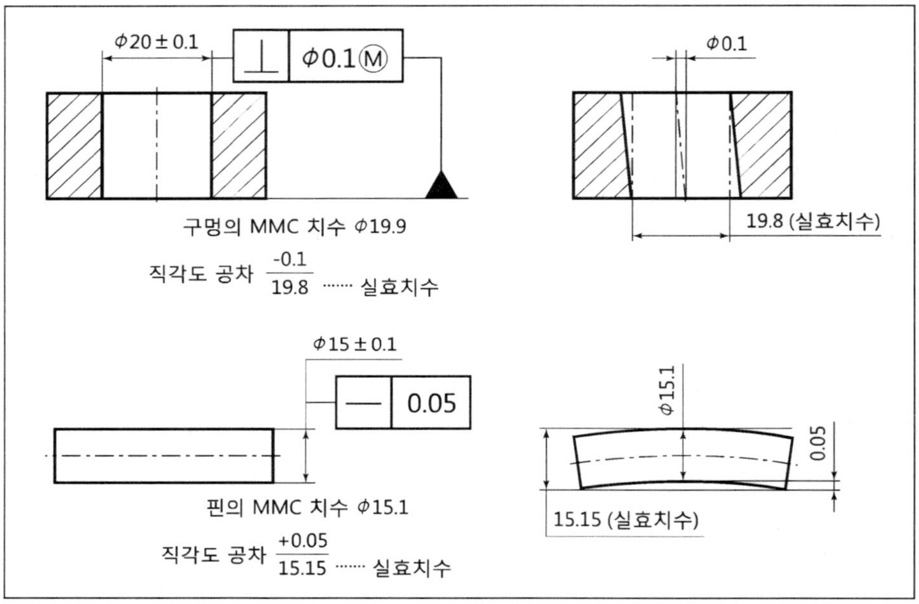

그림 6-34 실효치수와 계산

【3】 최대실체 공차방식의 적용 예

(1) 최대실체조건으로 규제된 평행도

그림 6-35에는 핀의 지름이 φ60.2의 최대실체치수일 때 평행도 공차가 0.1로 규제되어 있다. A 데이텀 면을 기준으로 핀의 중심은 A 데이텀 평면에 평면으로 떨어진 2개의 평행평면 사이에 있어야 하고, 표 6-3은 실제 치수에 대한 평행도 공차를 나타낸 것이다. 핀의 실체가 데이텀 평면 A에 평행인 실효상태 60.3(60.2+0.1)을 넘어서는 안된다.

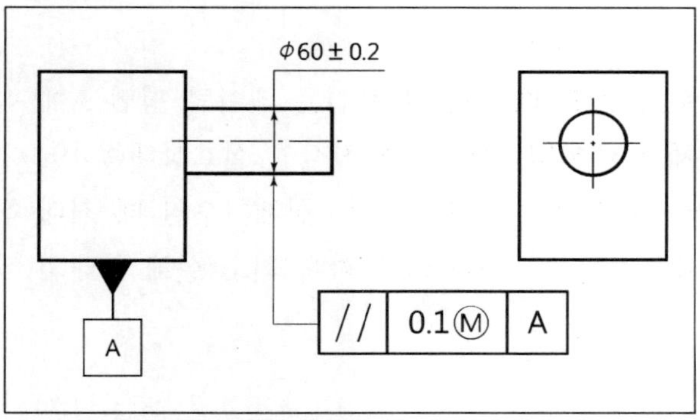

그림 6-35 MMC로 규제된 평행도 공차

표 6-3 실치수에 따라 추가되는 평행도 공차

실치수	평행도 공차
60.2	0.1
60.1	0.2
60	0.3
59.9	0.4
59.8	0.5

또 그림 6-36과 같이 실제 핀의 치수가 ϕ59.8일 때 핀의 치수공차 0.4가 추가되어 0.5까지의 공차가 허용되며, 그 범위 0.5 사이에서 변동할 수 있다. 실체의 핀은 데이텀 평면 A에 의해 설정된 실효상태의 경계를 넘어서는 안된다. 그림 6-37은 핀의 지름공차 변화에 따라 추가되는 평행도 공차의 동적 공차선도를 나타낸다.

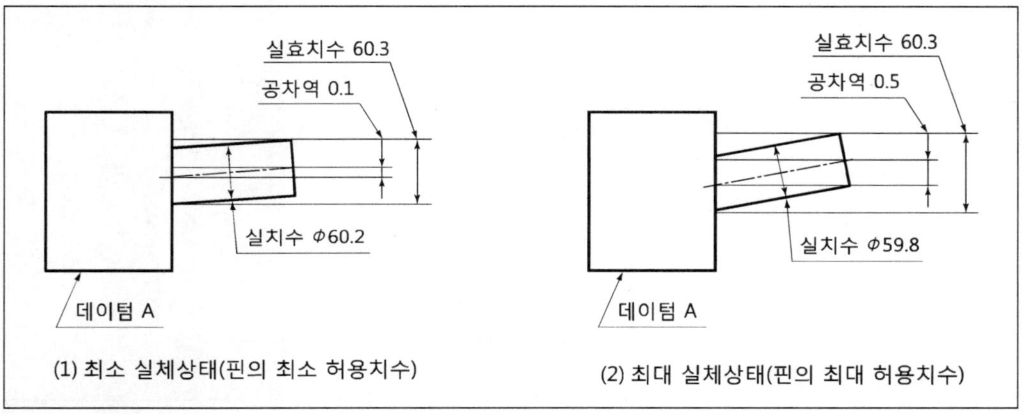

그림 6-36 최대/최소 실체상태의 평행도

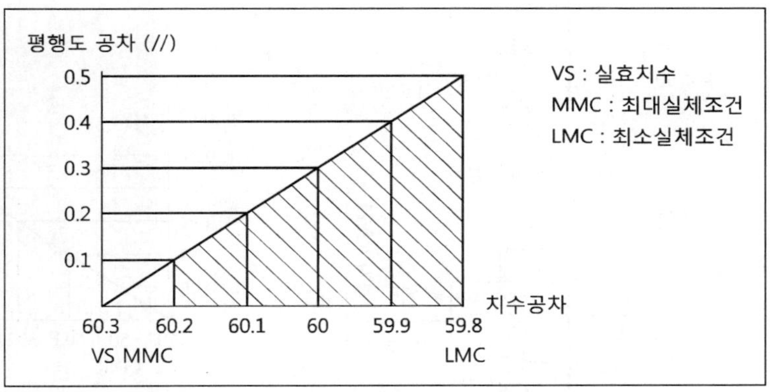

그림 6-37 동적 공차선도

(2) 최대실체조건으로 규제된 s직각도

그림 6-38에서 구멍의 지름이 최대실체치수 ϕ50일 때 구멍의 중심은 데이텀 평면 A에 직각으로 0.08의 공차역 내에 있어야 한다. 구멍의 실체가 데이텀 평면 A에 직각인 실효상태(ϕ49.92=50−0.08)를 넘어서는 안된다. 또한 표 6-4와 같이 구멍이 ϕ50.13의 최소실체치수일 때 최대 허용되는 직각도 공차는 ϕ0.21 공차역 내에서 변동할 수 있다. 그림 6-39는 최대/최소 실체 상태의 직각도와 동적 공차선도를 나타낸다.

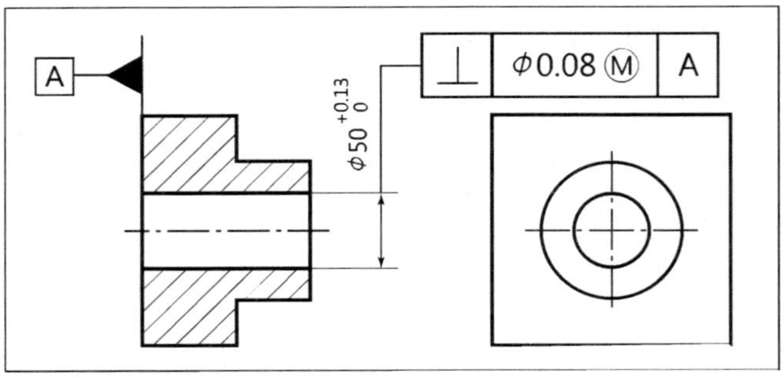

그림 6-38 MMC로 규제된 직각도 공차

표 6-4 실치수에 따라 추가되는 직각도 공차

실치수	직각도 공차
50	0.08
50.1	0.18
50.11	0.19
50.12	0.2
50.13	0.21

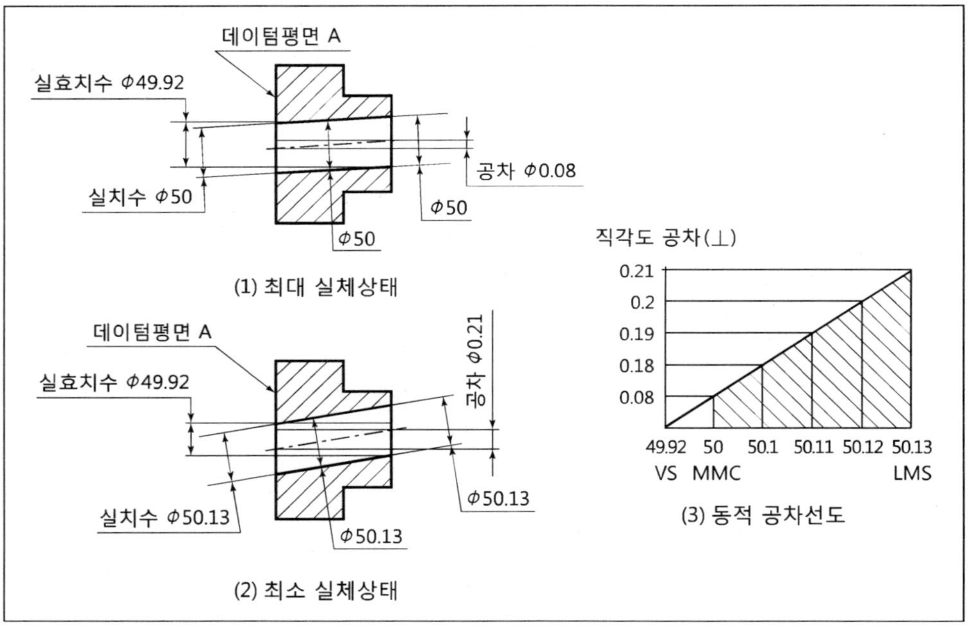

그림 6-39 최대/최소 실체 상태의 직각도와 동적 공차선도

【4】 돌출공차역

기하공차에서 지정하는 공차는 대상으로 하고 있는 형체 자체에 적용된다.

그러나 다음 그림 6-40의 (1)과 같이 부품 A, B가 스터드볼트 C로 조립되는 경우를 고려하자.

이때 부품 A의 암나사구멍을 중심으로 부품 A와 B에 동일한 위치도 공차를 부여했다면, 실제 조립순서에 따라 부품 A에 스터드볼트 C를 체결한 다음, 부품 B를 결합할때 볼트의 끝부분이 걸려서 결합이 되지 않을 수 있다. 이것은 공차가 지정한 형체에만 적용되었기 때문에 발생한다. 이러한 문제를 해결하기 위하여, 부품 A, B의 구멍 자체의 형체에만 공차를 규제하는 것이 아니라 스터드볼트 C가 조립되는 상태를 고려하여 공차를 규제해야 한다.

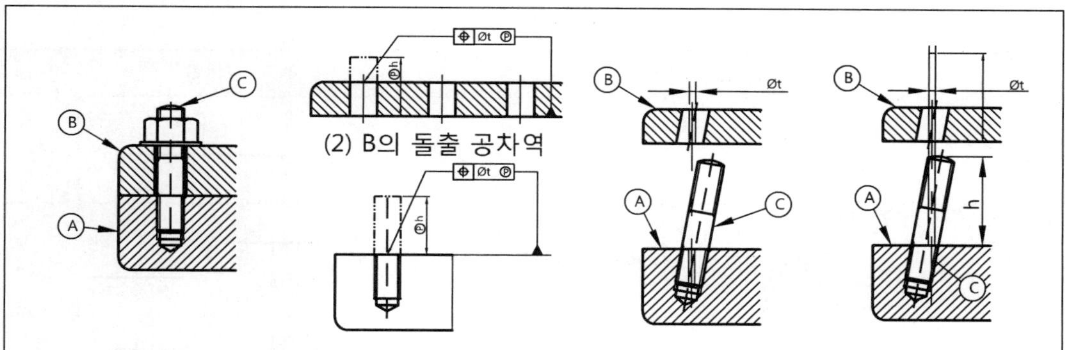

그림 6-40 돌출공차역의 보기

따라서 그림 (3), (4)와 같이 부품 A, B에 스터드볼트 C가 조립되어 돌출된 형상을 가상하여 그 돌출부를 2점쇄선으로 표시하고 그 돌출된 형상에 공차를 지정한다. 이와 같은 방법으로 정하는 공차역을 돌출공차역이라 한다.

6.7 기하공차의 종류와 기입방법

【1】 기하공차의 종류와 그 기호

표 6-5 기하공차의 종류와 그 기호

적용하는 형체	공차의 종류		기 호
단독 형체 (데이텀 적용되지 않음)	모양 공차	진직도(straightness)	—
		평면도(flatness)	⏥
		진원도(roundness)	○
		원통도(cylindricity)	⌭
단독 형체 또는 관련 형체 (데이텀 적용 할 수도 있음)		선의 윤곽도(line profile)	⌒
		면의 윤곽도(surface profile)	⌓

표 6–5 (계속)

적용하는 형체	공차의 종류		기 호
단독 형체 (데이텀 적용되지 않음)	모양 공차	진직도(straightness)	⏤
		평면도(flatness)	▱
		진원도(roundness)	○
		원통도(cylindricity)	⌭
단독 형체 또는 관련 형체 (데이텀 적용 할 수도 있음)		선의 윤곽도(line profile)	⌒
		면의 윤곽도(surface profile)	⌓

표 6–6 부가기호

표시하는 내용		기 호[1]
공차붙이 형체	직접 표시하는 경우	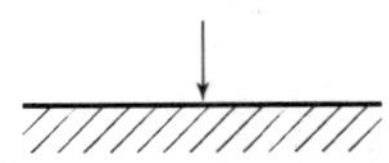
	문자기호에 의하여 표시하는 경우	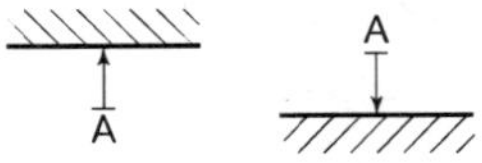
데이텀(기준)	직접 표시하는 경우	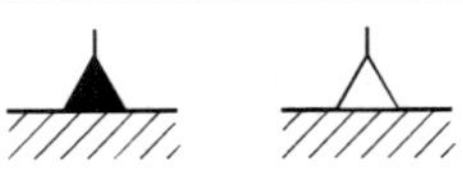
	문자기호에 의하여 표시하는 경우	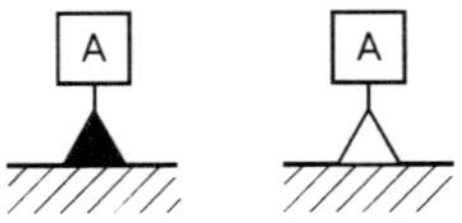
데이텀 타깃(target) 기입틀		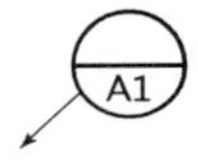
이론적으로 정확한 치수(기준치수)		50 (테두리 상자)
돌출공차역		Ⓟ
최대실체공차방식		Ⓜ

* 1) 기호란 중의 문자기호 및 수치는 P, M을 제외하고 한 보기를 나타낸다.

표 6–5에서

- 모양(형상)공차 : 부품이 가지고 있는 형체 형상의 정밀도
- 자세공차 : 부품이 가지고 있는 형체 자세의 정밀도
- 위치공차 : 부품이 가지고 있는 형체 위치의 정밀도
- 흔들림공차 : 회전축의 외면과 공간상의 고정점 사이의 거리 변화량

【2】 기하공차의 공차역의 정의 및 도시 보기와 그 해석

공차역의 정의란에서 사용하고 있는 선은 다음의 뜻을 나타내고 있다.

굵은실선 또는 파선 : 형체	가는 1점쇄선 : 중심선
굵은 1점 쇄선 : 데이텀	가는 2점쇄선 : 보충하는 투상면 또는 절단면
가는실선 또는 파선 : 공차역	굵은 2점쇄선 : 보충하는 투상면 또는 절단면에의 형체 투상

【3】 진직도 (straightness) 공차 : ——

만일 우리가 설계하는 부품이 철봉과 같이 어느 정도 이상 휘어져 있으면 기능이나 호환성에 지장이 있는 경우, 우리는 제작자에게 그 부품의 일부 형체가 어느 정도 이상 휘어져 있으면 안된다고 도면에 규정을 해 놓아야 한다. 이 경우에 그림 6-41의 (1), (3)과 같이 진직도라는 기하공차를 부여한다. 이것은 (2), (4)에서와 같이 투상면에 평행한 임의의 평면으로 부품을 절단하였을 때, 그 절단면에 나타난 부품의 직선 형체가 화살표방향으로 0.1 mm만큼 떨어진 2개의 평행한 직선 사이에 있어야 한다는 것을 의미한다.

만일, 원통 형태의 부품의 축선이 어느 정도 이상 휘어져 있으면 안 된다고 규정을 하고 싶으면 그림 6-42의 (1)과 같이 진직도를 부여한다. 기하공차기호의 화살표가 지시하는 것이 $\phi 50$이라는 치수이므로 부여된 진직도의 기하공차는 지름 50인 원통의 축선에 적용되는 기하공차이다.

한편, 진직도의 공차가 $\phi 0.08$이므로, 이 경우의 기하공차역은 (2)에서와 같이 지름이 0.08 mm인 원통이 된다. 즉, $\phi 50$인 원통의 축선은 $\phi 0.08$인 원통을 벗어나면 안된다는 의미이다.

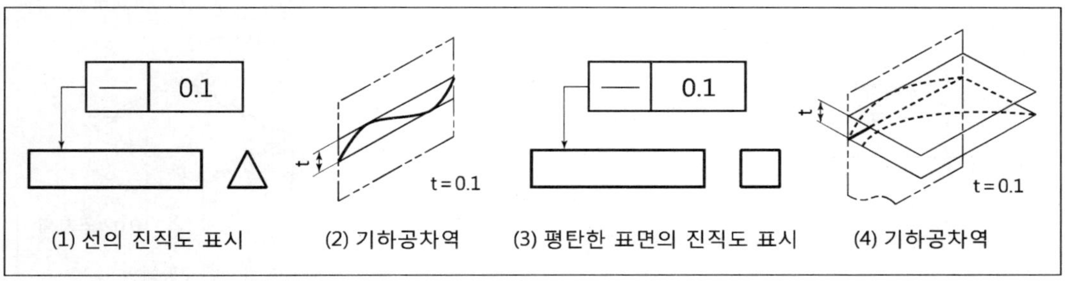

그림 6-41 선과 표면의 진직도

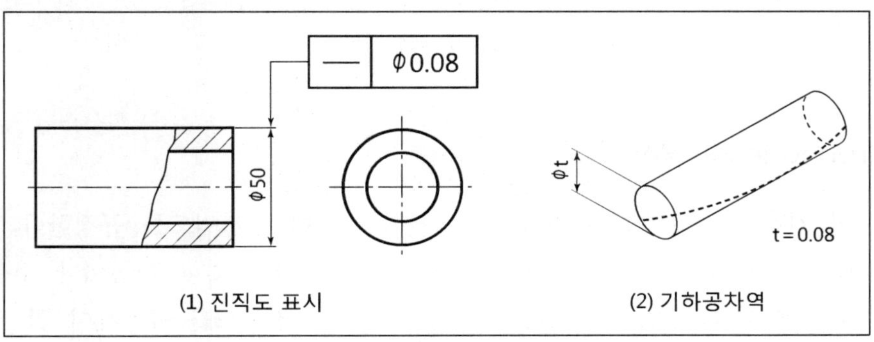

그림 6-42 원통 축선의 진직도

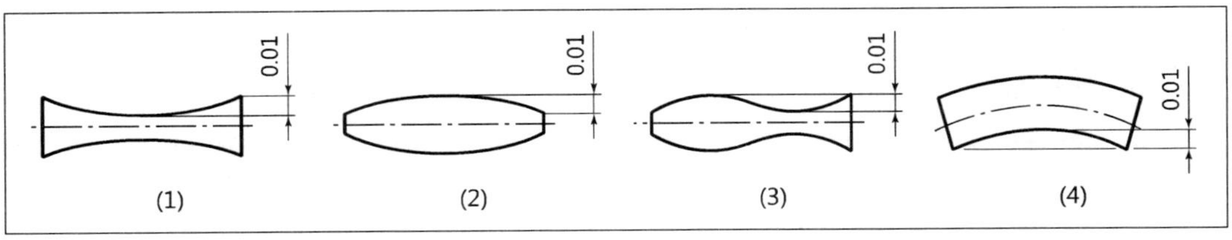

그림 6-43 원통형체 표면의 진직도

【4】 평면도 (flatness) 공차 : ▱

부품의 특정 편면이 완벽한 평면으로부터 어느 정도 이상 벗어나면 기능이나 호환성에 문제가 되는 경우, 그림 6-44의 (1)과 같이 평면도라는 기하공차를 부여한다. 이것은 (2)에서와 같이 부품의 평면이 0.08 mm만큼 떨어진 2개의 평행한 임의의 평면 사이에 있어야 한다는 것을 의미한다.

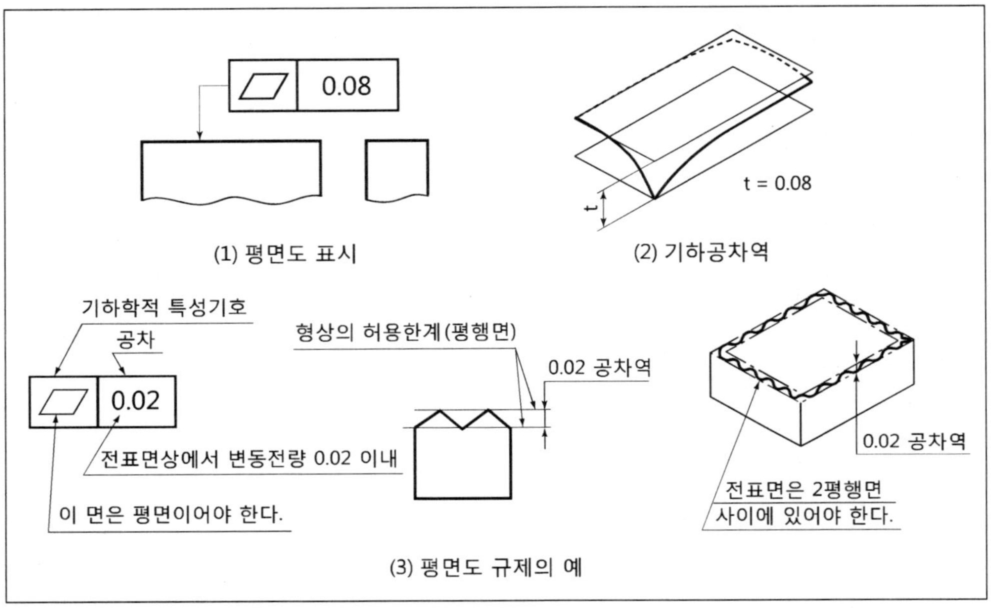

그림 6-44 평면도

【5】 진원도 (roundness) 공차 : ○

직선에 대하여 진직도를 규정하는 것과 같이 원에 대하여는 진원도를 규정한다. 자동차와 마찬가지로 철도차량의 바퀴가 진원에서 벗어나 있을수록 회전할 때마다 진동이나 소음이 심하게 된다. 기계나 부품을 설계할 경우 기능이나 호환성을 위해서 진원도를 규정해야 할 경우가 많이 생긴다. 진원도는 그림 6-45의 (1)과 같이 기입하며, 축에 직각인 단면으로 부품을 절단하였을 때, 그 절단면에 나타난 부품의 외형선이 (2)와 같이 반지름방향으로 0.03 mm만큼 떨어진 2개의 동심원 사이에 있어야 한다는 것을 의미한다. 이때 2개의 동심원은 서로의 반지름방향 거리가 가장 작게 나오도록 설정한다. 즉, 2개의 동심원의 중심이 진원도 규제 대상인 원의 중심과 일치하는 것은 아니다.

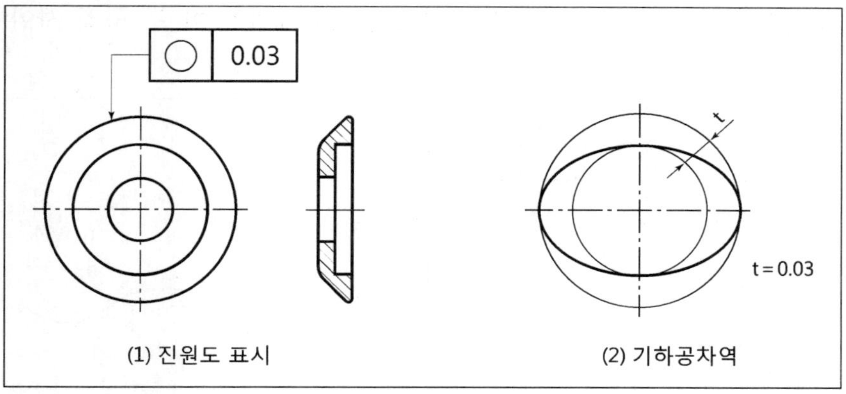

그림 6-45 진원도

【6】 원통도 (cylindricity) 공차 : ⌭

진직도에서 평면도로 확장되는 것처럼 진원도를 확장하면 원통도가 된다. 원통형태의 부품의 원통면이 완벽한 원통면으로부터 얼마나 벗어나 있는지를 규정하는 기하공차이다. 원통도는 그림 6-46의 (1)과 같이 기입하며, (2)와 같이 부품의 원통면이 반지름방향으로 0.1 mm만큼 떨어진 2개의 동축인 원통면 사이에 있어야 한다는 것을 의미한다.

원통도를 규정하면 부품의 원통면에 대하여 축선에 직각인 임의의 평면들에 대한 진원도를, 원통면상에서 축선과 평행한 모선들의 진직도와 이러한 모선들 사이의 평행도들이 동시에 규정된다.

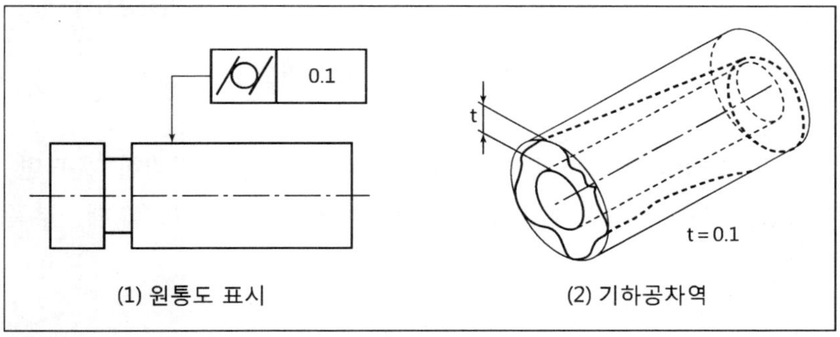

그림 6-46 원통도

【7】 윤곽도 (profile) 공차 : ⌒, ⌓

지금까지 직선이나 원의 기하공차를 생각하였다. 그러나 부품 중에는 직선(또는 평면)이나 원(또는 원통면) 이외의 형체를 갖는 것들도 많다. 예를 들어서, 마우스의 표면이나 자동차 외형의 표면은 평면이나 원통면이 아닌 형체이다. 직선(또는 평면)이나 원(또는 원통면)으로 표현할 수 없는 선(또는 면)을 자유곡선(또는 자유곡면)이라고 한다.

직선에 대하여 진직도, 원에 대하여 진원도를 규정하듯이 자유곡선에 대하여는 선의 윤곽도를 규정하며, 평면에 대하여 평면도, 원통면에 대하여 원통도를 생각하듯이 자유곡면에 대하여는 "면의 윤곽도"를 규정한다.

선의 윤곽도는 그림 6-47의 (1)과 같이 기입하며, (2)와 같이 완벽한 윤곽선 위에 중심을 갖는 지름 0.04 mm인 모든 원들을 안쪽에 포함하는 두 곡선을 설정하였을 때, 투상면에 평행인 임의의 단면으로 부품을 절단해서 절단면에 나타나는 부품의 자유곡선이 이 두 곡선 사이에 있어야 한다.

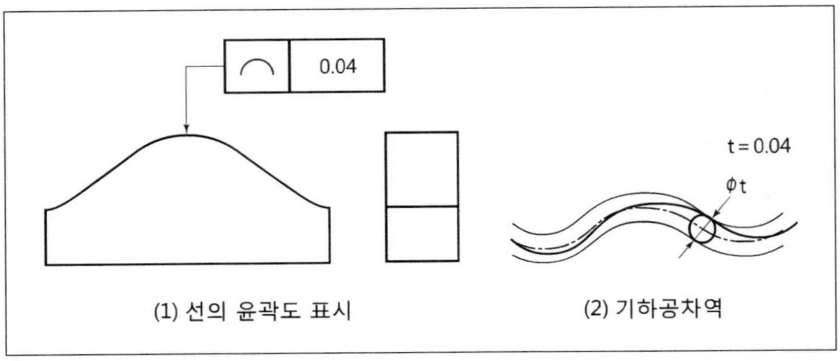

그림 6-47 선의 윤곽도

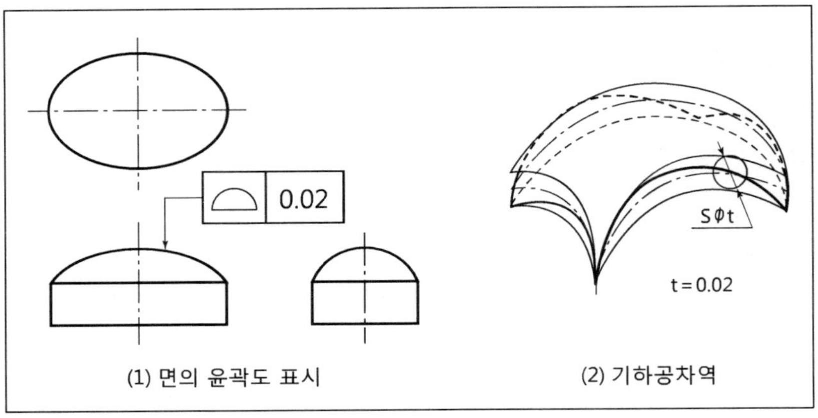

그림 6-48 면의 윤곽도

면의 윤곽도는 그림 6-48의 (1)과 같이 기입하며, (2)와 같이 완벽한 윤곽면 위에 중심을 갖는 지름 0.02 mm인 모든 구들을 안쪽에 포함하는 두 곡면을 설정하였을 때, 부품의 자유곡면이 이 두 곡면 사이에 있어야 한다.

【8】 평행도 (parallelism) 공차 : //

기계나 제품을 설계할 때 부품이 가지고 있는 2개의 형체가 서로 평행해야 하는 경우가 많이 발생한다. 이렇게 2개의 형체 사이의 평행한 자세를 규정하는 기하공차를 평행도라고 한다.

진직도나 진원도는 하나의 형체의 형상을 따졌으나, 평행도 등의 자세공차는 2개의 형체 사이의 상대적인 자세를 규정하기 때문에 2개의 형체 중에서 1개를 기준으로 다른 형체의 자세가 어떻게 되어 있는지를 따져야 한다. 여기서 기준이 되는 형체를 데이텀(datum)이라고 하며, 기호 A가 매겨졌으면 "데이텀 A"라고 한다. 도면에 또 하나의 데이텀이 있으면 데이텀 B이고 이 데이텀들을 기준으로 직각도와 동심도를 규정한다. 그림 6-49에서 데이텀 A는 밑쪽에 있는 지름 20인 원통 축선을 가리킨다.

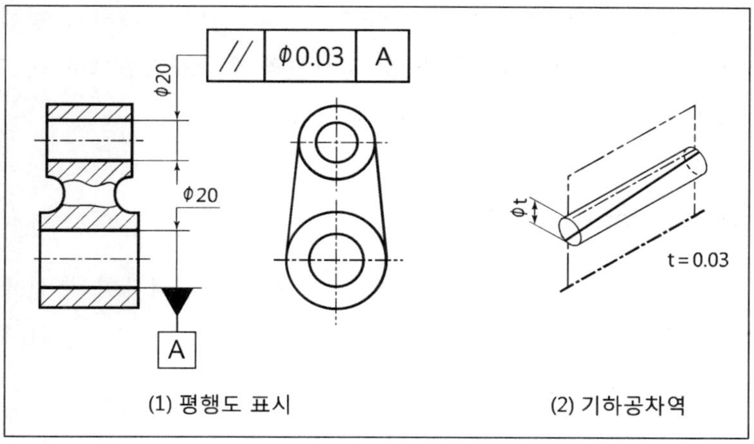

그림 6-49 직선 데이텀에 대한 직선의 평행도

평행도 기호가 가리키는 위쪽에 있는 지름 20인 원통의 축선은 데이텀 A와 완벽하게 평행한 축선을 가진 지름 0.03 mm인 원통 안에 있어야 평행도 0.03을 만족하게 된다.

그림 6-50에서 데이텀 B는 직육면체 형태의 부품의 밑면을 가리킨다. 이 밑면에 대하여 평행도 기호가 가리키는 위쪽에 있는 지름 20인 원통의 축선은 데이텀 B와 완벽하게 평행하고, 또한 지시선의 화살표방향으로 0.01 mm만큼 떨어진 2개의 평면 사이에 있어야 평행도 0.01을 만족하게 된다.

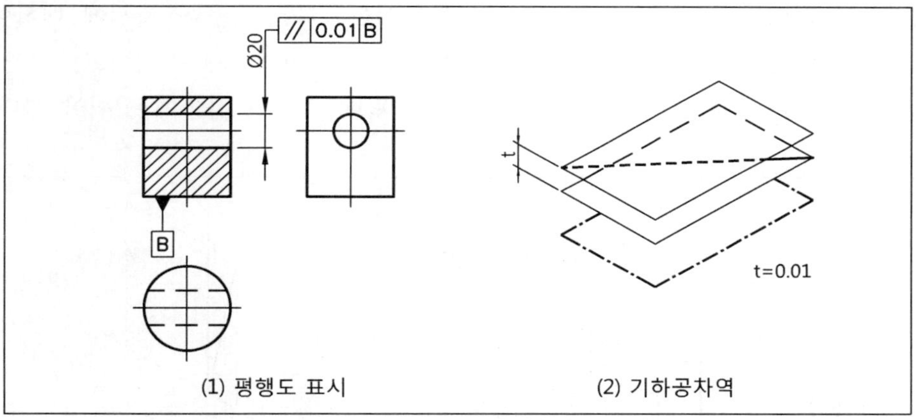

그림 6-50 평면 데이텀에 대한 직선의 평행도

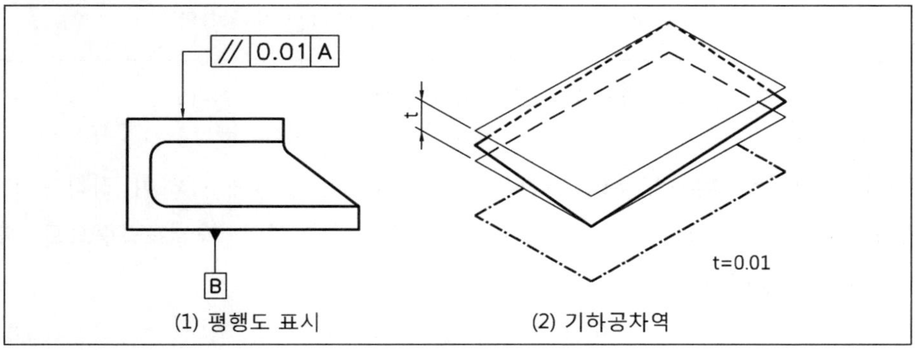

그림 6-51 평면 데이텀에 대한 평면의 평행도

그림 6-51에서 데이텀 A는 부품의 밑면을 가리킨다. 이 밑면에 대하여 평행도 기호가 가리키는 부품의 윗면은 데이텀 평면 A에 평행하고, 또한 지시선의 화살표방향으로 0.01 mm만큼 떨어진 2개의 평면 사이에 있어야 평행도 0.01을 만족하게 된다.

【9】 직각도 (perpendicularity) 공차 : ⊥

그림 6-52에서 데이텀 A는 지름 30인 원통의 축선을 가리킨다. 이 축선에 대하여 직각도기호가 나타내는 면은 데이텀 A에 완벽하게 직각이고, 또한 기하공차 지시선의 화살표방향으로 서로 0.08 mm 떨어진 2개의 평면 사이에 있어야 한다.

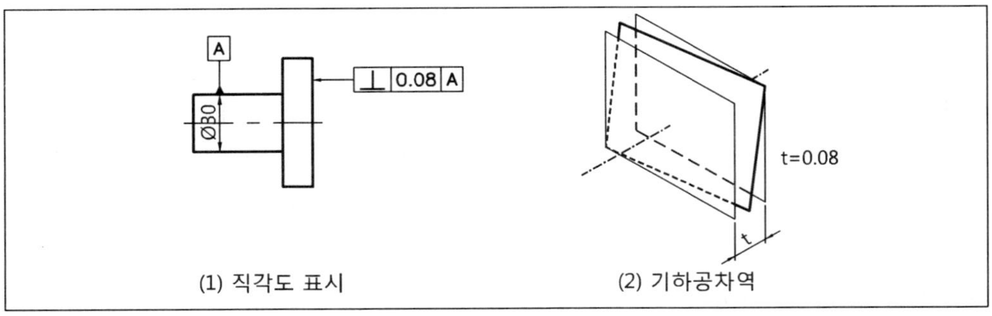

그림 6-52 직선 데이텀에 직각인 평면의 직각도

그림 6-53에서 데이텀 A는 지름 25인 구멍의 축선을 가리킨다. 이 축선에 대하여 직각도기호가 나타내는 지름 20인 경사진 구멍의 축선은 데이텀 A에 완벽하게 수직이고, 또한 기하공차 지시선의 화살표방향으로 서로 0.06 mm 떨어진 2개의 평행한 평면 사이에 있어야 한다.

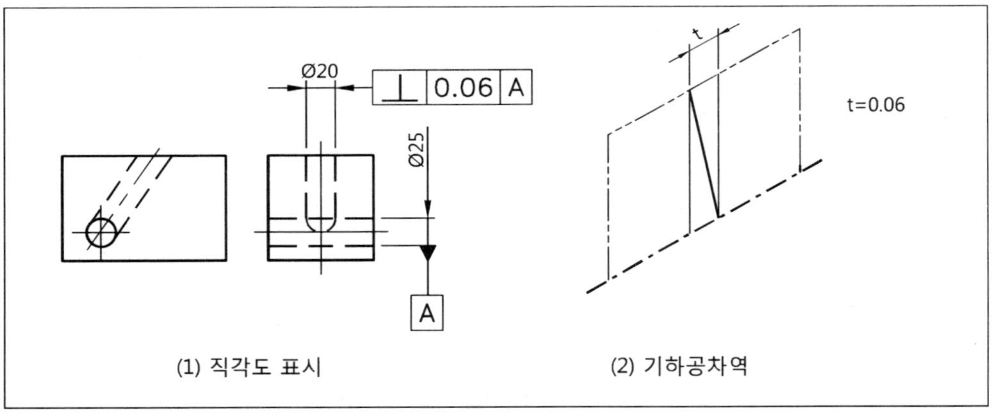

그림 6-53 직선 데이텀에 직각인 직선의 직각도

그림 6-54에서 데이텀 A는 부품의 밑면을 가리킨다. 이 밑면에 대하여 직각도기호가 나타내는 평면은 데이텀 A에 완벽하게 직각이고, 또한 기하공차 지시선의 화살표방향으로 서로 0.08 mm 떨어진 2개의 평행한 평면 사이에 있어야 한다.

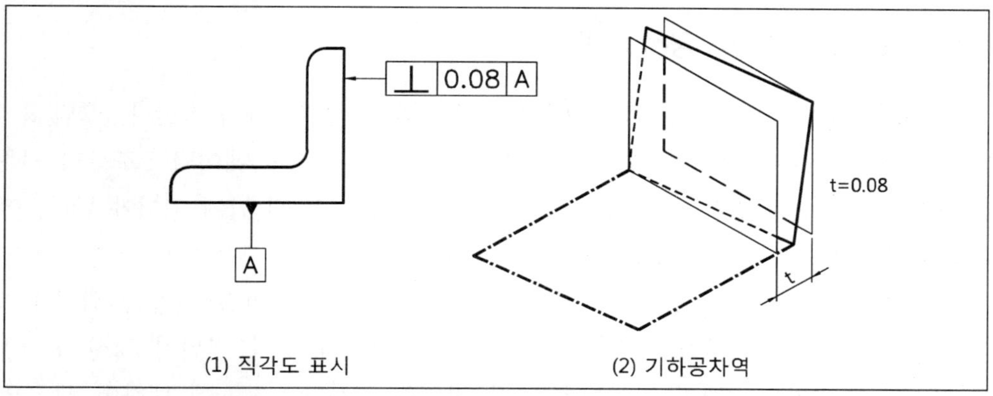

그림 6-54 평면 데이텀에 직각인 평면의 직각도

【10】 경사도 (angularity) 공차 : ∠

직각도를 일반적인 각도에 대1개념으로 확장한 것이 경사도이다.

그림 6-56에서 데이텀은 A-B의 형태로 표시되어 있다. 데이텀 A-B는 기호 A가 가리키는 원통의 축선과 기호 B가 가리키는 축선을 연결하는 축선을 나타낸다. 그리고 60°라는 각도 수치가 직사각형 기호 안에 기입되어 있다. 이 직사각형 기호는 기호 안의 수치가 기준치수 또는 참값(true value)이라는 것을 의미한다. 따라서 여기서는 데이텀 A-B에 대한 지름 10인 구멍의 축선의 경사도를 정확한 각위치 60°를 기준으로 생각한다는 의미이다. 경사도 기호가 나타내는 구멍의 축선은 데이텀 A-B에 대하여 이론적으로 정확하게 60° 기울고, 기하공차 지시선의 화살표방향으로 0.08 mm 서로 떨어진 2개의 평행한 평면 사이에 있어야 한다.

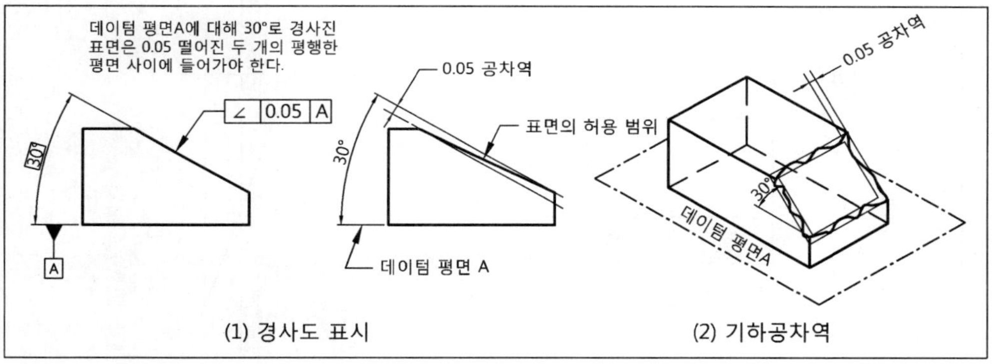

그림 6-55 평면에 대한 경사도

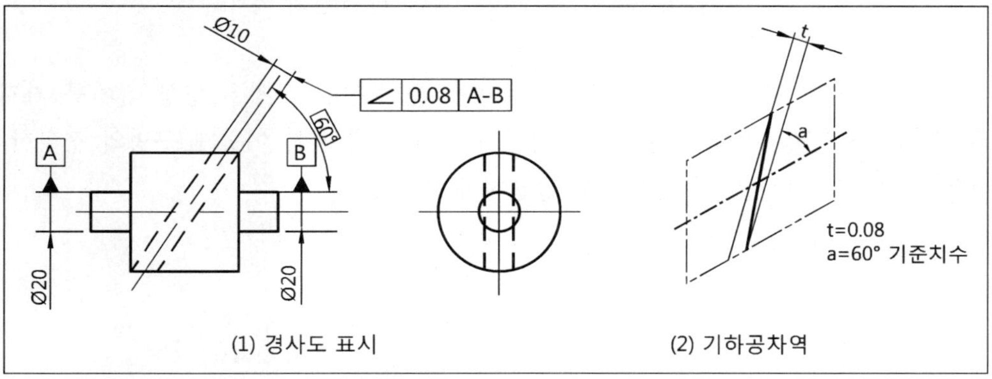

그림 6-56 직선 데이텀에 대한 직선의 경사도

【11】 위치도(true position) 공차 : ⌖

위치도는 부품이 가지고 있는 점, 선 및 면의 위치에 대한 정밀도를 규정한다. 그림 6-57에서 위치도기호가 가리키는 점은 직선 데이텀 A로부터 기준치수 60, 직선 데이텀 B로부터 기준치수 100 떨어진 정확한 위치에 있는 점을 중심으로 하는 지름 0.03 mm의 원 안에 있어야 한다. 이 그림에서 직선 데이텀 A와 B의 우선순위는 없다.

그림 6-58에서 직선 데이텀 A로부터 기준치수 20, 28, 36 떨어진 정확한 위치에 있고, 직선 데이텀 A와 평행한 3개의 이론적인 직선들을 가정하고 그것을 각각 진위치 직선 a, b, c라고 하자. 위치도기호가 가리키는 3개의 직선들은 각각 진위치 직선 a, b, c에 대하여 대칭으로 배치되고 0.05 mm의 간격을 갖는 2개의 평행한 직선 사이에 있어야 한다.

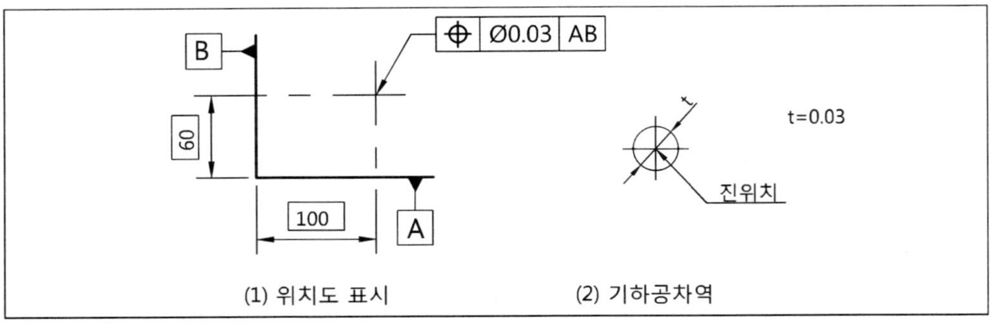

그림 6-57 직선 데이텀들에 대한 점의 위치도

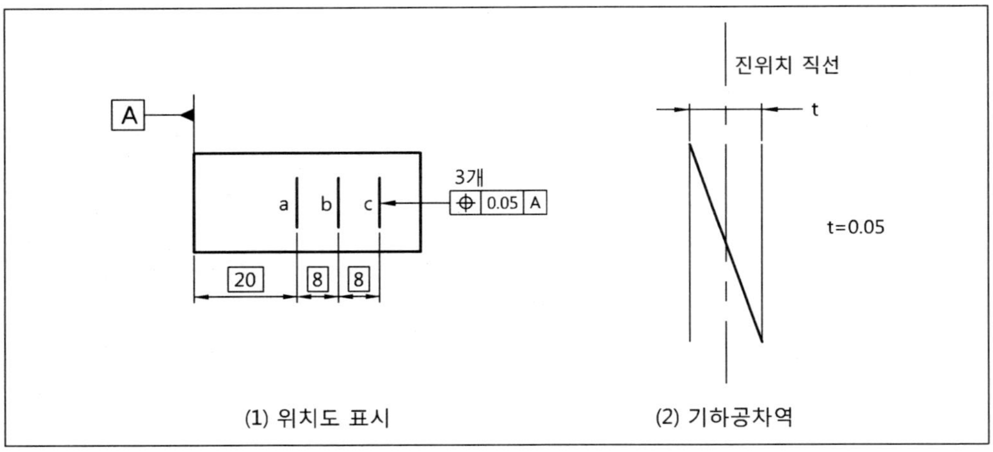

그림 6-58 직선 데이텀들에 대한 직선의 위치도

그림 6-59는 구멍의 정확한 위치를 규정하는 예를 보여준다. 구멍은 항상 깊이를 가지고 있으므로, 엄밀하게 말하면 구멍 축선의 정확한 위치를 규정하는 셈이다. 이렇게 구멍의 정확한 위치를 규정하는 것은 호환성의 보장을 위하여 매우 유용하게 사용된다.

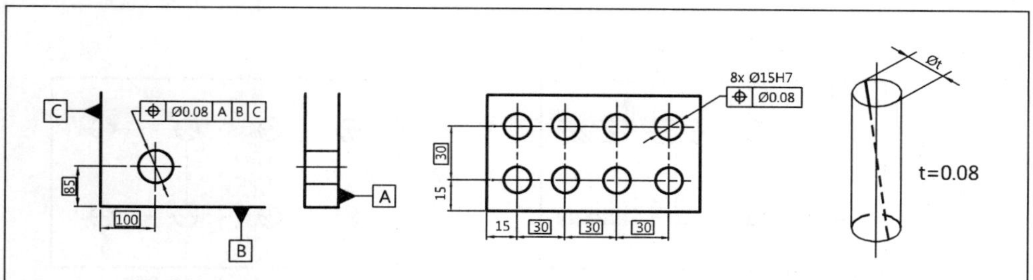

(2) 위치도 표시　(2) 위치도 표시　(3) 기하공차역

그림 6-59 구멍의 위치도

그림 6-59의 (1)에서 위치도기호가 가리키는 구멍의 축선은 평면 데이텀 A 위에 있으면서 평면 데이텀 B로부터 기준치수 85, 평면 데이텀 C로부터 기준치수 100 떨어진 정확한 위치를 지나고, 평면 데이텀 A에 직각인 직선을 축선으로 하는 지름 0.08 mm인 원통 안에 있어야 한다. 이 경우 위치도기호에서 데이텀 기호가 각각의 칸 속에 A, B, C 순서로 기록되어 있으므로 데이텀 A, 데이텀 B, 데이텀 C의 순서로 우선순위를 갖는다.

한편, 그림 6-59의 (2)에서 위치도기호가 가리키는 8개의 지름 15H7인 구멍들의 축선들은 그림에서 도시된 것과 같이 기준치수 30씩 떨어진 정확한 위치를 축선으로 하는 지름 0.08 mm인 원통들 안에 각각 있어야 한다. 그리고 (2)와 같이 데이텀의 표시를 특별히 하지 않는 경우는 (1)에서와 같이 데이텀의 우선순위를 지정하지 않고, 위치도기호에 "ABC"라는 데이텀 지정기호를 한 칸에 모두 기입한 경우와 동일하다고 가정한다.

위치도 공차의 장점은 구멍의 위치를 그림 6-60과 같이 치수공차를 부여하여 규정하였을 경우와 비교하여 보면 잘 알 수 있다. 이 경우의 구멍의 중심의 공차역을 그려보면 그림 6-61의 (1)과 같이 직사각형으로 나타나는데, 위치도로 규정한 그림 6-59의 (2)의 기하공차역은 그림 6-61의 (2)와 같이 원으로 나타난다. 구멍은 방향성을 갖지 않으므로 중심의 공차역이 원으로 규정되면 호환성 측면에서 유리하다.

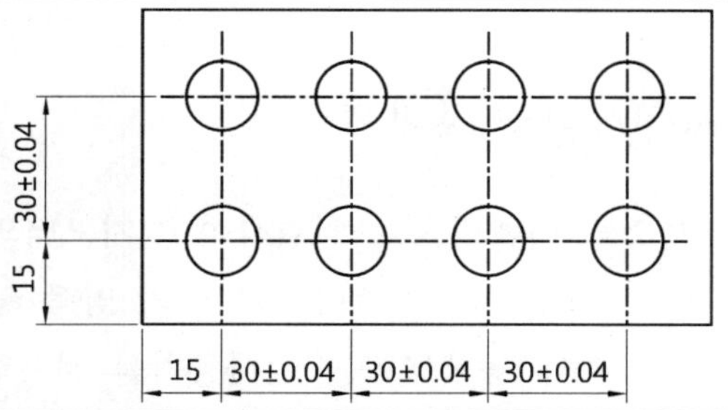

그림 6-60 치수공차가 부여된 구멍의 위치

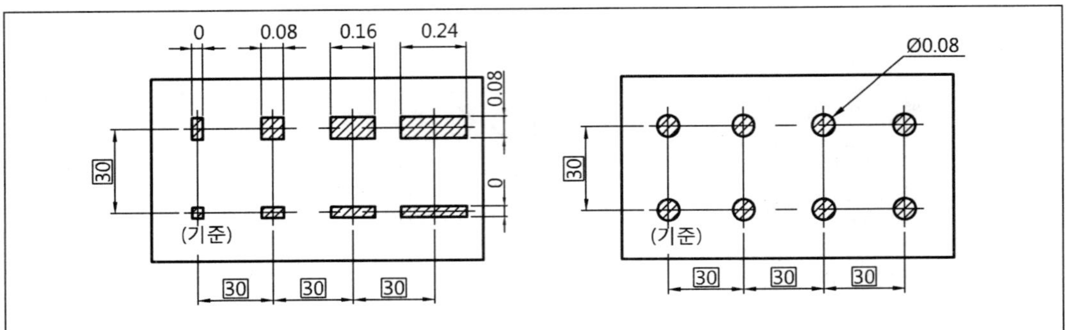

(1) 치수공차의 경우　　(2) 위치도 공차의 경우

그림 6-61 위치도와 치수공차에서의 공차역 비교

그림 6-62는 면의 위치도를 규정한 것이다. 위치도기호가 가리키는 평면은 축선 데이텀 B 위에서 평면 데이텀 A로부터 기준치수 35 떨어진 정확한 위치에서 직선 데이텀 B에 대하여 정확히 105도 기울어진 진위치에 대하여 기하공차 지시선의 화살표방향에 대칭으로 0.05 mm의 간격을 갖는 평행한 2개의 평면 사이에 있다.

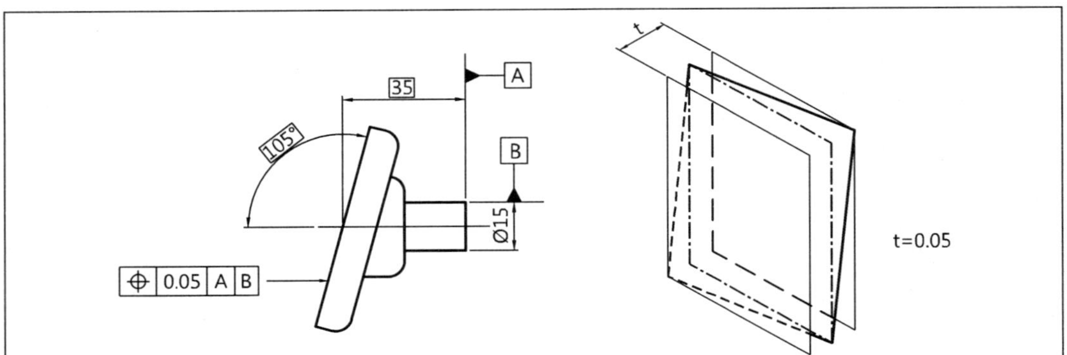

(1) 위치도 표시　　(2) 기하공차역

그림 6-62 면의 위치도

【12】 동축도와 동심도 (concentricity) 공차 : ◎

전기모터의 회전축과 변속기의 회전축을 커플링으로 연결하여 전기모터의 동력을 변속기에 전달하는 경우 축과 변속기의 회전축이 각각 고정되는 커플링 케이스의 양쪽 구멍을 어느 정도 이상의 편심이 발생되지 않도록 제작해야 한다. 이때 동축도라는 기하공차를 사용한다.

이와 같이 동축도는 특히 회전하는 기계에 많이 사용되는 기하공차이다.

그림 6-63에서 동축도 기호가 가리키는 축선은 데이텀 A-B를 축선으로 하는 지름 0.08 mm인 원통 안에 있어야 한다. 한편, 그림 6-64에서 동심도기호가 가리키는 원의 중심은 점 데이텀 A를 중심으로 하는 지름 0.01 mm인 원 안에 있어야 한다.

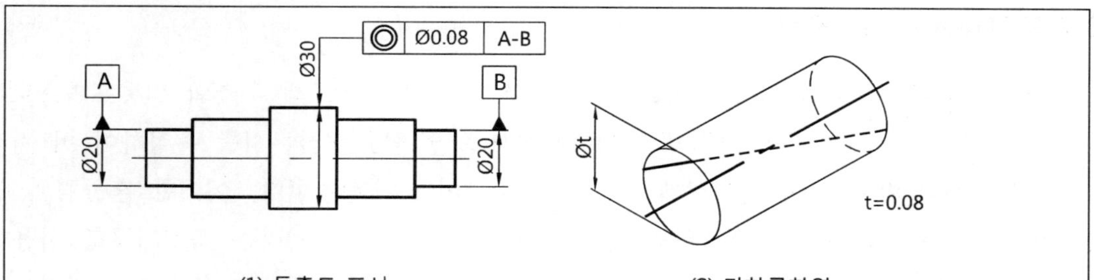

(1) 동축도 표시 (2) 기하공차역

그림 6-63 동축도

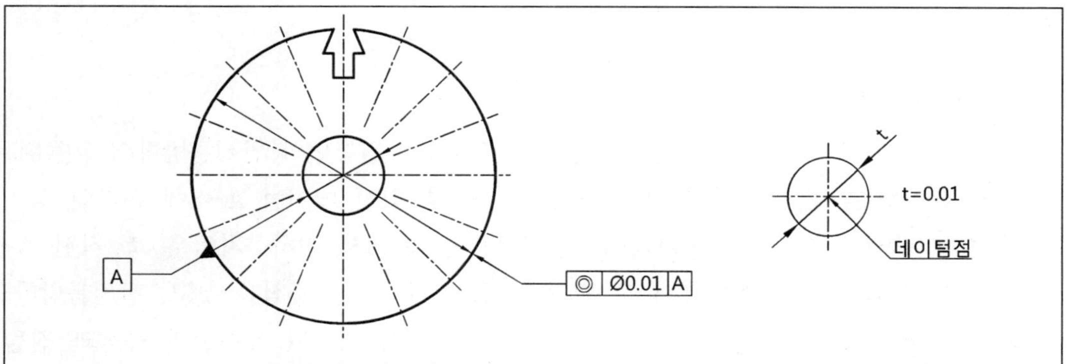

(1) 동심도의 표시 (2) 기하공차역

그림 6-64 동심도

【13】 대칭도 (symmetry) 공차 : ⌯

대칭도는 중심선이나 중심면의 자세를 규정한다. 그림 6-65에서 대칭도기호가 가리키는 중심면, 즉 양쪽에 파져 있는 두 평면들의 중심면은 축선 데이텀 A에 대칭으로 0.1 mm 간격을 갖는 평행한 2개의 평면 사이에 있어야 한다.

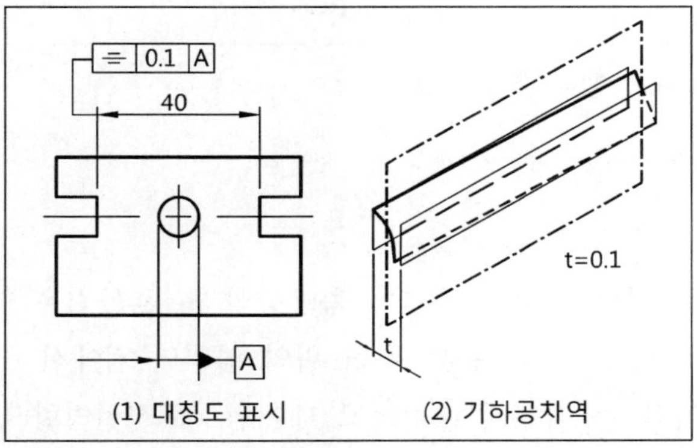

(1) 대칭도 표시 (2) 기하공차역

그림 6-65 대칭도

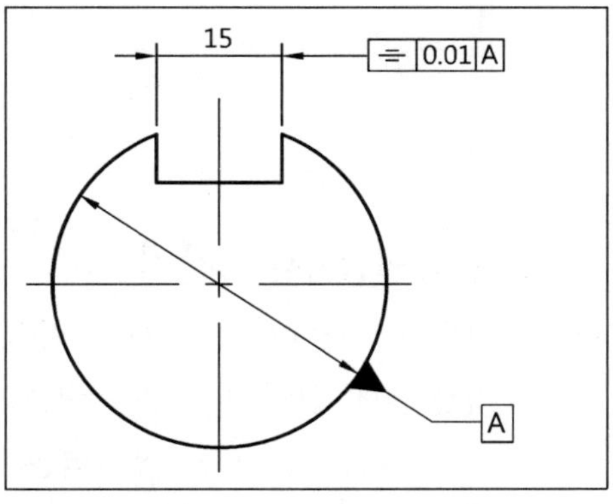

그림 6-66 키홈의 대칭도

특히, 키홈의 가공오차 관리를 위하여 그림 6-66과 같이 대칭도를 규제하면 편리하다. 키홈의 중심면이 축선 데이텀 A에 대하여 대칭도 0.01이 규정된 예이다.

【14】 흔들림(run-out) 공차

공작기계의 주축과 같이 회전축이 있는 기계는 주축을 회전시킬 때 주축의 원통표면으로부터 주축 바깥의 임의의 고정점까지의 거리가 반지름방향으로 얼마나 변하는지를 측정하여 이 거리의 변화가 작을수록 흔들림이 없이 정숙하게 회전하는 주축이라고 평가한다. 이러한 흔들림의 양을 규정하는 것이 흔들림 공차이다. 흔들림의 양은 인디케이터(indicator)라는 측정기구를 사용하여 매우 간단히 측정할 수 있다.

흔들림의 양은 회전축의 진원도와 회전중심의 회전 정밀도가 복합적으로 영향을 주어서 결정된다. 이러한 이유로 회전기계를 조립하고 바로 회전축의 흔들림을 인디케이터로 측정해 보면 회전기계의 대표적인 성능을 종합적으로 확인할 수 있다.

① 원주 흔들림공차 : ↗

그림 6-67에서 원주 흔들림공차기호가 가리키는 원통면의 반지름방향의 흔들림은 축 직선 데이텀 A-B에 대하여 일회전시켰을 때, 축 직선 데이텀 A-B에 직각인 임의의 측정평면상에서 0.1 mm를 초과하여서는 안된다. (2)에서 기하공차역은 축 직선 A-B에 직각인 임의의 측정평면상에서 축 직선 A-B와 일치하는 중심을 갖고, 반지름방향으로 t만큼 떨어진 2개의 동심원 사이의 영역이다. 여기서 정의된 동심원의 중심과 진원도의 기하공차역으로서 정의한 동심원의 중심이 반드시 일치하는 것은 아니다.

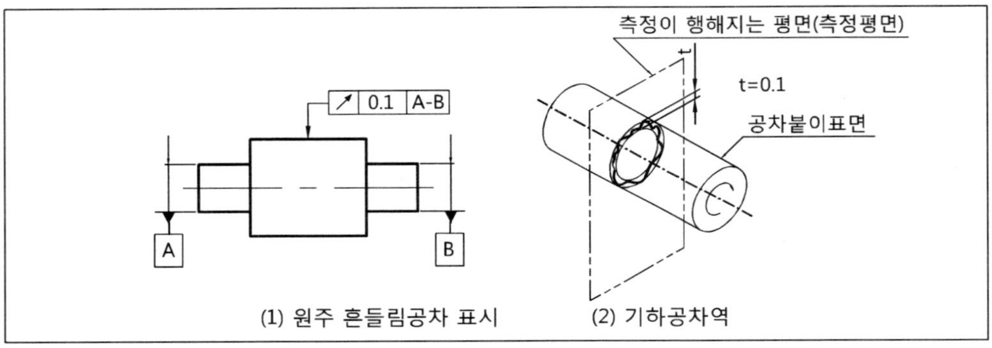

그림 6-67 원주 흔들림공차

② 온 흔들림공차 : ⌰

그림 6-68에서 지시선의 화살표로 나타낸 원통 측면의 축방향의 온 흔들림은 데이텀 축 직선 A에 관하여 원통 측면을 회전시켰을 때, 원통 측면 위의 임의의 점에서 0.1 mm를 초과해서는 안된다. 공차역은 데이텀 축 직선에 수직하고 데이텀 축 직선방향으로 t만큼 떨어진 2개의 평행한 평면 사이에 있는 영역이다.

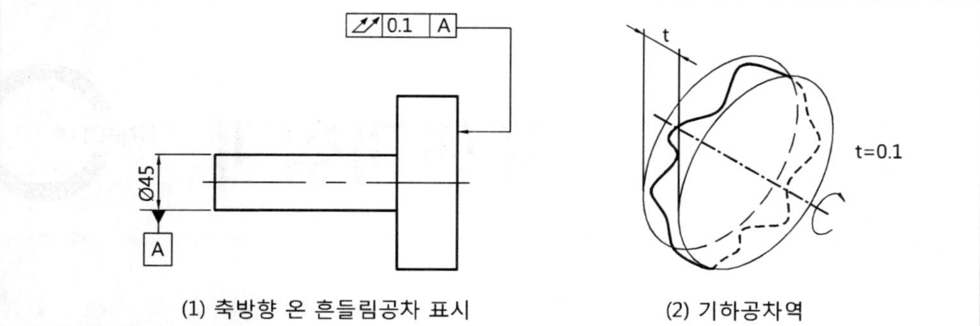

(1) 축방향 온 흔들림공차 표시 (2) 기하공차역

그림 6-68 축방향 온 흔들림공차

그림 6-69에서 온 흔들림공차기호가 가리키는 원통면의 반지름방향의 흔들림은 측정기구를 축 직선방향으로 축 직선과 평행하게 상대이동시키는 것과 동시에 부품을 축 직선을 중심으로 회전시키면서 측정한다. 이때 측정기구에 측정되는 양이 원통 표면상의 임의의 점에서 0.1 mm를 초과하여서는 안된다. (2)에서 기하공차역은 축 직선 데이텀 A-B와 일치하는 축선을 갖고 반지름방향으로 t만큼 떨어진 2개의 동축원통 사이의 영역을 갖는다.

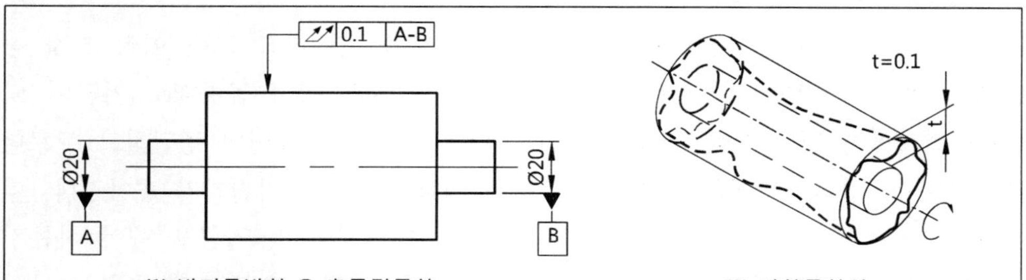

(1) 반지름방향 온 흔들림공차 (2) 기하공차역

그림 6-69 반지름방향 온 흔들림공차

표면거칠기 Chapter 07

7.1 표면거칠기를 기입하는 이유

자동차와 같이 많은 부품으로 만들어진 기계는 플라스틱 사출성형 공정, 프레스 공정을 거친 후 용접공정을 통하여 완성되는 부품도 많으나 엔진과 같은 부품들은 공작기계에 고정시킨 후에 절삭 공구를 이용하여 도면에 기입된 최종 치수대로 표면부터 한 공정 한 공정 소재의 일부분을 제거하여 부품으로 만들어간다.

그런데 절삭공정을 통하여 그림 7-1에서와 같이 부품을 완성하고 보면 여러 가지 종류의 면들이 생기는데 원래의 소재면이 그대로 남아 있는 부분도 있고 정밀 공차대로 가공이 되어 평탄한 면도 있다. 정밀가공이 된 부분은 원래 소재면과 비교하여 보면 표면이 평탄하고 고르다. 더욱 정밀한 가공을 할수록 점점 더 매끈한 면에 접근하게 된다. 즉, 표면거칠기가 좋아진다. 따라서 도면을 그릴 때 설계자로서 어느 부위는 원래 소재면으로, 어느 부위는 가공을 해야 하는지를 명시해야 한다. 또한 가공을 해야 하는 면의 표면거칠기 정도를 지정하여 기능과 호환성에 지장이 없도록 한다.

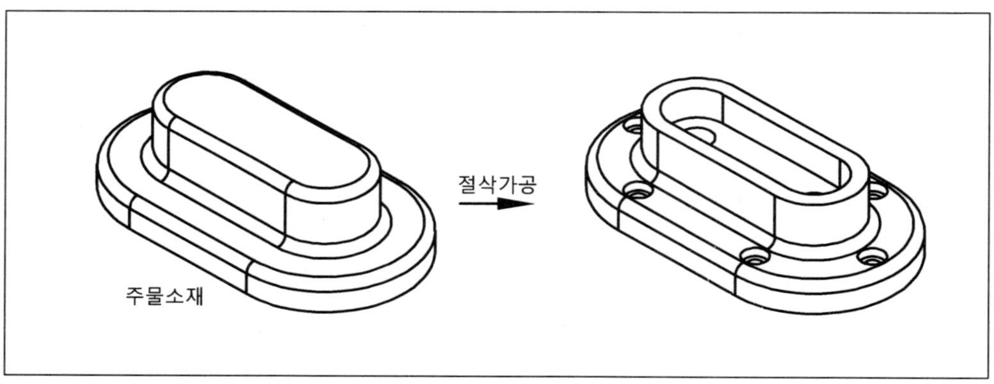

그림 7-1 주물소재의 가공과 표면거칠기의 필요성

7.2 표면거칠기의 정의

표면거칠기란 대상물의 표면으로부터 임의로 채취한 각 부분에서의 표면거칠기를 나타내는 파라미터인 산술평균거칠기(R_a), 최대높이(R_y), 10점 평균거칠기(R_z), 요철의 평균간격(S_m), 국부 산봉우리의 평균간격(S) 및 부하길이율(t_p)의 각각의 산술평균값을 말한다. 효과적으로 표면거칠기를 추정하기 위해 측정 위치와 개수를 1곳으로 대표하거나 적절히 정한다.

【1】 산술평균거칠기

산술평균거칠기 R_a에 의한 표면거칠기는 전기식 표면거칠기 측정장치로 측정한다. 그런데 단면곡선을 바로 사용하는 것이 아니라, 단면곡선에서 저주파의 파형을 전기적으로 제거하여 얻어지는 R_a 표면거칠기곡선을 사용하여 측정한다.

(1) 산술평균거칠기 구하는 방법

산술평균거칠기 R_a는 거칠기곡선 그림 7-2에서 그 평균선의 방향에 기준길이만큼 뽑아내어, 그 표본부분의 평균선방향에 X축을, 세로배율방향에 Y축을 잡고, 거칠기곡선을 $y = f(x)$로 표시하였을 때, 다음 식에 따라 구해지는 값을 마이크로미터(μm)로 나타낸 것을 말한다.

$$R_a = \frac{1}{l}\int_0^l |f(x)|dx$$

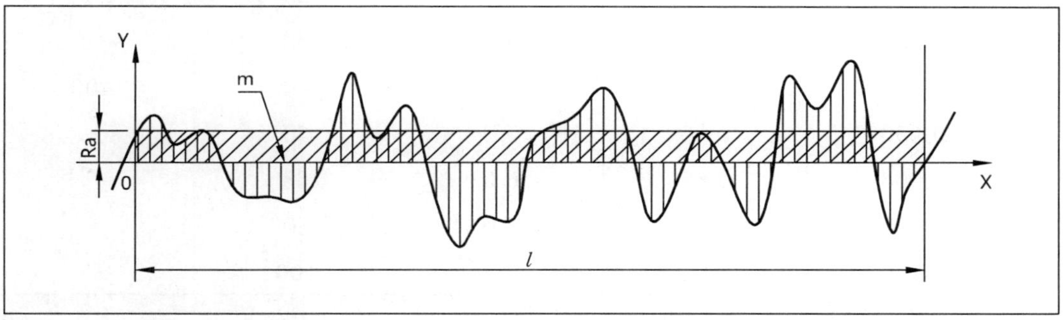

그림 7-2 산술평균거칠기(R_a)

R_a 표면거칠기는 기호 a를 이용하여 "표면거칠기는 1.6a로 한다"와 같이 규정하는데, 이것은 표면거칠기를 R_a방법으로 측정하였을 때 측정값들 중에서 "최대값이 1.6 μm를 넘으면 안된다"는 뜻이다.

(2) 컷오프값과 평가길이의 표준값

컷오프값은 위상 보상형 고역 필터의 이득이 50%가 되는 주파수에 대응하는 파장이고 기준길이는 거칠기곡선으로부터 컷오프값의 길이를 뺀 부분의 길이이며 평가길이는 표면거칠기의 평가에 사용하는 기준길이의 5배의 길이이다. 컷오프값과 평가길이의 표준값은 일반적으로 다음에 따른다.

표 7-1 R_a의 컷오프값 및 평가길이의 표준값

R_a의 범위[μm]		컷오프값 λ_c [mm]	평가길이 l_n [mm]
초과	이하		
(0.006)	0.02	0.08	0.4
0.02	0.1	0.25	1.25
0.1	2.0	0.8	4
2.0	10.0	2.5	12.5
10.0	80.0	8	40

(3) 중심선 평균거칠기의 표준수열

산술평균거칠기에 따라 표면거칠기를 지정할 때는 특별히 필요가 없는 한 표 7-2의 표준수열을 사용한다.

표 7-2 R_a의 표준수열 [단위 : μm]

0.008				
0.010				
0.012	0.125	1.25	**12.5**	125
0.016	0.160	**1.60**	16.0	160
0.020	**0.20**	2.0	20	**200**
0.025	0.25	2.5	**25**	250
0.032	0.32	**3.2**	32	320
0.040	**0.40**	4.0	40	**400**
0.050	0.50	5.0	**50**	
0.063	0.65	**6.3**	63	
0.080	**0.80**	8.0	80	
0.100	1.00	10.0	**100**	

(4) 산술평균거칠기의 호칭방법

산술평균거칠기 R_a의 호칭방법은 "산술평균거칠기 _____μm, 컷오프값 _____mm, 평가길이 _____mm" 또는 "_____μm R_a, λ_c _____mm, l_n _____mm"로 표시한다. 컷오프값과 평가길이의 표준값을 사용할 때는 표시를 생략 가능하고 표준값이 아니라면 표시한다.

(5) 산술평균거칠기의 구간표시

산술평균거칠기 R_a를 어느 구간에서 나타내야 할 때에는 그 구간의 상한(표시값의 큰 쪽) 및 하한(표시값의 작은 쪽)에 상당하는 수치를 표 7-2에서 선정하여 표시한다.

[예] $(12.5 \sim 3.2)\mu\text{m}\,R_a$, $\lambda_c 8$ mm

(6) 산술평균거칠기의 범위

부품을 절삭가공하는 방법에 따라서 최종적으로 얻을 수 있는 표면거칠기의 한계가 있다. 즉, 선반이나 밀링가공으로 얻을 수 있는 표면거칠기는 보통 0.4a에서 6.3a 정도의 범위이며, 그 이하의 표면거칠기는 일반적으로 얻기 힘들다. 연마공정을 통해서 얻을 수 있는 표면거칠기는 보통 0.1a에서 1.6a 정도이다. 대표적인 제작공정에 대하여 가능한 R_a 표면거칠기는 표 7-3과 같다.

표 7-3 제작공정별로 가능한 R_a 표면거칠기의 범위

공정이름	공정별로 도달할 수 있는 R_a 표면거칠기[μm]										
	0.05	0.1	0.2	0.4	0.8	1.6	3.2	6.3	12.5	25	50
	z/▽ (▽▽▽▽)			y/▽ (▽▽▽)			x/▽ (▽▽)		w/▽ (▽)		~
슈퍼 피니싱		━	━								
래 핑		━	━	━							
호 닝			━	━	━						
연 마			━	━	━	━					
선 삭					━	━	━	━			
밀 링						━	━	━			
보 링					━	━	━	━			
드 릴 링							━	━			
플래너 밀링						━	━	━			
방전가공							━	━			
브 로 칭						━	━				
리 밍						━	━				
톱질(소잉)								━	━	━	
다이캐스팅						━					
냉간압연, 인발						━	━				
압 출						━	━				
주 물										━	
열간압연										━	
단 조								━	━		

【2】 최대높이 R_y의 정의

(1) 최대높이를 구하는 방법

최대높이 R_y는 거칠기곡선에서 그 평균선의 방향에 기준길이만큼 뽑아내어 이 표본부분의 산봉우리선과 골바닥선의 간격을 거칠기곡선의 세로배율의 방향으로 측정하여 이 값을 마이크로미터(μm)로 나타낸 것을 말한다.

$R_y = R_p + R_v$

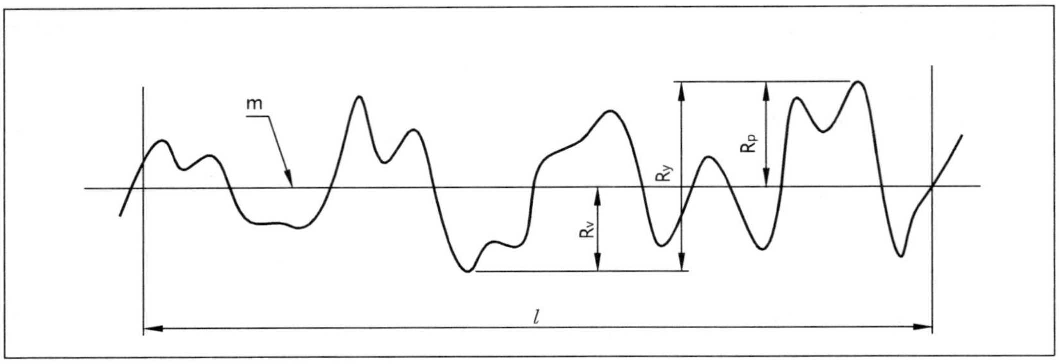

그림 7-3 최대높이 R_y구하는 방법

(2) 기준길이와 평가길이의 표준값

R_y를 구하는 경우의 기준길이 및 평가길이의 표준값은 일반적으로 표 7-4에 따른다. R_y는 먼저 기준길이를 지정한 후에 구하고, 일반적으로 표준값을 사용한다.

표 7-4 최대높이(R_y)의 표준값

R_y의 범위[μm]		기준길이 l [mm]	평가길이 l_n [mm]
초과	이하		
(0.025)	0.10	0.08	0.4
0.10	0.50	0.25	1.25
0.50	10.0	0.8	4
10.0	50.0	2.5	12.5
50.0	200.0	8	40

(3) 최대높이 R_y의 표준수열

최대높이 R_y에 따라 표면거칠기를 지정할 때는 특별이 필요가 없는 한 표 7-5의 표준수열을 사용한다.

표 7-5 최대높이 R_y의 표준수열 [단위 : μm]

	0.125	1.25	**12.5**	125	1 250
	0.160	**1.60**	16.0	160	**1 600**
	0.20	2.0	20	**200**	
0.025	0.25	2.5	**25**	250	
0.032	0.32	**3.2**	32	320	
0.040	**0.40**	4.0	40	**400**	
0.050	0.50	5.0	**50**	500	
0.063	0.65	**6.3**	63	630	
0.080	**0.80**	8.0	80	**800**	
0.100	1.00	10.0	100	1 000	

(4) 최대높이 R_y의 호칭방법

최대높이 R_y의 호칭방법은 "최대높이 ____μm, 기준길이 ____mm, 평가길이 ____mm" 또는 "____μm R_y, l ____mm, l_n ____mm"'로 표시한다. 기준길이와 평가길이의 표준값을 사용할 때는 표시를 생략 가능하고 표준값이 아니라면 표시한다.

(5) 최대높이의 구간표시

최대높이 R_y를 어느 구간에서 나타내어야 할 때에는 그 구간의 상한(표시값이 큰 쪽) 및 하한(표시값이 작은 쪽)에 상당하는 수치를 표 7-5에서 선정하여 표시한다.

[예] $(12.5 \sim 1.60)\mu\text{m}\,R_y$, l 2.5 mm

【3】 10점 평균거칠기(R_z)의 정의

(1) 10점 평균거칠기 R_z를 구하는 방법

10점 평균거칠기 R_z는 거칠기곡선에서 그 평균선의 방향에 기준길이만큼 뽑아내어 이 표본부분의 평균선에서 세로배율의 방향으로 측정한 가장 높은 산봉우리부터 5번째 산봉우리까지의 표고(Y_p)의 절대값의 평균값과 가장 낮은 골바닥에서 5번째까지의 골바닥의 표고(Y_v)의 절대값의 평균값과의 합을 구하여 이 값을 마이크로미터(μm)로 나타낸 것을 말한다.

$$R_z = \frac{|Y_{p1} + Y_{p2} + Y_{p3} + Y_{p4} + Y_{p5}| + |Y_{v1} + Y_{v2} + Y_{v3} + Y_{v4} + Y_{v5}|}{5}$$

- $Y_{p1} + Y_{p2} + Y_{p3} + Y_{p4} + Y_{p5}$: 기준길이 l에 대응하는 샘플링부분의 가장 높은 곳으로부터 5번째까지의 표고
- $Y_{v1} + Y_{v2} + Y_{v3} + Y_{v4} + Y_{v5}$: 기준길이 l에 대응하는 샘플링부분의 가장 낮은 곳으로부터 5번째까지의 표고

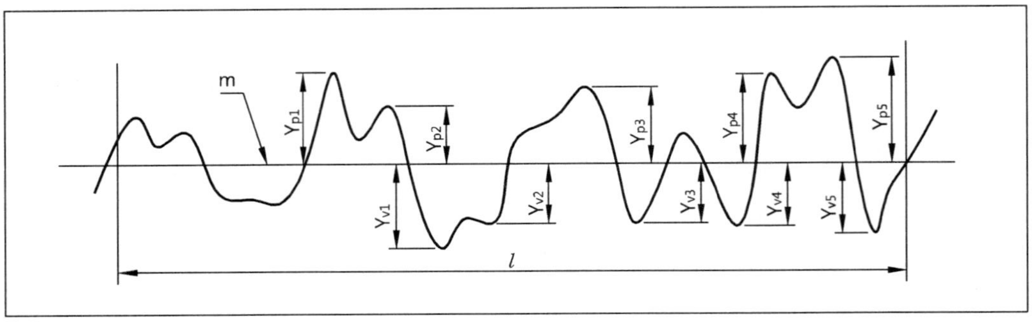

그림 7-4 10점 평균거칠기(R_z)

(2) 기준길이와 평가길이의 표준값

R_z를 구하는 경우의 기준길이 및 평가길이의 표준값은 일반적으로 표 7-6에 따른다. R_z는 먼저 기준길이를 지정한 후에 구하고, 일반적으로 표준값을 사용한다.

표 7-6 10점 평균거칠기 R_z의 표준값

R_z의 범위[μm]		기준길이 l [mm]	평가길이 l_n [mm]
초과	이하		
(0.025)	0.10	0.08	0.4
0.10	0.50	0.25	1.25
0.50	10.0	0.8	4
10.0	50.0	2.5	12.5
50.0	200.0	8	40

(3) 10점 평균거칠기 R_z의 표준수열

10점 평균거칠기 R_z에 따라 표면거칠기를 지정할 때는 특별이 필요가 없는 한 표 7-7의 표준수열을 사용한다.

표 7-7 10점 평균거칠기 R_z의 표준수열 [단위 : μm]

	0.125	1.25	**12.5**	125	1 250
	0.160	**1.60**	16.0	160	**1 600**
	0.20	2.0	20	**200**	
0.025	0.25	2.5	**25**	250	
0.032	0.32	**3.2**	32	320	
0.040	**0.40**	4.0	40	**400**	
0.050	0.50	5.0	**50**	500	
0.063	0.65	**6.3**	63	630	
0.080	**0.80**	8.0	80	**800**	
0.100	1.00	10.0	100	1 000	

(4) 10점 평균거칠기 R_z의 호칭방법

10점 평균거칠기 R_z의 호칭방법은 "10점 평균거칠기 _____μm, 기준길이 _____mm, 평가길이 _____mm" 또는 "_____μm R_z, l _____mm, l_n _____mm"로 표시한다. 기준길이와 평가길이의 표준값을 사용할 때는 표시를 생략 가능하고 표준값이 아니라면 표시한다.

(5) 10점 평균거칠기 R_z의 구간표시

10점 평균거칠기 R_z를 어느 구간에서 나타내어야 할 때에는 그 구간의 상한(표시값이 큰 쪽) 및 하한(표시값이 작은 쪽)에 상당하는 수치를 표 7-7에서 선정하여 표시한다.

[예] $(12.5 \sim 1.60)\mu\mathrm{m}\,R_z$, l 2.5 mm

【4】 요철의 평균간격(S_m)의 정의

(1) 요철의 평균간격 S_m 구하는 방법

요철의 평균간격 S_m은 거칠기곡선에서 그 평균선의 방향에 기준길이만큼 뽑아내어 이 부분에서 하나의 산 및 그것에 이웃한 하나의 골에 대응한 평균선의 길이의 합을 구하여 이 다수의 간격의 산술평균값을 밀리미터(mm)로 나타낸 것이다.

$$S_m = \frac{l}{n}\sum_{i=1}^{n} S_{mi}$$

- S_{mi} : 요철의 간격
- n : 기준길이 내에서의 요철 간격의 개수

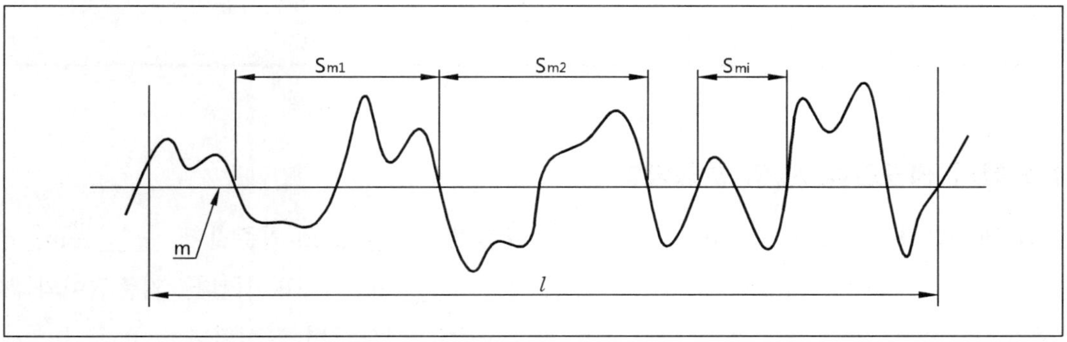

그림 7-5 요철의 평균간격(S_m)

(2) 기준길이와 평가길이의 표준값

S_m를 구하는 경우의 기준길이 및 평가길이의 표준값은 일반적으로 표 7-8에 따른다. S_m는 먼저 기준길이를 지정한 후에 구하고, 일반적으로 표준값을 사용한다.

표 7-8 요철의 평균간격 S_m의 표준값

S_m의 범위[mm]		기준길이 l [mm]	평가길이 l_n [mm]
초과	이하		
0.013	0.04	0.08	0.4
0.04	0.13	0.25	1.25
0.13	0.4	0.8	4
0.4	1.3	2.5	12.5
1.3	4.0	8	40

(3) 요철의 평균간격 S_m의 표준수열

요철의 평균간격 S_m에 따라 표면거칠기를 지정할 때는 특별이 필요가 없는 한 표 7-9의 표준수열을 사용한다.

표 7-9 요철의 평균간격 S_m의 표준수열 [단위 : mm]

	0.0125	0.125	1.25	**12.5**
	0.0160	0.160	**1.60**	
	0.020	**0.20**	2.0	
0.002	**0.025**	0.25	2.5	
0.003	0.032	0.32	**3.2**	
0.004	0.040	**0.40**	4.0	
0.005	**0.050**	0.50	5.0	
0.006	0.063	0.65	**6.3**	
0.008	0.080	**0.80**	8.0	
0.010	**0.100**	1.00	10.0	

(4) 요철의 평균간격 S_m의 호칭방법

요철의 평균간격 S_m의 호칭방법은 "요철의 평균간격 _____mm, 기준길이 _____mm, 평가길이 _____mm" 또는 "_____mmS_m, l _____mm, l_n _____mm"로 표시한다. 기준길이와 평가길이의 표준값을 사용할 때는 표시를 생략 가능하고 표준값이 아니라면 표시한다.

(5) 요철의 평균간격 S_m의 구간표시

요철 평균간격 S_m을 어느 구간에서 나타내어야 할 때에는 그 구간의 상한(표시값이 큰 쪽) 및 하한(표시값이 작은 쪽)에 상당하는 수치를 표 7-9에서 선정하여 표시한다.

[예] $(0.80 \sim 0.20)$ mm S_m, l 2.5 mm

【5】 국부 산봉우리의 평균간격(S)의 정의

(1) 국부 산봉우리의 평균간격 S구하는 방법

국부 산봉우리의 평균간격 S는 거칠기곡선에서 그 평균선의 방향에 기준길이만큼 뽑아내어 이 표본부분에서 이웃한 국부 산봉우리 사이에 대응하는 평균선의 길이(이하 국부 산봉우리의 간격이라 한다)를 구하여 이 다수의 간격의 산술평균값을 밀리미터(mm)로 나타낸 것이다.

$$S = \frac{l}{n}\sum_{i=1}^{n} S_i$$

- S_i : 국부 산봉우리의 간격
- n : 기준길이 내에서의 국부 산봉우리 간격의 개수

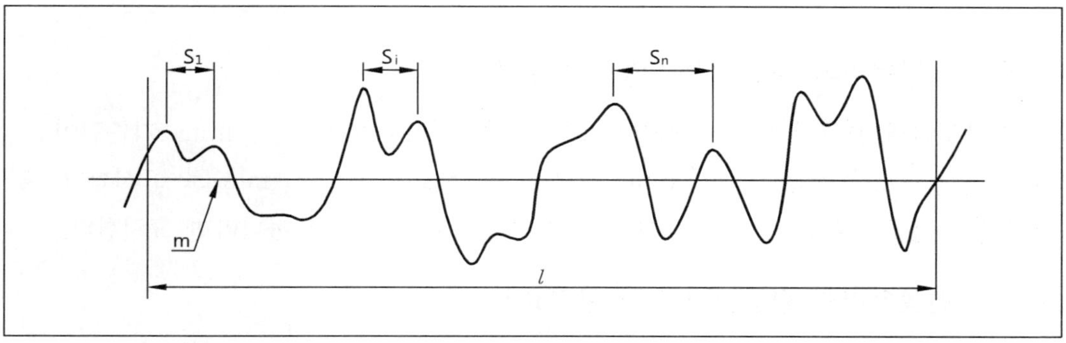

그림 7-6 국부 산봉우리의 평균간격(S)

(2) 기준길이와 평가길이의 표준값

국부 산봉우리의 평균간격 S를 구하는 경우의 기준길이 및 평가길이의 표준값은 일반적으로 표 7-10에 따른다. 국부 산봉우리의 평균간격 S는 먼저 기준길이를 지정한 후에 구하고, 일반적으로 표준값을 사용한다.

표 7-10 국부 산봉우리의 평균간격 S의 표준값

S의 범위[mm]		기준길이 l [mm]	평가길이 l_n [mm]
초과	이하		
0.013	0.04	0.08	0.4
0.04	0.13	0.25	1.25
0.13	0.4	0.8	4
0.4	1.3	2.5	12.5
1.3	4.0	8	40

(3) 국부 산봉우리의 평균간격 S의 표준수열

국부 산봉우리의 평균간격 S에 따라 표면거칠기를 지정할 때는 특별히 필요가 없는 한 표 7-11의 표준수열을 사용한다.

표 7-11 국부 산봉우리의 평균간격 S의 표준수열 [단위 : mm]

	0.0125	0.125	1.25	12.5
	0.0160	0.160	1.60	
	0.020	0.20	2.0	
0.002	0.025	0.25	2.5	
0.003	0.032	0.32	3.2	
0.004	0.040	0.40	4.0	
0.005	0.050	0.50	5.0	
0.006	0.063	0.65	6.3	
0.008	0.080	0.80	8.0	
0.010	0.100	1.00	10.0	

(4) 국부 산봉우리의 평균간격 S의 호칭방법

국부 산봉우리의 평균간격 S의 호칭방법은 "요철의 평균간격 _____mm, 기준길이 _____mm, 평가길이 _____mm" 또는 "_____mmS_m, l _____mm, l_n _____mm"로 표시한다. 기준길이와 평가길이의 표준값을 사용할 때는 표시를 생략 가능하고 표준값이 아니라면 표시한다.

(5) 국부 산봉우리의 평균간격 S의 구간표시

국부 산봉우리의 평균간격 S을 어느 구간에서 나타내어야 할 때에는 그 구간의 상한(표시값이 큰 쪽) 및 하한(표시값이 작은 쪽)에 상당하는 수치를 표 7-11에서 선정하여 표시한다.

[예] $(0.80 \sim 0.20)\,\text{mm}S$, l 2.5 mm

【6】 부하길이율(t_p)의 정의

(1) 부하길이율 t_p구하는 방법

부하길이율 t_p는 거칠기곡선에서 그 평균값의 방향으로 기준길이만큼 뽑아서 이 표본부분의 거칠기곡선을 산봉우리선에 평행한 절단레벨로 절단하였을 때에 얻어지는 절단 길이의 합(η_p)의 기준길이에 대한 비를 백분율로 나타낸 것이다.

$$t_p = \frac{\eta_p}{l} \times 100$$

- η_p : $b_1 + b_2 + \cdots + b_n$
- l : 기준길이

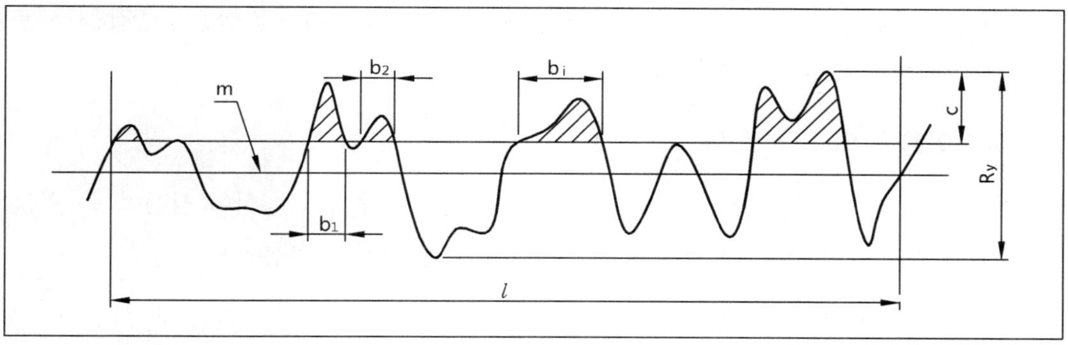

그림 7-7 부하길이율 t_p

(2) 부하길이율 t_p의 기준길이

부하길이율 t_p를 구하는 경우의 기준길이는 일반적으로 표 7-12에서 고른다.

표 7-12 부하길이율 t_p의 기준길이 [단위 : mm]

0.08	0.25	0.8	2.5	8	25

(3) 부하길이율 t_p의 절단레벨

부하길이율 t_p를 구하는 경우의 절단레벨은 마이크로미터(μm) 단위를 수치로 나타내거나, R_y에 대한 비를 백분율[%]로 나타낸다. 이 경우에 적용하는 표준수열은 표 7-13과 같다.

표 7-13 부하길이율 t_p의 절단레벨

5	10	15	20	25	30	40	50	60	70	75	80	90

(4) 부하길이율 t_p의 표준수열

부하길이율 t_p에 따라 표면거칠기를 지정할 때는 특별이 필요가 없는 한 표 7-14의 표준수열을 사용한다.

표 7-14 부하길이율 t_p의 표준수열

t_p [%]	10	20	30	40	50	60	70	80	90

(5) 부하길이율 t_p의 호칭방법

부하길이율 t_p의 호칭방법은 "부하길이율 ______%, 절단레벨 ______μm, 기준길이 ______mm, 평가길이 ______mm" 또는 "______mmt_p, c______μm, l ______mm, l_n ______mm" 또는 "부하길이율 ______%, 절단레벨 ______% 기준길이 ______mm, 평가길이 ______mm" 또는 "______%t_p, c

_____%, l _____mm, l_n _____mm"로 표시한다. 기준길이와 평가길이의 표준값을 사용할 때는 표시를 생략 가능하고 표준값이 아니라면 표시한다.

(6) 부하길이율 t_p의 구간표시

부하길이율 t_p를 어느 구간에서 나타내어야 할 때에는 그 구간의 상한(표시값이 큰 쪽) 및 하한(표시값이 작은 쪽)에 상당하는 수치를 표 7-13에서 선정하여 표시한다.

[예] $(60 \sim 40)\%t_p$, $c40\%$, $l2.5\,\text{mm}$

7.3 표면의 결 도시방법

표면거칠기를 도면에 기입할 경우, 반드시 지시해야 하는 사항과 필요할 때만 지시하는 사항이 있다. 반드시 지시해야 하는 사항들은 표면거칠기의 기입대상이 되는 면, 제거가공이 필요한지의 여부, 허용하는 표면거칠기의 최대값 등이다. 그리고 필요에 따라서 지시하는 사항들로서 면의 가공방법, 표면거칠기의 결의 방향, 표면거칠기의 컷오프값, 등이 있다. 특히, 정밀가공을 통해서 제작되는 부품의 제작도면에서 밀링이나 선삭공정을 사용하여 완성하는 면은 가공방법을 특별히 기입하지 않지만, 연마(grinding)공정을 사용하여 완성하는 면은 연마 또는 G라는 표시를 가공방법으로서 기입하는 것이 좋다.

【1】 대상면을 지시하는 기호

표면의 결을 도시할 때에 대상면의 기호는 그림 7-8과 같이 60°로 벌린 길이가 다른 선으로 그리며, 지시기호는 지시하는 대상면을 나타내는 선(도형의 외형선)에 실체를 향하여 접해서 그린다.

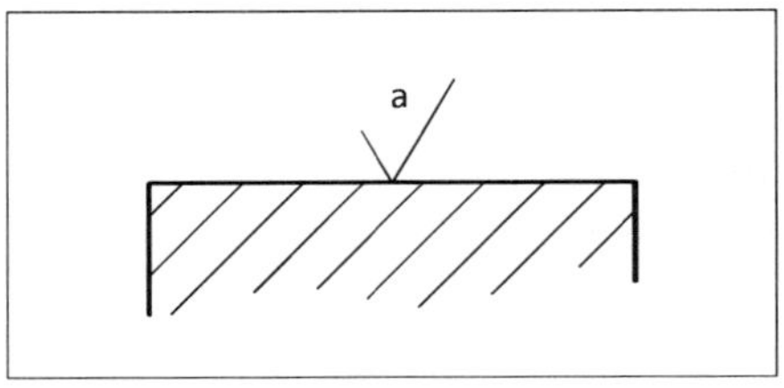

그림 7-8 대상면 지시기호

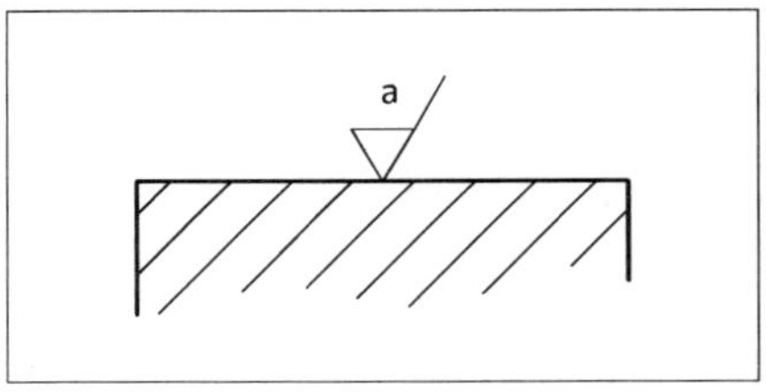

그림 7-9 제거가공 지시기호

【2】 제거가공을 지시하는 기호

면의 지시기호에서 짧은 쪽의 다리 끝에 그림 7-9과 같이 가로선을 그어서 지시한다.

【3】 제거가공을 허용하지 않는 면의 지시기호

면의 지시기호에 그림 7-10과 같이 내접하는 원을 그려서 지시하며 이 부분은 가공을 하지 않는다는 기호이다.

【4】 제거가공을 허용하지 않는 면의 지시기호

제거가공의 필요 여부를 묻지 않는 경우에는, 면의 지시기호에 표면거칠기의 지시값 등을 붙여서 사용하면 된다.

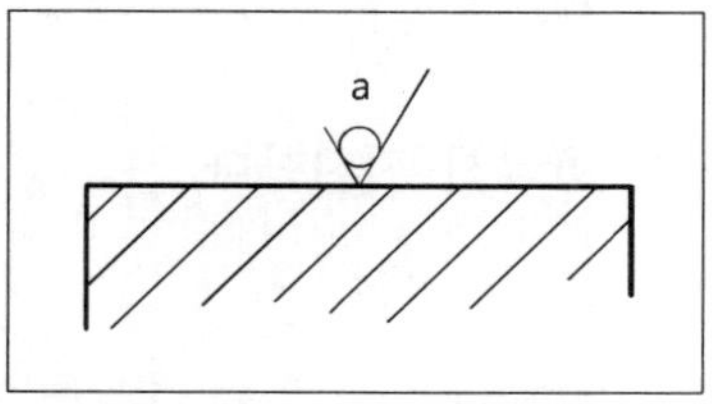

그림 7-10 제거가공을 하지 않는 지시기호

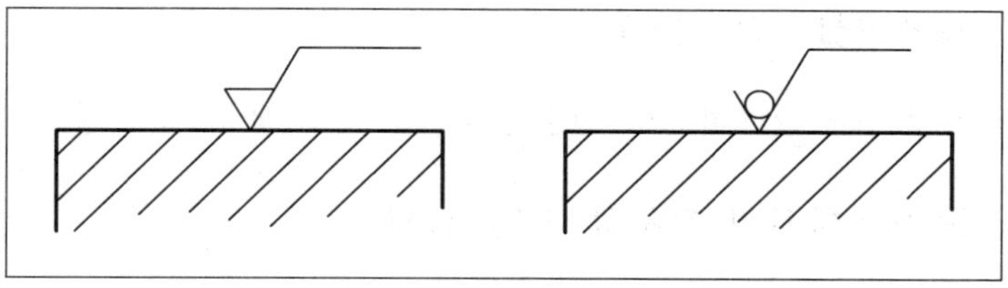

그림 7-11 가공방법 등을 기입하기 위한 기호

【5】 가공방법 등을 기입하기 위한 기호

특별히 가공방법 등을 지시할 필요가 있는 경우에는 그림 7-11과 같이 면의 지시기호의 긴쪽 선에 가로선을 긋고, 그 길이는 가공방법의 지시내용과 같게 한다.

표 7-15 가공방법의 약호

가 공 방 법	약 호		가 공 방 법	약 호	
	I	II		I	II
선삭가공	L	선 반	호닝가공	GH	호 닝
드릴가공	D	드 릴	액체호닝다듬질	SPL	액체호닝
보링가공	B	보 링	배럴연마가공	SPBR	배 럴
밀링가공	M	밀 링	버프다듬질	FB	버 프
플래너가공	P	플래너	블래스트다듬질	SB	블래스트
셰이퍼가공	SH	셰이핑	래핑다듬질	FL	래 핑
브로치가공	BR	브로치	줄다듬질	FF	줄
리머가공	FR	리 머	스크레이퍼다듬질	FS	스크레이퍼
연마가공	G	연 마	페이퍼다듬질	FCA	페이퍼
벨트샌딩가공	GB	포 연	주 조	C	주 조

7.4 표면거칠기의 지시방법

【1】 일 반

표면거칠기의 지시방법은 지시하는 표면거칠기의 파라미터에 따라 나타낸다. R_a, R_y, R_z는 μm이고 S_m 및 S는 mm이며 t_p는 %로 나타내지만, 표면거칠기의 지시값에는 단위기호의 기입을 생략한다. 표면거칠기의 지시값의 상한 및 하한은 대상면에서 임의로 뽑은 여러 개소의 측정값의 산술평균값에 대한 허용한계로, 개개의 측정값에 대한 것은 아니다.

【2】 R_a를 지시하는 경우

(1) 표면거칠기의 지시값

표면거칠기는 일반적으로 산술평균거칠기 R_a의 표준수열 중에서 골라서 지시한다.

(2) 표면거칠기의 지시값 기입 위치

① 상한만을 지시하는 경우에는 면의 지시기호의 위쪽(또는 아래쪽)에 그 값을 기입한다.

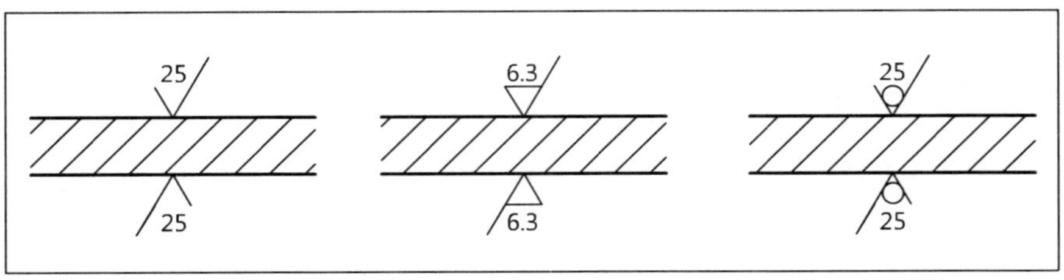

그림 7-12 R_a의 상한을 지시한 보기

② 상한 및 하한을 지시하는 경우에는 면의 지시기호의 위쪽(또는 아래쪽)에 상한을 위에 하한을 아래에 나열하여 기입한다.

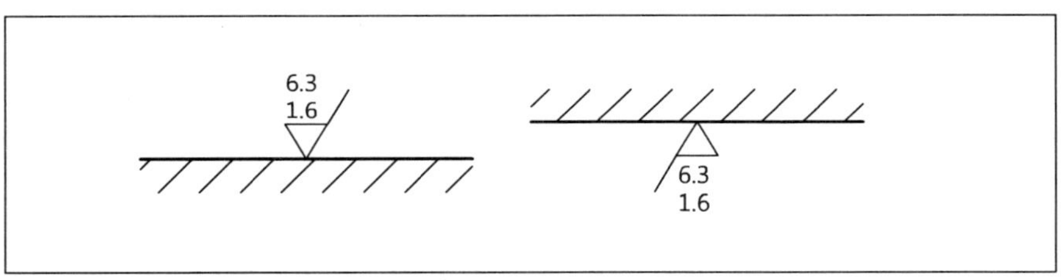

그림 7-13 R_a의 상한, 하한을 지시한 보기

(3) 컷오프값 및 평가길이의 지시

표준값이 아닌 컷오프값 및 컷오프값의 5배가 아닌 평가길이를 지시할 필요가 있는 경우에는 면의 지시기호가 긴 쪽의 다리에 붙이는 가로선 아래에 표면거칠기의 지시값에 대응시키고 컷오프값, 평가길이의 순으로 기입한다.

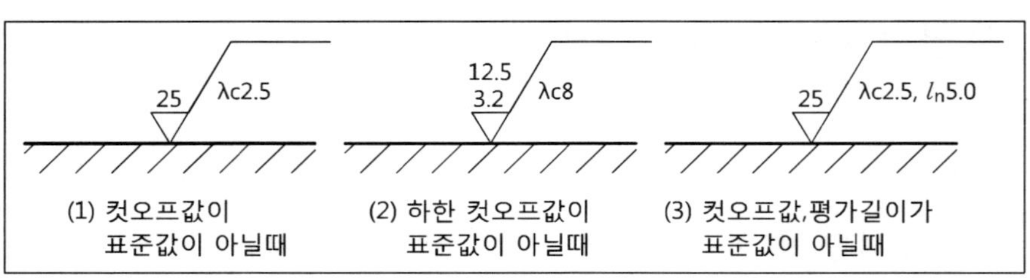

그림 7-14 컷오프값 및 평가길이를 지시한 보기

【3】 R_y, R_z, S_m 또는 S를 지시하는 경우

(1) 표면거칠기의 지시값

필요에 의해 R_y, R_z, S_m 또는 S를 지시하는 경우에는 표면거칠기의 지시값은 각 파라미터의 표준수열 중에서 골라서 지시하는 것이 좋다.

(2) 표면거칠기의 지시값 기입 위치

표면거칠기의 지시값은 면의 지시기호가 긴 쪽의 다리에 가로선을 붙이고 그 아래쪽에 상한만을 지시하는 경우에는 그 값을 상한 및 하한을 지시하는 경우에는 "상한~하한"과 같이 파라미터의 기호에 이어서 기입한다.

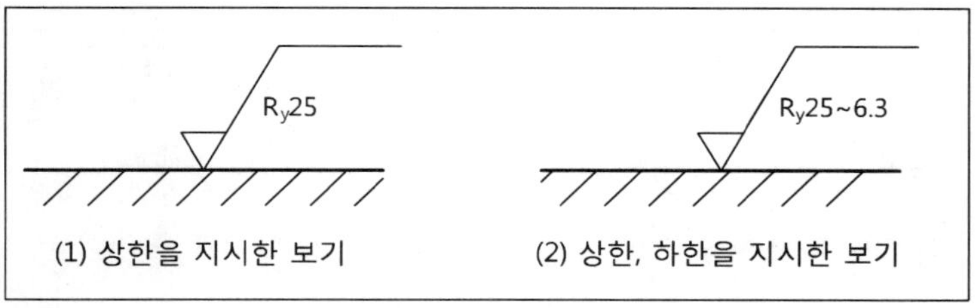

그림 7-15 R_y를 지시한 보기

(3) 기준길이 및 평가길이의 지시

기준길이 및 평가길이를 지시할 필요가 있는 경우에는 표면거칠기의 지시값의 아래쪽에 기입한다.

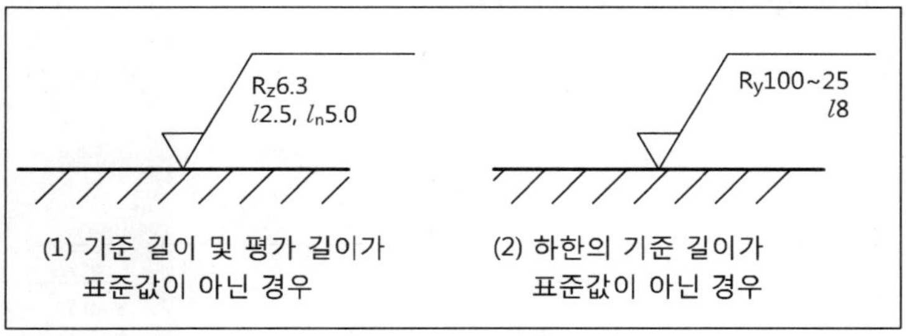

그림 7-16 기준길이를 지시한 보기

【4】 t_p를 지시하는 경우

(1) 표면거칠기의 지시값

필요하여 t_p를 지시하는 경우에는 표면거칠기의 지시값은 t_p의 표준수열 중에서 골라서 지시하는 것이 좋다.

(2) 표면거칠기의 지시값 기입 위치

표면거칠기의 지시값은 면의 지시기호가 긴 쪽의 다리에 가로선을 붙이고 그 아래쪽에 하한만을 지시하는 경우에는 그 값을, 상한 및 하한을 지시하는 경우에는 "상한~하한"과 같이 파라미터의 기호에 이어서 기입한다.

(3) 기준길이 및 평가길이의 지시

기준길이 및 평가길이를 지시할 필요가 있는 경우에는 표면거칠기의 지시값의 아래쪽에 기입한다.

(4) 절단레벨의 지시

절단레벨은 다음 중 어느 한쪽의 값을 표면거칠기의 지시값 뒤에 짧은 사선을 끼워서 기호 c에 이어서 기입한다.

① 산봉우리에서의 거리 R_y에 대한 비의 값[%]. c의 값에는 %를 부기한다.

② 산봉우리선에서의 거리(μm). 단위기호는 생략한다.

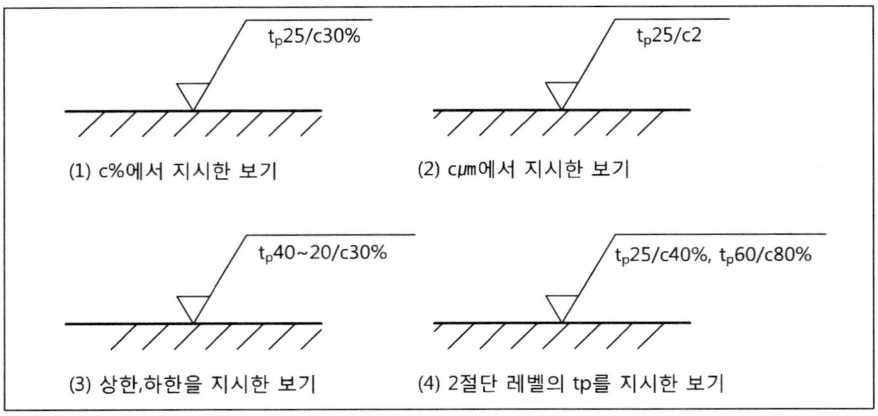

그림 7-17 t_p를 지시한 보기

【5】 2종류 이상의 파라미터를 지시하는 경우

2종류 이상의 표면거칠기의 파라미터를 동일 대상면에 지시할 필요가 있는 경우에는 앞서 규정한 지시방법을 병용한다.

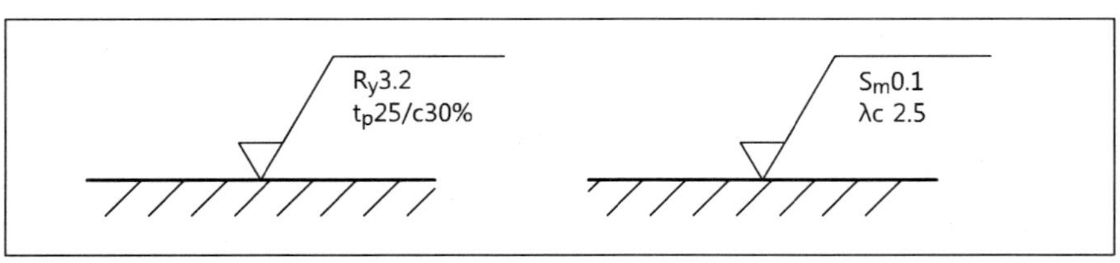

그림 7-18 2종류 이상의 파라미터를 지시한 보기

【6】 특수한 지시를 하는 경우

R_y등의 하한만, t_p의 상한만, 특수한 표면거칠기의 파라미터 등, 앞서 규정한 지시에 따를 수 없는 지시를 할 필요가 있는 경우에는, 면의 지시기호가 긴 쪽의 다리에 가로선을 붙이고, 그 아래쪽에 참조를 위한 기호를 기입하고 도면 중의 적절한 개소에 그 기호를 참조한 주기에 따라 지시한다.

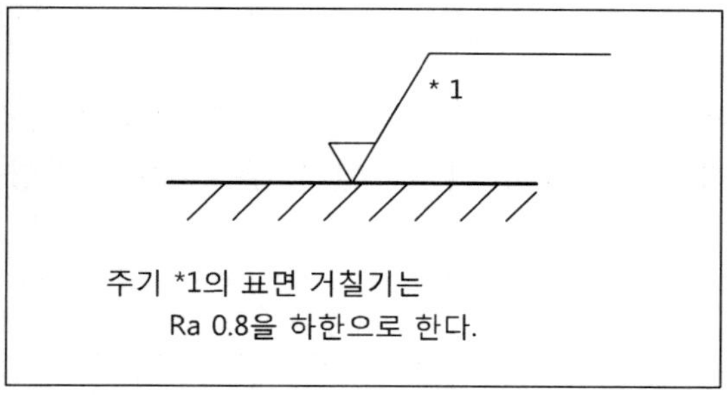

그림 7-19 특수한 지시의 보기

【7】 특수한 요구사항의 지시방법

(1) 가공방법

그 표면의 결을 얻기 위하여 특정 가공방법을 지시할 필요가 있는 경우에는 면의 지시기호가 긴 쪽의 다리에 가로선을 붙이고, 그 위쪽에 문자 또는 KS B 0107 혹은 KS D 0022에 규정하는 기호로 기입한다.

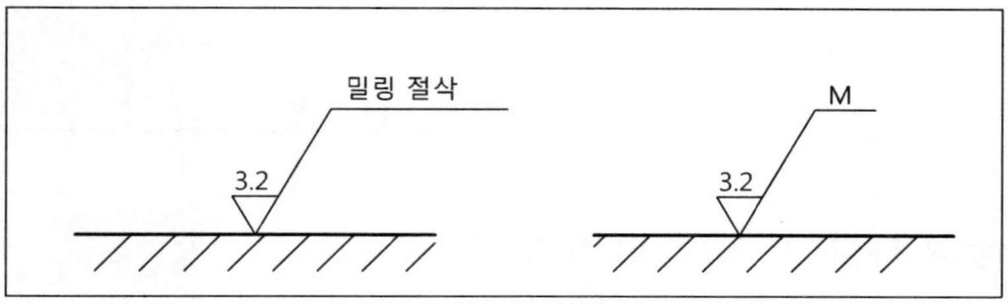

그림 7-20 가공방법을 지시한 보기

보기를 들면, 표면처리의 앞과 뒤의 양쪽의 표면거칠기를 지시하는 등, 전 가공의 표면거칠기도 지시할 필요가 있을 때에는 다음 그림의 보기에 따르거나 또는 적절한 주기에 따른다.

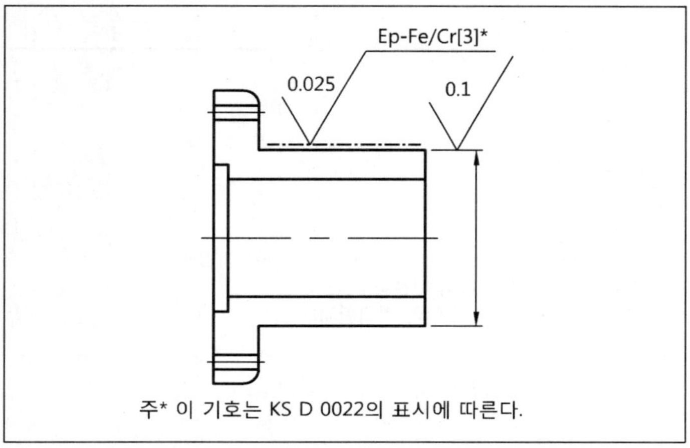

그림 7-21 표면처리의 앞 및 뒤의 표면거칠기를 지시한 보기

(2) 줄무늬방향

줄무늬방향을 지사할 필요가 있는 경우에는 표 7-16에 규정하는 기호를 면의 지시기호의 오른쪽에 부기하여 지시한다. 다만, 표에 규정되어 있지 않은 줄무늬방향을 지시하고 싶을 때에는 적절한 주기에 따른다.

표 7-16 가공모양의 기호

기호	=	⊥	X	M	C	R	P
설명도	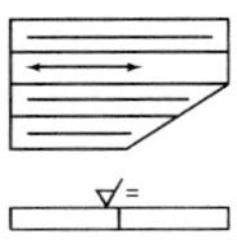	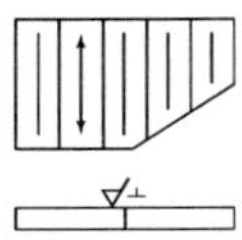	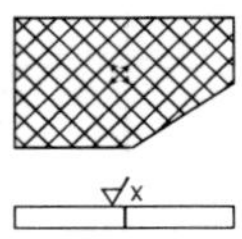	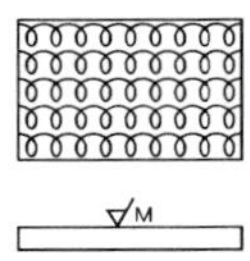	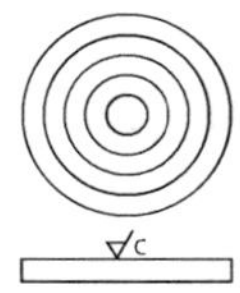	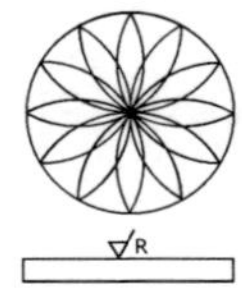	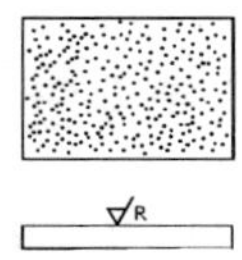
의미	가공으로 생긴 줄무늬방향이 기호를 기입한 그림의 투상면에 평행 보기 : 셰이빙면	가공으로 생긴 줄무늬방향이 기호를 기입한 그림의 투상면에 직각 보기 : 셰이빙 면, 선삭	가공으로 생긴선이 2방향으로 교차 보기 : 호닝, 다듬질면	가공으로 생긴선이 다방면으로 교차 또는 방향이 없음 보기 : 래핑 다듬질면	가공으로 생긴선이 거의 동심원 보기 : 끝면 절삭면	가공으로 생긴선이 거의 방사상	줄무늬 방향이 특별하며 방향이 없거나 돌출(돌기가 있는)할 때

【8】 면의 지시기호에 대한 각 지시기호의 위치

표면의 결에 관한 지시기호는 면의 지시기호에 대하여 표면거칠기의 값, 컷오프값 또는 기준길이, 가공방법, 줄무늬방향의 기호, 표면파상도 등을 그림에서 나타내는 위치에 배치하여 나타낸다.

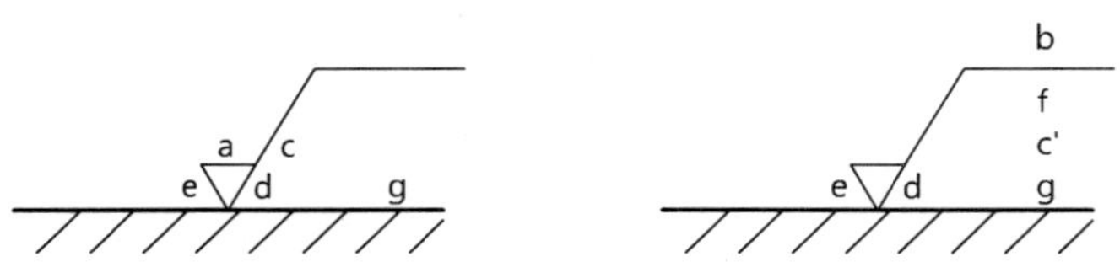

a : Ra의 값
b : 가공 방법
c : 컷오프값, 평가 길이
c' :기준 길이, 평가 길이
d : 줄무늬 방향의 기호
f : Ra 이외의 파라미터 (tp일 때네는 파라미터/절단 레벨)
g : 표면 파상도 (KS B 0610에 따른다.)
비고 a 또는 f 이외는 필요에 따라 기입한다.

그림 7-22 각 지시기호의 기입 위치

【9】 면의 지시기호에 대한 각 지시기호의 위치

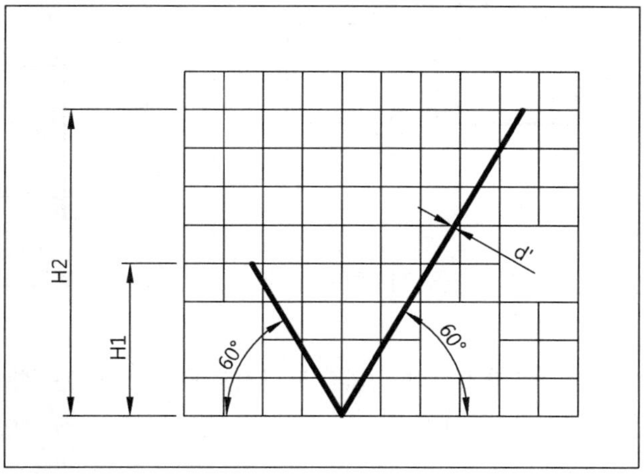

그림 7-23 면의 지시기호의 치수 비율

표 7-17 지시기호의 치수 비율 [단위 : mm]

숫자 및 문자의 높이(h)	2.5	3.5	5	7	10	14
기호를 그리는 선의 굵기(d')	0.25	0.35	0.5	0.7	1	1.4
문자를 그리는 선의 굵기(d)	0.25	0.35	0.5	0.7	1	1.4
기호의 짧은 다리의 높이(H_1)	3.5	5	7	10	14	20
기호의 긴 다리의 높이(H_2)	8	11	15	21	30	42

【10】 표면거칠기의 도면 기입방법

① 기호는 그림 7-24와 같이 그림의 아래쪽 또는 오른쪽부터 읽을 수 있도록 기입한다.

② 산술평균거칠기의 값 R_a만을 지시하는 경우에는 그림 7-25와 같이 한다.

③ 면의 지시기호는 대상면을 나타내는 선, 그 연장선 또는 그것으로부터의 치수 보조선에 접하여 실체의 바깥쪽에 기입한다.

④ 그림의 관계에서 ③에 따를 수 없는 경우에는, 대상면에서 인출한 인출선에 기입하여도 좋다.

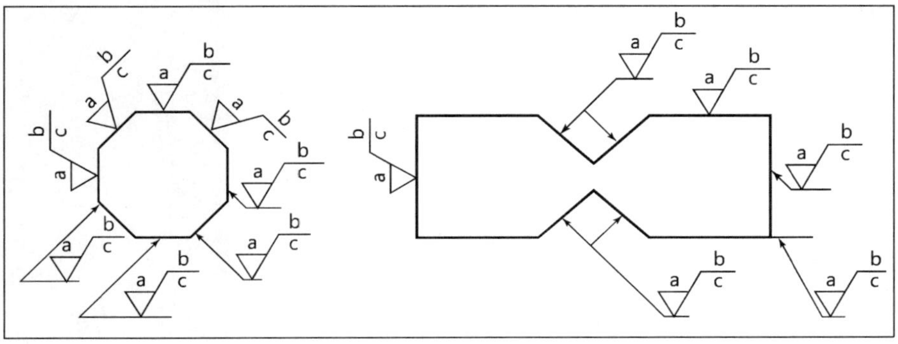

그림 7-24 거칠기값의 기입방법

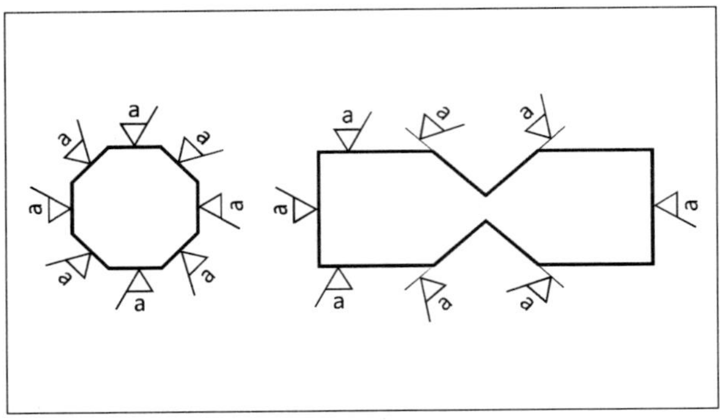

그림 7-25 중심선 평균거칠기값을 지시하는 경우

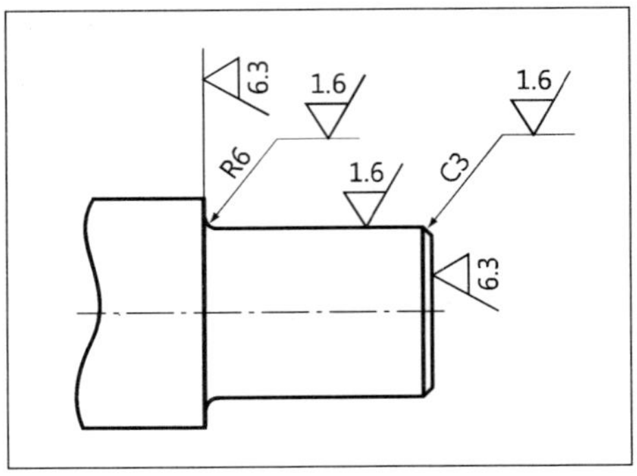

그림 7-26 둥글기(필릿), 모따기 면의지시

⑤ 둥글기(필릿)부 또는 모따기부에 면의 지시기호를 기입하는 경우에는 그림 7-26과 같이 반지름 또는 모따기를 나타내는 치수선을 연장한 지시선에 기입한다.

⑥ 둥근 구멍의 지름치수 또는 인출선을 사용하여 표시하는 경우에는 그림 7- 27과 같이 지름치수 다음에 기입한다.

⑦ 표면의 결의 기호는 그림 7-28과 같이 되도록 치수를 지시한 투상도에 기입하고, 동일한 면에 대하여는 두 곳 이상의 위치에 기입하지 않는다.

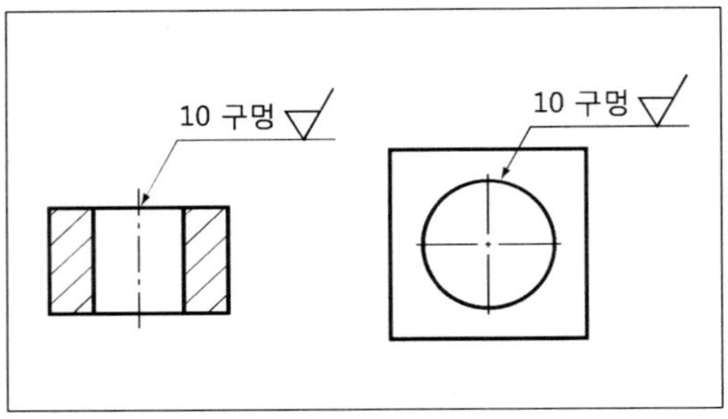

그림 7-27 지시선을 사용할 경우

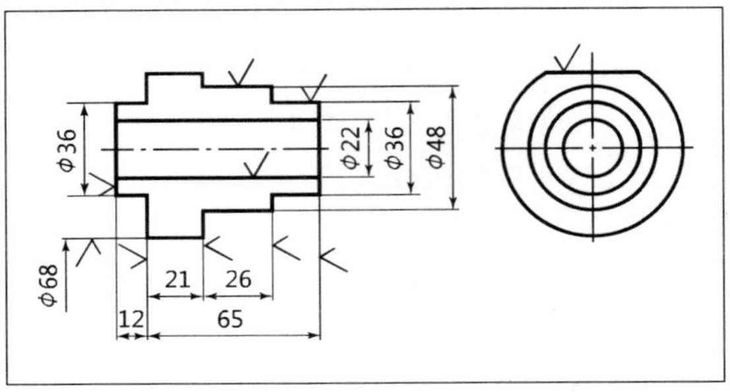

그림 7-28 치수를 기입한 투상도에 기입

⑧ 도면 기입의 간략법

- 부품의 전체면을 동일한 결로 지정하는 경우에는 그림 7-29과 같이 주투상도, 부품번호 또는 표제란 곁에 기입한다.
- 1개의 부품에서 대부분이 동일한 표면의 결이고 일부분만이 다를 경우에는 그림 7-30의 (1)과 같이 공통이 아닌 기호를 해당하는 면 위에 기입함과 동시에 공통인 결의 기호 다음에 묶음표를 붙여서 면의 지시기호만을 기입하든지 그림 7-30의 (2)와 같이 공통이 아닌 기호를 나란히 기입한다.

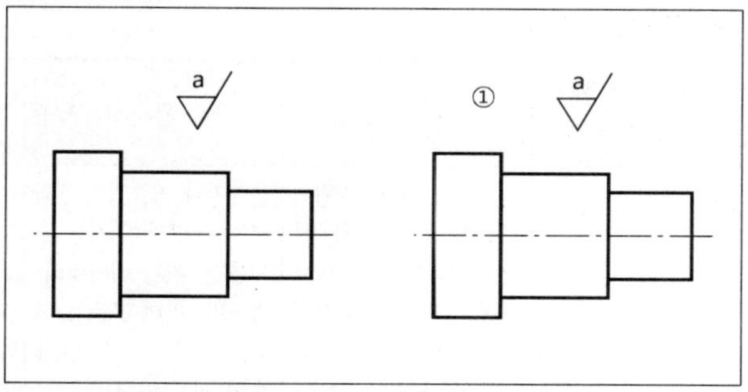

그림 7-29 전체를 동일한 결로 지시

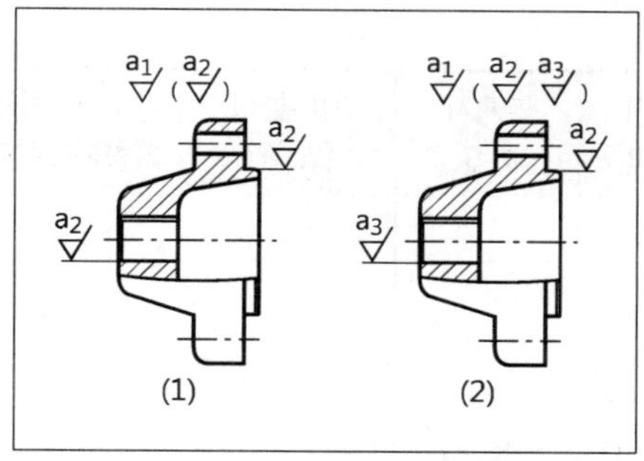

그림 7-30 대부분이 같을 경우

- 그림 7-31과 같이 면의 지시기호를 여러 곳에 반복해서 기입하는 경우 또는 기입하는 여지가 한정되어 있는 경우에는 대상면에 면의 지시기호와 알파벳의 소문자로 기입하고 그 뜻을 주투상도, 부품 번호 또는 표제란 곁에 기입한다.
- 둥글기부 또는 모따기부에 면의 지시기호를 기입하는 경우, 그림 7-32와 같이 이들 부분에 접속하는 2개의 면 중에서 어느 것이든 한쪽의 거친 면과 같아도 되는 경우에는 이 기호를 생략해도 좋다.

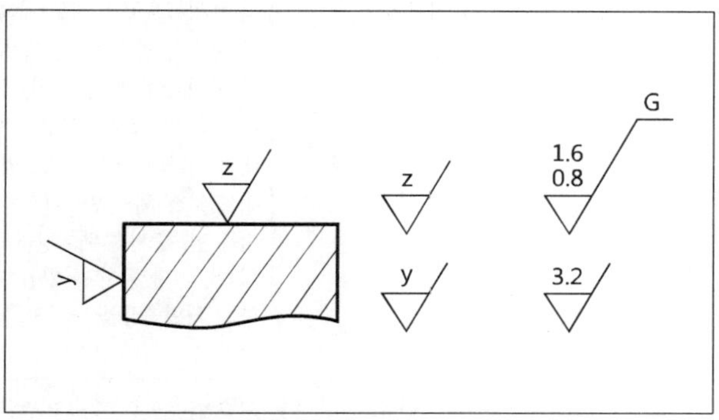

그림 7-31 여러 곳에 반복 지시하는 경우

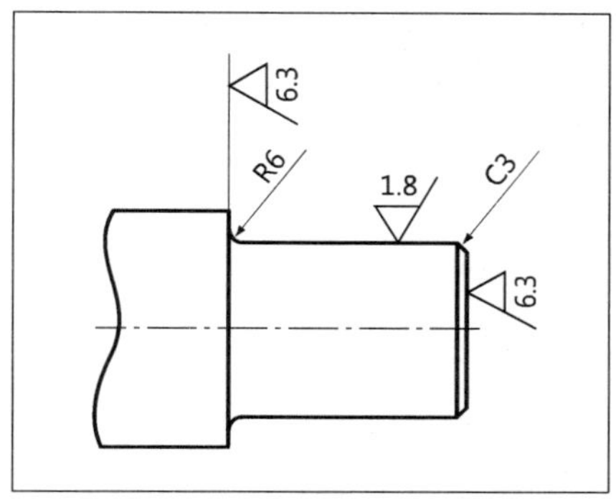

그림 7-32 생략이 가능한 부분

표 7-18 지시기호의 치수 비율

제거가공기호	면지시 기호	최대높이 (R_z)값	중심선 평균 거칠기(R_a)값	비교 표준편 게이지번호	가공정도	지시하는부분 예
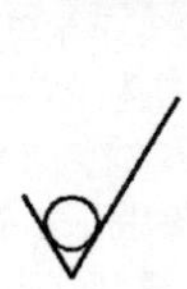		특별히 규정하지 않는다.			주조, 압연, 단조, 주물 등에 생산된 지연 면의 요철(근 거스리미)을 그라인더나 줄 및 와이어 브러쉬 등으로 따내는 정도의 면	일반적으로 기계 등으로 가공은 하지 않으며, 스패너의 자루, 핸들의 입, 주조 및 단조한 그대로의 면, 플랜지의 측면, 철판, 철골, 구조물등
 w	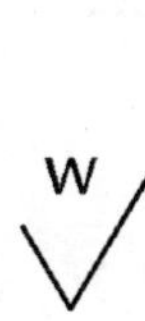 w	50-S	12.5a	N 10	줄 가공, 플래너, 선반, 밀링, 그라인딩, 샌드 페이퍼 등에 의한 가공으로써 가공 흔적이 뚜렷하게 남을 정도의 거친 면	저널 베어링 몸체의 밑 면, 펌프 본체의 밑 면, 축이나 핀의 양 끝면, 끼워 맞춤을 하지 않는, 다른 두 부품과 닿지 않는 가공 면 등
		100-S	25a	N 11		중요하지 않은 독립 부분의 거친 면이나 간단하게 흑피(표면의 불규칙한 돌기)를 제거하는 정도의 거친 면

표 7-18 (계속)

제거가공기호	면지시 기호	최대높이 (R_z)값	중심선 평균 거칠기(R_a)값	비교 표준편 게이지번호	가공정도	지시하는부분 예
		12.5-S	3.2a	N 8	줄 가공, 선반, 밀링 , 브로칭 등에 의한 선삭, 그라인딩에 의한 가공으로 가공 흔적이 희미하게 남을 정도의 보통의 가공면	플랜지나 커플링의 접합면, 키로 고정하는 구멍의 안지름 면과 축의 바깥지름면, 저널 베어링의 본체와 뚜껑의 접합면, 리머 볼트가 끼워지는 안지름 면, 기어의 이 끝 면, 키의 외면과 키 홈의 면, 나사산의 면, 회전 및 직선 미끄럼 운동을 하지 않은 접촉면과 접착되는 면, 패킹의 접착 면, 핸들의 사각 구멍 안쪽 면, 부시나 미끄럼 베어링의 양 끝 면, 볼트로 고정하는 접촉면, 기어의 보스 양 측면, 풀리의 보스 양 측면
		25-S	6.3a	N 9		
		3.2-S	0.8a	N 6	줄 가공, 선반이나 밀링 등에 의한 선삭, 그라인딩, 래핑, 보링 등에 의한 가공으로 가공 흔적이 전혀 남아있지 않은 극히 깨끗한 정밀 고급 가공면	오링이 끼워지거나 접촉해 고정되는 면, 크랭크 핀의 바깥지름 면, 크랭크 축과 운동하는 저널의 안지름 면, 열처리 및 연마되어 내마모성을 필요로 하는 기어의 이 맞물림 면, 부시나 미끄럼 베어링의 안지름 면, 회전 또는 직선 왕복운동을 하는 축의 바깥지름과 보스의 안지름 면, 밸브 시트 면이나 콕의 스톱퍼 접촉 면, 크랭크 축과 미끄럼 접촉하는 저널의 안지름 면, 내연 기완의 피스톤 로드와 피스톤 핀 및 크로스 헤드 핀, 피스톤 링의 바깥지름 면, 중저속 베어링의 구름 면, 캠의 면, 기타 윤이 나거나, 도금을 해야 하는 외면, 정밀 나사의 산 면
		6.3-S	1.6a	N 7		
		0.1-S	0.025a	N 1	폴리싱, 래핑, 호닝, 버핑 등에 의한 가공으로 광택이 나며, 거울 면처럼 극히 깨끗한 초정밀 고급 가공면	정밀을 요하는 폴리싱(polishing), 래핑(lapping), 버핑(buffing) 등에 의한 특수 용도의 고급 플랜지 면
		0.2-S	0.05a	N 2		
		0.4-S	0.1a	N 3		내연 기관의 피스톤 로드와 피스톤 핀 및 크로스헤드핀, 피스톤 링의 바깥지름면, 고속 베어링의 구름 면, 연료 펌프의 플랜지, 기밀을 요하는 공기압 또는 유압 실린더의 안지름 면, 오일 실 및 오링과 회전운동 및 직선 왕복 미끄럼 접촉하는 축 바깥지름 면, 볼이나 니들 롤러의 외면 등
		0.8-S	0.2a	N 4		
		1.6-S	0.4a	N 5		

KS 규격의 적용 Ⅲ

1. 공구의 생크

공구를 공작기계 또는 다른 공구에 결합시키는 4각 형태의 자루 부분

【1】 KS 규격

(1) 4각부 생크

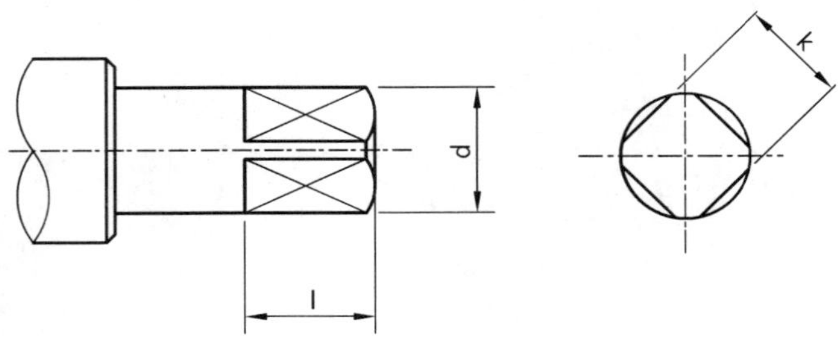

생크 지름 d			4각부 나비 k		사각부 나비 *l*
장려 치수	초과	이하	기준 치수	허용차	
2.00	1.90	2.12	1.60		4
2.24	2.12	2.36	1.80		4
2.50	2.36	2.65	2.00	0 −0.10	4
2.80	2.65	3.00	2.24		5
3.15	3.00	3.35	2.50		5
3.55	3.35	3.75	2.80		5
4.00	3.75	4.25	3.15		6
4.50	4.25	4.75	3.55	0 −0.12	6
5.00	4.75	5.30	4.00		7
5.60	5.30	6.00	4.50		7
6.30	6.00	6.70	5.00		8
7.10	6.70	7.50	5.60		8
8.00	7.50	8.50	6.30	0 −0.15	9
9.00	8.50	9.50	7.10		10
10.0	9.50	10.6	8.00		11
11.2	10.6	11.8	9.00		12
12.5	11.8	13.2	10.0		13
14.0	13.2	15.0	11.2	0 −0.18	14
16.0	15.0	17.0	12.5		16
18.0	17.0	19.0	14.0		18
20.0	19.0	21.2	16.0		20
22.4	21.2	23.6	18.0		22
25.0	23.6	26.5	20.0	0 −0.21	24
28.0	26.5	30.0	22.4		26
31.5	30.0	33.5	25.0		28

【2】 규격의 적용

① 조립도에서 축경(d)을 직접 측정한다.

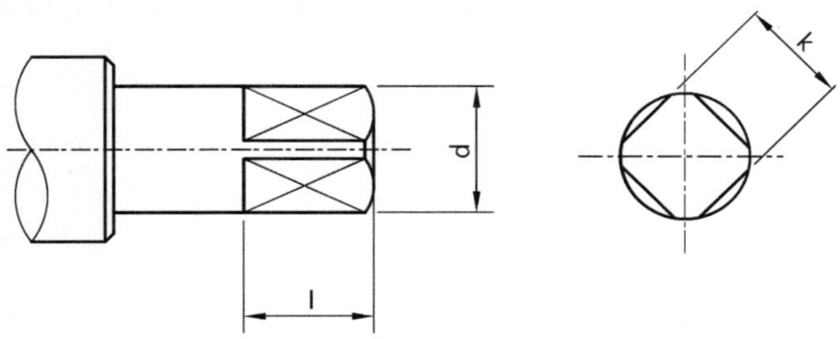

② 표에서 축경(d)을 찾아 k와 l을 찾아 적용한다.

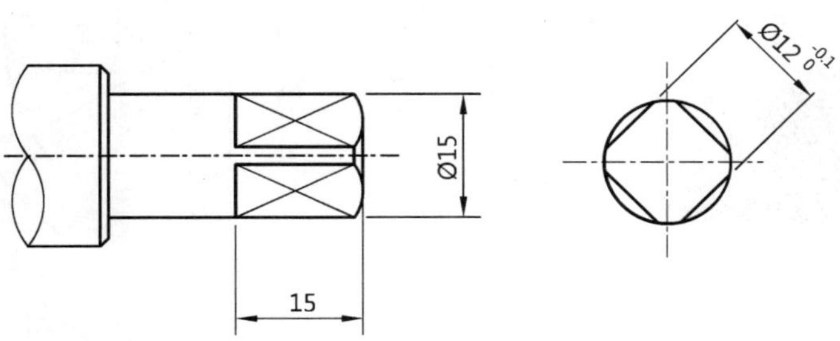

2. 센터 구멍

센터 구멍은 선반 가공시 공작물의 처짐, 떨림을 방지하기 위해 가공하는 구멍으로 심압대에 설치한 센터를 끼우게 된다.

【1】 KS 규격

(1) 센터 구멍

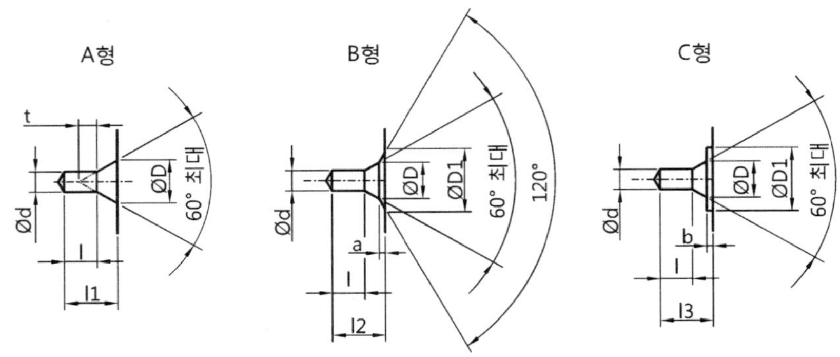

[60° 센터 구멍]

호칭 지름 d	D	D1	D2 최소	ℓ 최대	b 약	참고				
						ℓ1	ℓ2	ℓ3	t	a
(0.5)	1.06	1.6	1.6	1	0.2	0.48	0.64	0.68	0.5	0.16
(0.63)	1.32	2	2	1.2	0.3	0.6	0.8	0.9	0.6	0.2
(0.8)	1.7	2.5	2.5	1.5	0.3	0.78	1.01	1.08	0.7	0.23
1	2.12	3.15	3.15	1.9	0.4	0.97	1.27	1.37	0.9	0.3
(1.25)	2.65	4	4	2.2	0.6	1.21	1.6	1.81	1.1	0.39
1.6	3.35	5	5	2.8	0.6	1.52	1.99	2.12	1.4	0.47
2	4.25	6.3	6.3	3.3	0.8	1.95	2.54	2.75	1.8	0.59
2.5	5.3	8	8	4.1	0.9	2.42	3.2	3.32	2.2	0.78
3.15	6.7	10	10	4.9	1	3.07	4.03	1.04	2.8	0.96
4	8.5	12.5	12.5	6.2	1.3	3.9	5.05	5.2	3.5	1.15
(5)	10.6	16	16	7.5	1.6	4.85	6.41	6.45	4.4	1.56
6.3	13.2	18	18	9.2	1.8	5.98	7.36	7.78	5.5	1.38
(8)	17	22.4	22.4	11.5	2	7.79	9.35	9.79	7	1.56
10	21.2	28	28	14.2	2.2	9.7	11.66	11.9	8.7	1.96

【2】 규격의 적용

① 센터 구멍은 센터 드릴로 가공하며, 조립도에서는 도시가 안 되었어도 가공을 위한 부품 도에서는 도시를 해야 한다.

② 센터의 일반적인 표기는 다음과 같다.

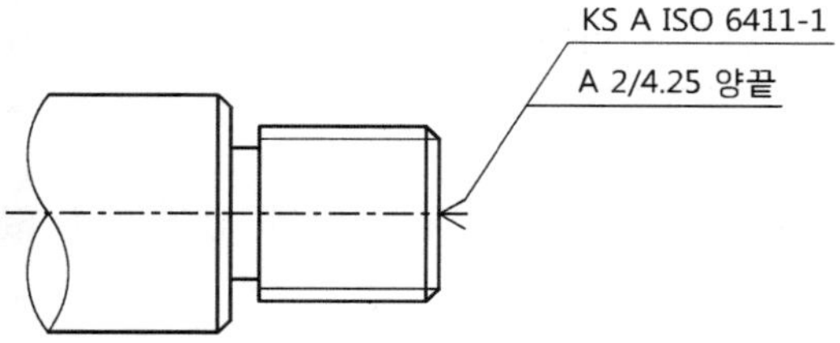

③ KS A ISO 6411-1은 센터 구멍의 치수의 규격을 규정하고 있는 KS 규격번호를 의미한다.

④ A형은 센터 구멍의 종류를 의미한다.(A형, B형, C형, R형)

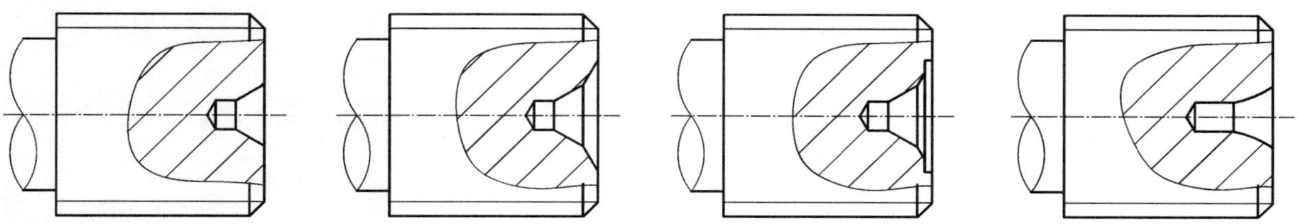

A형 센터　B형 센터　C형 센터　R형 센터

⑤ '2.5'는 센터 구멍의 호칭 지름을 의미한다.

⑥ '8'은 센터 구멍의 최대 직경을 의미한다.

⑦ '양끝'은 센터 구멍이 축의 양쪽 끝에 가공됨을 의미한다. '양끝' 또는 '양단'이 없으면 표시된 쪽에만 센터 구멍이 가공된다.

⑧ 센터 구멍은 그 형상을 도시하지 않고 치수 지시선으로 도시한다.

⑨ 아래의 도시법은 완성된 제품에 센터 구멍이 남아있어야 한다.

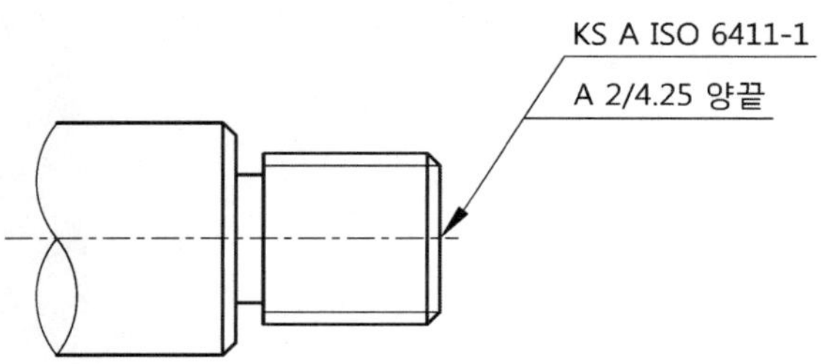

⑩ 아래의 도시법은 완성된 제품에 센터 구멍이 남아있으면 안 된다.

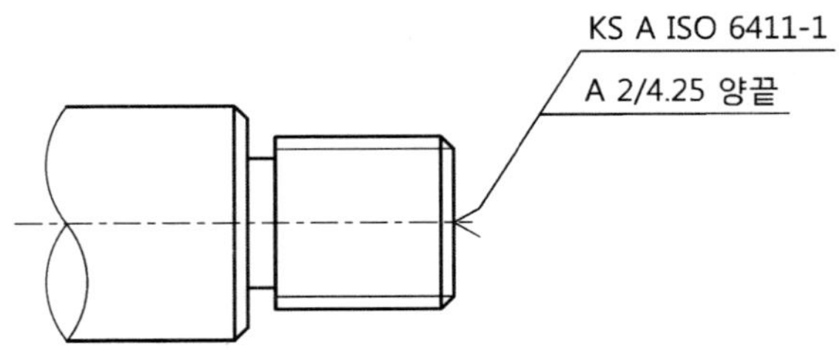

⑪ 아래의 도시법은 완성된 제품에 센터 구멍이 남아있던 없던 상관하지 않을 때의 도시 기호이다.

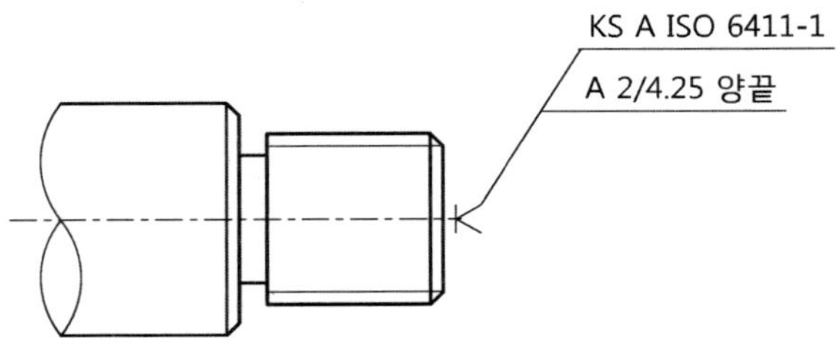

3. 묻힘 키 및 키 홈

키는 회전축에 벨트 풀리나 기어 등을 고정하여 회전력을 전달할 때 쓰이는 기계요소이다.

【1】 KS 규격

(1) 묻힘 키의 종류

형 상		기 호
평행 키	나사용 구멍 없음	P
	나사용 구멍 있음	PS
경사 키	머리 없음	T
	머리 있음	TG
반달 키	둥근 바닥	WA
	납작 바닥	WB

(2) 평행 키는 끝부분의 형상의 종류

양쪽 둥근 형	양쪽 네모 형	한쪽 둥근 형
		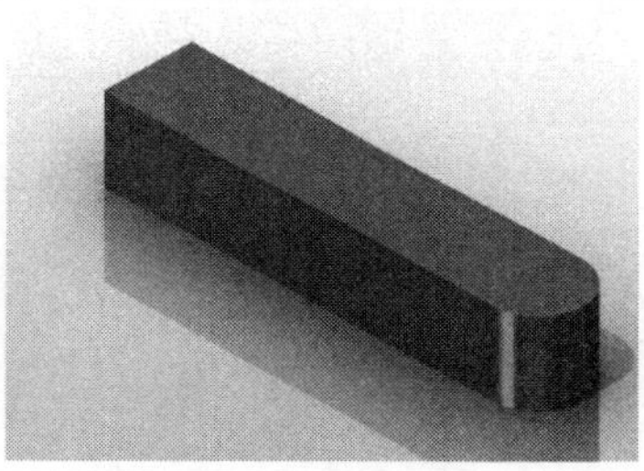

(3) 평행 키의 형상 및 기준치수

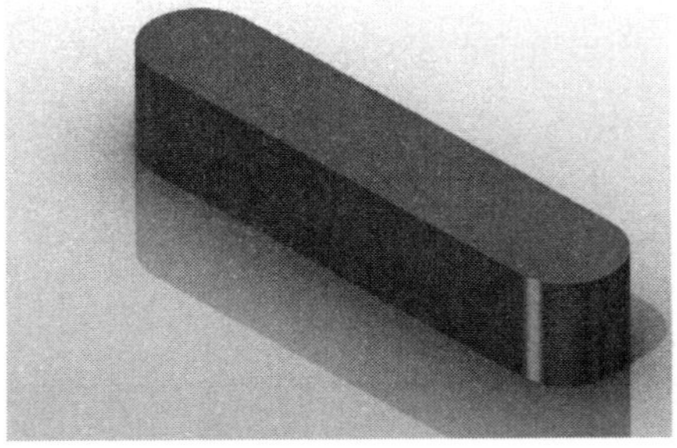

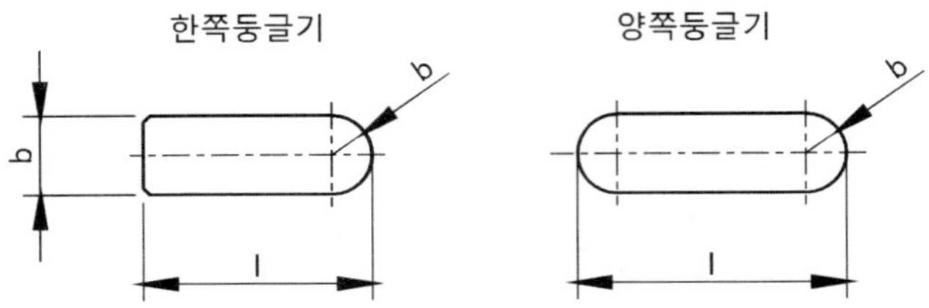

키의 호칭 치수 b×h	키의 치수							(참고)	나사용 구멍			
	b		h			모서리 모따기	ℓ	적응하는 축경 d	나사 호칭 d1	d2	d3	g
	기준 치수	허용차 (h9)	기준 치수	허용차								
2×2	2	0 −0.025	2	0 −0.025	h9	0.16 ~ 0.25	6~20	6~8	–	–	–	–
3×3	3		3				6~36	8~10	–	–	–	–
4×4	4	0 −0.030	4	0 −0.030			8~45	10~12	–	–	–	–
5×5	5		5			0.25 ~ 0.40	10~56	12~17	–	–	–	–
6×6	6		6				14~70	17~22	–	–	–	–
(7×7)	7	0 −0.036	7	0 −0.036			16~80	20~25	–	–	–	–
8×7	8		7	0 −0.090	h11		18~90	22~30	M3	6.0	3.4	2.3
10×8	10		8			0.40 ~ 0.60	22~110	30~38	M3	6.0	3.4	2.3
12×8	12	0 −0.043	8				28~140	38~44	M4	8.0	4.5	3.0
14×9	14		9				36~160	44~50	M5	10.0	5.5	3.7
(15×10)	15		10				40~180	50~55	M5	10.0	5.5	3.7
16×10	16		10				45~180	50~58	M5	10.0	5.5	3.7
18×11	18		11	0 −0.110			50~200	58~65	M6	11.5	6.6	4.3
20×12	20	0 −0.052	12			0.60 ~ 0.80	56~220	65~75	M6	11.5	6.6	4.3
22×14	22		14				63~250	75~85	M6	11.5	6.6	4.3
(24×16)	24		16				70~280	80~90	M8	15.0	9.0	5.7
25×14	25		14				70~280	85~95	M8	15.0	9.0	5.7
28×16	28		16				80~320	95~110	M10	17.5	11.0	10.8
32×18	32	0 −0.062	18				90~360	110~130	M10	17.5	11.0	10.8
(35×22)	35		22	0 −0.130		1.00 ~ 1.20	100~400	125~140	M10	17.5	11.0	10.8
36×20	36		20				–	130~150	M12	20.0	14.0	13.0
(38×24)	38		24				–	140~160	M10	17.5	11.0	10.8
40×22	40		22				–	150~170	M12	20.0	14.0	13.0
(42×26)	42		26				–	160~180	M10	17.5	11.0	10.8
45×25	45		25				–	170~200	M12	20.0	14.0	13.0
50×28	50		28				–	200~230	M12	20.0	14.0	13.0
56×32	56	0 −0.074	32	0 −0.160		1.60 ~ 2.00	–	230~260	M12	20.0	14.0	13.0
63×32	63		32				–	260~290	M12	20.0	14.0	13.0
70×36	70		36				–	290~330	M16	26.0	18.0	17.5
80×40	80		40			2.50 ~ 3.00	–	330~380	M16	26.0	18.0	17.5
90×45	90	0 −0.087	45				–	380~440	M20	32.0	22.0	21.5
100×50	100		50				–	440~500	M20	32.0	22.0	21.5

(4) 평행 키용의 키홈의 형상 및 기준치수

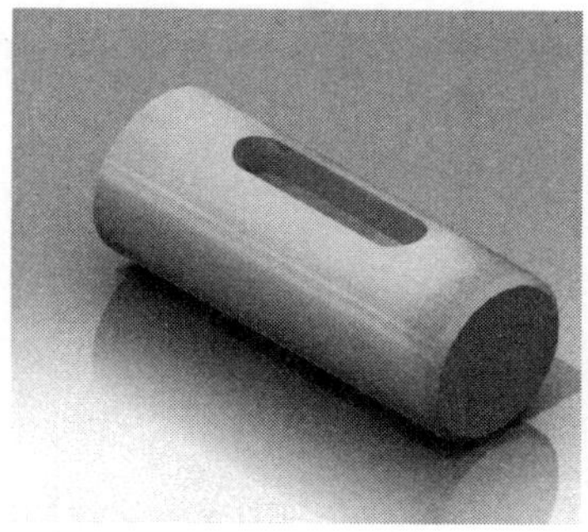

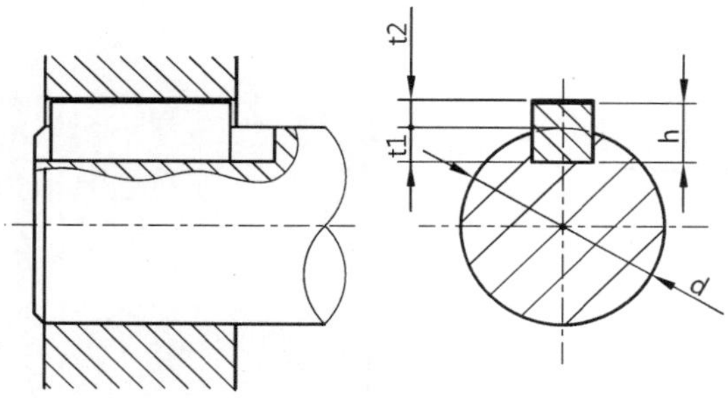

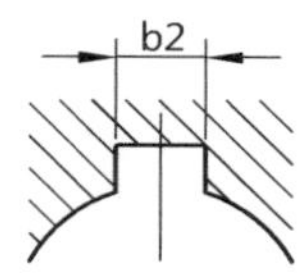

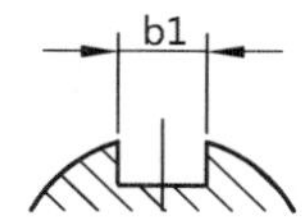

키의 호칭 치수 b×h	b1 b2 의 기준 치수	활동형 (미끄럼 키) b1 허용차 H9	활동형 (미끄럼 키) b2 허용차 D10	보통형 b1 허용차 N9	보통형 b2 허용차 Js9	조립형 b1 및 b2 허용차 P9	r1 및 r2	t1 의 기준 치수	t2 의 기준 치수	t1 t2 의 허용차	(참고) 적응하는 축경 d
2×2	2	+0.025 0	+0.060 +0.020	−0.004 −0.029	±0.0125	−0.006 −0.031	0.08 ~ 0.16	1.2	1.0	+0.1 0	6~8
3×3	3							1.8	1.4		8~10
4×4	4	+0.030 0	+0.078 +0.030	0 −0.030	±0.0150	−0.012 −0.042		2.5	1.8		10~12
5×5	5						0.16 ~ 0.25	3.0	2.3		12~17
6×6	6							3.5	2.8		17~22
(7×7)	7	+0.036 0	+0.098 +0.040	0 −0.036	±0.0180	−0.015 −0.051		4.0	3.0	+0.2 0	20~25
8×7	8							4.0	3.3		22~30
10×8	10						0.25 ~ 0.40	5.0	3.3		30~38
12×8	12	+0.043 0	+0.120 +0.050	0 −0.043	±0.0215	−0.018 −0.061		5.0	3.3		38~44
14×9	14							5.5	3.8		44~50
(15×10)	15							5.0	5.0		50~55
16×10	16							6.0	4.3		50~58
18×11	18							7.0	4.4		58~65
20×12	20	+0.052 0	+0.149 +0.065	0 −0.052	±0.0260	−0.022 −0.074	0.40 ~ 0.60	7.5	4.9		65~75
22×14	22							9.0	5.4		75~85
(24×16)	24							8.0	8.0		80~90
25×14	25							9.0	5.4		85~95
28×16	28							10.0	6.4		95~110
32×18	32	+0.062 0	+0.180 +0.080	0 −0.062	±0.0310	−0.026 −0.088		11.0	7.4		110~130
(35×22)	35						0.70 ~ 1.00	11.0	11.0	+0.3 0	125~140
36×20	36							12.0	8.4		130~150
(38×24)	38							12.0	12.0		140~160
40×22	40							13.0	9.4		150~170
(42×26)	42							13.0	13.0		160~180
45×25	45							15.0	10.4		170~200
50×28	50							17.0	11.4		200~230

【2】 규격의 적용

① 조립도에서 축과 V벨트 풀리 사이에 묻힘 키가 조립되어 있다.

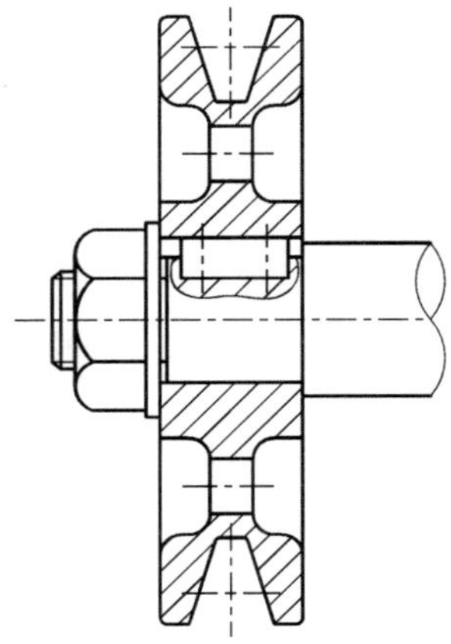

② 조립도에서 축과 V벨트 풀리를 분해한 형상은 다음과 같다.

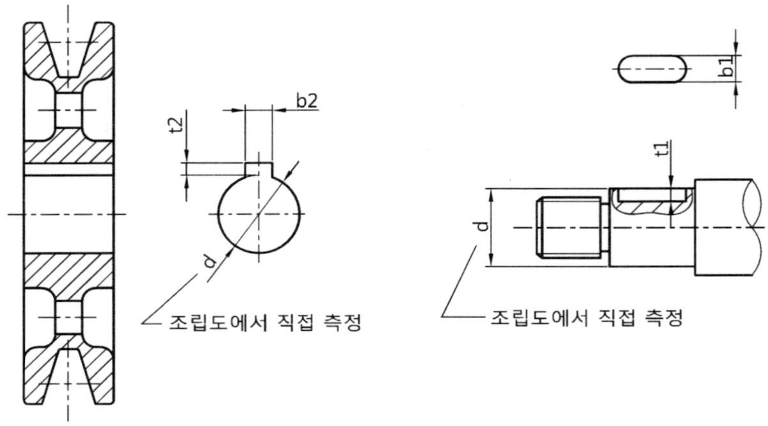

③ 키가 적용되는 위치의 축경(d)을 직접 측정한다.

④ 표에서 적용하는 축경(d)에서 해당 치수를 포함하는 부분을 찾는다.

⑤ 표에서 b1, b2의 기준치수를 찾는다.

⑥ b1, b2의 치수 허용차는 정밀급과 보통급으로 나누어져 있으나, 주로 보통급에서 해당되는 b1(N9), b2(Js9)의 치수공차를 찾아 적용한다.(공차를 수치적으로 기입할 수도 있으나, IT공차로 기입한다.)

⑦ 표에서 t1, t2의 기준치수를 찾는다.

⑧ t1, t2의 치수 공차는 동일하므로 t1, t2의 치수공차를 찾아 적용한다.

⑨ 구멍 부분의 t2의 경우 실제 측정하기 어려우므로 축의 외경(d)와 t2를 더해서 기입한다.

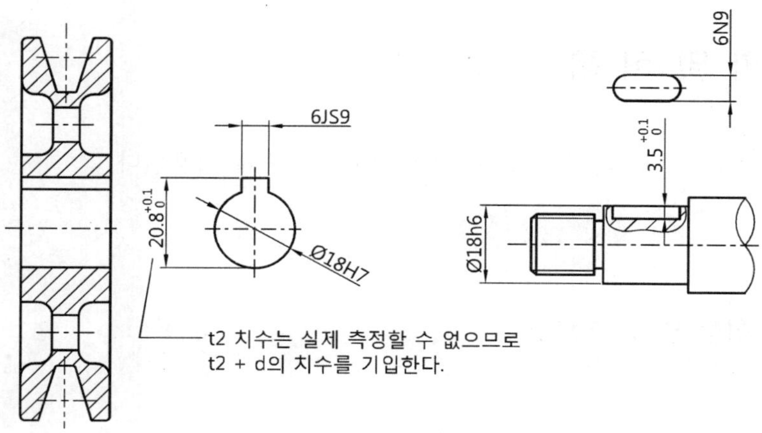
6JS9
20.8 +0.1 0
Ø18H7
t2 치수는 실제 측정할 수 없으므로
t2 + d의 치수를 기입한다.
6N9
3.5 +0.1 0
Ø18h6

4. 반달 키 및 키 홈

키의 형상이 반달모양으로 테이퍼 축에 적용하며 경하중에 사용된다.

【1】 KS 규격

(1) 반달 키의 형상 및 기준치수

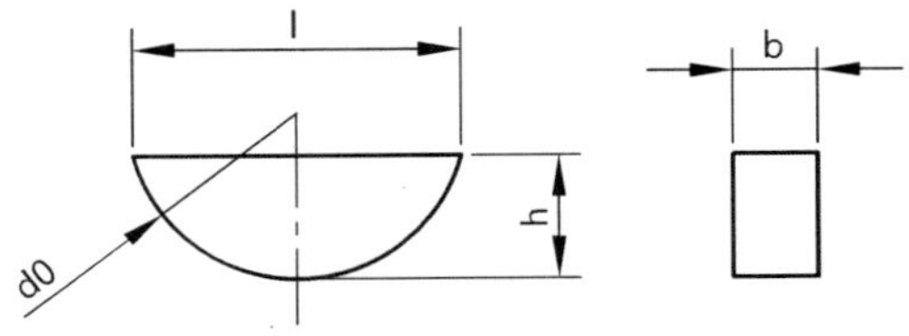

키의 호칭 치수 b×d0	키의 치수									(참고)
	b		d0		h		h1		C	적용하는 축경 d
	기준 치수	허용차 h9	기준 치수	허용차	기준 치수	허용차 h11	기준 치수	허용차		
1×4	1	0 −0.025	4	0 −0.1	1.4	0 −0.075	1.1	±0.1	0.16~0.25	–
1.5×7	1.5		7		2.6		2.1			
2×7	2		7		2.6		2.1			
2×10	2		10		3.7		3.0			
2.5×10	2.5		10		3.7		3.0			7~12
(3×10)	3		10		3.7		3.55			8~14
3×13	3		13		5.0		4.75	±0.2		9~16
3×16	3		16		6.5	0 −0.090	6.3			11~18
4×13	4	0 −0.030	13		5.0	0 −0.075	4.75			11~18
4×16	4		16		6.5	0 −0.090	6.3			12~20
4×19	4		19		7.5		7.1			14~22
5×16	5		16		6.5		6.3		0.25~0.40	14~22
5×19	5		19		7.5		7.1			15~24
5×22	5		22		9.0		8.5			17~26
6×22	6		22		9.0		8.5			19~28
6×25	6		25	0 −0.2	10.0		9.5			20~30
6×28	6		28		11.0	0 −0.110	10.6			22~32
6×32	6		32		13.0		12.5			24~34
(7×22)	7	0 −0.036	22	0 −0.1	9	0 −0.090	8.5			20~29
(7×25)	7		25	0 −0.2	10		9.5			22~32
(7×28)	7		28		11	0 −0.110	10.6			24~34
(7×32)	7		32		13		12.5			26~37
(7×38)	7		38		15		14.0			29~41
(7×45)	7		45		16		15.0			31~45
8×25	8		25		10	0 −0.090	9.5			24~34

(2) 반달 키 홈의 형상 및 기준치수

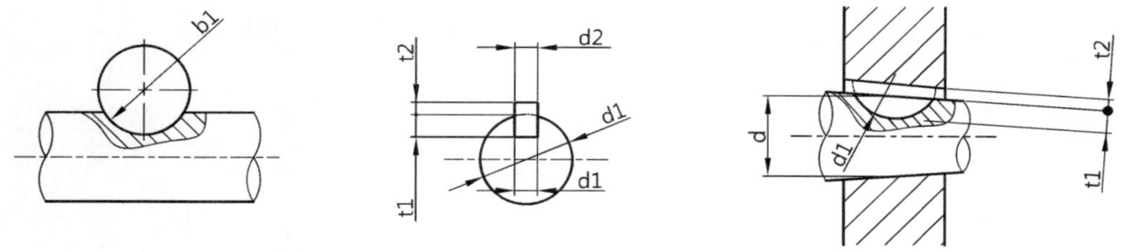

키의 호칭치수 b×d0	b1 및 b2 기준치수	보통형 b1 허용차 N9	보통형 b2 허용차 Js9	조립형 b1 및 b2 허용차 P9	t1 기준치수	t1 허용차	t2 기준치수	t2 허용차	r1 및 r2 기준치수	d1 기준치수	d1 허용차	참고 적용하는 축경 d
1×4	1	−0.004 −0.029	±0.012	+0.006 +0.031	1.0	+0.1 0	0.6	+0.1 0	0.08 ~ 0.16	4	+0.2 0	–
1.5×7	1.5				2.0		0.8			7		
2×7	2				1.8		1.0			7		
2×10	2				2.9		1.0			10		
2.5×10	2.5				2.7		1.2			10		7~12
(3×10)	3				2.5		1.4			10		8~14
3×13	3				3.8	+02 0	1.4			13		9~16
3×16	3				5.3		1.4			16		11~18
4×13	4	0 −0.030	±0.015	+0.012 +0.042	3.5	+0.1 0	1.7			13		11~18
4×16	4				5.0	+0.2 0	1.8			16		12~20
4×19	4				6.0		1.8			19	+0.3 0	14~22
5×16	5				4.5		2.3			16	+0.2 0	14~22
5×19	5				5.5		2.3			19	+0.3 0	15~24
5×22	5				7.0	+0.3 0	2.3			22		17~26
6×22	6				6.5		2.8		0.16 ~ 0.25	22		19~28
6×25	6				7.5		2.8	+0.2 0		25		20~30
6×28	6				8.6	+0.1 0	2.6	+0.1 0		28		22~32
6×32	6				10.6		2.6			32		24~34
(7×22)	7	0 −0.036	±0.018	+0.015 +0.051	6.4		2.8			22		20~29
(7×25)	7				7.4		2.8			25		22~32
(7×28)	7				8.4		2.8			28		24~34
(7×32)	7				10.4		2.8			32		26~37
(7×38)	7				12.4		2.8			38		29~41
(7×45)	7				13.4		2.8			45		31~45
8×25	8				7.2		3.0			25		24~34
8×28	8				8.0	+0.3 0	3.3	+0.2 0		28		26~37
8×32	8				10.2	+0.1 0	3.0	+0.1 0		32		28~40
8×38	8				12.2		3.0			38		30~44
10×32	10				10.0	+0.3 0	3.3	+0.2 0		32		31~46
10×45	10				12.8	+0.1 0	3.4	+0.1 0		45		38~54
10×55	10				13.8		3.4			55		42~60

【2】 규격의 적용

① 조립도에서 축과 V벨트 풀리 사이에 반달 키가 조립되어 있다.

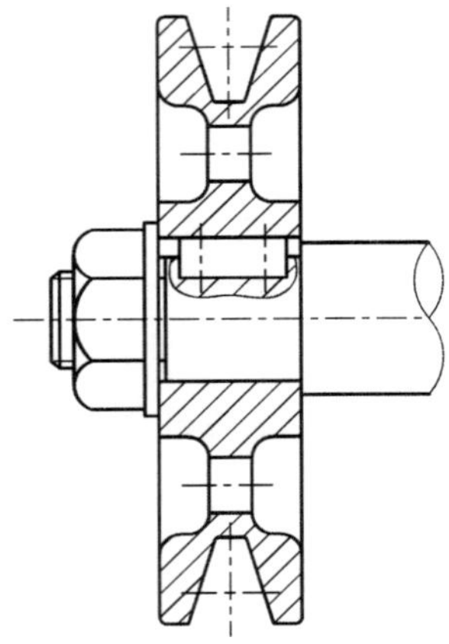

② 조립도에서 축과 V벨트 풀리를 분해한 형상은 다음과 같다.

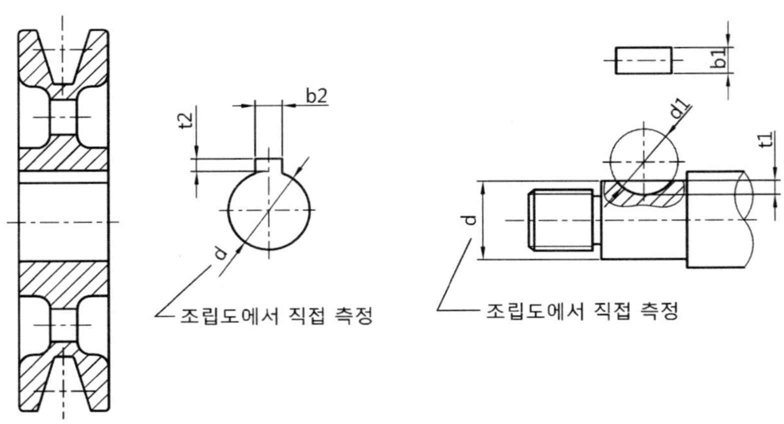

③ 키가 적용되는 위치의 축경(d)을 직접 측정한다.

④ 표에서 적용하는 축경(d)에서 해당 치수를 포함하는 부분이 여러 곳이므로 추가적으로 키이 홈의 치수 중d1을 추가 측정 하고 d를 포함하고 있는 영역에서 d1에 근접한 부분을 찾아 적용한다.

⑤ 표에서 b1, b2의 기준치수를 찾는다.

⑥ b1, b2의 치수 허용차는 정밀급과 보통급으로 나누어져 있으나, 주로 보통급에서 해당되는 b1, b2의 치수공차를 찾아 적용한다.(공차를 수치적으로 기입할 수도 있으나, IT공차로 기입한다.)

⑦ 표에서 t1, t2의 기준치수를 찾는다.

⑧ t1, t2의 치수 공차는 동일하므로 t1, t2의 치수공차를 찾아 적용한다.

⑨ 구멍 부분의 t2의 경우 실제 측정하기 어려우므로 축의 외경(d)와 t2를 더해서 기입한다.

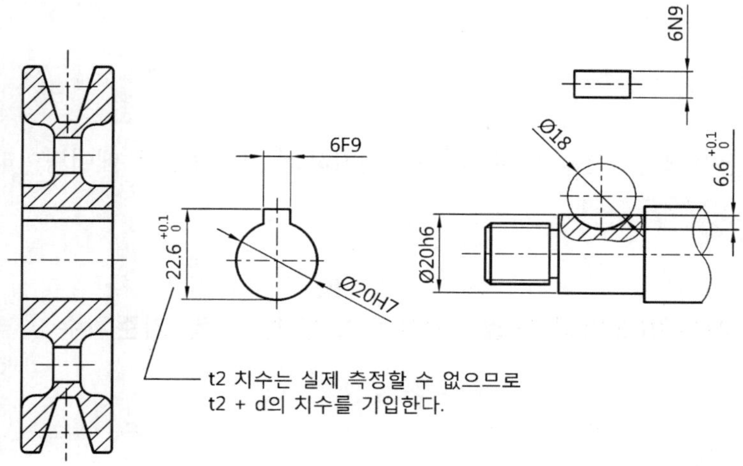
6N9
6F9
Ø18
6.6 +0.1 0
22.6 +0.1 0
Ø20h6
Ø20H7
t2 치수는 실제 측정할 수 없으므로
t2 + d의 치수를 기입한다.

5. 베어링

회전이나 왕복운동을 하는 축을 받쳐 하중을 지지하는 기계요소를 베어링이라 한다.

【1】 KS 규격

(1) 깊은 홈 볼 베어링(베어링 계열 : 62)의 호칭 번호 및 기준치수

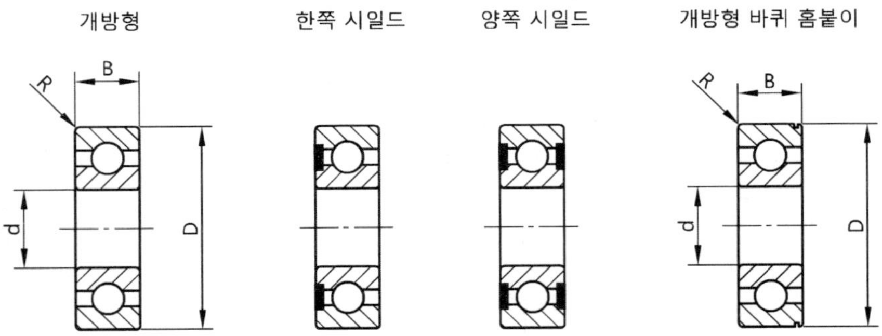

치수 계열 02				
호칭 번호	치 수			
	d	D	B	r (최소)
623	3	10	4	0.15
624	4	13	5	0.2
625	5	16	5	0.3
626	6	19	6	0.3
627	7	22	7	0.3
628	8	24	8	0.3
629	9	26	8	0.3
6200	10	30	9	0.6
6201	12	32	10	0.6
6202	15	35	11	0.6
6203	17	40	12	0.6
6204	20	47	14	1
62/22	22	50	14	1
6205	25	52	15	1
62/28	28	58	16	1
6206	30	62	16	1
62/32	32	65	17	1
6207	35	72	17	1.1
6208	40	80	18	1.1
6209	45	85	19	1.1

【2】 규격의 적용

① 조립도에서 베어링이 조립되어 있다.

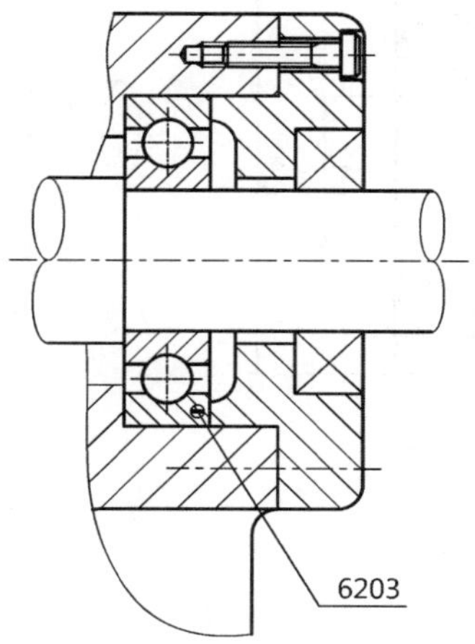

② 조립도에서 베어링을 분해한 형상은 다음과 같다.

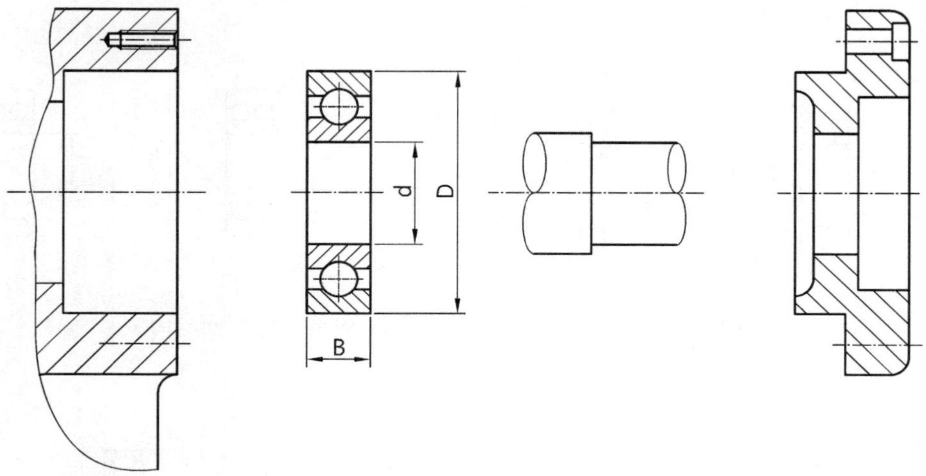

③ 주어진 도면에서 베어링의 호칭경을 확인하고 해당되는 표에서 찾는다.

④ 표에서 안지름(d), 바깥지름(D), 폭(B)을 찾아 적용한다. 베어링은 규격품으로 베어링이 조립되는 몸체와 축의 치수를 베어링의 치수에 일치 시켜야한다.

⑤ 511, 512 계열의 베어링은 전체 폭(T), 안지름(de)이 추가 적용한다.

⑥ 도면에서 베어링의 호칭경을 주어지지 않았으면, 조립도의 베어링의 도시된 형태와 안지름(d), 바깥지름(D), 폭(B)을 직접 측정하여 여려 표에서 가장 근사한 베어링 치수를 찾아 적용한다.

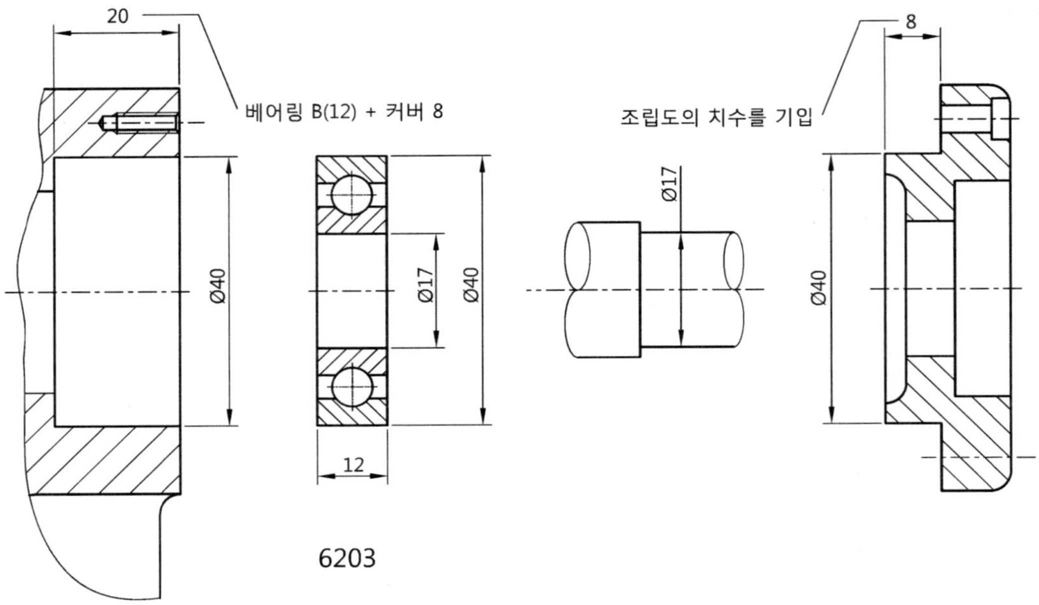

【3】 기타 베어링

① 앵귤러 볼 베어링

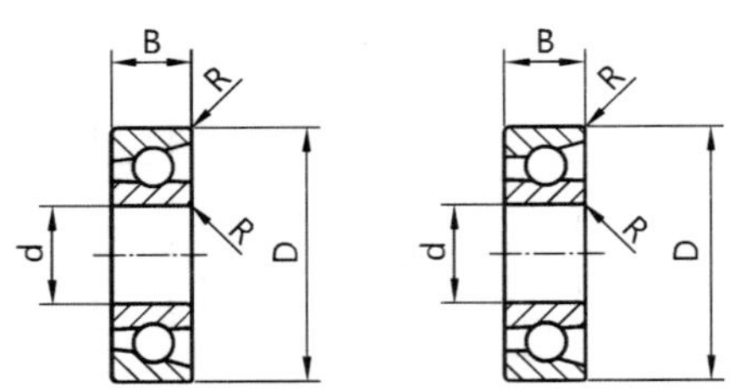

② 자동 조심 볼 베어링

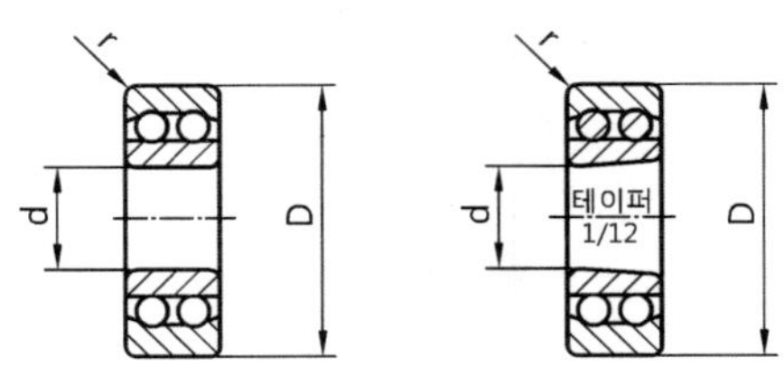

③ 마그네토 볼 베어링

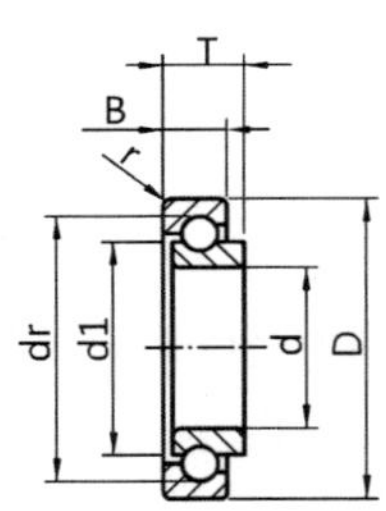

④ 원통 롤러 베어링

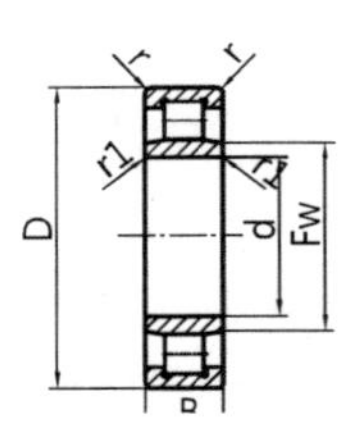

⑤ 니들 롤러 베어링

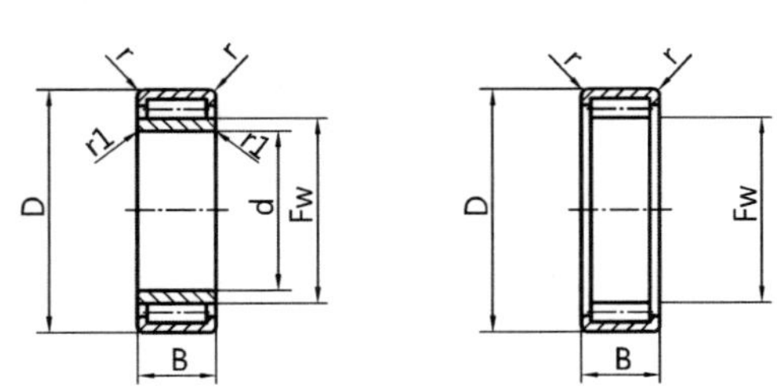

⑥ 테이퍼 롤러 베어링

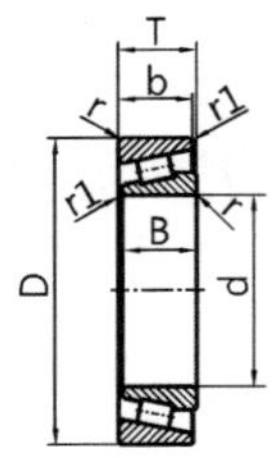

6. 베어링의 부착 관계 치수 및 끼워 맞춤

베어링이 조립이 되는 축과 몸체(하우징)에 적용되는 끼워맞춤 공차를 의미한다.
KS B 2051는 폐지되어 SPS-KTC-B2051-6296로 적용한다.

【1】 KS 규격

(1) 레이디얼 베어링과 축의 끼워맞춤

조 건		볼 베어링		원통 롤러 베어링 원뿔 롤러 베어링		자동조심 롤러 베어링		축의 공차	비고
		축 지름 d							
		초과	이하	초과	이하	초과	이하		
내륜회전 또는 방향부정	경하중 또는 변동하중	–	18	–	–	–	–	h5	정밀도를 필요로 하는 경우 js6, k6, m6 대신 js5, k5, m5 를 사용한다.
		18	100	–	40	–	–	js6	
		100	200	40	140	–	–	k6	
		–	–	140	200	–	–	m6	
	보통하중	–	18	–	–	–	–	js5	단열 앵귤러 볼베어링 및 원뿔 롤러 베어링 인 경우 끼워맞춤으로 인한 내부 틈새의 변화를 생각할 필요가 없으므로 k5, m5 대신 k6, m6을 사용할 수 있다.
		18	100	–	40	–	40	k5	
		100	140	40	100	40	65	m5	
		140	200	100	140	65	100	m6	
		200	280	140	200	100	140	n6	
		–	–	200	400	140	280	p6	
		–	–	–	–	280	500	r6	
	정하중 또는 충격하중	–	–	50	140	50	100	n6	보통 틈새의 베어링보다 큰 내부 틈새의 베어링이 필요하다.
		–	–	140	200	100	140	p6	
		–	–	200	–	140	200	r6	
내륜정지 (외륜회전)	내륜이 축 위를 이동 필요	전체 축 지름						g6	정밀도를 필요로 하는 경우 g5를 사용한다. 큰 베어링에서는 쉽게 움직일 수 있도록 f6을 사용한다.
	내륜이 축 위를 이동 불필요	전체 축 지름						h6	정밀도를 필요로 하는 경우 h5를 사용한다.
중심 축 하중		전체 축 지름						js6	–

(2) 레이디얼 베어링과 하우징구멍의 끼워 맞춤

조 건				하우징 구멍의 공차범위 등급	비 고
하우징	하중의 종류		외륜의 축방향 이동		
일체 또는 2분할 하우징	외륜 정지 하중	모든 종류의 하중	쉽게 이동할 수 있다.	H7	대형 베어링 또는 외륜과 하우징의 온도차가 큰 경우 G7을 사용해도 좋다.
		보통 및 작은 하중		H8	–
		축과 내륜이 고온으로 된다.		G7	대형 베어링 또는 외륜과 하우징의 온도차가 큰 경우 F7을 사용해도 좋다.
일체 하우징		경하중 또는 보통하중에서 정밀한 회전	원칙적으로 이동할 수 없다.	K6	주로 롤러 베어링에 적용
			이동할 수 있다.	JS6	주로 볼 베어링에 적용
		조용한 회전	통상 이동할 수 있다.	H6	–
	방향 부정 하중	경하중 또는 보통하중	쉽게 이동할 수 있다.	JS7	정밀을 요하는 경우, JS7, K7 대신에 JS6, K6을 사용한다.
		보통하중 또는 중하중	원칙적으로 이동할 수 없다.	K7	
		큰 충격하중	이동할 수 없다.	M7	–
	외륜 회전 하중	경하중 또는 변동하중		M7	–
		보통하중 또는 중하중		N7	주로 볼 베어링에 적용
		얇은 하우징에서 중하중 또는 큰 충격하중		P7	주로 롤러 베어링에 적용

(3) 스러스트베어링과 축의 끼워 맞춤

하 중 조 건		축 지름(mm)	축의 종류와 등급
중심 하중 스러스트(스러스트 베어링 전반)		전체 축 지름	js6
합성하중(스러스트 자동 조심 롤러베어링의 경우)	내륜 정지 하중	전체 축 지름	js6
	내륜 회전 하중 및 방향 부정 하중	200이하	k6
		200~400	m6
		400이상	n6

(4) 스러스트 베어링과 베어링 하우징 구멍의 끼워 맞춤

조 건		구멍의 종류와 등 급	비 고
중심 축 하중 (스러스트 베어링 전반)		–	외륜에 레이디얼 방향의 틈새를 주도록 적절한 공차범위 등급을 선정
		H8	스러스트 볼 베어링에서 정밀을 요하는 경우
합성하중 (스러스트 자동 조심롤러 베어링)	외륜 정지하중	H7	–
	방향부정하중 또는 외륜 회전하중	K7	보통 사용 조건인 경우
		M7	비교적 레이디얼 하중이 큰 경우

【2】 규격의 적용

① 조립도에서 베어링(6203)이 조립되어 있다.

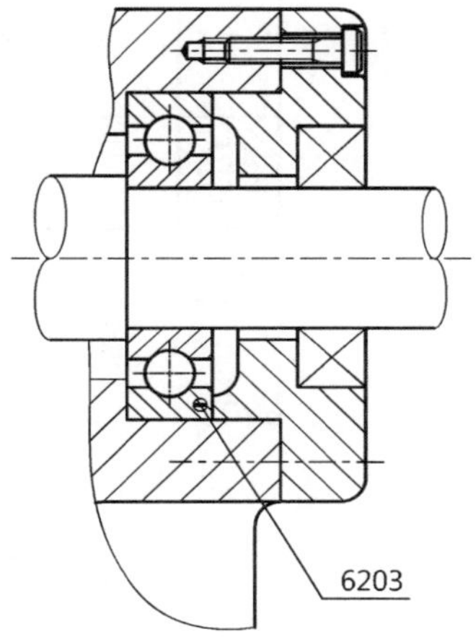

② 조립도에서 베어링의 내륜이 회전(축이 회전), 외륜이 회전(하우징이 회전)하는지 확인한다.
벨트 풀리와 기어 등은 회전 운동을 하는 기계요소로 이런 회전 요소가 축이 키로 연결되어 있고, 회전하는 축을 지지하기 위해 베어링이 설치된다. 축이 회전하면 내륜 회전이 된다.

③ 베어링의 호칭번호의 두 번째 숫자는 지름 번호이나 약식으로 경하중(9, 0, 1, 2), 보통하중(3), 중하중(4)으로 구별한다.

④ 조립도의 베어링이 볼 베어링, 원통 롤러 베어링, 자동조심 베어링을 구분하고 해당하는 베어링의 내륜 치수를 축지름(d)의 영역을 찾는다.

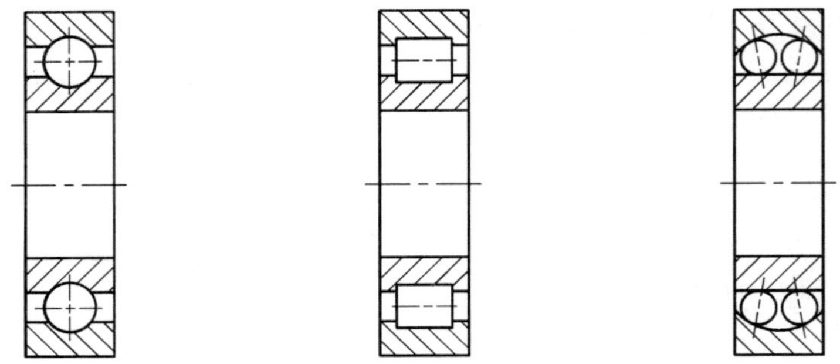

볼 베어링　　원통 롤러베어링　　자동 조심베어링

⑤ 해당하는 공차를 찾아 적용한다.

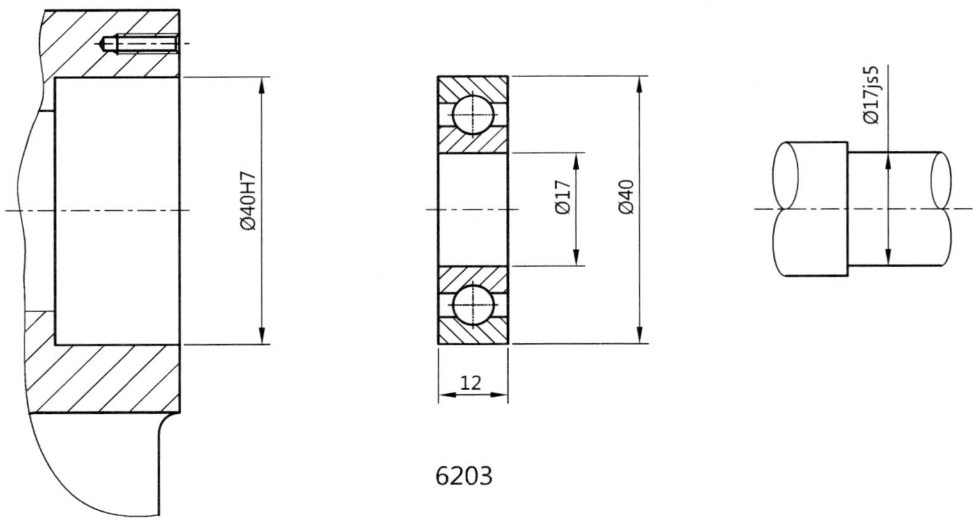

7. 오일 실

전동장치에서 회전운동을 하는 부위에서 오일(oil)의 밀봉작용을 하는 것이 실(seal)이다.

【1】 KS 규격

(1) 오일실의 종류

종 류	기 호	비 고	참고 그림
스프링들이 바깥둘레 고무	S	스프링을 사용한 단일 립과 금속링으로 구성되어 있고, 바깥 둘레면이 고무로 피복되어 있는 형식의 것.	
스프링들이 바깥둘레 금속	SM	스프링을 사용한 단일 립과 금속링으로 구성되어 있고, 바깥 둘레면이 금속로 피복되어 있는 형식의 것.	
스프링들이 조립	SA	스프링을 사용한 단일 립과 금속링으로 구성되어 있고, 바깥 둘레면이 금속로 피복되어 있는 조립 형식의 것.	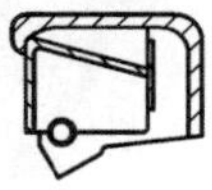
스프링 없는 바깥둘레 고무	G	스프링을 사용하지 않는 단일 립과 금속링으로 구성되어 있고, 바깥 둘레면이 고무로 피복되어 있는 형식의 것.	
스프링 없는 바깥둘레 금속	GM	스프링을 사용하지 않는 단일 립과 금속링으로 구성되어 있고, 바깥 둘레면이 금속로 피복되어 있는 형식의 것.	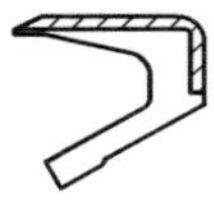
스프링 없는 조립	GA	스프링을 사용하지 않는 단일 립과 금속링으로 구성되어 있고, 바깥 둘레면이 금속로 피복되어 있는 조립 형식의 것.	
스프링들이 바깥둘레 고무 먼지막이붙이	D	스프링을 사용한 단일 립과 금속링 및 스프링을 사용하지 않는먼지 막이로 되어 있고, 바깥 둘레면이 고무로 피복되어 있는 형식의 것.	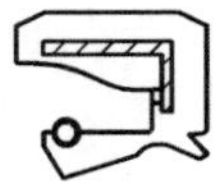
스프링들이 바깥둘레 금속 먼지막이붙이	DM	스프링을 사용한 단일 립과 금속링 및 스프링을 사용하지 않는먼지 막이로 되어 있고, 바깥 둘레면이 금속링으로 구성되어 있는 형식의 것.	
스프링들이 조립 먼지막이붙이	DA	스프링을 사용한 단일 립과 금속링 및 스프링을 사용하지 않는먼지 막이로 되어 있고, 바깥 둘레면이 금속링으로 구성되어 있는 조립 형식의 것.	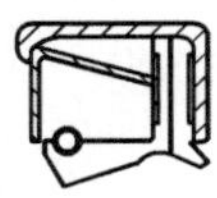

(주) 그림은 각 종류을 참고로 도시한 것이다.

(2) 오일 실 S, SM, SA, D, DM, DA형의 치수

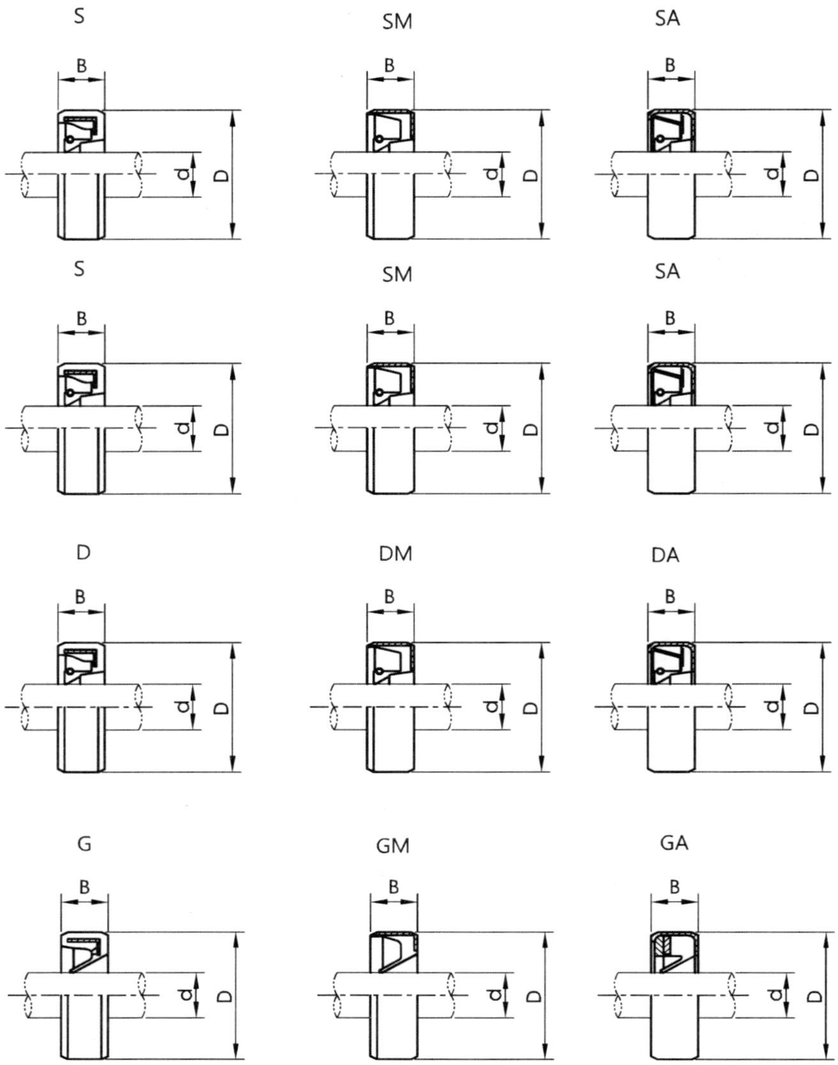

호칭 안지름 d	외 경 D	폭 B	호칭 안지름 d	외 경 D	폭 B
7	18	7	32	52	11
	20		35	55	11
8	18	7	38	58	11
	22		40	62	11
9	20	7	42	65	12
	22		45	68	12
10	20	7	48	70	12
	25		50	72	12
11	22	7	*52	75	12
	25		55	78	12
12	22	7	56	78	12
	25		*58	80	12
*13	25	7	60	82	12
	28		*62	85	12
14	25	7	63	85	12
	28		65	90	13
15	25	7	*68	95	13
	30		70	95	13
16	28	7	(71)	(95)	(13)
	30		75	100	13
17	30	8	80	105	13
	32		85	110	13
18	30	8	90	115	13
	35		95	120	13
20	32	8	100	125	13
	35		105	135	14
22	35	8	110	140	14
	38		(112)	(140)	(14)
24	38	8	*(115)	145	14
	40		120	150	14
25	38	8	125	155	14
	40		130	160	14

【2】 규격의 적용

① 조립도에서 오일 실이 조립되어 있다.

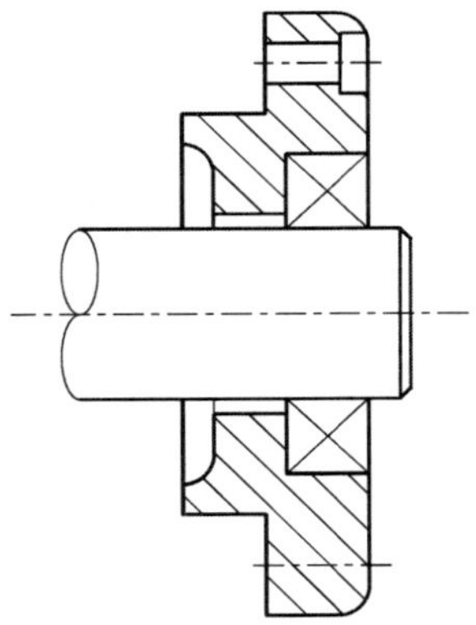

② 조립도에서 오일 실을 분해한 형상은 다음과 같다. 조립도에서 오일 실은 간략도로 표시하나 아래는 원래의 형상을 표시 했다.

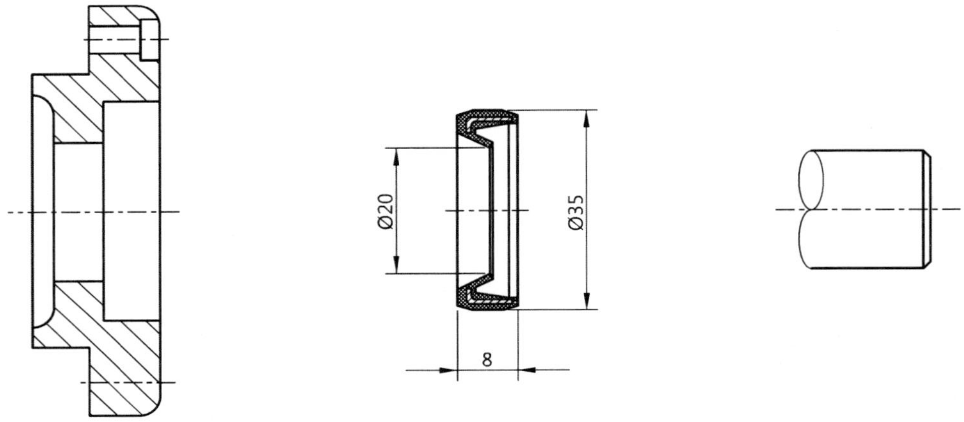

③ 조립도에서 오일 실의 내경, 외경, 폭을 직접 측정한다.

④ G, GM, GA형 또는 S, SM, SA, D, DM, DA형의 표에서 측정한 치수와 근접하는 치수를 찾아 선택한다.

⑤ 오일 실부의 모따기 폭은 오일 실의 폭(B)을 기준으로 0.1B~0.15B로 적용한다.

⑥ 오일 실의 모따기 각도는 15° ~30° 로 적용한다.

⑦ 오일 실이 끼워지는 구멍부의 공차는 H8을 적용한다.

⑧ 오일 실이 끼워지는 축부의 공차는 h8을 적용한다.

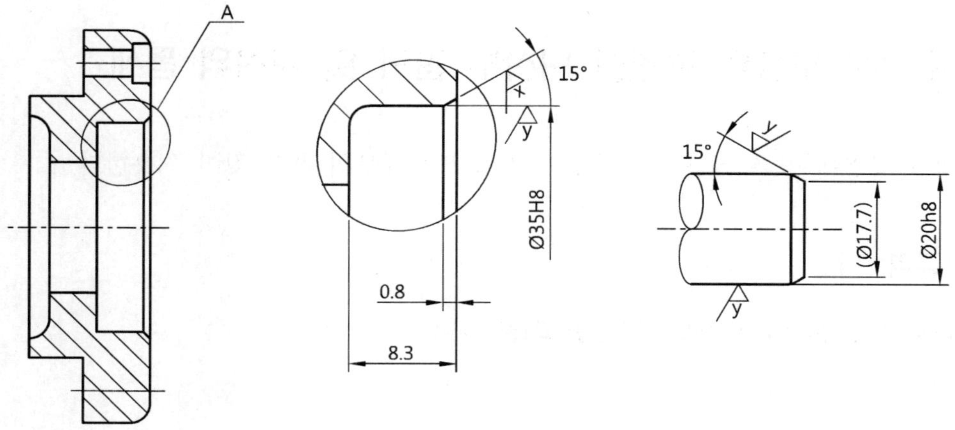

A부 확대도 (NS)

⑨ 다음의 표에서 오일시일의 폭(B)을 기준으로 오일시일 구멍의 깊이를 찾아 적용한다.

8. 수나사 부품의 불완전 나사부 길이 및 나사의 틈새

수나사의 호칭경에 따른 불완전 나사부의 길이나 틈새부의 폭을 찾아 적용한다.

【1】 KS 규격

(1) 수나사 불완전 나사부의 형상 및 기준 치수

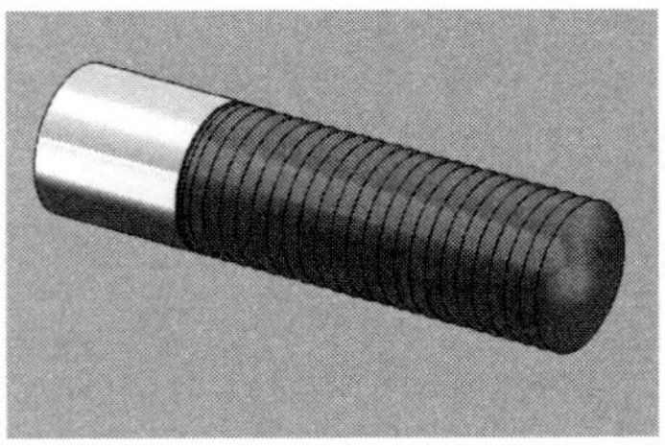

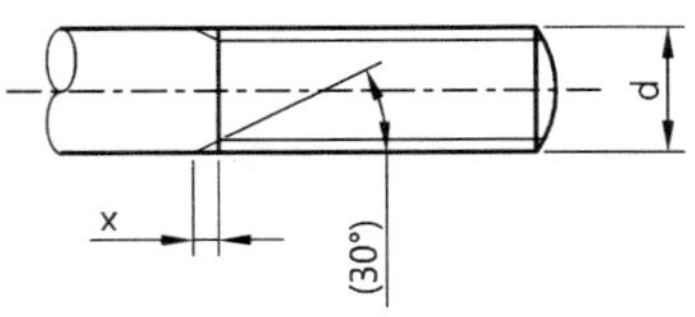

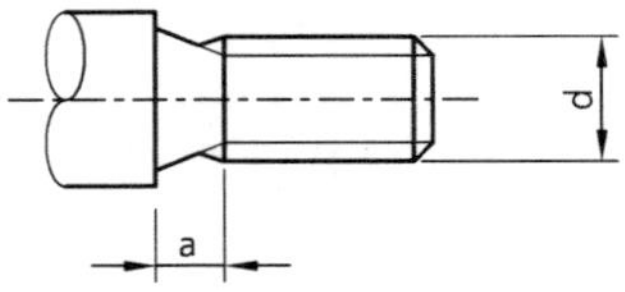

나사피치 P	x 최대		a 최대			참고 피치에 대응하는 미터나사의 호칭지름	
	보통	짧음	보통	짧음	긴 것	보통나사	가는나사
0.2	0.5	0.25	0.6	0.4	0.8	–	–
0.25	0.6	0.3	0.75	0.5	1	1, 1.2	–
0.3	0.75	0.4	0.9	0.6	1.2	1.4	–
0.35	0.9	0.45	1.05	0.7	1.4	1.6, 1.8	–
0.4	1.0	0.5	1.2	0.8	1.6	2	–
0.45	1.1	0.6	1.35	0.9	1.8	2.2, 2.5	–
0.5	1.25	0.7	1.5	1.0	2	3	–
0.6	1.5	0.785	1.8	1.2	2.4	3.5	–
0.7	1.75	0.9	2.1	1.4	2.8	4	–
0.75	1.9	1.0	2.25	1.5	3	4.5	–
0.8	2.0	1.0	2.4	1.6	3.2	5	–
1.0	2.5	1.25	3.0	2.0	4	6, 7	8
1.25	3.2	1.6	4.0	2.5	5	8	10, 12
1.5	3.8	1.9	4.5	3.0	6	10	14, 16, 18, 20,22
1.75	4.3	2.2	5.3	3.5	7	12	–
2.0	5.0	2.5	6.0	4.0	8	14, 16	24, 27, 30, 33
2.5	6.3	3.2	7.5	5.0	10	18, 20, 22	–
3.0	7.5	3.8	9.0	6.0	12	24, 27	36, 39
3.5	9.0	4.5	10.5	7.0	14	30, 33	–
4.0	10.0	5.0	12.0	8.0	16	36, 39	–
4.5	11.0	5.5	12.5	9.0	18	42, 45	–
5.0	12.5	6.3	15.0	10.0	20	48, 52	–
5.5	14.0	7.0	16.5	11.0	22	56, 60	–
6.0	15.0	7.5	18.0	12.0	24	64, 68	–

(2) 나사 틈새의 형상 및 기준 치수

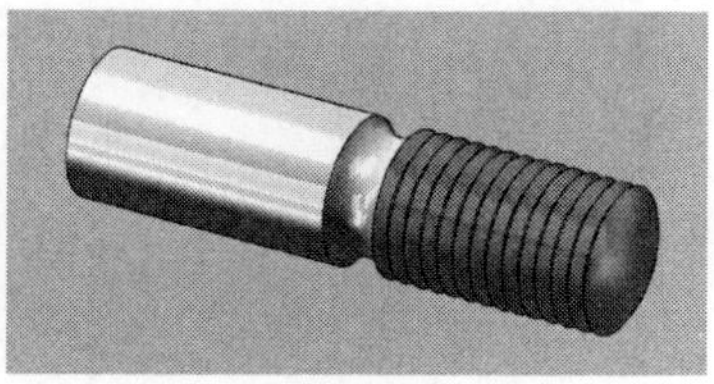

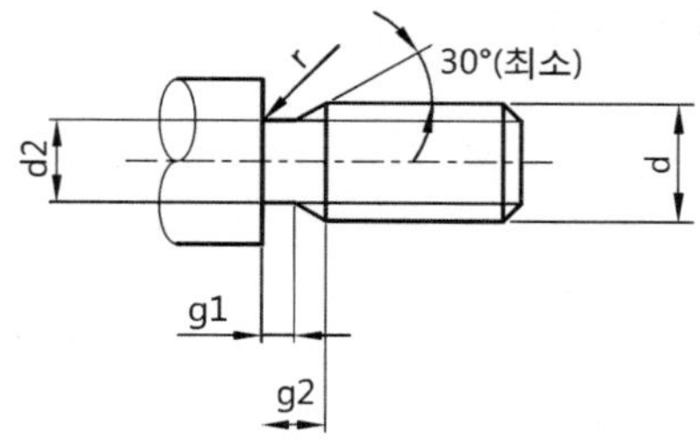

나사피치 P	dg 기준치수	dg 허용차	g1	g2	r
0.25	d − 0.4		0.4	0.75	0.12
0.3	d − 0.5		0.5	0.9	0.16
0.35	d − 0.6		0.6	1.05	0.16
0.4	d − 0.7		0.6	1.2	0.2
0.45	d − 0.7		0.7	1.35	0.2
0.5	d − 0.8		0.8	1.5	0.2
0.6	d − 1		0.9	1.8	0.4
0.7	d − 1.1		1.1	2.1	0.4
0.75	d − 1.2		1.2	2.25	0.4
0.8	d − 1.3		1.3	2.4	0.4
1.0	d − 1.6	나사의 호칭지름 3이하는 h12 3초과응 h13	1.6	3	0.6
1.25	d − 2		2	3.75	0.6
1.5	d − 2.3		2.5	4.5	0.8
1.75	d − 2.6		3	5.25	1
2.0	d − 3		3.4	6	1
2.5	d − 3.6		4.4	7.5	1.2
3.0	d − 4.4		5.2	9	1.6
3.5	d − 5		6.2	10.5	1.6
4.0	d − 5.7		7	12	2
4.5	d − 6.4		8	13.5	2.5
5.0	d − 7		9	15	2.5
5.5	d − 7.7		11	16.5	3.2
6.0	d − 8.3		11	18	3.2

【2】 규격의 적용

① 축에 나사부의 형상이다.

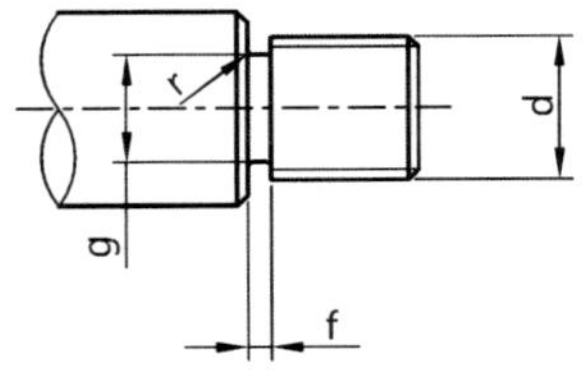

② 수나사의 경우 조립도에서 나사부의 바깥지름 d를 직접 측정한다.

③ 표에서 바깥지름 d를 찾아 나머지 부분 f, g, r을 적용한다.

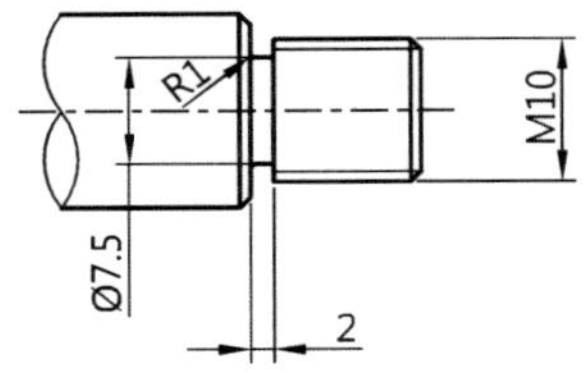

④ 암나사의 경우 조립도에서 나사부의 골지름 d를 직접 측정한다.

⑤ 표에서 골지름 d를 찾아 나머지 부분 f, g, r을 적용한다.

9. 널링

공구나 기기의 손잡이부분에 미끄러지지 않도록 삼각형상의 작은 돌기를 널링이라 한다.

【1】 KS 규격

(1) 널링의 형상 및 치수

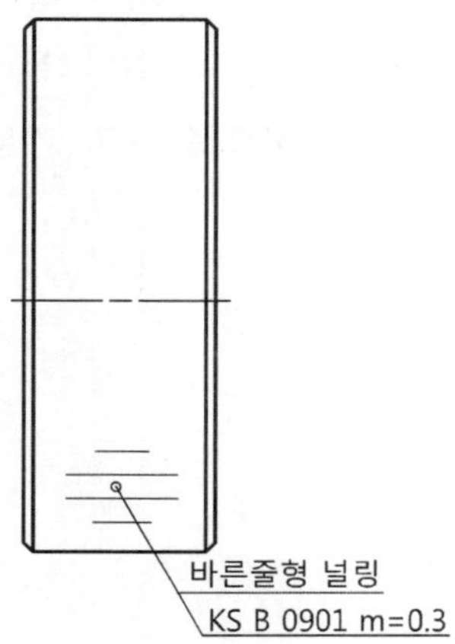

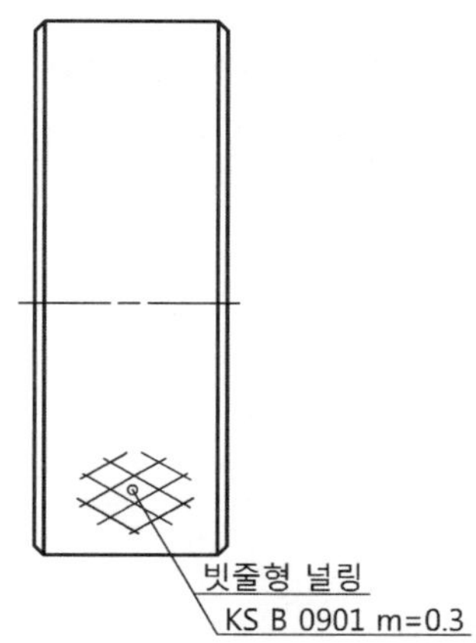

모듈 m	피치 t	r	h
0.2	0.628	0.06	0.15
0.3	0.942	0.09	0.22
0.5	1.571	0.16	0.37

바른줄

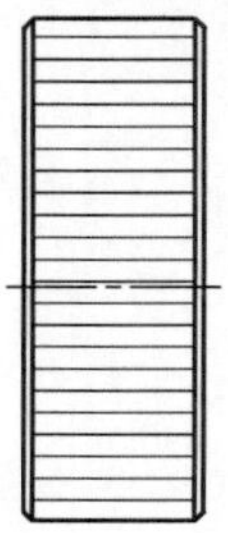

빗줄

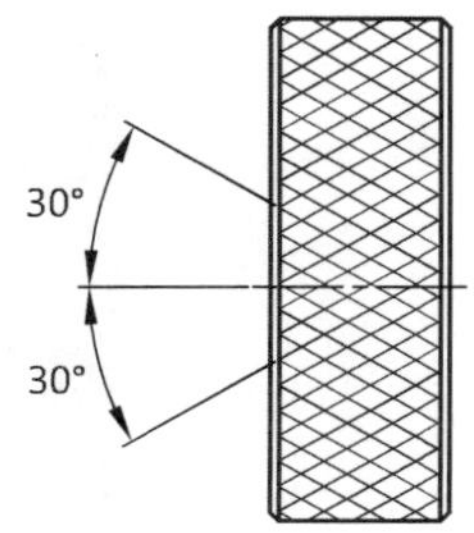

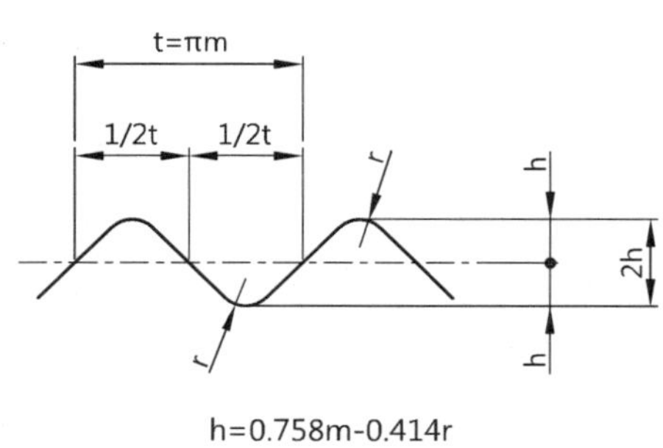

h=0.758m-0.414r

【2】 규격의 적용

① 널링은 미끄럼 방지와 미관을 좋게 한다.

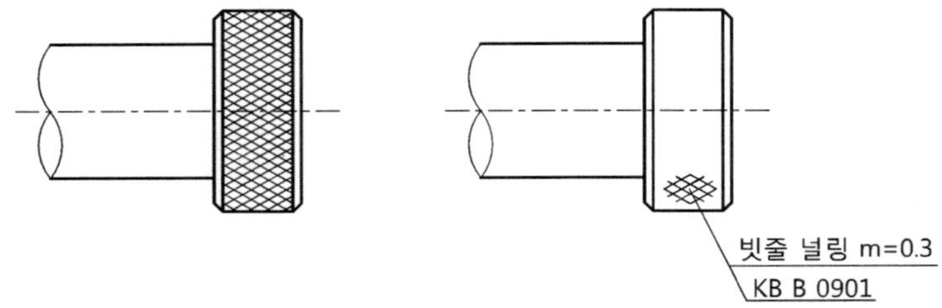

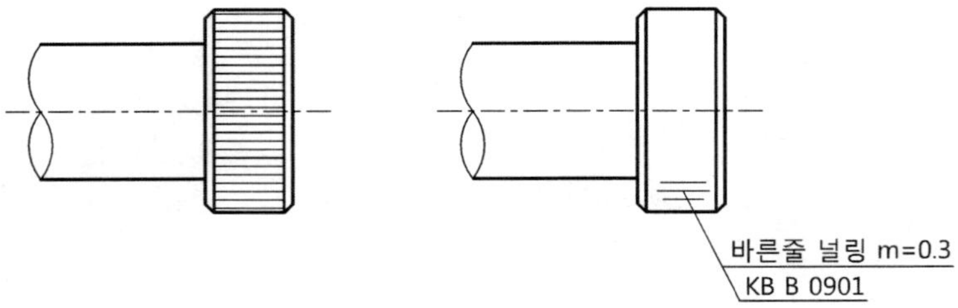

① 롤렛은 선반에서 널링을 가공하는 공구이다. 롤렛의 규격이 널링의 규격이 된다.

② 롤렛은 조립도에서 측정하여 찾는 것이 아니라, 표에서 모듈 m(일반적으로 0.3)을 선택하여 상기의 그림처럼 널링의 일부만 도시하고 치수 지시선으로 추가 기입한다.

10. 탭깊이, 나사맞춤깊이

볼트로 체결할 때, 조립되는 볼트깊이, 가공되는 암나사 깊이, 드릴 구멍의 가공 깊이를 적용한다.

【1】 KS 규격

(1) 탭 호칭경에 따른 나사 맞춤 깊이

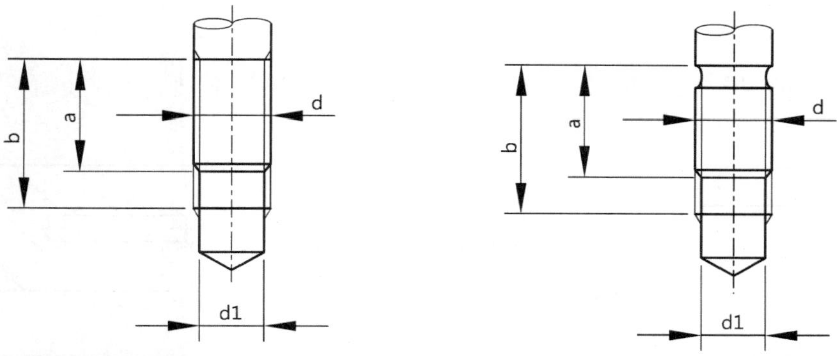

숫나사의 바깥지름 호칭 d	나사를 내기 위한 구멍의 지름 d1	강, 주강, 청동, 청동주물		주 철		알루미늄과 기타의 경합금계	
		a	b	a	b	a	b
3	2.4	3	6	4.5	7.5	5.5	8.5
3.5	2.9	3.5	6.5	5.5	8.5	6.5	9.5
4	3.25	4	7	6	9	7	10
4.5	3.75	4.5	7.5	7	10	8	11
5	4.1	5	8.5	8	11.5	9	12.5
5.5	4.6	5.5	9	8	11.5	10	13.5
6	5	6	10	9	13	11	15
7	6	7	11	11	15	13	17
8	6.8	8	12	12	16	14	18
9	7.8	9	13	13	17	16	20
10	8.5	10	14	15	19	18	22
12	10.2	12	17	17	22	22	27
14	12	14	19	20	25	25	30
16	14	16	21	22	27	28	33
18	15.5	18	24	25	31	33	39
20	17.5	20	26	27	33	36	42
22	19.5	22	29	30	37	40	47
24	21	24	32	32	40	44	52
27	24	27	36	36	45	48	57
30	26.5	30	39	40	49	54	63
33	29.5	33	43	43	53	60	70
36	32	36	47	47	58	65	76
39	35	39	51	52	64	70	82
42	37.5	42	54	55	67	75	87
45	40.5	45	58	58	71	80	93

【2】 규격의 적용

① 조립도에서 6각 홈붙이 볼트의 머리가 커버에 묻혀 조립되어 있다.

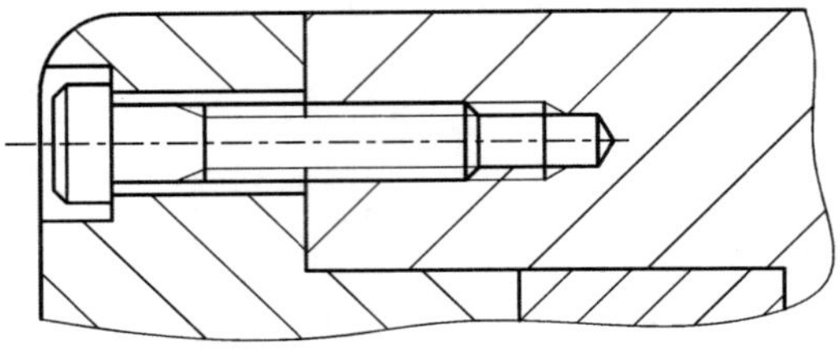

② 조립도에서 6각 홈붙이 볼트를 분해한 형상은 다음과 같다.

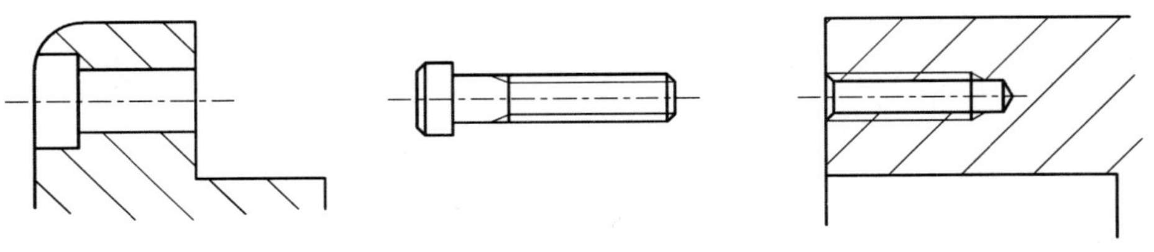

③ 조립도에서 탭의 호칭경을 직접 측정하여 규격에 있는 것으로 적용한다.

④ 탭 가공을 하기위한 드릴구멍의 지름을 적용한다.

⑤ 탭가공이 되는 부품의 재질에 따라 탭구멍의 깊이를 적용한다.

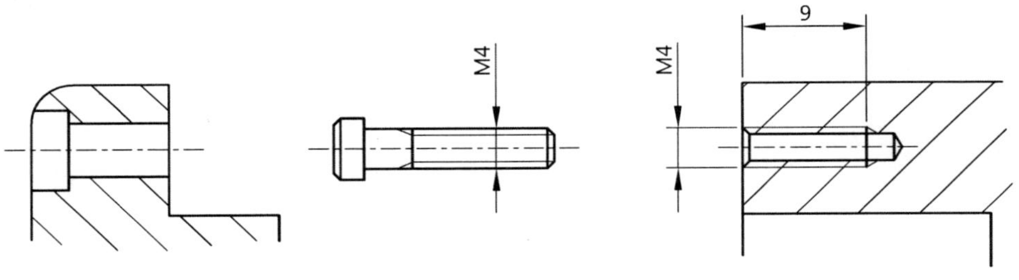

11. 구름 베어링용 로크 너트

베어링이 진동 등으로 이완되는 것을 방지한다. 구름베어링용 와셔와 함께 사용된다.

【1】 KS 규격

(1) 로크 너트 계열 AN의 로크 너트의 호칭 번호 및 기준치수

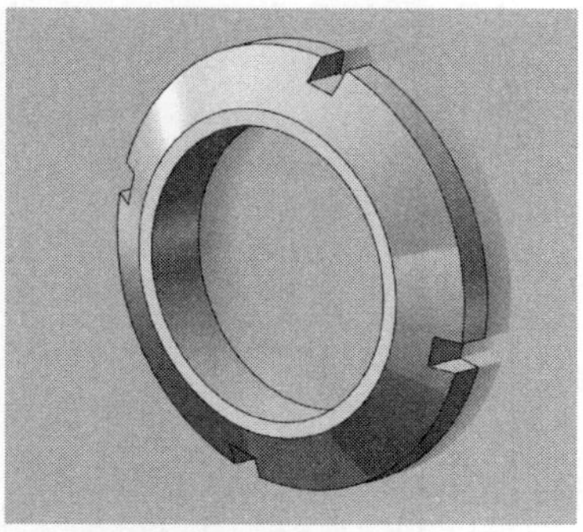

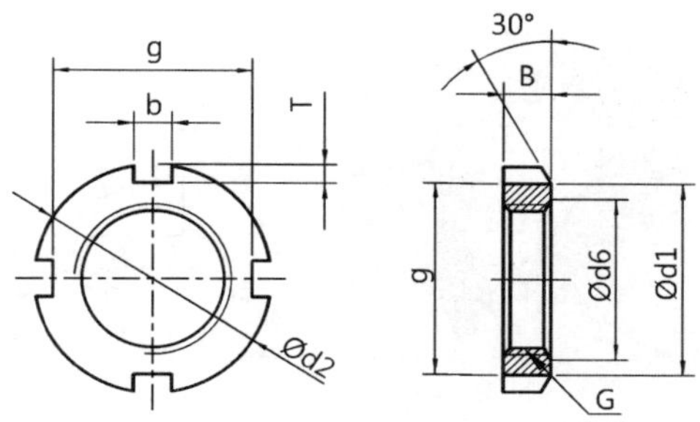

호칭번호	나사의 호칭 d1	기 준 치 수						참 고		
		d	d1	d2	B	b	h	d6	g	r 최대
AN 00	M 10×0.75	10	13.5	18	4	3	2	10.5	14	0.4
AN 01	M 12×1	12	17	22	4	3	2	12.5	18	0.4
AN 02	M 15×1	15	21	25	5	4	2	15.5	21	0.4
AN 03	M 17×1	17	24	28	5	4	2	17.5	24	0.4
AN 04	M 20×1	20	26	32	6	4	2	20.5	28	0.4
AN 05	M 25×1.5	25	32	38	7	5	2	25.5	30	0.4
AN 06	M 30×1.5	30	38	45	7	5	2	30.8	34	0.4
AN 07	M 35×1.5	35	44	52	8	5	2	35.8	38	0.4
AN 08	M 40×1.5	40	50	58	9	6	2.5	40.8	41	0.5
AN 09	M 45×1.5	45	56	65	10	6	2.5	45.8	44	0.5
AN 10	M 50×1.5	50	61	70	11	6	2.5	50.8	48	0.5
AN 11	M 55×2	55	67	75	11	7	3	56	53	0.5
AN 12	M 60×2	60	73	80	11	7	3	61	60	0.5
AN 13	M 65×2	65	79	85	12	7	3	66	65	0.5
AN 14	M 70×2	70	85	91	12	8	3.5	71	69	0.5
AN 15	M 75×2	75	90	98	13	8	3.5	76	74	0.5
AN 16	M 80×2	80	95	105	15	8	3.5	81	79	0.6
AN 17	M 85×2	85	102	110	16	8	3.5	86	85	0.6
AN 18	M 90×2	90	108	120	16	10	4	91	91	0.6
AN 19	M 95×2	95	113	125	17	10	4	96	98	0.6
AN 20	M 100×2	100	120	130	18	10	4	101	103	0.6
AN 21	M 105×2	105	126	140	18	10	5	106	112	0.7
AN 22	M 110×2	110	133	145	19	12	5	111	117	0.7
AN 23	M 115×2	115	137	150	19	12	5	116	122	0.7
AN 24	M 120×2	120	138	155	20	12	5	121	130	0.7
AN 25	M 125×2	125	148	160	21	12	5	126	135	0.7
AN 26	M 130×2	130	149	165	21	12	5	131	140	0.7
AN 27	M 135×2	135	160	175	22	14	6	136	145	0.7
AN 28	M 140×2	140	160	180	22	14	6	141	150	0.7
AN 29	M 145×2	145	172	190	24	14	6	146	155	0.7

12. 구름 베어링용 와셔

베어링이 진동 등으로 이완되는 것을 방지한다. 구름베어링용 너트와 함께 사용된다.

【1】 KS 규격

(1) 와셔 계열 AW(A형 와셔)의 와셔의 호칭 번호 및 기준치수

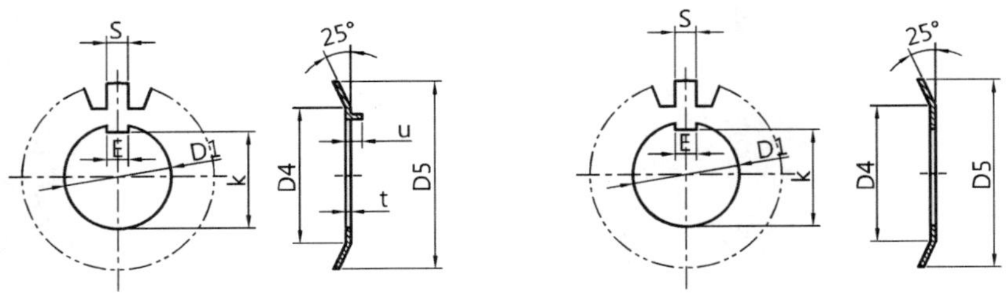

호칭번호	기준치수								참고	
	D1	D4	D5	E	K	S	t	u	잇수 최소	r
AW 02A	15	21	28	4	13.5	4	1	2.5	13	1
AW 03A	17	24	32	4	15.5	4	1	2.5	13	1
AW 04A	20	26	36	4	18.5	4	1	2.5	13	1
AW 05A	25	32	42	5	23	5	1.25	2.5	13	1
AW 06A	30	38	49	5	27.5	5	1.25	2.5	13	1
AW 07A	35	44	57	6	32.5	5	1.25	2.5	15	1
AW 08A	40	50	62	6	37.5	6	1.25	2.5	15	1
AW 09A	45	56	69	6	42.5	6	1.25	2.5	17	1
AW 10A	50	61	74	6	47.5	6	1.25	2.5	17	1
AW 11A	55	67	81	8	52.5	7	1.5	4	17	1
AW 12A	60	73	86	8	57.5	7	1.5	4	17	1.2
AW 13A	65	79	92	8	62.5	7	1.5	4	19	1.2
AW 14A	70	85	98	8	66.5	8	1.5	4	19	1.2
AW 15A	75	90	104	8	71.5	8	1.5	4	19	1.2
AW 16A	80	95	112	10	76.5	8	1.8	4	19	1.2
AW 17A	85	102	119	10	81.5	8	1.8	4	19	1.2
AW 18A	90	108	126	10	86.5	10	1.8	4	19	1.2
AW 19A	95	113	133	10	91.5	10	1.8	4	19	1.2
AW 20A	100	120	142	12	96.5	10	1.8	6	19	1.2
AW 21A	105	126	145	12	100.5	12	1.8	6	19	1.2
AW 22A	110	133	154	12	105.5	12	1.8	6	19	1.2
AW 23A	115	137	159	12	110.5	12	2	6	19	1.5
AW 24A	120	138	164	14	115	12	2	6	19	1.5
AW 25A	125	148	170	14	120	12	2	6	19	1.5
AW 26A	130	149	175	14	125	12	2	6	19	1.5
AW 27A	135	160	185	14	130	14	2	6	19	1.5
AW 28A	140	160	192	16	135	14	2	8	19	1.5

(2) 와셔 계열 AW(X형 와셔)의 와셔의 호칭 번호 및 기준치수

호칭번호	기 준 치 수							참 고
	D1	D4	D5	E	K	S	t	잇수 최소
AW 00X	10	13.5	21	3	8.5	3	1	9
AW 01X	12	17	25	3	10.5	3	1	11
AW 02X	15	21	28	4	13.5	4	1	11
AW 03X	17	24	32	4	15.5	4	1	13
AW 04X	20	26	36	4	18.5	4	1	13
AW 05X	25	32	42	5	23	5	1.25	13
AW 06X	30	38	49	5	27.5	5	1.25	13
AW 07X	35	44	57	6	32.5	5	1.25	15
AW 08X	40	50	62	6	37.5	6	1.25	15
AW 09X	45	56	69	6	42.5	6	1.25	17
AW 10X	50	61	74	6	47.5	6	1.25	17
AW 11X	55	67	81	8	52.5	7	1.5	17
AW 12X	60	73	86	8	57.5	7	1.5	17
AW 13X	65	79	92	8	62.5	7	1.5	19
AW 14X	70	85	98	8	66.5	8	1.5	19
AW 15X	75	90	104	8	71.5	8	1.5	19
AW 16X	80	95	112	10	76.5	8	1.8	19
AW 17X	85	102	119	10	81.5	8	1.8	19
AW 18X	90	108	126	10	86.5	10	1.8	19
AW 19X	95	113	133	10	91.5	10	1.8	19
AW 20X	100	120	142	12	96.5	10	1.8	19
AW 21X	105	126	145	12	100.5	12	1.8	19
AW 22X	110	133	154	12	105.5	12	1.8	19
AW 23X	115	137	159	12	110.5	12	2	19
AW 24X	120	138	164	14	115	12	2	19
AW 25X	125	148	170	14	120	12	2	19
AW 26X	130	149	175	14	125	12	2	19
AW 27X	135	160	185	14	130	14	2	19
AW 28X	140	160	192	16	135	14	2	19
AW 29X	145	172	202	16	140	14	2	19
AW 30X	150	171	205	16	145	14	2	19
AW 31X	155	182	212	16	117.5	16	2.5	19
AW 32X	160	182	217	18	154	16	2.5	19
AW 33X	165	193	222	18	157.5	16	2.5	19
AW 34X	170	193	232	18	164	16	2.5	19
AW 36X	180	203	242	20	174	18	2.5	19
AW 38X	190	214	252	20	184	18	2.5	19
AW 40X	200	226	262	20	194	18	2.5	19

(3) 와셔 계열 AWL(A형 와셔)의 와셔의 호칭 번호 및 기준치수

호칭번호	기 준 치 수								참 고	
	D1	D4	D5	E	K	S	t	u	잇수 최소	r
AWL 24A	120	133	155	14	115	12	2	6	19	1.5
AWL 26A	130	143	165	14	125	12	2	6	19	1.5
AWL 28A	140	151	175	16	135	14	2	8	19	1.5
AWL 30A	150	164	190	16	145	14	2	8	19	1.5
AWL 32A	160	174	200	18	154	16	2.5	8	19	1.5
AWL 34A	170	184	210	18	164	16	2.5	8	19	1.5
AWL 36A	180	192	220	20	174	18	2.5	8	19	1.5
AWL 38A	190	202	230	20	184	18	2.5	8	19	1.5
AWL 40A	200	218	240	20	194	18	2.5	8	19	1.5

【2】 규격의 적용

① 조립도에서 축에 베어링, 구름 베어링용 로크 너트, 로크 너트용 와셔가 조립되어 있다.

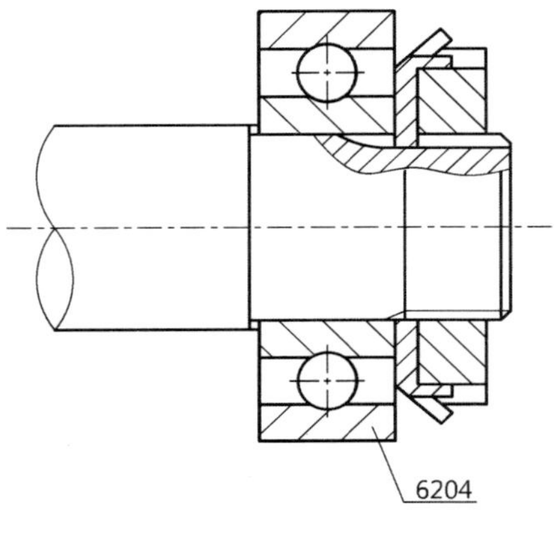

② 조립도에서 축, 베어링, 구름 베어링용 로크 너트, 로크 너트용 와셔를 분해한 형상이다.

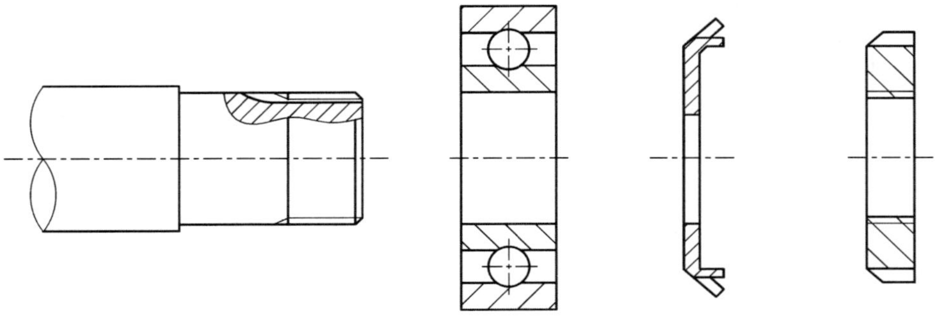

③ 베어링 와셔는 반드시 베어링과 조립되어있으므로 베어링의 호칭경에서 안지름을 베어링 와셔의 호칭경으로 찾는다.

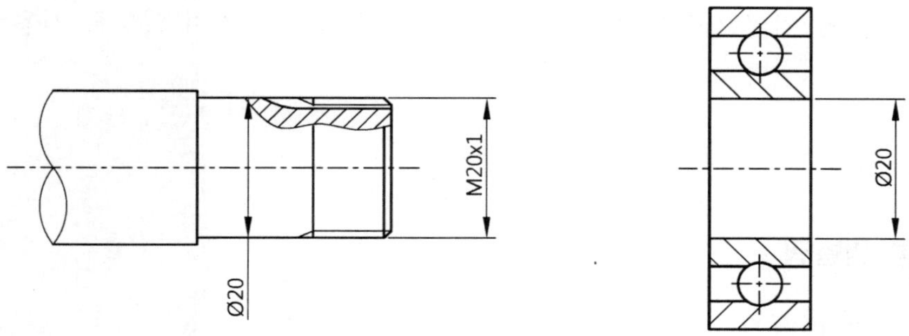

2

④ 베어링 와셔의 치수 k와 c를 찾아 적용한다.

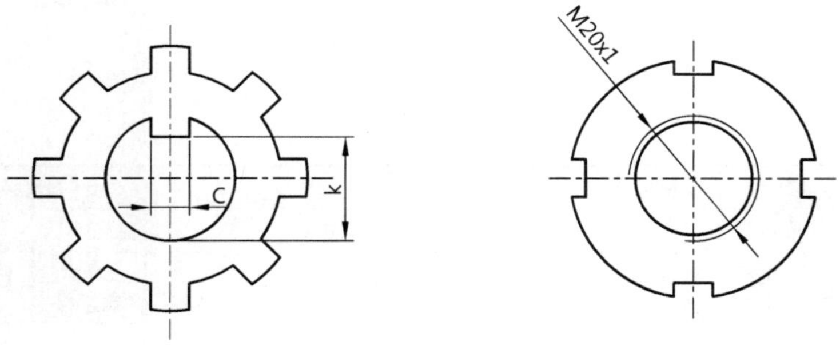

⑤ 베어링 와셔는 제도하지 않고 베어링 와셔가 끼워지는 축을 제도하므로 축 부에는 찾은 치수에 일반 공차까지 적용한다.

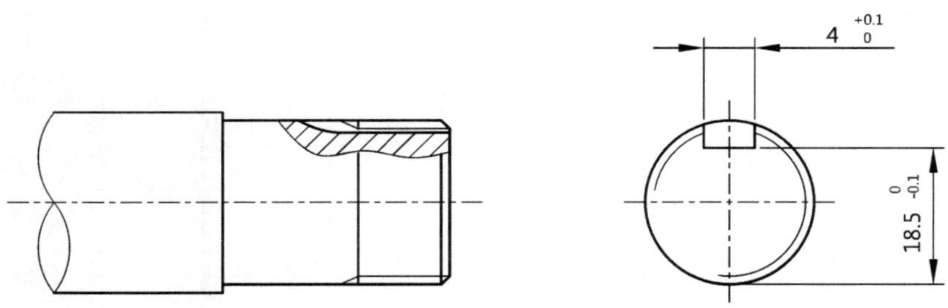

13. 멈춤링

축이나 구멍에 홈을 가공하고 부착하여 베어링 등의 부품이 빠지지 않도록 사용하는 기계요소이다.

【1】 KS 규격

(1) 축용 C형 멈춤링

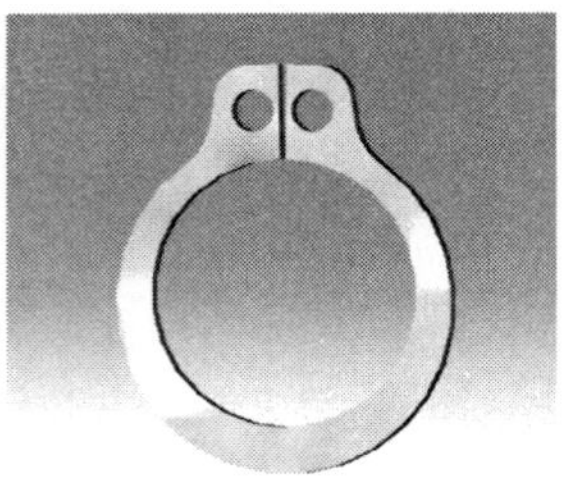

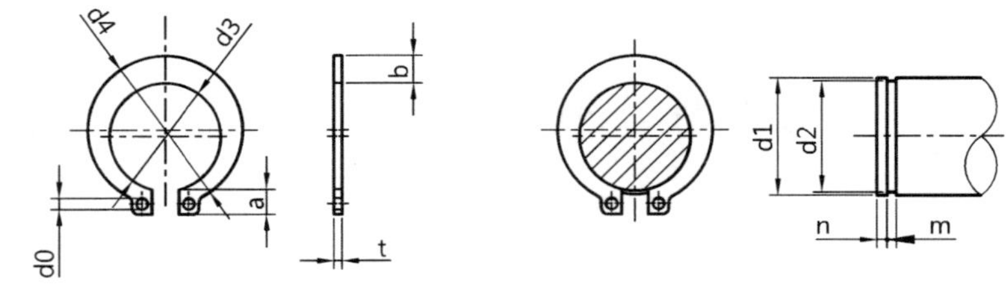

<table>
<tr><th rowspan="3">호칭경</th><th colspan="7">멈춤링</th><th rowspan="3">참고
d5</th><th colspan="6">적용하는 축</th></tr>
<tr><th colspan="2">d3</th><th colspan="2">t</th><th rowspan="2">b
약</th><th rowspan="2">a
약</th><th rowspan="2">d0
최소</th><th rowspan="2">d1</th><th colspan="2">d2</th><th colspan="2">m</th><th rowspan="2">참고
n
최소</th></tr>
<tr><th>기본
치수</th><th>치수
허용치</th><th>기본
치수</th><th>치수
허용치</th><th>기본
치수</th><th>치수
허용치</th><th>기본
치수</th><th>치수
허용치</th></tr>
<tr><td>10</td><td>9.3</td><td rowspan="2">±0.15</td><td rowspan="7">1</td><td rowspan="7">±0.04</td><td>1.6</td><td>3</td><td rowspan="2">1.5</td><td>17</td><td>10</td><td>9.6</td><td rowspan="10">0
−0.11</td><td rowspan="8">1.15</td><td rowspan="24">+0.14
0</td><td rowspan="22">1.5</td></tr>
<tr><td>11</td><td>10.2</td><td>1.8</td><td>3.1</td><td>18</td><td>11</td><td>10.5</td></tr>
<tr><td>12</td><td>11.1</td><td rowspan="8">±0.18</td><td>1.8</td><td>3.2</td><td rowspan="7">1.7</td><td>19</td><td>12</td><td>11.5</td></tr>
<tr><td>(13)</td><td>12</td><td>1.8</td><td>3.3</td><td>20</td><td>13</td><td>12.4</td></tr>
<tr><td>14</td><td>12.9</td><td>2</td><td>3.4</td><td>22</td><td>14</td><td>13.4</td></tr>
<tr><td>15</td><td>13.8</td><td>2.1</td><td>3.5</td><td>23</td><td>15</td><td>14.3</td></tr>
<tr><td>16</td><td>14.7</td><td>2.2</td><td>3.6</td><td>24</td><td>16</td><td>15.2</td></tr>
<tr><td>17</td><td>15.7</td><td rowspan="9">1.2</td><td rowspan="15">±0.05</td><td>2.2</td><td>3.7</td><td>25</td><td>17</td><td>16.2</td></tr>
<tr><td>18</td><td>16.5</td><td>2.6</td><td>3.8</td><td>26</td><td>18</td><td>17</td><td rowspan="8">1.35</td></tr>
<tr><td>(19)</td><td>17.5</td><td>2.7</td><td>3.8</td><td rowspan="10">2</td><td>27</td><td>19</td><td>18</td></tr>
<tr><td>20</td><td>18.5</td><td rowspan="10">±0.2</td><td>2.7</td><td>3.9</td><td>28</td><td>20</td><td>19</td><td rowspan="9">0
−0.21</td></tr>
<tr><td>(21)</td><td>19.5</td><td>2.7</td><td>4</td><td>30</td><td>21</td><td>20</td></tr>
<tr><td>22</td><td>20.5</td><td>2.7</td><td>4.1</td><td>31</td><td>22</td><td>21</td></tr>
<tr><td>(24)</td><td>22.2</td><td>3.1</td><td>4.2</td><td>33</td><td>24</td><td>22.9</td></tr>
<tr><td>25</td><td>23.2</td><td>3.1</td><td>4.3</td><td>34</td><td>25</td><td>23.9</td></tr>
<tr><td>(26)</td><td>24.2</td><td>3.1</td><td>4.4</td><td>35</td><td>26</td><td>24.9</td></tr>
<tr><td>28</td><td>25.9</td><td rowspan="6">1.5</td><td>3.1</td><td>4.6</td><td>38</td><td>28</td><td>26.6</td><td rowspan="6">1.65</td></tr>
<tr><td>(29)</td><td>26.9</td><td>3.5</td><td>4.7</td><td>39</td><td>29</td><td>27.6</td></tr>
<tr><td>30</td><td>27.9</td><td>3.5</td><td>4.8</td><td>40</td><td>30</td><td>28.6</td></tr>
<tr><td>32</td><td>29.6</td><td>3.5</td><td>5</td><td rowspan="5">2.5</td><td>43</td><td>32</td><td>30.3</td><td rowspan="5">0
−0.25</td></tr>
<tr><td>(34)</td><td>31.5</td><td rowspan="4">±0.25</td><td>4</td><td>5.3</td><td>45</td><td>34</td><td>32.3</td></tr>
<tr><td>35</td><td>32.2</td><td>4</td><td>5.4</td><td>46</td><td>35</td><td>33</td></tr>
<tr><td>36</td><td>33.2</td><td rowspan="2">1.75</td><td rowspan="2">±0.06</td><td>4</td><td>5.4</td><td>47</td><td>36</td><td>34</td><td rowspan="2">1.9</td><td rowspan="2">2</td></tr>
<tr><td>(38)</td><td>35.2</td><td>4.5</td><td>5.6</td><td>50</td><td>38</td><td>36</td></tr>
</table>

(2) 구멍용 C형 멈춤링

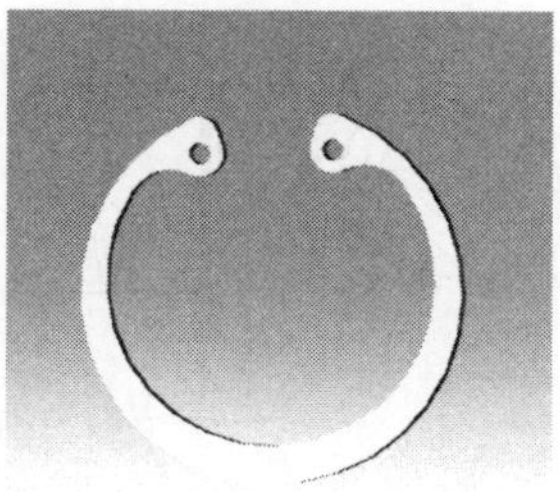

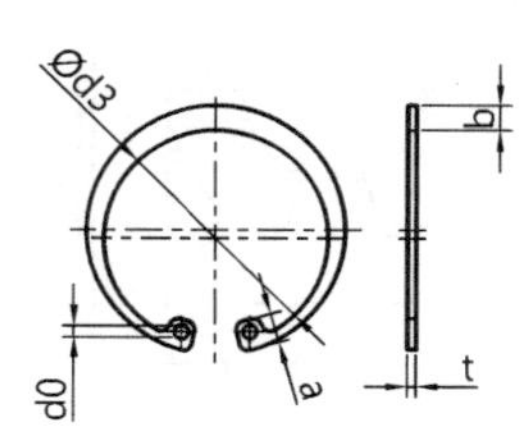

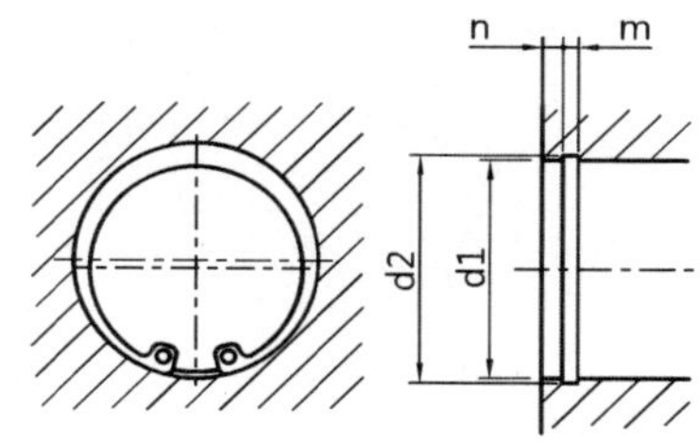

호칭경	멈춤링 d3 기본치수	멈춤링 d3 치수허용치	멈춤링 t 기본치수	멈춤링 t 치수허용치	멈춤링 b 약	멈춤링 a 약	멈춤링 d0 최소	참고 d5	적용하는 축 d1	적용하는 축 d2 기본치수	적용하는 축 d2 치수허용치	적용하는 축 m 기본치수	적용하는 축 m 치수허용치	참고 n 최소
10	10.7				1.8	3.1	1.2	3	10	10.4				
11	11.8				1.8	3.2		4	11	11.4				
12	13				1.8	3.3	1.5	5	12	12.5				
13	14.1	±0.18			1.8	3.5		6	13	13.6	+0.11 0			
14	15.1				2	3.6		7	14	14.6				
(15)	16.2				2	3.6		8	15	15.7				
16	17.3		1	±0.04	2	3.7	1.7	8	16	16.8		1.15		
17	18.3				2	3.8		9	17	17.8				
18	19.5				2.5	4		10	18	19				
19	20.5				2.5	4		11	19	20				1.5
20	21.5				2.5	4		12	20	21				
(21)	22.5	±0.2			2.5	4.1		12	21	22				
22	23.5				2.5	4.1		13	22	23	+0.21 0			
24	25.9				2.5	4.3	2	15	24	25.2			+0.14 0	
25	26.9				3	4.4		16	25	26.2				
26	27.9		1.2		3	4		16	26	27.2				
28	30.1				3	4.6		18	28	29.4		1.35		
30	32.1				3	4.7		20	30	31.4				
32	34.4			±0.05	3.5	5.2		21	32	33.7				
(34)	36.5	±0.25			3.5	5.2		23	34	35.7				
35	37.8				3.5	5.2		24	35	37				
(36)	38.8		1.5		3.5	5.2		25	36	38	+0.25 0	1.65		
37	39.8				3.5	5.2	2.5	26	37	39				
(38)	40.8				4	5.3		27	38	40				2
40	43.5				4	5.7		28	40	42.5				
42	45.5	±0.4	1.75	±0.06	4	5.8		30	42	44.5		1.9		
45	48.5				4.5	5.9		33	45	47.5				

(3) 축용 E형 멈춤링

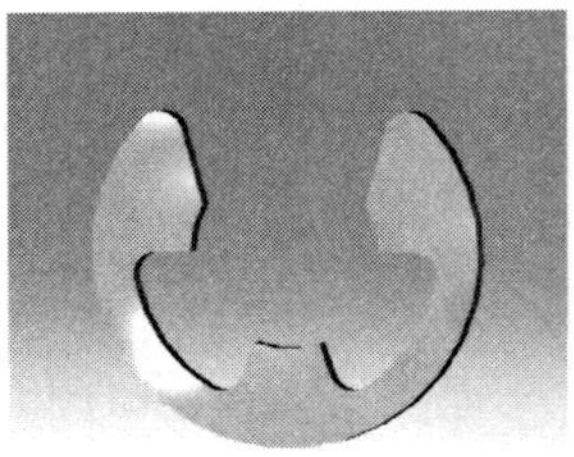

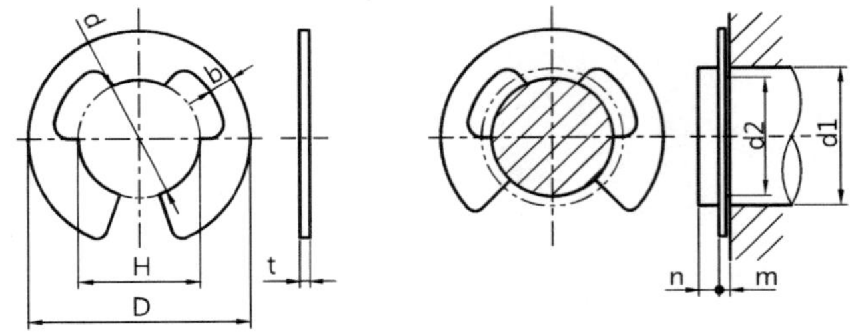

호칭경	멈춤링 d 기본치수	d 허용차	D 기본치수	D 허용차	H 기본치수	H 허용차	t 기본치수	t 허용차	b 약	적용하는 축 d1의 구분 이상	d1의 구분 미만	d2 기본치수	d2 허용차	m 기본치수	m 허용차	참고 n 최소
0.8	0.8	0 −0.08	2	±0.1	0.7	0 −0.25	0.2	±0.02	0.3	1	1.4	0.8	−0.05 0	0.3	+0.05 0	0.4
1.2	1.2	0 −0.09	3		1.0		0.3	±0.025	0.4	1.4	2	1.2	+0.06 0	0.4		0.6
1.5	1.5		4	±0.2	1.3		0.4	±0.03	0.6	2	2.5	1.5		0.5		0.8
2	2		5		1.7		0.4		0.7	2.5	3.2	2				1.0
2.5	2.5		6		2.1		0.4		0.8	3.2	4	2.5				
3	3		7		2.6		0.6	±0.04	0.9	4	5	3		0.7	+0.1 0	
4	4	0 −0.12	9		3.5	0 −0.30	0.6		1.1	5	7	4	+0.075 0			1.2
5	5		11		4.3		0.6		1.2	6	8	5				
6	6		12		5.2		0.8		1.4	7	9	6		0.9		
7	7	0 −0.15	14		6.1	0 −0.35	0.8		1.6	8	11	7	+0.09 0			1.5
8	8		16		6.9		0.8		1.8	9	12	8				1.8
9	9		18		7.8		0.8		2.0	10	14	9				2
10	10		20	±0.3	8.7		1.0		2.2	11	15	10		1.15	+0.14 0	
12	12	0 −0.18	23		10.4	0 −0.45	1.0		2.4	13	18	12	+0.11 0			2.5
15	15		29		13.0		1.5	±0.05	2.8	16	24	15		1.65		3
19	19	0 −0.21	37		16.5		1.5		4.0	20	31	19	+0.13 0			3.5
24	24		44		20.8	0 −0.50	2.0	±0.06	5.0	25	38	24		2.2		4

(4) 축용 C형 동심 멈춤링

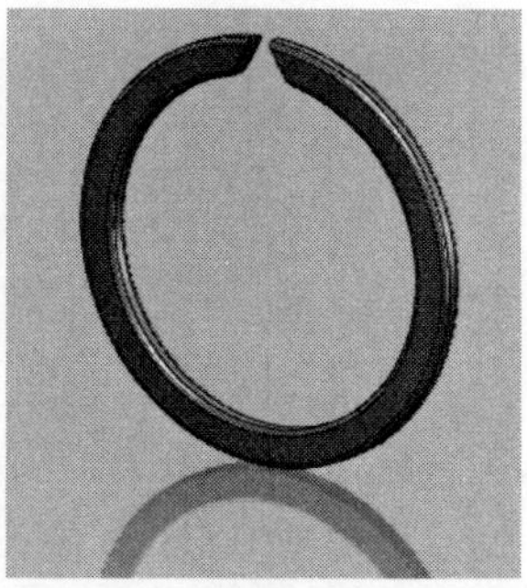

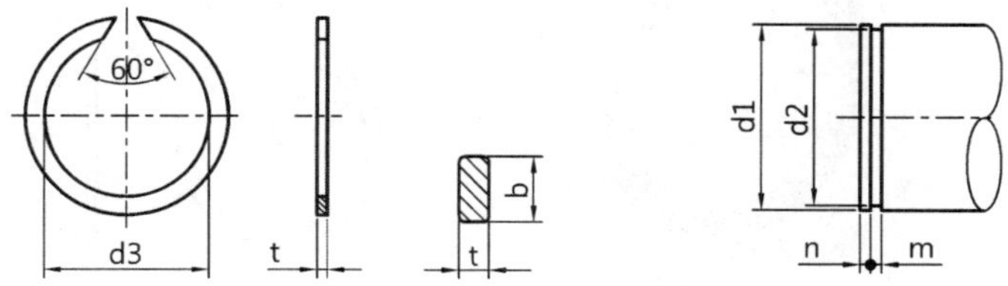

호칭	멈춤링 d3 기본치수	d3 허용차	t 기본치수	t 허용차	b 기본치수	b 최대	r 최대	적용하는 축 d1	d2 기본치수	d2 허용차	m 기본치수	m 허용차	참고 n 최소
20	18.7	0 −0.5	1.2	±0.07	2.0	±0.10	0.3	20	19	0 −0.21	1.35	+0.14 0	1.5
22	20.7							22	21				
22.4	21.1							22.4	21.5				
25	23.4							25	23.9				
28	26.1		1.5		2.8		0.5	28	26.6		1.65		
30	28.1							30	28.6				
31.5	29.3							31.5	29.8	0 −0.25			
32	29.8							32	30.3				
35	32.5	0 −1.0						35	33				
35.5	33							35.5	33.5				
40	37.4		1.75	±0.08	3.5	±0.12	0.7	40	38		1.9		
42	38.9							42	39.5				
45	41.9							45	42.5				
50	46.3		2.0		4.0			50	47		2.2		
55	51.3	0 −1.2						55	52	0 −0.3			
56	52.3							56	53				
60	56.3							60	57				
63	59.3							63	60				
65	61.3		2.5		5.0			65	62		2.7		2.5
70	66							70	67				
71	67							71	68				
75	71							75	72				
80	75.1							80	76.5				
85	80.1	0 −1.4	3.0	±0.09	6.0	±0.15		85	81.5	0 +0.35	3.2	+0.18 0	3
90	85.1							90	86.5				
95	90.1							95	91.5				
100	95.1							100	96.5				
105	98.8		4.0		8.0		1.2	105	101	0 −0.54	4.2		4
110	103.8							110	106				
112	105.8							112	108				
120	113.8							120	116				
125	118.7							125	121	0 −0.63			
130	123.7	0 −2.5			10.0			130	126				
140	133.7							140	136				
150	142.7							150	145				
160	151.7							160	155				
170	161.2							170	165				
180	171.2							180	175				
190	181.1	0 −3.0						190	185	0 −0.72			
200	191.1							200	195				

(5) 축용 C형 동심 멈춤링

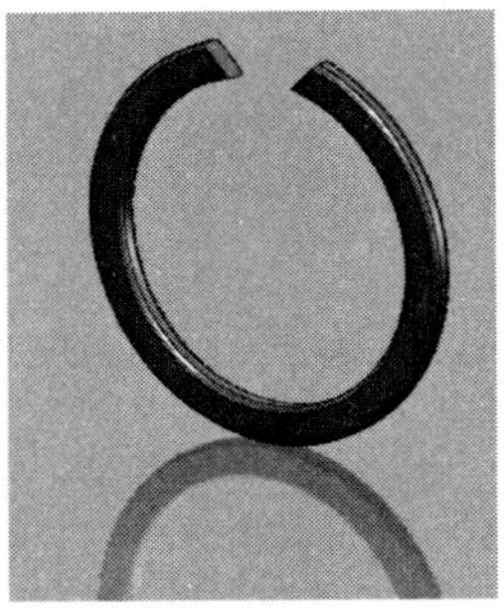

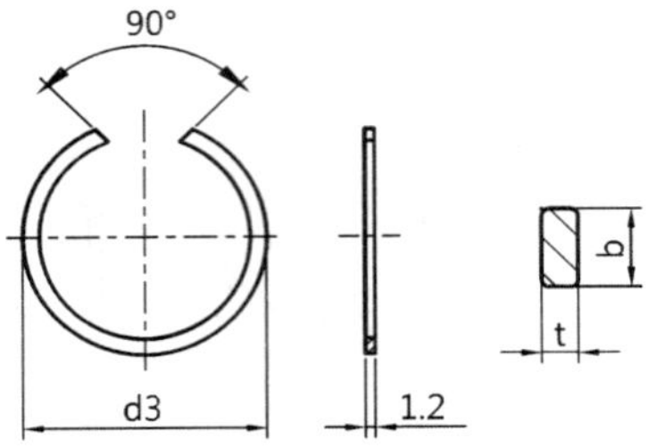

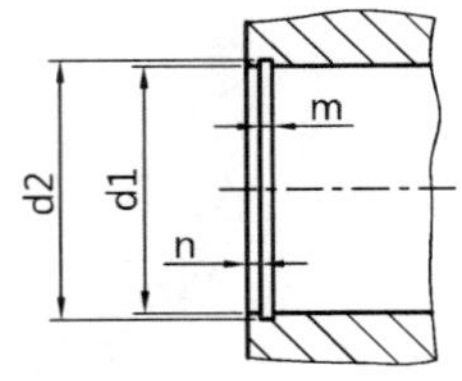

호칭	멈춤링 d3 기본치수	d3 허용차	t 기본치수	t 허용차	b 기본치수	b 최대	r 최대	적용하는 축 d1	d2 기본치수	d2 허용차	m 기본치수	m 허용차	참고 n 최소
20	21.3	+0.5 0	1.0	±0.07	2.0	±0.10	0.3	20	21	+0.21 0	1.15	+0.14 0	1.5
22	23.3							22	23				
24	25.7		1.2					24	25.2		1.35		
25	26.7							25	26.2				
26	27.7							26	27.2				
28	29.9							28	29.4				
30	31.9	+1.0 0						30	31.4				
32	34.2							32	33.7	+0.25 0			
35	37.5		1.5		2.8		0.5	35	37		1.65		2
37	39.5							37	39				
40	43.1		1.75	±0.80	3.5	±0.12	0.7	40	42.5		1.9		
42	45.1							42	44.5				
45	48.1							45	47.5				
47	50.1	+1.2 0	2.0		4.0			47	49.5				
50	53.8							50	53		2.2		
52	55.8							52	55				
55	58.8							55	58	+0.3 0			
56	59.8							56	59				
62	65.8							62	65				
63	66.8							63	66				
68	72.1		2.5		5.0			68	71		2.7		2.5
72	76.1							72	75				
75	79.1							75	78				
80	85	+1.4 0						80	83.5				
85	90		3.0	±0.09	6.0	±0.15		85	88.5	+0.35 0	3.2	+0.18 0	3
90	95							90	93.5				
95	100							95	98.5				

【2】 규격의 적용

① 조립도에서 구멍용 멈춤링과 축용 멈춤링이 조립되어 있다.

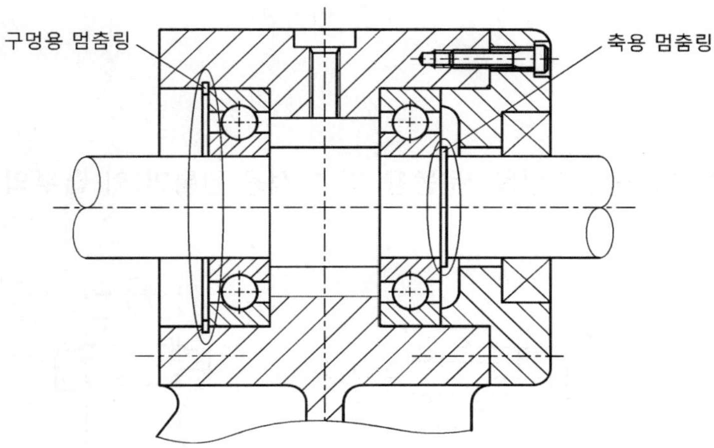

② 축용 멈춤링은 조립 되는 축의 외경(d1)을 직접 측정한다.

③ 표에서 축 외경(d1)을 찾는다.

④ 표에서 d2와 m을 찾고 그 공차까지 적용한다.

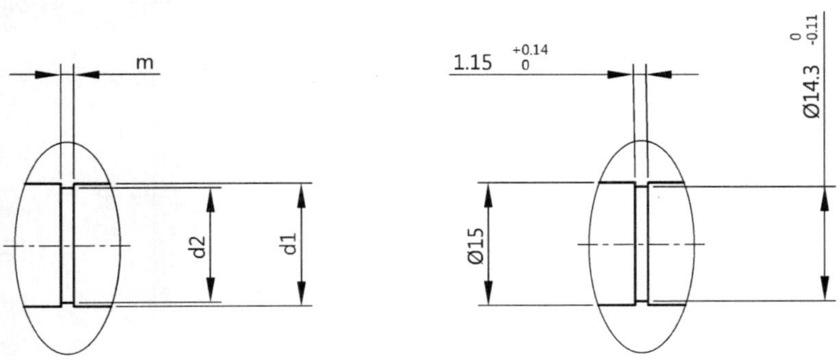

⑤ 구멍용 멈춤링은 조립되는 구멍의 내경을 직접 측정한다.

⑥ 표에서 구멍 내경(D1)을 찾는다.

⑦ 표에서 D2와 m을 찾고 그 공차까지 적용한다.

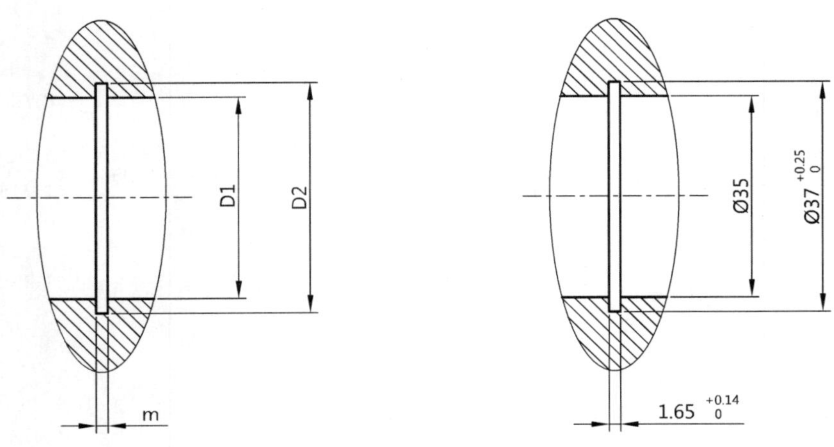

14. O링 부착 홈부의 모양 및 기준치수

밀봉하려는 부분에 O링을 끼우기 위한 홈 부를 의미한다.

【1】 KS 규격

(1) P계열(운동용, 고정용) O링용, 운동용 및 고정용(원통면)의 홈부의 형상 및 기준치수

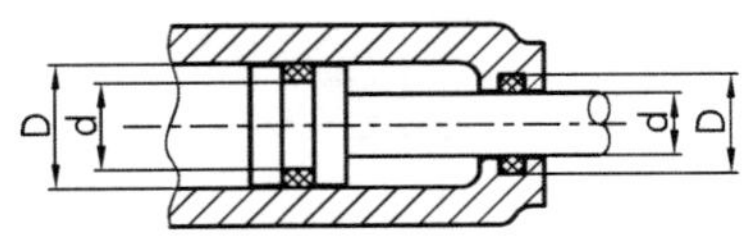

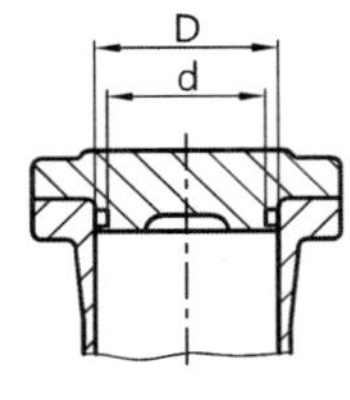

O링의 호칭번호	홈부의 치수								참 고	
	d3, d5		d4, d6		G		R (최대)	E (최대)	백업링 두께	O링 굵기
	치수	허용차	치수	허용차	치수	허용차			폴리테트라 플오로에틸렌수지	
P 3	3	0 −0.05	6	+0.05 0	백업링 없음 2.5 백업링 1개 3.9 백업링 2개 5.4	+0.25 0	0.4	0.05	스파이럴 0.7±0.05 바이어스컷 1.25±0.1 엔드리스 1.25±0.1	1.9 ±0.12
P 4	4		7							
P 5	5		8							
P 6	6		9							
P 7	7		10							
P 8	8		11							
P 9	9		12							
P 10	10		13							
P 10 A	10	0 −0.06	14	+0.06 0	백업링 없음 3.2 백업링 1개 4.4 백업링 2개 6.0		0.4	0.05	스파이럴 0.7±0.05 바이어스컷 1.25±0.1 엔드리스 1.25±0.1	2.4 ±0.07
P 11	11		15							
P 11.2	11.2		15.2							
P 12	12		16							
P 12.5	12.5		16.5							
P 14	14		18							
P 15	15		19							
P 16	16		20							
P 18	18		22							
P 20	20		24							
P 21	21		25							
P 22	22		26							

O링의 호칭번호	홈부의 치수								참 고	
	d3, d5		d4, d6		G		R (최대)	E (최대)	백업링 두께	O링 굵기
	치수	허용차	치수	허용차	치수	허용차			폴리테트라플로오로에틸렌수지	
P 22 A	22		28							
P 22.4	22.4		28.4							
P 24	24		30							
P 25	25		31							
P 25.5	25.5		31.5							
P 26	26		32							
P 28	28		34							
P 29	29		35							
P 29.5	29.5		35.5							
P 30	30		36							
P 31	31		37							
P 31.5	31.5		37.5							
P 32	32		38							
P 34	34		40							
P 35	35	0 −0.08	41	+0.08 0	백업링 없음 4.7 백업링 1개 6.0 백업링 2개 7.8	+0.25 0	0.7	0.08	스파이럴 0.7±0.05 바이어스컷 1.25±0.1 엔드리스 1.25±0.1	3.5 ±0.10
P 35.5	35.5		41.5							
P 36	36		42							
P 38	38		44							
P 39	39		45							
P 40	40		46							
P 41	41		47							
P 42	42		48							
P 44	44		60							
P 45	45		51							
P 46	46		52							
P 48	48		54							
P 49	49		55							
P 50	50		56							

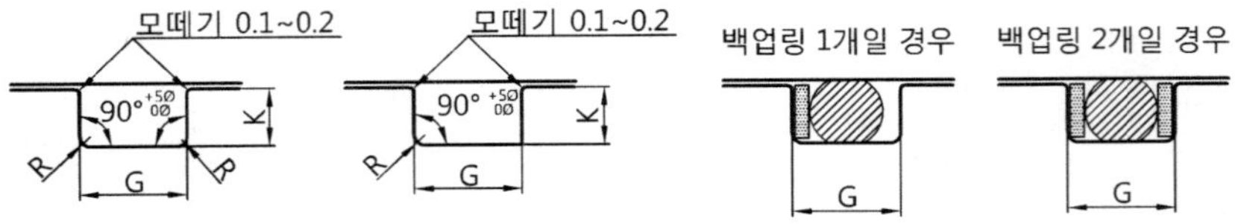

(2) P계열(운동용, 고정용) O링용, 운동용 및 고정용(원통면)의 홈부의 형상 및 기준치수

O링의 호칭번호	홈부의 치수								참 고	
	d3, d5		d4, d6		G		R (최대)	E (최대)	백업링 두께	O링 굵기
	치수	허용차	치수	허용차	치수	허용차			폴리테트라 플오로에틸렌수지	
P 48 A	48	0 −0.10	58	+0.10 0	백업링 없음 7.5 백업링 1개 9.0 백업링 2개 11.5	+0.25 0	0.8	0.10	스파이럴 0.9±0.06 바이어스컷 1.9±0.13 엔드리스 1.9±0.13	5.7 ±0.15
P 50 A	50		60							
P 52	52		62							
P 53	53		63							
P 55	55		65							
P 56	56		66							
P 58	58		68							
P 60	60		70							
P 62	62		72							
P 63	63		73							
P 65	65		75							
P 67	67		77							
P 70	70		80							
P 71	71		81							
P 75	75		85							
P 80	80		90							
P 85	85		95							
P 90	90		100							
P 95	95		105							
P 100	100		110							
P 102	102		112							
P 105	105		115							
P 110	110		120							
P 112	112		122							
P 115	115		125							
P 120	120		130							
P 125	125		135							
P 130	130		140							
P 132	132		142							
P 135	135		145							
P 140	140		150							
P 145	145		155							
P 150	150		160							

【2】 규격의 적용

① 조립도에서 운동용 O링과 고정용 O링이 조립되어 있다.

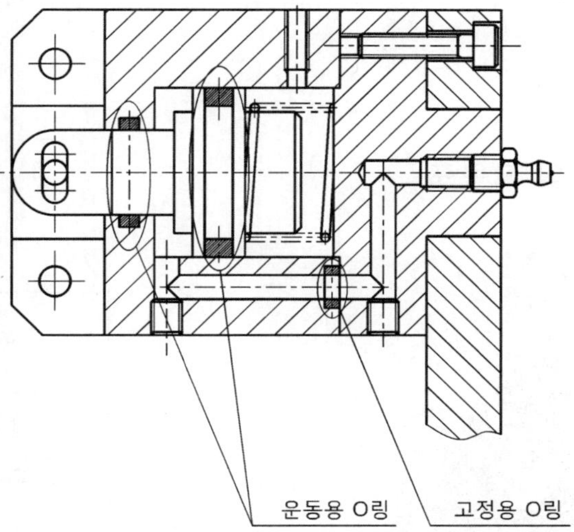

② O링은 움직임이 있는 부분의 누설을 막는 운동용과 움직임이 없는 부분의 누설을 막는 고정용이 있다.

③ O링이 조립되는 부분은 구멍 부분은 d를 가공하고 D와 G(폭)을 가공하므로 d를 직접 측정하여, 표에서 D와 G(폭)을 찾아 적용한다.

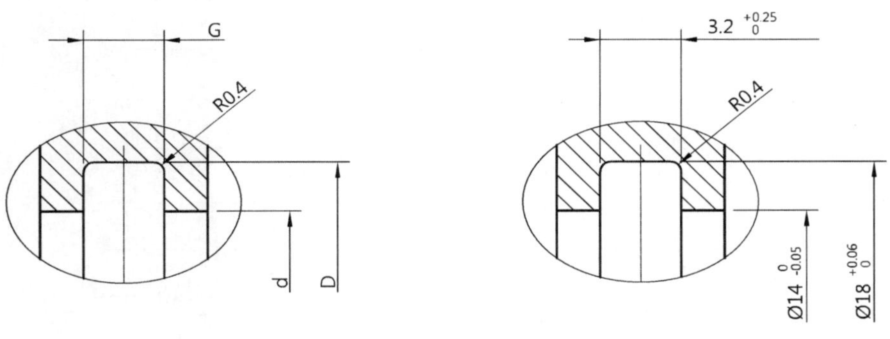

④ 축에서는 D를 가공한 다음 d와 G(폭)을 가공하므로 D를 직접 측정하여, 표에서 d와 G(폭)을 찾아 적용한다.

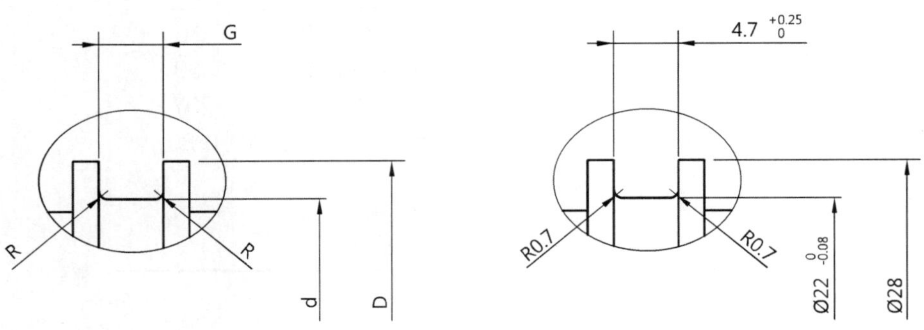

15. 스퍼 기어

두 축간거리가 짧고 평행한 두 축 사이의 회전력을 전달에 사용하는 기계요소이다.

【1】 KS 규격

(1) 스퍼 기어의 제도 및 요목표

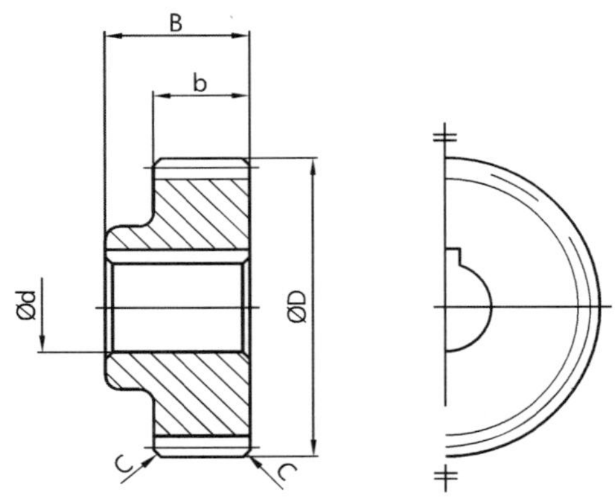

스퍼 기어		
기어 치형		표준
기준래크	치 형	보통이
	모 듈	6
	압력각	20°
잇 수		18
기준 피치원 지름		108
전체 이높이		13.34
이두께	벌림 이두께	$47.96^{-0.08}_{-0.38}$ (벌림 잇수 3)
다듬질 방법		호브 절삭
정 밀 도		KS B ISO 1328-1 4급
비 고		상대기어 전위량 0 상대기어 잇수 50 중심 거리 207 백래시 0.20~0.89 ※재 료 ※열처리 ※경도

※ 는 필요시 기입 한다.

【2】 규격의 적용

① 조립도에서 축에 스퍼기어가 조립되어 있다.

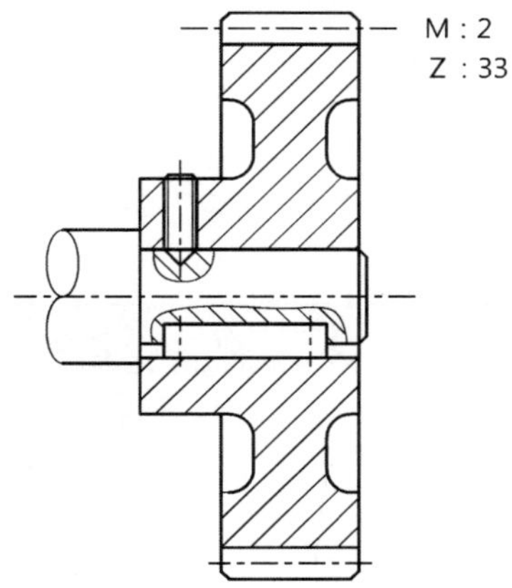

② 주어진 도면에서의 M(모듈)과 Z(잇수)를 확인한다.

③ 스퍼기어의 피치원경(P.C.D)는 M(모듈)과 Z(잇수) 곱해서 계산한다.

$$P.C.D = M \cdot Z$$

④ 도면에 따라 피치원 지름(P.C.D)과 M(모듈)이나 Z(잇수)를 주어지는 경우도 있다.

⑤ 기어의 이끝원(Do)은 다음과 같이 계산한다.

$$D_o = P.C.D \times 2M \quad \text{or} \quad D_o = M(Z \times 2)$$

⑥ 도면에 계산된 치수를 적용하고 다른 부분은 요목표로 기입한다.

⑦ 스퍼기어 요목표에서 모듈(M), 잇수(Z), 피치원 지름(P.C.D)은 도면에 따라 달라지며 다른 항목은 동일하게 기입한다.

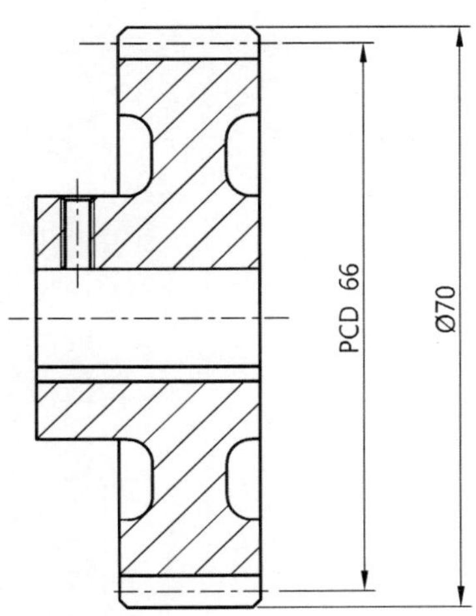

스퍼 기어 요목표		
기어 치형		표 준
공구	치 형	보통이
	모 듈	2
	압력각	20°
잇 수		33
피치원 지름		Ø66
다듬질 방법		호브절삭
정 밀 도		KS B ISO 1328-1, 4급

16. 체인용 스프로킷

평행한 두 축 사이의 회전력을 전달에 사용하는 기계요소로 체인과 함께 사용된다.

【1】 KS 규격

(1) 계산식

항 목	계산식
피치원지름 (DP)	$D_P = \dfrac{P}{\sin\dfrac{180°}{N}}$
바깥지름(DO)	$D_o = P\left(0.6 + \cot\dfrac{180°}{N}\right)$
이뿌리원 지름(DB)	$D_B = D_p - d_1$
이뿌리 거리(DC)	$D_C = D_B$ (짝수 톱니) $D_C = D_p\cos\dfrac{90°}{N} - d_1$ (홀수 톱니) $= P \times \dfrac{1}{2\sin\dfrac{180°}{2N}} - d_1$
최대 보스 지름 및 최대 홈 지름(DH)	$D_H = P\left(\cot\dfrac{180°}{N}\right) - 0.76$
여기서 P : 롤러 체인의 피치 d1 : 롤러 체인의 롤러 바깥지름 N : 잇 수	

(2) 롤러 체인용 스프로킷, 가로치형

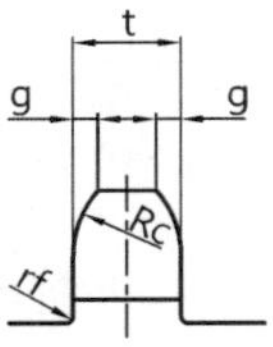

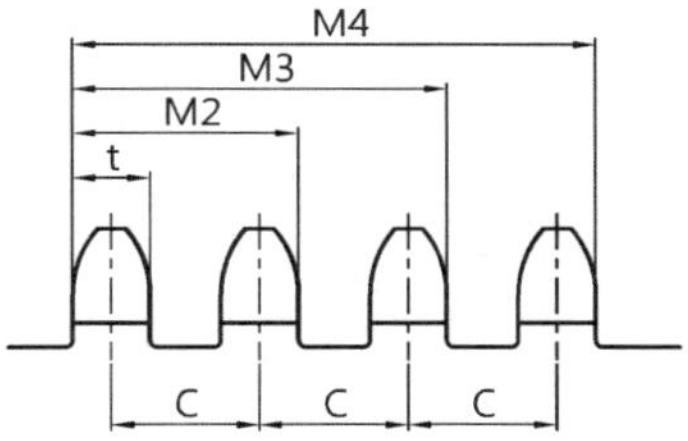

호칭 번호	공통치수				이 나비 t(최대)			가로 피치 Pt	적용 롤러 체인 (참고)		
	모떼기 나비 g (약)	모떼기 깊이 h (약)	모떼기 반경 RC (최소)	둥글기 rf (최대)	홑줄 (단열)	2줄 3줄	4줄 이상		피치 P	롤러 바깥지름 d1 (최대)	안쪽링크 안쪽나비 b1 (최소)
25	0.8	3.2	6.8	0.3	2.8	2.7	2.4	6.4	6.35	3.30	3.18
35	1.2	4.8	10.1	0.4	4.3	4.1	3.8	10.1	9.525	5.08	4.78
(41)	1.6	6.4	13.5	0.5	5.8	–	–	–	12.70	7.77	6.38
40	1.6	6.4	13.5	0.5	7.2	7.0	6.5	14.4	12.70	7.94	7.95
50	2.0	7.9	16.9	0.6	8.7	8.4	7.9	18.1	15.875	10.16	9.53
60	2.4	9.5	20.3	0.8	11.7	11.3	10.6	22.8	19.05	11.91	12.70
80	3.2	12.7	27.0	1.0	14.6	14.1	13.3	29.3	25.40	15.88	15.88
100	4.0	15.9	33.8	1.3	17.6	17.0	16.1	35.8	31.75	19.05	19.05
120	4.8	19.0	40.5	1.5	23.5	22.7	21.5	45.4	38.10	22.23	25.40
140	5.6	22.2	47.3	1.8	23.5	22.7	21.5	48.9	44.45	25.40	25.40
160	6.4	25.4	54.0	2.0	29.4	28.4	27.0	58.5	50.80	28.58	31.75
200	7.9	31.8	67.5	2.5	35.3	34.1	32.5	71.6	63.50	39.69	38.10
240	9.5	38.1	81.0	3.0	44.1	42.7	40.7	87.8	76.20	47.63	47.63

비고 : 호칭번호 41은 홑줄(단열)만으로 한다.
총 이 나비는 M2, M3, M4, … , Mn = Pt(n−1)+t (n : 줄 수)
둥글기 rf(최대)는 보스 지름 및 홈지름의 최대값 DH 를 사용했을 때의 값이다.

(3) 이 나비(또는 총 이 나비)의 치수 허용차

호칭번호	25	35	41	40	50	60	80	100	120	140	160	200	240
치수허용차	0 −0.20	0 −0.20	0 −0.20	0 −0.25	0 −0.25	0 −0.30	0 −0.30	0 −0.35	0 −0.40	0 −0.40	0 −0.45	0 −0.55	0 −0.65

(4) 짝수 톱니의 이뿌리원 지름(DB) 및 홀수 톱니의 이뿌리 거리(DC)의 치수 허용차

<table>
<tr><th>호칭 번호
잇수</th><th>25</th><th>35</th><th>41</th><th>40</th><th>50</th><th>60</th><th>80</th><th>100</th><th>120</th><th>140</th><th>160</th><th>200</th><th>240</th></tr>
<tr><td>11~15</td><td rowspan="3">0
−0.10</td><td>0
−0.10</td><td rowspan="2">0
−0.12</td><td rowspan="2">0
−0.12</td><td rowspan="2">0
−0.12</td><td>0
−0.12</td><td>0
−0.15</td><td>0
−0.15</td><td>0
−0.20</td><td>0
−0.20</td><td>0
−0.25</td><td>0
−0.25</td><td>0
−0.30</td></tr>
<tr><td>16~24</td><td rowspan="3">0
−0.12</td><td rowspan="2">0
−0.15</td><td rowspan="2">0
−0.20</td><td>0
−0.20</td><td rowspan="2">0
−0.25</td><td>0
−0.25</td><td>0
−0.30</td><td>0
−0.35</td><td>0
−0.40</td></tr>
<tr><td>25~35</td><td rowspan="3">0
−0.15</td><td rowspan="3">0
−0.15</td><td rowspan="2">0
−0.15</td><td rowspan="2">0
−0.25</td><td>0
−0.30</td><td>0
−0.35</td><td>0
−0.40</td><td>0
−0.45</td></tr>
<tr><td>36~48</td><td rowspan="4">0
−0.12</td><td rowspan="2">0
−0.20</td><td rowspan="2">0
−0.25</td><td>0
−0.30</td><td>0
−0.35</td><td>0
−0.40</td><td>0
−0.45</td><td>0
−0.55</td></tr>
<tr><td>49~63</td><td rowspan="4">0
−0.15</td><td rowspan="3">0
−0.20</td><td>0
−0.30</td><td>0
−0.35</td><td>0
−0.40</td><td>0
−0.45</td><td>0
−0.50</td><td>0
−0.60</td></tr>
<tr><td>64~80</td><td rowspan="3">0
−0.20</td><td rowspan="3">0
−0.20</td><td rowspan="3">0
−0.25</td><td rowspan="2">0
−0.30</td><td rowspan="2">0
−0.35</td><td rowspan="2">0
−0.40</td><td>0
−0.45</td><td>0
−0.50</td><td>0
−0.60</td><td>0
−0.70</td></tr>
<tr><td>81~99</td><td rowspan="2">0
−0.55</td><td>0
−0.55</td><td>0
−0.65</td><td>0
−0.75</td></tr>
<tr><td>99~120</td><td>0
−0.15</td><td>0
−0.25</td><td>0
−0.35</td><td>0
−0.40</td><td>0
−0.45</td><td>0
−0.60</td><td>0
−0.70</td><td>0
−0.85</td></tr>
</table>

(5) 축 구멍에 대한 이뿌리의 흔들림 및 옆 흔들림의 허용값

<table>
<tr><th colspan="2">이뿌리원 지름(DB)</th><th>이뿌리 흔들림(a)</th><th>옆 흔들림(b)</th></tr>
<tr><td></td><td>100 이하</td><td>0.15</td><td>0.25</td></tr>
<tr><td>100 초과</td><td>150 이하</td><td>0.20</td><td></td></tr>
<tr><td>150 초과</td><td>250 이하</td><td>0.25</td><td></td></tr>
<tr><td>250 초과</td><td>650 이하</td><td>0.001DB</td><td rowspan="2">0.001DB</td></tr>
<tr><td>650 초과</td><td>1000 이하</td><td rowspan="2">0.65</td></tr>
<tr><td colspan="2">1000 초과</td><td>1.00</td></tr>
</table>

[짝수치]

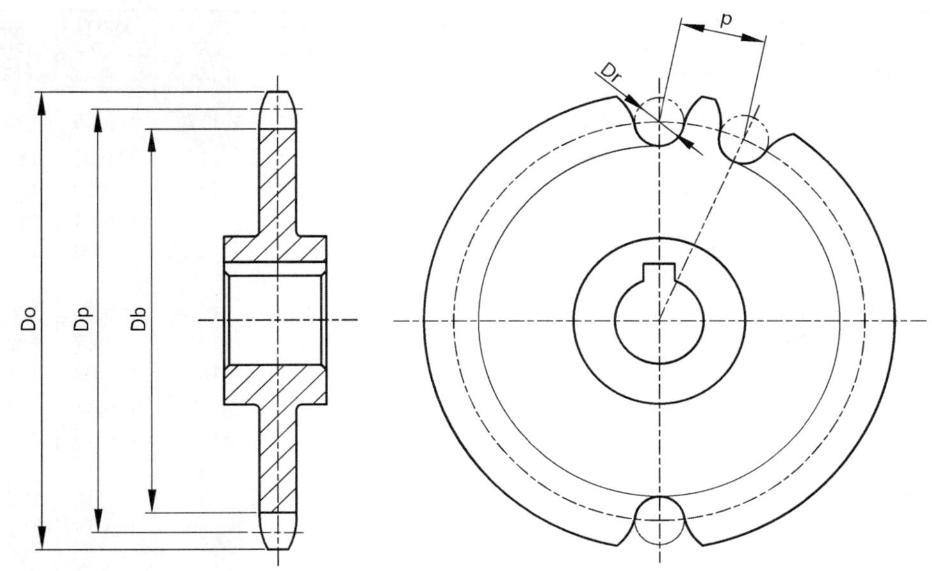

[홀수치]

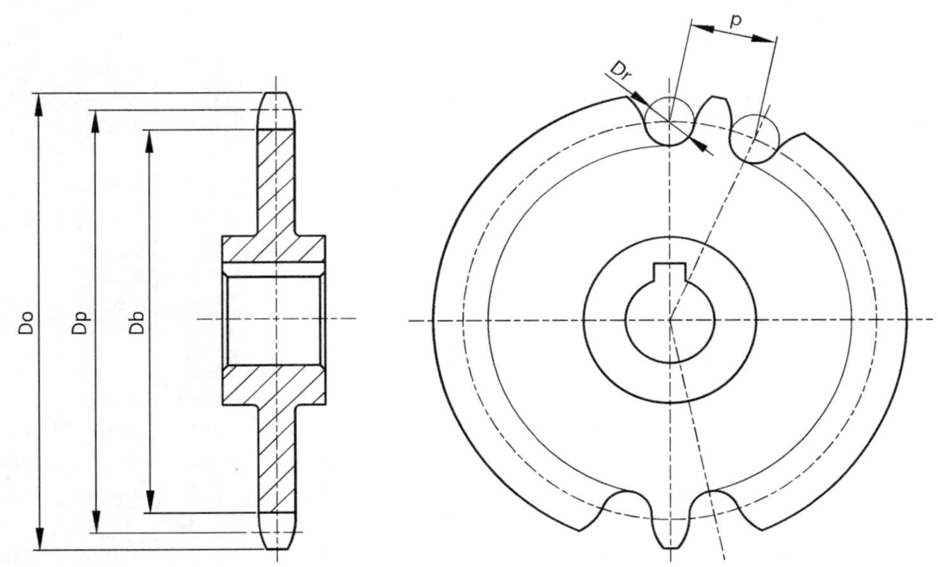

(6) 체인호칭번호 25용 스프로킷의 기준 치수

치수 N	피치원 직경 DP	표준 외경 DO	치저원 직경 DB	치저 거리 DC	최대보스 직경 DH	치수 N	피치원 직경 DP	표준 외경 DO	치저원 직경 DB	치저 거리 DC	최대보스 직경 DH
11	22.54	25	19.24	19.01	15	56	113.25	117	109.95	109.95	106
12	24.53	28	21.23	21.23	17	57	115.27	119	111.97	111.93	108
13	26.53	30	23.23	2304	19	58	117.29	121	113.99	113.99	110
14	28.54	32	25.24	25.24	21	59	119.31	123	116.01	115.97	112
15	30.54	34	27.24	27.07	23	60	121.33	125	118.03	118.03	114
16	32.55	36	29.25	29.25	25	61	123.35	127	120.05	120.01	116
17	34.56	38	31.26	31.11	27	62	125.37	129	122.07	122.07	118
18	36.57	40	33.27	33.27	29	63	127.39	131	124.09	124.05	120
19	38.58	42	35.28	35.15	31	64	129.41	133	126.11	126.11	122
20	40.59	44	37.29	37.29	33	65	131.43	135	128.13	128.10	124
21	42.61	46	39.31	39.19	35	66	133.45	137	130.15	130.15	126
22	44.62	48	41.32	41.32	37	67	135.47	139	132.17	132.14	128
23	46.63	50	43.33	43.23	39	68	137.50	141	134.20	134.20	130
24	48.65	52	45.35	45.35	41	69	139.52	143	136.22	136.18	132
25	50.66	54	47.36	47.27	43	70	141.54	145	138.24	138.24	134
26	52.68	56	49.38	49.38	45	71	143.56	147	140.26	140.22	136
27	54.70	58	51.40	51.30	47	72	145.58	149	142.28	142.28	138
28	56.71	60	53.41	53.41	49	73	147.60	151	144.30	144.26	140
29	58.73	62	55.43	55.35	51	74	149.62	153	146.32	146.32	142
30	60.75	64	57.45	57.45	53	75	151.64	155	148.34	148.31	144
31	62.77	66	59.47	59.39	55	76	153.66	157	150.36	150.36	146
32	64.78	68	61.48	61.48	57	77	155.68	159	152.38	152.35	148
33	66.80	70	63.50	63.43	59	78	157.70	161	154.40	154.40	150
34	68.82	72	65.52	65.52	61	79	159.72	163	156.42	156.39	152
35	70.84	74	67.54	67.47	63	80	161.74	165	158.44	158.44	155
36	72.86	76	69.56	69.56	65	81	163.76	167	160.46	160.43	157
37	74.88	78	71.58	71.51	67	82	165.78	169	162.48	162.48	159
38	76.90	80	73.60	73.60	70	83	167.81	171	164.51	164.48	161
39	78.91	82	75.61	75.55	72	84	169.83	174	166.53	166.53	163
40	80.93	84	77.63	77.63	74	85	171.85	176	168.55	168.52	165
41	82.95	87	79.65	79.59	76	86	173.87	178	170.57	170.57	167
42	84.97	89	81.67	81.67	78	87	175.89	180	172.59	172.56	169
43	86.99	91	83.69	83.63	80	88	177.91	182	174.61	174.61	171
44	89.01	93	85.71	85.71	82	89	179.93	184	176.63	176.60	173
45	91.03	95	87.73	87.68	84	90	181.95	186	178.65	178.65	175
46	93.05	97	89.75	89.75	86	91	183.97	188	180.67	180.64	177
47	95.07	99	91.77	91.72	88	92	185.99	190	182.69	182.69	179
48	97.09	101	93.79	93.79	90	93	188.01	192	184.71	184.69	181
49	99.11	103	95.81	95.76	92	94	190.03	194	186.73	186.73	183
50	101.13	105	97.83	97.83	94	95	192.06	196	188.76	188.73	185
51	103.15	107	99.85	99.80	96	96	194.08	198	190.78	190.78	187
52	105.17	109	101.87	101.87	98	97	196.10	200	192.80	192.77	189
53	107.19	111	103.89	103.84	100	98	198.12	202	194.82	194.82	191
54	109.21	113	105.91	105.91	102	99	200.14	204	196.84	196.81	193
55	111.23	115	107.93	107.88	104	100	202.16	206	198.86	198.86	195

(7) 체인호칭번호 35용 스프로킷의 기준 치수

치수 N	피치원 직경 DP	표준 외경 DO	치저원 직경 DB	치저 거리 DC	최대보스 직경 DH	치수 N	피치원 직경 DP	표준 외경 DO	치저원 직경 DB	치저 거리 DC	최대보스 직경 DH
11	33.81	38	28.73	28.38	22	56	169.88	175	164.80	164.80	159
12	36.80	41	31.72	31.72	25	57	172.91	178	167.83	167.76	162
13	39.80	44	34.72	34.43	28	58	175.94	181	170.86	170.86	165
14	42.81	47	37.73	37.73	31	59	178.97	184	173.89	173.82	168
15	45.81	51	40.73	40.48	35	60	182.00	187	176.92	176.92	171
16	48.82	54	43.74	43.74	38	61	185.03	190	179.95	179.89	174
17	51.84	57	46.76	46.54	41	62	188.06	194	182.98	182.98	178
18	54.85	60	49.77	49.77	44	63	191.09	197	186.01	185.95	181
19	57.87	63	52.79	52.59	47	64	194.12	200	189.04	189.04	184
20	60.89	66	55.81	55.81	50	65	197.15	203	192.07	192.01	187
21	63.91	69	58.83	58.65	53	66	200.18	206	195.10	195.10	190
22	66.93	72	61.85	61.85	56	67	203.21	209	198.13	198.08	193
23	69.95	75	64.87	64.71	59	68	206.24	212	201.16	201.16	196
24	72.97	78	67.89	67.89	62	69	209.27	215	204.19	204.14	199
25	76.00	81	70.92	70.77	65	70	212.30	218	207.22	207.22	202
26	79.02	84	73.94	73.94	68	71	215.34	221	210.26	210.20	205
27	82.05	87	76.97	76.83	71	72	218.37	224	213.29	213.29	208
28	85.07	90	79.99	79.99	74	73	221.40	227	216.32	216.27	211
29	88.10	93	83.02	82.89	77	74	224.43	230	219.35	219.35	214
30	91.12	96	86.04	86.04	80	75	227.46	233	222.38	222.33	217
31	94.15	99	89.07	88.95	83	76	230.49	236	225.41	225.41	220
32	97.18	102	92.10	92.10	86	77	233.52	239	228.44	228.39	223
33	100.20	105	95.12	95.01	89	78	236.55	242	231.47	231.47	226
34	103.23	109	98.15	98.15	93	79	239.58	245	234.50	234.46	229
35	106.26	112	101.18	101.07	96	80	242.61	248	237.53	237.53	232
36	109.29	115	104.21	104.21	99	81	245.65	251	240.57	240.52	235
37	112.31	118	107.23	107.13	102	82	248.68	254	243.60	243.60	238
38	115.34	121	110.26	110.26	105	83	251.71	257	246.63	246.58	241
39	118.37	124	113.29	113.20	108	84	254.74	260	249.66	249.66	244
40	121.40	127	116.32	116.32	111	85	257.77	263	252.69	252.65	247
41	124.43	130	119.35	119.26	114	86	260.80	266	255.72	255.72	250
42	127.46	133	122.38	122.38	117	87	263.83	269	258.75	258.71	253
43	130.49	136	125.41	125.32	120	88	266.86	272	261.78	261.78	256
44	133.52	139	128.44	128.44	123	89	269.90	275	264.82	264.77	259
45	136.55	142	131.47	131.38	126	90	272.93	278	267.85	267.85	262
46	139.58	145	134.50	134.50	129	91	275.96	282	270.88	270.84	266
47	142.61	148	137.53	137.45	132	92	278.99	285	273.91	273.91	269
48	145.64	151	140.56	140.56	135	93	282.02	288	276.94	276.90	272
49	148.67	154	143.59	143.51	138	94	285.05	291	279.97	279.97	275
50	151.70	157	146.62	146.62	141	95	288.08	294	283.00	282.96	278
51	154.73	160	149.65	149.57	144	96	291.11	297	286.03	286.03	281
52	157.75	163	152.67	152.67	147	97	294.15	300	289.07	289.03	284
53	160.78	166	155.70	155.63	150	98	297.18	303	292.10	292.10	287
54	163.81	169	158.73	158.73	153	99	300.21	306	295.13	295.09	290
55	166.85	172	161.77	161.70	156	100	303.24	309	298.16	298.16	293

(8) 체인호칭번호 40용 스프로킷의 기준 치수

치수 N	피치원 직경 DP	표준 외경 DO	치저원 직경 DB	치저 거리 DC	최대보스 직경 DH	치수 N	피치원 직경 DP	표준 외경 DO	치저원 직경 DB	치저 거리 DC	최대보스 직경 DH
11	45.08	51	37.14	36.68	30	56	226.50	234	218.56	218.56	213
12	49.07	55	41.13	41.13	34	57	230.54	238	222.60	222.51	217
13	53.07	59	45.13	44.74	38	58	234.58	242	226.64	226.64	221
14	57.07	63	49.13	49.13	42	59	238.62	246	230.68	230.60	225
15	61.08	67	53.14	52.81	46	60	242.66	250	234.72	234.72	229
16	65.10	71	57.16	57.16	50	61	246.70	254	238.76	238.68	233
17	69.12	76	61.18	60.88	54	62	250.74	258	242.80	242.80	237
18	73.14	80	65.20	65.20	59	63	254.78	262	246.84	246.77	241
19	77.16	84	69.22	68.96	63	64	258.83	266	250.89	250.89	245
20	81.18	88	73.24	73.24	67	65	262.87	270	254.93	254.85	249
21	85.21	92	77.27	77.03	71	66	266.91	274	258.97	258.97	253
22	89.24	96	81.30	81.30	75	67	270.95	278	263.01	262.93	257
23	93.27	100	85.33	85.11	79	68	274.99	282	267.05	267.05	261
24	97.30	104	89.36	89.36	83	69	279.03	286	271.09	271.02	265
25	101.33	108	93.39	93.19	87	70	283.07	290	275.13	275.13	269
26	105.36	112	97.42	97.42	91	71	287.11	294	279.17	279.10	273
27	109.40	116	101.46	101.27	95	72	291.16	299	283.22	283.22	277
28	113.43	120	105.49	105.49	99	73	295.20	303	287.26	287.19	281
29	117.46	124	109.52	109.35	103	74	299.24	307	291.30	291.30	286
30	121.50	128	113.56	113.56	107	75	303.28	311	295.34	295.27	290
31	125.53	133	117.59	117.43	111	76	307.32	315	299.38	299.38	294
32	129.57	137	121.63	121.63	115	77	311.36	319	303.42	303.36	298
33	133.61	141	125.67	125.51	120	78	315.40	323	307.46	307.46	302
34	137.64	145	129.70	129.70	124	79	319.44	327	311.50	311.44	306
35	141.68	149	133.74	133.60	128	80	323.49	331	315.55	315.55	310
36	145.72	153	137.78	137.78	132	81	327.53	335	319.59	319.53	314
37	149.75	157	141.81	141.68	136	82	331.57	339	323.63	323.63	318
38	153.79	161	145.85	145.85	140	83	335.61	343	327.67	327.61	322
39	157.83	165	149.89	149.76	144	84	339.65	347	331.71	331.71	326
40	161.87	169	153.93	153.93	148	85	343.69	351	335.75	335.70	330
41	165.91	173	157.97	157.84	152	86	347.73	355	339.79	339.79	334
42	169.95	177	162.01	162.01	156	87	351.78	359	343.84	343.78	338
43	173.98	181	166.04	165.93	160	88	355.82	363	347.88	347.88	342
44	178.02	185	170.08	170.08	164	89	359.86	367	351.92	351.86	346
45	182.06	189	174.12	174.01	168	90	363.90	371	355.96	355.96	350
46	186.10	193	178.16	178.16	172	91	367.94	375	360.00	359.95	354
47	190.14	197	182.20	182.10	176	92	371.99	379	364.05	364.05	358
48	194.18	201	186.24	186.24	180	93	376.03	383	368.09	368.03	362
49	198.22	205	190.28	190.18	184	94	380.07	387	372.13	372.13	366
50	202.26	209	194.32	194.32	188	95	384.11	392	376.17	376.12	370
51	206.30	214	198.36	198.26	192	96	388.15	396	380.21	380.21	374
52	210.34	218	202.40	202.40	196	97	392.20	400	384.26	384.20	379
53	214.38	222	206.44	206.35	201	98	396.24	404	388.30	388.30	383
54	218.42	226	210.48	210.48	205	99	400.28	408	392.34	392.29	387
55	222.46	230	214.52	214.43	209	100	404.32	412	396.38	396.38	391

(9) 체인호칭번호 41용 스프로킷의 기준 치수

치수 N	피치원 직경 DP	표준 외경 DO	치저원 직경 DB	치저 거리 DC	최대보스 직경 DH	치수 N	피치원 직경 DP	표준 외경 DO	치저원 직경 DB	치저 거리 DC	최대보스 직경 DH
11	45.08	51	37.31	36.85	30	56	226.50	234	218.73	218.73	213
12	49.07	55	41.30	41.30	34	57	230.54	238	222.77	222.68	217
13	53.07	59	45.30	44.91	38	58	234.58	242	226.81	226.81	221
14	57.07	63	49.30	49.30	42	59	238.62	246	230.85	230.77	225
15	61.08	67	53.31	52.98	46	60	242.66	250	234.89	234.89	229
16	65.10	71	57.33	57.33	50	61	246.70	254	238.93	238.85	233
17	69.12	76	61.35	61.05	54	62	250.74	258	242.97	242.97	237
18	73.14	80	65.37	65.37	59	63	254.78	262	247.01	246.94	241
19	77.16	84	69.39	69.13	63	64	258.83	266	251.06	251.06	245
20	81.18	88	73.41	73.41	67	65	262.87	270	255.10	255.02	249
21	85.21	92	77.44	77.20	71	66	266.91	274	259.14	259.14	253
22	89.24	96	81.47	81.47	75	67	270.95	278	263.18	263.10	257
23	93.27	100	85.50	85.28	79	68	274.99	282	267.22	267.22	261
24	97.30	104	89.53	89.53	83	69	279.03	286	271.26	271.19	265
25	101.33	108	93.56	93.36	87	70	283.07	290	275.30	275.30	269
26	105.36	112	97.59	97.59	91	71	287.11	294	279.34	279.27	273
27	109.40	116	101.63	101.44	95	72	291.16	299	283.39	283.39	277
28	113.43	120	105.66	105.66	99	73	295.20	303	287.43	287.36	281
29	117.46	124	109.69	109.52	103	74	299.24	307	291.47	291.47	286
30	121.50	128	113.73	113.73	107	75	303.28	311	295.51	295.44	290
31	125.53	133	117.76	117.60	111	76	307.32	315	299.55	299.55	294
32	129.57	137	121.80	121.80	115	77	311.36	319	303.59	303.53	298
33	133.61	141	125.84	125.68	120	78	315.40	323	307.63	307.63	302
34	137.64	145	129.87	129.87	124	79	319.44	327	311.67	311.61	306
35	141.68	149	133.91	133.77	128	80	323.49	331	315.72	315.72	310
36	145.72	153	137.95	137.95	132	81	327.53	335	319.76	319.70	314
37	149.75	157	141.98	141.85	136	82	331.57	339	323.80	323.80	318
38	153.79	161	146.02	146.02	140	83	335.61	343	327.84	327.78	322
39	157.83	165	150.06	149.93	144	84	339.65	347	331.88	331.88	326
40	161.87	169	154.10	154.10	148	85	343.69	351	335.92	335.87	330
41	165.91	173	158.14	158.01	152	86	347.73	355	339.96	339.96	334
42	169.95	177	162.18	162.18	156	87	351.78	359	344.01	343.95	338
43	173.98	181	166.21	166.10	160	88	355.82	363	348.05	348.05	342
44	178.02	185	170.25	170.25	164	89	359.86	367	352.09	352.03	346
45	182.06	189	174.29	174.18	168	90	363.90	371	356.13	356.13	350
46	186.10	193	178.33	178.33	172	91	367.94	375	360.17	360.12	354
47	190.14	197	182.37	182.27	176	92	371.99	379	364.22	364.22	358
48	194.18	201	186.41	186.41	180	93	376.03	383	368.26	368.20	362
49	198.22	205	190.45	190.35	184	94	380.07	387	372.30	372.30	366
50	202.26	209	194.49	194.49	188	95	384.11	392	376.34	376.29	370
51	206.30	214	198.53	198.43	192	96	388.15	396	380.38	380.38	374
52	210.34	218	202.57	202.57	196	97	392.20	400	384.43	384.37	379
53	214.38	222	206.61	206.52	201	98	396.24	404	388.47	388.47	383
54	218.42	226	210.65	210.65	205	99	400.28	408	392.51	392.46	387
55	222.46	230	214.69	214.60	209	100	404.32	412	396.55	396.55	391

(10) 체인호칭번호 50용 스프로킷의 기준 치수

치수 N	피치원 직경 DP	표준 외경 DO	치저원 직경 DB	치저 거리 DC	최대보스 직경 DH	치수 N	피치원 직경 DP	표준 외경 DO	치저원 직경 DB	치저 거리 DC	최대보스 직경 DH
11	56.35	64	46.19	45.61	37	56	283.13	292	272.97	272.97	266
12	61.34	69	51.18	51.18	43	57	288.18	297	278.02	277.91	271
13	66.34	74	56.18	55.69	48	58	293.23	302	283.07	283.07	276
14	71.34	79	61.18	61.18	53	59	298.28	307	288.12	288.01	281
15	76.35	84	66.19	65.78	58	60	303.33	312	293.17	293.17	286
16	81.37	89	71.21	71.21	63	61	308.38	318	298.22	298.12	291
17	86.39	94	76.23	75.87	68	62	313.43	323	303.27	303.27	296
18	91.42	100	81.26	81.26	73	63	318.48	328	308.32	308.22	301
19	96.45	105	86.29	85.96	79	64	323.53	333	313.37	313.37	307
20	101.48	110	91.32	91.32	84	65	328.58	338	318.42	318.42	312
21	106.51	115	96.35	96.05	89	66	333.64	343	323.48	323.48	317
22	111.55	120	101.39	101.39	94	67	338.69	348	328.53	328.43	322
23	116.58	125	106.42	106.15	99	68	343.74	353	333.58	333.58	327
24	121.62	130	111.46	111.46	104	69	348.79	358	338.63	338.54	332
25	126.66	135	116.50	116.25	109	70	353.84	363	343.68	343.68	337
26	131.70	140	121.54	121.54	114	71	358.89	368	348.73	348.64	342
27	136.74	145	126.58	126.35	119	72	363.94	373	353.78	353.78	347
28	141.79	150	131.63	131.63	124	73	369.00	378	358.84	358.75	352
29	146.83	155	136.67	136.45	129	74	374.05	383	363.89	363.89	357
30	151.87	161	141.71	141.71	134	75	379.10	388	368.94	368.86	362
31	156.92	166	146.76	146.55	139	76	384.15	393	373.99	373.99	367
32	161.96	171	151.80	151.80	145	77	389.20	398	379.04	378.96	372
33	167.01	176	156.85	156.66	150	78	394.25	403	384.09	384.09	377
34	172.05	181	161.89	161.89	155	79	399.31	409	389.15	389.07	382
35	177.10	186	166.94	166.76	160	80	404.36	414	394.20	394.20	387
36	182.14	191	171.98	171.98	165	81	409.41	419	399.25	399.17	392
37	187.19	196	177.03	176.86	170	82	414.46	424	404.30	404.30	398
38	192.24	201	182.08	182.08	175	83	419.51	429	409.35	409.28	403
39	197.26	206	187.13	186.97	180	84	424.57	434	414.41	414.41	408
40	202.33	211	192.17	192.17	185	85	429.62	439	419.46	419.39	413
41	207.38	216	197.22	197.07	190	86	434.67	444	424.51	424.51	418
42	112.43	221	202.27	202.27	195	87	439.72	449	429.56	429.49	423
43	217.48	226	207.32	207.18	200	88	444.77	454	434.61	434.61	428
44	222.53	231	212.37	212.37	205	89	449.83	459	439.67	439.59	433
45	227.58	237	217.42	217.28	210	90	454.88	464	444.72	444.72	438
46	232.63	242	222.47	222.47	215	91	459.93	469	449.77	449.70	443
47	237.68	247	227.52	227.38	221	92	464.98	474	454.82	454.82	448
48	242.73	252	232.57	232.57	226	93	470.03	479	459.87	459.81	453
49	247.78	257	237.62	237.49	231	94	475.09	484	464.93	464.93	458
50	252.83	262	242.67	242.67	236	95	480.14	489	469.98	469.91	463
51	257.88	267	247.72	247.59	241	96	485.19	494	475.03	475.03	468
52	262.92	272	252.76	252.76	246	97	490.24	500	480.08	480.02	473
53	267.97	277	257.81	257.70	251	98	495.30	505	485.14	485.14	478
54	273.02	282	262.86	262.86	256	99	500.35	510	490.19	490.12	483
55	278.08	287	267.92	267.80	261	100	505.40	515	495.24	495.24	489

(11) 체인호칭번호 60용 스프로킷의 기준 치수

치수 N	피치원 직경 DP	표준 외경 DO	치저원 직경 DB	치저 거리 DC	최대보스 직경 DH	치수 N	피치원 직경 DP	표준 외경 DO	치저원 직경 DB	치저 거리 DC	최대보스 직경 DH
11	67.62	76	55.71	55.02	45	56	339.75	351	327.84	327.84	319
12	73.60	83	61.69	61.69	51	57	345.81	357	333.90	333.77	325
13	79.60	89	67.69	67.11	57	58	351.87	363	339.96	339.96	332
14	85.61	95	73.70	73.70	64	59	357.93	369	346.02	345.90	338
15	91.62	101	79.71	79.21	70	60	363.99	375	352.08	352.08	344
16	97.65	107	85.74	85.74	76	61	370.06	381	358.15	358.02	350
17	103.67	113	91.76	91.32	82	62	376.12	387	364.21	364.21	356
18	109.71	119	97.80	97.80	88	63	382.18	393	370.27	370.15	362
19	115.74	126	103.83	103.43	94	64	388.24	399	376.33	376.33	368
20	121.78	132	109.87	109.87	100	65	394.30	405	382.39	382.28	374
21	127.82	138	115.91	115.55	107	66	400.36	411	388.45	388.45	380
22	133.86	144	121.95	121.95	113	67	406.42	417	394.51	394.40	386
23	139.90	150	127.99	127.67	119	68	412.49	423	400.58	400.58	392
24	145.95	156	134.04	134.04	125	69	418.55	430	406.64	406.53	398
25	151.99	162	140.08	139.79	131	70	424.61	436	412.70	412.70	404
26	158.04	168	146.13	146.13	137	71	430.67	442	418.76	418.65	410
27	164.09	174	152.18	151.90	143	72	436.73	448	424.82	424.82	417
28	170.14	180	158.23	158.23	149	73	442.79	454	430.88	430.78	423
29	176.20	187	164.29	164.03	155	74	448.86	460	436.95	435.95	429
30	182.25	193	170.34	170.34	161	75	454.92	466	433.01	442.91	435
31	188.30	199	176.39	176.15	168	76	460.98	472	449.07	449.07	441
32	194.35	205	182.44	182.44	174	77	467.04	478	455.13	455.04	447
33	200.41	211	188.50	188.27	180	78	473.10	484	461.19	461.19	453
34	206.46	217	194.55	194.55	186	79	479.17	490	467.26	467.16	459
35	212.52	223	200.61	200.39	192	80	485.23	496	473.32	473.32	465
36	218.57	229	206.66	206.66	198	81	491.29	502	479.38	479.29	471
37	224.63	235	212.72	212.52	204	82	497.35	508	485.44	485.44	477
38	230.69	241	218.78	218.78	210	83	503.42	514	491.51	491.42	483
39	236.74	247	224.83	224.64	216	84	509.48	521	497.57	497.57	489
40	242.80	253	230.89	230.89	222	85	515.54	527	503.63	503.54	495
41	248.86	260	236.95	236.77	228	86	521.60	533	509.69	509.69	501
42	254.92	266	243.01	243.01	234	87	527.67	539	515.76	515.67	508
43	260.98	272	249.07	248.89	240	88	533.73	545	521.82	521.82	514
44	267.03	278	255.12	255.12	247	89	539.79	551	527.88	527.80	520
45	273.09	284	261.18	261.02	253	90	545.85	557	533.94	533.94	526
46	279.17	290	267.24	267.24	259	91	551.92	563	540.01	539.92	532
47	285.21	296	273.30	273.14	265	92	557.98	569	546.07	546.07	538
48	291.27	302	279.36	279.36	271	93	564.04	575	552.13	552.05	544
49	297.33	308	285.42	285.27	277	94	570.10	581	558.19	558.19	550
50	303.39	314	291.48	291.48	283	95	576.17	587	564.26	564.18	556
51	309.45	320	297.54	297.39	289	96	582.23	593	570.32	570.32	562
52	315.51	326	303.60	303.60	295	97	588.29	599	576.38	576.30	568
53	321.57	332	309.66	309.52	301	98	594.35	605	582.44	582.44	574
54	327.63	338	315.72	315.72	307	99	600.42	612	588.51	588.43	580
55	333.69	345	321.78	321.64	313	100	606.48	618	594.57	594.57	586

(12) 체인호칭번호 80용 스프로킷의 기준 치수

치수 N	피치원 직경 DP	표준 외경 DO	치저원 직경 DB	치저 거리 DC	최대보스 직경 DH	치수 N	피치원 직경 DP	표준 외경 DO	치저원 직경 DB	치저 거리 DC	최대보스 직경 DH
11	90.16	102	74.28	73.36	60	56	453.00	468	437.12	437.12	426
12	98.14	110	82.26	82.26	69	57	461.08	476	445.20	445.03	434
13	106.14	118	90.26	89.48	77	58	469.16	484	453.28	453.28	442
14	114.15	127	98.27	98.27	85	59	477.25	492	461.37	461.20	450
15	122.17	135	105.62	105.62	93	60	485.33	500	469.45	469.45	458
16	130.20	143	114.32	114.32	102	61	493.41	508	477.53	477.36	467
17	138.23	151	122.35	121.76	110	62	501.49	516	485.61	485.61	475
18	146.27	159	130.39	130.39	118	63	509.57	524	493.69	493.53	483
19	154.32	167	138.44	137.91	126	64	517.65	532	501.77	501.77	491
20	162.37	176	146.49	146.49	134	65	525.73	540	509.85	509.70	499
21	170.43	184	154.54	154.06	142	66	533.82	548	517.94	517.94	507
22	178.48	192	162.60	162.60	150	67	541.90	557	526.02	525.87	515
23	186.54	200	170.66	170.22	159	68	549.98	565	534.10	534.10	523
24	194.60	208	178.72	178.72	167	69	558.06	573	542.04	542.04	531
25	202.66	216	186.78	186.38	175	70	566.15	581	550.27	550.27	539
26	210.72	224	194.84	194.84	183	71	574.23	589	558.35	558.21	547
27	218.79	233	202.91	202.54	191	72	582.31	597	566.43	566.43	556
28	226.86	241	210.98	210.98	199	73	590.39	605	574.51	574.88	564
29	234.93	249	219.05	218.70	207	74	598.47	613	582.59	582.59	572
30	243.00	257	227.12	227.12	215	75	606.56	621	590.68	590.54	580
31	251.07	265	235.19	234.86	224	76	614.64	629	598.76	598.76	588
32	259.14	273	243.26	243.26	232	77	622.72	637	606.84	606.71	596
33	267.21	281	251.33	251.03	240	78	630.81	646	614.93	614.93	604
34	275.29	289	259.41	259.41	248	79	638.89	654	623.01	622.88	612
35	283.36	297	267.48	267.19	256	80	646.97	662	631.09	631.09	620
36	291.43	306	275.55	275.55	264	81	655.06	670	639.18	639.05	628
37	299.51	314	283.63	283.36	272	82	663.14	678	647.26	647.26	637
38	307.58	322	291.70	291.70	280	83	671.22	686	655.34	655.22	645
39	315.66	330	299.78	299.52	288	84	679.31	694	663.43	663.43	653
40	323.74	338	307.86	307.86	297	85	687.39	702	671.51	671.39	661
41	331.81	346	315.93	315.69	305	86	695.47	710	679.59	679.59	669
42	339.89	354	324.01	324.01	313	87	703.55	718	687.67	687.56	677
43	347.97	362	332.09	331.86	321	88	711.64	726	695.76	695.76	685
44	356.04	370	340.16	340.16	329	89	719.72	735	703.84	703.73	693
45	364.12	378	348.24	348.02	337	90	727.80	743	711.92	711.92	701
46	372.20	387	356.32	356.32	345	91	735.89	751	720.01	719.90	709
47	380.28	395	364.40	364.19	353	92	743.97	759	728.09	728.09	717
48	388.36	403	372.48	372.48	361	93	752.06	767	736.18	736.07	725
49	396.44	411	380.56	380.36	369	94	760.14	775	744.26	744.26	734
50	404.52	419	388.64	388.64	378	95	768.39	783	752.34	752.24	742
51	412.60	427	396.72	396.52	386	96	776.31	791	760.43	760.43	750
52	420.68	435	404.80	404.80	394	97	784.39	799	768.51	768.41	758
53	428.76	443	412.88	412.69	402	98	792.47	807	776.59	776.59	766
54	436.84	451	420.96	420.96	410	99	800.56	815	784.68	784.58	774
55	444.92	459	429.04	428.86	418	100	808.64	823	792.76	792.76	782

(13) 체인호칭번호 100용 스프로킷의 기준 치수

치수 N	피치원 직경 DP	표준 외경 DO	치저원 직경 DB	치저 거리 DC	최대보스 직경 DH	치수 N	피치원 직경 DP	표준 외경 DO	치저원 직경 DB	치저 거리 DC	최대보스 직경 DH
11	112.70	127	96.65	92.50	76	56	566.25	584	547.20	547.20	533
12	122.67	138	103.62	103.62	86	57	576.35	595	557.30	557.09	543
13	132.67	148	113.62	112.65	96	58	586.45	605	567.40	567.40	553
14	142.68	158	123.63	123.63	107	59	596.56	615	577.51	577.29	563
15	152.71	168	133.66	132.82	117	60	606.66	625	587.61	587.61	573
16	162.74	179	143.69	143.69	127	61	616.76	635	597.71	597.50	583
17	172.79	189	153.74	153.00	137	62	626.86	645	607.81	607.81	594
18	182.84	199	163.79	163.79	148	63	636.96	655	617.91	617.72	604
19	192.90	209	173.85	173.19	158	64	647.06	665	628.01	628.01	614
20	202.96	220	183.91	183.91	168	65	657.17	675	638.12	637.93	624
21	213.03	230	193.98	193.38	178	66	667.27	686	648.22	648.22	634
22	223.10	240	204.05	203.05	188	67	677.37	696	658.32	658.14	644
23	233.17	250	214.12	213.58	199	68	687.48	706	668.43	668.43	654
24	243.25	260	224.20	224.20	209	69	697.58	716	678.53	678.35	664
25	253.32	270	234.27	233.78	219	70	707.68	726	688.63	688.63	674
26	263.40	281	244.35	244.35	229	71	717.78	736	698.73	698.56	685
27	273.49	291	254.44	253.97	239	72	727.89	746	708.84	708.84	695
28	283.57	301	264.52	264.52	249	73	737.99	756	718.94	718.77	705
29	293.66	311	274.61	274.18	259	74	748.09	766	729.04	729.04	715
30	303.75	321	284.70	284.70	270	75	758.20	777	739.15	738.98	725
31	313.83	331	294.78	294.38	280	76	768.30	787	749.25	749.25	735
32	323.92	341	304.87	304.87	290	77	778.41	797	759.36	759.19	745
33	334.01	352	314.96	314.59	300	78	788.51	807	769.46	769.46	755
34	344.11	362	325.06	325.06	310	79	798.61	817	779.56	779.40	765
35	354.20	372	335.15	334.79	320	80	808.71	827	789.66	789.66	776
36	364.29	382	345.24	345.24	330	81	818.82	837	799.77	799.61	786
37	374.38	392	355.33	355.00	341	82	828.92	847	809.87	809.87	796
38	384.48	402	365.43	365.43	351	83	839.03	857	819.98	819.83	806
39	394.57	412	375.52	375.20	361	84	849.13	868	830.08	830.08	816
40	404.67	422	385.62	385.62	371	85	859.23	878	840.18	840.04	826
41	414.77	433	395.72	395.41	381	86	869.34	888	850.29	850.29	836
42	424.86	443	405.81	405.81	391	87	879.44	898	860.39	860.25	846
43	434.96	453	415.91	415.62	401	88	889.55	908	870.50	870.50	856
44	445.06	463	426.01	426.01	411	89	899.65	918	880.60	880.46	867
45	455.16	473	436.11	435.83	422	90	909.75	928	890.70	890.70	877
46	465.25	483	416.20	446.20	432	91	919.86	938	900.81	900.67	887
47	475.35	493	456.30	456.04	442	92	929.96	948	910.91	910.91	897
48	485.45	503	466.40	466.40	452	93	940.07	959	921.02	920.88	907
49	495.55	514	476.50	476.25	462	94	950.17	969	931.12	931.12	917
50	505.65	524	486.60	486.60	472	95	960.28	979	941.23	941.10	927
51	515.75	534	496.70	496.46	482	96	970.39	989	951.33	951.33	937
52	525.85	544	506.80	506.80	492	97	980.49	999	961.44	961.31	947
53	535.95	554	516.90	516.66	503	98	990.59	1009	971.54	971.54	958
54	546.05	564	527.00	527.00	513	99	1000.70	1019	981.65	981.52	968
55	556.15	574	537.10	536.87	523	100	1010.80	1029	991.75	991.75	978

(14) 체인호칭번호 120용 스프로킷의 기준 치수

치수 N	피치원 직경 DP	표준 외경 DO	치저원 직경 DB	치저 거리 DC	최대보스 직경 DH	치수 N	피치원 직경 DP	표준 외경 DO	치저원 직경 DB	치저 거리 DC	최대보스 직경 DH
11	135.24	153	113.01	111.63	91	56	679.50	701	657.27	657.27	640
12	147.21	165	124.98	124.98	103	57	691.63	713	669.40	669.13	652
13	159.20	177	136.97	136.97	116	58	703.75	726	681.52	681.52	664
14	171.22	190	148.99	148.99	128	59	715.87	738	693.64	693.38	676
15	183.25	202	160.02	160.02	140	60	727.99	750	705.76	705.76	688
16	195.29	214	173.06	173.06	153	61	800.72	823	778.49	778.49	700
17	207.35	227	185.12	184.23	165	62	812.85	835	790.62	790.39	712
18	219.41	239	197.18	197.18	177	63	824.97	847	802.74	802.74	725
19	231.48	251	209.25	208.46	189	64	837.10	859	814.87	814.65	737
20	243.55	263	221.32	221.32	202	65	849.22	871	826.99	826.99	749
21	255.63	276	233.40	232.69	214	66	861.34	883	839.11	838.90	761
22	267.72	288	245.49	245.49	226	67	873.47	896	851.24	851.24	773
23	279.80	300	257.57	256.92	238	68	885.59	908	863.36	863.15	785
24	291.90	312	269.67	269.67	251	69	897.71	920	875.48	875.48	797
25	303.99	324	281.76	281.76	263	70	909.84	932	887.61	887.41	810
26	316.09	337	293.86	293.86	275	71	921.96	944	899.73	899.73	822
27	328.19	349	305.96	305.40	287	72	934.09	956	911.86	911.66	834
28	340.29	361	318.06	318.06	299	73	946.21	968	923.98	923.98	846
29	352.39	373	330.16	329.64	311	74	958.33	980	936.10	935.91	858
30	364.50	385	342.27	342.27	324	75	970.46	993	948.23	948.23	870
31	376.60	398	354.37	353.89	336	76	982.58	1005	960.65	960.17	882
32	388.71	410	366.48	366.48	348	77	994.71	1017	972.48	972.48	894
33	400.82	422	378.59	378.13	360	78	1006.83	1029	984.60	984.42	907
34	412.93	434	390.70	390.70	372	79	1018.96	1041	996.73	996.73	919
35	425.04	446	402.81	402.38	384	80	1031.08	1053	1008.85	1008.68	931
36	437.15	458	414.92	414.92	391	81	1043.20	1065	1020.91	1020.97	943
37	449.26	470	427.03	426.63	409	82	1055.33	1078	1033.10	1032.93	955
38	461.38	483	439.15	439.15	421	83	1067.46	1090	1045.23	1045.23	967
39	473.49	495	451.26	450.87	433	84	1079.58	1102	1057.35	1057.18	979
40	485.60	507	467.37	467.37	445	85	1091.71	1114	1063.78	1069.48	992
41	497.72	519	475.49	475.12	457	86	1103.83	1126	1081.60	1081.44	1004
42	509.84	531	487.61	487.61	470	87	1115.96	1138	1093.19	1093.73	1016
43	521.95	543	499.72	499.37	482	88	1128.08	1150	1105.85	1105.69	1028
44	534.07	556	511.84	511.84	494	89	1140.21	1162	1117.98	1117.98	1040
45	546.19	568	523.96	523.62	506	90	1152.33	1175	1130.10	1129.94	1052
46	558.30	580	536.07	536.07	518	91	1164.46	1187	1142.23	1142.23	1064
47	570.42	592	548.19	547.88	530	92	1176.59	1199	1154.36	1154.20	1076
48	582.54	604	560.31	560.31	542	93	1188.71	1211	1166.48	1166.48	1089
49	594.66	616	572.43	572.13	555	94	1200.84	1223	1178.61	1178.45	1101
50	606.78	628	584.55	584.55	567	95	1212.96	1234	1190.73	1190.73	1113
51	618.90	641	596.67	596.38	579	96	1225.09	1247	1202.86	1202.71	1112
52	631.02	653	608.79	608.79	591	97	1237.21	1259	1214.98	1214.98	1137
53	643.14	665	620.91	620.63	603	98	1249.34	1272	1227.11	1226.96	1149
54	655.26	677	633.03	633.03	615	99	1261.46	1284	1239.23	1239.23	1161
55	667.38	689	645.15	644.83	627	100	1273.59	1296	1251.36	1251.22	1174

(15) 체인호칭번호 140용 스프로킷의 기준 치수

치수 N	피치원 직경 DP	표준 외경 DO	치저원 직경 DB	치저 거리 DC	최대보스 직경 DH	치수 N	피치원 직경 DP	표준 외경 DO	치저원 직경 DB	치저 거리 DC	최대보스 직경 DH
11	157.78	178	132.38	130.77	106	56	792.75	818	767.35	767.35	746
12	171.74	193	146.34	146.34	121	57	806.90	832	781.50	781.19	760
13	185.74	207	160.34	158.98	135	58	821.04	847	795.64	795.64	775
14	199.76	221	174.36	174.36	150	59	835.18	861	809.78	809.48	789
15	213.79	236	188.39	187.22	164	60	849.32	875	823.92	823.92	803
16	227.84	250	202.44	202.44	178	61	863.46	889	838.06	837.77	817
17	241.91	264	216.51	215.44	193	62	877.61	903	852.21	852.21	831
18	255.98	279	230.58	230.58	207	63	891.75	917	866.35	866.07	845
19	270.06	293	244.66	243.74	221	64	905.89	931	880.49	880.49	860
20	284.24	307	258.75	258.75	235	65	920.03	946	894.63	894.37	874
21	298.24	322	272.84	272.00	250	66	934.18	960	908.78	908.78	888
22	312.34	336	286.94	286.94	264	67	948.32	974	922.92	922.66	902
23	326.44	350	301.04	300.28	278	68	962.47	988	937.07	937.07	916
24	340.54	364	315.14	315.14	292	69	976.61	1002	951.21	950.96	930
25	354.65	379	329.25	328.56	307	70	990.75	1016	965.35	965.35	945
26	368.77	393	343.37	343.37	321	71	1004.90	1031	979.50	979.25	959
27	382.88	407	357.48	356.83	335	72	1019.04	1045	993.64	993.64	973
28	397.00	421	371.60	371.60	349	73	1033.19	1059	1007.79	1007.55	987
29	411.12	435	385.72	385.12	364	74	1047.33	1073	1021.93	1021.93	1001
30	425.24	450	399.84	399.84	378	75	1061.47	1087	1036.07	1035.84	1015
31	439.37	464	413.97	413.40	392	76	1075.62	1101	1050.22	1050.22	1030
32	453.49	478	428.09	428.09	406	77	1089.77	1116	1064.37	1064.14	1044
33	134.62	492	442.22	441.69	420	78	1103.91	1130	1078.51	1078.51	1058
34	481.75	506	456.35	456.35	434	79	1118.06	1144	1092.66	1092.43	1072
35	495.88	521	470.48	469.98	449	80	1132.20	1158	1106.80	1106.80	1086
36	510.01	535	484.61	484.61	463	81	1146.35	1172	1120.95	1120.73	1100
37	524.14	549	498.74	498.27	477	82	1160.49	1186	1135.09	1135.09	1114
38	538.27	563	512.87	512.87	491	83	1174.64	1200	1149.24	1149.03	1129
39	552.40	577	527.00	526.55	505	84	1188.78	1215	1163.38	1163.38	1143
40	566.54	591	541.14	541.14	520	85	1202.93	1229	1177.53	1177.53	1157
41	580.67	606	555.27	554.85	534	86	1217.07	1243	1191.67	1191.67	1171
42	594.81	620	569.41	569.41	548	87	1231.22	1257	1205.82	1205.62	1185
43	608.94	634	583.54	583.14	562	88	1245.36	1271	1219.96	1219.96	1199
44	623.08	648	597.68	597.68	576	89	1259.51	1285	1234.11	1233.91	1214
45	637.63	662	611.82	611.43	590	90	1273.66	1300	1248.26	1248.26	1228
46	651.35	676	625.95	625.95	605	91	1287.81	1314	1262.41	1262.21	1242
47	665.49	691	640.09	639.72	619	92	1301.95	1328	1276.55	1276.55	1256
48	679.77	705	654.23	564.23	633	93	1316.10	1342	1290.70	1290.51	1270
49	693.77	719	668.37	668.02	647	94	1330.24	1356	1304.84	1304.84	1284
50	707.91	733	682.51	682.51	661	95	1344.39	1370	1318.99	1318.80	1298
51	722.05	747	696.65	696.31	675	96	1358.53	1384	1333.13	1333.13	1313
52	736.19	762	710.79	710.79	690	97	1372.68	1399	1347.28	1347.10	1327
53	750.33	776	724.93	724.60	704	98	1386.83	1413	1361.43	1361.43	1341
54	764.47	790	739.07	739.07	718	99	1400.98	1427	1375.58	1375.40	1355
55	778.61	804	753.21	752.89	732	100	1415.12	1441	1389.72	1389.72	1369

(16) 체인호칭번호 200용 스프로킷의 기준 치수

치수 N	피치원 직경 DP	표준 외경 DO	치저원 직경 DB	치저 거리 DC	최대보스 직경 DH	치수 N	피치원 직경 DP	표준 외경 DO	치저원 직경 DB	치저 거리 DC	최대보스 직경 DH
11	225.39	254	185.71	183.41	152	56	1132.50	1169	1092.82	1092.82	1066
12	245.34	275	205.66	205.66	173	57	1152.71	1189	1113.03	1112.59	1087
13	265.34	296	225.66	223.72	193	58	1172.91	1209	1133.23	1133.23	1107
14	285.37	316	245.69	245.69	214	59	1193.11	1230	1153.43	1153.01	1127
15	305.42	337	265.74	264.07	235	60	1213.31	1250	1173.63	1173.63	1147
16	325.49	357	285.81	285.81	255	61	1233.52	1270	1193.88	1193.43	1168
17	345.58	378	305.90	304.43	275	62	1253.72	1290	1214.04	1214.04	1188
18	365.68	398	326.00	326.00	296	63	1273.92	1310	1234.24	1233.85	1208
19	385.79	419	346.11	344.80	316	64	1294.13	1331	1254.45	1254.45	1228
20	405.92	439	366.24	366.24	337	65	1314.34	1351	1274.66	1274.27	1249
21	426.05	459	386.37	385.18	357	66	1334.54	1371	1294.86	1294.86	1269
22	446.20	480	406.52	405.52	377	67	1354.75	1391	1315.07	1314.69	1289
23	466.34	500	426.66	425.57	398	68	1374.95	1412	1335.27	1335.27	1309
24	486.49	520	446.81	446.81	418	69	1395.16	1432	1355.48	1355.12	1329
25	506.65	541	466.97	465.97	438	70	1415.36	1452	1375.68	1375.68	1350
26	526.81	561	487.13	487.13	459	71	1435.57	1472	1395.89	1395.53	1370
27	546.98	581	507.30	506.37	479	72	1455.78	1493	1416.10	1416.10	1390
28	567.14	602	527.46	527.46	499	73	1475.98	1513	1436.30	1435.96	1410
29	587.32	622	547.64	546.77	520	74	1496.19	1533	1456.51	1456.51	1431
30	607.49	642	567.81	567.81	540	75	1516.39	1553	1476.71	1476.38	1451
31	627.67	633	587.99	587.18	560	76	1536.60	1573	1496.92	1496.92	1471
32	647.85	683	608.17	608.17	580	77	1556.81	1594	1517.13	1516.81	1491
33	668.03	703	628.35	627.59	601	78	1577.02	1614	1537.34	1537.34	1511
34	688.21	723	648.53	648.53	621	79	1597.22	1634	1557.54	1557.22	1532
35	708.39	744	668.71	668.00	641	80	1617.43	1654	1577.75	1577.75	1552
36	728.58	764	688.90	688.90	662	81	1637.64	1674	1597.96	1597.65	1572
37	748.77	784	709.09	708.41	682	82	1657.85	1695	1618.17	1618.17	1592
38	768.96	804	729.28	729.28	702	83	1678.06	1715	1638.38	1638.07	1613
39	789.15	825	749.47	748.82	722	84	1698.26	1735	1658.58	1658.58	1633
40	809.34	845	769.66	769.66	743	85	1718.47	1755	1678.79	1678.50	1653
41	829.53	865	789.85	789.24	763	86	1738.67	1776	1698.99	1698.99	1673
42	849.73	885	810.05	810.05	783	87	1758.89	1796	1719.21	1718.92	1693
43	869.92	906	830.24	824.66	803	88	1779.09	1816	1739.41	1739.41	1714
44	890.11	926	850.43	850.43	824	89	1799.39	1836	1759.62	1759.34	1734
45	910.31	946	870.63	870.08	844	90	1819.51	1856	1779.83	1779.83	1754
46	930.59	966	890.82	890.82	864	91	1839.72	1877	1800.04	1799.76	1774
47	950.70	987	911.02	910.50	884	92	1859.93	1897	1820.25	1820.25	1795
48	970.90	1007	931.22	931.22	905	93	1880.14	1917	1840.46	1840.19	1815
49	991.10	1027	951.42	950.91	925	94	1900.35	1937	1960.67	1860.67	1835
50	1011.30	1047	971.62	971.62	945	95	1920.55	1958	1880.87	1880.61	1855
51	1031.50	1068	991.82	991.33	965	96	1940.76	1978	1901.08	1901.08	1875
52	1051.70	1088	1012.02	1012.02	986	97	1960.98	1998	1921.30	1921.03	1896
53	1071.90	1108	1032.22	1031.75	1006	98	1981.18	2018	1941.50	1941.50	1916
54	1092.10	1128	1052.42	1052.42	1026	99	2001.39	2038	1961.71	1961.46	1936
55	1112.30	1149	1072.62	1072.17	1046	100	2021.60	2059	1981.92	1981.92	1956

【2】 규격의 적용

① 조립도에서 축에 스프로킷이 조립되어 있다.

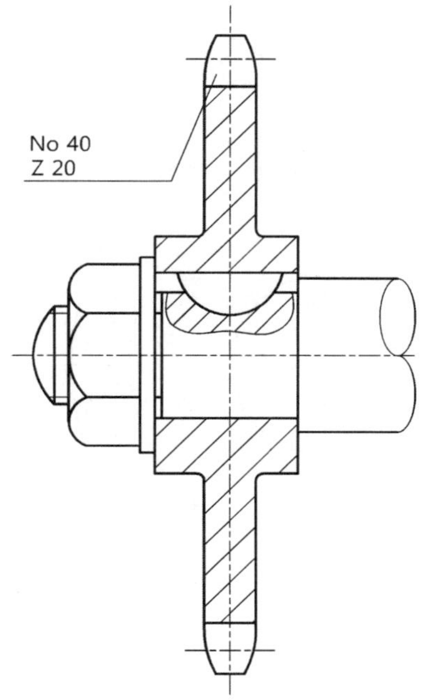

② 스프로킷을 분해하여 도시한 형상이다.

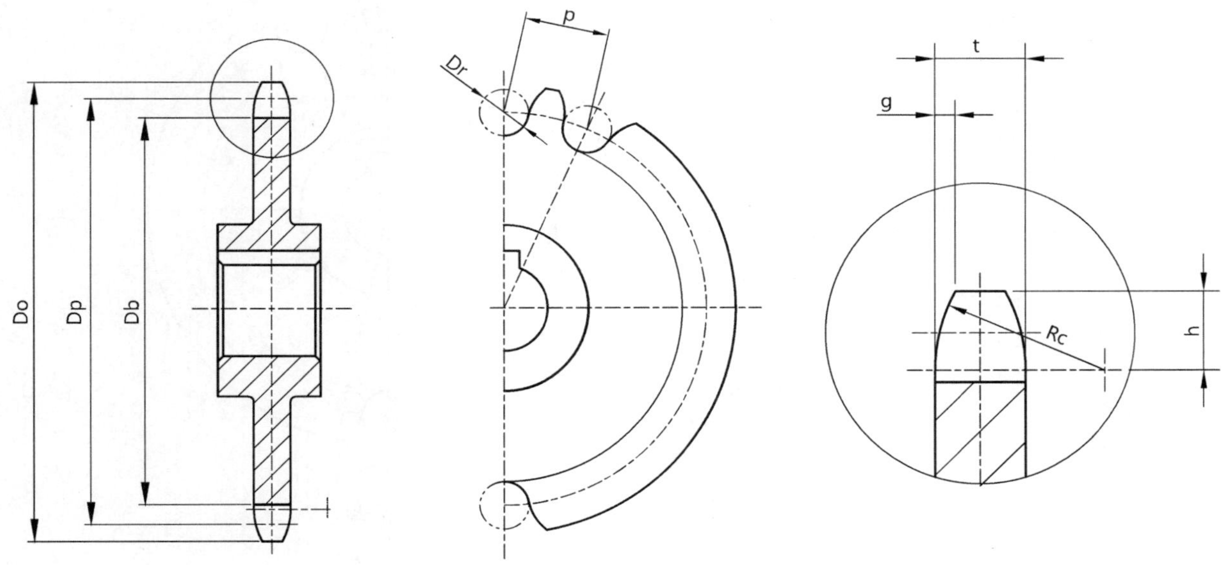

③ 주어진 도면에서 스프로킷의 호칭번호와 잇수를 확인한다.
④ 주어진 호칭번호에 해당되는 부분에서 필요로 하는 치수를 찾아 적용한다.
⑤ 다음 표에서 주어진 호칭번호에 해당하는 표를 찾고 주어진 잇수를 확인한다.
⑥ 스프로킷도시에 필요한 치수를 찾아 적용한다.
⑦ 다음의 표에서 스프로킷의 잇수를 치수(N)으로 찾아 치저원 직경(DB) 또는 치저거리

(Dc)의 치수 허용차를 적용한다.

⑧ 다음의 표에서 스프로킷의 치저원 직경(DB)를 찾아 치저의 흔들림 및 가로 흔들림의 허용값를 적용한다.

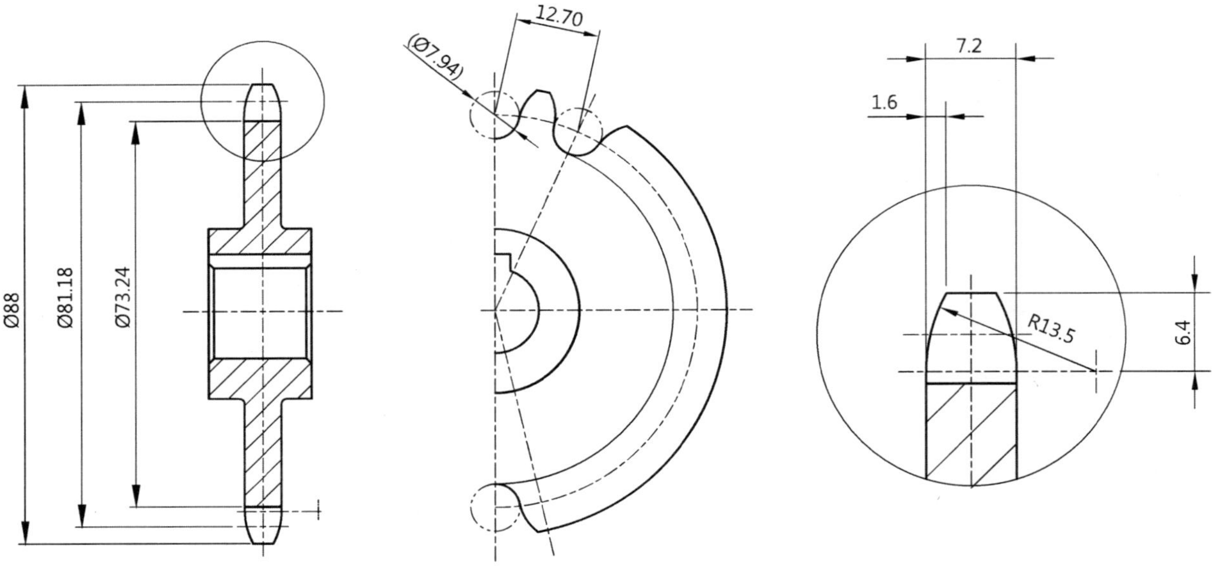

⑨ 스프로킷의 잇수가 홀수와 짝수에 따라 도시가 달라진다.

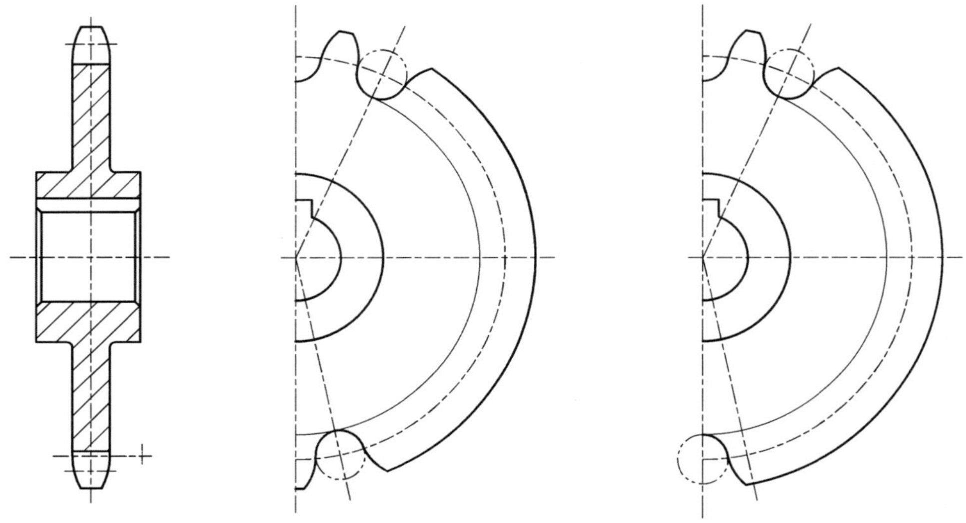

홀수의 경우

짝수의 경우

17. V벨트 풀리

평행한 두 축 사이의 회전력을 전달에 사용하는 기계요소로 V벨트와 함께 사용된다.

【1】 KS 규격

(1) V벨트풀리의 홈 부분의 형상 및 기준치수

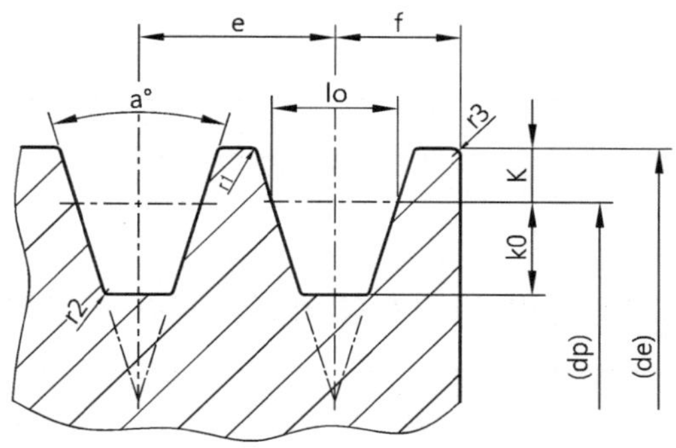

형별	호칭지름	$\alpha°$	ℓ0	k	k0	e	f	r1	r2	r3	(참고) V벨트의 두께
M	50 이상 71 이하	34	8.0	2.7	6.3	–	9.5	0.2~0.5	0.5~1.0	1~2	5.5
	71 이상 90 이하	36									
	90 이상	38									
A	71 이상 100 이하	34	9.2	4.5	8.0	15.0	10.0	0.2~0.5	0.5~1.0	1~2	9
	100 이상 125 이하	36									
	125 이상	38									
B	125 이상 160 이하	34	12.5	5.5	9.5	19.0	12.5	0.2~0.5	0.5~1.0	1~2	11
	160 이상 200 이하	36									
	200 이상	38									
C	200 이상 250 이하	34	16.9	7.0	12.0	25.5	17.0	0.2~0.5	1.0~1.6	2~3	14
	250 이상 315 이하	36									
	315 이상	38									
D	355 이상 450 이하	36	24.6	9.5	15.5	37.0	24.0	0.2~0.5	1.6~2.0	3~4	19
	450 이상	38									
E	500 이상 630 이하	36	28.7	12.7	19.3	44.5	29.0	0.2~0.5	1.6~2.0	4~5	25.5
	630 이상	38									

비고 : M형은 원칙으로 한 줄만 걸친다.

(2) V벨트풀리 홈 부분의 각 부분 치수 허용차

<table>
<tr><th>V 벨트의 형별</th><th>α의 허용차
(°)</th><th>k의 허용차</th><th>e의 허용차</th><th>f의 허용차</th></tr>
<tr><td>M</td><td rowspan="6">±0.5</td><td rowspan="3">+0.2
0</td><td>−</td><td rowspan="4">±1</td></tr>
<tr><td>A</td><td rowspan="2">±0.4</td></tr>
<tr><td>B</td></tr>
<tr><td>C</td><td>+0.3
0</td><td rowspan="3">±0.5</td></tr>
<tr><td>D</td><td>+0.4
0</td><td>+3
−1</td></tr>
<tr><td>E</td><td>+0.5
0</td><td>+4
−1</td></tr>
</table>

비고 : k의 허용차는 바깥지름 de를 기준으로 하여 홈 너비가 ℓ0가 되는 dp의 위치의 허용차를 표시한다.

(3) V벨트 풀리 바깥지름 de의 치수 허용차

호칭 지름		바깥지름 de의 치수 허용차
75 이상	118 이하	±0.6
125 이상	300 이하	±0.8
315 이상	630 이하	±1.2
710 이상	900 이하	±1.6

【2】 규격의 적용

① 조립도에서 축에 V벨트 풀리가 조립되어 있다.

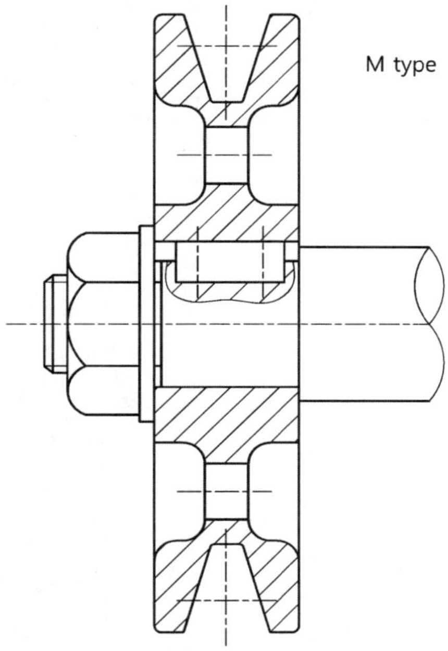

② V벨트 풀리를 분해하여 부분 확대도를 도시한 형상이다.

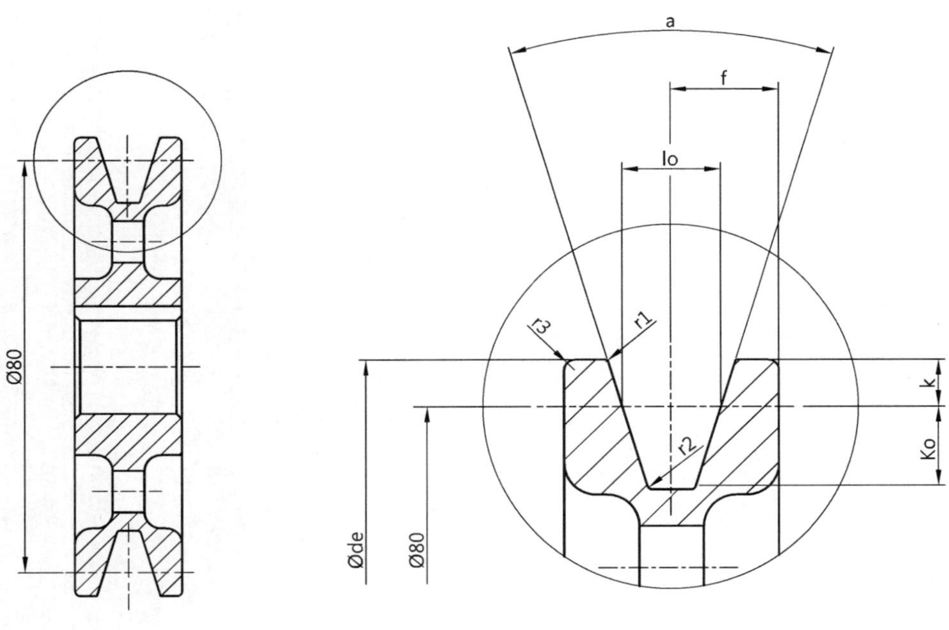

M-type

③ 조립도에서 주어진 V벨트 풀리의 형별(M, A, B, C, D, E)을 확인한다.

④ 조립도에서 V벨트 풀리의 홈부의 상단의 중심선에서 하단의 중심선까지를 호칭경(dp)를 직접 측정한다.

⑤ 표에서 V벨트 풀리의 형별과 호칭경(dp)를 찾아 V벨트 풀리의 경사각(α °)를 적용한다.

⑥ 표에서 V벨트 풀리의 홈의 각 부분의 필요한 치수를 찾아 적용한다.

⑦ 다음의 표에서 V벨트 풀리의 홈의 치수의 해당 공차를 찾아 적용한다.

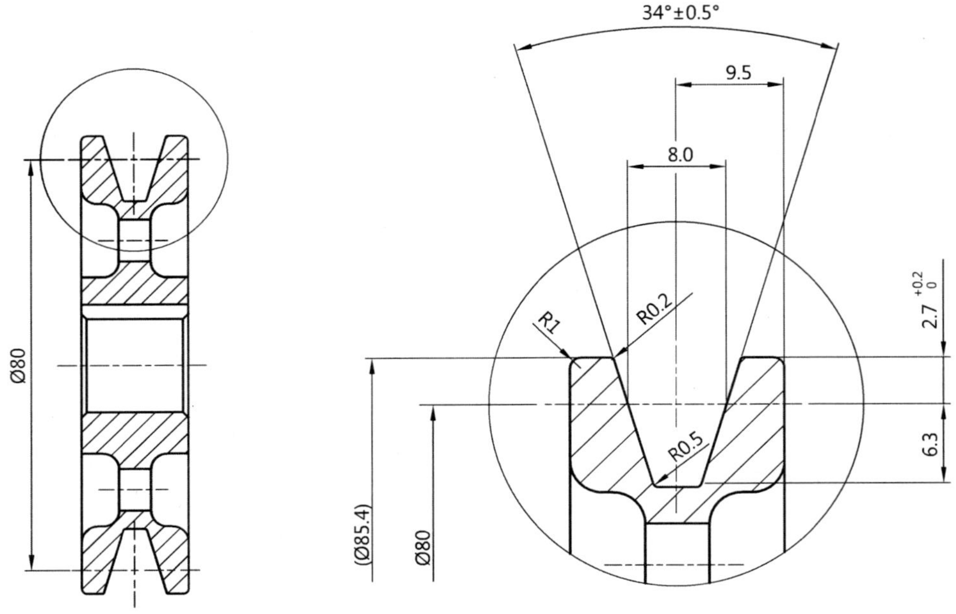

M-type

18. 중심 거리 허용차

중심 거리 허용차는 다음의 경우에 적용한다.

- 기계 부분에 뚫린 두 구멍의 중심거리
- 기계 부분에 있어서 두 축의 중심거리
- 기계 부분에 가공된 두 홈의 중심거리
- 기계 부분에 있어서 구멍과 축, 구멍과 홈 또는 축과 홈의 중심거리

【1】 KS 규격

(1) 중심 거리 허용차

(단위 : μ=0.001 mm)

중심거리 구분 (등급)		0급 (참고)	1급	2급	3급	4급
초과	이하					
–	3	±2	±3	±7	±20	±50
3	6	±3	±4	±9	±24	±60
6	10	±3	±5	±11	±29	±80
10	18	±4	±6	±14	±35	±90
18	30	±5	±7	±17	±42	±110
30	50	±6	±8	±20	±50	±130
50	80	±7	±10	±23	±60	±150
80	120	±8	±11	±27	±70	±180
120	180	±9	±13	±32	±80	±200
180	250	±10	±15	±36	±93	±230
250	315	±12	±16	±41	±105	±260
315	400	±13	±18	±45	±115	±290
400	500	±14	±20	±49	±125	±320

【2】 규격의 적용

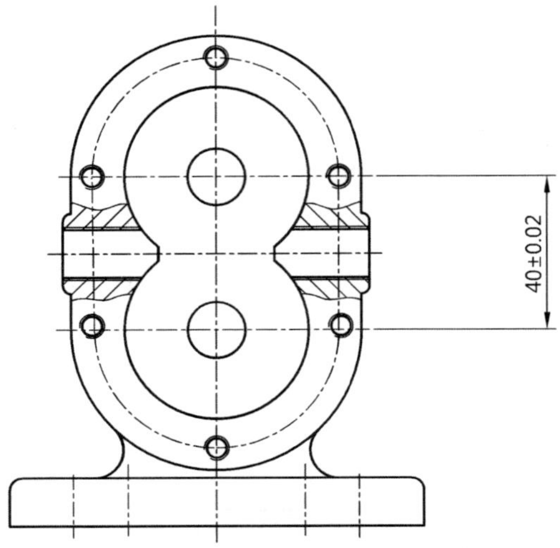

① 조립도에서 구멍에서 구멍까지의 치수를 직접 측정한다.

② 직접 측정한 치수를 표에서 중심거리에서 해당 부분을 찾는다.

③ 원하는 등급을 선택하고 해당 공차를 적용한다. 단위가 ㎛이므로 mm로 환산(1㎛ =0.001mm)하여 적용한다.

④ 중심거리 허용차는 탭 구멍 간의 거리에는 적용하지 않고 다음의 경우에 적용한다.

- 기계 부분에 뚫린 두 구멍의 중심거리
- 기계 부분에 있어서 두 축의 중심거리
- 기계 부분에 가공된 두 홈의 중심거리
- 기계 부분에 있어서 구멍과 축, 구멍과 홈 또는 축과 홈의 중심거리

19. 6각 구멍 붙이 볼트용 자리파기

6각 구멍 붙이 볼트의 머리가 공작물에 가지런히 묻히게 가공하는 것이다.

【1】 산업체 규격

(1) 6각 구멍 붙이 볼트용 자리파기의 형상 및 기준치수

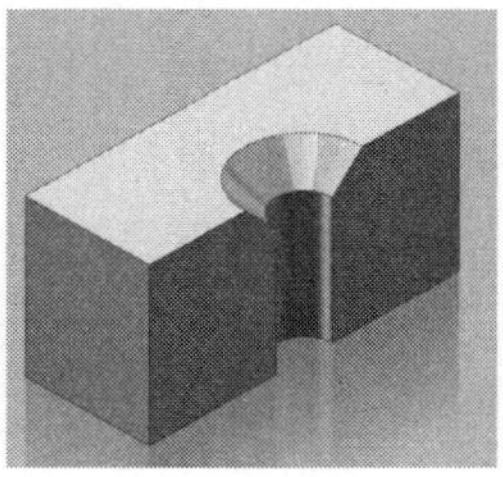

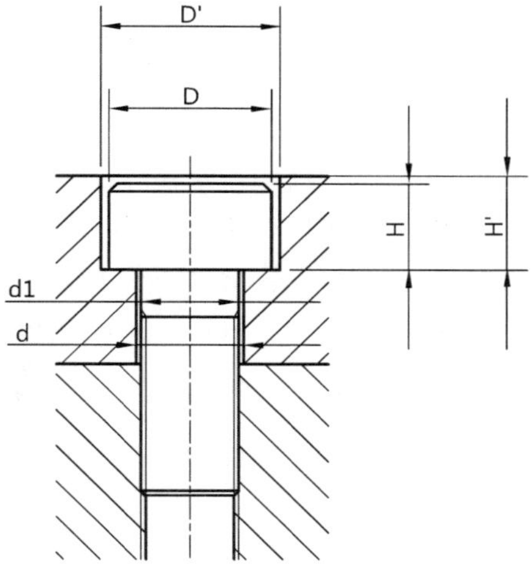

나사 호칭 d	d2	d′	D	D′	H	H′	H″
M3	3	3.4	5.5	6	3	2.7	3.3
M4	4	4.5	7	8	4	3.6	4.4
M5	5	5.5	8.5	9.5	6	4.6	5.4
M6	6	6.6	10	11	8	5.5	6.5
M8	8	9	13	14	8	7.4	8.6
M10	10	11	16	17.5	10	9.2	10.8
M12	12	13	18	22	12	11	13
M14	14	16	21	23	14	12.8	15.2
M16	16	18	24	26	16	14.5	17.5
M18	18	20	27	29	18	16.5	19.5
M20	20	22	30	32	20	18.5	21.5
M22	22	24	33	35	22	20.5	23.5
M24	24	26	36	39	24	22.5	25.5
M27	27	30	40	43	27	25	29
M30	30	33	45	48	30	28	32
M33	33	36	50	54	33	31	35
M36	36	39	54	58	36	34	38
M39	39	42	58	62	39	37	41
M42	42	46	63	67	42	39	44
M45	45	49	68	72	45	42	47
M48	48	52	72	76	48	45	50
M52	52	56	78	82	52	49	54

【2】 규격의 적용

① 조립도에서 6각 홈붙이 볼트의 머리가 커버에 묻혀 조립되어 있다.

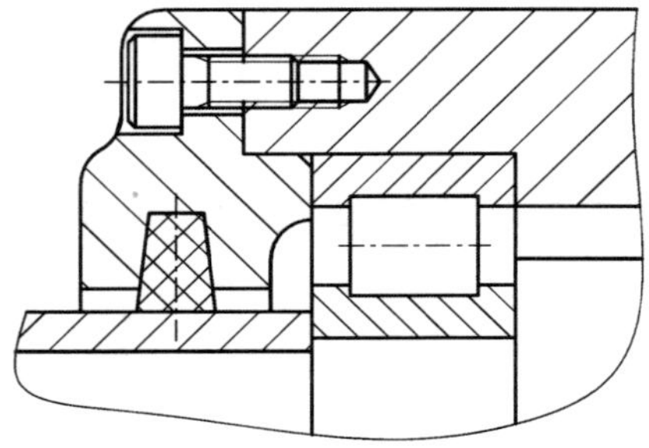

② 조립도에서 육각 홈붙이 볼트의 바깥지름(d)을 직접 측정한다.

③ 표에서 측정한 호칭을 나사의 호칭(d)을 찾는다.

④ 표에서 d', D', D″ 찾아 각각 해당 위치에 적용한다.

⑤ 조립도의 도시에 따라 깊은 자리파기 이외에), 자리파기(D, DP), 접시형 자리파기(DP, ANGLE)을 찾을 수도 있다.

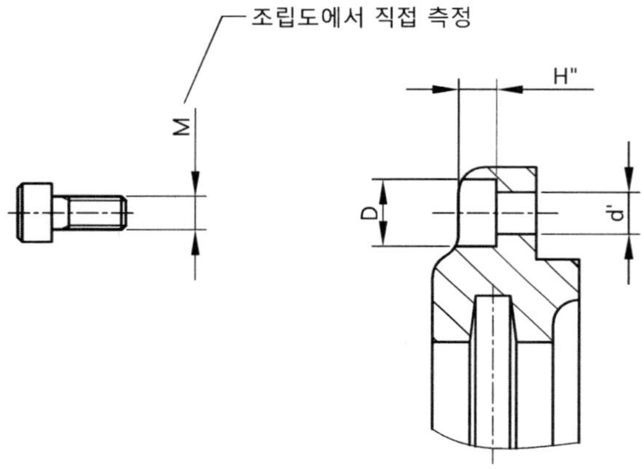

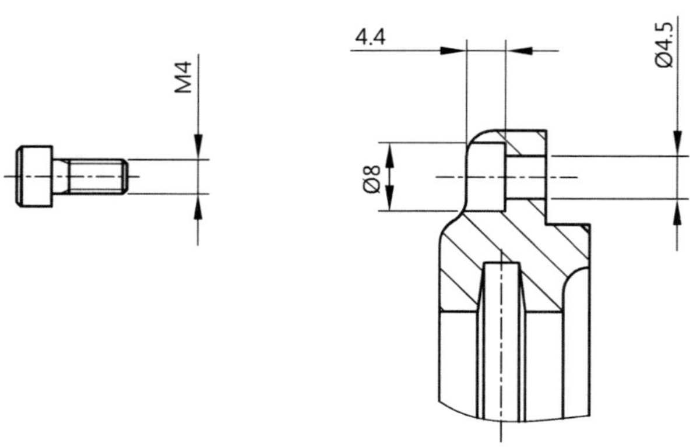

20. 플러머 블럭 치수

회전운동을 주로 하는 전동장치의 커버 부분에 이물질을 차단하기 위해 사용되는 펠트 링을 끼울 수 있는 홈을 의미한다.

【1】 산업체 규격

(1) 플러머 블록의 산업체 규격

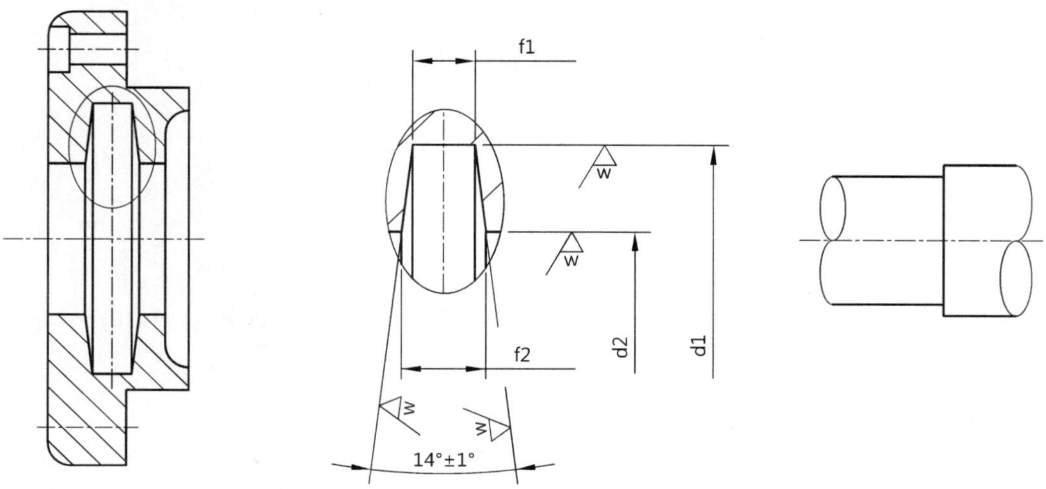

A부 확대도 (NS)

호칭 번호	축지름 (참고) d1	D H8	a	b	c	g H13	h H13	l	w	m	u	v	d2 H12	d3 H12	f1 H13	참고		
																f2 (약)	고정 볼트의 호칭S	중량 kg
SN 504	17	47	150	45	19	24	35	66	70	115	12	20	18.5	28	3	4.2	M10	0.88
SN 505	20	52	165	46	22	25	40	67	75	130	15	20	21.5	31	3	4.2	M12	1.1
SN 506	25	62	185	52	22	30	50	77	90	150	15	20	26.5	38	4	5.4	M12	1.6
SN 507	30	72	185	52	22	33	50	82	95	150	15	20	31.5	43	4	5.4	M12	1.9
SN 508	35	80	205	60	25	33	60	85	110	170	15	20	36.5	48	4	5.4	M12	2.6

【2】 규격의 적용

① 조립도에서 휄트링이 조립되어 있다.

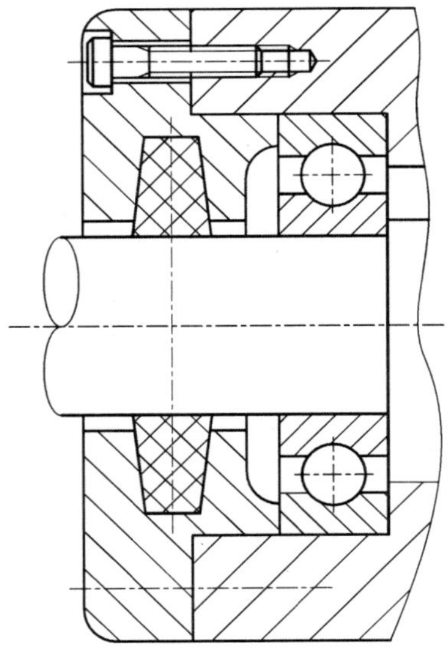

② 휄트링이 설치되기 위해 커버에 홈 가공을 하는데, 이를 플러머 블럭이라 한다.

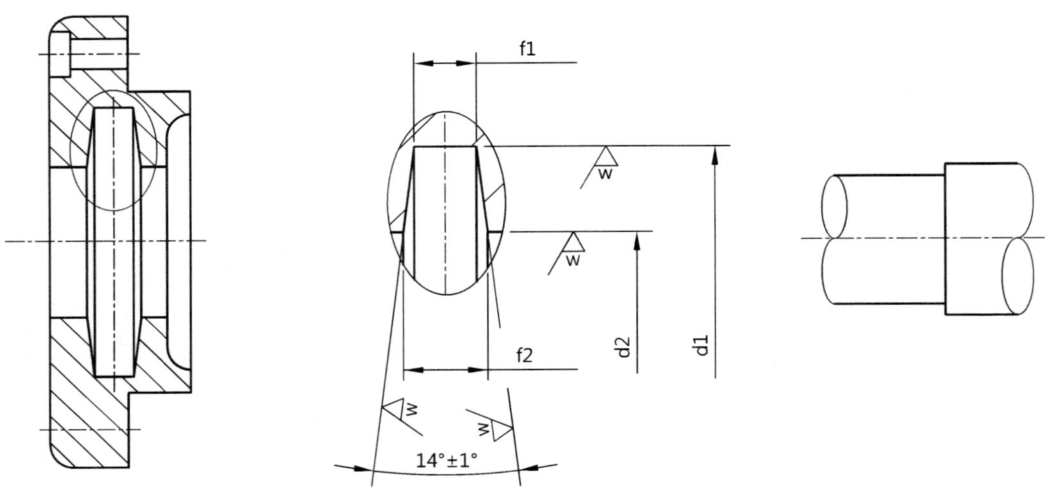

A부 확대도 (NS)

③ 조립도에서 축경(d1, 실제 조립도에서는 축보다는 칼라에 설치되는 경우가 많으며 칼라에 설치되는 경우에는 칼라의 외경)을 직접 측정한다.

④ 측정한 축경(d1)을 표에서 찾는다. 실제 측정한 치수가 표에 일치되지 않으면 가까운 값을 찾고, 축의 외경 치수를 찾은 값으로 적용한다.

⑤ 표에서 d2, d3, f1, f2의 치수를 찾아 각각 해당 위치에 적용한다.

⑥ 플러머 블록에서는 각 부분의 치수에 대한 치수공차가 일정하므로 치수공차까지 기입한다.

⑦ f2의 경우 치수공차 위치에 (약)으로 기입되어 있으므로 치수에 참고치수를 의미하는 괄호( )를 추가한다.

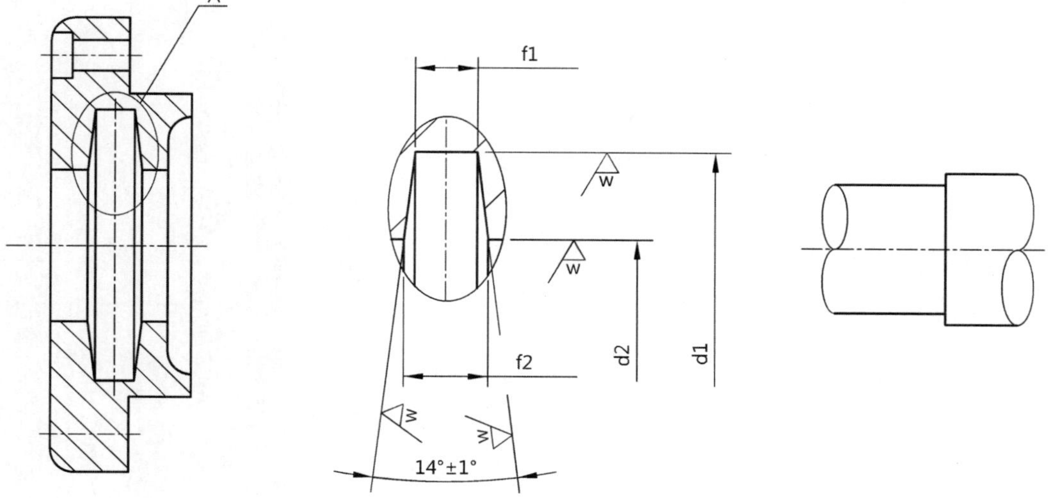

A부 확대도 (NS)

부 록 IV

1. 삼각법 연습
2. 치수기입 연습
3. 투상도 연습
4. 동력전달장치
5. 드릴지그
6. 도면해독 부록 도면

1. 삼각법 연습

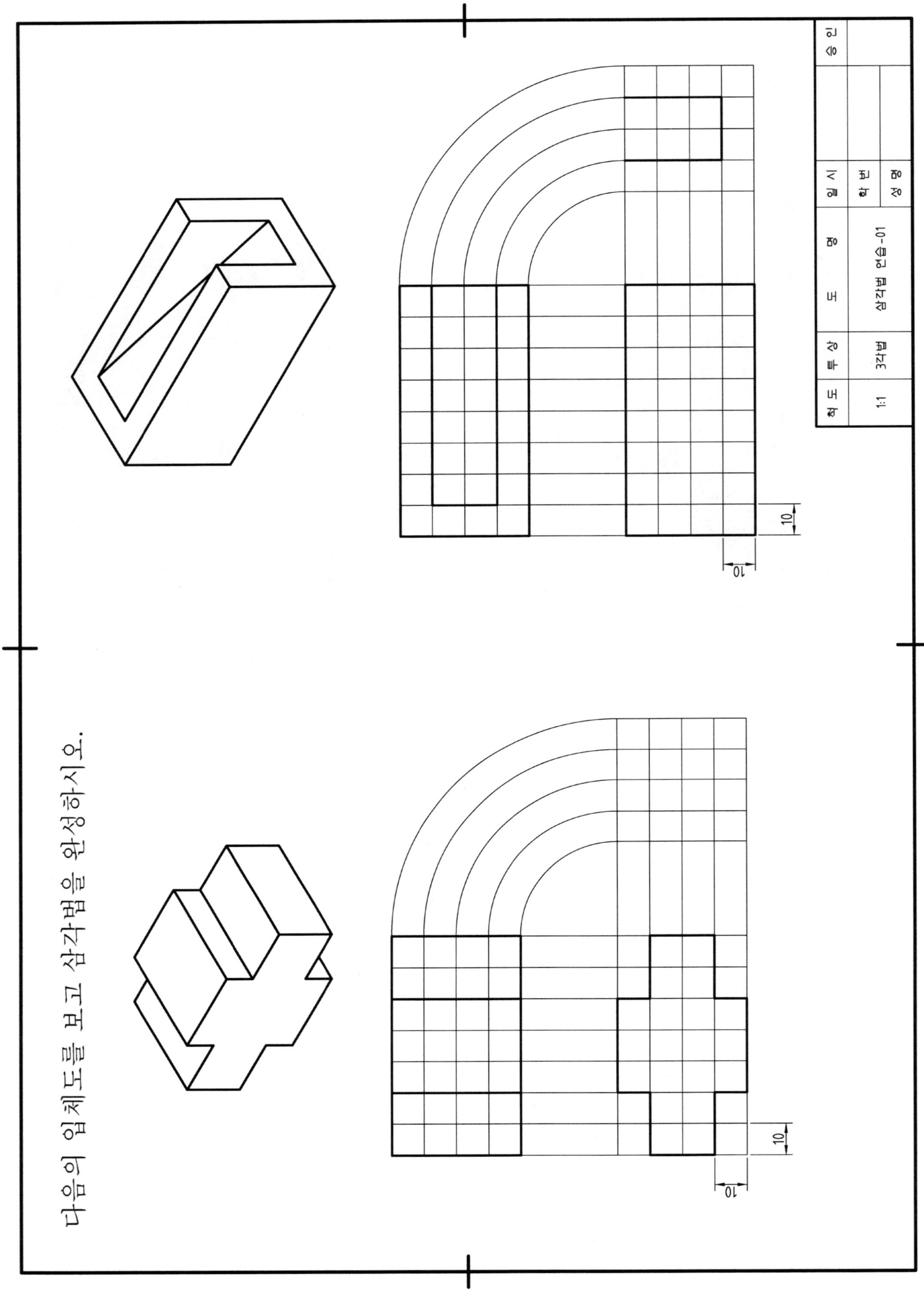
다음의 입체도를 보고 삼각법을 완성하시오.
10
10
10
10
척도
1:1
투상
3각법
도명
삼각법 연습-01
일시
학번
성명
승인

다음의 입체도를 보고 삼각법을 완성하시오.

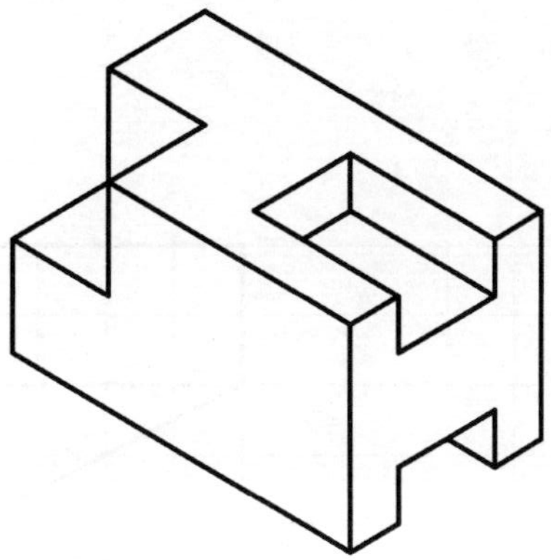

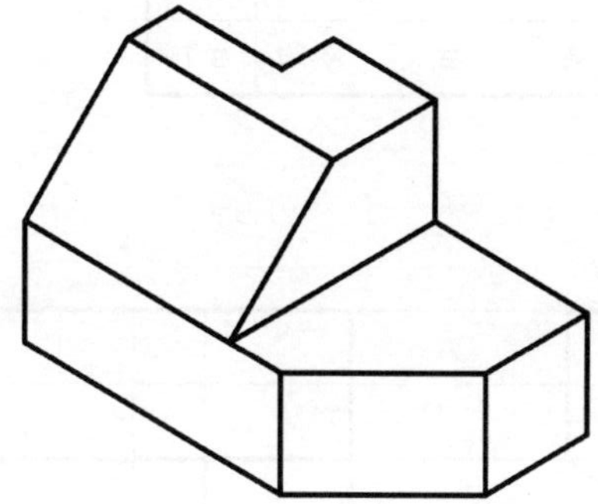

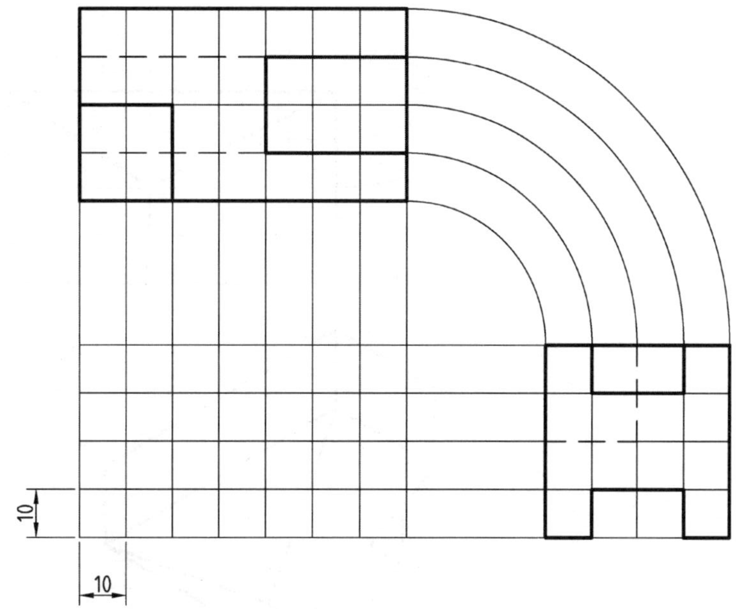

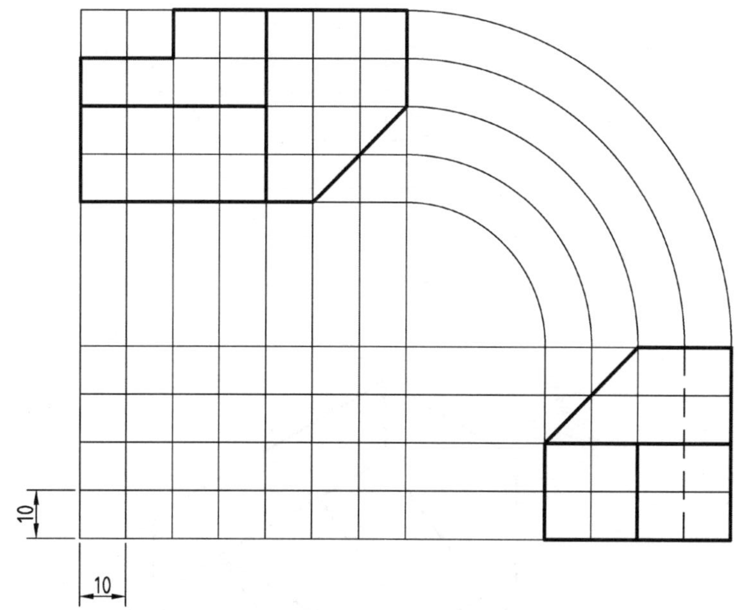

척 도	투 상	도 명	일 시		승 인
1:1	3각법	삼각법 연습-02	학 번		
			성 명		

다음의 입체도를 보고 삼각법을 완성하시오.

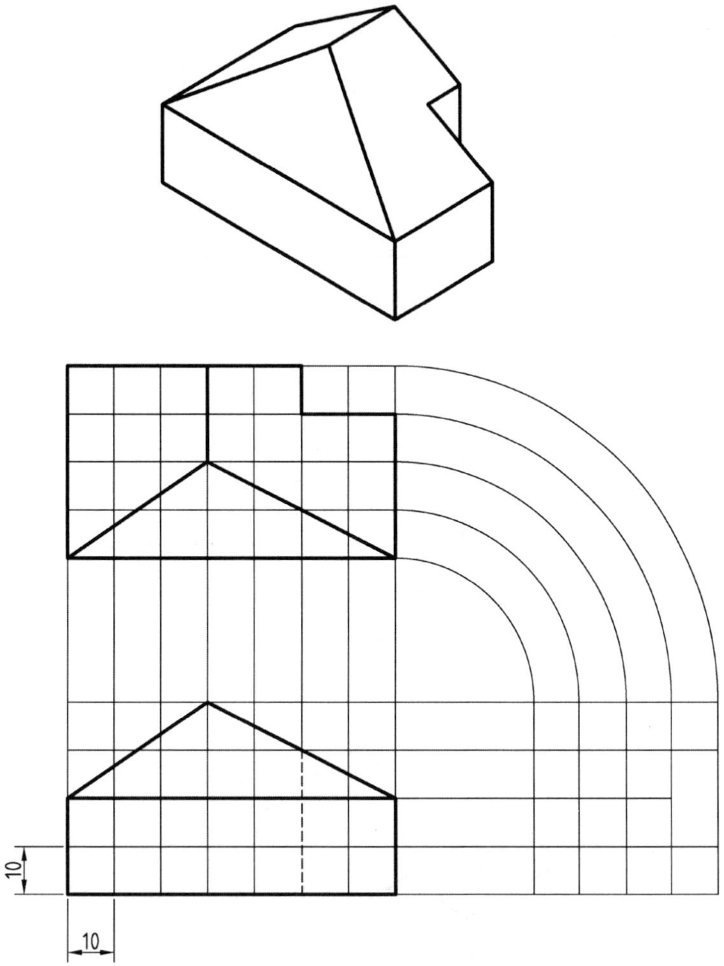

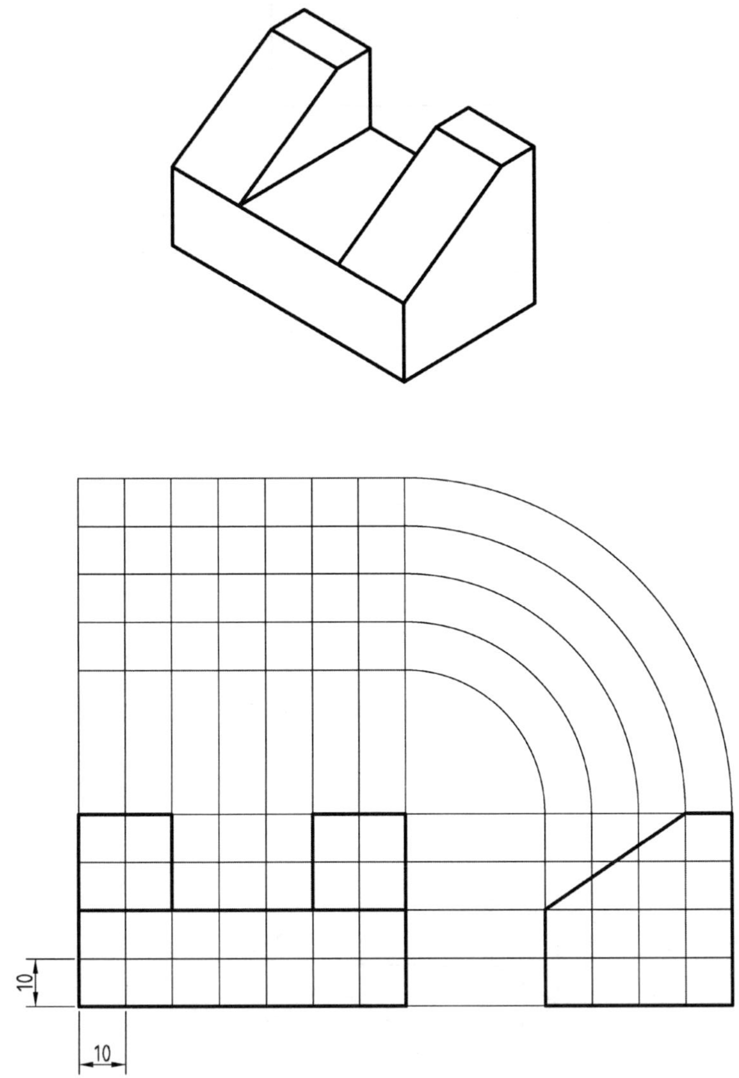

척 도	투 상	도 명	일 시		승 인
1:1	3각법	삼각법 연습-03	학 번		
			성 명		

다음의 입체도를 보고 삼각법을 완성하시오.

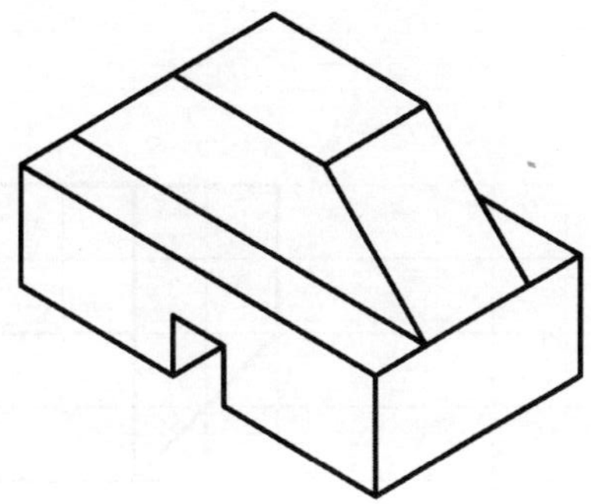

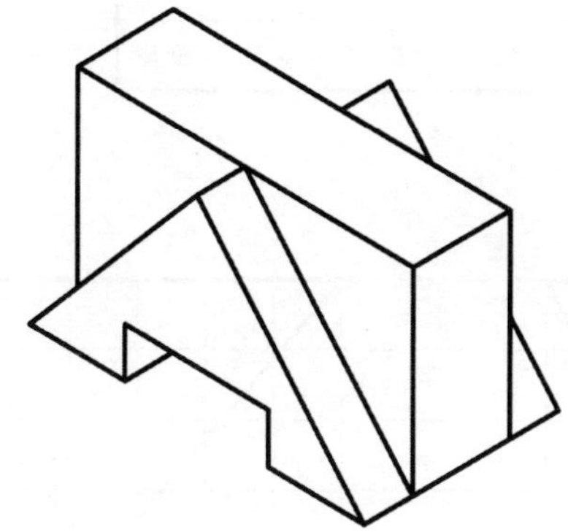

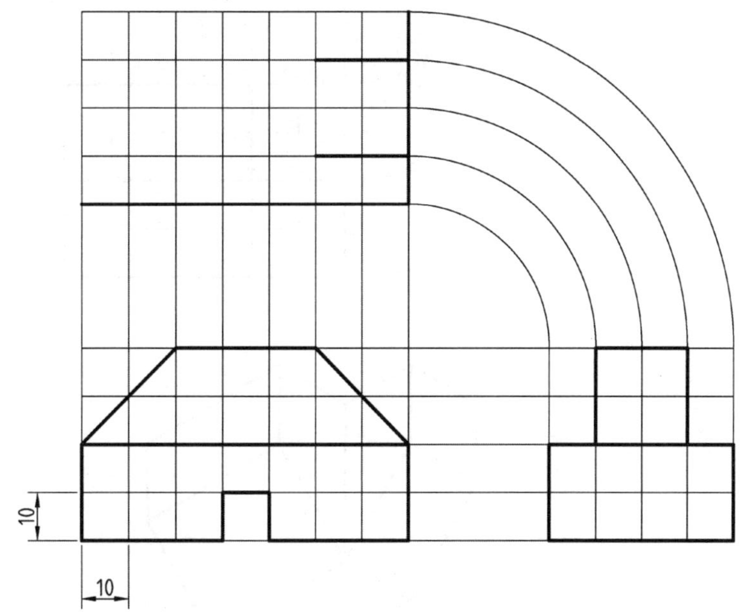

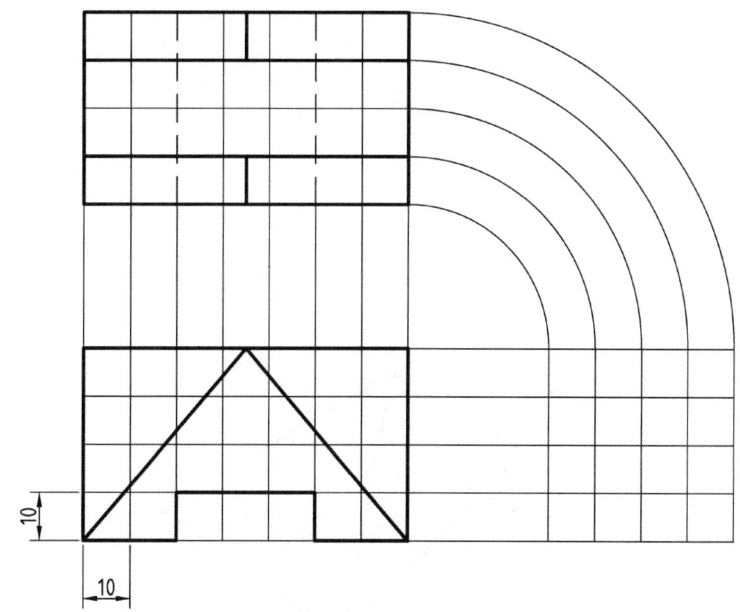

척 도	투 상	도 명	일 시		승 인
1:1	3각법	삼각법 연습-04	학 번		
			성 명		

다음의 입체도를 보고 삼각법을 완성하시오.

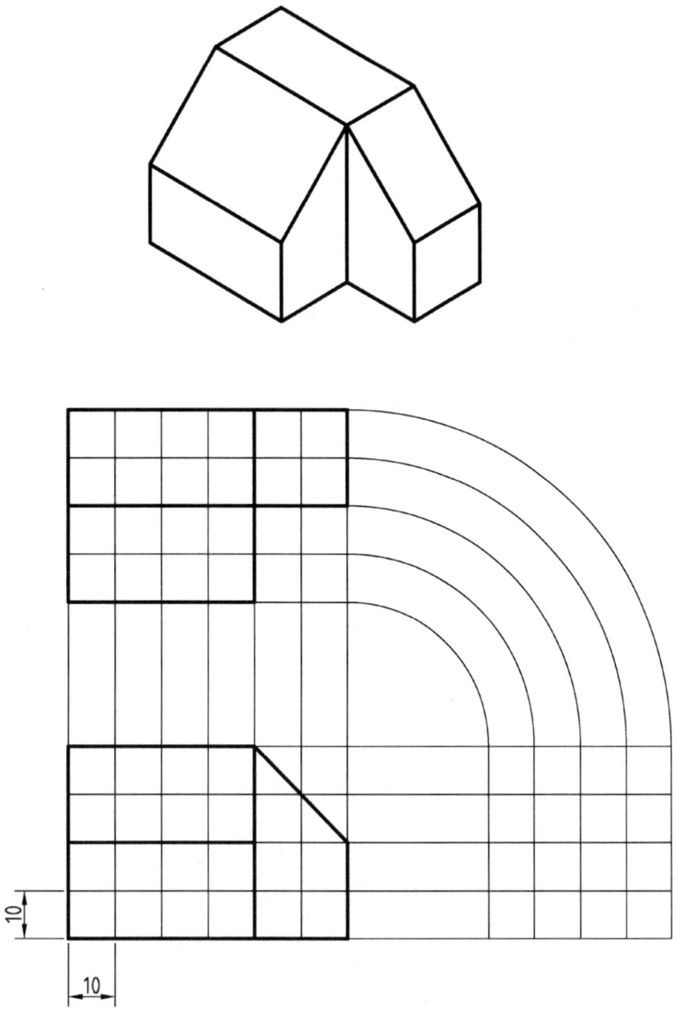

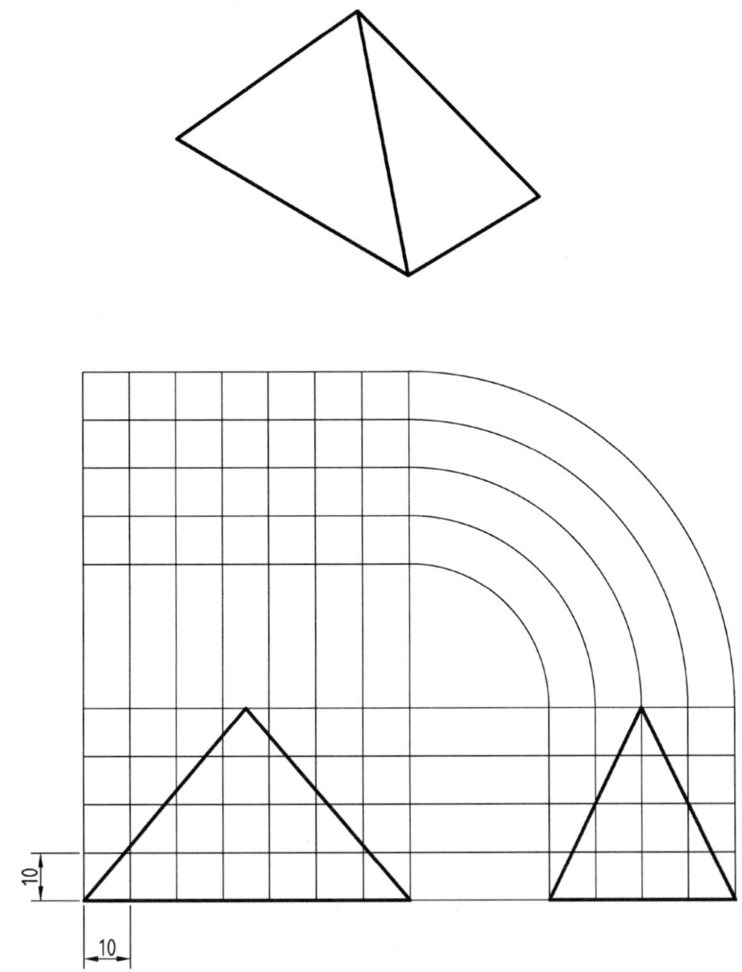

척 도	투 상	도 명	일 시		승 인
1:1	3각법	삼각법 연습-05	학 번		
			성 명		

다음의 입체도를 보고 삼각법을 완성하시오.

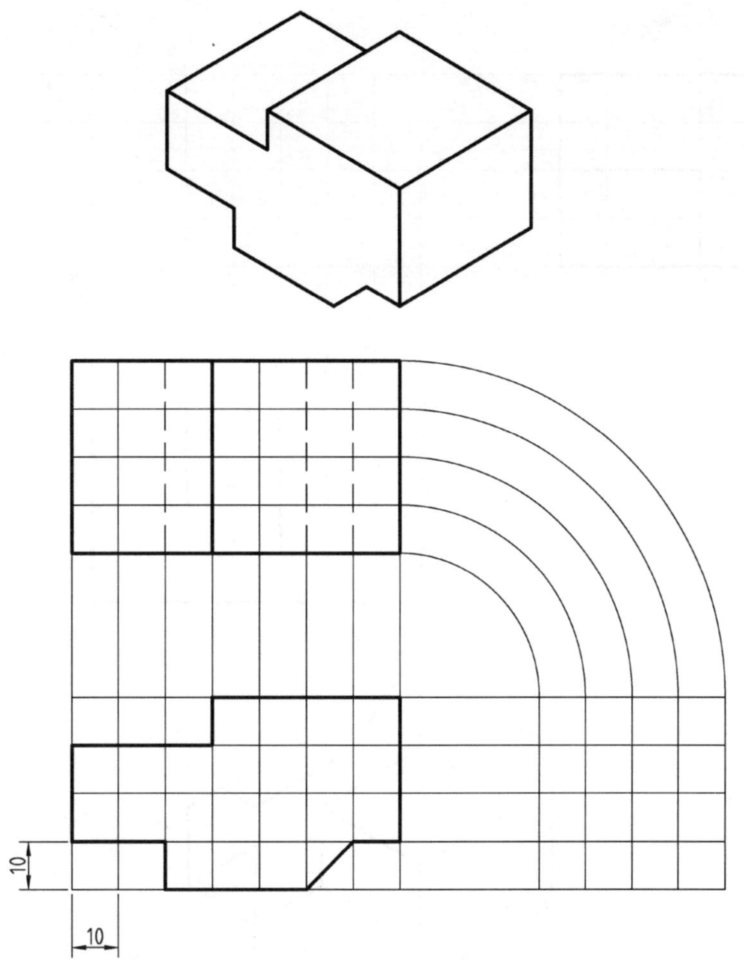

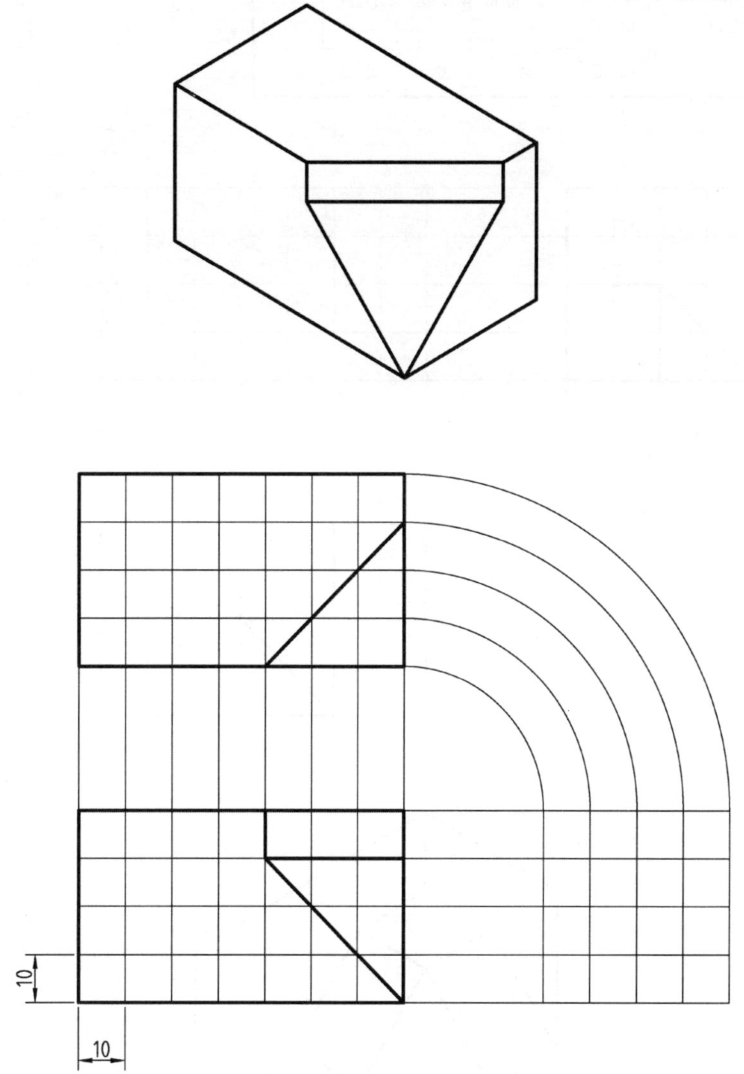

척 도	투 상	도 명	일 시		승 인
1:1	3각법	삼각법 연습-06	학 번		
			성 명		

다음의 입체도를 보고 삼각법을 완성하시오.

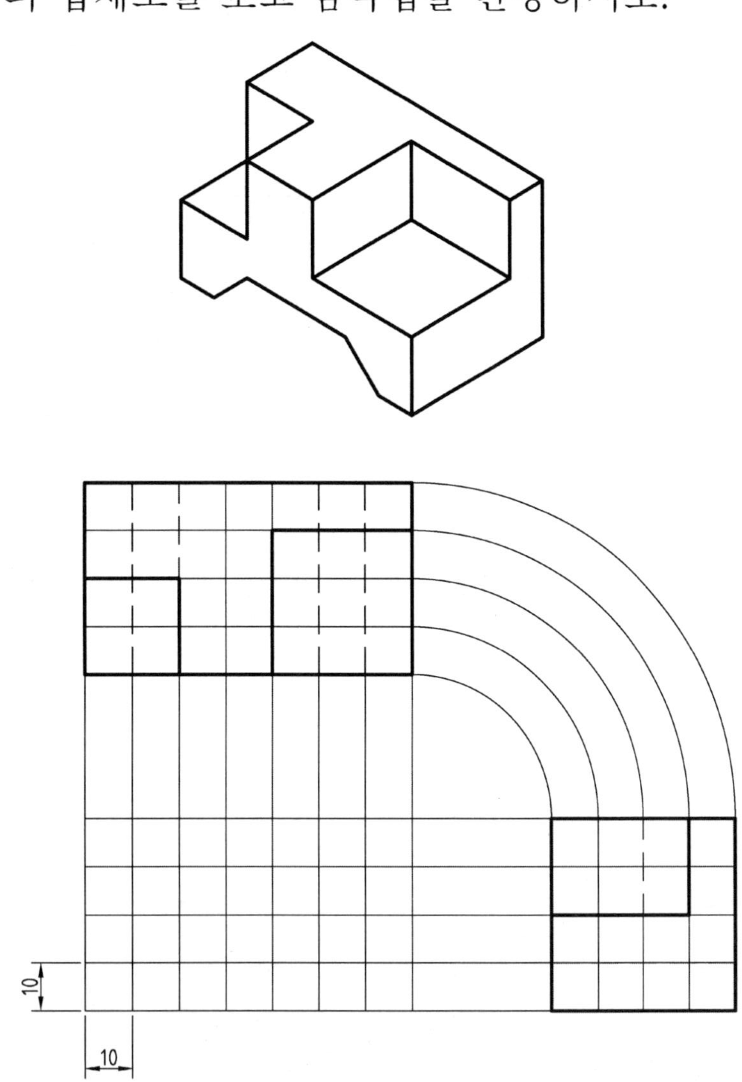

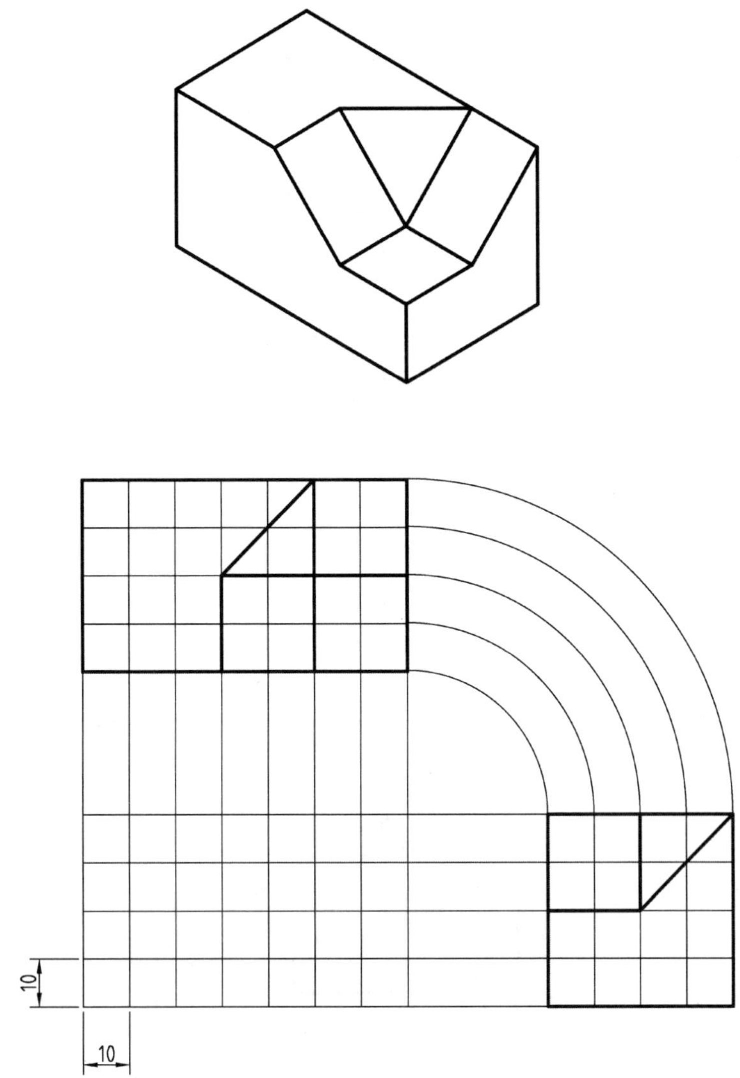

척 도	투 상	도 명	일 시		승 인
1:1	3각법	삼각법 연습-07	학 번		
			성 명		

다음의 입체도를 보고 삼각법을 완성하시오.

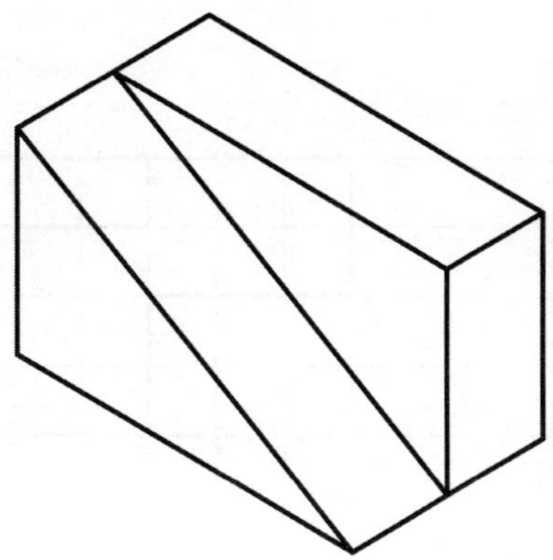

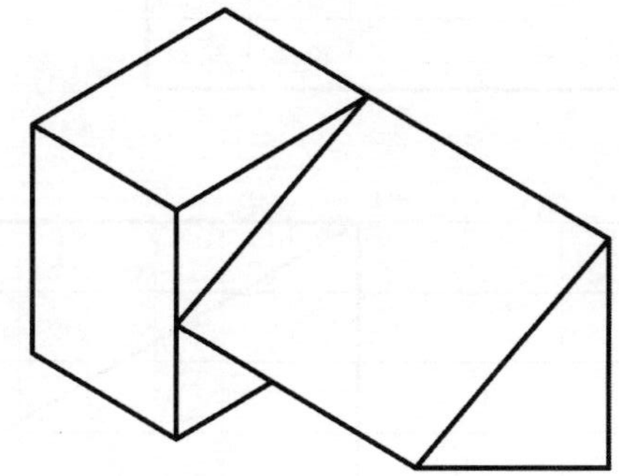

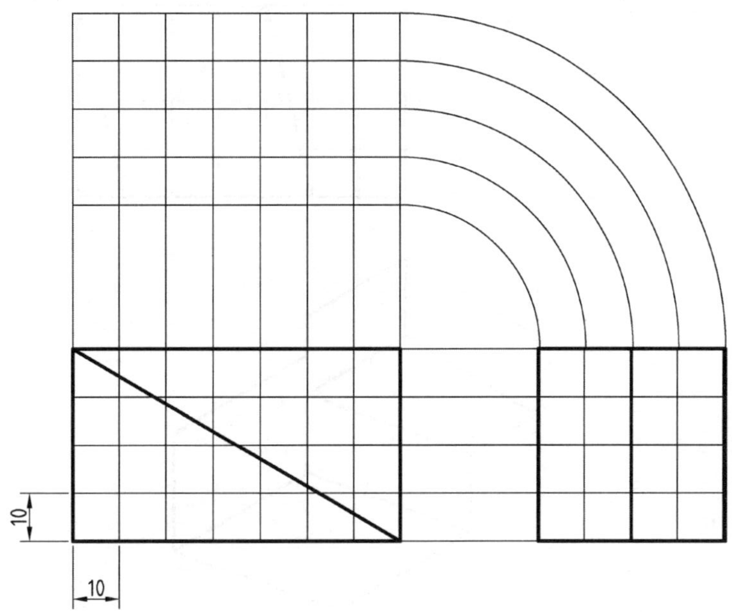

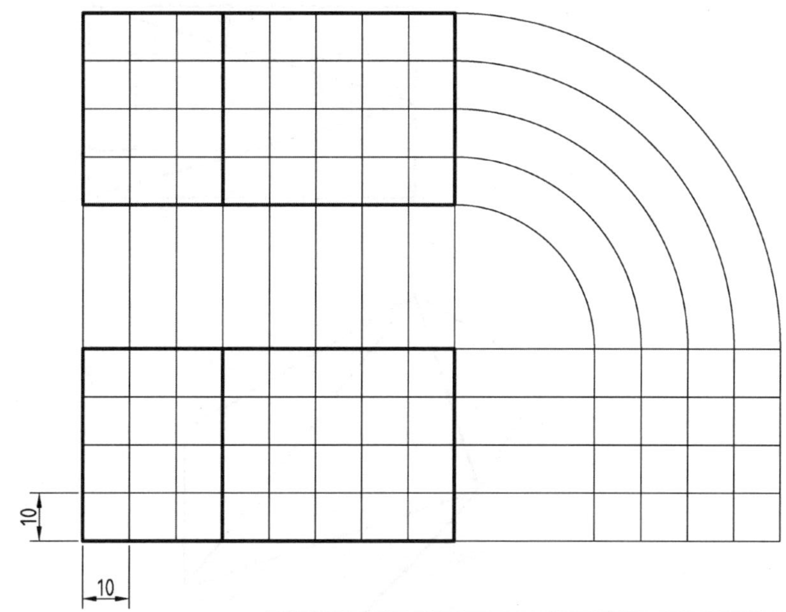

척 도	투 상	도 명	일 시		승 인
1:1	3각법	삼각법 연습-08	학 번		
			성 명		

다음의 입체도를 보고 삼각법을 완성하시오.

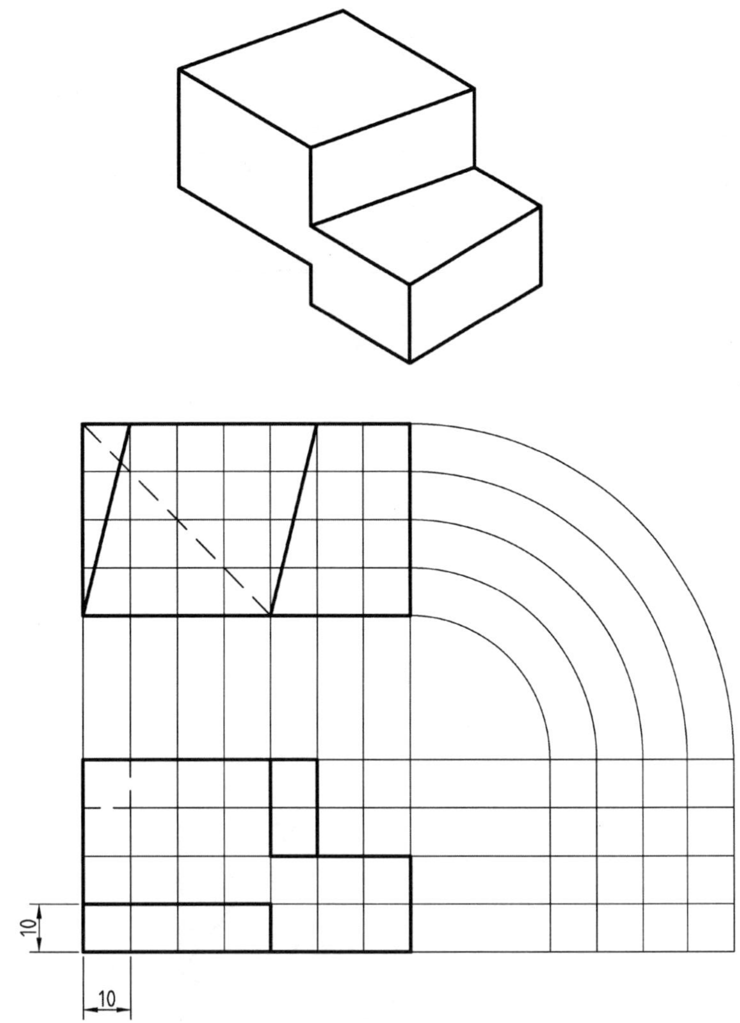

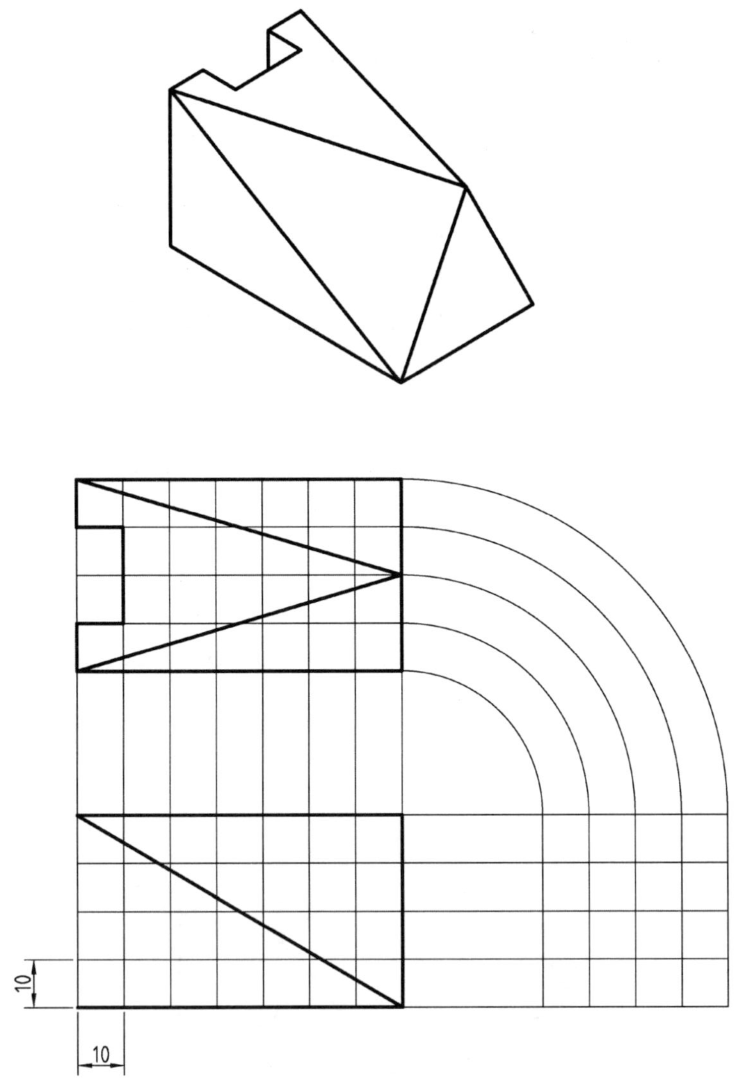

척 도	투 상	도 명	일 시		승 인
1:1	3각법	삼각법 연습-09	학 번		
			성 명		

다음의 입체도를 보고 삼각법을 완성하시오.

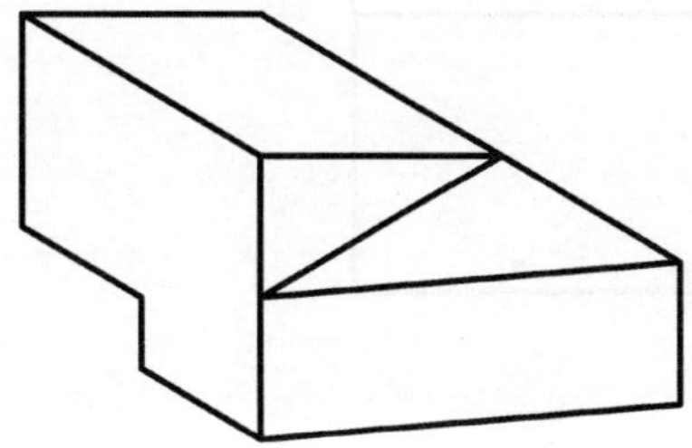

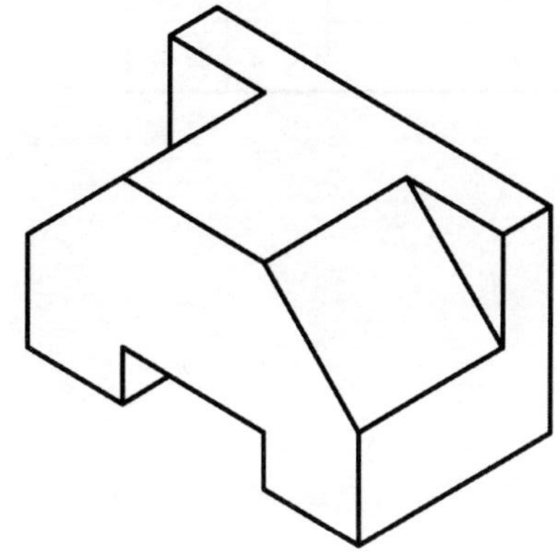

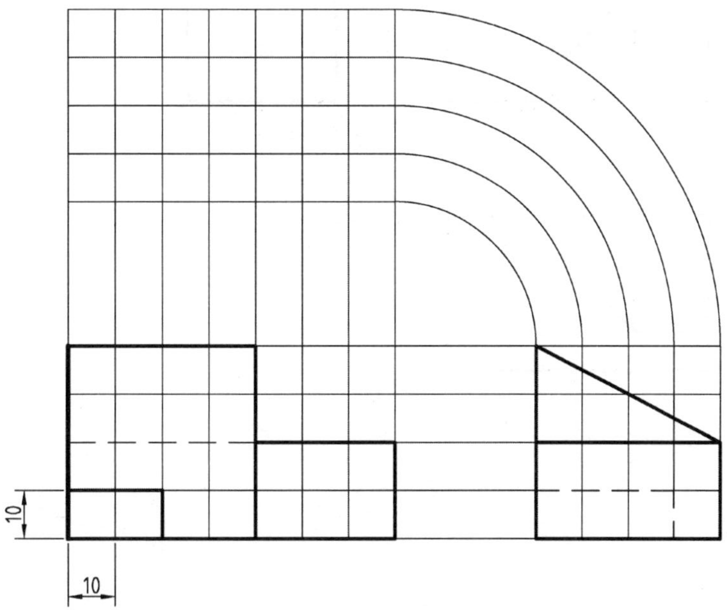

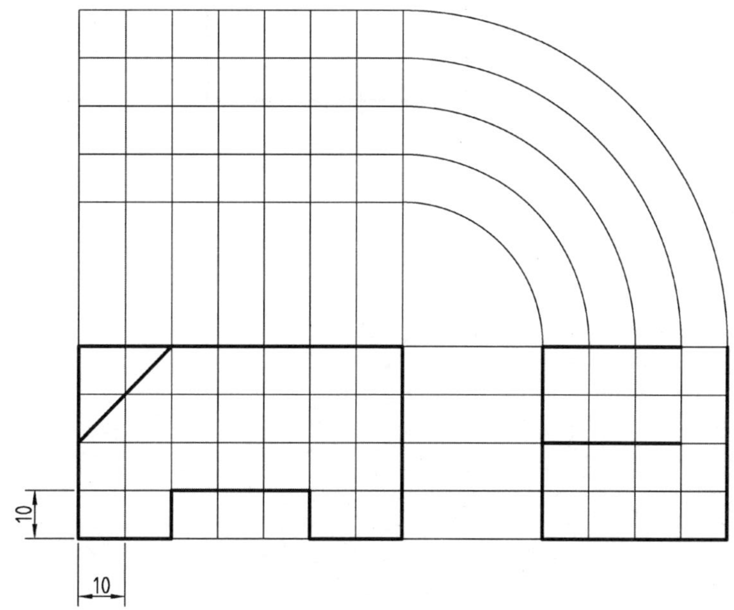

척 도	투 상	도 명	일 시		승 인
1:1	3각법	삼각법 연습-10	학 번		
			성 명		

다음의 삼각법를 보고 입체도를 작성하시오.

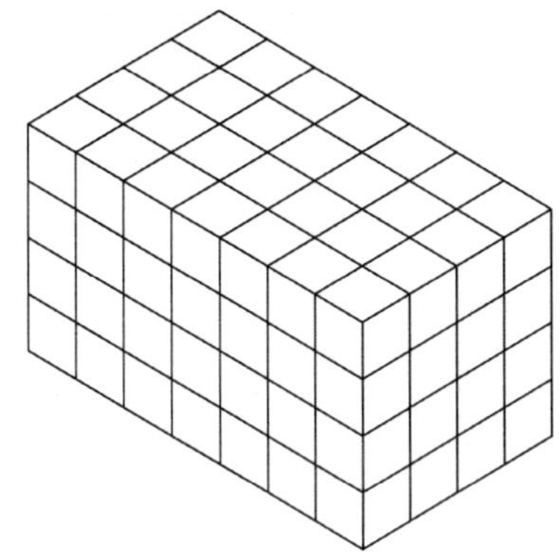

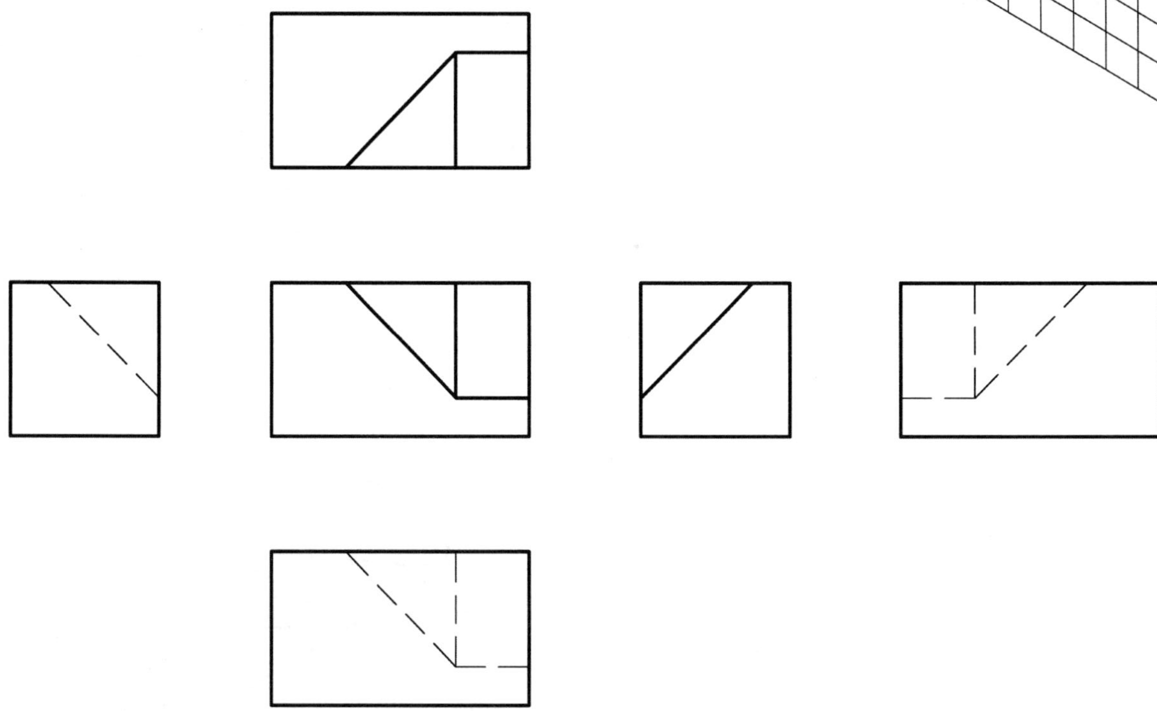

척 도	투 상	도 명	일 시		승 인
1:1	3각법	삼각법 연습-11	학 번		
			성 명		

다음의 삼각법를 보고 입체도를 작성하시오.

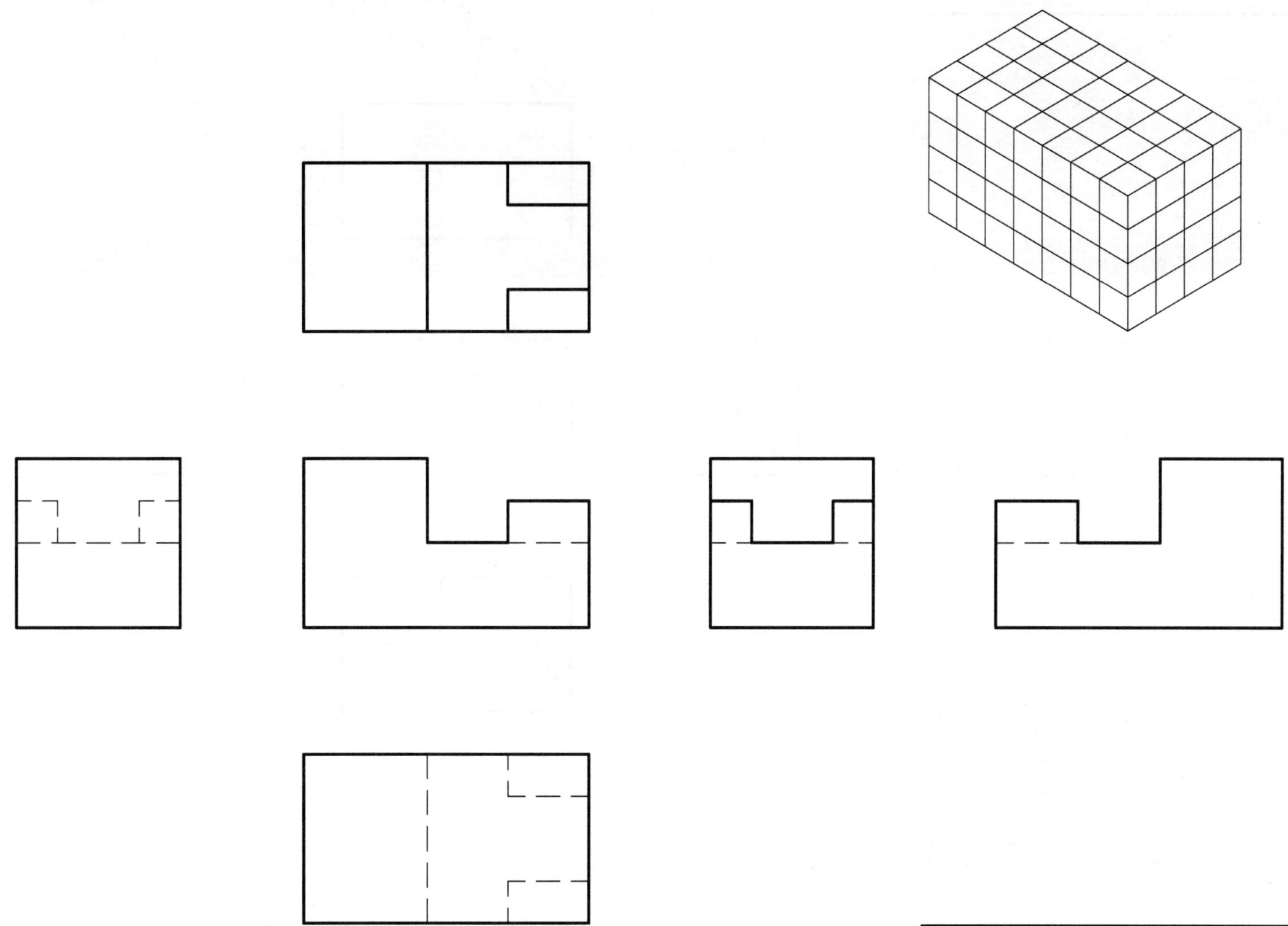

척 도	투 상	도 명	일 시		승 인
1:1	3각법	삼각법 연습-12	학 번		
			성 명		

다음의 삼각법를 보고 입체도를 작성하시오.

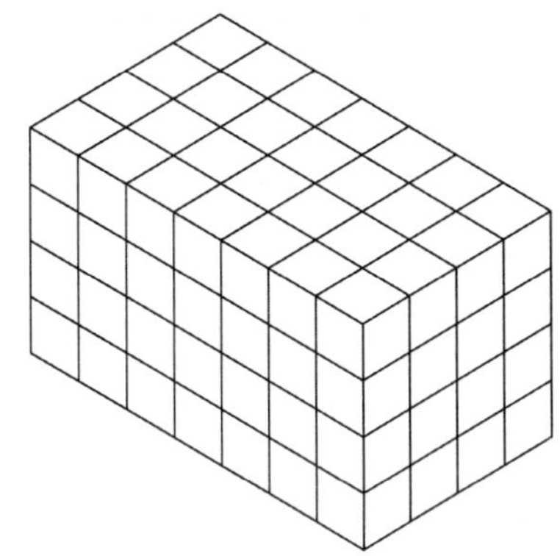

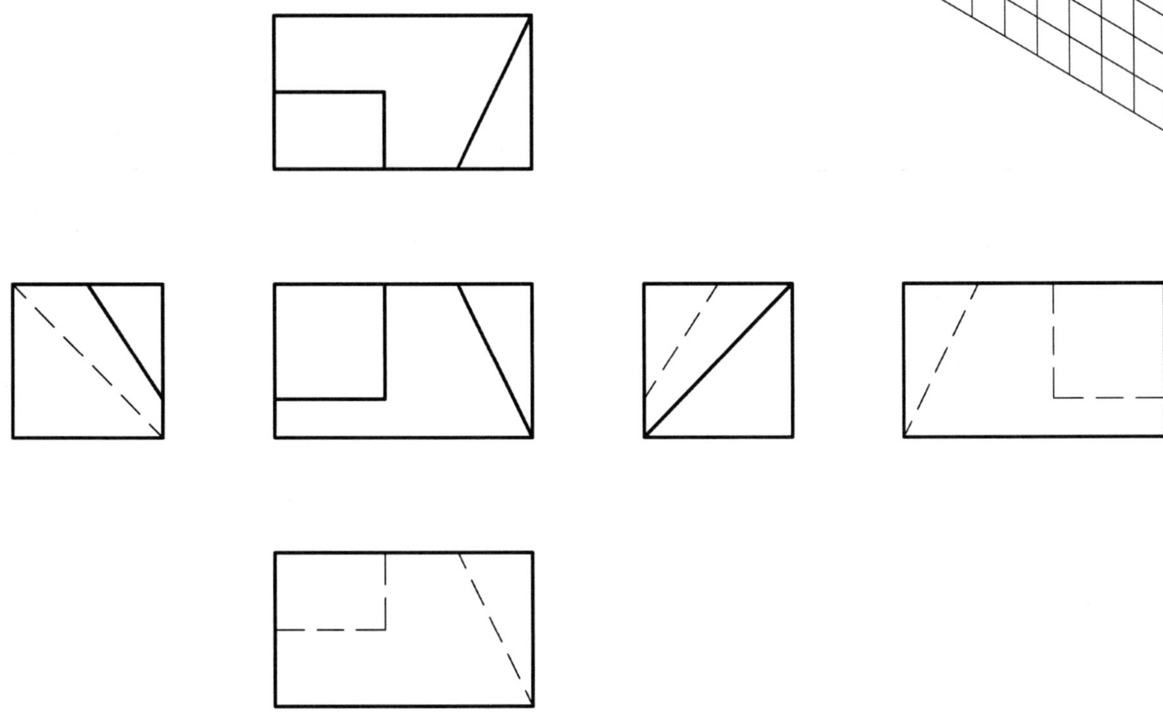

척 도	투 상	도 명	일 시		승 인
1:1	3각법	삼각법 연습-13	학 번		
			성 명		

다음의 삼각법를 보고 입체도를 작성하시오.

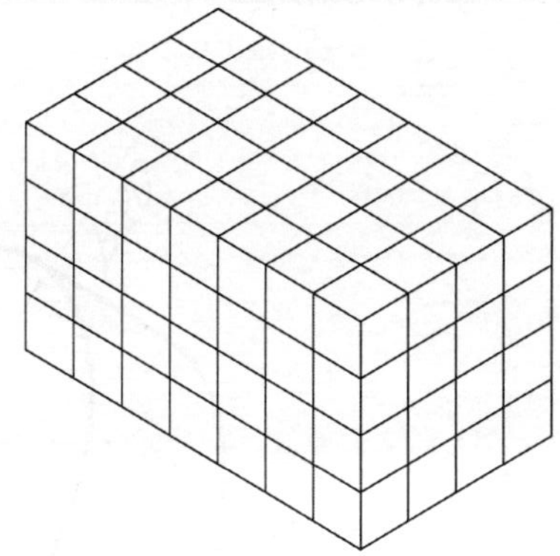

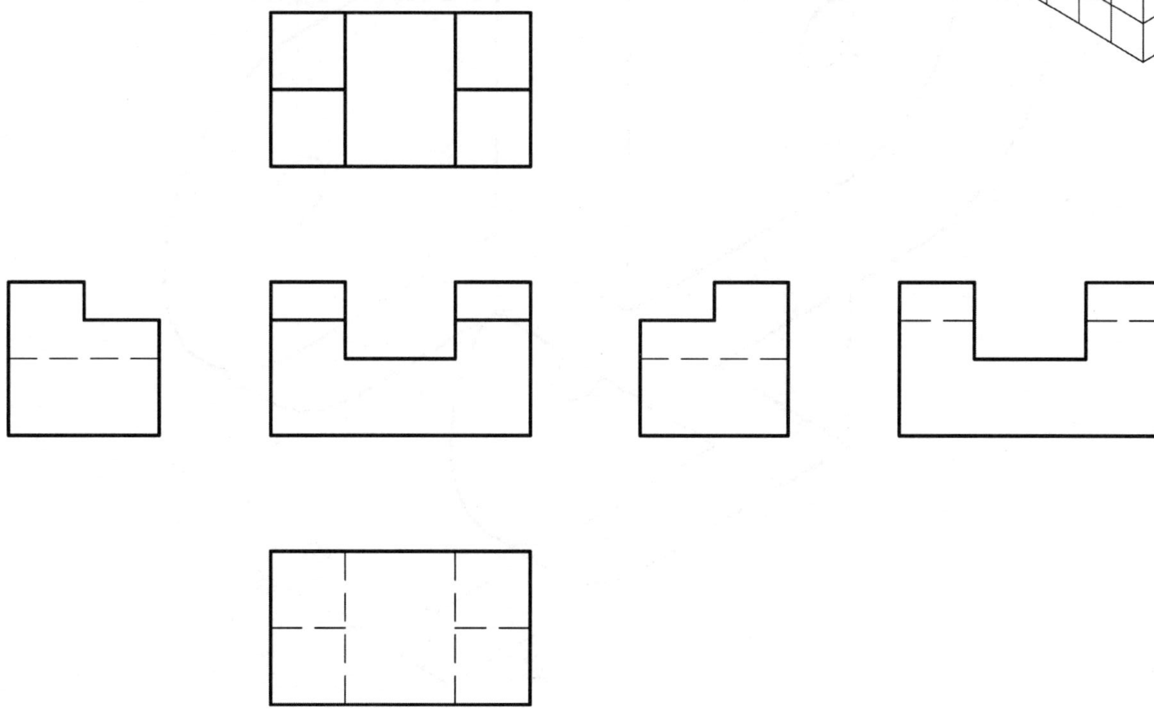

척 도	투 상	도 명	일 시		승 인
1:1	3각법	삼각법 연습-14	학 번		
			성 명		

다음 입체도를 보고 해당하는 도면에 치수를 기입하시오.

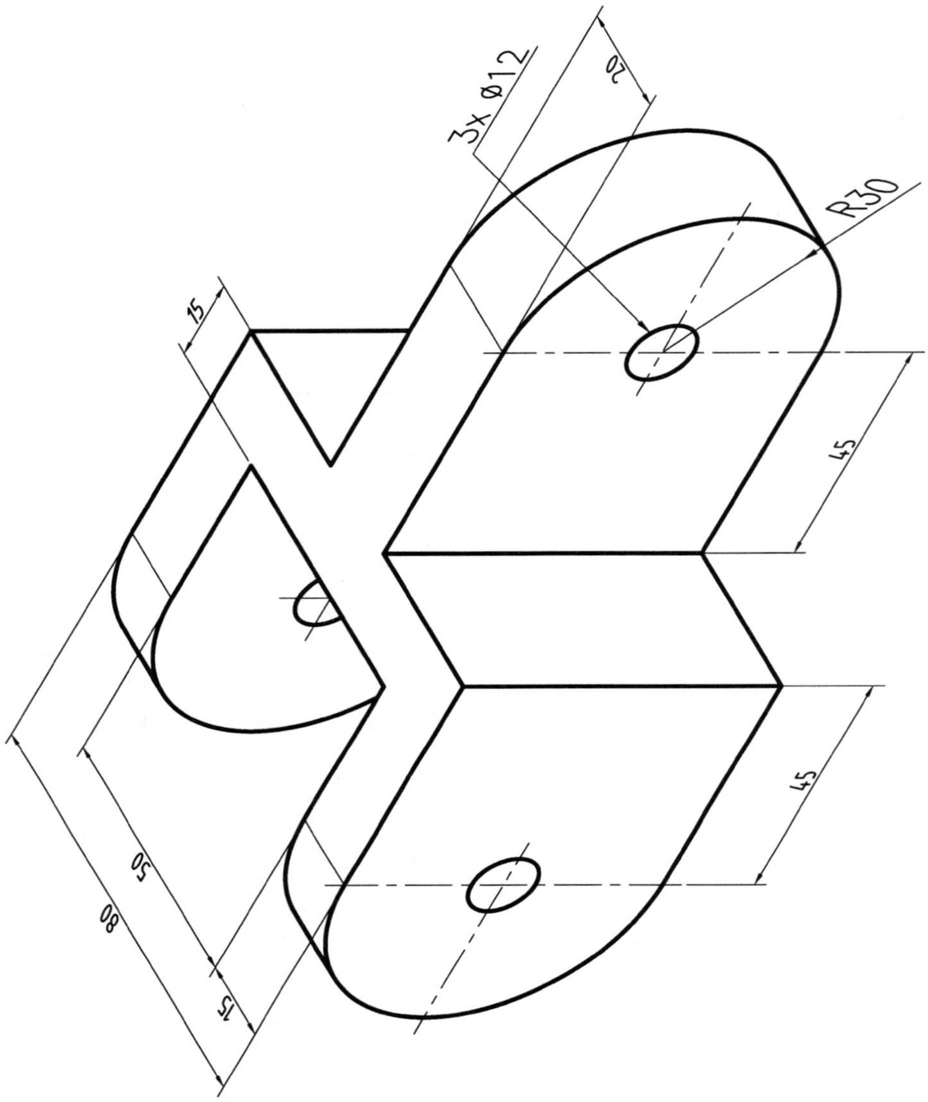

척도	투상	도명	일시		승인
NS	3각법	치수기입 연습-01	학번		
			성명		

해당하는 입체도를 보고 치수를 기입하시오.

삼각법으로 작성된 도면도 완성하시오

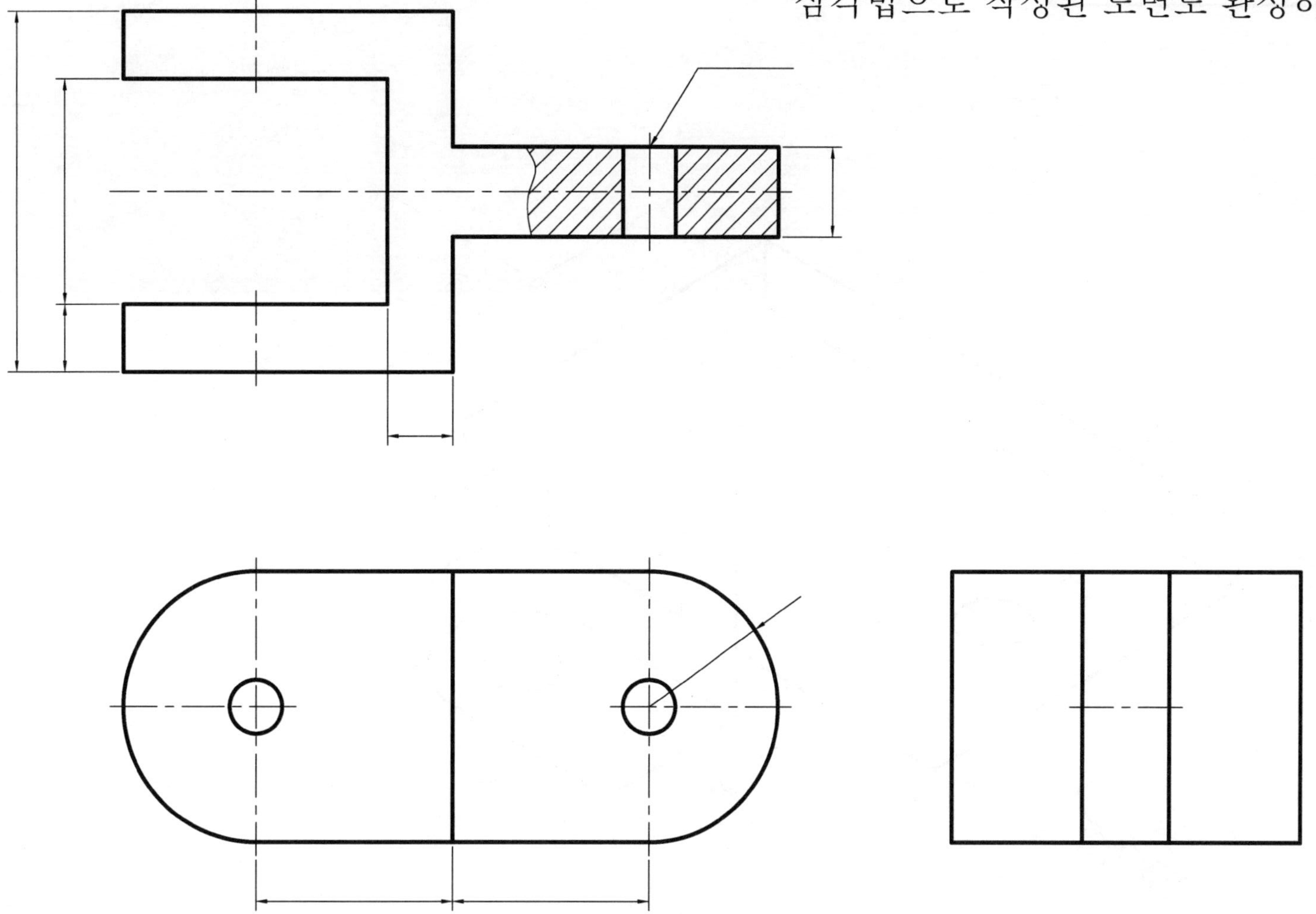

척 도	투 상	도 명	일 시		승 인
1:1	3각법	치수기입 연습-02	학 번		
			성 명		

다음 입체도를 보고 해당하는 도면에 치수를 기입하시오.

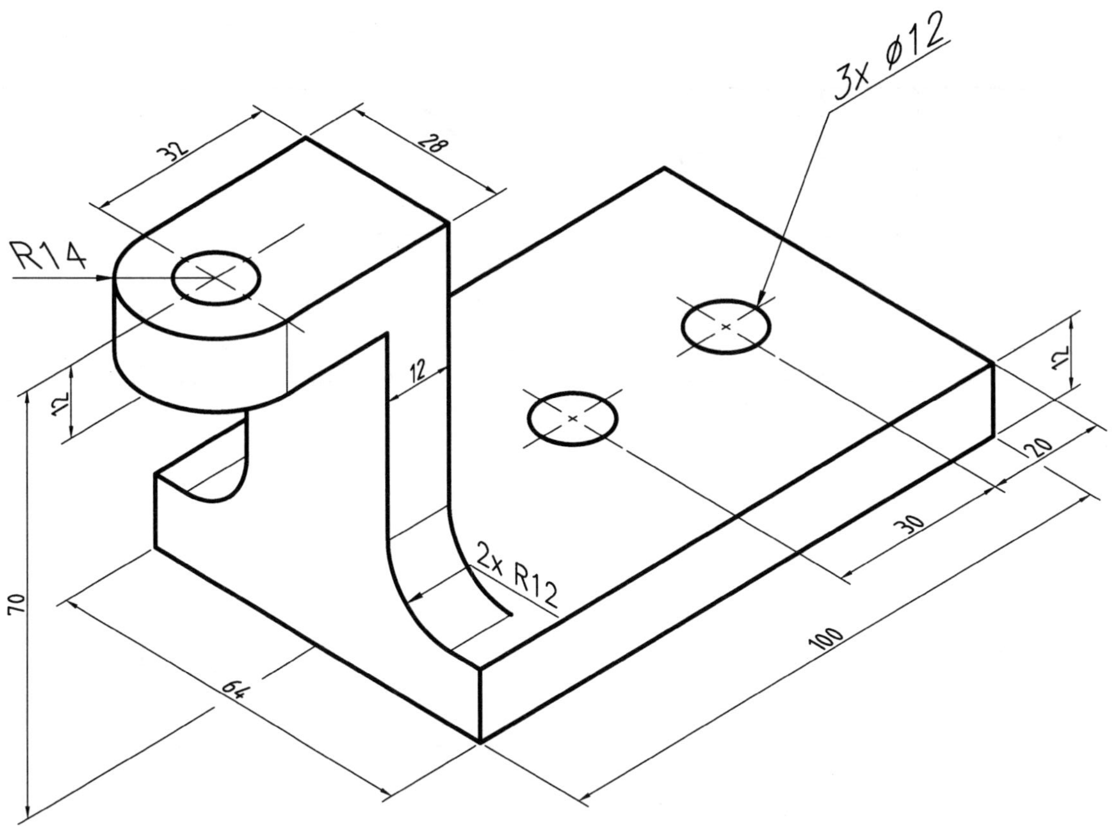

척 도	투 상	도 명	일 시		승 인
NS	3각법	치수기입 연습-03	학 번		
			성 명		

해당하는 입체도를 보고 치수를 기입하시오.

삼각법으로 작성된 도면도 완성하시오

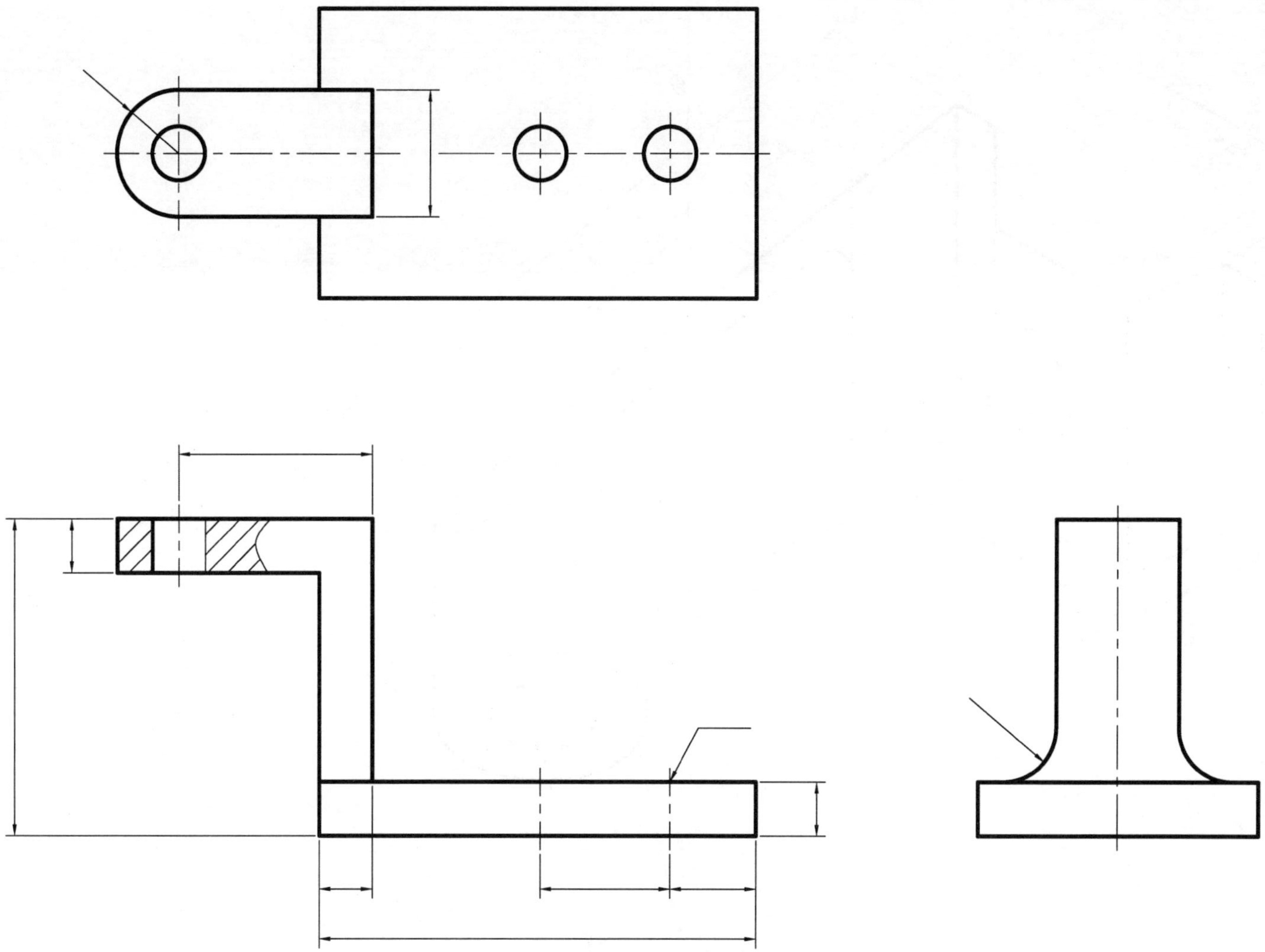

척 도	투 상	도 명	일 시		승 인
1:1	3각법	치수기입 연습-04	학 번		
			성 명		

다음 입체도를 보고 해당하는 도면에 치수를 기입하시오.

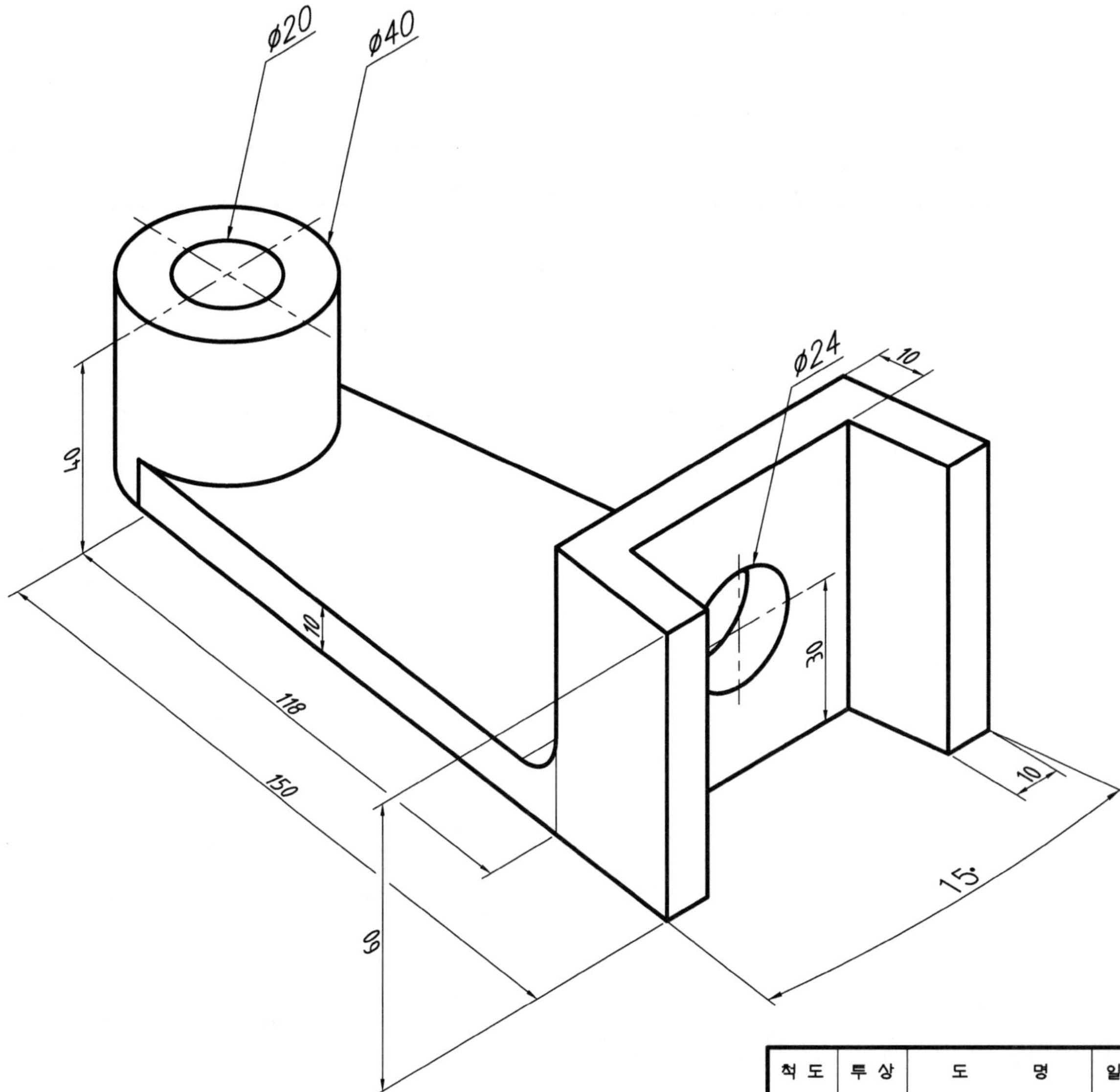

척 도	투 상	도 명	일 시		승 인
NS	3각법	치수기입 연습-05	학 번		
			성 명		

해당하는 입체도를 보고 치수를 기입하시오.

삼각법으로 작성된 도면도 완성하시오

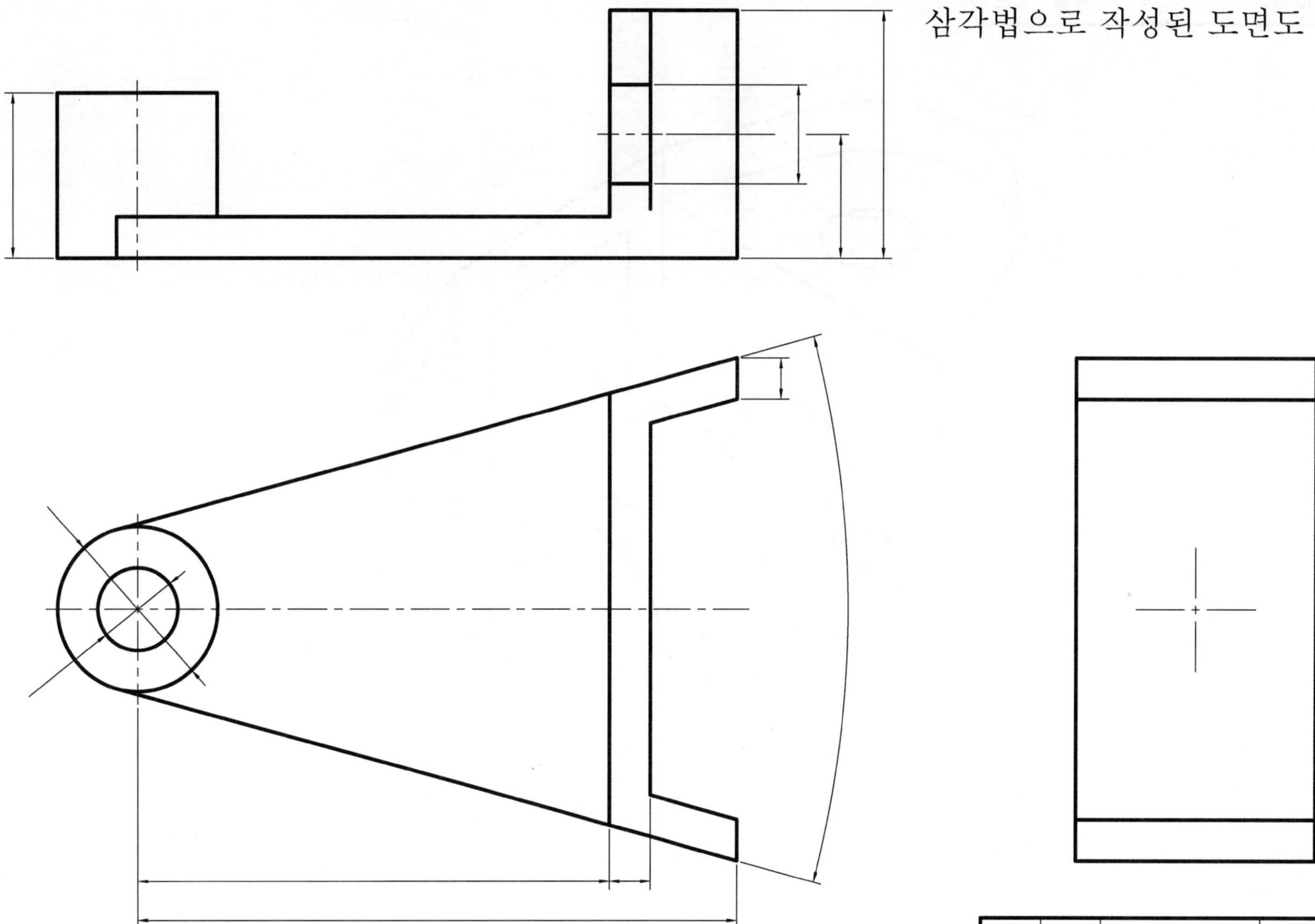

척 도	투 상	도 명	일 시		승 인
1:1	3각법	치수기입 연습-06	학 번		
			성 명		

다음 입체도를 보고 해당하는 도면에 치수를 기입하시오.

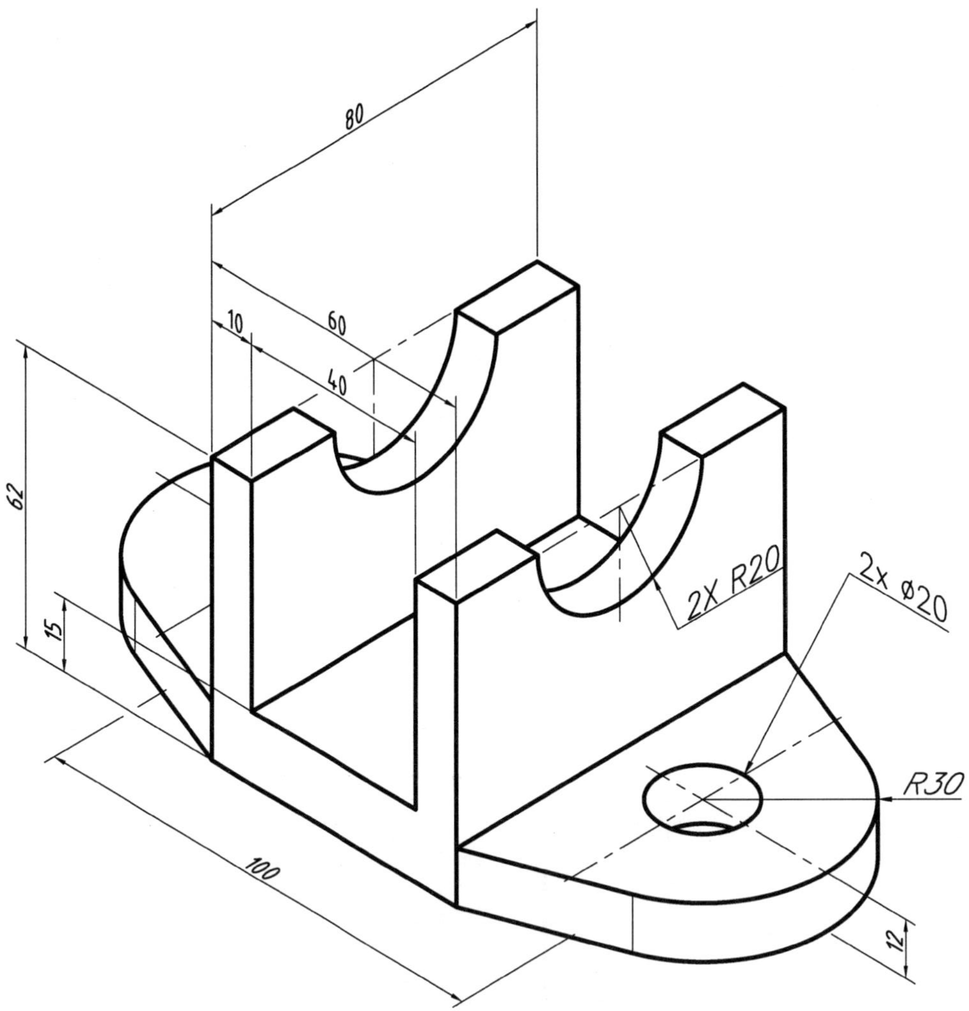

척 도	투 상	도 명	일 시		승 인
NS	3각법	치수기입 연습-07	학 번		
			성 명		

해당하는 입체도를 보고 치수를 기입하시오.
삼각법으로 작성된 도면도 완성하시오

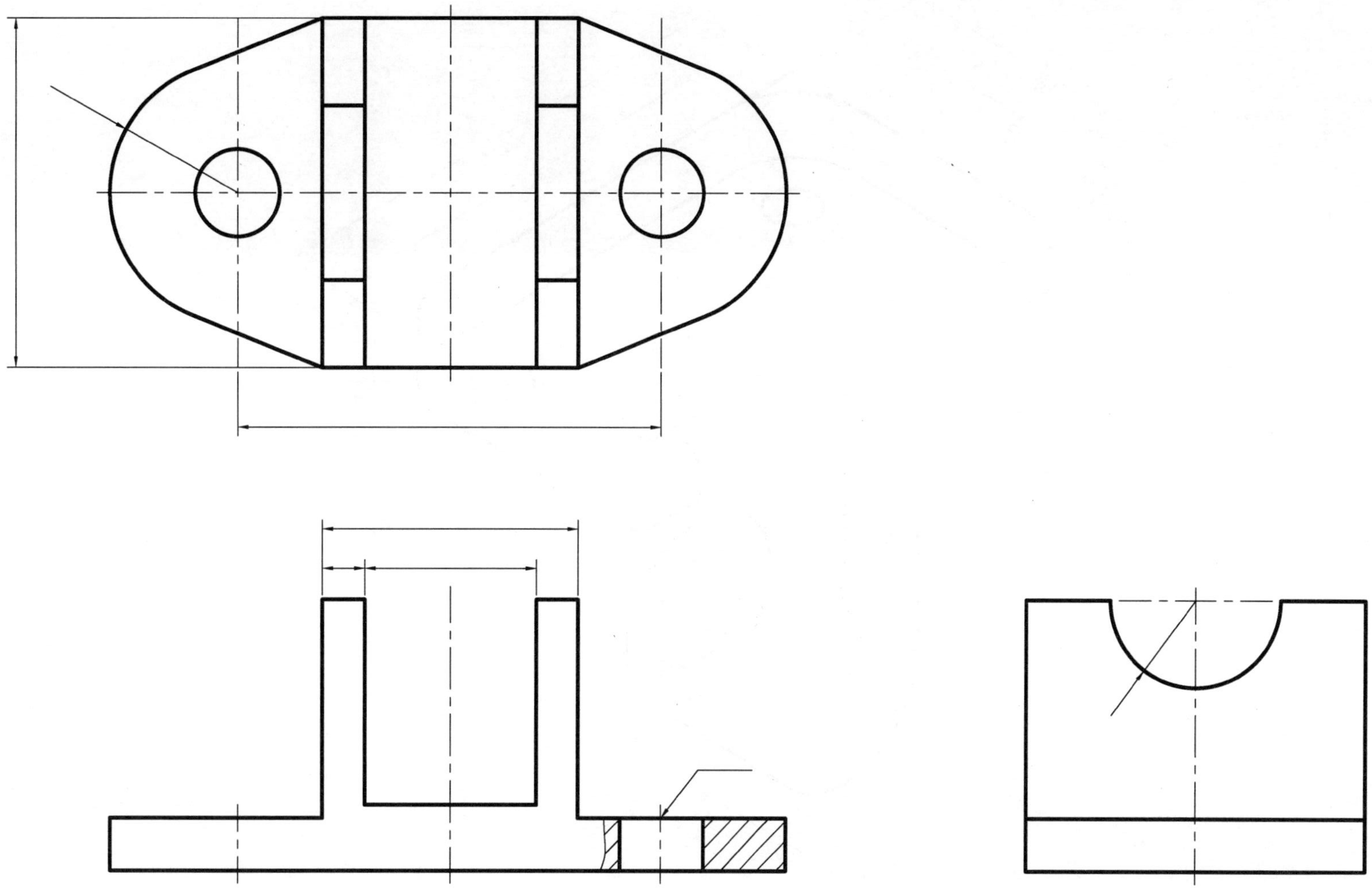

척 도	투 상	도 명	일 시		승 인
1:1	3각법	치수기입 연습-08	학 번		
			성 명		

다음 입체도를 보고 해당하는 도면에 치수를 기입하시오.

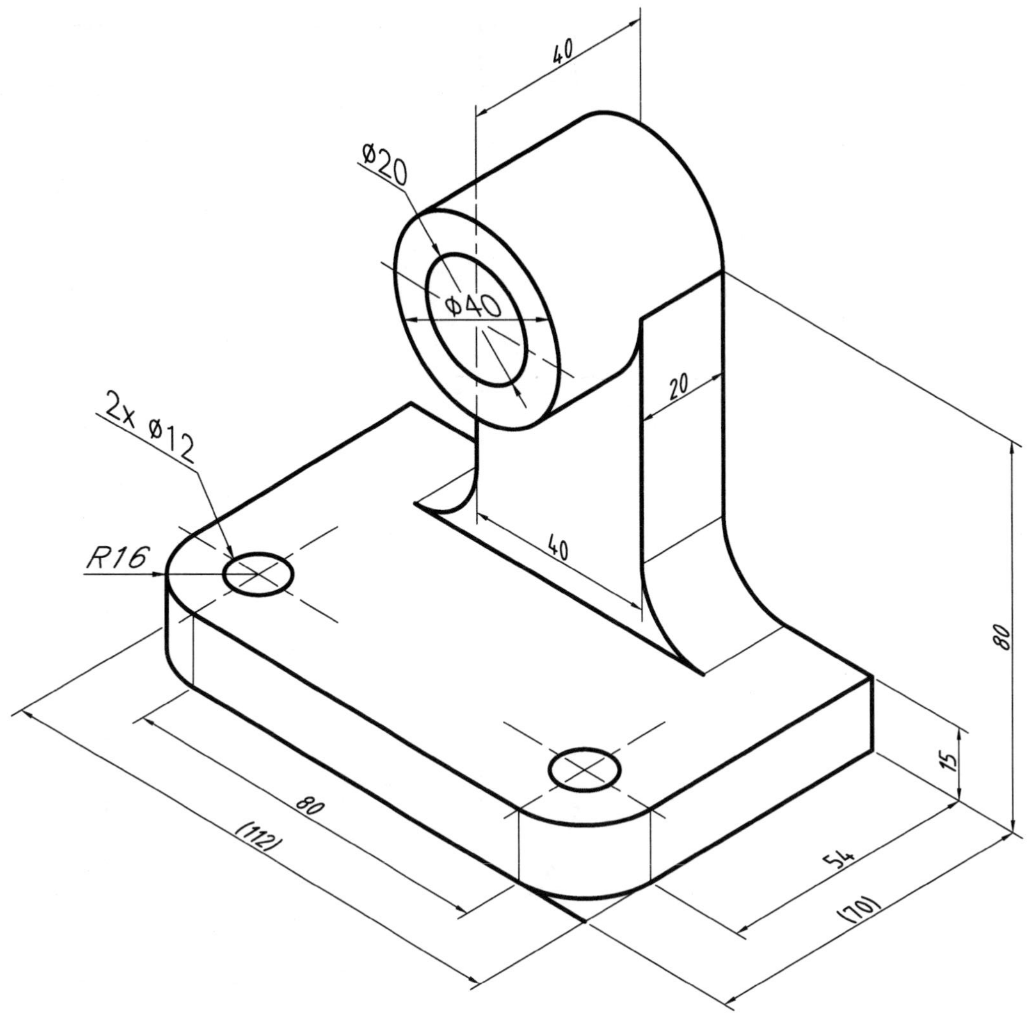

척 도	투 상	도 명	일 시		승 인
NS	3각법	치수기입 연습-09	학 번		
			성 명		

해당하는 입체도를 보고 치수를 기입하시오.

삼각법으로 작성된 도면도 완성하시오

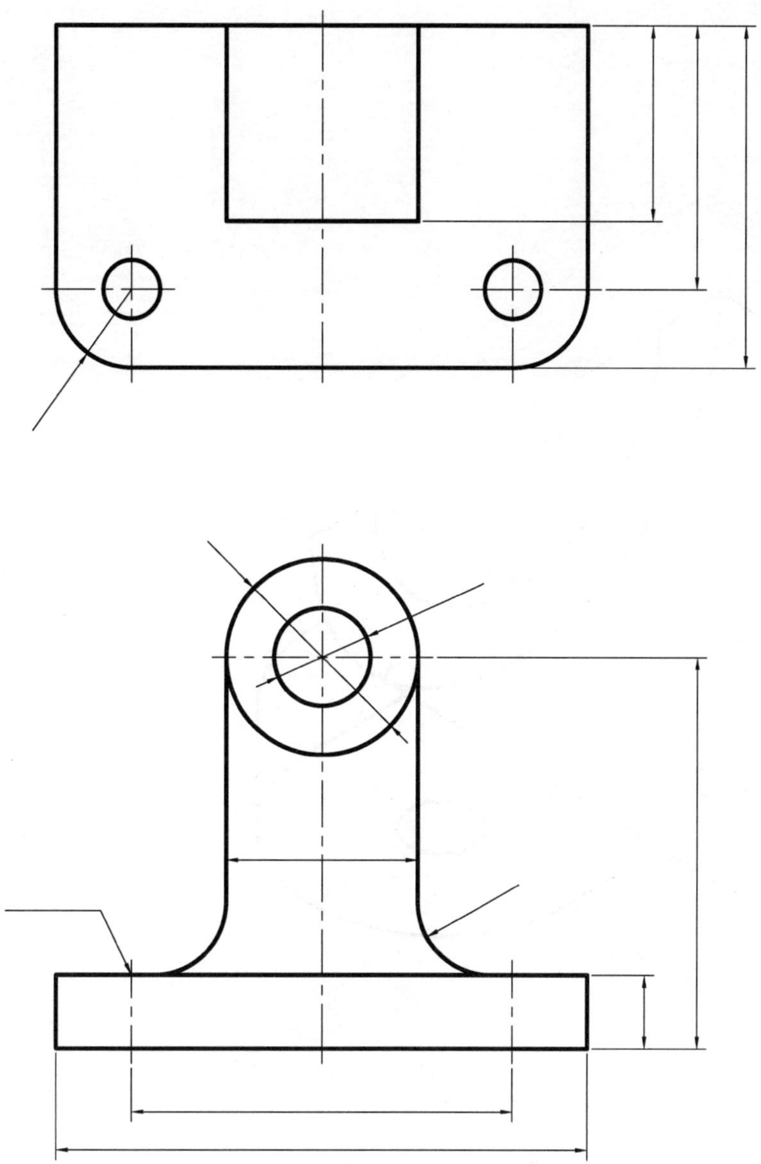

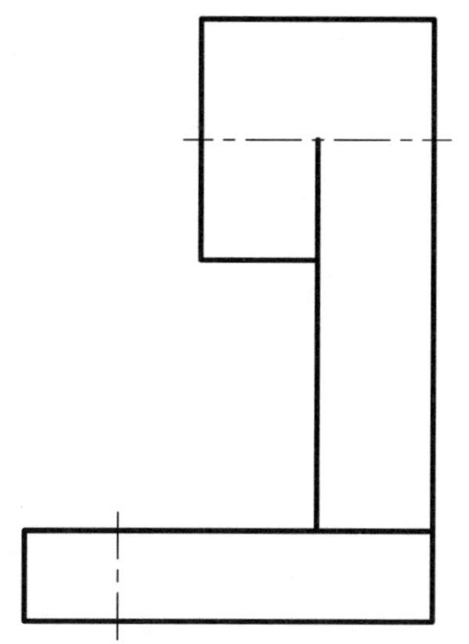

척 도	투 상	도 명	일 시		승 인
1:1	3각법	치수기입 연습-10	학 번		
			성 명		

다음 입체도를 보고 해당하는 도면에 치수를 기입하시오.

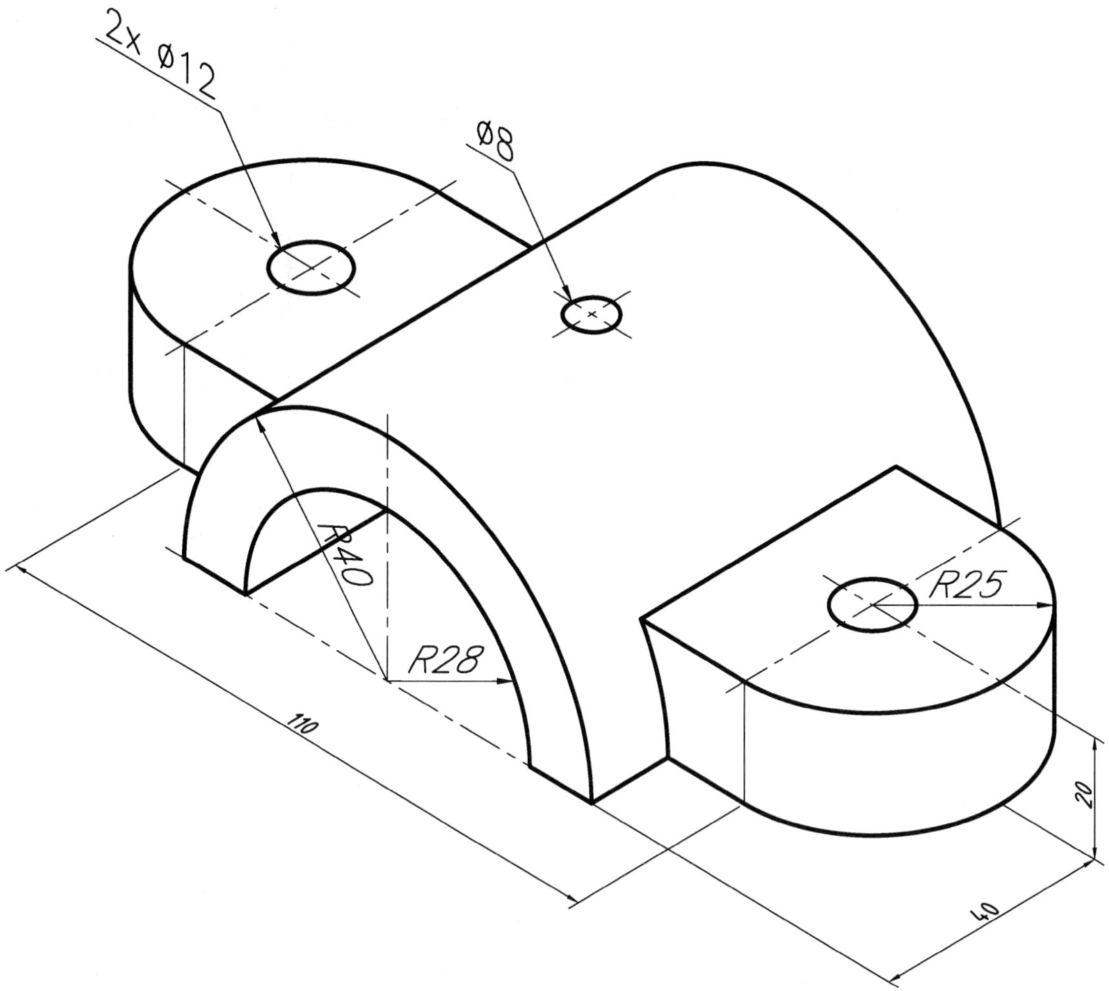

척 도	투 상	도 명	일 시		승 인
NS	3각법	치수기입 연습-11	학 번		
			성 명		

해당하는 입체도를 보고 치수를 기입하시오.

삼각법으로 작성된 도면도 완성하시오

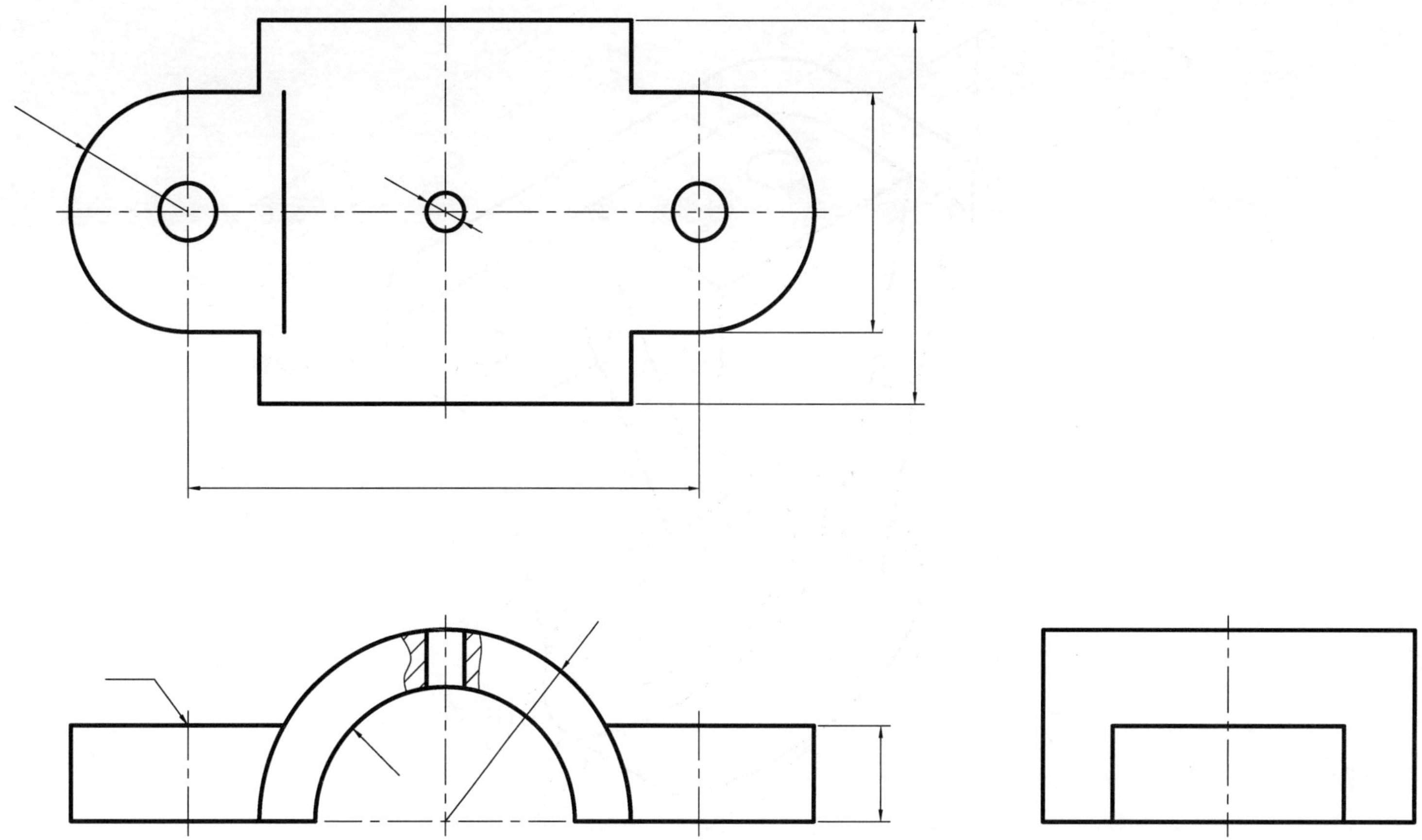

척 도	투 상	도 명	일 시		승 인
1:1	3각법	치수기입 연습-12	학 번		
			성 명		

다음 입체도를 보고 해당하는 도면에 치수를 기입하시오.

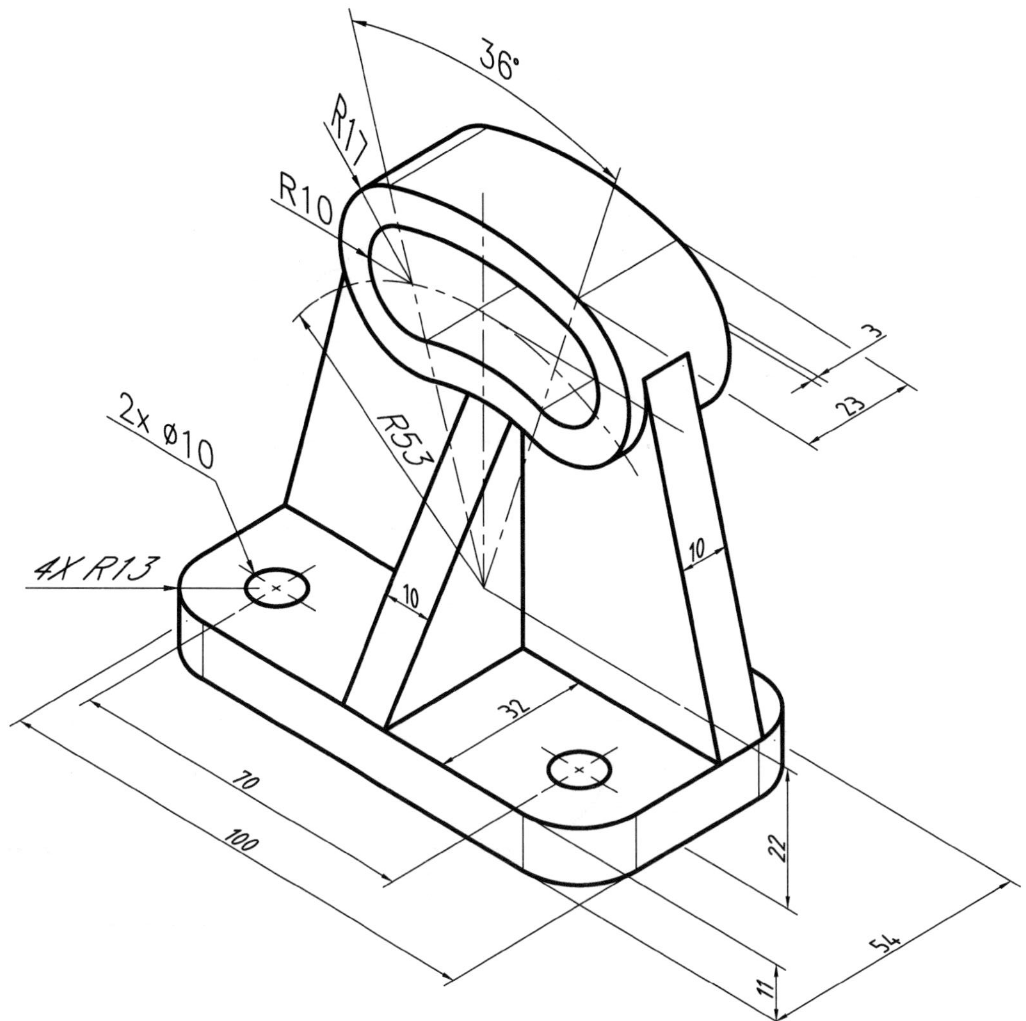

척 도	투 상	도 명	일 시		승 인
NS	3각법	치수기입 연습-13	학 번		
			성 명		

해당하는 입체도를 보고 치수를 기입하시오.

삼각법으로 작성된 도면도 완성하시오

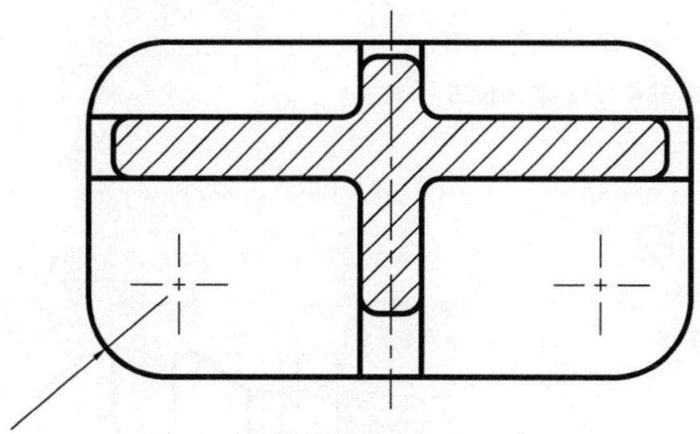

SECTION A–A

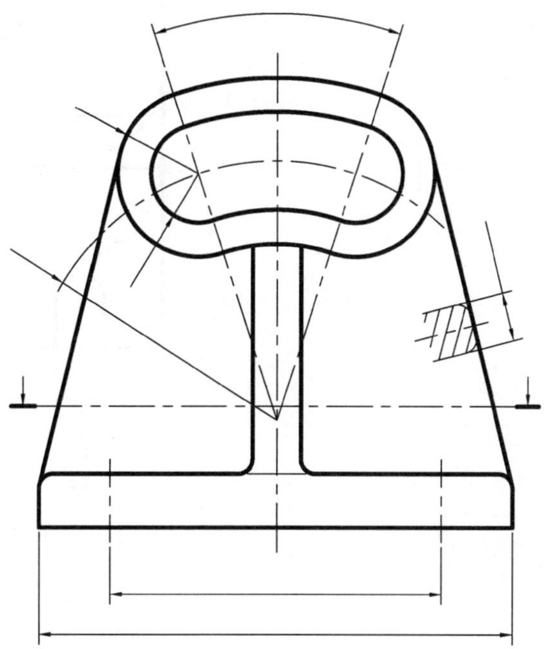

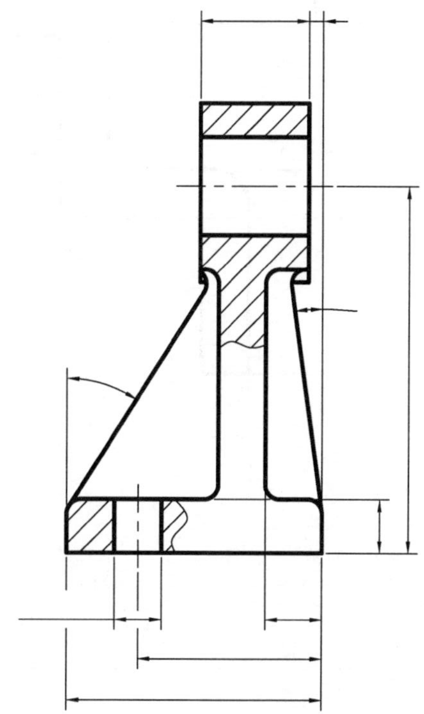

척 도	투 상	도 명	일 시		승 인
1:1	3각법	치수기입 연습-14	학 번		
			성 명		

다음 도면을 보고 평면도를 작성하시오.

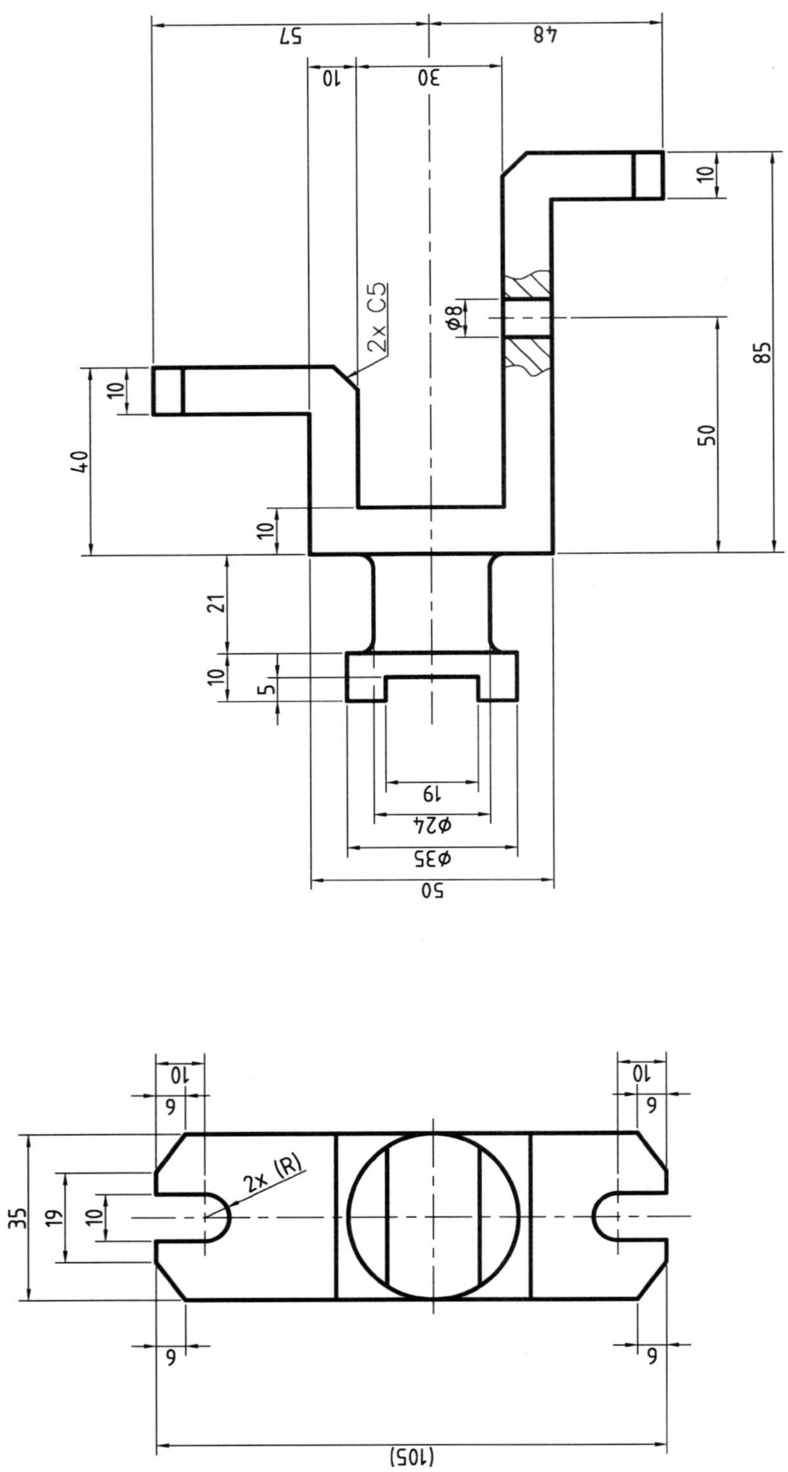

주, 도시되고 지시없는 모따기 C1, 라운드 및 필렛 R3

척도	투상	도명	일시	승인
1:1	3각법	투상도 연습-01	학번	
			성명	

다음 도면을 보고 단면 A-A를 작성하시오.

단면 A—A

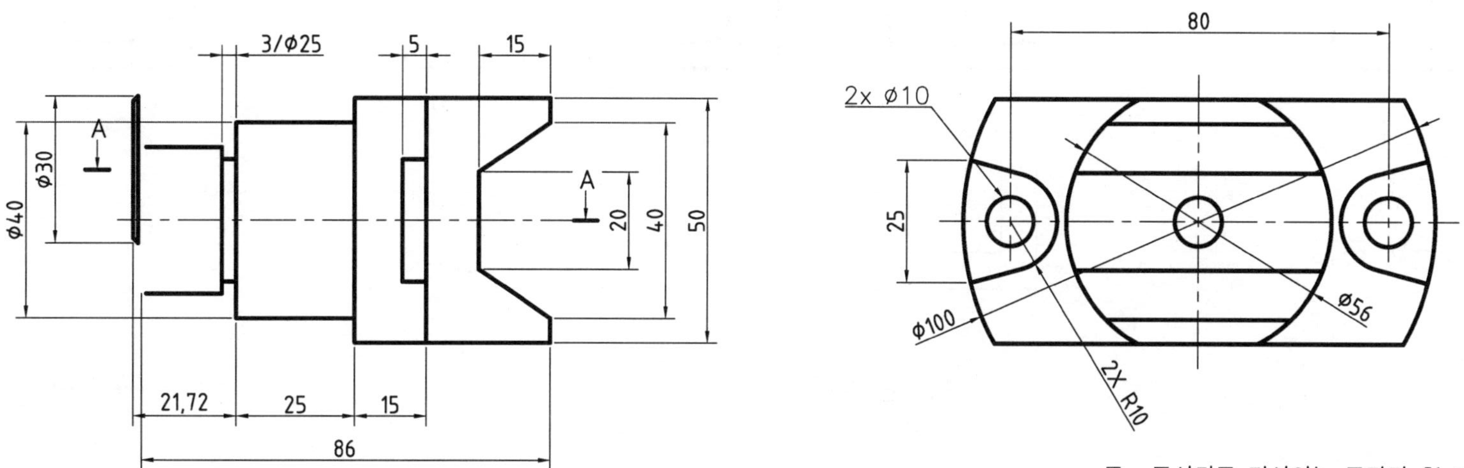

주, 도시되고 지시없는 모따기 C1, 라운드 및 필렛 R3

척 도	투 상	도 명	일 시		승 인
1:1	3각법	투상도 연습-02	학 번		
			성 명		

다음 도면을 보고 단면 B-B를 작성하시오.

단면 B-B

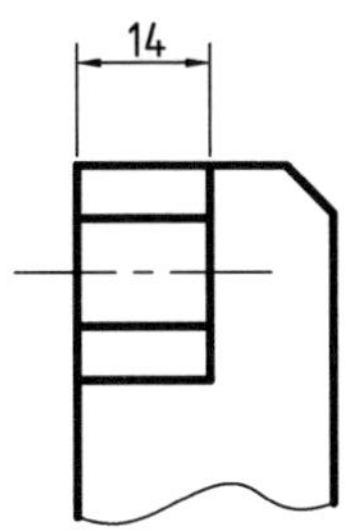

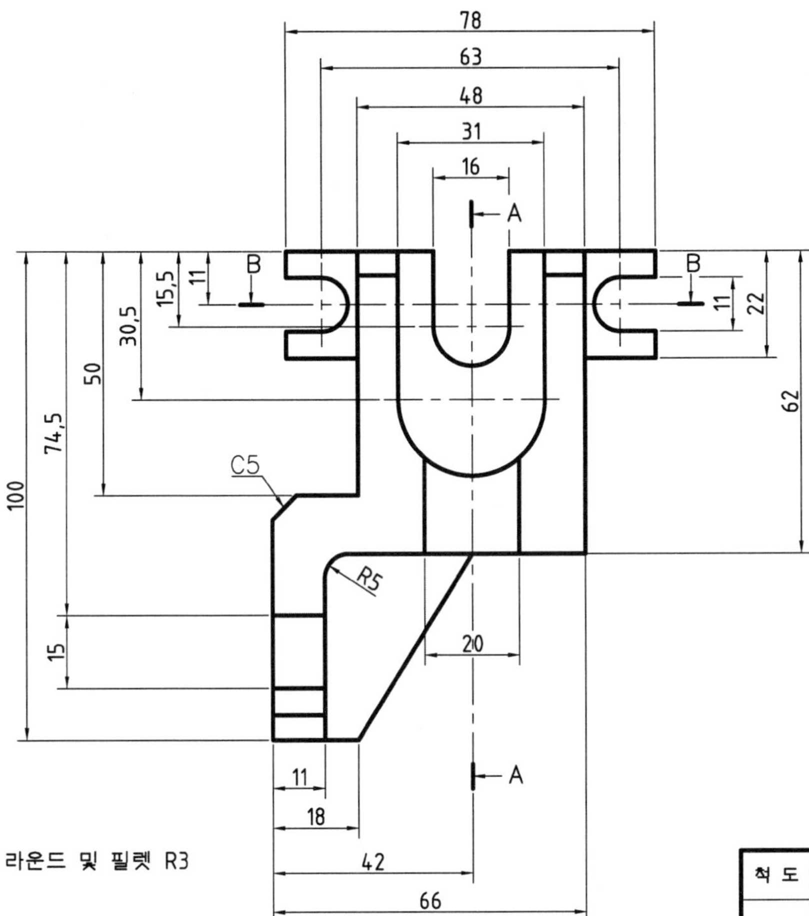

단면 A-A

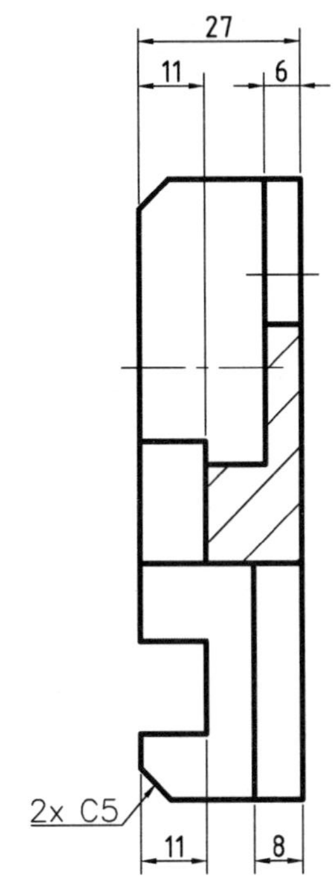

주, 도시되고 지시없는 모따기 C1, 라운드 및 필렛 R3

척 도	투 상	도 명	일 시		승 인
1:1	3각법	투상도 연습-03	학 번		
			성 명		

다음 도면을 보고 단면 A-A를 작성하시오.

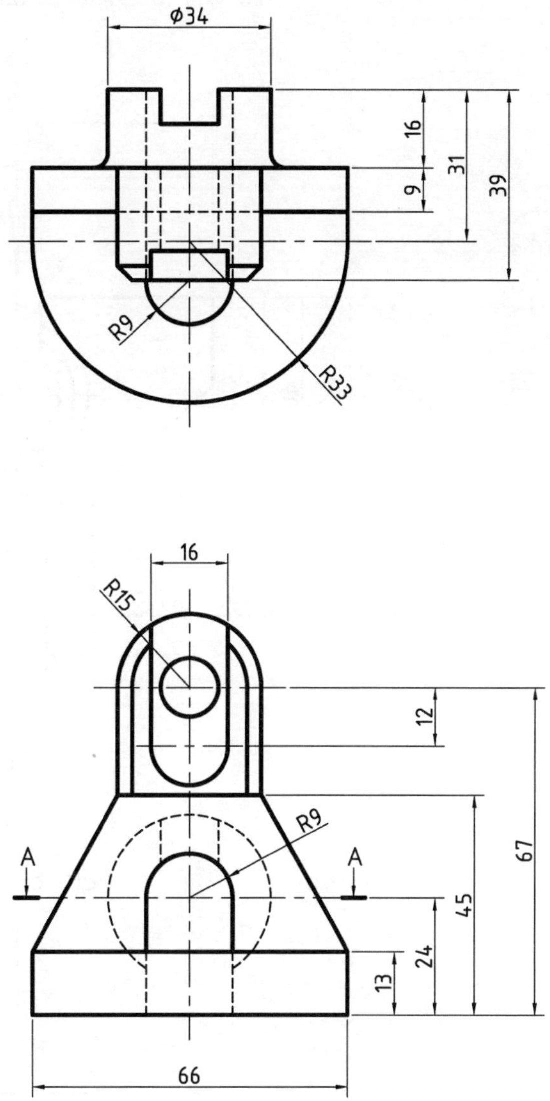

단면 A–A

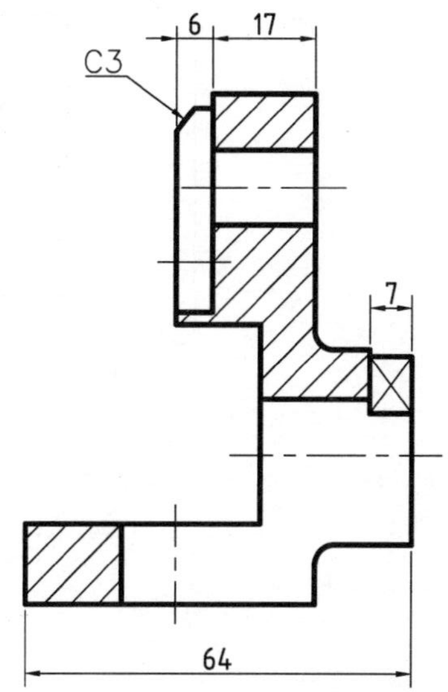

주, 도시되고 지시없는 모따기 C1, 라운드 및 필렛 R3

척 도	투 상	도 명	일 시		승 인
1:1	3각법	투상도 연습-04	학 번		
			성 명		

다음 도면을 보고 단면 B-B를 작성하시오.

단면 B-B

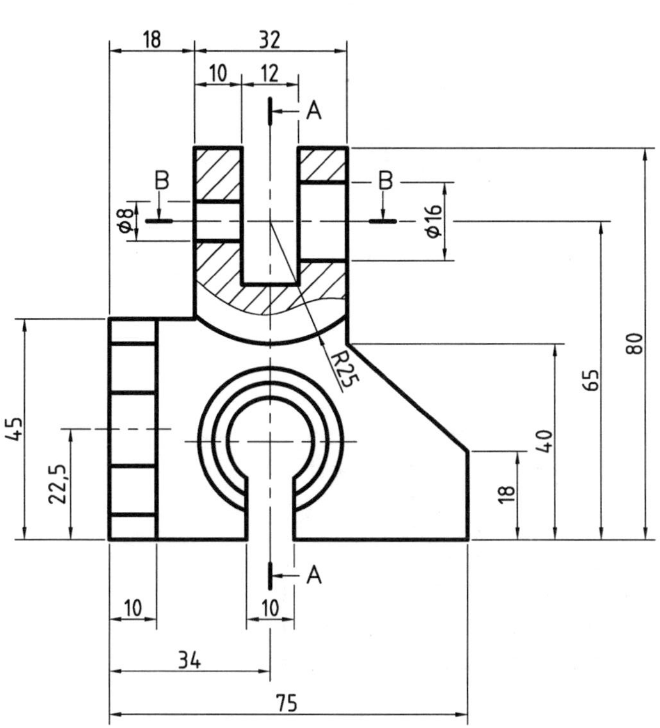

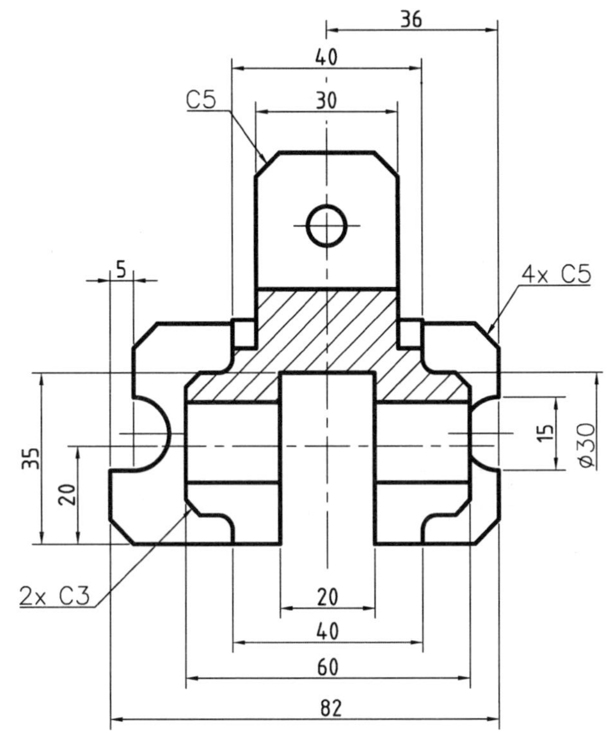

단면 A—A

주, 도시되고 지시없는 모따기 C1, 라운드 및 필렛 R3

척 도	투 상	도 명	일 시		승 인
1:1	3각법	투상도 연습-05	학 번		
			성 명		

다음 도면을 보고 단면 A-A를 작성하시오.

단면 A—A

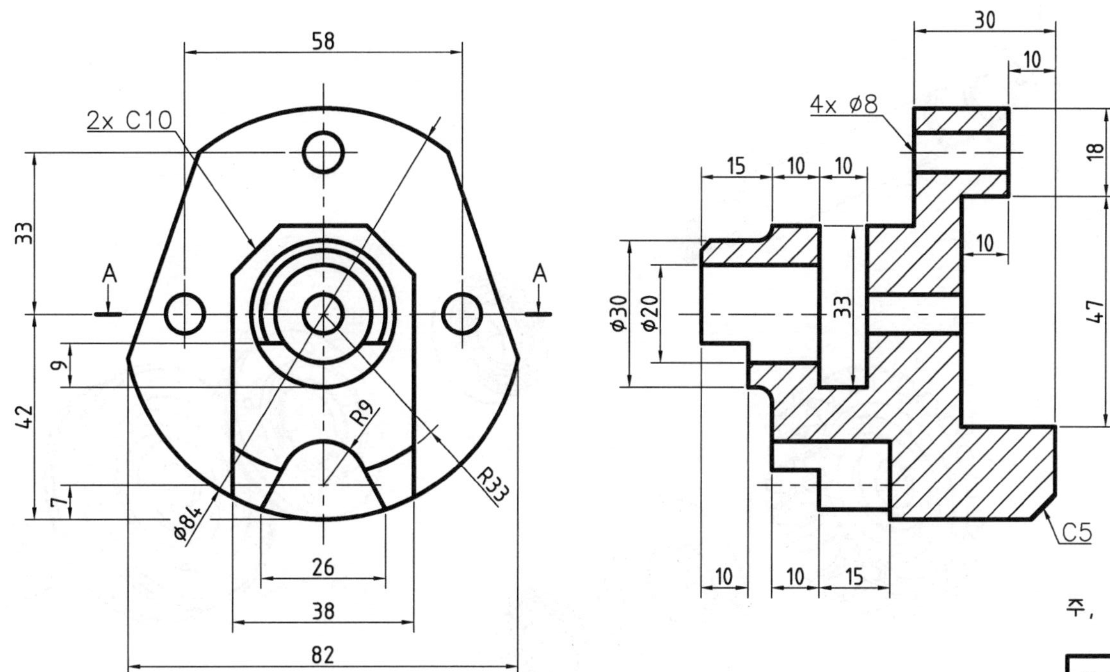

주, 도시되고 지시없는 모따기 C1, 라운드 및 필렛 R3

척 도	투 상	도 명	일 시		승 인
1:1	3각법	투상도 연습-06	학 번		
			성 명		

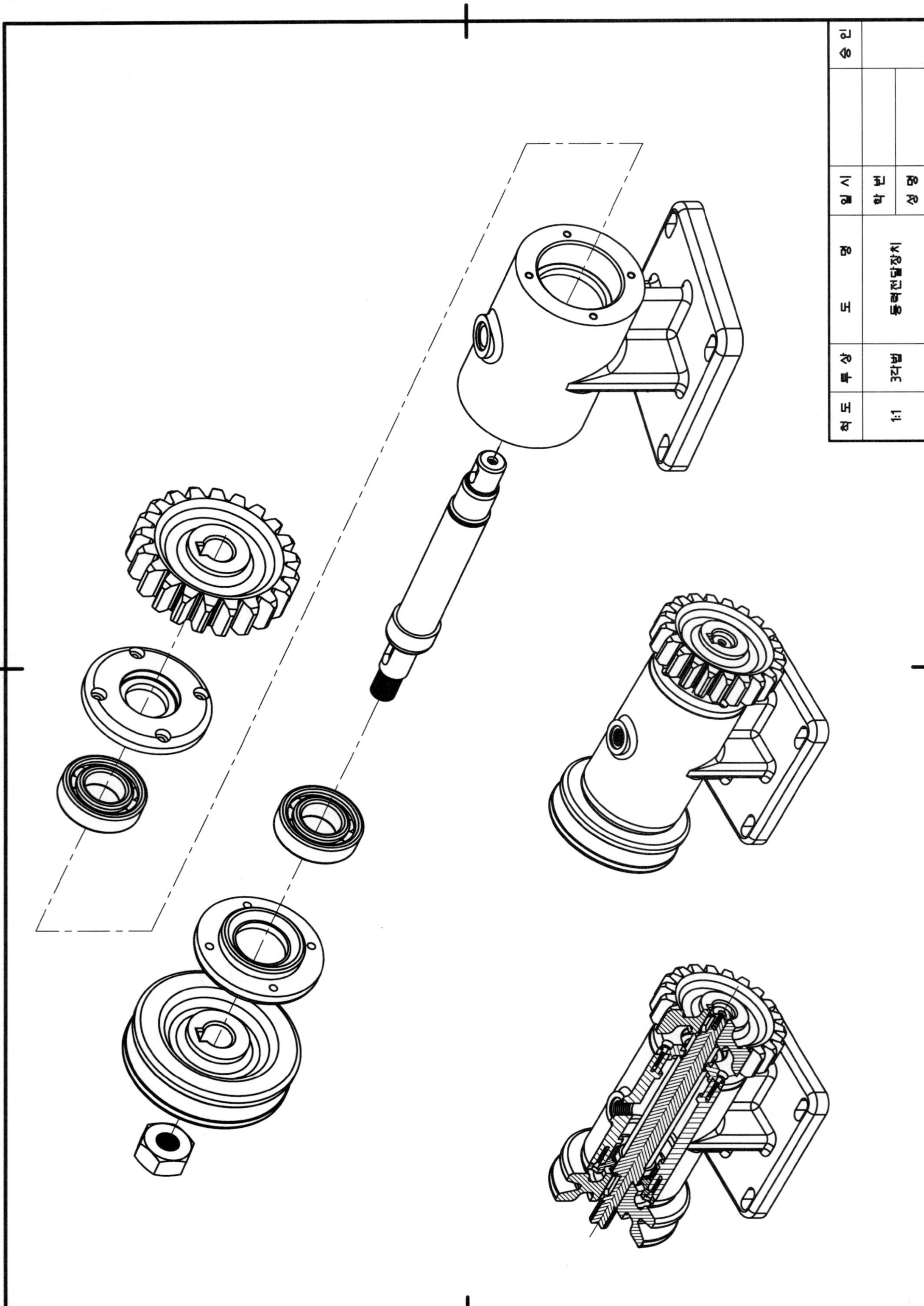
척 도
투 상
도 명
일 시
승 인
1:1
3각법
동력전달장치
학 번
성 명

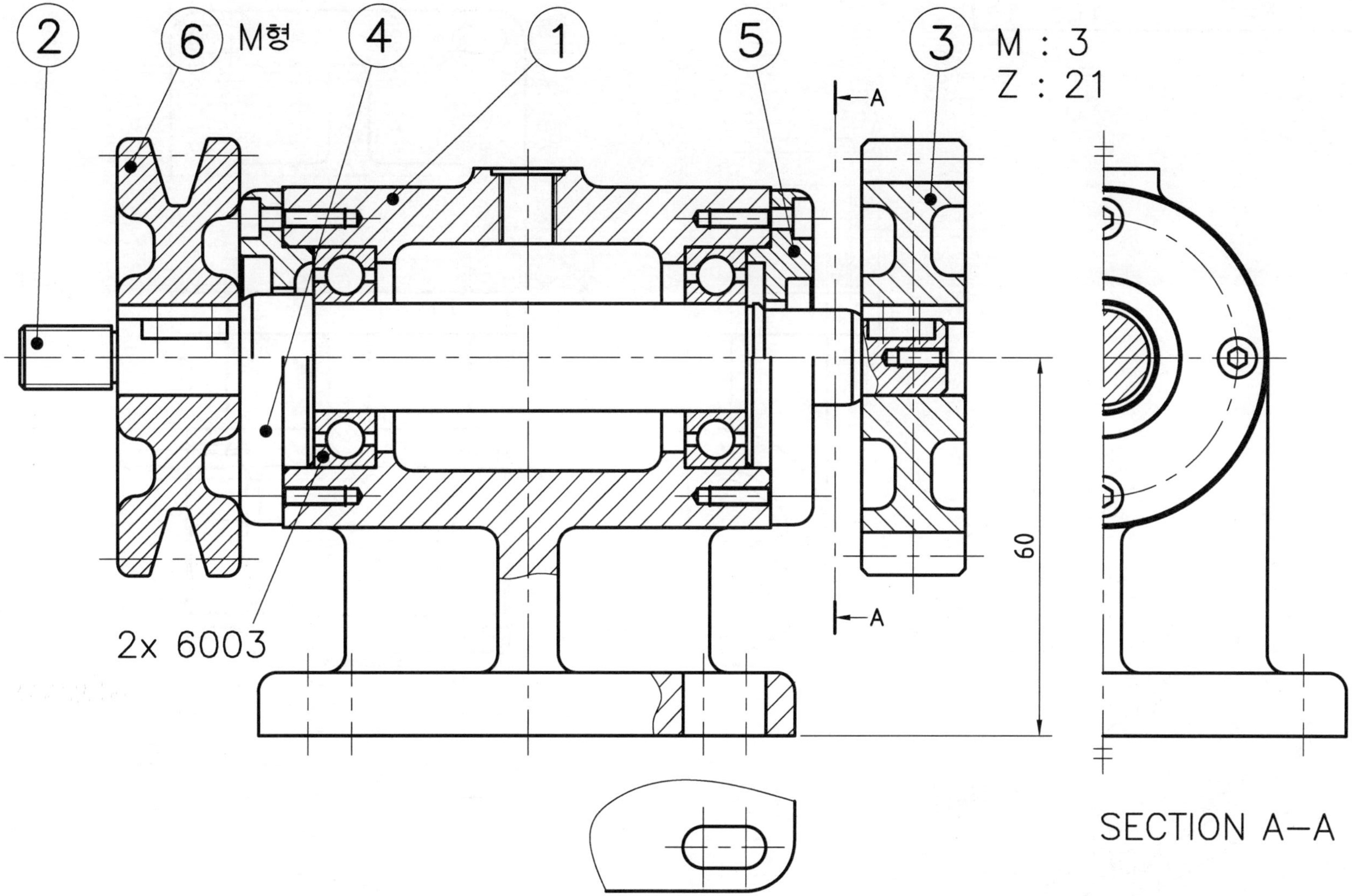

척 도	투 상	도 명	일 시		승 인
1:1	3각법	동력전달장치	학 번		
			성 명		

다음 도면에 치수를 기입하시오.

① $\checkmark$ ($\overset{w}{\checkmark}$ $\overset{x}{\checkmark}$ $\overset{y}{\checkmark}$)

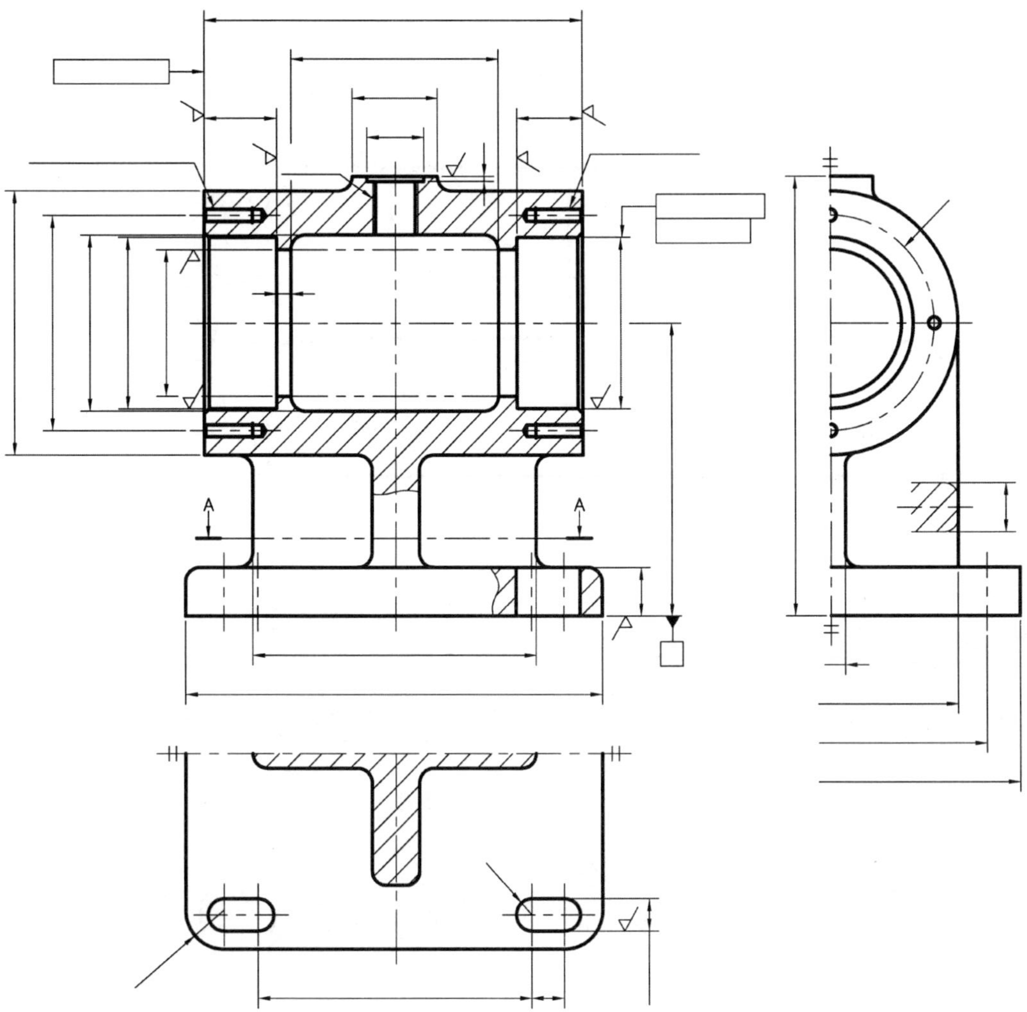

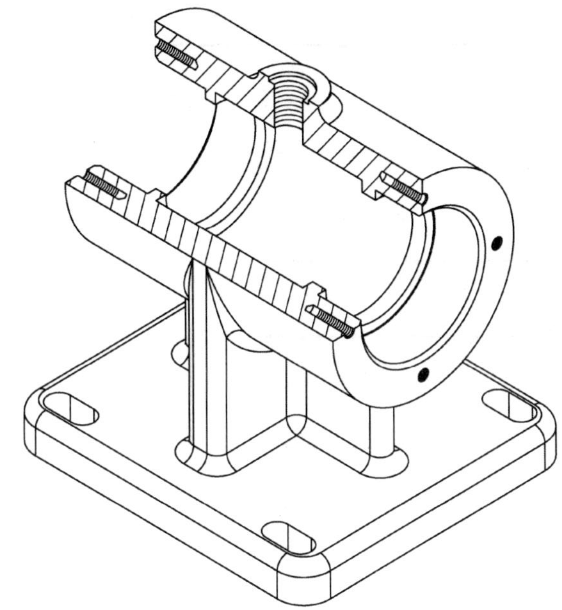

척 도	투 상	도 명	일 시		승 인
1:1	3각법	몸체 연습	학 번		
			성 명		

다음 도면에 치수를 기입하시오.

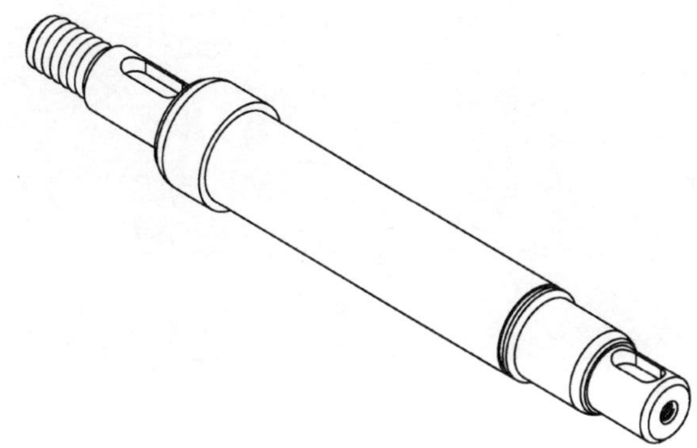

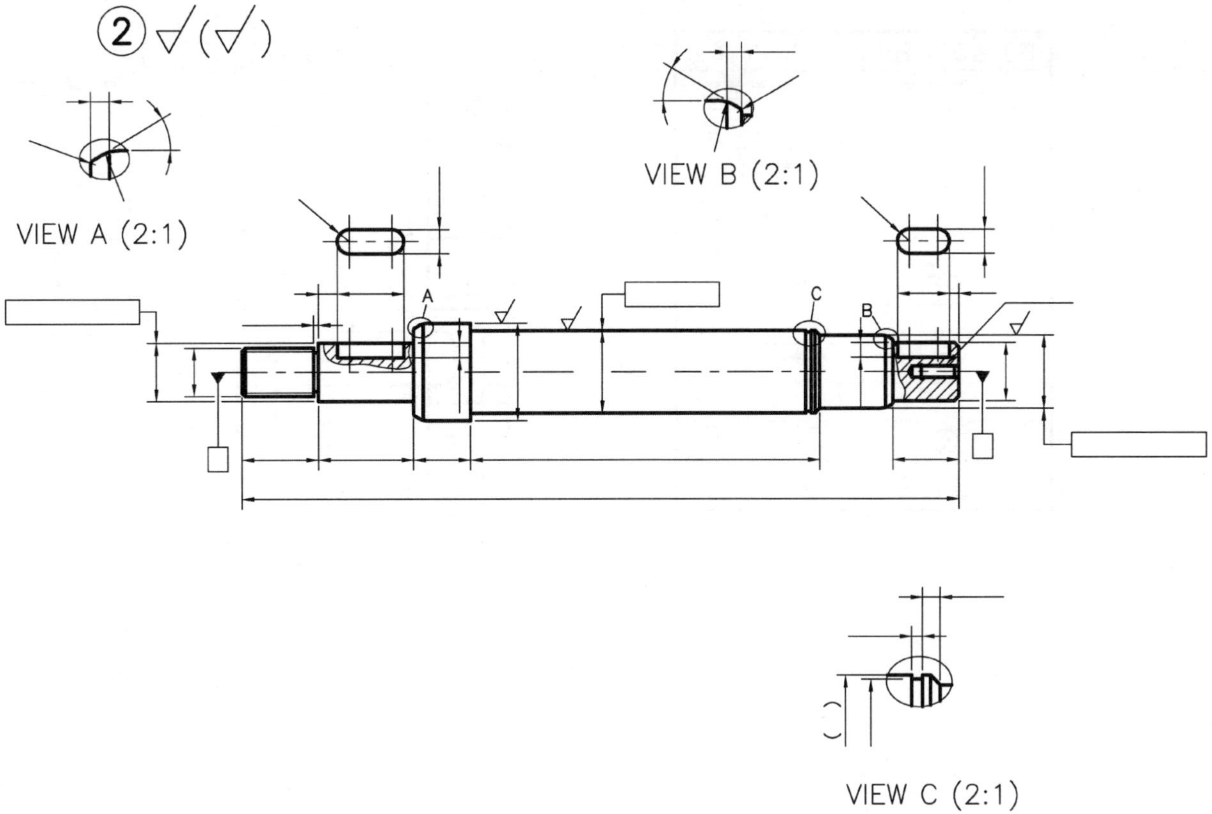

척 도	투 상	도 명	일 시		승 인
1:1	3각법	축 연습	학 번		
			성 명		

다음 도면에 치수를 기입하시오.

③ (x, y surface roughness symbols)

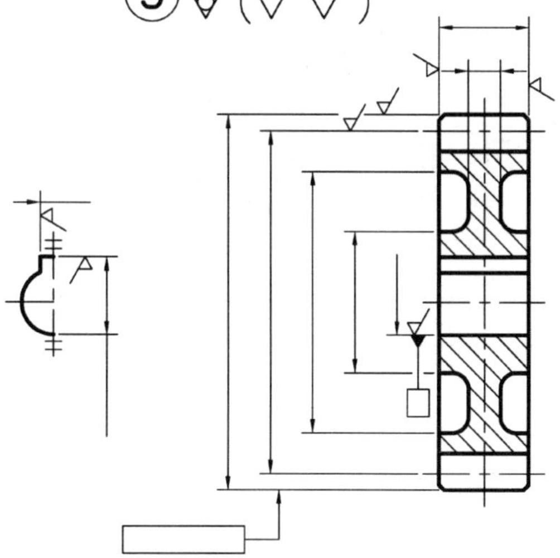

스퍼기어 요목표		
구분 \ 품번		③
기 어 치 형		표 준
공 구	치 형	보 통 이
	모 듈	
	압력각	20°
잇 수		
피치원지름		
전체이높이		6.75
벌림이두께		23.02
다듬질방법		호브절삭
정 밀 도		KS B 1405, 5급

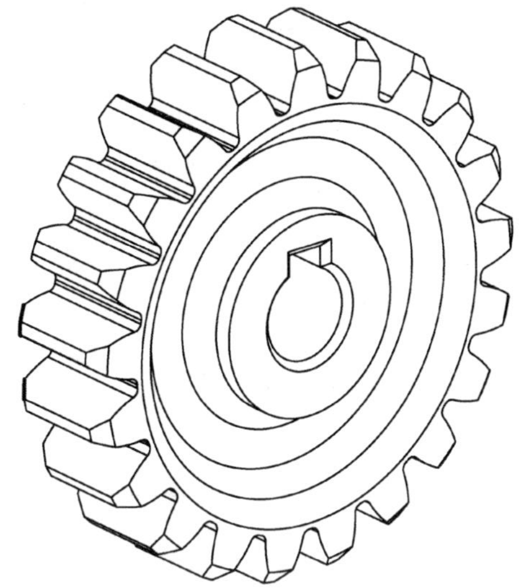

척 도	투 상	도 명	일 시		승 인
1:1	3각법	스퍼 기어 연습	학 번		
			성 명		

다음 도면에 치수를 기입하시오.

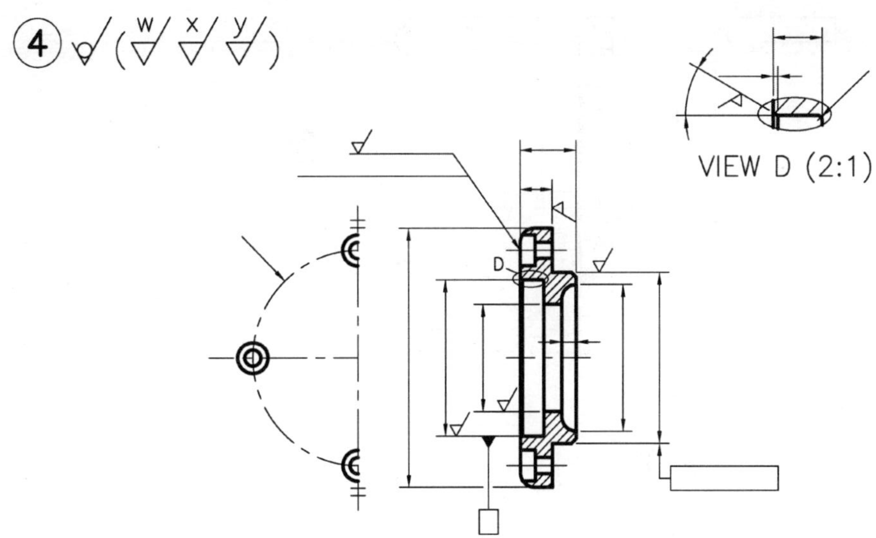

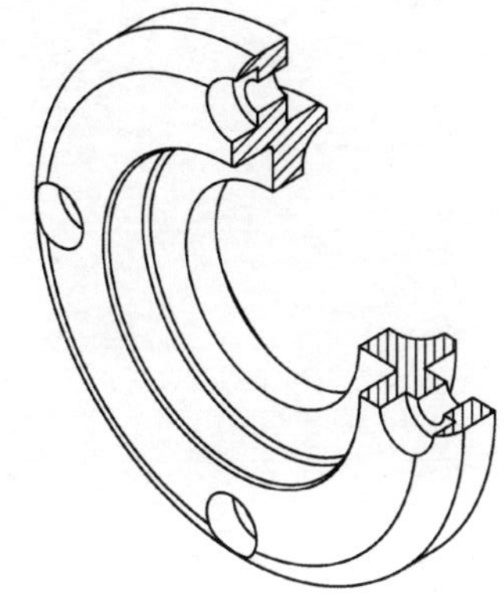

척 도	투 상	도 명	일 시		승 인
1:1	3각법	커버-1 연습	학 번		
			성 명		

다음 도면에 치수를 기입하시오.

⑤ ✓(w✓ x✓ y✓)

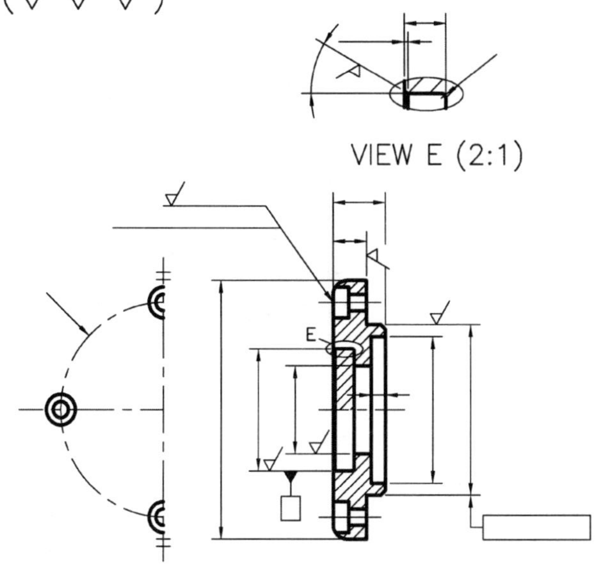

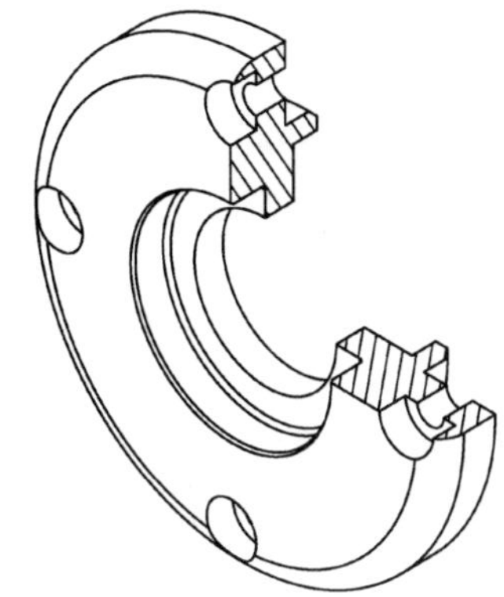

척 도	투 상	도 명	일 시		승 인
1:1	3각법	커버-2 연습	학 번		
			성 명		

다음 도면에 치수를 기입하시오.

⑥ √(x√ y√)

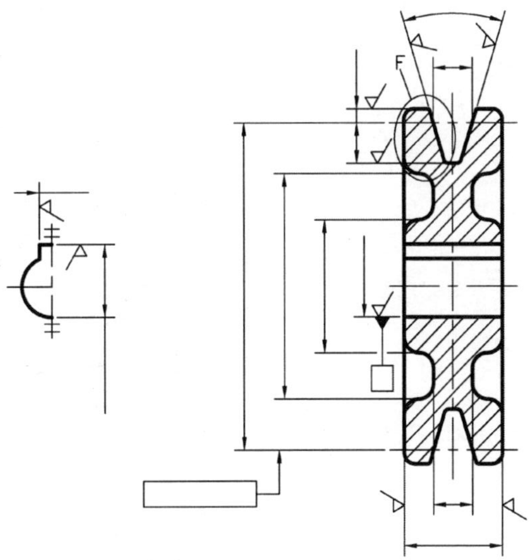

VIEW F (2:1)

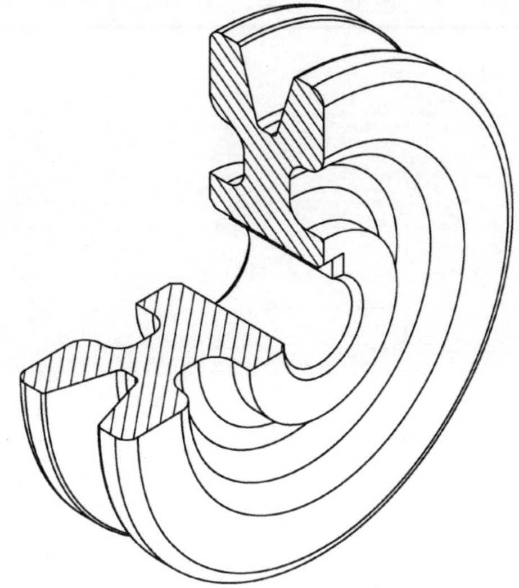

척 도	투 상	도 명	일 시		승 인
1:1	3각법	V벨트풀리 연습	학 번		
			성 명		

5. 드릴지그

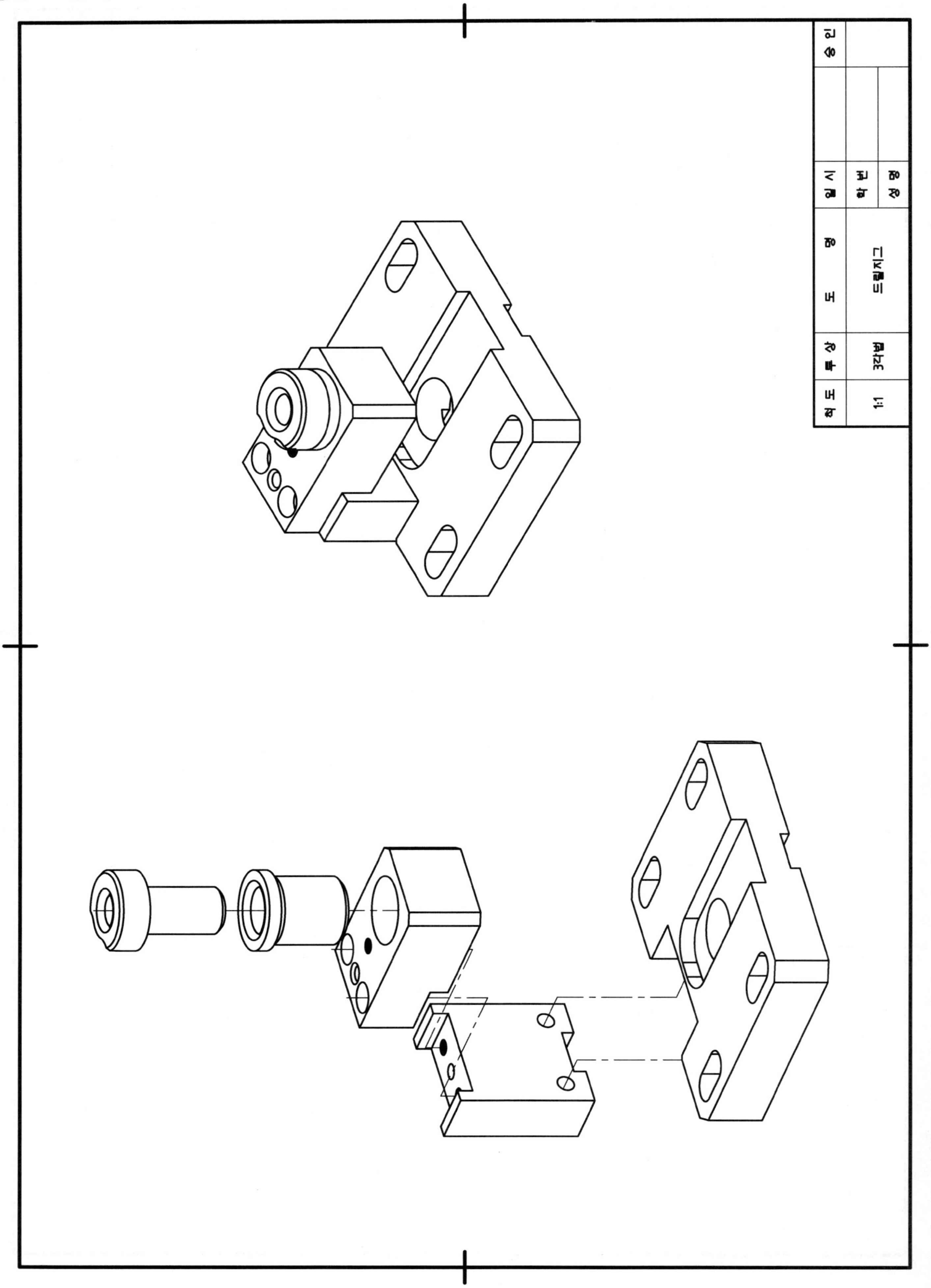

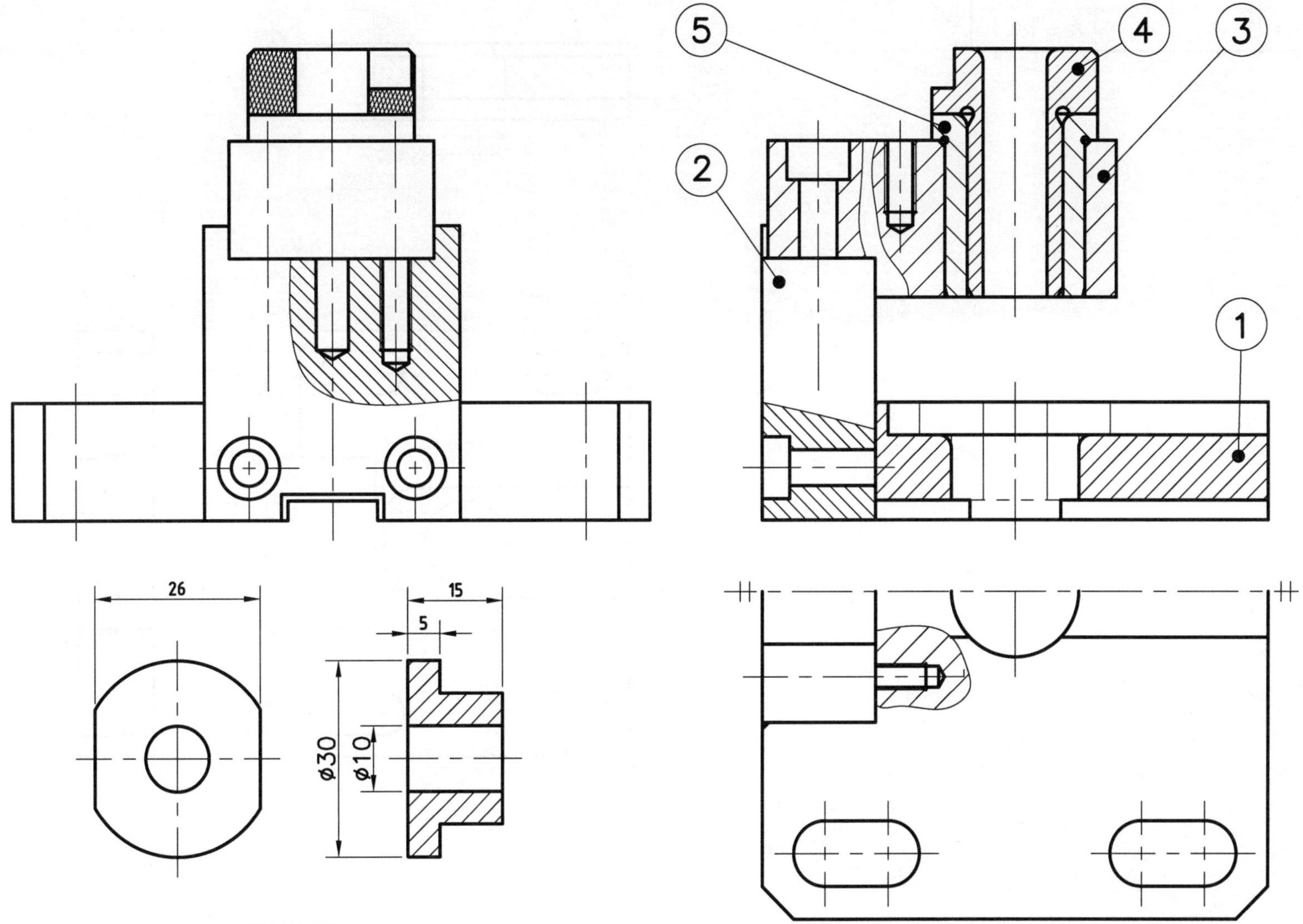

제품도

척 도	투 상	도 명	일 시		승 인
1:1	3각법	드릴지그	학 번		
			성 명		

다음 도면에 치수를 기입하시오.

① $\overset{x}{\triangledown}/ \left(\overset{w}{\triangledown}/ \; \overset{y}{\triangledown}/\right)$

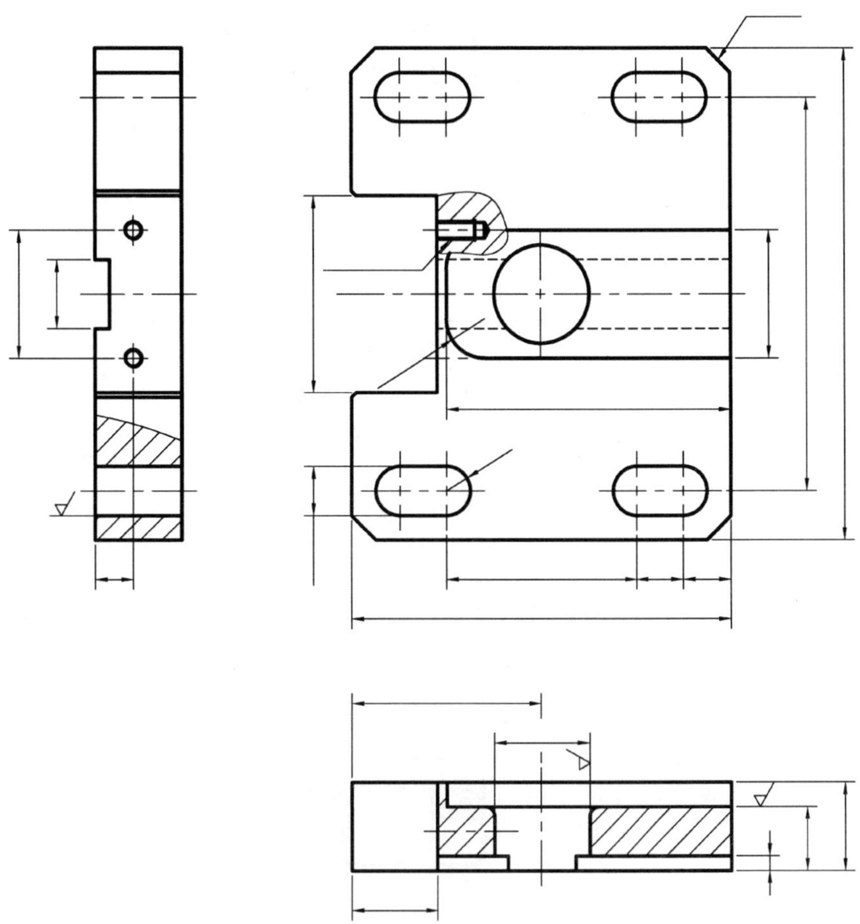

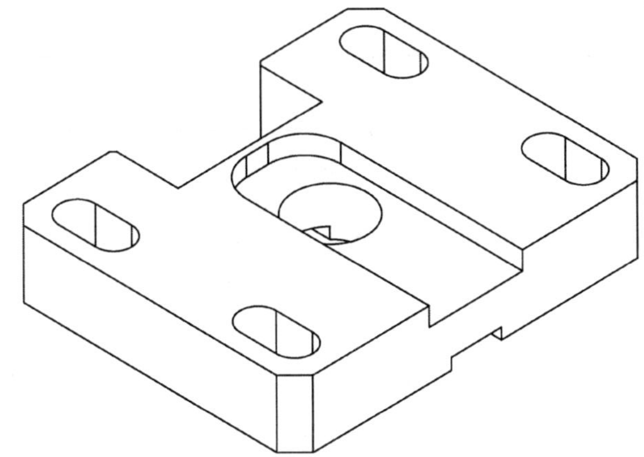

척 도	투 상	도 명	일 시		승 인
1:1	3각법	베이스 연습	학 번		
			성 명		

다음 도면에 치수를 기입하시오.

② $\overset{x}{\triangledown}$/ ($\overset{w}{\triangledown}$/ $\overset{y}{\triangledown}$/)

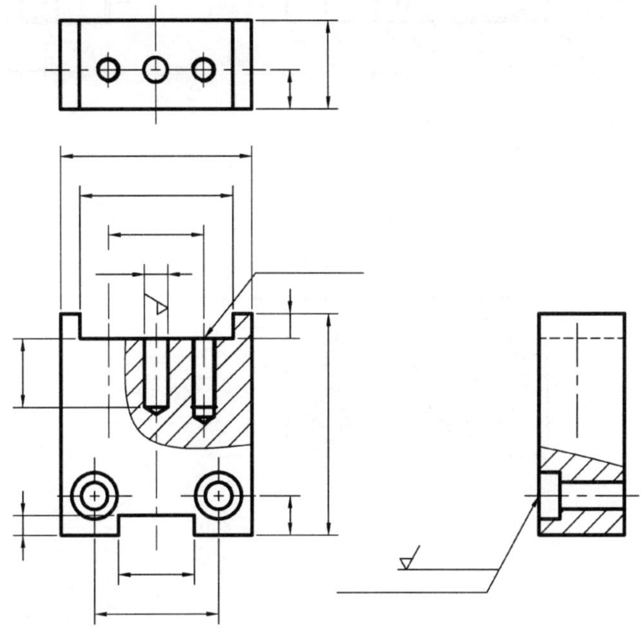

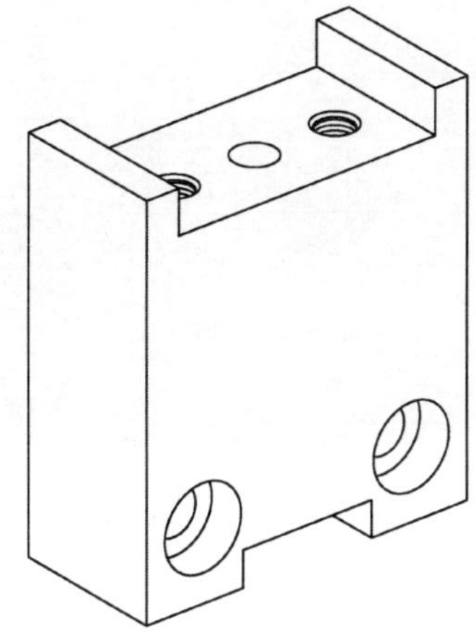

척 도	투 상	도 명	일 시		승 인
1:1	3각법	지지대 연습	학 번		
			성 명		

다음 도면에 치수를 기입하시오.

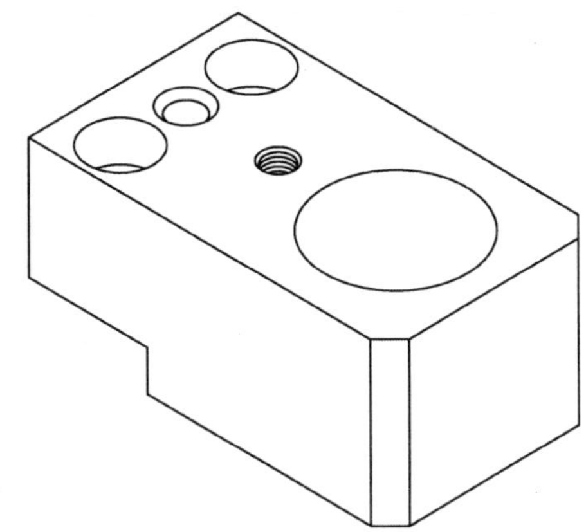

③ x∕▽ (w∕▽ y∕▽)

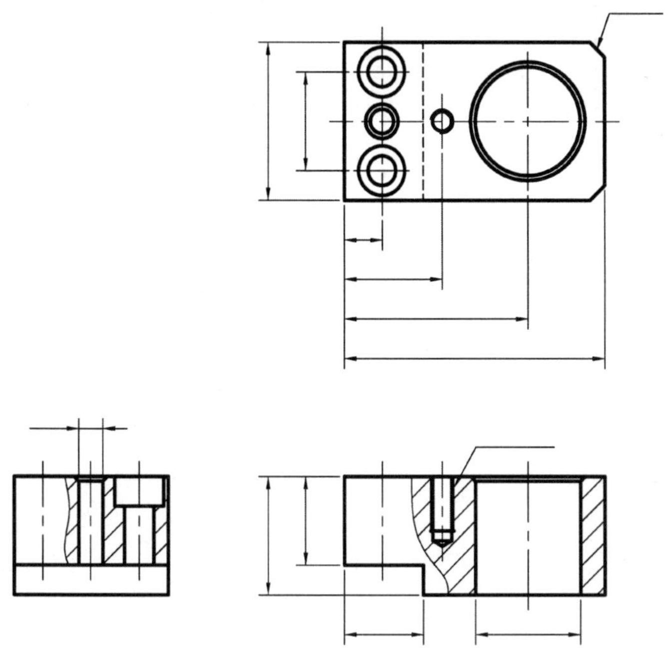

척 도	투 상	도 명	일 시		승 인
1:1	3각법	부시 홀더 연습	학 번		
			성 명		

다음 도면에 치수를 기입하시오.

④ $\overset{x}{\bigtriangledown}/(\overset{y}{\bigtriangledown}/)$

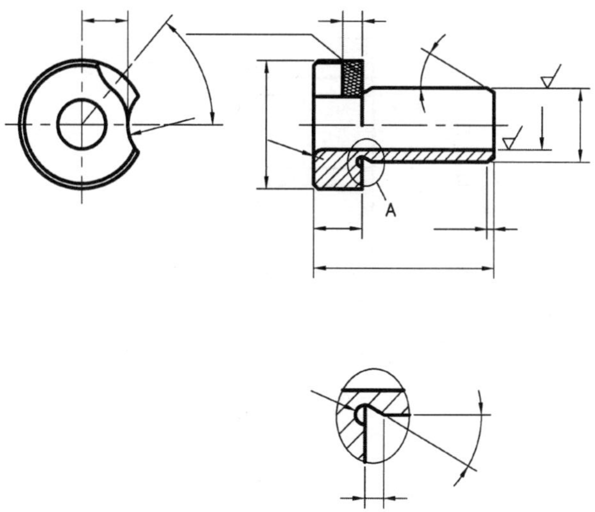

VIEW A (2:1)

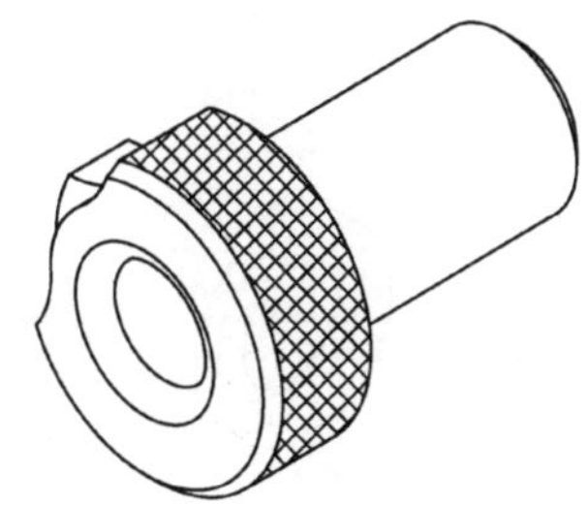

척 도	투 상	도 명	일 시		승 인
1:1	3각법	삽입 부시 연습	학 번		
			성 명		

다음 도면에 치수를 기입하시오.

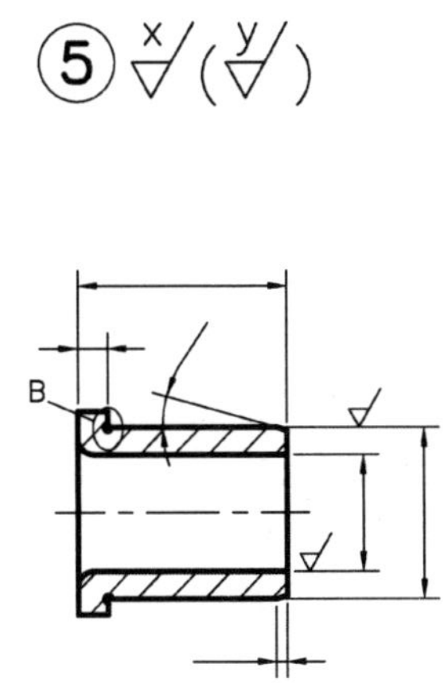

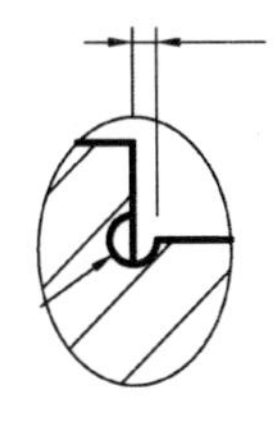

VIEW B (5:1)

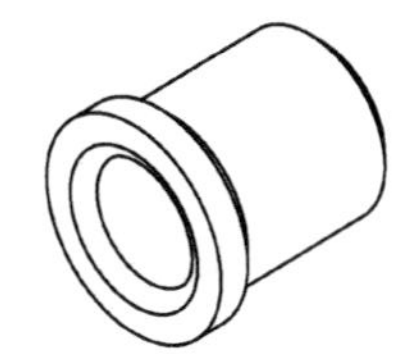

척 도	투 상	도 명	일 시		승 인
1:1	3각법	고정 라이너 연습	학 번		
			성 명		

6. 도면해독 부록 도면

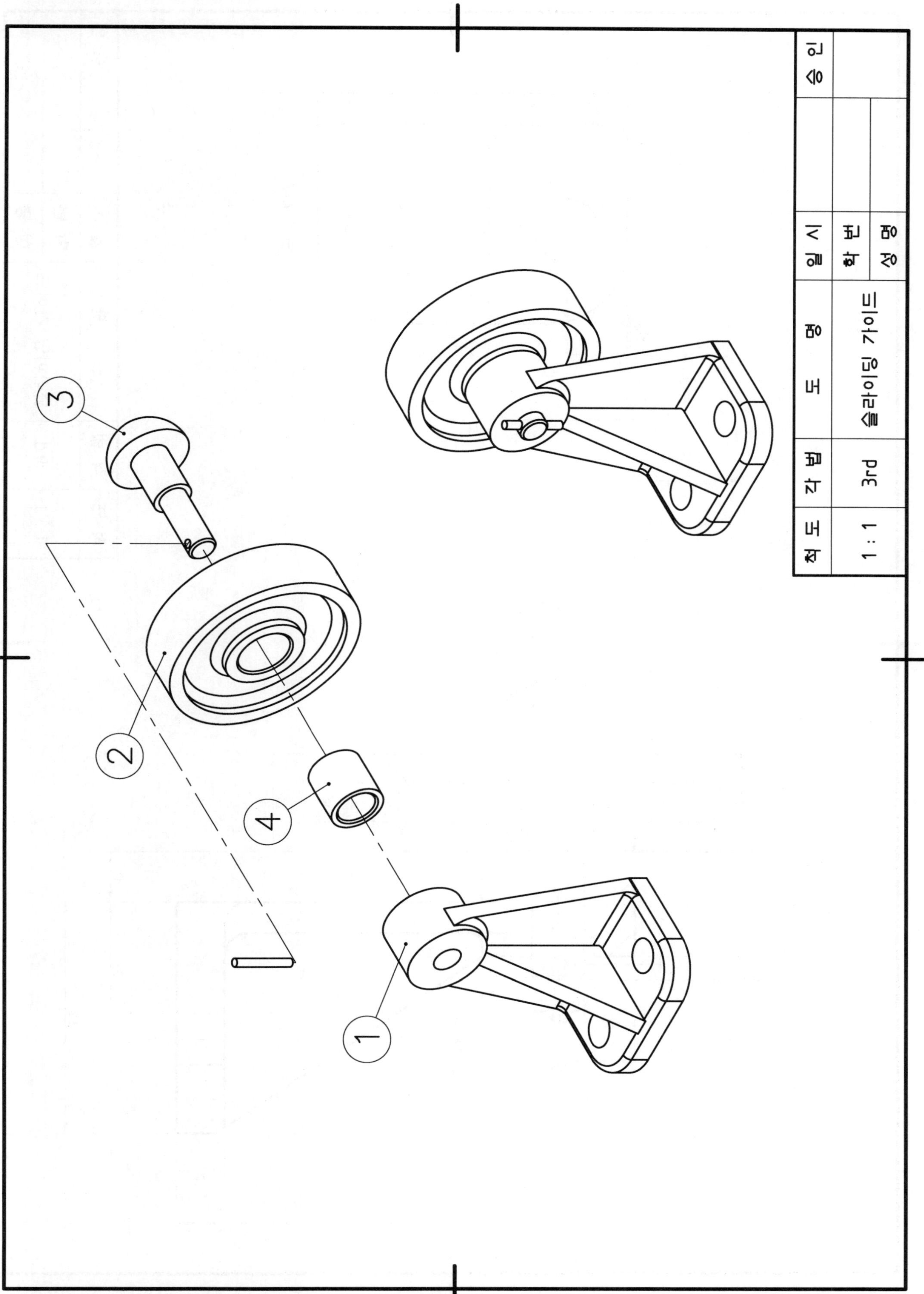

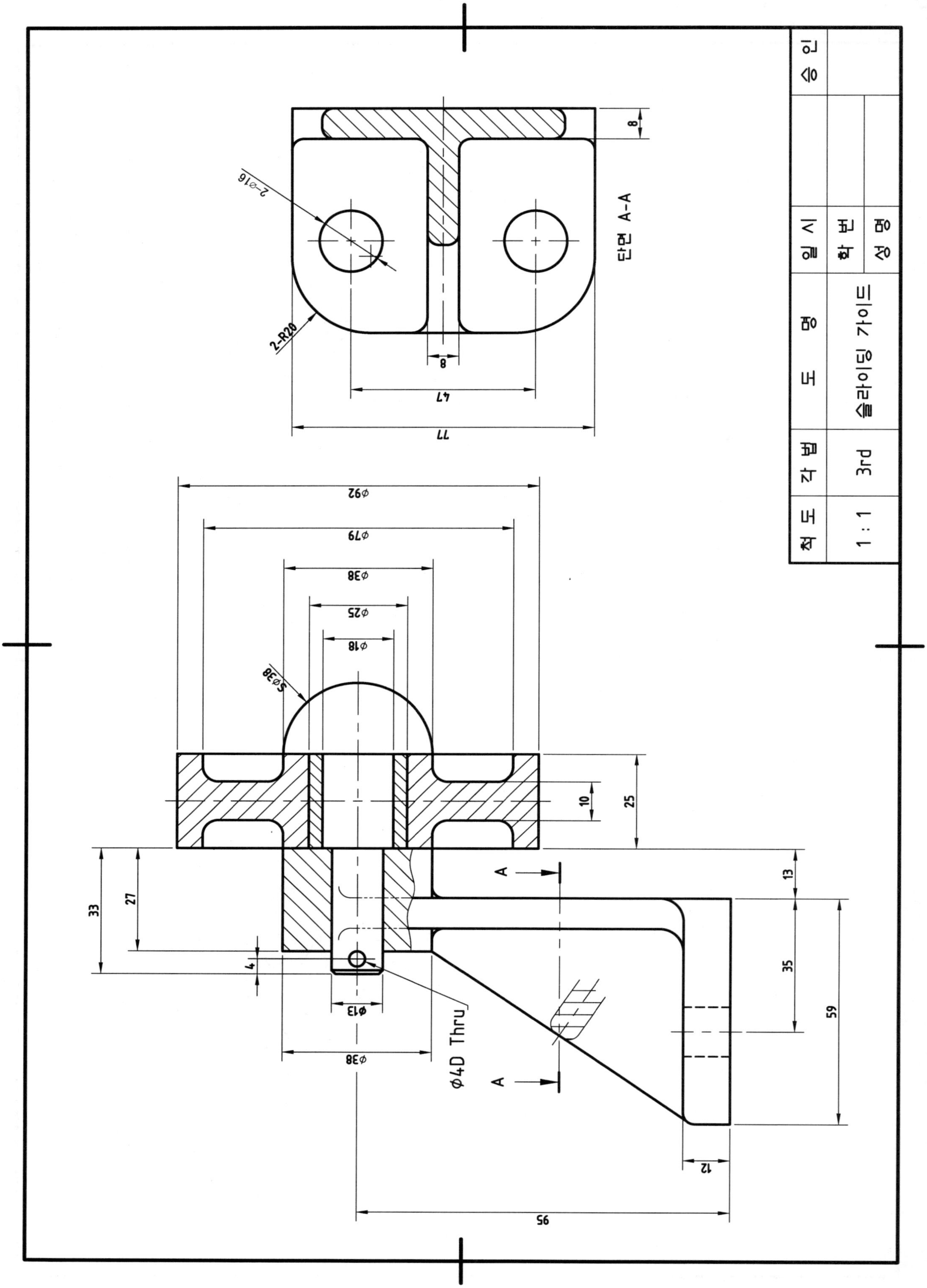
단면 A-A
2-⌀16
2-R20
8
8
47
77
⌀92
⌀79
⌀38
⌀25
⌀18
S⌀38
10
25
13
35
59
12
95
33
27
4
⌀13
⌀38
⌀4D Thru
A
A
척도
1 : 1
각법
3rd
도명
슬라이딩 가이드
일시
학번
성명
승인

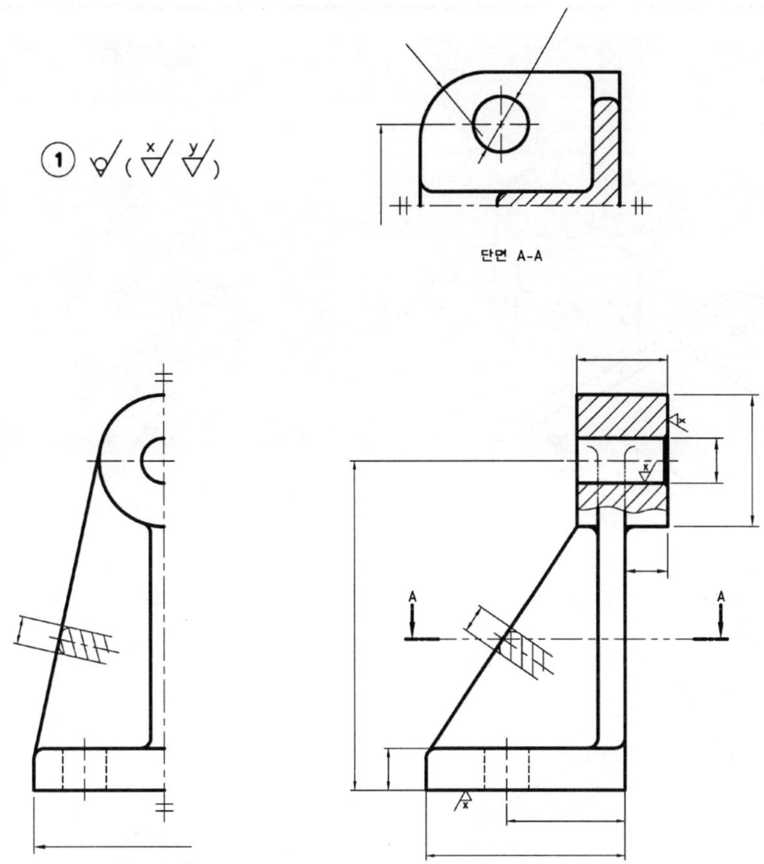

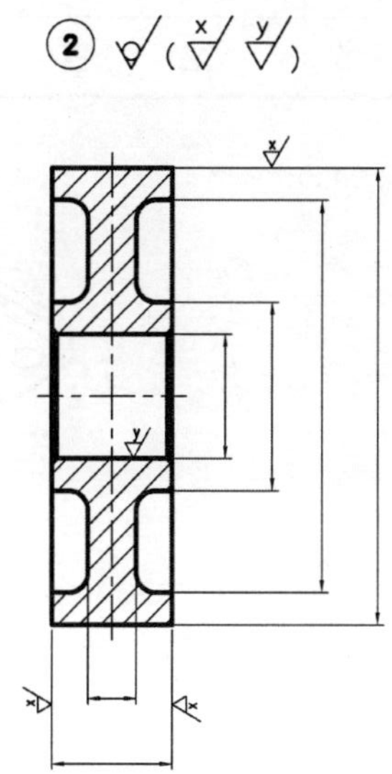

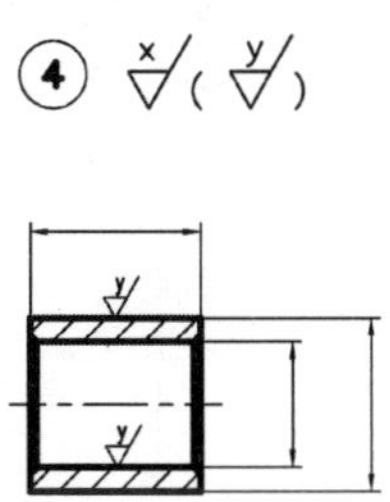

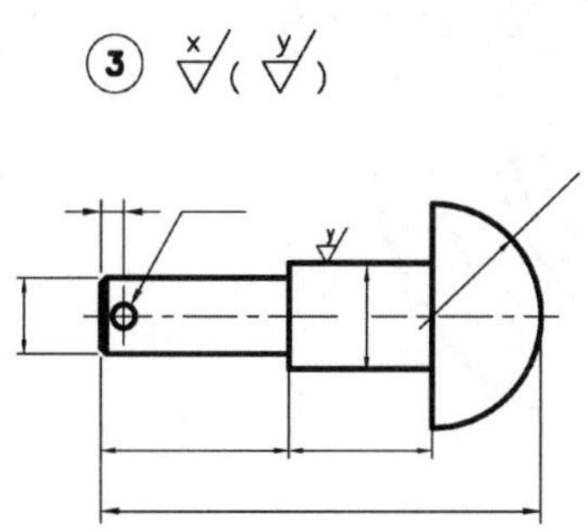

주 서

1. 일반공차 - 가) 가공부 : KS B ISO 2768-m
   나) 주조부 : KS B 0250 CT-11

2. 도시되고 지시없는 모떼기 1x45°, 필렛 및 라운드 R3

3. 지시없는 일반 모떼기 0.2x45°

4. 가공부를 제외한 주조부 외면 명녹색 도장 (품번1, 2)

5. 표면거칠기

   ∀ = ∀
   w/ = 25/, N11
   x/ = 6.3/, N9
   y/ = 1.6/, N7

품번	품 명	재 질	수 량	비 고
4		C5102B	1	
3		SM45C	1	
2		GC200	1	
1		GC200	1	

척도	각법	도 명	일시		승인
1 : 1	3rd	슬라이딩 가이드	학번		
			성명		

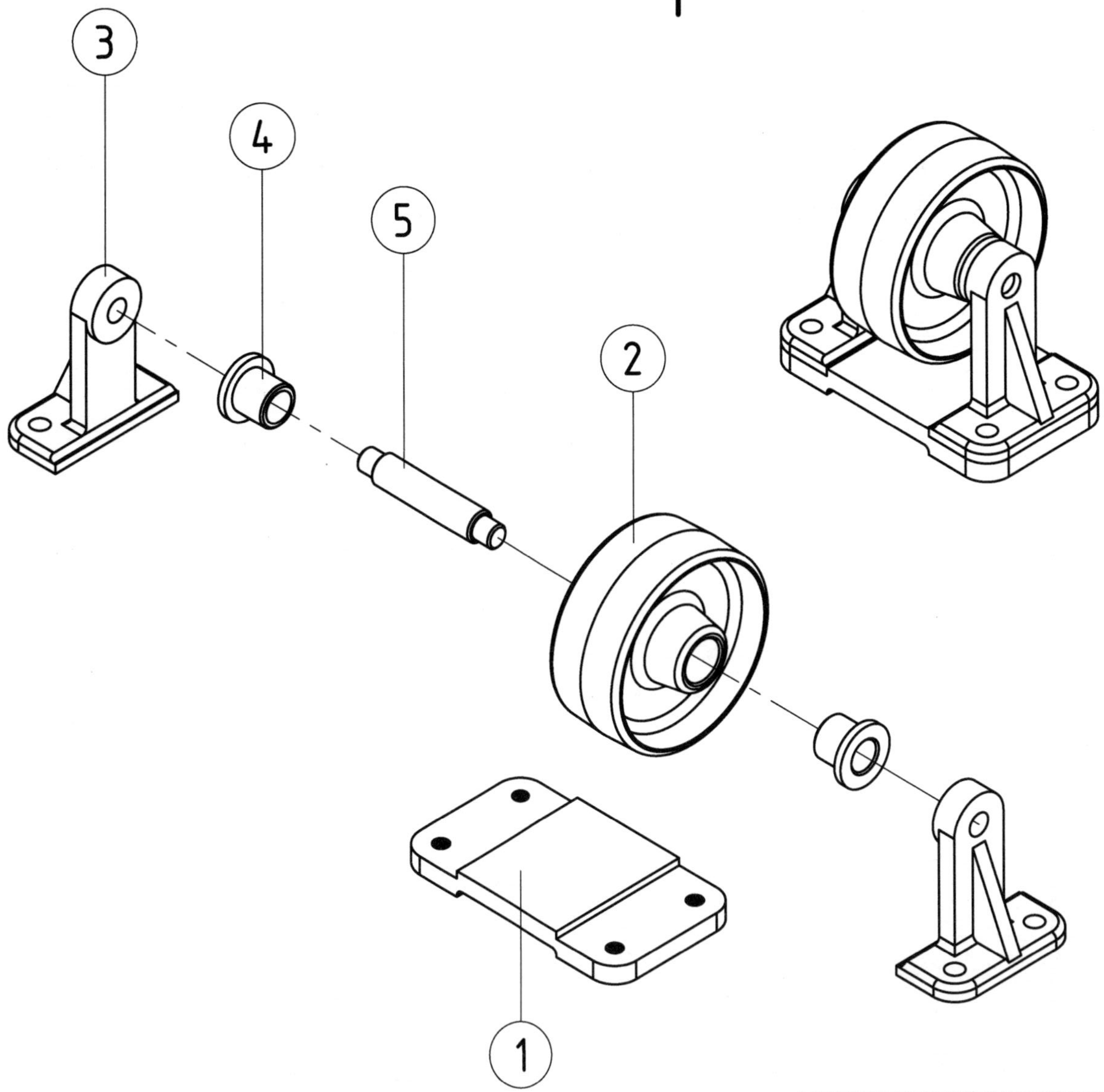

척 도	각 법	도 명	일 시		승 인
1 : 1	3rd	캐스터	학 번		
			성 명		

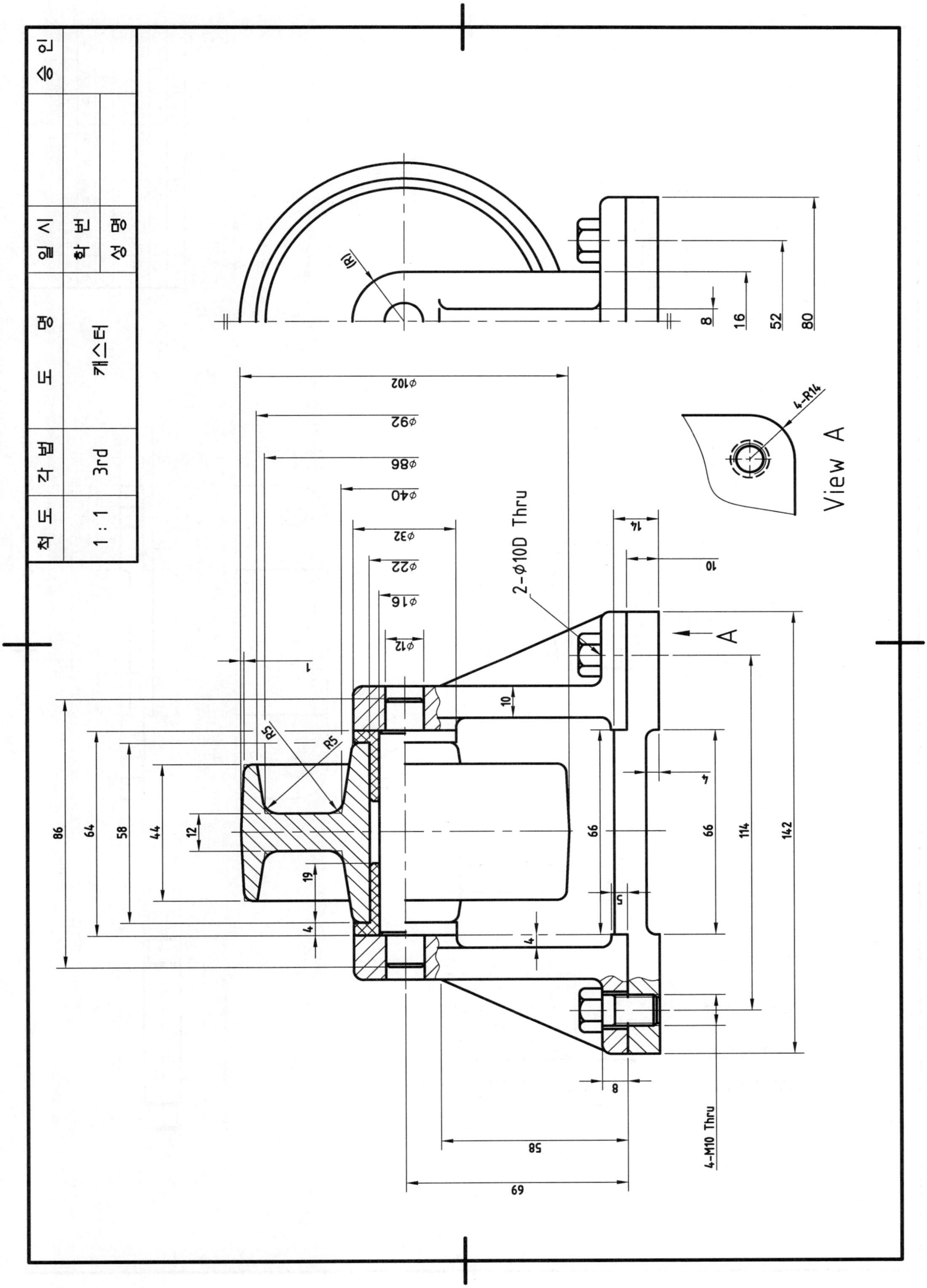

척 도 | 각 법 | 도 명 | 일 시 | 승 인
1 : 1 | 3rd | 캐스터 | 학 번 | 성 명
View A
4-R14
2-Φ10D Thru
4-M10 Thru
A
(R)
R5
R5
Φ102
Φ92
Φ86
Φ40
Φ32
Φ22
Φ16
Φ12
86
64
58
44
12
19
4
10
66
66
114
142
5
4
14
10
8
16
52
80
8
58
69
1

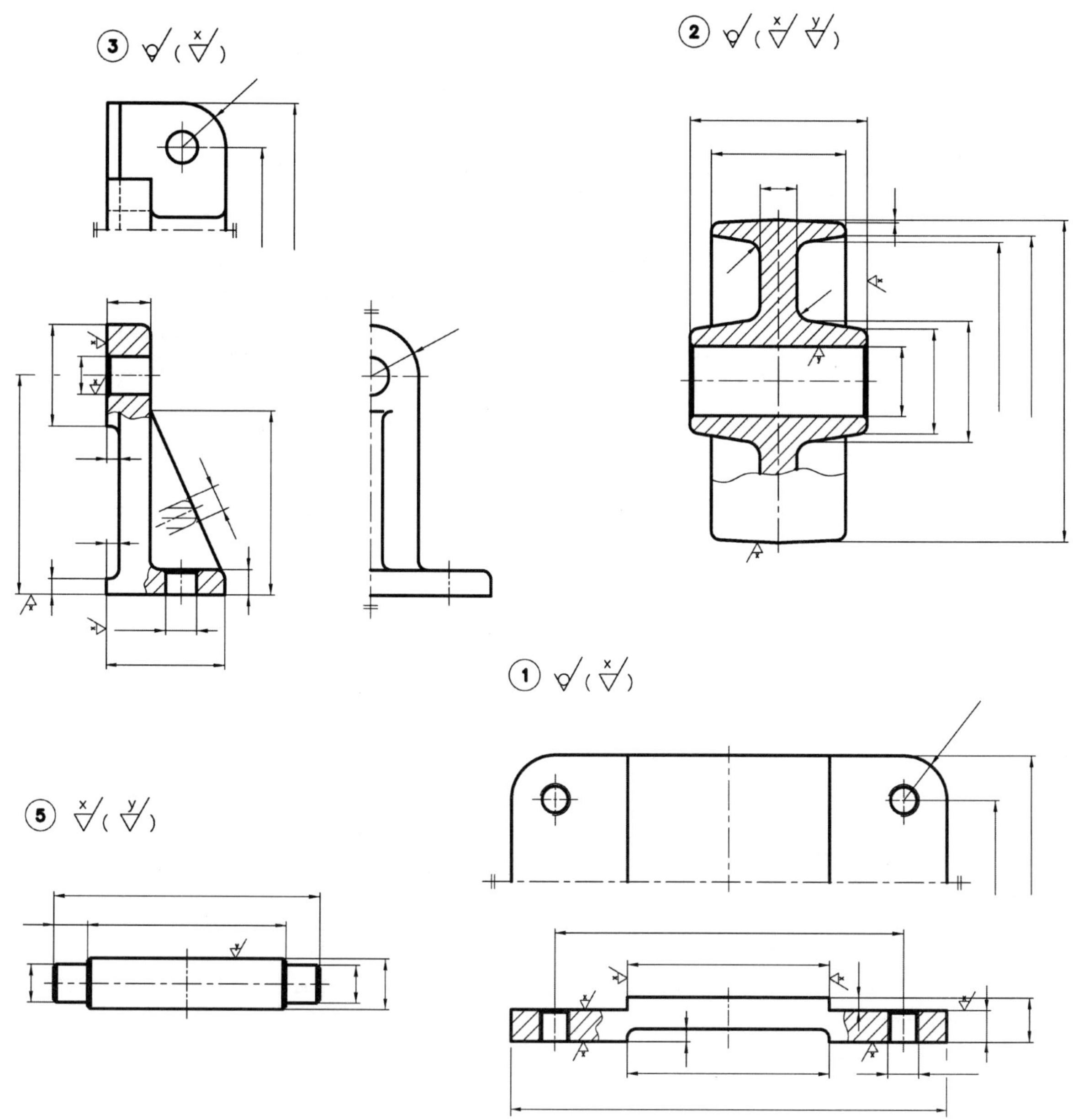

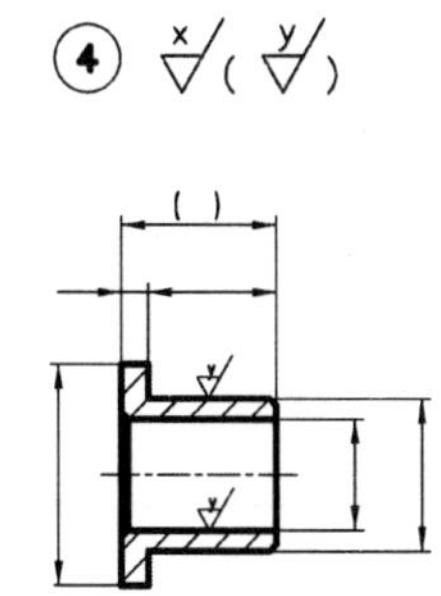

주 서

1. 일반공차 - 가) 가공부 : KS B ISO 2768-m
   나) 주조부 : KS B 0250 CT-11
2. 도시되고 지시없는 모떼기 1x45°, 필렛 및 라운드 R3
3. 지시없는 일반 모떼기 0.2x45°
4. 가공부를 제외한 주조부 외면 명녹색 도장 (품번1, 2, 3)
5. 표면거칠기

$\sqrt{} = \sqrt{}$

w/ = 25/, N11

x/ = 6.3/, N9

y/ = 1.6/, N7

품번	품 명	재 질	수량	비 고
5			1	
4			1	
3			1	
2			1	
1			1	

척도	각법	도 명	일시		승인
1 : 1	3rd	캐스터	학번		
			성명		

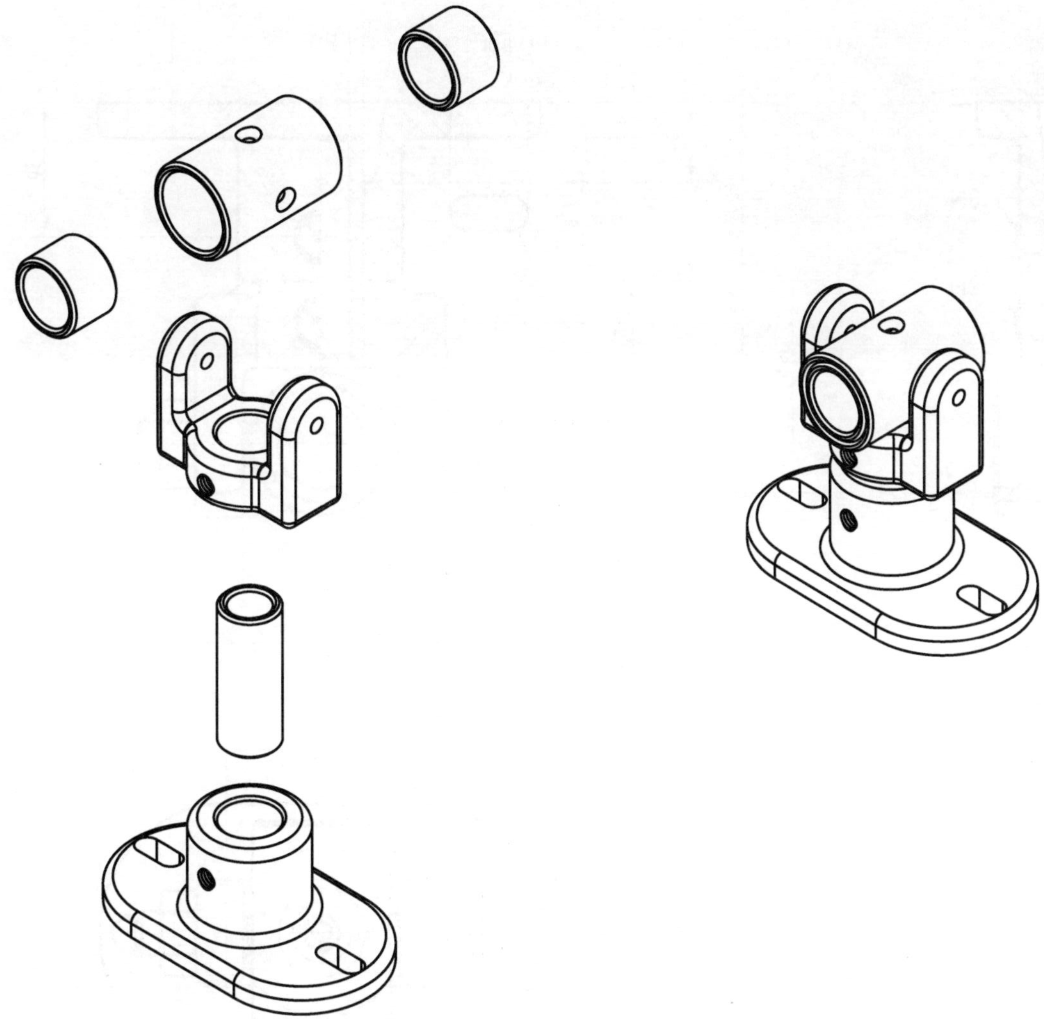

척 도	각 법	도 명	일 시		승 인
1 : 1	3rd	지지대	학 번		
			성 명		

1 : 1	3rd	지지대	성 명	

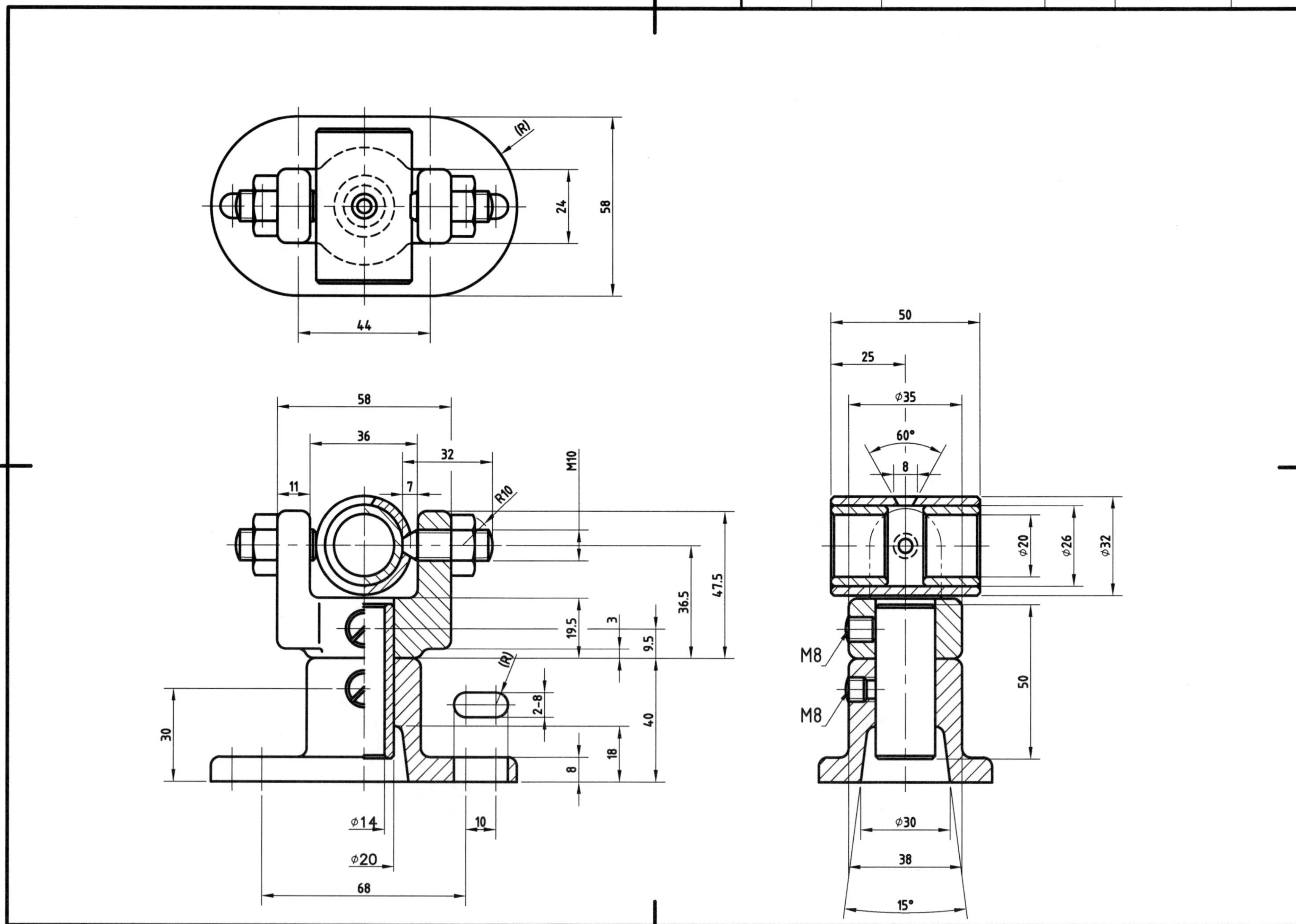

(R)
24
58
44
58
36
32
11
7
R10
M10
19.5
3
9.5
36.5
47.5
(R)
2-8
40
18
8
30
φ14
10
φ20
68
50
25
φ35
60°
8
φ20
φ26
φ32
M8
M8
50
φ30
38
15°

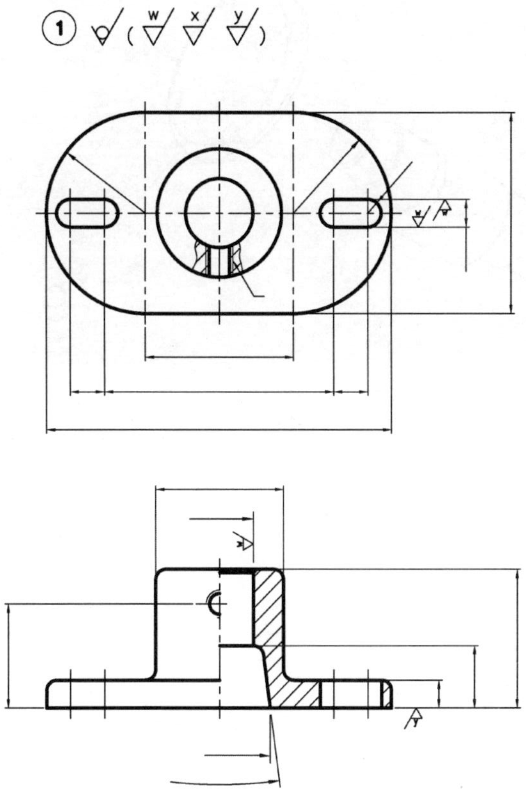

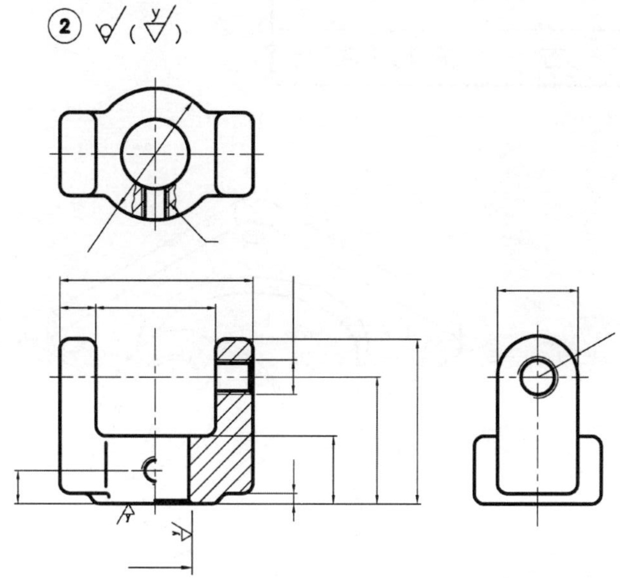

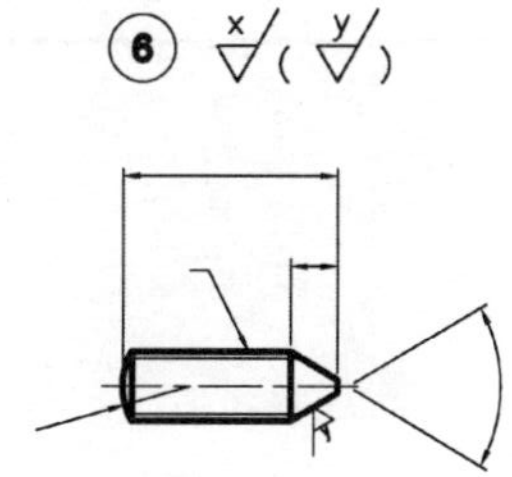

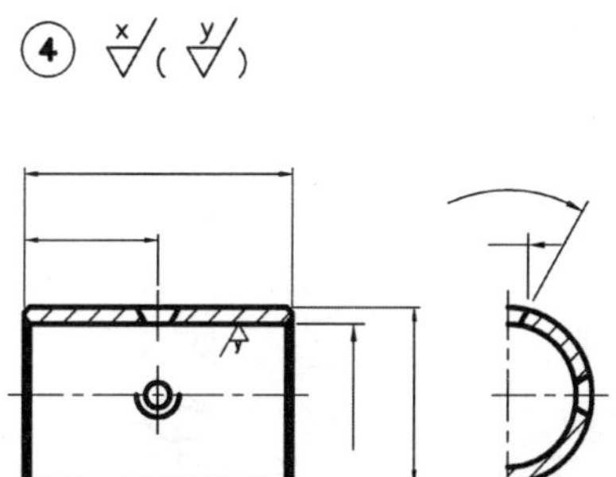

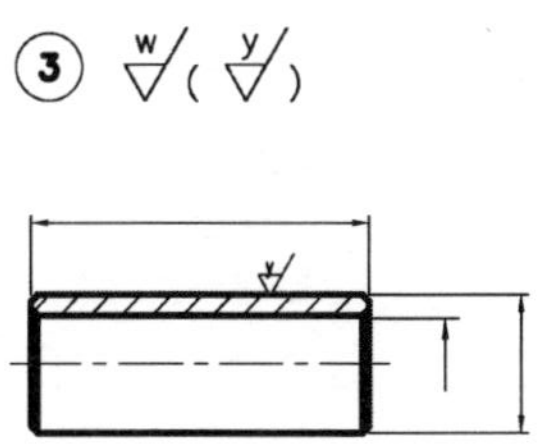

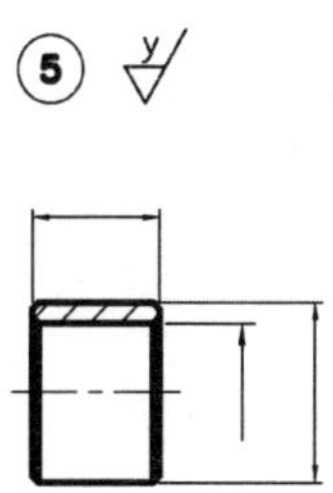

주 서

1. 일반공차 - 가) 가공부 :
   나) 주조부 :
2. 도시되고 지시없는 모떼기 1x45°, 필렛 및 라운드 R3
3. 지시없는 일반 모떼기 0.2x45°
4. 가공부를 제외한 주조부 외면 명녹색 도장 (품번1, 2)
5. 표면거칠기

$\checkmark = \checkmark$

$\overset{w}{\nabla} = \overset{25}{\nabla}$, N11

$\overset{x}{\nabla} = \overset{6.3}{\nabla}$, N9

$\overset{y}{\nabla} = \overset{1.6}{\nabla}$, N7

품번	품 명	재 질	수 량	비 고
6	고정나사	SM20C		
5	부 시	C5102B		
4	부 시	C5102B		
3	슬라이더	SM40C		
2	지 지 대	GC200		
1	몸 체	GC200		

척 도	각 법	도 명	일 시		승 인
1 : 1	3rd	지지대	학 번		
			성 명		

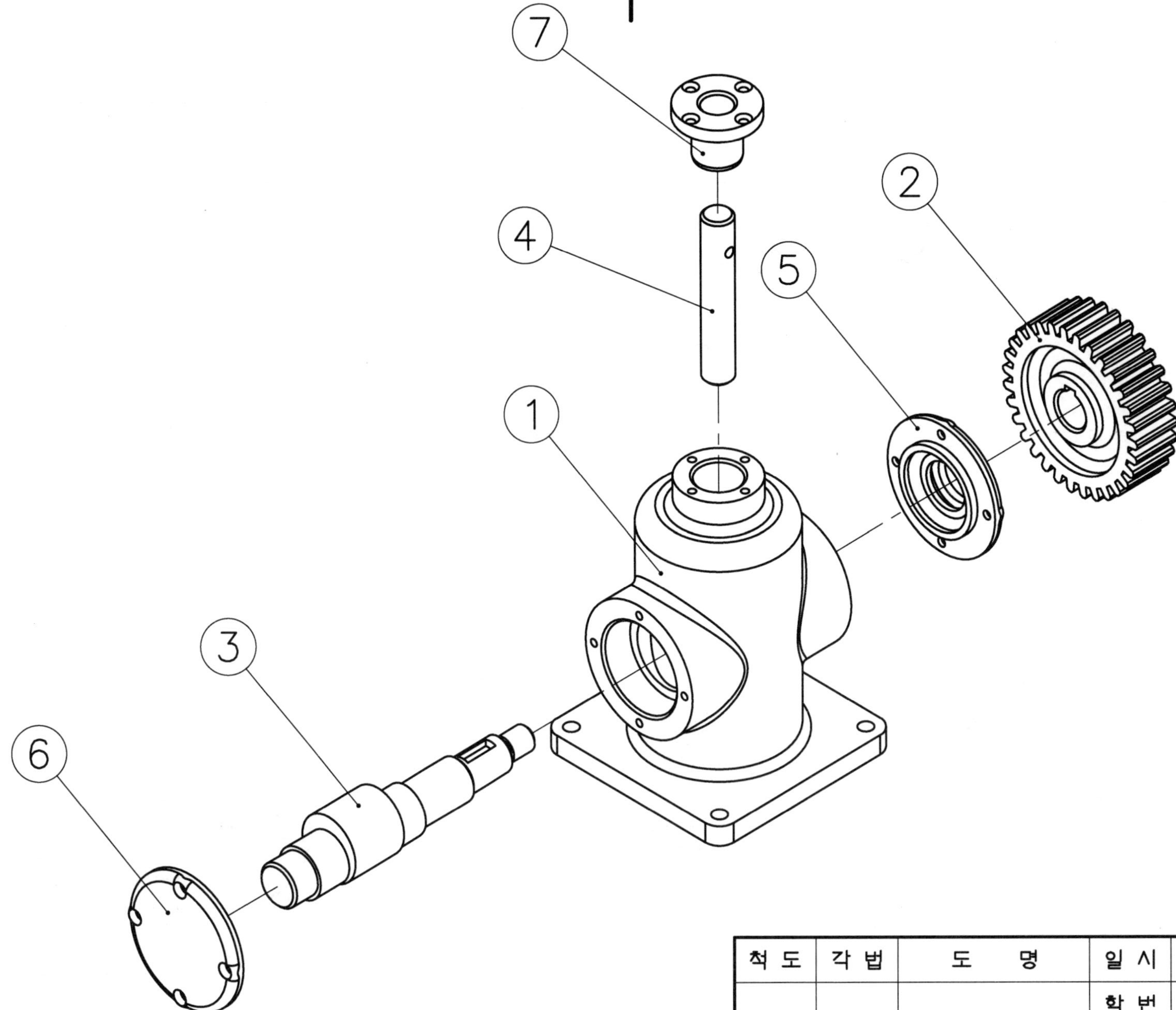

척 도	각 법	도 명	일 시		승 인
1 : 1	3rd	편심왕복장치	학 번		
			성 명		

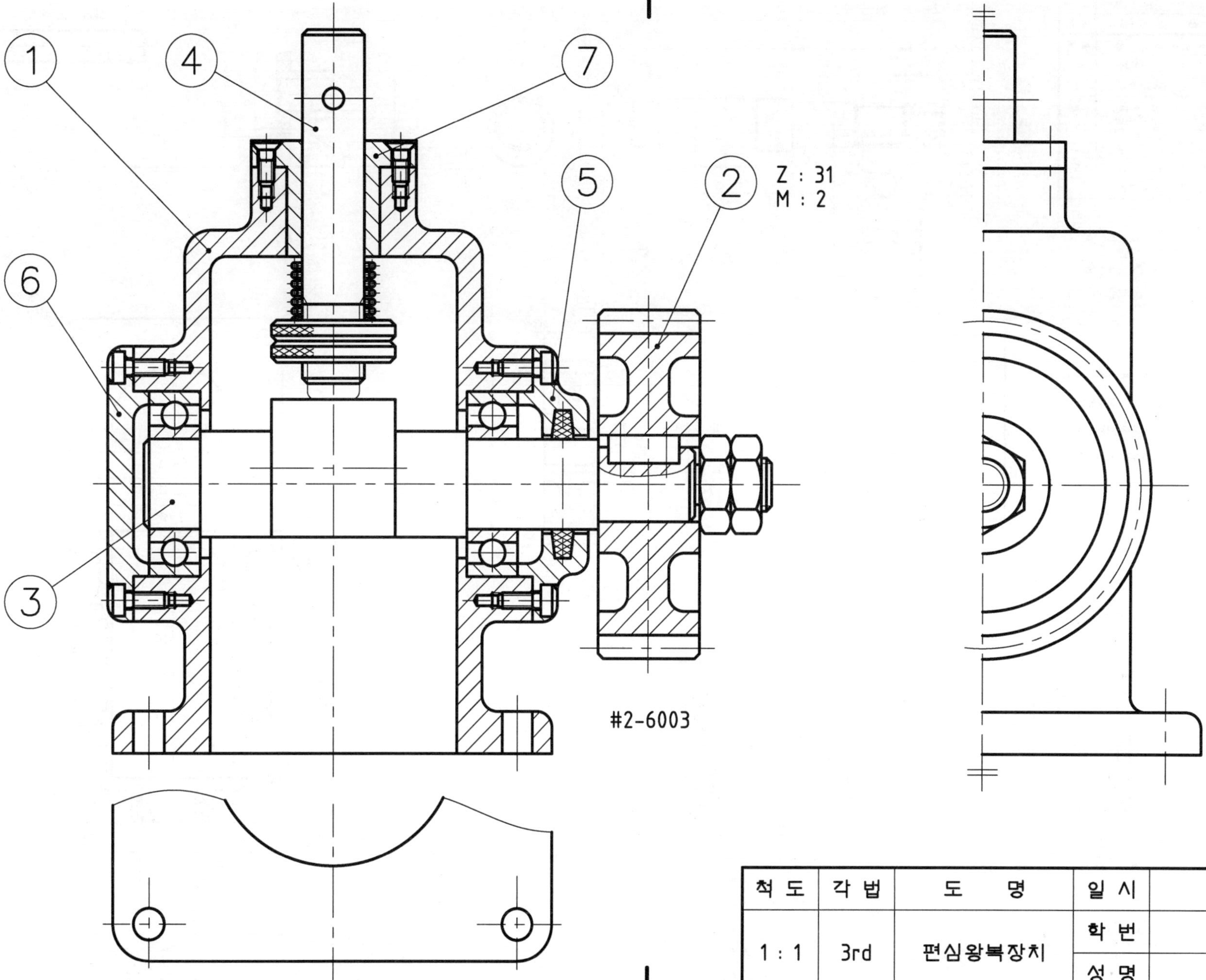

척 도	각 법	도 명	일 시		승 인
1 : 1	3rd	편심왕복장치	학 번		
			성 명		

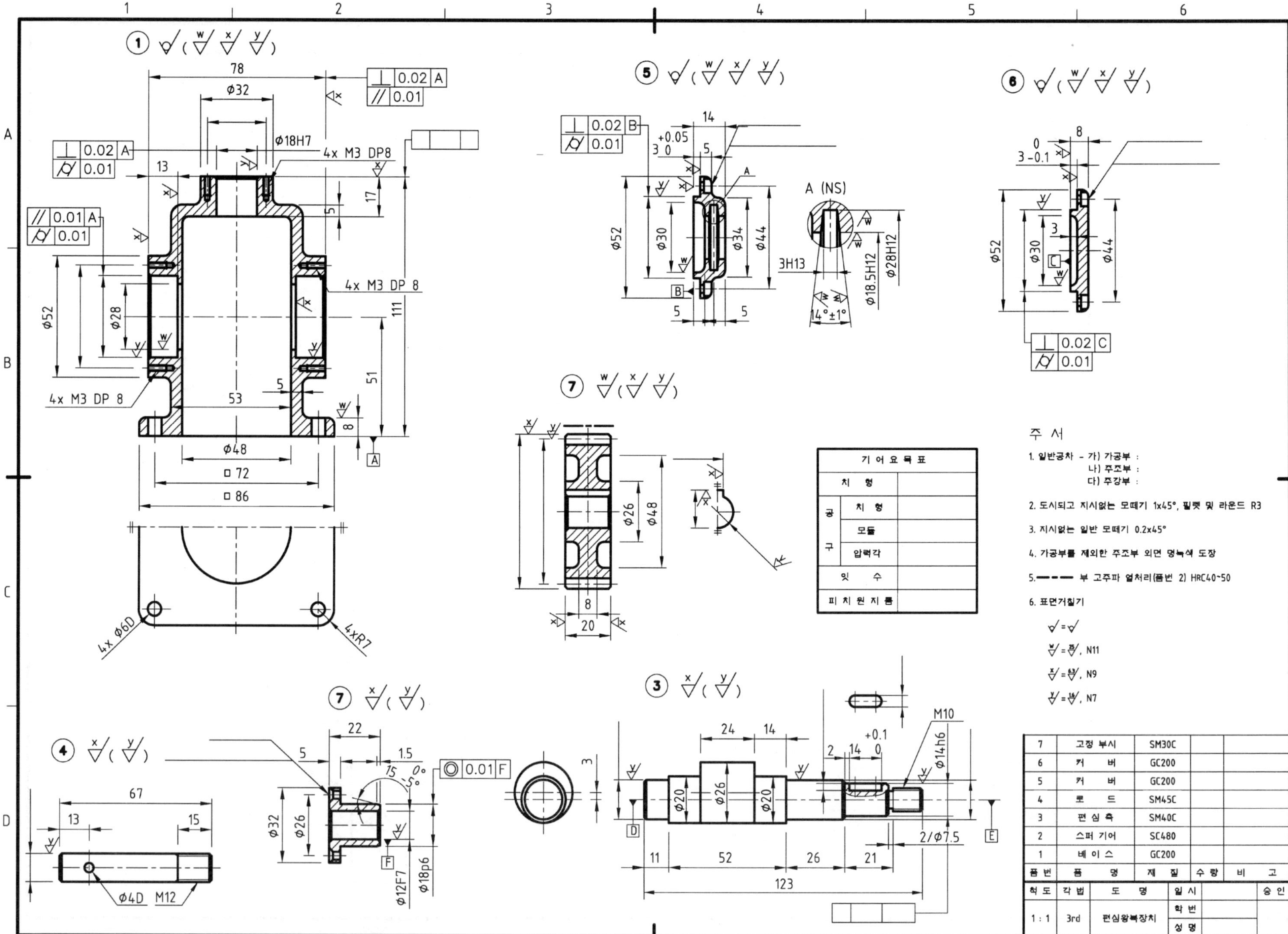

주 서

1. 일반공차 - 가) 가공부 :
   나) 주조부 :
   다) 주강부 :
2. 도시되고 지시없는 모떼기 1x45°, 필렛 및 라운드 R3
3. 지시없는 일반 모떼기 0.2x45°
4. 가공부를 제외한 주조부 외면 명녹색 도장
5. ━ ━ ━ 부 고주파 열처리(품번 2) HRC40~50
6. 표면거칠기
   - ∀ = ∀
   - w/ = 25/, N11
   - x/ = 6.3/, N9
   - y/ = 1.6/, N7

기 어 요 목 표		
치 형		
공구	치 형	
	모듈	
	압력각	
잇 수		
피 치 원 지 름		

품 번	품 명	재 질	수 량	비 고
7	고정 부시	SM30C		
6	커 버	GC200		
5	커 버	GC200		
4	로 드	SM45C		
3	편 심 축	SM40C		
2	스퍼 기어	SC480		
1	베 이 스	GC200		

척 도	각 법	도 명	일 시		승 인
1 : 1	3rd	편심왕복장치	학 번		
			성 명		

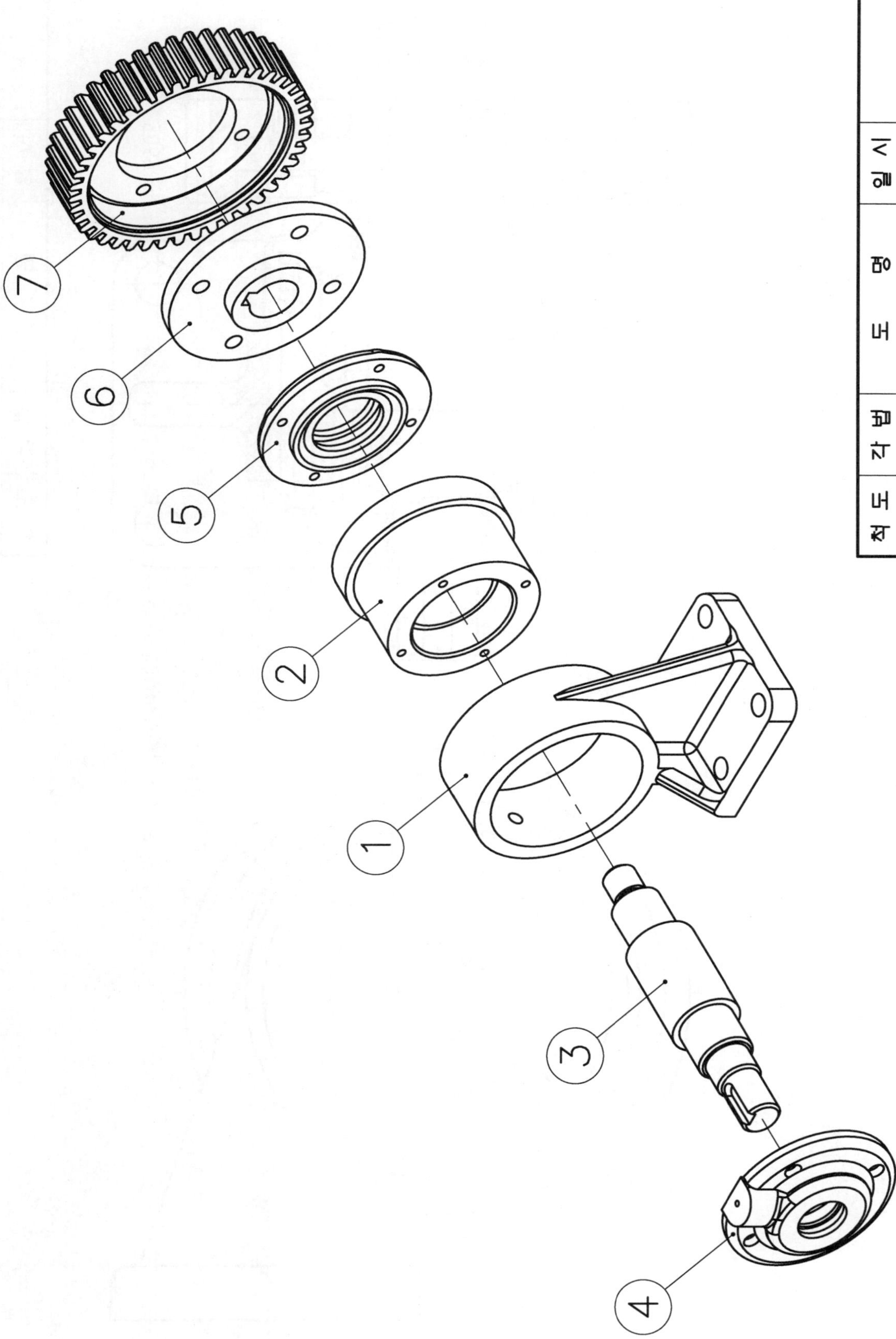

척 도	각 법	도 명	일 시	승 인
1 : 1	3rd	축 받침장치	학 번	
			성 명	

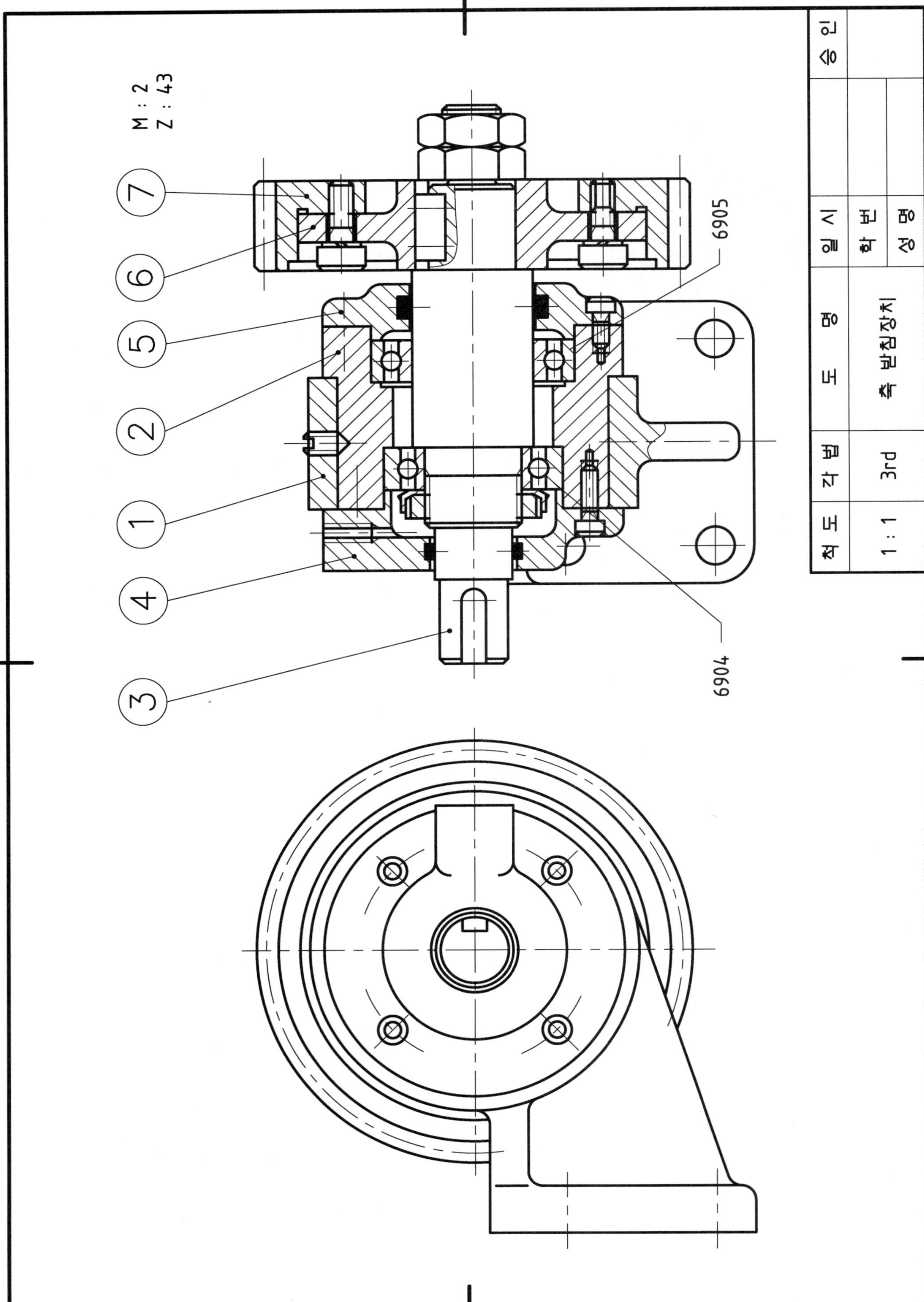
M : 2
Z : 43
7
6
5
2
1
4
3
6905
6904
척 도
1 : 1
각 법
3rd
도 명
축 받침장치
일 시
학 번
성 명
승 인

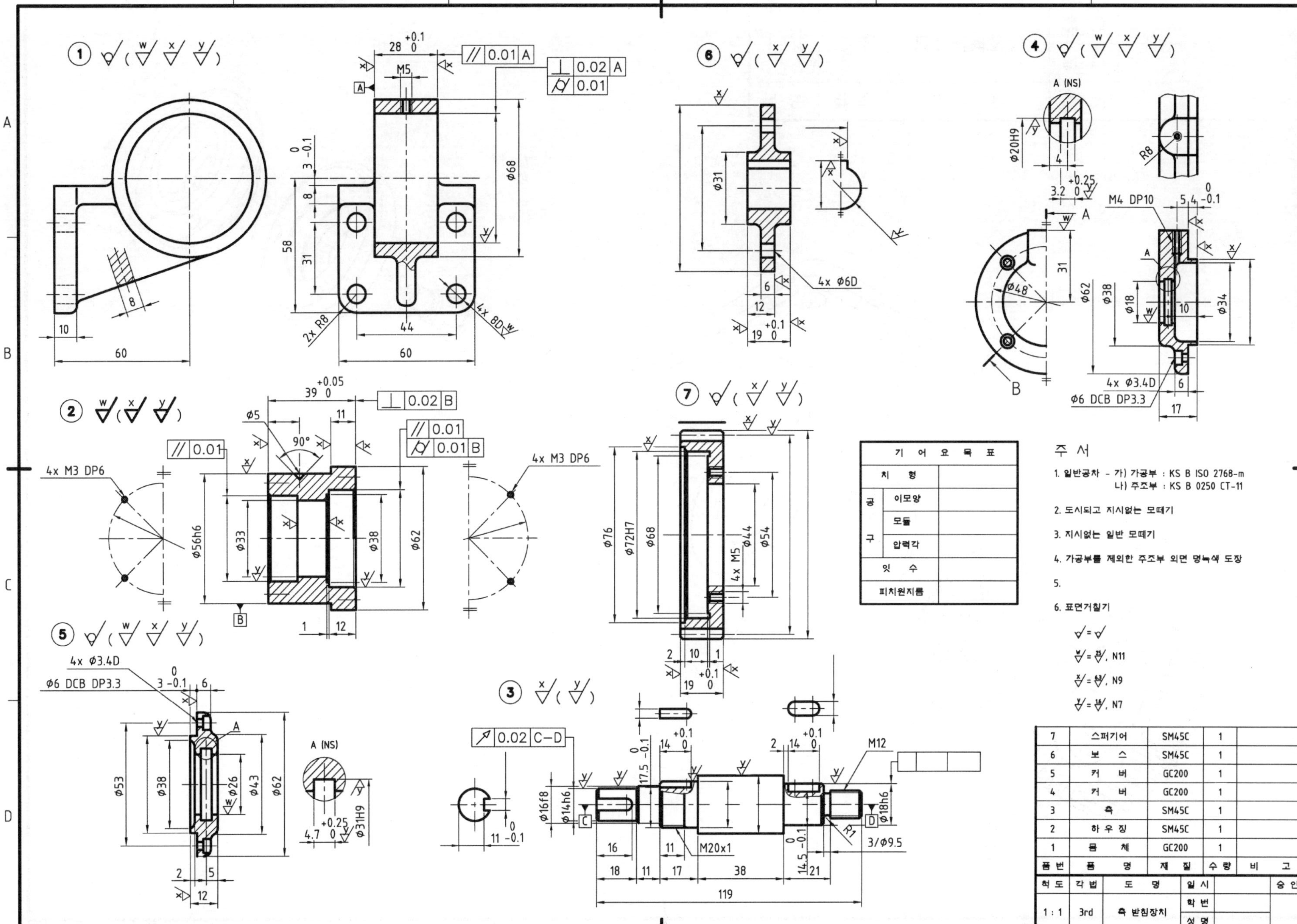

주 서

1. 일반공차 - 가) 가공부 : KS B ISO 2768-m
   나) 주조부 : KS B 0250 CT-11
2. 도시되고 지시없는 모떼기
3. 지시없는 일반 모떼기
4. 가공부를 제외한 주조부 외면 명녹색 도장
5.
6. 표면거칠기

기어 요목표		
치형		
공구	이모양	
	모듈	
	압력각	
잇 수		
피치원지름		

품번	품명	재질	수량	비고
7	스퍼기어	SM45C	1	
6	보스	SM45C	1	
5	커버	GC200	1	
4	커버	GC200	1	
3	축	SM45C	1	
2	하우징	SM45C	1	
1	몸체	GC200	1	

척도	각법	도명	일시		승인
1 : 1	3rd	축 받침장치	학번		
			성명		

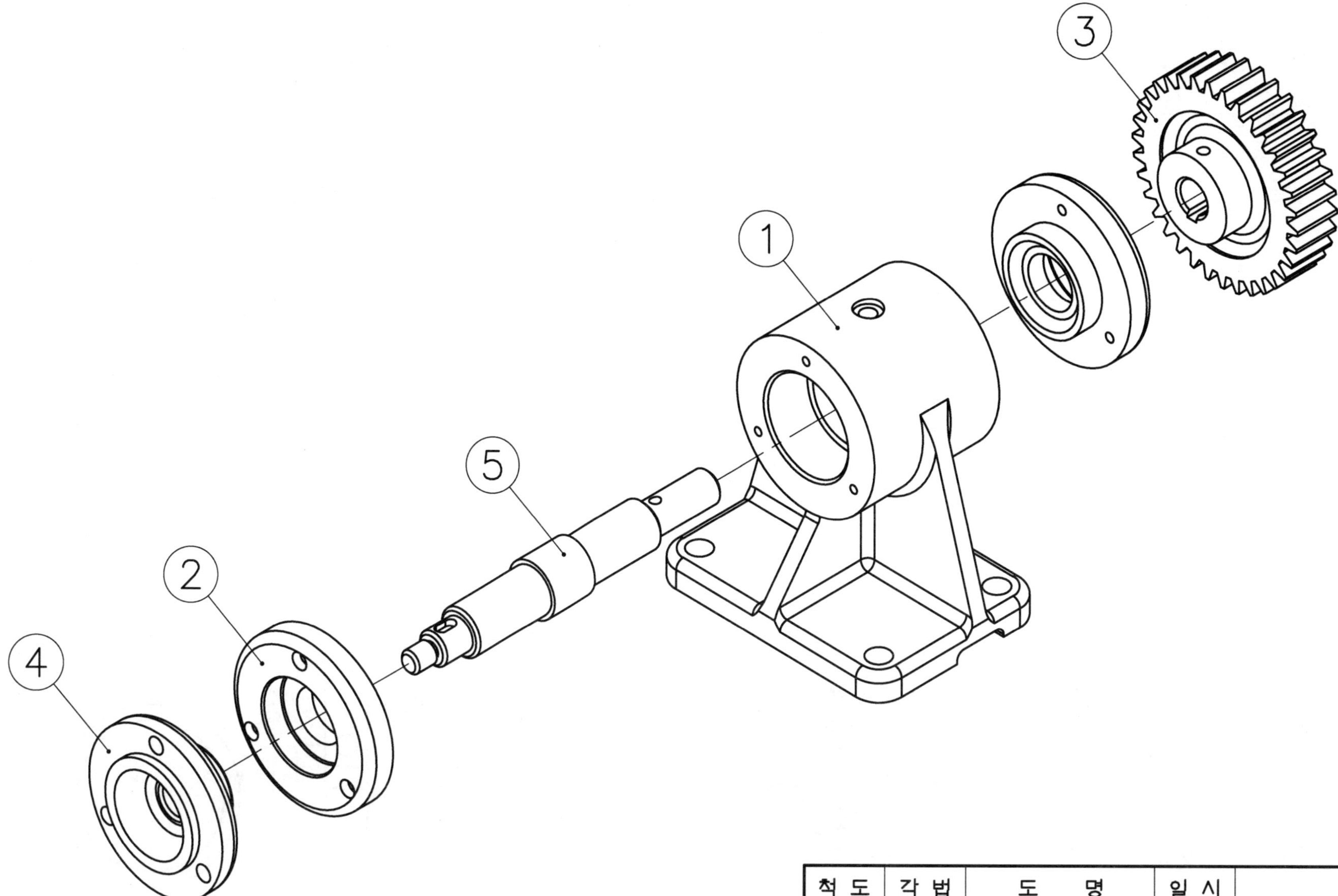

척 도	각 법	도 명	일 시		승 인
1 : 1	3rd	편심왕복장치	학 번		
			성 명		

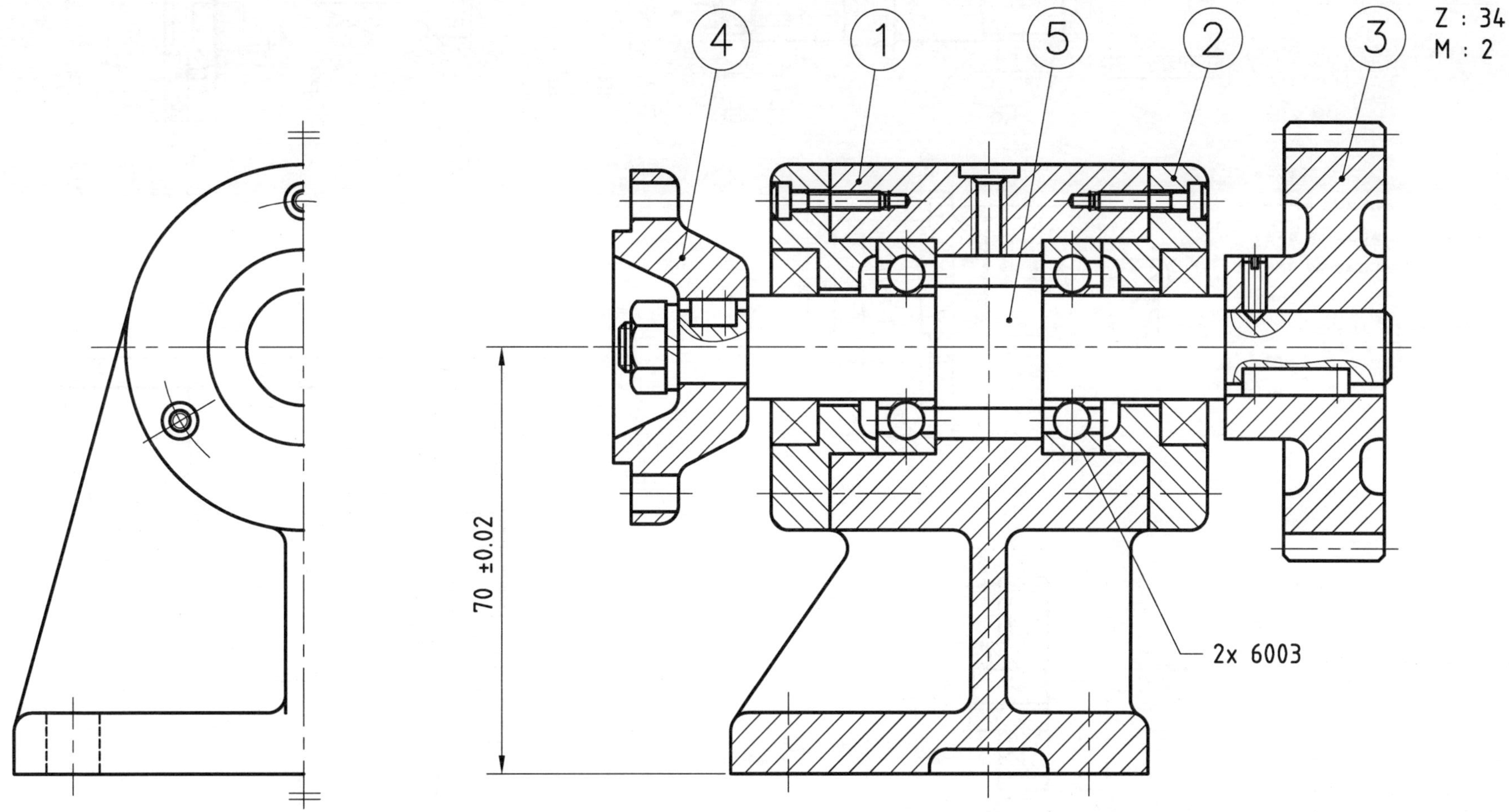

척 도	각 법	도 명	일 시		승 인
1 : 1	3rd	편심왕복장치	학 번		
			성 명		

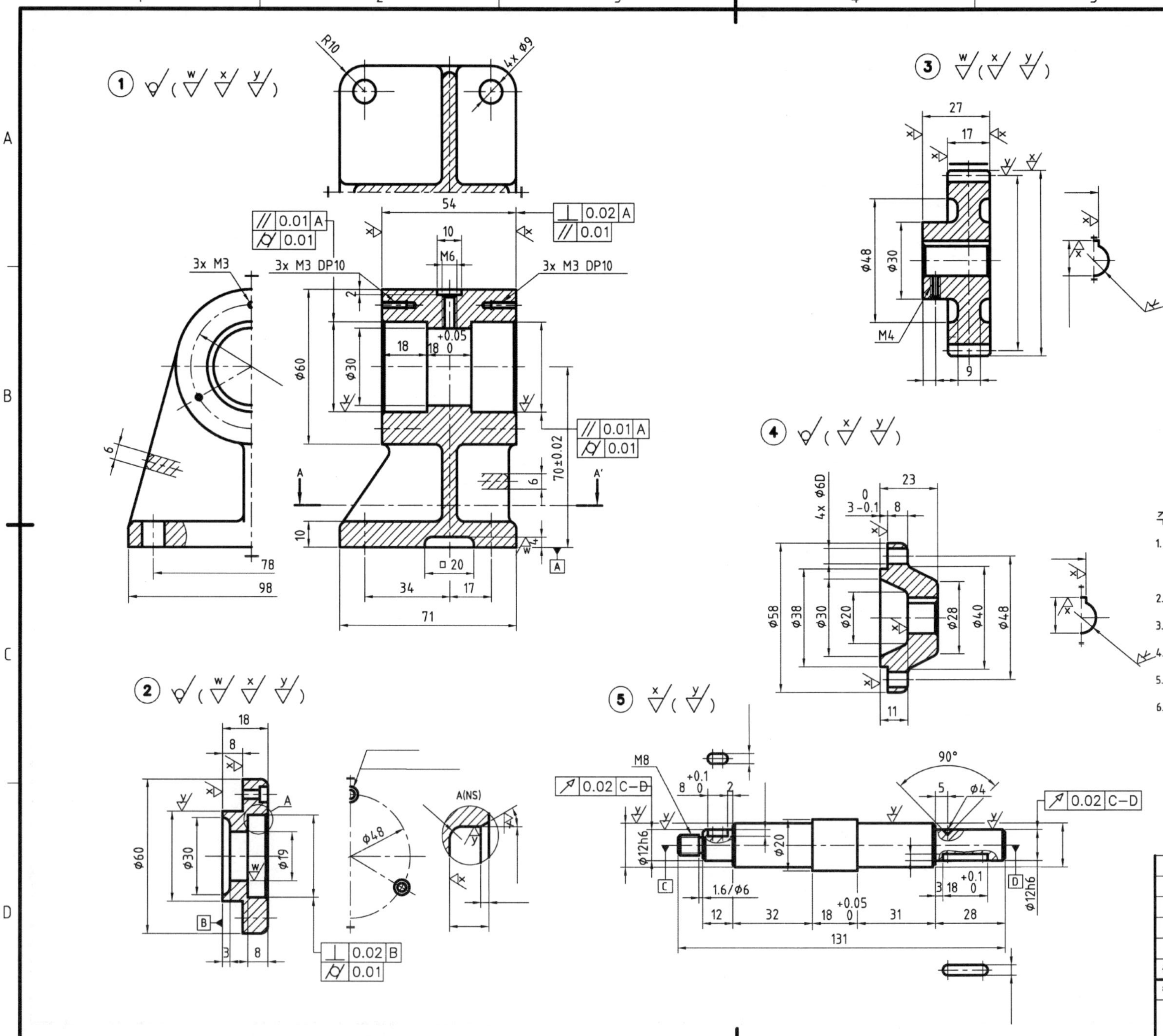

기 어 요 목 표		
치 형		표 준
공구	치 형	보 통
	모듈	
	압력각	20°
잇 수		
피 치 원 지 름		

주 서

1. 일반공차 - 가) 가공부 : KS B ISO 2768-m
   나) 주조부 : KS B 0250 CT-11
   다) 주강부 : KS B 0418 보통급
2. 도시되고 지시없는 모떼기 1x45°, 필렛 및 라운드 R3
3. 지시없는 일반 모떼기 0.2x45°
4. 가공부를 제외한 주조부 외면 명녹색 도장
5. ━ ━ ━부 고주파 열처리(품번 2) HRC40~50
6. 표면거칠기
   ∀ = ∀
   w/∀ = 25/∀, N11
   x/∀ = 6.3/∀, N9
   y/∀ = 1.6/∀, N7

품번	품 명	재 질	수량	비 고
5			1	
4			1	
3			1	
2			2	
1			1	

척도	각법	도 명	일시		승인
1 : 1	3rd	편심왕복장치	학번		
			성명		

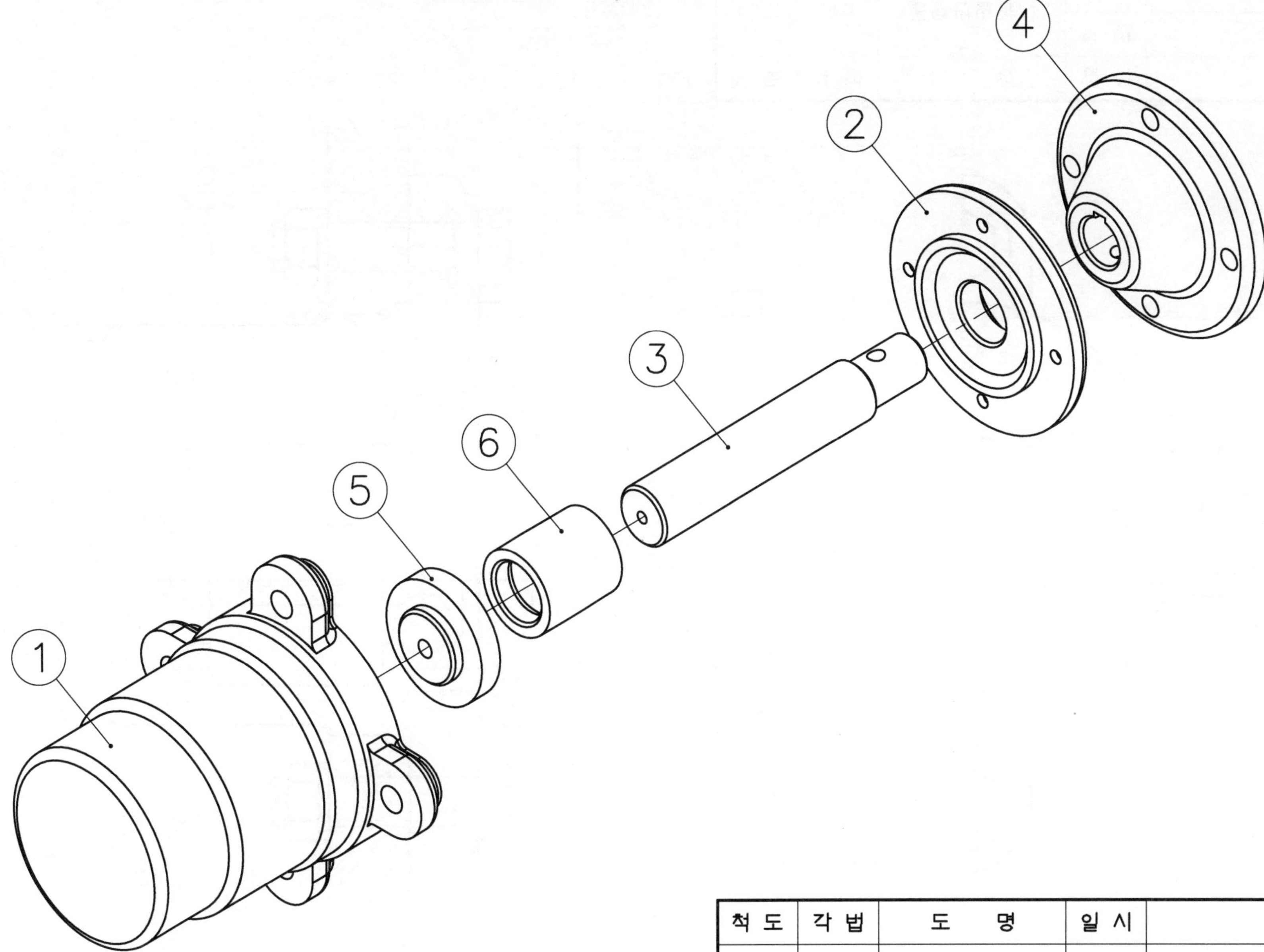

척 도	각 법	도 명	일 시		승 인
1 : 1	3rd	동력전달장치	학 번		
			성 명		

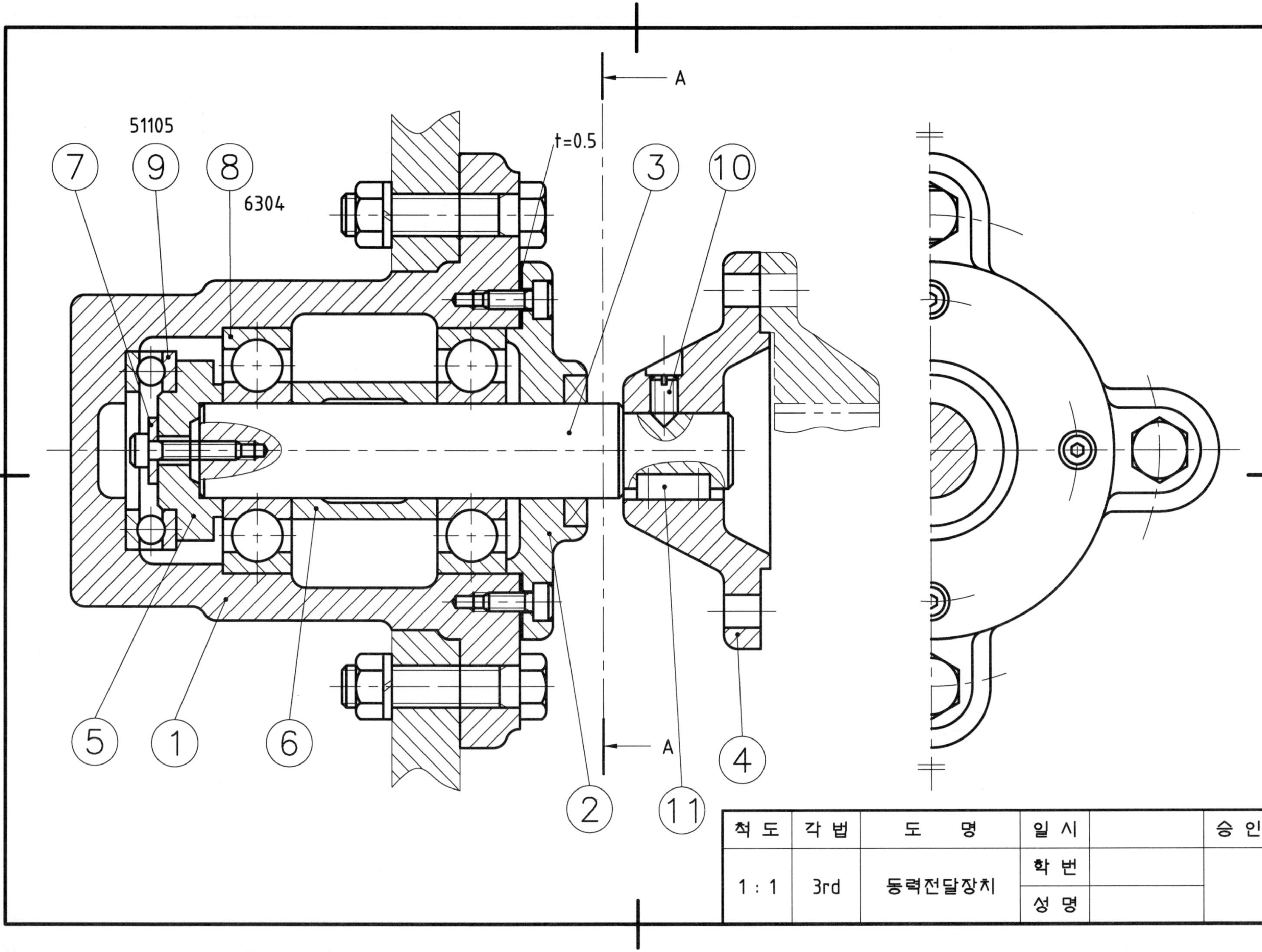

척 도	각 법	도 명	일 시		승 인
1 : 1	3rd	동력전달장치	학 번		
			성 명		

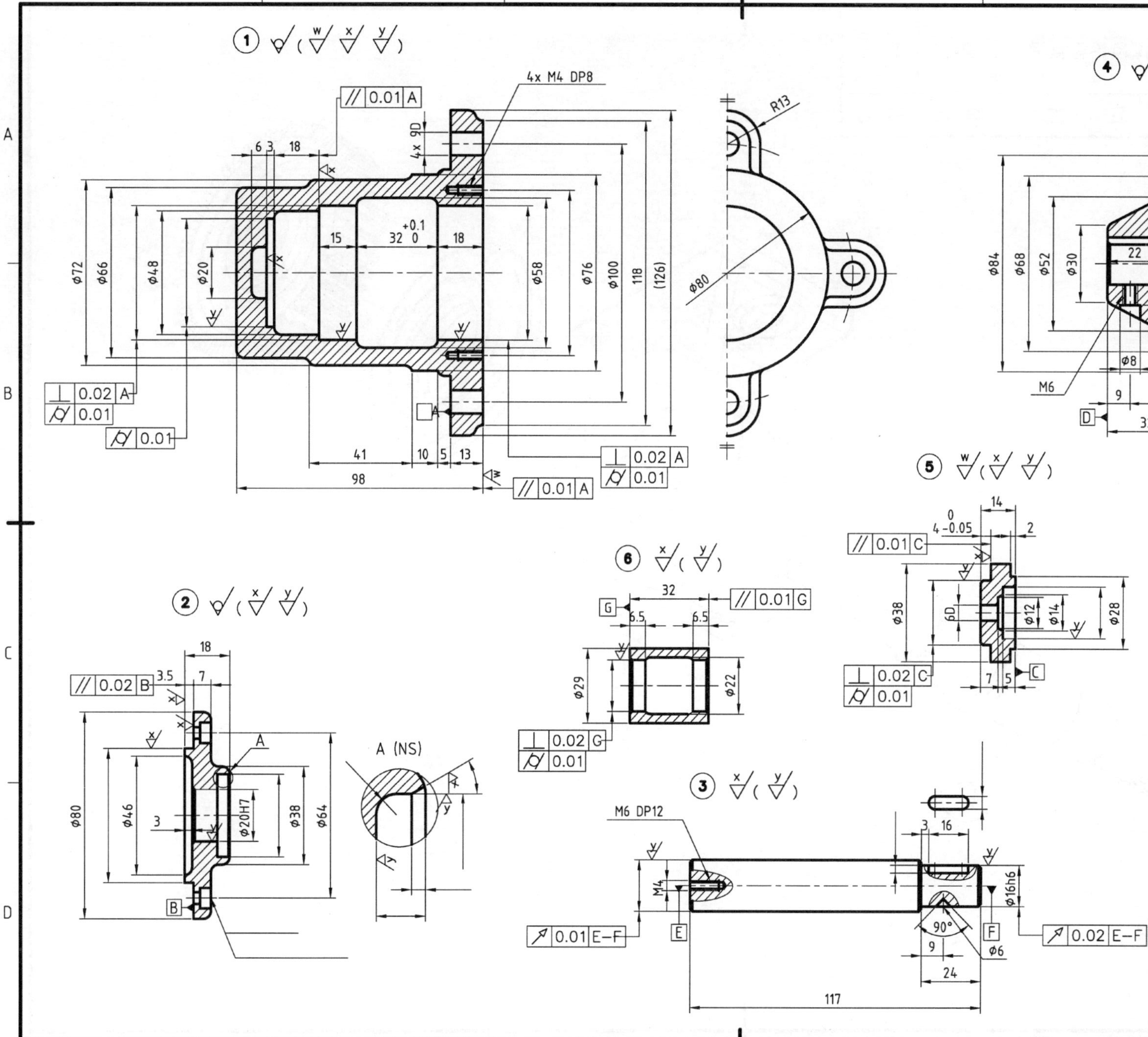

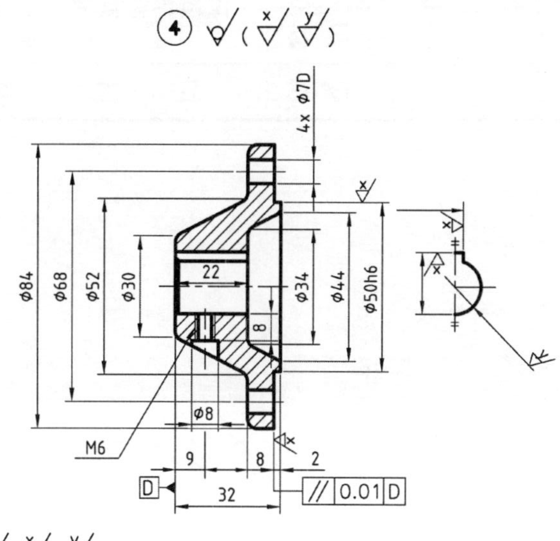

주 서

1. 일반공차 - 가) 가공부 : KS B ISO 2768-m
   나) 주조부 : KS B 0250 CT-11
   다) 주강부 : KS B 0418 보통급
2. 도시되고 지시없는 모떼기 1x45°, 필렛 및 라운드 R3
3. 지시없는 일반 모떼기 0.2x45°
4. 가공부를 제외한 주조부 외면 명녹색 도장
5. 표면거칠기

   ∀ = ∀

   w = 25, N11

   x = 6.3, N9

   y = 1.6, N7

품번	품 명	재 질	수량	비 고
6	칼 라	SM30C	1	
5	커 버	GC200	1	
4	커 버	GC200	1	
3	축	SM45C	1	
2	커 버	GC200	1	
1	하 우 징	GC200	1	

척도	각법	도 명	일시		승인
1 : 1	3rd	동력전달장치	학번		
			성명		

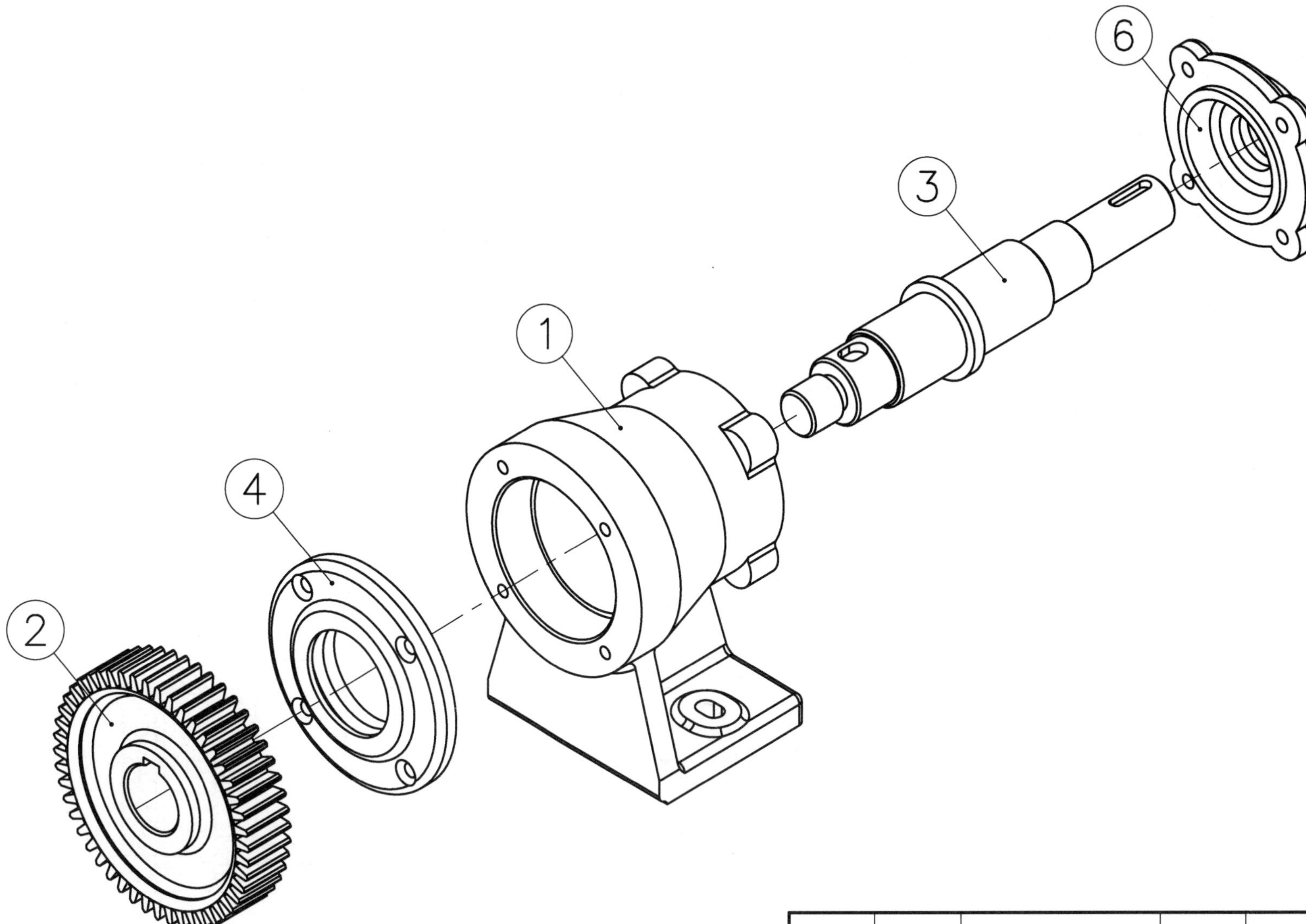

척 도	각 법	도 명	일 시		승 인
1 : 1	3rd	동력전달장치	학 번		
			성 명		

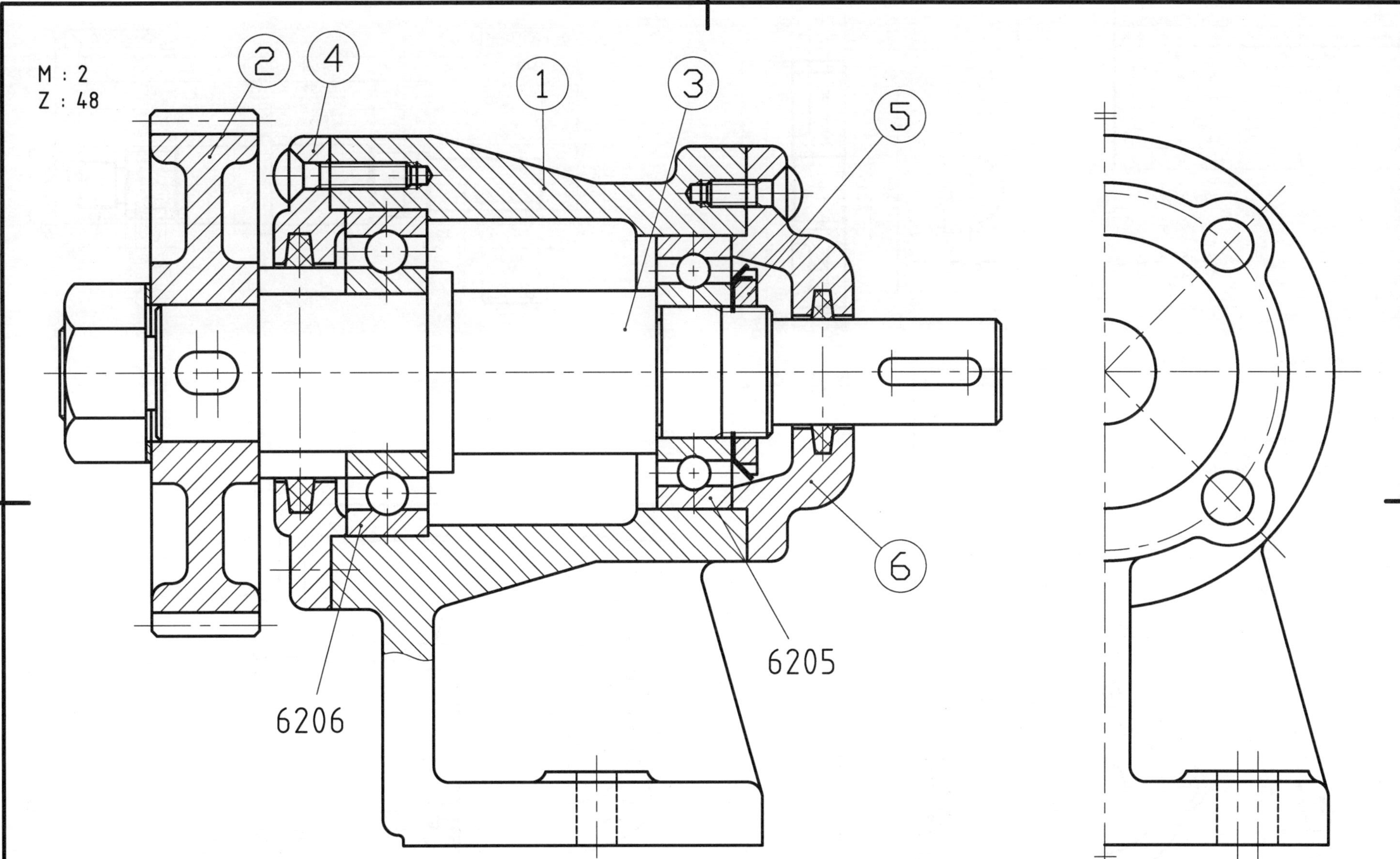

척 도	각 법	도 명	일 시		승 인
1 : 1	3rd	동력전달장치	학 번		
			성 명		

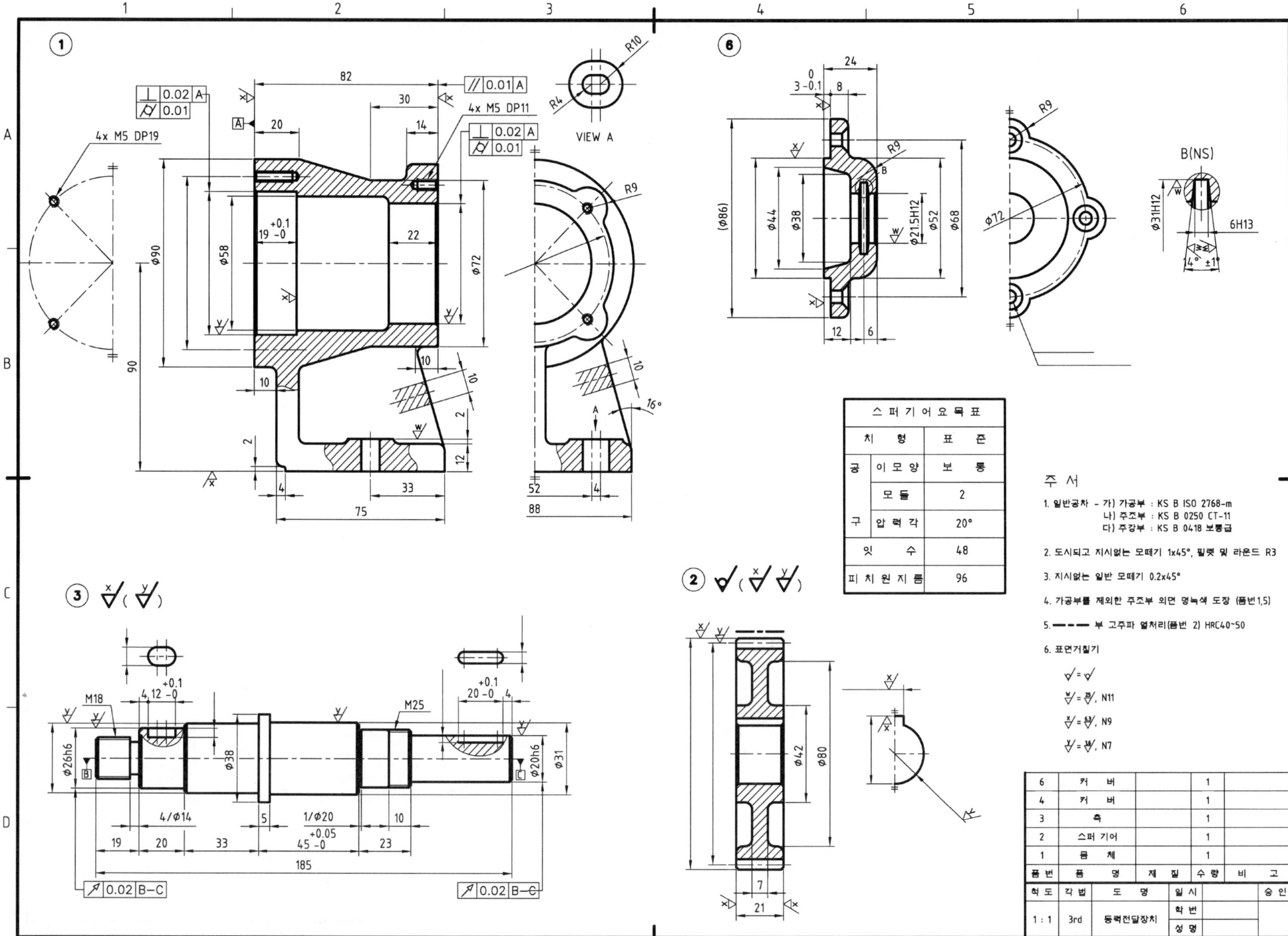

스 퍼 기 어 요 목 표		
치 형		표 준
공구	이 모 양	보 통
	모 듈	2
	압 력 각	20°
잇 수		48
피 치 원 지 름		96

품번	품 명	재 질	수량	비 고
6	커 버		1	
4	커 버		1	
3	축		1	
2	스퍼 기어		1	
1	몸 체		1	

척도	각법	도 명	일시		승인
1 : 1	3rd	동력전달장치	학번		
			성명		

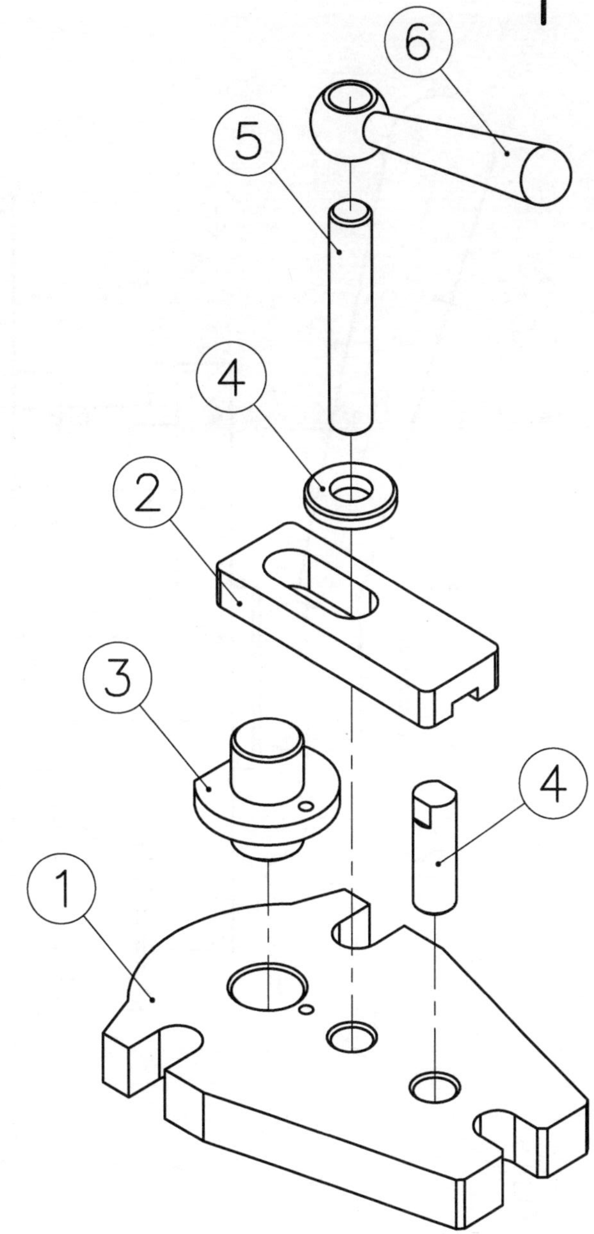

척 도	각 법	도 명	일 시		승 인
1 : 1	3rd	토글 클램프	학 번		
			성 명		

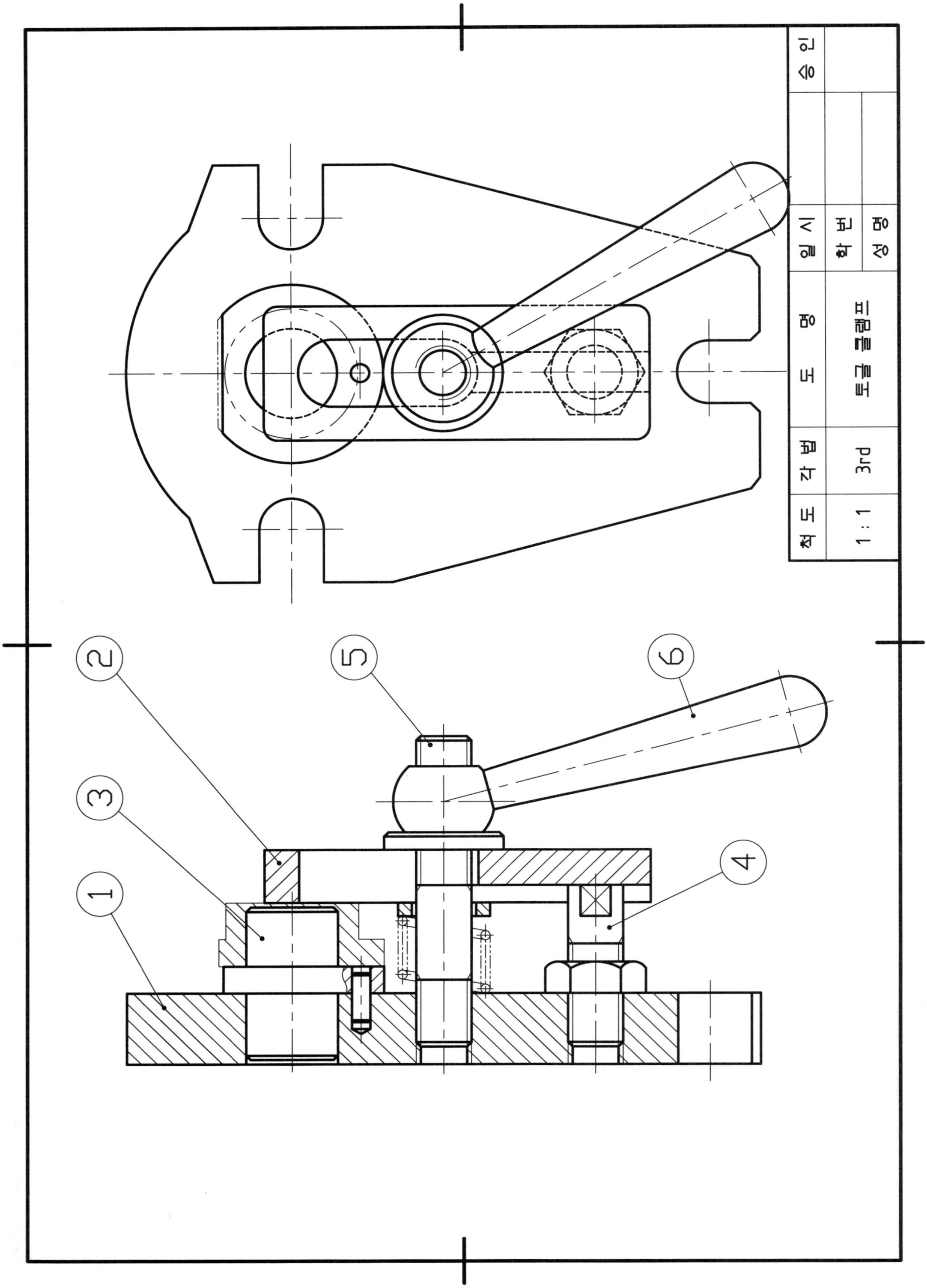
척도
1 : 1
각법
3rd
도명
토글 클램프
일시
학번
성명
승인
1
2
3
4
5
6

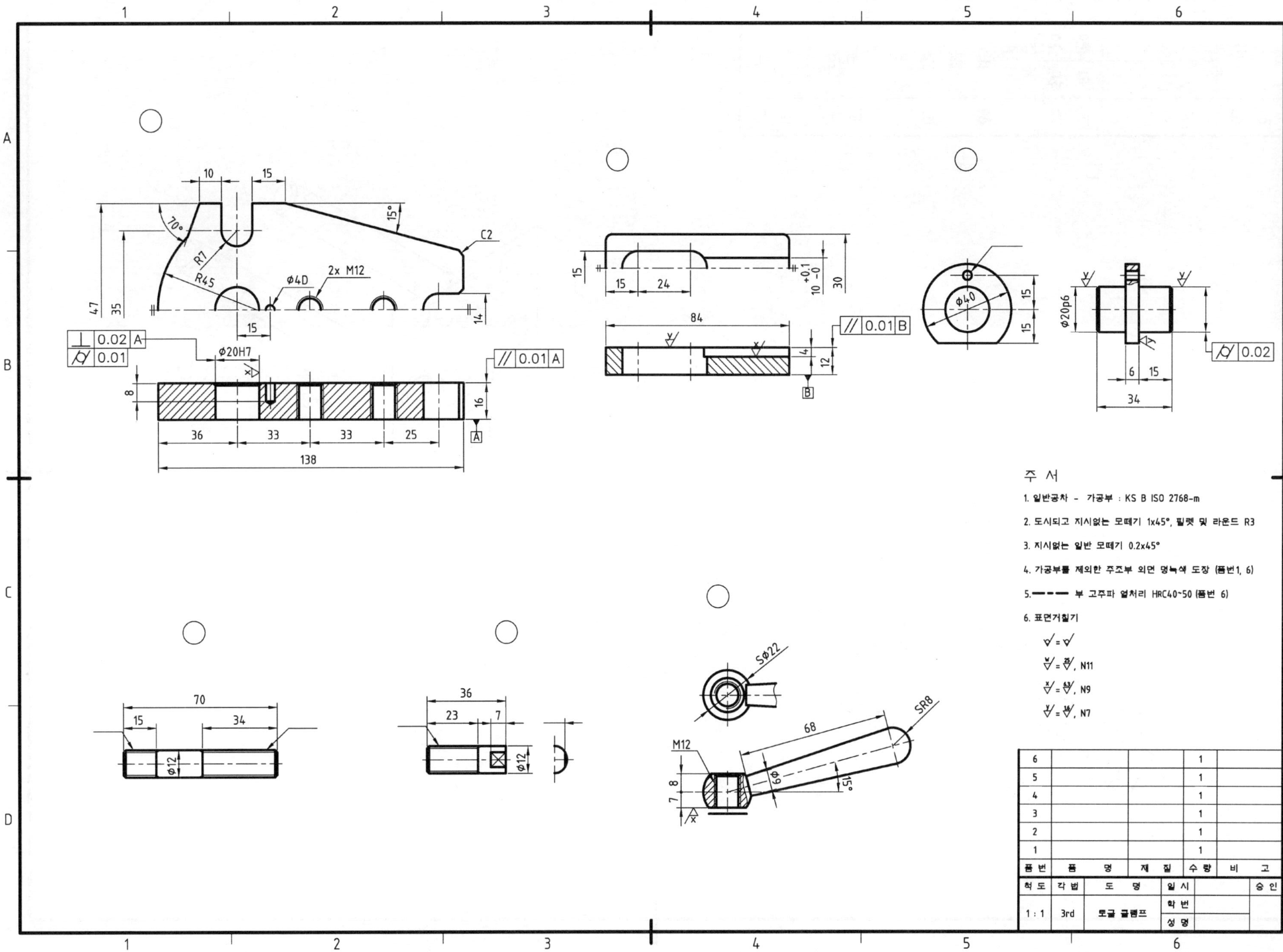

주 서

1. 일반공차 - 가공부 : KS B ISO 2768-m
2. 도시되고 지시없는 모떼기 1x45°, 필렛 및 라운드 R3
3. 지시없는 일반 모떼기 0.2x45°
4. 가공부를 제외한 주조부 외면 명녹색 도장 (품번1, 6)
5. ━ ━ ━ 부 고주파 열처리 HRC40~50 (품번 6)
6. 표면거칠기

∀ = ∀

w/ = 25/, N11

x/ = 6.3/, N9

y/ = 1.6/, N7

품 번	품 명	재 질	수 량	비 고
6			1	
5			1	
4			1	
3			1	
2			1	
1			1	

척 도	각 법	도 명	일 시		승 인
1 : 1	3rd	토글 클램프	학 번		
			성 명		

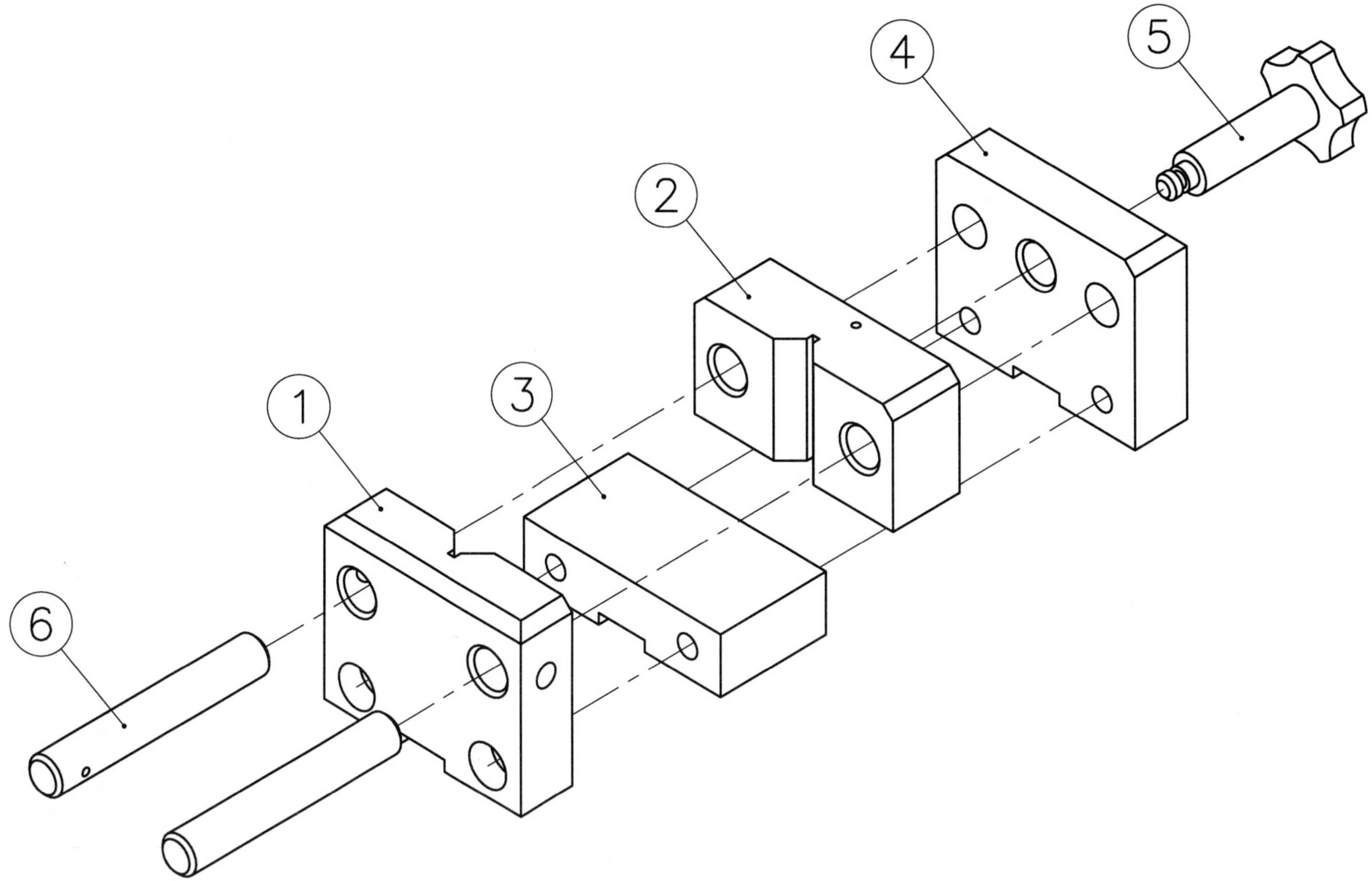

척 도	각 법	도 명	일 시		승 인
1 : 1	3rd	클 램 프	학 번		
			성 명		

척 도	각 법	도 명	일 시		승 인
1 : 1	3rd	클 램 프	학 번		
			성 명		

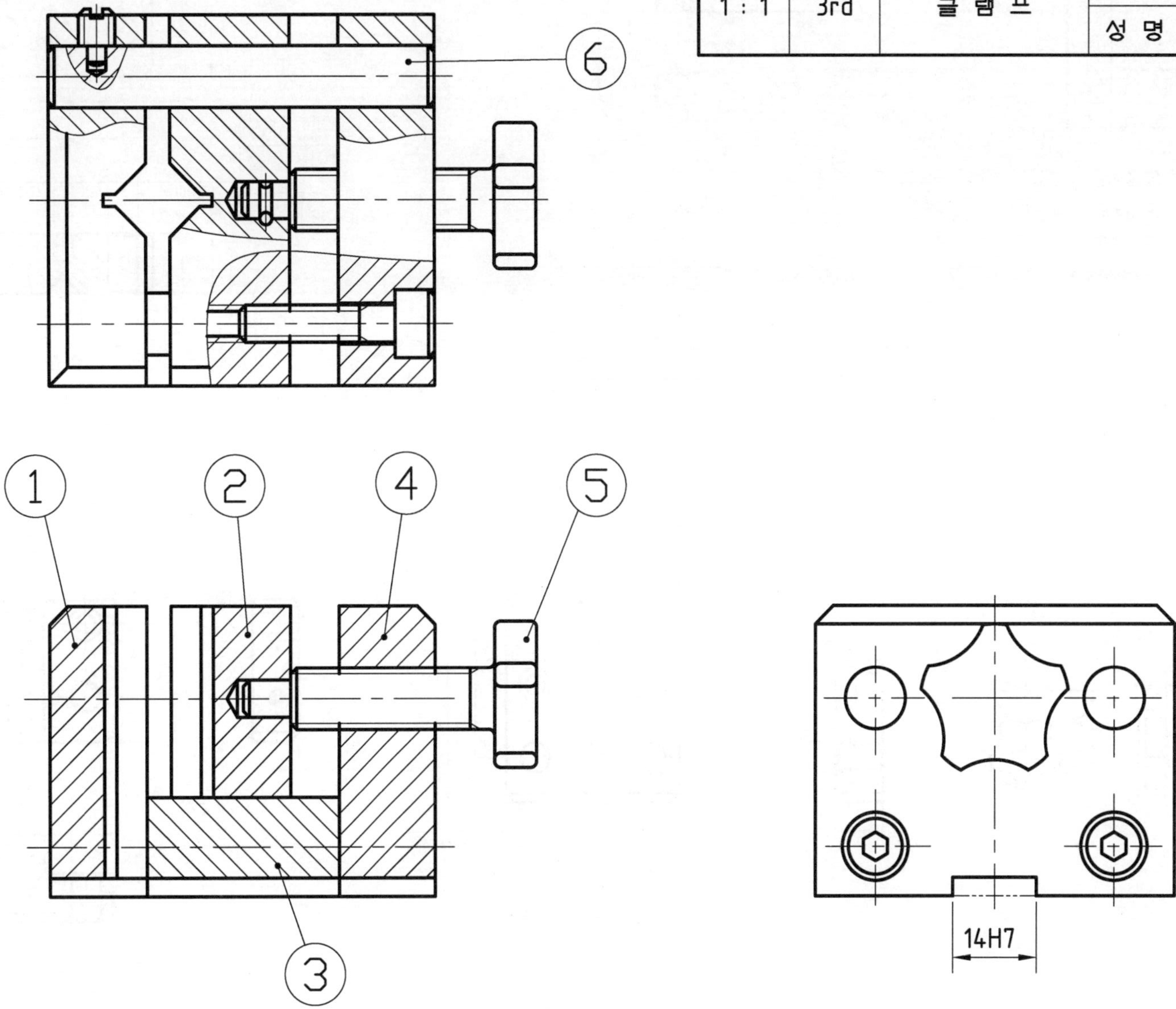

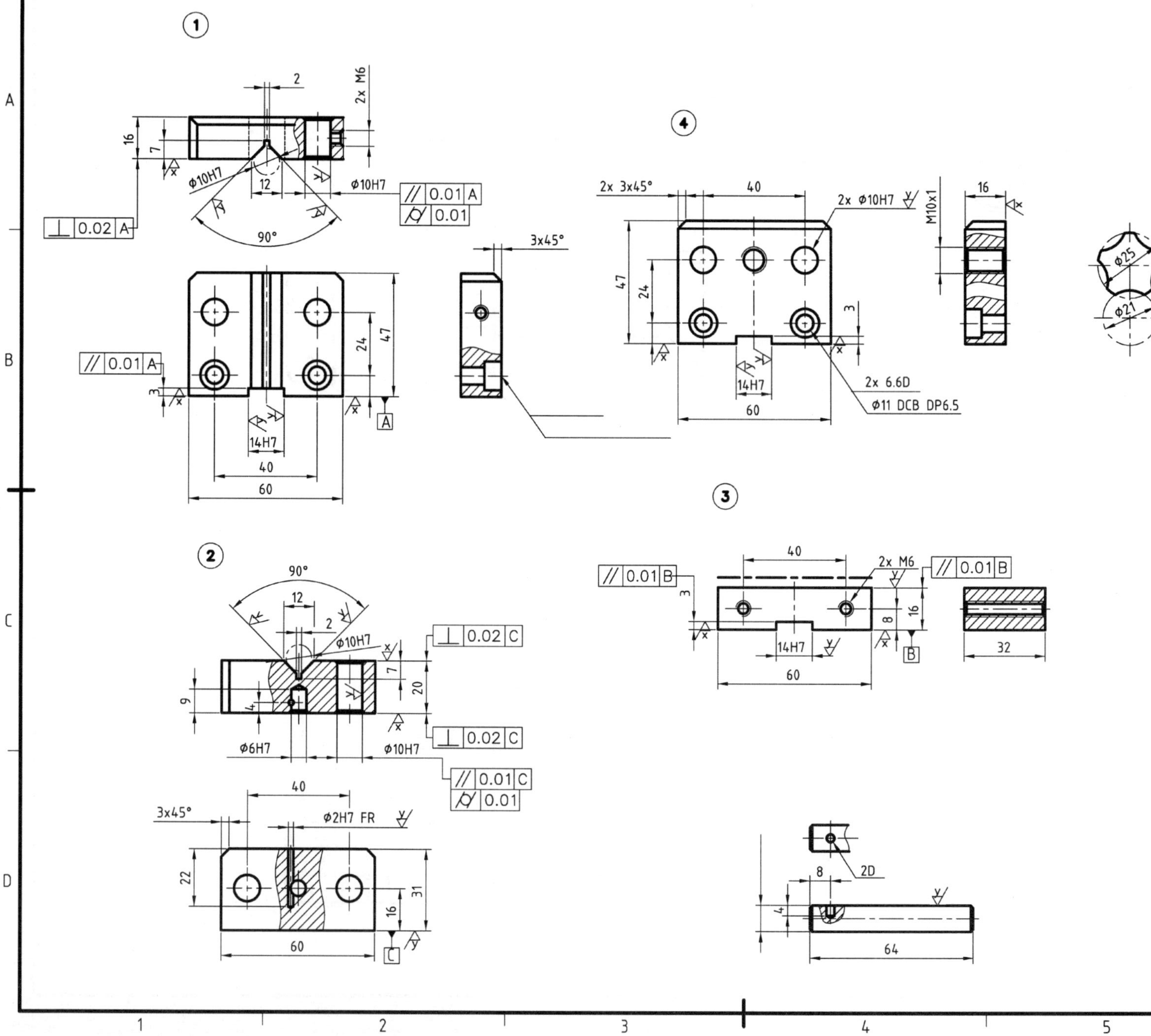

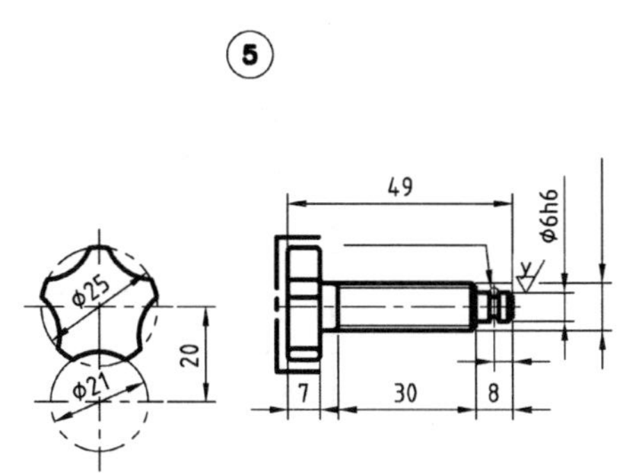

주 서

1. 일반공차 - 가공부 : KS B ISO 2768-m
2. 도시되고 지시없는 모떼기 1x45°, 필렛 및 라운드 R3
3. 지시없는 일반 모떼기 0.2x45°
4. 손잡이 부위 경질 크롬 도금 두께 0.02±0.01 (품번 5)
5.
6. 표면거칠기

   w/ = 25/, N11

   x/ = 6.3/, N9

   y/ = 1.6/, N7

6	축	SM45C		
5	나 사 축	SM45C		
4	지 지 대	SM45C		
3	베 이 스	SM45C		
2	이 동 조	SM45C		
1	고 정 조	SM45C		
품번	품 명	재 질	수량	비 고

척도	각법	도 명	일시		승인
1 : 1		클램프	학번		
			성명		

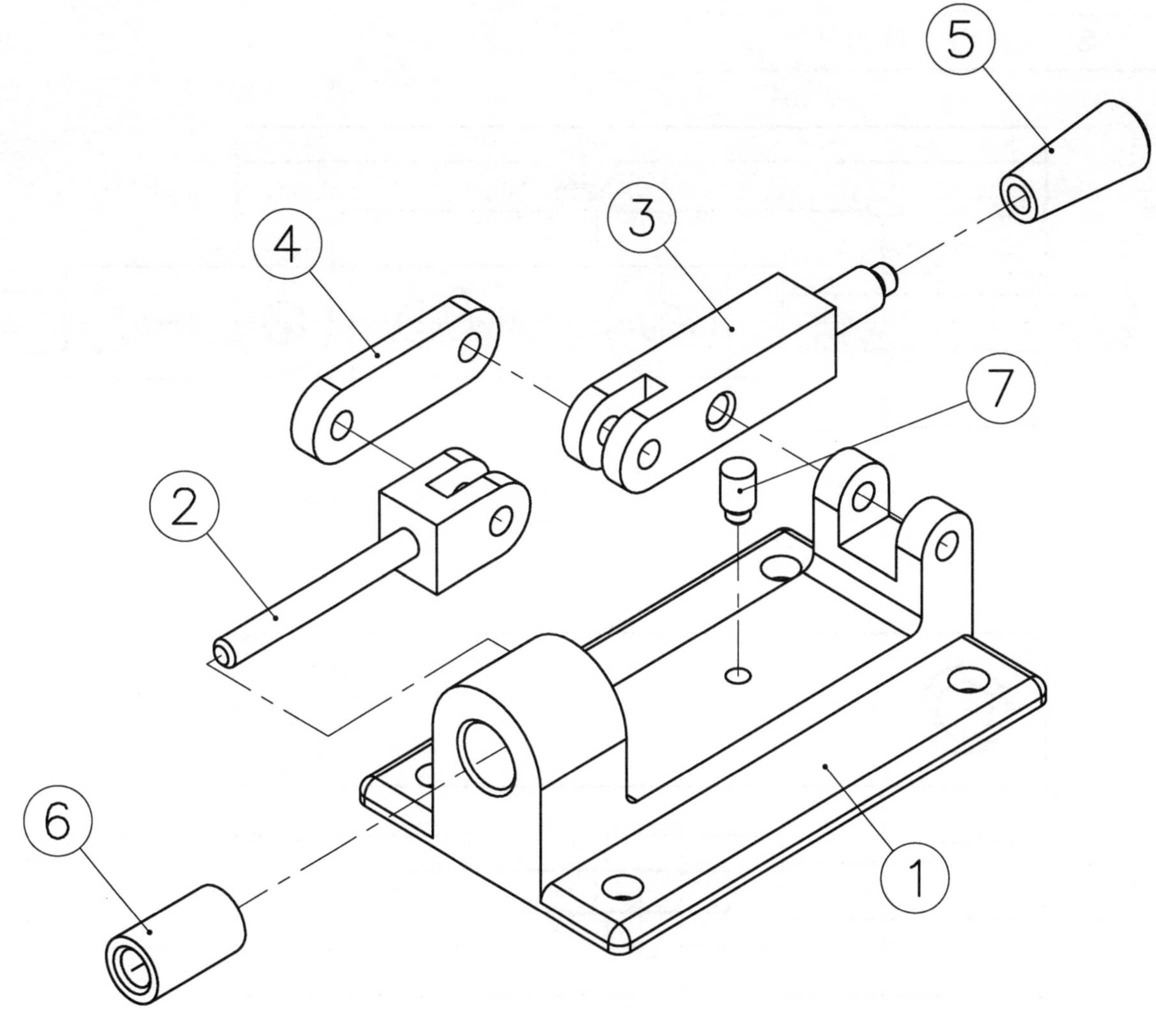

척 도	각 법	도 명	일 시		승 인
1 : 1	3rd	토글 클램프	학 번		
			성 명		

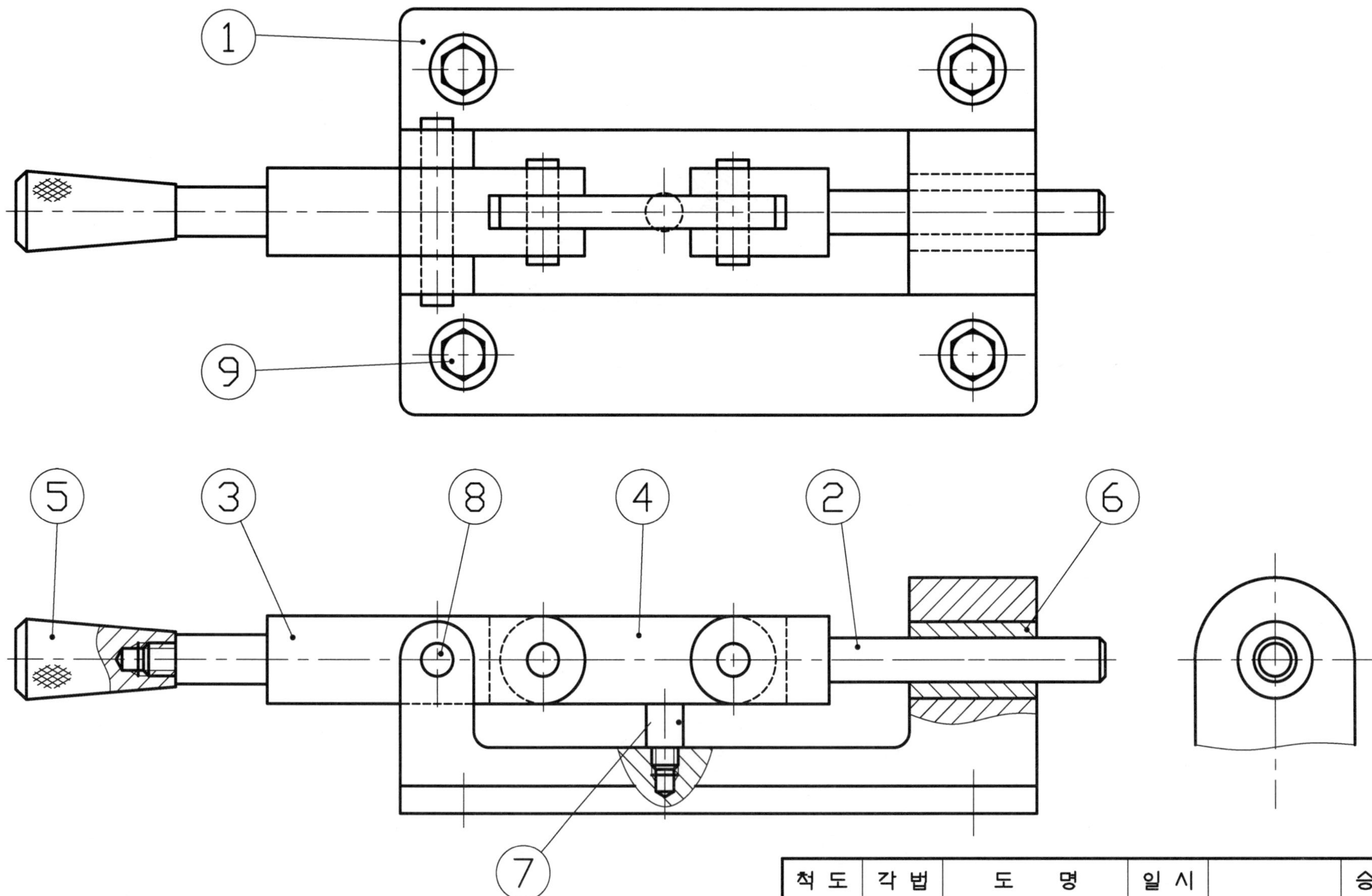

척 도	각 법	도　　명	일 시		승 인
1 : 1	3rd	토글 클램프	학 번		
			성 명		

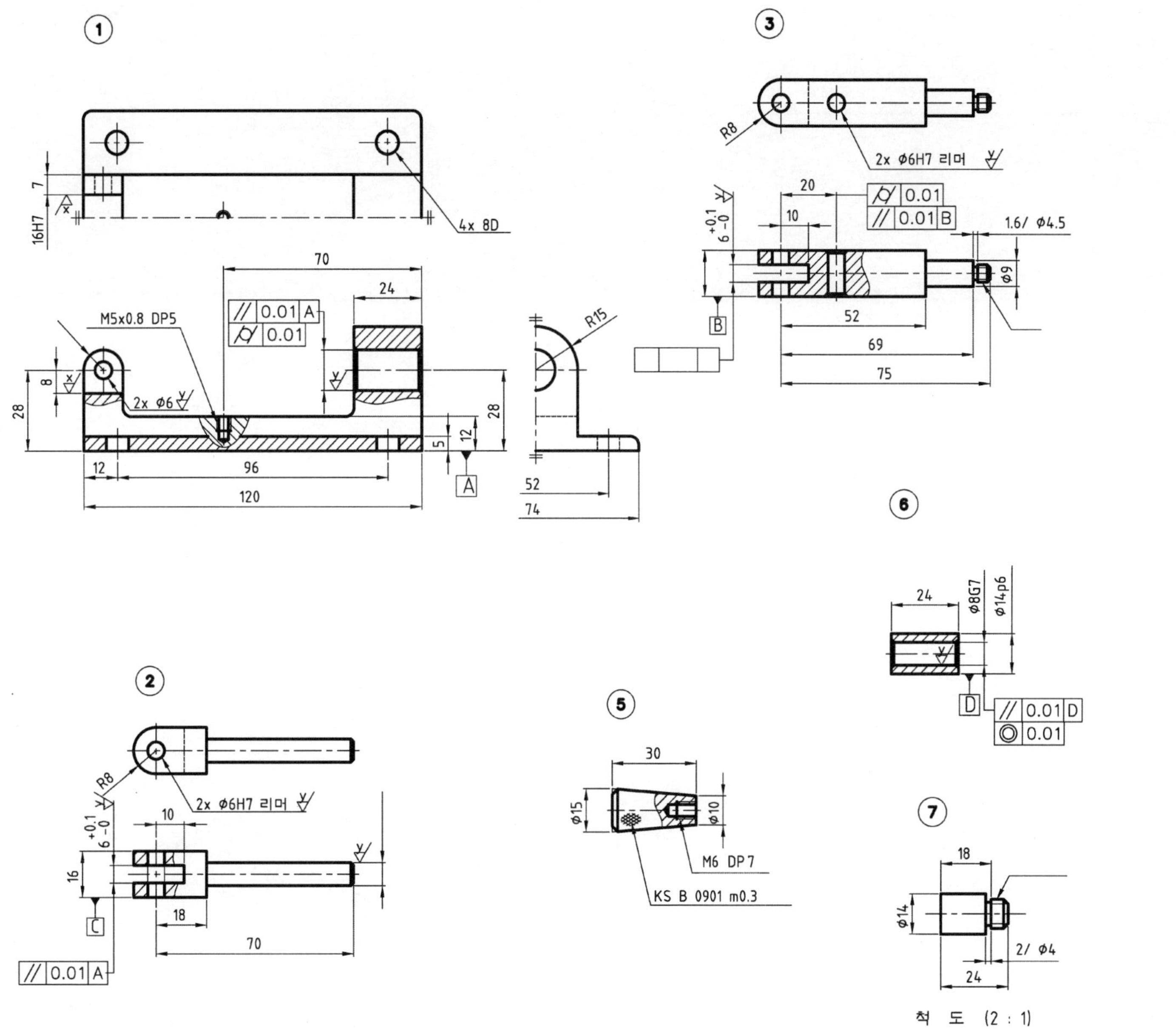

주 서

1. 일반공차 - 가공부 : KS B ISO 2768-m
2. 도시되고 지시없는 모떼기 1x45°, 필렛 및 라운드 R3
3. 지시없는 일반 모떼기 0.2x45°
4. 가공부를 제외한 주조부 외면 명녹색 도장 (품번1, 6)
5. 표면거칠기

   w/ = 25/, N11

   x/ = 6.3/, N9

   y/ = 1.6/, N7

품 번	품 명	재 질	수 량	비 고
7	고 정 핀		1	
6	부 시		1	
5	손 잡 이		1	
4	링 크		1	
3	축		1	
2	레 버		1	
1	베 이 스		1	

척 도	각 법	도 명	일 시		승 인
1 : 1	3rd	토글 클램프	학 번		
			성 명		

INDEX

제2판
NCS를 기반으로 한
도면해독

초 판 발 행 | 2015년 2월 27일
2판1쇄발행 | 2016년 3월 4일

저 자 | 엄홍재 · 엄정섭 · 조대희
발 행 인 | 이성범
발 행 처 | 문운당
주 소 | 서울시 종로구 혜화로5길 16 (명륜1가 45-3)
전 화 | (02)762-6010
팩 스 | 영업 (02)745-0265 / 편집 (02)762-8758
홈페이지 | http://munundang.co.kr
이 메 일 | munun2@chol.com

ISBN 979-11-5692-213-1 93550

정가 28,000원